云南临沧
高原特色农业

——从现状分析到生产技术

于龙凤　安福全　主编

西南大学出版社
国家一级出版社　全国百佳图书出版单位

图书在版编目（CIP）数据

云南临沧高原特色农业：从现状分析到生产技术 / 于龙凤，安福全主编. -- 重庆：西南大学出版社，2022.7

ISBN 978-7-5697-1407-4

Ⅰ. ①云… Ⅱ. ①于… ②安… Ⅲ. ①高原－特色农业－栽培技术－云南 Ⅳ. ①S31

中国版本图书馆CIP数据核字(2022)第122807号

云南临沧高原特色农业——从现状分析到生产技术

YUNNAN LINCANG GAOYUAN TESE NONGYE——CONG XIANZHUANG FENXI DAO SHENGCHAN JISHU

主　编：于龙凤　安福全

责任编辑：杜珍辉　鲁　欣

责任校对：刘欣鑫

装帧设计：殳十堂_朱璇

排　　版：杜霖森

出版发行：西南大学出版社（原西南师范大学出版社）

印　　刷：重庆三达广告印务装璜有限公司

幅面尺寸：185 mm×260 mm

印　　张：33.25

字　　数：676千字

版　　次：2022年7月 第1版

印　　次：2022年7月 第1次印刷

书　　号：ISBN 978-7-5697-1407-4

定　　价：98.00元

主　编:于龙凤　安福全

副主编:黄飞燕　郑家银　白丽萍　汤绍虎

参编单位及人员

临沧市农业农村局

郑家银　李学智　刘金菊　刘玉文　杨永梅

沙　云　段鸿飞　董有波　罗正清　刘亚俊

王文生　杨明文　黄　玲　张东成　苏有梅

铁琳梅　薛　飞

临沧市林业科学研究院

杨建荣　白海东　万晓丽

临沧市农业学校

李双荣

滇西科技师范学院

于龙凤　安福全　黄飞燕　白丽萍　王朝雯

李晓娇　冷　燕　彭泽琴　杨国琴　和　敏

才晓玲　李晓君　唐荣平　周启武　罗正飞

王志敏　唐兴莹　周先艳　张华玲　陈　旋

吴　丹　陈梦云

西南大学

汤绍虎

前　言

农业是国民经济的基础，是人类赖以生存和抵御自然威胁的根本。随着经济全球化的发展，农业的战略地位日益突显，新农科建设也已上升到国家战略。2019年9月5日，习近平总书记在给全国涉农高校的书记、校长和专家代表的回信中强调，“中国现代化离不开农业农村现代化，农业农村现代化关键在科技、在人才”。教育部高等教育司司长吴岩表示，答好农业农村现代化之卷，答好国家粮食安全之卷，答好生态文明建设之卷，答好世界发展贡献之卷，这是高等农林教育战线的初心和责任。在我国农业现代化进程中，农业科技工作者发挥了和必将继续发挥重要作用。近十年来，云南省临沧市的高原特色农业得到了较快发展，所得经验值得总结，存在问题值得分析，未来发展令人关注。同时，所取得的生产栽培技术更是值得总结和推广。

本书是由长期工作在教学、生产一线，有着丰富专业理论和实践经验的专家学者在多年开展相关课程教学和技术培训的基础上编写而成的；主要内容是临沧高原特色农业生产栽培技术，包括粮食作物玉米、薯类等，特色经济作物茶叶、甘蔗、咖啡、烤烟等，经济林果澳洲坚果、核桃、橡胶等，中草药龙胆草、滇重楼、石斛等，以及特色牧渔业肉牛、山羊和淡水渔业等。

本书内容除绪论外，共五章。绪论部分由白丽萍、汤绍虎编写；第一章临沧主要粮食作物，玉米部分由李学智、刘金菊、于龙凤编写，水稻部分由刘玉文、于龙凤编写，麦类部分由沙云、陈梦云编写，薯类部分由杨永梅、陈旋编写，特色杂粮部分由黄飞燕、段鸿飞编写；第二章特色经济作物，茶叶部分由于龙凤、罗正飞编写，甘蔗部分由李晓君、董有波、罗正清编写，油料作物部分由刘亚俊、唐兴莹编写，蔬菜部分由王文生、唐荣平编写，咖啡部分由冷燕、黄玲编写，甜龙竹部分由安福全、万晓丽编写，烤烟部分由和敏编写，魔芋部分由冷燕、杨明文编写；第三章经济林果，澳洲坚果部分由李晓娇、杨建荣、白海东编写，核桃部分由王志敏编写，橡胶部分由李双荣编写，水果部分由张东成、张华玲、郑家银编写；第四章中草药，龙胆草部分由唐荣平、铁琳梅编写，滇重楼部分由才晓玲、铁琳梅编写，石斛部分由王朝雯、铁琳梅编写，滇黄精部分由冷燕编写；第五章特色牧渔业，生猪部分由彭泽琴编写，肉牛部分由苏有梅、周启武编写，山羊部分由苏有梅、吴丹编写，淡水渔业部分由杨国琴、薛飞编写。全书由汤绍虎、于龙凤和安福全统稿。

本书面向农业、农村和农民，立足高原特色农业，着眼农业未来发展，内容丰富，应用性和可读性强，可供农业科技人员，尤其是高原农业科技人员参考，也可作为农林院校相关专业的教材或参考书。

本书的编写和出版，得到了临沧市农业农村局、临沧市林业科学研究院、临沧市农业学校、滇西科技师范学院、西南大学等参编单位，以及西南大学出版社的大力支持和许多同行的热心帮助。同时，编者在编写过程中，参考和引用了有关作者的文献资料，在此一并表示感谢！由于编者水平有限，书中难免有疏漏和不妥之处，恳请读者批评指正，以便日后修改完善。

编者

2022年4月

目 录

第二章　特色经济作物

第三章　经济林果

第四章　中草药

第五章　特色牧渔业

绪 论

一、关于特色农业

（一）农业、传统农业

1.农业

农业是人类社会最基本的物质生产部门。农业是通过动植物的培育来生产食品及工业原料的产业；它的劳动对象是有生命的动植物，获得的产品是动植物本身。人们把利用动物植物等生物的生长发育规律，通过人工培育来获得产品的各部门，统称为农业。狭义的农业仅指种植业或农作物栽培业；广义的农业包括种植业、林业、畜牧业、副业和渔业。有的经济发达国家，还包括为农业提供生产资料的上游部门和农产品加工、储藏、运输、销售等下游部门。现阶段，我国的农业包括农业、林业、牧业、副业、渔业。根据农业的发展历史，可分为原始农业、古代农业、近代农业和现代农业；根据生产力的性质和状况，可分为传统农业和现代农业。

2.传统农业

传统农业是在自然经济条件下，采用人力、畜力、手工工具、铁器等为主的手工劳动方式，依靠世代积累下来的传统经验，以自给自足的自然经济居主导地位，采用历史上沿袭下来的耕作方法和农业技术的农业。其基本特点是精耕细作、生产规模小、结构较单一、生产技术落后、抵御自然灾害的能力差、生态系统功效低、商品经济较薄弱，基本上没有形成生产地域分工。传统农业的发展可以追溯到奴隶社会，现在仍存在于许多经济不发达的国家。我国是一个历史悠久的农业文明古国，人们在精耕细作实践中，创新施用有机绿肥、注重兴修农田水利发展灌溉，实行轮作、复种等，有利于实现人与自然的和谐发展。我国在发展现代农业的同时，需要对传统农业辩证地看待，取其精华去其糟粕，保持和发扬传统农业优点，逐步走现代农业和生态农业道路，建设优质、高产、低耗的农业生态系统，提高农业生产水平。

（二）现代农业、特色农业

1.现代农业

现代农业是指以农产品供给为基础，以增加农民收入为目的，以可持续发展为目标，以提高劳动生产率、资源产出率和商品率为途径，以现代工业装备、现代科学技术、现代组织管理为支撑，在家庭经营基础上，在市场机制与政府调控的综合作用下，农工贸紧密衔接，产加销融为一体的多元化产业形态和多功能产业体系。其特征主要有"三高""七化"。"三高"是较高的综合生产率、高度的可持续发展和高度的商业化；"七化"是农业生产物质条件的现代化、农业科学技术的现代化、管理方式的现代化、农民素质的现代化、生产的规模化和专业化及区域化、公共成本和外部成本减小化、政府调控的宏观化。

2.特色农业

（1）特色农业的定义。

特色农业是指为了适应特定的农业生产条件，以效益为中心，以市场需求为导向，充分利用自然资源、人文环境、区域、技术、管理等方面的比较优势，围绕"特色"进行农业生产或提供服务，从而提高产业核心竞争力的新型农业发展形式。特色农业具有多样性、地域性、规模性、动态性等特征。

特色农业基于传统农业，满足消费者对农产品多元化、健康化、文化蕴含等方面的更高要求，所以特色农业比传统农业更加强调农产品特色性、产业整体的高效性、产业规模整合度及区域适应性，故特色农业发展是一个整体系统的共同发展。只有牢牢把握特色农业特色、高效、规模、区域四要素，才能实现高原特色农业长足发展。

（2）特色农业的发展模式。

农业生产实质上是生产主体对各种生产要素进行整合的经济行为。特色农业的关键在于其具有特色的农业生产要素。一般来说，农业生产要素包括自然资源（含环境、区位），劳动力，资本（含生产资料），科学技术。而且，单一的生产要素不能形成生产力，只有各种生产要素的相互结合才能形成现实的农业生产活动。这种要素组合主要体现在生产的组织管理上。因此,组织管理也是一种农业生产要素。理论上讲,对应不同的特色生产要素就应存在一种特色农业模式。基于这种分析,特色农业包括特色产品农业、景观农业、区位农业、工程农业、示范农业、循环农业六种发展模式,各种发展模式都有各自的发展规律。

①特色产品模式。特色产品模式是指凭借特色自然资源,开发特色农产品,把独具地方特色和有良好市场前景的农产品培育为知名品牌和主导产业的农村经济发展模式。分为国家特色农产品模式和地区特色农产品模式。前者是指"一国一品"或"一国几品"的模式,如荷兰的花卉、法国的甜菜、墨西哥的玉米、澳大利亚的小麦、土耳其的榛子、保加利亚的玫瑰等,这些产品都已成为闻名于世的国际品牌,极大地提高了各国农业的国际竞争力。后者是指各地区按区域资源优势开发的"一地一品""一乡一业"的模式。日本在农产品生产和加工业上非常强调发挥当地的比较优势,生产具有地方风味的特产,在全国开展了著名的"一村一品运动"。目前,我国许多地方也发展了一些闻名全国的特色农产品,如山东寿光蔬菜、新疆吐鲁番葡萄、云南普洱茶、陕西苹果、浙江龙井茶等,但还没有类似荷兰花卉这种"一国一品"的知名农产品。

②景观农业模式。景观农业是一种利用当地的农业资源,提供与旅游业相结合,包括休闲、观光、娱乐、教育等在内的一种特殊服务的农业形式。发展景观农业,能优化农村经济结构,促进农业生态环境保护,从而实现经济效益、社会效益、生态效益的高度统一。从服务形式上看,景观农业包括观光农业、休闲农业、体验农业等。早在1865年,意大利就成立了"农业旅游全国协会",专门介绍城市居民去体验农田野趣。美国的农业休憩、法国的教育农场、日本的农业公园都是这种景观农业形式。在我国,自20世纪90年代中期开始,观光农业得到了普遍发展。东南部经济发达省份的观光农业发展已具有一定规模,出现了形式各样的观光农场、农家乐、农民客栈、农业公园。

③区位农业模式。区位农业就是指按照不同区域的地理特征和区位条件,进行科学的生产分工和区域布局,发展具有比较优势的农产品生产,从而实现区域生产专业化,形成具有特色的专业化产业带。我国地域广阔,区域差异显著,不同区域的农业区位因素不同,因此,要基于区位比较优势,明确各区域农业发展方向与重点组织农产品生产。实际上,自1998年以来,我国加强了优势农产品的区域布局。目前已基本形成了:南方双季稻、黄淮冬小麦和夏玉米、东北春玉米和大豆、西北和华北杂粮等粮食主产

区;新疆内陆、长江流域、黄河流域三大棉区;长江油菜带、黄淮花生等油料产区;华南和西南甘蔗、东北西北甜菜糖料产区;长江柑橘带、黄河故道苹果带。

④工程农业模式。工程农业是指以生物技术和工程技术为支撑,利用独特的生产设施进行农业生产的农业形式,包括设施农业、节水农业、旱作农业、精准农业等形式。举世闻名的以色列节水农业和荷兰设施农业就是工程农业模式的典范。近年来,美国、加拿大、法国等发达国家出现了精准农业,主要是应用全球定位系统、地理信息系统、遥感技术等高科技手段开展田间管理。一直以来,我国按开源与节流并举的原则,推广旱作农业技术。目前已建设了300多个旱作农业示范基地,在西北、华北和中原的广大旱区,旱作节水农业已经形成一套比较完整的旱作农业技术体系。

⑤示范农业模式。示范农业是在城郊或农村的一定区域范围内,由政府、企业、农户、外商投资兴建的,以农业科研、教育和技术推广单位为技术依托,以展示现代农业科技和管理为主要目标,引起优质品种和高新农业技术,集中开发和推广示范而形成的农业技术研发推广基地、中试基地、生产基地,以此推动农业发展的一种农业经营形式。主要包括新品种引种示范、科技推广示范、规范化生产示范和标准化管理示范。其特征是对示范点的成功做法,进行培训和宣传,引导技术成果大面积推广,多以政府和科研单位推动为主。目前,在我国普遍推行的有农业科技园区、农业标准化生产示范基地、无公害农产品生产示范基地和绿色食品标准化生产示范基地。

⑥循环农业模式。循环农业是应用循环经济理念,科学地组织管理农业生产的发展模式。具体来说是指在农村社会、经济和自然资源所构成的复合生态系统内,农业生产要素投入、生产流程和农产品消费及其废弃的全过程中,把传统的"资源消费—产品—废弃物排放"的线性增长模式,转变为"资源消费—产品—再生资源"循环生态型的农业发展模式。循环农业与生态农业、有机农业类同,都是追求农业的绿色化生产,尽量减少环境污染,实现经济可持续与生态可持续的统一。循环农业遵循减量化、再使用、再循环三原则。我国南方的"猪—沼—果"三位一体的生态家园模式和北方的"太阳能—沼气—种植—养殖"四位一体的生态家园模式,都是循环农业的一种实践。

特色农业的内涵非常丰富,发展模式多样化。发展我国特色农业的基本思路是:首先,创新理论,拓宽特色农业的内涵,把景观农业、工程农业、循环农业、示范农业、区位农业等作为特色农业的发展形式。其次,发挥资源比较优势,采取非均衡发展策略。国家层面上,重点发展具有国际比较优势的农产品,开发具有民族特色和国家特色的农产品。区域生产布局上,不能“大而全”或“小而全”,应因地制宜,发展“一乡一品”或“一县一品”,发展优势产业带。再次,利用农业多功能性,培育农村经济的新增长点。要转变以前的以种植业为农、以大农业论农的传统观念,拓展农业在休闲、观光、体验、娱乐、文化传承等方面的功能,加大对这些功能的经济开发。又次,依托科技创新,变自然条件劣势为优势。在干旱缺水的区域,发展旱作节水农业;在水域密集的区域,加强水利设施建设;在季节和气候不宜的区域,发展温室种植技术。最后,农业走绿色可持续之路是世界农业发展的大趋势,应把握住这个大方向,发展生态农业和有机农业,抓好农产品质量安全。

二、关于高原特色农业

高原是指海拔在1000 m以上,地形坦荡,以明显的陡坡为界,较完全的大面积隆起的地域。

(一)高原特色农业的定义与内涵

1.高原特色农业的定义

高原特色农业是依托高原地区独特的地理、气候等条件形成的,相对于常规农业而言具有一定品牌优势和市场竞争优势,主导一定区域内的农村经济发展的优质高效农业。简单讲,高原特色农业就是具有特定高原地域特色的农业。

2.高原特色农业的内涵

高原特色农业的内涵很广泛。按照耿嘉对云南高原特色农业的描述可以叙述为:高原特色农业就是要求高原地区的农业发展必须立足于本地高原的基本情况,遵照国家主体功能区规划,因地制宜,发挥优势,突出特色,坚持绿色、低碳发展,按照“高产、优质、高效、生态、安全”的要求,以主要农产品有效供给、提高农业综合生产能力与农产品竞争力、实现高原特色农业可持续发展为主要任务,以拓展农业多功能性、加强生态产业链建设和强化科技创新为首要抓手,科学规划,完善设施,强化服务,创新机制,聚集资源,打造品牌,逐步形成空间布局合理、生态环境友好、资源利用合理、要素配置协调、功能多样化的现代农业发展新格局。

例如,云南高原特色农业就是生态农业、效益农业、优质农业、创新农业、优势农业和开放农业。云南高原特色农业，其本质是现代农业。一方面，它的生产目的——生产“高产、优质、高效、生态、安全”的农产品，保障人类生存和发展的物质供给，稳步增加农民收入；发展方向——实现土地产出率、资源利用率和劳动生产率的稳步提高；发展方式——用现代物质条件装备农业、用现代科技改造农业、用现代经营形式推进农业、用培养新型主体发展农业；组织方式——在家庭经营的基础上，大力发展农业企业、专业合作组织等多种经营主体，提高农业生产经营的组织化程度等方面具有现代农业的普遍性特征和内涵。另一方面，云南高原特色农业也具有现代农业的特殊属性：一是自然资源的特殊性；二是生产产品的特殊性。这种特殊属性，通过云南省各级党委、政府的睿智和创新，正在把这种特定时空条件下的“特殊性”转变成云南高原特色农业发展的巨大“优势”，也正在走出一条符合云南实际、凸显云南特色、彰显云南优势的云南农业现代化之路——云南高原特色农业发展的新路。

（二）高原特色农业的发展模式

1.关于模式

模式是特定时空条件下，特定的生产关系、生产力水平条件下，对实践劳动的升华与提炼，是经过实践验证的具有可操作性、合理性的范式。模式种类纷繁多样，在不同的生产实践领域具有异质性，因此，对模式内涵的深入把握，要结合不同劳动生产实践来考察。

2.农业发展模式的定义

农业发展模式是指在农业劳动实践中所形成的一系列标准化的、具有普适指导价值的农业生产流程、技术方法及路径实现。

农业发展模式总是与既定的人类经济社会发展的某一阶段或历史时期相适应，它是一个国家或地区的人们在农业劳动实践中所形成的一种共识的表达。这种共识是人们在认识农业发展，特别是在把握人与自然的关系上所形成的共同的自然观、价值观、发展观。农业发展模式表达了人们对于农业发展根本目标的追求，以及解决农业发展问题的指导思想、思路框架、路径和方法。

3.农业发展模式的特征

农业发展模式有三个特征：一是实践性。农业发展模式的提出并非没有根据，它是对人们在农业生产实践活动的总结。科学合理的农业发展模式一旦投入到现实农业生产实践活动中去，将会产生直接的现实生产力，形成较好的经济与社会效益。二是特殊性。农业发展模式的建立和培育一定与特定历史条件社会生产力的发展水平相适应；同时，又要因地制宜，契合当地农业发展的客观环境，例如：生态环境、资源禀赋、地形地貌、区域气候等。三是替代性。一种农业发展模式一旦形成，由于受人类认知水平、发展观念的限制，它不会被随意推翻，并且在很长的一段历史时期内长期存在；随着问题的暴露，人们意识观念的发展与提升，只能用另一个发展模式去替代。

4.高原特色农业发展模式举例

特色农业有地域性，高原特色农业也有地域性。因此，高原特色农业的发展模式也同样具有地域性差异。我国云南、贵州、青海、西藏、新疆、内蒙古、宁夏、四川等地的高原特色农业就各有模式，各具特色。例如："十二五"以来，云南高原特色农业突出高原粮仓、特色经济作物、山地牧业、淡水渔业、高效林业和开放农业六大建设重点，打造"丰富多样、生态环保、安全优质、四季飘香"四张亮丽名片，取得丰硕成果，形成了"山地立体生态模式"等五种发展模式。

（1）山地立体生态模式。

云南省最高海拔6740 m，最低海拔76.4 m。在"绿水青山就是金山银山"的理念指引下，独特的地理环境，孕育了山区立体生态反季节种植模式。该模式就是充分利用"天然温室"优势，在低海拔山区种植的农产品实现早熟，提前进入市场；中海拔地区的农作物正常上市，高海拔地区的农作物实现晚熟，上市时间较晚。由此形成早中晚的农产品供给市场格局。该模式自然孕育而成，树立了"天然无公害绿色"的云南高原特色农业形象，使云南高原特色农产品的市场竞争力明显。此外，云南山地面积约为33.1万 km^2，是典型的多山地区。多山地形是云南农业发展的劣势，也是云南农业生态优势所在，更是云南农业发展的生态资本、生态竞争力。虽然山区不利于机械化农业的开展，但形成了山区立体生态循环种养模式"林、果、药、粮、菜等套混作+饲草+畜牧+沼气"一体化发展，通过合理组织种植、饲养、废弃物处理等多个环节，充分实现物质和能量的高效利用与循环。当然，山区立体生态观光模式更是云南山地立体生态发展模式的典范，它是云南人民农业劳动智慧与山地地形在农业劳动实践中的统一，以"元阳梯田"为代表的农产品种植所形成的农业人文景观具有巨大的生态旅游观光价值。

（2）林下经济模式。

云南高原特色农业发展的林下经济模式，注重发挥林业的多种功能，实现多重效益。林下经济实现了云南农业发展的三个转化。一是将生态优势转化成生态竞争力。通过发展林下经济，盘活了云南林业发展，提高了土地利用率，增加单位面积经济产量和经济效益，突显云南林业生态竞争力。二是对气候优势的因势利导，将其优势转化成现实直接生产力。云南地处青藏高原的南延地带，形成了独特的“内陆低纬高原”立体气候，一年四季都适宜作物生长。林下经济的发展使得一年四季云南农业产品不断，通过市场发展形成了一定的规模，取得了较好的农业效益。三是将品种优势打造成品牌优势。积极开展绿色产品认证、有机产品认证、地理标志认证、森林认证和原产地保护认证工作，重点培育辐射带动能力强、地方特色明显的林下经济品牌。林下经济模式有利于将云南的品种优势打造成品牌优势。

(3)庄园经济模式。

总体来讲，该模式是基于“政府主导、多元参与、以农为本、突出特色，统筹规划、合理布局，严格标准、动态管理”的原则，按照“有主体、有基地、有加工、有品牌、有展示、有文化和产业高效化、发展生态化、产品特色化、生产标准化、品牌高端化”的发展要求，采取“一园一策”差别化扶持措施，鼓励农业龙头企业、农业合作社、联户经营、家庭农场和城市工商资本发展不同产业、不同类型、不同功能、不同模式的精品农业庄园建设；建立土地资本化、资产股份化、融资市场化、经营规模化、管理企业化、服务社会化、产品商品化的农业开发和经营组织形式，把庄园经济打造成带动工业化、加速城镇化、实现农业现代化、提升国际化的新发展模式。庄园经济模式，强调农业产业化形态，其核心要素是密集和完整产业链，通过要素密集和产业链建设，为发展高原特色农业提供产业引导和示范作用。此外，庄园经济实现了土地的规模化经营，把农户和投资者的利益有效联系起来，农民实现了多元化的角色转变与选择，既是土地的持有者、股份者和主人，也是庄园的员工和参与者，通过劳动获得报酬。因此，农业庄园经济模式有力促进了当地农业经济的发展。

微观操作层面来讲，云南高原特色农业发展的庄园经济模式按照“宜工则工、宜游则游”的发展原则，大力发展旅游休闲的庄园经济。例如：休闲农业庄园模式。一是新型参与型经营模式，以“农家乐”为主，体现“吃农家饭、品农家菜、住农家院、干农家活、学农家艺、享农家乐、购农家品”休闲特色；二是新型民俗文化体验型经营模式，立足云南农村优美自然环境，完好的自然生态和独特的地方文化遗产，民俗文化体验使游客感受到浓郁的、独特的传统风貌和鲜明的民族特色及原生态的农业人文景观；三是新型科普教育型经营模式,以农业新技术、新品种、农事活动的展示、示范等内容为主,寓教于乐,把休闲与科普教育结合为一体。农业科技产业化庄园,通过高新技术的开发与转化应用,依托高新科技改造传统农业,培育农产品加工等新型农业产业形态,实现生产、加工、销售一体化经营,壮大龙头型企业,构筑起完备产业链条,实现产业化经营。

(4)开放农业模式。

开放是市场经济的显著特征。从国际经验看,成熟的市场经济都是开放型经济,市场化程度越高,经济开放的程度也越高。云南地处西南边陲与越南、老挝、缅甸接壤,毗邻泰国、印度等地,利用云南天然地理优势发展边地开放农业模式,即充分利用陆路优势、沿边开放优势,加强与周边国家开展农业生产合作,构建跨境农业合作区、边境农业合作区、境外农业合作区。此外,独特的地理优势为其通道农业模式提供了得天独厚的优势。通道农业模式就是基于其天然枢纽的地缘地位,通过发展便捷化的交通网络,致力于构建面向东南亚、南亚和转口国内的云南国际农产品交易中心,建立服务西南、面向全国乃至东南亚、南亚的粮食和特色优势作物品种选育基地和种子种苗繁育生产基地。目前,农产品为云南的第二大出口产品,东盟是云南农产品出口的第一大市场。国际合作交流开放农业也是云南地缘优势下的新型农业模式业态,它以项目合作为支撑,农业产业园为载体,实施积极的走出去发展战略,同时引进外向型企业,打造集“生产—技术—科研”三位一体的国际合作示范园,发挥科技优势,努力把云南打造成农业发展的总部经济。一场源于禁毒却高于禁毒的新政实施,开创了云南农业发展的境外替代种植模式。该模式采取政府支持、企业经营、双方平等协商的办法,通过帮助金三角地区地方政府发展罂粟的替代作物种植,发展替代产业,帮助罂粟种植区发展地方经济,从而杜绝毒品的原植物种植。“勐海模式”是云南境外替代种植模式的典型代表,受到联合国禁毒署和国际社会的高度评价和赞誉。同时,替代种植模式对于繁荣民族经济,促进跨境民族地区和谐稳定也起到了积极作用。

(5)田园综合体模式。

2017年,田园综合体被写进中央一号文件。田园综合体的产生有其时代背景,它是契合城乡一体化发展的历史产物,是城乡发展一体化和解决“三农”问题的重要途径,也是顺应农村供给侧结构性改革和新型农业产业发展形成的一种新业态。

田园综合体是指在政府指导下,通过商业模式,多方共建开发创新城乡发展,形成产业变革,重塑中国乡村的美丽田园。田园综合体是结合农村产权制度改革,实现中国乡村现代化、新型城镇化、社会经济全面发展的一种可持续模式。

田园综合体的出发点是按照政府引导、企业参与、市场化运作的要求，创新建设模式、管理方式和服务手段，全面激活市场、激活要素、激活主体，调动多元化主体共同推动田园综合体建设。田园综合体突破原有惯常思维，顺应制度革新、文化发展、技术进步、市场演变的综合规划，是多功能、多业态框架的综合运营体。田园综合体是集现代农业、休闲旅游、田园社区等为一体，综合化发展产业和跨越化利用农村资产创新突破发展的思维模式。

云南积极贯彻落实2017年中央一号文件精神，积极推进田园综合体建设，随后进入省级立项范围的主要有保山市隆阳区、文山州丘北县、大理州剑川县、玉溪市红塔区。这些立项的田园综合体基本建设已完成，其余的相关县(区)也围绕农业综合开发推进田园综合体建设，分别从建设定位、推进力量、建设内容、实施路径等方面，提出了相关举措和正在积极申报、规划和设计。如楚雄州禄丰县创建田园综合体打造特色小镇、玉溪市元江县因远镇北泽村也在打造大山里的“田园综合体”。

三、关于临沧高原特色农业

(一)临沧自然与农业概况

临沧是云南省的一个地级市。临沧市地处滇西横断山系纵谷区南段，是边疆山区农业的典型缩影，又属于多民族地区。2020年临沧市生产总值(GDP)在云南16州(市)中位列第11位，人均GDP列第14位，属滞后的经济欠发达地区。

临沧市位于云南西南部，西南与缅甸交界，国境线长290.79 km，全市辖1区7县，国土面积2.4 km^2，总人口约243万，主要居住着佤族、彝族、傣族、布朗族、德昂族、拉祜族等23个少数民族，占总人口的39.98%。气候属亚热带低纬度山地季风气候，四季温差不大，雨量充沛，光照充足，年平均气温16.8～17.7 ℃，有“亚洲恒温城”之美称。是云南最大的蔗糖、茶叶生产基地。素有“滇红之乡”“核桃之乡”的美誉，2013年荣获“中国十佳绿色城市”“中国红茶之都”称号。打造了“国家可持续发展试验区”“中国十佳绿色城市”“世界佤乡·天下茶仓”及“中国红茶之都”等代表临沧整体形象的绿色生态品牌。临沧是传统农业地区，农业人口占全市总人口的80%。国民生产总值的80%和财政收入的75%直接或间接来自农业,工业也大都是以农副产品为原料的加工业。

(二)临沧发展高原特色农业的优势

1.气候优势突出

临沧市既是太阳转身的地方,也是太平洋和印度洋两大水系的地理分水岭,最高海拔3504 m,最低海拔540 m,兼有山地气候、低纬度气候、季风气候的特点。夏季有来自印度洋的西面季风,带来大量的蒸汽和云雨,使地面恒温不高不低,清凉舒适。到了冬季,哀牢山、无量山和高黎贡山高大的山脉屏障,挡住了来自西北部和东北部的寒流,而且在西南暖流的影响下,晴多雨少、阳光充沛、气候温和、四季温差小、日照充足,降水充沛,具有冬无严寒、夏无酷暑、四季如春的气候特征,具备一年四季都能生产特色生态农产品的优势和条件。

2.物种优势明显

临沧生物多样性富集,是滇西生物多样性保护的重点区域之一,农作物种类、畜禽品种、渔业资源和林木资源十分丰富。拥有珍贵树种20多种,药用植物3000多种,野生动物种群725种,野生植物种群4200种,经济林82.56万hm^2,种养业品种133种,其中优良品种85种,是云南“动物王国”“植物王国”“药物宝库”“天然花园”的缩影,被誉为中国滇西南“动植物基因库”,国内大多数动植物均能在临沧生长。

3.生态环境优良

临沧市森林覆盖率67.5%,工业经济处于起步阶段,环境污染小,空气质量优,水质好。农业生产监管严格,土壤污染小,区域性原生态农产品生产条件优越。临沧市先后被授予中国十佳绿色城市、全国低碳国土试验区、中国精品咖啡豆示范区等称号,是享誉世界的“滇红之乡”及“红茶之都”。在土壤、空气、水源无污染的洁净临沧,一年四季都能生产绿色、生态、优质和安全的农产品。

4.农业资源丰富

土地资源丰富,全市热区面积7886 km^2,占总面积的32%,占云南省热区面积的11.4%,土壤多为中性至偏酸,适宜发展甘蔗、橡胶、咖啡、坚果、热带水果、木薯、香料、辣木、冬季蔬菜、生物药材等热带作物,中高海拔地区适宜发展核桃、茶叶、烤烟和冬桃、冬梨、生物药材等特色产业。全市适宜发展特色农业产业基地面积超过133.3万hm^2。饲草饲料资源丰富,有天然草山面积109.73万hm^2,每年可产饲草960万t以上。同时临沧市是云南省最大的蔗糖生产基地，甘蔗种植面积10.67万hm^2，年产蔗梢（叶）150万t左右，若利用率达50%，年产粗纤维饲料20万t以上。加之种植农作物秸秆玉米13.33万hm^2、水稻4.67万hm^2、小麦4.33万hm^2等，全市各类农作物秸秆年产量达300万t。丰富的饲草饲料资源可大力发展畜牧业。库区水产养殖资源丰富，临沧境内已建成小湾、漫湾、大朝山、糯扎渡四大百万千瓦级大电站，库区面积5.6万hm^2，可发展的高原淡水渔业资源丰富。

5.开放潜力巨大

从中国临沧孟定清水河口岸出境至缅甸皎漂港仅970 km，是中国面向南亚、东南亚开放的内陆“黄金口岸”，是云南建设东南亚辐射中心的前沿窗口，是昆明通往印度洋缅甸海岸皎漂港最便捷的陆上通道。用中国地图看临沧，临沧是中国的边疆；用世界地图看临沧，临沧是亚洲的中央。临沧市与缅甸接壤的缅北地区以丘陵地貌为主，常年温差小，雨量充足，土壤肥沃，属亚热带气候类型，有丰富的光热、水土资源，适宜开发种植甘蔗、橡胶、咖啡、坚果、热带水果、木薯等热带经济作物的轮歇地、荒地达上百万公顷，与缅甸合作，发展外向型特色优质农产品的潜力较大。

（三）临沧高原特色农业的发展概况

1.高原特色农业规模效益明显提高

2015年末，临沧市累计建成高原特色农业产业化基地140万hm^2，农民人均0.9 hm^2，其中万元田3.02万hm^2、万元山6.78万hm^2，培育万元人25.69万人。共建成每公顷产值超过15万元的高效农业基地9.8万hm^2。坚果面积9.97万hm^2、产量4687t，产量、面积均居全国第一；咖啡4.1万hm^2、产量1.7万t，面积全国第二；甘蔗9.77万hm^2、产量599万t，面积和产量均全省第一；茶园135.4万hm^2、产量11万t，产量全省第一；核桃53.36万hm^2、产量23.5万t，面积全省第二；橡胶6.73万hm^2，产量3.8万t，面积和产量全省第三，孟定创区域性橡胶单产全国最高，最高单株产量8.36 kg，每公顷3135 kg；烤烟跃进百万担大烟区行列，烤烟2.7万hm^2，产量92万担；早熟油菜连创3个全国最高产量，2014年创造了每公顷产6847.05 kg和百亩连片平均公顷产5412 kg的2个全国最高纪录，2015年又创造了千亩连片平均每公顷产4471.2 kg的全国最高纪录。蔬菜、生物药材、蚕桑、特色水果等产业稳步发展，蔬菜2.9万hm^2，产量67万t；生物药材3.08万hm^2。

2.畜牧业持续健康稳定发展

2015年末，临沧市出栏肉猪402万头、肉牛25万头、肉羊42万只、家禽1600万羽，实现肉类总产量32万t、禽蛋产量1.15万t，实现畜牧业产值67亿元。

3.高原特色淡水渔业快速发展

2015年末，临沧市水产养殖面积1.08万hm^2。通过推介和招商引资相继引进云南小湾生态渔业有限公司开发小湾库区，引进惠科电子（深圳）有限公司在临沧市成立云南临沧惠科农业发展有限公司开发糯扎渡库区，引进昆明昆鑫公司成立云县钦荣观光渔业综合发展有限公司开发漫湾库区。在库区以试验、示范罗非鱼、鲤、斑点叉尾鮰、加州鲈、大口鲶、丁鳜鱼等品种为主，发展网箱养殖面积19.2 hm^2。建成临翔区南美乡芭拉箐虹鳟鱼养殖试验示范基地、双江县大丙山现代标准化虹鳟鱼生态养殖基地、永德大雪山虹鳟鱼基地等养殖基地并投产。地方品种黄壳鱼繁育技术逐步成熟。双江腾江水产养殖有限公司山瑞鳖人工繁育成功，并被农业部（现农业农村部）认定为珍稀濒危水生动物山瑞鳖增殖放流苗种供应单位。沧源县、双江县中华绒螯蟹养殖效益好，沧源大鲵（娃娃鱼）养殖稳步发展，临翔区忙畔街道办事处设施大棚养虾成功，耿马县和谐农业技术推广有限公司在孟定投资开发特种水产品养殖泰鳄、淡水鲨鱼、罗氏沼虾、甲鱼特种养殖。

4.农业庄园经济建设取得重大进展

2015年末，临沧市建成现代农业庄园62个。以凤庆滇红茶叶庄园、双江戎氏茶叶庄园、云县幸福高原特色农业循环经济庄园等为代表的庄园，集各类种植、养殖、加工为主兼具自然生态、田园景观、采摘体验、休闲观光、餐饮娱乐、民俗文化展示为一体的特色农业庄园已取得明显成效；以华叶临沧庄园、临翔荷塘庄园、耿马华裕庄园、临翔天颐茶庄园等为代表的庄园，集绿色生态、立体农业、休闲观光、旅游度假、民族风情为一体的休闲度假型庄园进一步提升。目前已初步形成产业在林中、林中有产业的生态农业景观效果。

5.特色、绿色农产品加工水平全面提升

围绕“世界佤乡、天下茶仓、大美临沧”和“恒春之都”品牌，坚持以开发绿色食品、发展绿色农产品加工业为切入点，按照“从田间到餐桌”的全产业链发展方向，加快构建以特色农业、绿色农业、生态农业为基础，以环境友好型农产品加工业为支撑，以休闲农业为补充的绿色产业结构。大力实施标准化生产、产业化经营、网络化销售，全市农业逐

步进入由数量型向规模、质量、品牌、效益型转变的新阶段。沧源碧丽源(云南)茶业获国际"雨林联盟"认证,双江县勐库大叶种茶获得农业部(现农业农村部)农产品地理标志登记,凤庆县被批准为实施国家农产品质量安全示范县,全市累计通过"三品"认证企业33家,认证无公害农产品59个、绿色食品7个,认定基地面积39万hm^2,认定产品15.3万t。全市获云南名牌农产品27个,凤庆县安石村被农业部(现农业农村部)认定为"一村一品"村镇"中国滇红第一村",双江县勐库古茶园与茶文化系统被农业部(现农业农村部)认定为"中国重要农业文化遗产"。

6.农业基础设施明显改善

紧紧围绕农民最关心、最急需、最现实的农田水利、农村饮水、农村能源和信息网络设施等基础设施问题,持续加大对农业基础设施建设的支持力度。2015年末,全市累计建成高产稳产农田22.65万hm^2,农机总动力184.41万kW,完成农机作业面积25.7万hm^2,耕种收综合机械化水平达43%。农村沼气用户达20.89万户,沼气普及率达41.8%,建成大中型沼气6座,建成农村沼气服务网点792个,农业信息化应用取得新突破。建成市、县(区)农业信息网和市、县(区)、乡(镇)、村、组数字乡村网。澜沧江酒业集团、茅粮集团、滇红集团、龙润茶业集团等30户重点农业产业化龙头企业,建立了企业网站,并在阿里巴巴、淘宝、天猫、京东等网站上开设了农产品专卖店。2015年末,全市共有30家农产品加工企业和单位开展电子商务应用,销售额达6411.31万元。完成了运用计算机技术、电子信息技术、无线传感技术、智能供电技术与远程数据采集技术为主要内容的肉牛、咖啡物联网一期工程,肉牛、咖啡智慧管理迈出实质性步伐。

7.农业科技支撑明显增强

农业部门服务能力提升,全面完成了全市77个乡(镇)农技推广服务体系建设。其中,新建49个,改扩建28个;全市8县(区)实施的基层农技推广体系改革与建设补助项目取得实效,新品种、新技术的试验示范推广有较大突破,县、乡农技人员更新知识培训、轮训力度加大,服务"三农"的能力和水平明显提高。种子质量检测实验室、农产品质量安全检验室、土壤肥料化验室、动物疫病实验室能力全面提升,市级农业系统智能自动化办公水平巩固提高,并建成视频会议系统和肉牛、咖啡物联网展示平台。与农业院校、科研院所开展了广泛交流合作,建立现代农业产业技术体系综合试验站3个,区域推广站6个。2015年末,全市省级推介的粮食作物品种良种覆盖率达88.5%,甘蔗良种覆盖率达86%,生猪良种覆盖率达87%,渔业良种覆盖率达96%。农业机械装备水平明显提高，农机总动力117703万kW，农机作业面积9.07万hm^2。

（四）临沧高原特色农业发展存在的问题

1.农产品品牌建设滞后

农业企业对品牌的重要性认识普遍不足，意识不强，特别对“三品一标”认证的积极性普遍不高。在品牌制胜的时代，临沧市农产品品牌多乱杂，基本上是一个企业一个品牌，甚至有的是一个企业几个品牌。大品牌小产业表现突出，虽然滇红茶、冰岛茶、昔归茶等品牌具有一定的市场影响力，但生产销售规模小；大产业无品牌也较突出，畜牧业产值已超过60亿，核桃产业产值超过50亿元等，但仍无一个具有一定影响力的品牌。

2.农产品质量监测与需求不适应

全市农产品质量安全监管机构不健全，专职人员少，投入不足，检测经费得不到保障，开展农产品质量安全监管和检测遇到许多困难。

3.农村人才缺乏越显突出

随着城市化和工业化的推进，有一定文化的农村青壮年劳动力大部分外出务工，农村年轻劳动力短缺的问题表现突出，对农业技术普及、良种推广、新技术应用的影响越来越大。高校毕业生普遍不愿回乡从事农业生产和特色产业开发，农村专业技术人才普遍缺乏。

4.农业大而不强、广而不精

全市农业产业化基地形成了一定规模，但综合效益普遍较低。农业产业种类多，每个县甚至每个乡（镇）都有几个甚至十几个产业，但真正形成规模效益的特色产业不多，综合效益普遍不高。全市农村土地一家一户经营占比仍较大，仍以“小而全”“小而散”的农户家庭经营为主体，发展方式粗放，与市场化、规模化、信息化为主要特征的现代农业发展要求差距仍较大，农业竞争力、创新能力、抗风险能力和可持续发展能力弱。农村休闲旅游服务业层次不高，休闲农业多以农家乐为主，层次低、效益差。

5.产业争地矛盾制约绿色经济发展

一方面，随着基础设施建设加快和人口的增加，可用耕地在减少；另一方面，临沧生物资源多样及产业发展区域性，决定了临沧产业发展的多样性，“小而全”的产业发展难以形成规模效益。

6.融资难困扰农业产业发展

临沧市的农业企业全部为民营企业，由于农业产业开发投资大、周期长、回报率低、风险大，长期以来融资十分困难，这是临沧市农业产业发展最主要的制约因素。特别是近两年新成长起来以肉牛养殖为主的镇康县蚌孔智慧畜牧庄园、云南山水农牧集团公司，以肉猪养殖为主的凤庆县营定、兴荣和镇康县军赛等万头规模生猪养殖场都遇到了融资难、贷款难的问题，制约了企业发展壮大。

7.龙头企业带动能力弱制约农业转型升级

全市农业产业基地建设投入不足，规模化标准化程度低；农业龙头企业建基地、深加工、创品牌、闯市场不能紧密联结，引领农业产业发展能力弱。

（五）临沧发展高原特色农业的对策及措施

1.坚持开发绿色食品和创建农产品品牌

坚持“世界佤乡、天下茶仓，恒春之都、大美临沧”品牌定位，高度重视地理标识认证和产地认证，扩大无公害农产品、绿色食品、有机食品生产的规模，集中打造一两个特色鲜明、生态优质的绿色生态农产品品牌，突出把蔗糖、茶叶、核桃、坚果、咖啡5个产业打造成云南第一，把木竹、烤烟、橡胶3个产业打造成全省最优，把临沧打造成中国西南重要的肉牛生产基地，云南知名的山地乌骨鸡生产基地和云南乃至全国重要的高原淡水渔业生产基地。提高临沧市高原特色生态农产品影响力和市场占有份额。形成产业特色鲜明、规模大、效益好、产业美的高原特色生态农业产业基地。

2.发展循环农业，推进资源利用向优质、高效、生态、低碳、安全转型

按照发展循环经济、低碳经济的要求，从转变资源利用、生产方式入手，大力发展优质、高效、生态、低碳、安全的循环农业。积极推进种养平衡、农牧互动、生态循环、环境友好的农业产业体系建设。在2020年前，围绕“建成年公顷产值达15万元的万元山20万 hm^2、万元田6.67万 hm^2、年收入达2万元的万元人100万人”目标，就推行了“核桃+魔芋”“林果+魔芋”“坚果+咖啡+魔芋”“核桃+薯类”“林下生物药材”“生态茶园+林果”及林下特色养殖等多种模式，推进“万元山”建设；推行了标准化蔬菜种植、热带水果多样性种植，“优质水稻+冬马铃薯”“优质水稻+蔬菜”及水产池塘精养，马铃薯与甘蔗套种、粮食作物与魔芋套种等多种模式，推进“万元田”建设；抓好蔗梢等农业废弃物综合开发利用，大力推广“畜牧+沼气+有机肥生产+饲草+粮经作物”循环农业发展模式；创新农作

制度，减少资源消耗和物质投入，推广资源节约型农业技术，推行农牧结合、水旱轮作、立体种养等新型高效农作模式，改良生态环境、培肥地力，实现农业可持续发展。

3.着力培育壮大农业龙头企业

临沧工业发展潜力在农产品加工业。要坚持抓农业生产发展，做强一产，做精二产，做活三产，扩大市场营销，搞活流通，构建农业三次产业融合发展的新型农业产业体系。采取“龙头企业+合作社+基地+农户+科技”运作模式，合作社起到上连龙头企业和市场、下连农户的桥梁纽带作用，生产的农产品通过龙头企业订单收购，直接进入加工环节和市场。

4.突出庄园经济引领，推进农业多功能发展

坚持把绿色、生态理念融入农业庄园建设中，围绕创建经营主体、产业基地、加工体系、特色展示、庄园品牌、文化内涵、商业会馆、市场体系“八星”庄园创建目标，高标准、高质量集中打造一批生产、加工、销售、物流、文化体验、旅游观光、休闲养生、购物为一体的生态农业庄园。

5.加快推进农村改革构建新型农业经营体系

临沧农业生产方式仍以分散小规模经营为主，投入大、资源浪费大、产出低、效益差。要加快培育发展农民专业合作社、种养殖业大户、家庭农场、龙头企业等多种形式的经营主体；积极引导农民土地经营权采取入股、租赁等形式合理流转，鼓励农民以土地承包经营权、林地林木使用权入股开展生产合作；积极支持农民专业合作社承接和连片开发经营农民自愿流转的土地和林地，推进分散的农民承包土地向农业庄园、专业合作社、专业大户、家庭农场、龙头企业等新型农业经营主体集中；发展多种形式的集约化经营，促进人地资源合理配置，促进资源利用率、土地产出率和劳动生产率提高。

6.加快农业科技创新，依靠科技进步提高农业效益

重点是要注重优良品种、先进种养技术推广和农产品精深加工技术应用；注重抓好以农业物联网和精准装备为重点的农业全程信息化和机械化技术体系建设，积极探索大数据农业应用；注重加强与大专院校、科研院所的合作，为产业转型升级提供技术支撑；注重加强农业社会化服务体系建设，推进农业科技服务多元化、社会化。

7.加强教育科技培训，全面造就新型农业农村人才队伍

一是加快培养农业科技人才。进一步完善农业科研人才激励和自主流动机制，制订以科研质量、创新能力和成果应用为导向的评价标准；广泛开展基层农技推广人员分

层分类定期培训；完善基层农技推广人员职称评定标准，注重业绩和推广实效，评聘职数向乡镇和生产一线倾斜；开展农业技术推广服务特岗计划试点，选拔一批大学生到乡镇担任特岗人员；积极发挥农民技术人员示范作用，按承担任务量给予相应补助。二是大力培训农村实用人才。以提高科技素质、职业技能、经营能力为核心，大规模开展农村实用人才培训；充分发挥各部门各行业作用，加大各类农村人才培养计划实施力度，扩大培训规模，提高补助标准；加快培养村干部、专业合作社负责人、到村任职大学生等农村发展带头人，农民植保员、防疫员、水利员、信息员、沼气工等农村技能服务型人才，种养大户、农机大户、经纪人等农村生产经营型人才；大力培育新型职业农民，对未升学的农村初高中毕业生免费提供农业技能培训，对符合条件的农村青年务农创业和农民工返乡创业项目给予补助和贷款支持。

8.强化农业对外交流，把原料在外、加工在内的特色产业做大

围绕临沧市边境经济合作区建设，用好用活对外开放政策和边境经济合作区政策，积极实施农业走出去战略，推进缅北农业开发合作区建设，合作推进甘蔗、橡胶、木薯、咖啡等境外种植，做大外向型农业，推进临沧高原特色农产品融入国内外大市场。境外二级公路通车后，临沧市进口额成倍增长，通往临沧的高速公路、铁路现已修通，临沧市已经成为通往东南亚、南亚的重要物流节点，临沧的发展大有希望。

（六）临沧高原特色农业的发展方向：有机农业

发展绿色农业是乡村产业振兴的重要基础，有机农业的兴起与不断完善，已经成为乡村优高农业绿色发展的新亮点与新趋势，有机农业也是临沧高原特色农业的发展方向。

1.有机农业发展内涵与生产特点

实践表明，有机农业发展有3个主要内涵：

（1）有机农业是特定的生产方式。它是遵循生态学原理与大自然规律，统筹协调种植业和养殖业有效结合并注重有序平衡的一种生产方式。实施有机农业生产有助于解决大量使用化肥和农药对环境造成污染等一系列问题，以及尽可能避免发生能源过度消耗以及物种多样性减少的弊端。发展有机农业产业化，不仅有助于提高农民收入，而且有助于乡村产业振兴，尤其是促进山区农村经济高质量发展，具有巨大的增收致富潜力。

(2)有机农业有严格的生产标准。有机农业明确规定:在农业生产中不采用基因工程获得的生物种苗及其副产物,也不能使用人工合成的化学肥料、农药、生长调节剂和用在畜禽饲料中的化学类添加剂;在种植过程采用有机肥料,有效满足作物营养需求;在养殖过程采用有机饲料,有效满足畜禽营养需求。有机农业严格遵照有机生产标准,采用一系列可持续发展的农业技术以维持稳定的农业生产体系。

(3)主要生产与供应有机产品。有机农业要实现保持土壤肥力和良好耕作,持续供给作物养分,有效防治病虫杂草危害的目的,主要依靠合理轮作、秸秆返田、家畜粪尿、生物防治、种植绿肥、机械中耕,并适当补充含无机养分的矿石粉末肥料等方法,生产与供应优质的有机农产品。有机农业的核心是建立生态良性循环和具有生物多样性的农业生态系统,以促进农业生产经营的持续发展。

2.有机农业的主要特点主要体现为4个方面

(1)生产优质安全的有机产品。在常规农业生产过程,施用化肥、农药虽能较大幅度提高农产品产量,但也不可避免地造成农产品不同程度的污染,给城乡消费者的生活造成极大的隐患。发展有机农业主要目的是向社会提供优质安全的有机产品。很显然,由于有机农业不使用化肥农药,也不使用工业废弃物、城市垃圾等可能会造成污染的物质,所以其生产的农产品不仅品质优,食用也比较安全,有利于人民身体健康,减少疾病发生。

(2)有效减轻乡村环境污染。长期以来过量施用化肥,但是其利用率只有35%~40%,大量化肥进入江河湖泊造成水体富营养化,影响鱼类和水生生物生存,引起恶性循环。而一般农药在作物上附着率不超过10%~30%,大量流入环境造成污染。农药能消杀病菌害虫,同时也会杀死一些有益生物及中性生物,引起病虫再猖獗;经常使用会增加病虫的抗药性,使施用农药次数更多用量更大,造成更大污染。有机农业生产方式,不仅有利于保护生态环境,而且可有效减轻农产品污染。

(3)有利农业生产提质增效。有机农产品是一种国际公认的无污染、高品质的安全食品。在国际贸易方面,农产品受关税调控的影响愈来愈小,但受非关税贸易壁垒影响越来越大。我国加入世贸组织之后,国际贸易无疑对我农产品生产环境、种养方式和过程质量控制要求更为严格,只有高质量的产品才可能打破壁垒。很显然,有机农业产业化生产,将有利于在国际市场上提高农产品竞争力,有效增加出口创汇收入。

(4)有利于山区乡村农民增收。有机农业需要大量的劳动力投入,属于劳动密集型产业；有机农业也是涉及丰富内容的系统工程，包括发展观念创新，先进技术应用与运作资金投入等，以求保障基础设施建设与洁净生产场地维护。在国际农产品市场，有机农产品的价格比普通农产品通常要高出20%～50%，甚至一倍以上。与传统农业相比，除了在增加就业和创造新的经济模式上有积极表现外，发展有机农业还有两个方面作用。一是可以提供营养丰富的安全食品，二是有助于保护生物多样性、改善土壤结构。面对人口激增、全球气候变化和生态环境恶化等诸多挑战，有专家预测，新时期包括有机农业在内的绿色生产模式可望得以快速推广，并将成为农业可持续发展的主力军之一。因此，有计划、有规模地发展山区乡村的有机农业产业，有助于增加农村就地创业，增加山区农民收入，提高绿色农业生产水平，促进产业转型升级与乡村持续发展。

3.新时期有机农业发展面临挑战

相关资料显示，近年全球有机农业土地面积为5780万hm^2（包括野生采集的农产品面积），面积最大的国家是澳大利亚（2710万hm^2），而美国、中国、德国、法国、英国等国的有机农业生产面积都超过150万hm^2。目前，有机农业生产面积还比较小，仅占全球农业用地的1.2%，但欧盟有机农业生产占耕地总面积的6.7%。近年，全球有机食品年销售额超过1000亿美元，欧盟有机食品销售额每年增长12%，全球有机食品销售额位列前3的美国、德国和法国分别为389亿、97亿和67亿欧元。中国有机农业发展也呈现持续提升态势，近年中国有机农业耕地面积（160万hm^2）约占全国耕地面积的1.25%，有机植物总产量为1335.6万t，其中野生采集产量37万t。有机农产品产值和销售额分别达到1323亿元和450.6亿元。发展中国有机农业具有显著的环境、经济和社会效益，特别是在探索乡村产业振兴与新的绿色发展方式方面具有重要实践意义，尤其在如何发挥农业生态系统内生动力、促进物质高效循环利用、强化生产者与消费者互动、发展山区乡村绿色经济以及建设美丽乡村与生态宜居环境等方面，都能够发挥重要示范引领作用。有专家估计，中国10年后的有机农业规模将达到667万hm^2，约占总耕地面积的5%，将引领中国绿色农业发展的新格局。

抓好农业源头防控，无疑是解决中国食品安全问题最根本的出路，绿色农业的转型升级在于产业生态化与生态产业化的融合发展。大力发展有机农业是解决食品安全问题的有效途径之一。当人类进入了化学农业阶段之后，化肥农药的应用已成为世界许多国家农业生产的主要措施，而且依赖性越来越强。近年我国化肥、农药使用量分别达7430万t、374万t，还有一些抗生素也大量应用到农业中。虽然化学农业阶段产量不断增长,但也有三大弊端。一是土地质量下降,同时由于地面污染影响地下水安全。二是生态环境受损,耕地土壤受到伤害与破坏,进而影响整个生态链和生物链。三是污染农业产品。农业生产过程不断受到污染,食品安全就得不到保障。有专家认为:有机农业是未来农业发展新潮流。有研究表明:成功经营的有机农业不仅具有经济、社会效益,而且生态环境效益更是十分显著。实际上,有机农业并不是农业的复古,而是富有新内容的现代绿色农业生产方式,其未来发展将呈现明显的新变化。一是市场需要有机农业。人们日益重视食品安全与健康的生活方式,促进了有机食品走向高端消费者餐桌,很多企业都开始涉足农业,在这些农产品中,"有机"成为一大卖点。虽然有机食品价格比普通的贵20%~50%,但食品安全性提高,有助于保障人类健康,进而受到城乡居民与广大消费者青睐,中国有机农产品市场也有着巨大的消费需求。二是树立良好发展形象。现在消费者对农产品品质的要求已越来越高,制约食品的购买力因素已经不是单一的价格问题,而是更加注重品质与安全。很多成功的企业家已经开始把眼光投向有机农业产业化生产,一方面从源头上防控产品污染并保障质量安全,另一方面重视有机农产品的品牌创立与品牌体系建设,包括优质产品的外观设计,加大宣传与普及力度,树立良好的品牌形象。当前的农产品市场,已不仅仅是单纯的产品价格或质量的竞争,更多转向以品牌为主导的知名度、美誉度的综合实力竞争。三是形成农产品产业链。很多企业开始整合资源布局产业链,比如从芝麻种植到深加工产品,从种植柠檬到生产各种食品、化妆品、香料等,将市场主动权牢牢掌握在自己手中。以有机农业为依托的大食品产业,有着长足的发展。四是生产经营模式日趋完善。有机农业渠道布局很复杂,很多渠道费用让种植户不堪重负,所以很多人都在找寻新的渠道。很多种植户都与网店或者售卖平台直接合作,绕过批发商繁杂的环节,有助于降低销售环节的诸多费用,实现直接产销供货,使生产者能取得良好经营收益。全世界有机农业生产面积已超过5000万hm^2,加入世界贸易组织(WTO)后,我国农产品的质量安全和优良品质是促进出口的关键,因地制宜地发展有机农业,将是我国农业立足持续发展并走向世界的重要路径之一。五是利用新兴媒体宣传。现在大多数群体接触新兴媒体的时间较长,企业在新兴媒体上的运营也更加普及,传统营销手法效果已经日益削弱,新思维、新方法已经开始显现,要让更多的消费者了解与食用有机农业产品,让更多的新技术服务与支撑有机农业生产,进而有效助力现代有机农业的发展。

4.新时期有机农业发展对策思考

近年,中央一号文件明确提出支持绿色有机农业的发展。大力发展山区有机农业、生态农业、特种经济林、林下经济、森林旅游小镇等产业。中央一号文件中多次重点强调发展“有机农业”,这意味着有机农业不仅是城乡居民消费趋势,也是国家农业持续发展的重点支持方向。很显然,有机农业前景好,但发展道路不平坦。通过对有机农业发展前景分析,可以预判未来制约我国有机农业发展有三个主要因素:政策支持、管理机制、技术创新。就此,要深入调研,科学分析,制订规划,精准施策。

就主要对策而言,新时期有机农业发展应强化5个环节。

(1)严格认证工作。近年来,以“过程认证”替代“产品认证”是国外先进国家发展有机农业的主要经验,其核心是对场地选择、作物耕作、病虫防控、产品处置、加工过程、仓储运输等过程运作进行严格核查,不仅检验有机食品是否符合标准,而且核查生产过程是否符合标准。我国农业可持续发展,要在大力发展现代高效生态农业基础上,力求将有机农业作为引导者和制高点,这就要求技术创新要有新突破,产业发展要有新机制,乡村家庭农场建设要有新举措。有调研发现,国内现有的有机农业生产基本上属于化学农业改良版模式,尚未形成独立或者有特色的生产标准体系,大多数仅是将原来模式中的投入物由化学物质改为生物物质,采用“换方式”和“打补丁”的措施。要因地制宜创立有机农业发展新模式,依托区域资源与洁净场地优势,构建并形成具有较高生产力的有机农业产业化模式,达到效率和效果、产品与产能、高产与优质的统一。要统筹协调关联技术和投入物效的内在关系,当替代技术和产品效能达到正向效应之时,才能避免生产成本高、效率低下的被动局面。

(2)学习借鉴先进经验。很多成功的企业家已经开始加入到发展有机农业的行列中,在着力发展有机农业生产质量的同时,十分重视有机农业品牌建设。生产企业一方面从源头上预防可能出现的污染问题,从根本上保障有机农产品质量;另一方面要加大宣传普及力度,树立有机农产品品牌建设意识,让更多人认识与食用有机农产品。当前的农产品市场竞争,不但体现在产品质量与销售价格上,而且更加注重以知名品牌为主导的综合实力的竞争。实际上,就有机农产品而言,我国拥有比其他国家更大的消费群体,也拥有更丰富的自然资源和人力资源,未来有机农业将会赢得更大的发展机遇。我们要注重学习借鉴外国先进经验,更好地推进富有中国特色的有机农业持续发展。

(3)创新生产经营模式。有机农业旺盛的生命力在于持续的经济利益驱动力。有调查资料显示，日本城市消费者愿意为高质量有机产品付出高于常规农产品20%~30%的价格来进行日常消费，优质农产品需要有价来支撑才能得以持续。有机农业产业化发展，除了技术创新与应用之外，还需要在组织管理层面创新，加快技术、市场、信息的整合和联动，同时要鼓励有机农业产业化发展、有机农场之间统筹协作、有机生产者和消费者密切合作，鼓励成立有机农业创业联盟和产业经营平台。有机农业的发展也需要产品销售模式创新，例如构建买卖双方相互提携的经营模式，创立社区售卖有机农产品网络，根据居民购买意愿自行商定合适价格等方式，维持有机食材长久而稳定的供应，其不仅让消费者买到了物美价廉的商品，而且尽可能避免生产者受到市场价格波动的冲击，让农民可以专心生产有机农产品。

（4）强化基础建设工作。在有机农业发展过程，不仅在理念上要摆脱传统常规农业的束缚，更要注重基础条件建设。尤其要重视土壤的生态改良和利用，尤其要注重耕地地力（指土壤持续产生矿质养分和其他养分的能力）的培育与建设。以往人们限于对科学的认识，难以了解地力的本质，更多的只是观察现象和描述结果。有机农业不是古代农业的复原，也不是“懒汉农业”，一部分有机农场沿袭模仿古代农业做法，还有部分有机农场不耕作、不施肥，顺天自然，坐等收成。这些都是典型的低生产力模型，难以维持有机农业持续发展，只有科学地培养地力才是解放有机农业生产力的有效方法。需要强化场地选择与基础地力体系建设，包括有机农业生产场地生态环境的保育与建设。

（5）构建替代技术体系。在有机农业生产过程中，往往以有机肥替代化肥，以生物农药加物理方法替代化学农药，虽然减少了环境污染，但其需要花费更多人力资源，或许劳动成本高、生产见效慢、收益效果差，其综合效能低于化学农药。如何寻求更加有效、更低成本的生物替代品和高新性技术，已成为现代有机农业从业者追求的目标，既有生产成效，也有质量保障。但是生物农药替代仍以毒杀病虫为目的，依然属于后端治理的方法，需要合理利用与优化构建生物多样性体系。利用自然界生物链的统筹协调关系来优化平衡生态，或者利用生物之间相生相克原理来实现对病虫害的前端治理，将是寻求有机农业持续发展的最佳选择。但是由于理论上的不确定性，实施优化生物多样性是否能够平衡生态与生产关系，以及大面积实施的防控效果，无疑都是需要进一步攻关的难题，进而优化构建并不断完善有效替代技术体系，保障有机农业的健康与有效发展。

参考文献

[1]谭鑫.论云南高原特色农业[M].昆明:云南人民出版社.2018.

[2]李明贤,黄文清.农村经营管理人才培养及供给机制的完善——基于现代农业需求视角[J].湖南农业大学学报(社会科学版),2009,(4):8-12.

[3]彭新宇,金发忠.论特色农业的理论内涵及发展模式[J].湖湘论坛,2006(05):65-66.

[4]叶函.云南高原特色农业发展路径探析[J].现代农业科技,2020(13):235-236.

[5]邓秀月.高原特色农业绿色发展战略研究——以云南省为例[J].农村经济与科技,2019,30(04):151-152.

[6]耿嘉.高原特色农业:新成效与新态势[N].云南日报,2014-02-26(008).

[7]谭鑫.云南高原特色现代农业发展模式研究[J].新丝路(下旬),2016(03):42+41.

[8]周茂春,袁红辉.边疆生态农业的发展现状及发展建议——以临沧市为例[J].甘肃农业,2021(09):38-41.

[9]张琴书.临沧市特色农业发展情况调查[C]//.农村农业改革创新与农业现代化论文选编(下册).[出版者不详],2014:361-363.

[10]李如飞.临沧市发展高原特色农业存在的问题及对策[J].云南农业科技,2017(05):61-64.

[11]李如英.云南省临沧市高原特色农业发展的问题及对策[J].当代经济,2016(07):51-53.

[12]刘朋虎,赖瑞联,王义祥,等.有机农业面临主要挑战与若干发展对策思考[J].农业经济,2021(01):27-29.

CHAPER

1

第一章

临沧主要粮食作物

第一节 玉米

一、概述

（一）临沧玉米发展历史

玉米（*Zea mays* L.）在植物学分类上属于禾本科，玉蜀黍属，一年生草本植物。临沧老百姓常称之为包谷、玉麦。玉米是一年生雌雄同株异花授粉植物，植株高大，茎强壮，是重要的粮食、饲料和蔬菜作物；具有光能转化率和较高产量潜力；从世界到中国，从云南到临沧，玉米的种植面积和总产量较高；含有丰富的蛋白质、脂肪、维生素、微量元素、纤维素等，具有开发高营养、高生物学功能食品的巨大潜力，一直都被誉为长寿食品。现代栽培的玉米皆是高度驯化的结果，它的延续完全依赖于人类。

根据清初始修的《顺宁府志》记载，玉蜀黍俗称玉（御）麦，是杂粮中的主要产品。凤庆细黄玉米曾被称为“顺宁黄饭玉蜀黍”，据此可认为玉米是明末清初传入我市的凤庆、镇康、永德、云县、临翔五县（区）种植，后向双江、耿马、沧源等地发展。在临沧当地各族人民的生产实践中，玉米所具有的优点被逐步认识，在不断的自然选择和人工选择下产生了适应不同生态条件的地方品种。根据1982年临沧地区玉米种植资源的普查结果，临沧有地方品种资源26份，其中糯质资源9份，外引品种6份。种植面积最大的硬粒型黄玉米，种植面积53.11万亩；其次是硬粒型白玉米，种植面积27.2万亩；再次是硬粒花玉米，种植面积10.29万亩；其余种质资源种植面积在30亩至1.9万亩不等，外引品种种植面积在10万亩左右。80年代引入和改良至今种植的地方品种有墨白1号、素湾1号、临改白等品种。

临沧玉米种质资源开发利用较晚，20世纪50年代中期到60年代前期，主要以引入品种为主，先后引入了金皇后、双跃4号、双跃3号、双跃150号、双跃154号、专双5号等品种，但只有双跃4号推广应用成效明显，是临沧杂交玉米推广的第一个高潮期。60年代中期到80年代末期，在引入双交种的同时，开始地方优良品种和单交种的推广应用，1964年起将地方优良品种凤庆二黄、细黄、大黄、鲁史矮脚、德党二黄、勐板黄、忙东大黄等在各县推广应用。与此同时，先后引入了李山头、北京白、豫综2号、金可、门可、普照等良种。1978年，临沧地区农校用地方良种自交系218-7与自330配制的单交种单10号，在低热地区表现较好，并在各县推广应用。1981年引入的七三单交种，是继双跃4号之后临沧推广应用面积最大的杂交种，是杂交玉米推广的第二个高潮期。在此期间，由墨西哥和泰国引进的群体改良种引群80、墨白1号、素湾1号、墨白94号也在各县推广应用。与此同时，开展了以凤二黄、白玉米等地方品种的群改工作。1984年由临沧地区农科所通过当地白玉米群选后与墨白102杂交后再群选选育的临改白，是临沧开发利用地方种质资源的新突破，临改白也成为临沧推广应用面积最大的地方品种，累计推广面积440万亩以上，推动了临沧玉米生产的快速发展。

（二）临沧玉米分布情况

按照云南省玉米产业带的划分，我市凤庆县、永德县划为滇中温暖玉米产业带，其余6个县(区)划为滇南暖热玉米产业带。根据临沧市地理位置、自然条件、玉米分布现状和生态类型划分为北部中山、东部中山、西部中山、南部低山4个玉米产业带。北部中山适宜区包括凤庆县13个乡镇，云县的爱华、幸福、茶房、晓街、茂兰、忙怀、漫湾，共20个乡镇2个农场，种植面积60.48万亩，产量19.38万t，平均亩产320.4 kg；东部中山适宜区包括临翔区10个乡镇（街道)，云县的后箐、栗树、涌宝、大寨、大朝山，共15个乡镇，种植面积29.42万亩，产量9.26万t，平均单产314.8 kg；西部中山适宜区包括永德县10个乡镇1个农场，镇康县的忙丙、凤尾、勐堆、勐捧，共14个乡镇1个农场，种植面积67.87万亩，17.39万t，平均产量256.2 kg；南部低山适宜区包括镇康县的南伞、木场、军赛，耿马自治县9个乡镇3个农场、沧源自治县10个乡镇1个农场、双江自治县6个乡镇2个农场，共28个乡镇6个农场，种植面积71.8万亩，产量17.48万t，平均单产243.5 kg。全市77乡镇(街道)9个农场，海拔450～2400 m范围内皆有玉米种植，但集中分布于海拔1800 m以下地区。1800 m以上的地区，约20万亩的玉米，受低温寡日照气候和良种及栽培条件的制约，产量水平较低，为次适宜区；1300 m以下的地区光温水资源充足，适宜品种较多，抗御自然灾害能力较强，一年四季均可种植，是发展全株青贮玉米和鲜食玉米的最佳区域。

(三)临沧玉米发展现状

玉米是临沧市第一大粮食作物。2020年,全市玉米播种面积229.8万亩,占全省玉米种植面积2667.5万亩的8.61%,占全市粮食作物播种面积432万亩的53.19%;玉米产量62.56万t,占全省玉米产量926万t的6.76%,占全市粮食总产104.1万t的60.10%;平均单产282.7 kg,比全省玉米单产347.1 kg低64.4 kg,比全市粮食平均单产240.1 kg高42.6 kg。玉米生产的丰歉,直接影响全市粮食供给是否充足及群众的生产生活好坏,影响当地社会稳定和经济发展。

临沧种植玉米历史悠久,在中华人民共和国成立前及成立初期主要以当地玉米品种为主,单产低。近年来玉米生产得到较快发展,从1952—2020年,玉米播种面积扩大2.69倍,从62.2万亩增加到229.8万亩;产量增加11.05倍,从5.88万t增加到64.96万t;单产提高近2倍,从94.8 kg提高到282.7 kg,提高187.9 kg。在这68年的玉米生产历程中,临沧玉米经历了四个发展时期,即较好发展期(1952—1958年)、徘徊期(1959—1977年)、波浪式发展期(1978—2006年)和快速发展期(2007—2020年)(本书讨论至2020年的数据)。

回顾临沧这68年的玉米发展历史,一是国家政策好,各项惠农强农政策落实到位;二是农业科技推广应用推动玉米产业快速发展。通过认真分析,玉米面积扩大167.6万亩,总产增加59.08万t,单产提高187.9 kg。在新增总产中,依靠扩大面积增加产量15.89万t,占26.9%;依靠科技提高单产增加产量43.19万t,占73.1%。

二、栽培技术

(一)临沧玉米栽培优势与特色品种

20世纪80年代以前,临沧玉米栽培方法主要以犁沟点播和撒播两种方式,以种植地方玉米品种为主,因植株穗位较高、生育期长,抗风灾能力弱,倒伏严重,一般种植密度在2000~3000株/亩,产量在100~150 kg之间。70年代末期在农业技术推广部门的指导下,在凤庆县、云县等玉米主产区示范推广"大窝塘点播"播种方法,对增加产量有一定的帮助,但因优良品种不配套,推广效果不明显。

进入80年代以来,农业科技部门先后从国外引入了群体改良种素湾1号、引群80

号、墨白1号，墨白94、81-17等品种在凤庆县、沧源县、临沧县落户推广；“七三”单交、京杂六号、京多80、莫A、三A、“七莫”双交、丹玉2号等杂交玉米品种重点在云县、永德县、临沧县落户推广。这些品种的成功引入和示范推广，打破了长期以来良种匮乏的被动局面，从而推动了规范化打塘点播，条播，地膜覆盖，育苗定向移栽（纸袋、营养袋、营养钵育苗）等先进栽培技术的示范推广，玉米栽培水平和产量逐年提高。

1983年开始，临沧市农业科学研究所沙桂荣、李学智、陈宝良等玉米科研团队，针对临沧玉米良种匮乏的实际，参加了云南省农业科学院粮食作物研究所牵头成立的云南省玉米育种协作攻关科技专项，在云南省科委的支持下，对临沧市种植面积较大的地方玉米品种白玉米进行直接改良和掺种改良。直接5轮改良后，平均株高从337 cm下降到306 cm，平均穗位高从210 cm下降到182 cm，平均亩产量由3742 kg提高到5310 kg；掺入墨白102矮秆种质改良群体平均株高从337 cm下降到253 cm，平均穗位高从210 cm下降到134 cm，平均亩产量由3742 kg提高到6375 kg。由于改良效益和增产效果显著，掺入墨白102矮秆种质改良群体定名为临改白，1991年通过云南省农作物品种审定委员会审定，审定编号为滇玉12，该品种从高寒山区临沧县章驮乡采花坝村、章驮村等地示范推广一举获得成功后，迅速在临沧山区、半山区得到推广应用。至1998年累计推广面积达440万亩，最高年份1995年种植面积达21.72万亩。在该品种推广带动下，群众的科技意识和种植水平有了较大的提高，为后来大面积推广应用杂交玉米品种、提高玉米产量、促进玉米产业发展创造了良好条件。

20世纪90年代以来，临沧市农业科学研究所在玉米育种方面坚持自主选育与引进筛选的技术路线，利用素湾1号种质选育出的临顶1号、临玉5号通过市级鉴定，利用种质扩增改良技术选育的临玉11号、临玉12号、临玉13号、临玉14号、临玉15号、佤玉16号、临玉18号等通过国家和省级农作物品种审定委员会审定。

随着年代的推移和科技的进步，投放临沧玉米生产中应用的品种逐年增加，但大面积推广应用的优势品种不多。20世纪80年代，大面积推广应用的优势品种主要有“七三”单交、京杂6号、莫A、三A、引群80、墨白1号等；20世纪90年代，大面积推广应用的优势品种主要有临改白、雅玉2号、扎单201、8053、临玉5号等；2000年开始，大面积推广应用的优势品种主要有临改白、云瑞19、云优78、云瑞21、云瑞8号、海禾1号、海禾2号等；2010年以后，大面积推广应用的优势品种主要有云瑞21、五谷1790、五谷3861、雅玉889、红单6号、白玉2号、白玉16、白玉20、正大615、正大619、西抗18、康农2号等。据不完全统计，目前投放临沧玉米生产中的玉米品种350个左右，其中青贮鲜食玉米品种50个左右。据临沧市种子管理站统计，2021年推广面积在5万亩以上的粮饲型品种有西抗18、红单6号、康农2号、正大719、雅玉78、隆白1号、隆瑞696；推广面积在1万亩以上的粮饲型玉米品种达45个；全市共种植外来鲜食玉米品种21个，推广面积较大的有金科糯2000、彩糯206、苏糯六号等，地方常规糯玉米主要有本地大白糯、本地小黄糯、孟定紫糯等；全市共种植地方常规玉米品种8个品种，种植面积14.41万亩，主要有本地黄玉米、墨白1号，临改白等。

（二）临沧玉米栽培与管理技术

1.籽粒玉米高产栽培技术

（1）选地整地。玉米根系发达，适应性强，对土壤种类及肥沃程度要求不严格。但玉米植株高大、根系多、分枝多，要从土壤中吸取大量水分和养分，故要选择地势较平坦，土层深厚、质地较疏松，通透性好，肥力中等以上，保水、保肥力较好的旱地（田）或缓坡地，播种前要精细耕地，使土质松软，细碎平整后再开沟起畦播种，才能获得较高产量。

（2）因地制宜选用良种。在品种选择上，要针对各地不同类型的气候特点，土壤情况，栽培管理水平，种植习惯，茬口安排，群众的食味、消费习惯等实际情况因地制宜，选择通过省级以上农作物品种审定委员会审定并适宜当地推广的杂交玉米新品种。

（3）施足基肥，配方施肥。基肥应以迟效肥料与速效肥料配合，N肥与P、K肥配合，肥效时间长，为丰产夯实基础。玉米施用基肥的方法有条施、撒施和穴施三种。一般以条施效果较好，能使肥料靠近根系而易于吸收利用。一般亩施农家肥1000～1500 kg，复合肥35～40 kg，或磷肥25～30 kg、钾肥10～15 kg、锌肥1 kg、硼肥1 kg；配方施肥，是根据土壤条件、品种特性、不同肥料类型、不同植物生长时期，采用不同的施肥量和不同的配比量，在施足基肥的基础上，适时追肥。攻苗肥，亩施尿素15 kg，钾肥5 kg；重施攻穗肥，亩施尿素25 kg；巧施粒肥，亩施尿素5 kg。

（4）适时播种，合理密植。适时播种：根据各地最佳节令调节播种期。最早播种期以地温稳定在10～12℃时即可播种，高海拔地区在3月下旬至4月中旬播种；中海拔地区在4月下旬至5月中旬播种，低海拔地区在5月下旬至6月中旬播种；春玉米在1～3月播种，夏玉米在4～6月播种，秋玉米在7～9月播种，冬玉米在10～12月播种，冬玉米、早春玉米和晚秋玉米播种时注意采取地膜覆盖。合理密植:根据生产条件、气候条件、土壤肥力、品种特性、管理水平、种植方式、产量水平等实际情况,做到合理密植,使构成玉米产量的三要素(有效穗数、穗粒数、粒重)相互协调,发挥群体优势。一般紧凑型玉米亩种植4500~5000株,半紧凑型亩种植4000~4500株,披散型亩种植3500~4000株。早熟玉米亩种植5000~5500株,晚熟玉米亩种植3500~4000株。提高种植质量:提高播种质量是保证苗全、苗齐、苗壮的主要措施。播种时应做到四个一致,即同一块田所用的种子大小基本一致;划线播种,株行距一致;开沟(打塘)深浅和盖土厚度一致;播种时全田土壤墒情一致。播种深度依土壤质地和墒情而定,一般4~5 cm。若土壤黏重或土壤含水量高,应浅播,盖土厚度为2~3 cm;若土壤墒情不足,应深播8~10 cm,盖土厚度6~8 cm。播后踏实盖土,减少土壤水分蒸发。种植方式宜采用宽窄行(双行单株)种植,即宽行90~100 cm,窄行40 cm,株距视密度而定,一般20~30 cm。等行距种植,行距80~90 cm,塘距40 cm。

(5)加强田间管理,确保增产增收。

苗期管理:苗期管理的主攻目标是苗全、苗齐、苗壮,假茎扁平,植株矮状,叶色浓绿,根系发育良好。应做好以下管理工作。①查苗补苗:玉米出苗后必须及时查苗补苗。补苗方法,一是补播种(浸种催芽后播种),二是移苗补栽(移栽后浇足定根水)。无论是补播种或移苗都必须在3叶前完成。补苗后施水肥1~2次。②间苗定苗:为防止幼苗相互拥挤,争光争肥,浪费养分和水分,玉米长到3~4叶必须及时分次间苗。间苗应间密留稀,间小留大,间弱留强,间病留健,一般4~5叶定苗。③追肥中耕:定苗后根据幼苗的长势情况和田间杂草的情况下进行追肥中耕除草,亩施尿素20 kg,钾肥5 kg。④防治虫害:苗期的主要虫害有地老虎、黏虫、草地贪夜蛾等。

穗期管理:玉米穗期管理的主攻目标是壮秆、大穗、粒多。相应的措施如下。①重施攻穗肥:大喇叭口期,结合中耕培土,亩施尿素30 kg,施肥的方法是在两植株之间打深穴(深6~10 cm,直径3~4 cm),将肥料施入穴内然后大培土。②科学排灌:玉米穗期需水量大,对水分极为敏感。这一时期若干旱应及时灌水,使土壤持水量保持在70%~80%;若降雨过多,土壤水分过量,应及时排水防涝。③防治病虫害:穗期主要虫害是玉米螟、蚜虫、草地贪夜蛾等危害叶片、茎秆及雄穗的害虫;病害主要有大、小斑病,灰斑病,茎腐病,锈病,纹枯病,白斑病,穗腐病等。应采取农业、物理、生物技术和化学防治等手段,加强绿色防控和统防统治。

花粒期管理:此期主攻目标是养根保叶,防止早衰和贪青,延长绿叶的功能期,防止籽粒败育,提高结实率和粒重。①巧施粒肥:所谓巧施应根据大田植株长相而定。在穗肥充足、植株长相好、叶色浓绿、无早衰退淡现象的田块则可不施,以免延长生育期。若穗肥不足,植株发生脱肥现象,则应补施粒肥。粒肥施用的原则是"宜早勿迟"。一般亩施尿素5 kg或碳铵10～15 kg,打穴深施。也可用1%～2%尿素与0.4%～0.5%的磷酸二氢钾混合液进行叶面喷施,亩用溶液70～100 kg。②灌水与排涝:土壤水分应保持田间最大持水量的70%～80%,才有利开花受精。天旱及时灌水,若田间持水量超过80%,注意排水。③防鼠:可用敌鼠钠盐等,采用1%敌鼠钠盐1份拌20～30份饵料并加少量动、植物油,连续投放2～3 d。

(6)适时收获。在全田90%以上的植株茎叶变黄,果穗苞叶枯白,籽粒变硬(指甲不能掐入),显示该品种籽粒色泽时,玉米即成熟可收获。

2.鲜食玉米绿色高产高效栽培技术

(1)选地整地。鲜食玉米是特色玉米,它与普通玉米相比,对土壤选择、栽培管理的要求较为严格。换句话说,要获得更高的亩产量和更优的品质,达到果穗大小均匀一致的商品特性,故要选择地势较平坦、土层深厚,土壤质地较疏松、通透性好,保水、保肥和排灌方便的冬植和春植田。播种前要精细耕地,使土质松软、细碎平整后再开沟起畦播种,才能获得较高的产量。规划地块要集中连片,设置隔离区,避免与普通玉米混种在一起影响适口性。

(2)因地制宜选好品种。在品种选择上,要针对各地不同类型的气候特点、土壤情况、栽培管理水平、种植习惯、茬口安排、群众的食味、消费习惯等实际情况,选择成穗整齐、株型紧凑半紧凑、抗病抗虫性强、生育期适中、适口性和市场需求前景好的糯玉米。如,高原丽人,云甜玉8、9号等药肥包衣种子品种。

(3)施足基肥,配方施肥。肥料品种的选择和使用要本着"绿色、无污染、无残留"的要求,基肥应以有机肥料(农家肥)与无机肥料(化肥)结合,大量元素肥(N、P、K)与微量元素肥(硫酸锌、硼肥)结合,合理确定施肥水平(施肥量)。一般亩用1000～1500 kg充分腐熟的农家肥和检测合格的生物有机肥,亩用全溶性的高效缓控复合肥20～30 kg加10 kg尿素作基肥;亩用30 kg尿素作追肥(提苗肥10 kg/亩、穗肥20 kg/亩);改进施肥方式和技术。

基肥:农家肥选用全层施肥、条施和集中塘施三种方法,生物有机肥选用条施和集中塘施两种方法，化肥采取种肥隔离同播方法。追肥：主要以尿素为主，采取深施高效的方法，在苗生长至5～6叶展开期结合中耕松土除草施提苗肥；在苗生长至10～12叶展开期结合中耕培土除草施穗肥。除此之外，若苗期出现缺磷、叶色偏淡和坐蔸现象及时用磷酸二氢钾兑水喷雾1次。

（4）适时播种，合理密植，提高种植质量。适时播种：根据各地最佳节令调节播种期，最早播种期为地温稳定在10～12 ℃时，即可播种。冬植和春烟早植区宜在6月下旬烤烟中、下部烟叶采收完毕后即可播种，根据市场需求量和预计亩产量确定日播种面积，以套种的方式实行分期分批播种，烤烟全部收获完毕后及时清除烟秆和进行除草施肥等田间管理工作，9月前后即可采收上市；夏植烟区收获后及时清除烟秆整地理墒起垄覆膜，于7月下旬至8月上旬分期分批播种，元旦节前后陆续采收上市；低热坝区（海拔1100 m以下），11月中旬至12月上旬期间分期分批覆膜、分期分批播种；中海拔（1500 m）以下水肥条件较好地区或田块于1月底至2月下旬覆膜分期分批播种，“五一节”前后陆续上市。冬玉米、早春玉米和晚秋玉米播种时一定要注意采取地膜覆盖，合理密植。根据生产条件、气候条件、土壤肥力、品种特性、管理水平、种植方式、产量水平等实际情况，做到合理密植。合理密植和田间管理的具体措施同前面“籽粒玉米高产栽培技术”的（4）和（5）。

（5）适时采收。在授粉结束后的25～30 d即乳熟期采收最佳，经田间采收、果穗分级、装箱、打冷、入冷库、运输、市场销售等处理环节。

3.烟后全株青贮玉米绿色高产高效栽培技术

（1）品种选用。选择国家、云南省农作物品种审定委员会审定且适宜临沧种植并具有早熟、抗病、丰产性好、适应性广的青贮玉米或粮饲兼用型品种。目前建议选用红单6号、云瑞10号、云瑞21、云瑞121、曲辰26、正大769、云瑞121、金亿418、临玉11号、临玉15号、隆瑞888、红单6号、大天397等品种。

（2）适期早播。春植烟区一般在6月下旬至7月中旬播种为宜，海拔1500 m以下的夏植烟区且无灌溉条件的地块在适期内早播，保证营养生长和生殖生长，播种时间不得晚于8月5日，要求在中下部烟叶采收完毕后以套种的方式播种，确保在10月底以前完成抽雄受粉。

（3）播种方式。为避免遭水，建议在烤烟墒面上套种，采取宽窄行方式种植，选择人工打小塘播种和播种器播种，1.2 m为1个播幅，窄行距0.4 m，株距0.25～0.27 m，单株留苗，种植密度4000～4400株/亩，烟叶采收完毕后，及时拔出烟秆后进行追肥提苗和小培土。

(4)田间管理。①施肥管理。出苗至4叶期，每亩追施10 kg尿素提苗，至8～10叶期结合小培土每亩追施20 kg尿素作为拔节孕穗肥。②病虫害管理。适时观察病虫的危害情况，重点抓好草地贪夜蛾和玉米螟的防治，出苗至2～3叶期(3龄幼虫前)选用高效氟氰菊酯+甲维盐防治草地贪夜蛾和玉米螟，要求防治要认真不得遗漏。随后根据防治效果和危害情况适时防治，一般不少于2次。至8叶期左右，选用粉锈宁+甲基托布津(或多菌灵)防治叶斑病1次；适时做好中耕除草管理。③水分管理。受粉灌浆期如遇长时间干旱还需补水管理。

(5)适时采收加工。受粉结束30～35 d后(进入蜡熟初期)即可全株采收加工青贮饲料。具体加工方法可咨询当地畜牧技术推广部门。

在高海拔地区秋、冬、早春玉米生产中广泛采用的地膜覆盖栽培、深塘浅播种肥隔离抗旱栽培、免耕打塘点播，低海拔地区坡地等高种植，化肥、农药减量节本增效(绿色生产)等技术在这里不做一一介绍。

(三)临沧玉米主要病虫害与防治技术

2002年以前，临沧玉米病害以玉米大、小斑病，锈病，纹枯病为主，随着种子市场逐年放开，引进品种多、杂、乱现象十分突出。一些感病品种或材料引进临沧，加之近几年气候变化异常，各种病虫害的危害程度呈上升趋势，玉米灰斑病、玉米云斑病、玉米白斑病、玉米细菌性顶腐病和草地贪夜蛾的危害对临沧玉米产业的可持续发展构成了较大影响。

1.临沧玉米病害种类及症状

(1)玉米大斑病。玉米大斑病主要危害叶片，严重时也危害叶鞘和苞叶。植株下部叶片先发病，然后向上扩展。在叶片上产生椭圆形病斑中央灰褐色的斑点，然后逐渐向叶片两端延伸至长梭形，形成大小为(50～100)mm×(5～10)mm的病斑，有的病斑更大，或几个病斑相连成大的不规则形枯斑，严重时叶片枯焦。在感病品种上先出现水渍状斑，很快发展为灰绿色的小斑点，病斑沿叶脉迅速扩展并不受叶脉限制，形成长梭形、中央灰褐色、边缘没有典型变色区域的大型病斑。在连雨天的时候，斑块上会出现灰黑色霉层，这主要是由于病原孢子大量分生而造成的，发病后植株叶片失去光合作用功能，难以保证植株的正常生长，严重时会导致植株枯死，造成大面积减产。临沧1700 m以上海拔冷凉地区遇到雨水多、湿度大的年份容易引发大斑病。在玉米大斑病多发地区，指定专人负责，定期系统观察玉米大斑病的发生情况。当田间出现病株，病叶开始自下而上垂直扩展时，如田间湿度大，或近日内气象预报有中到大雨，应迅速发出“玉米大斑病将在10%左右田块流行”的预报，指导农民适期防治。

（2）灰斑病。玉米灰斑病病菌主要危害叶片。初始病斑在透射光下呈针尖状褪绿的黄色小斑点，1 d后，感病品种上形成长矩形病斑，长1～6 cm，宽0.2～0.4 cm，宽度受叶脉限制，多数沿玉米叶脉扩展。病斑交界处清晰，病斑中央灰色，边缘具褐色坏死线，叶片两面均可产生灰色霉层，以叶背面居多。湿度大时，病斑背面生出灰色霉状物，即病菌分生孢子梗和分生孢子。发病严重年份，植株叶片枯死早衰，在高温、高湿条件下极易发病，一旦发生并迅速蔓延。最明显特征是：叶片失绿，病斑背面生出灰色霉状物，病斑周围有褐色边缘，与叶脉平行延伸，多个病斑相连成片而致叶片枯死。临沧7、8、9月份是此病发生的高峰期。

（3）锈病。玉米上比较常见的有两种，即普通锈病、南方锈病。临沧发生的主要是南方锈病，而且多数发生在温暖潮湿的低热坝区。初期病斑为水渍状褪绿小斑点，最显著特点是叶片和叶鞘上突起疱斑，形成橙色至红色的小圆形粉孢，叶片正面比在叶片背面形成粉孢多，植株成熟时变为暗褐色，随后叶片萎黄干枯致死。

（4）弯孢霉菌叶斑病。此病的发生在临沧有逐年上升趋势，和其他病害不同的是病斑一般从上部叶片向中下部蔓延，病斑为圆形或椭圆形，中央有一黄白色或灰白色坏死区，边缘褐色，外围有褪绿晕圈，似“眼”状。抗性品种病斑多为褪绿点斑，无中心坏死区，病斑不枯死，病斑较小，一般为(1～2)mm×(1～2)mm；感病品种病斑可达(4～5)mm×(5～7)mm，多个病斑相连，呈片状坏死，严重时整个叶片枯死。

（5）褐斑病。病斑中间隆起，垂直于中脉，叶鞘、叶脉上的病斑较大，红褐色到紫色，边缘清晰，常连片致维管束坏死，随后叶片因养分无法传输而枯死。

（6）纹枯病。主要危害叶鞘和茎秆，严重时引起果穗受害。发病初期在基部1～2茎节叶鞘上产生暗绿色水渍状病斑，扩展融合成不规则形或云纹状病斑。病斑中部灰褐色，边缘深褐色，由下向上蔓延扩展。穗苞叶染病也产生云纹状斑。果穗染病后秃顶，籽粒细扁或变褐腐烂。严重时根茎基部变为灰白色，次生根黄褐色或腐烂。该病是在多雨、高湿条件下以及低洼或排水不畅的地块发病较重，所以防治纹枯病最好方法就是清理排水沟，降低湿度，保持田间通风透光。

（7）云斑病。病斑初期为较小的褪绿斑（1～10 mm），后期坏死，逐渐发展成枯草黄色。病斑边缘模糊不清，界线不明，容易彼此相连成片，特别是靠近中脉部更是连成大病斑。病斑后期呈云纹状，颜色偏枯草色，前期有未完全褪色的绿色区域。病斑在叶片正反面大小和颜色不一。叶片病斑正反面的大小主要取决于病原先从哪一方面侵入，早侵入的一面病斑就大，相对的一面则呈现暗绿色，中央淡黄色病斑。当对光看病斑时，褪绿斑较大，边缘不清楚。

（8）白斑病。是近两年新发生的主要病害，尤其低海拔地区发生较为严重。病斑最初较小，淡绿色，散生于叶片表面。随着时间推移，病斑变白、变干，有或无深褐色边缘，类似百草枯除草剂引起的药害斑点。病斑圆形、长形、长方形，0.3～2.0 cm。病斑颜色偏白，病斑具穿透性，即病斑在叶片正反面大小和颜色完全一致，或者几近一致。病斑边缘整齐清晰，无放射状或不清晰的延伸性或延伸状病斑。病斑有突然下陷的症状，后期会出现破裂穿孔。严重时病斑逐渐合并成不规则的大病斑，长达10 cm导致整个叶片枯死。后期病斑上着生有小黑点（分生孢子器及分生孢子萌发菌丝）。云病斑和白病斑最大区别在于白斑型病斑的白斑边缘少有褪绿部分或者褪绿部分很窄，有时有狭窄的褐色坏死线，病斑中部失水快，变薄，后期有的病斑出现脱落和穿孔现象。

（9）镰刀菌顶腐病。该病在玉米苗期至喇叭口期均表现症状，心叶从叶基部腐烂干枯，紧紧包裹内部心叶，使其不能展开而呈鞭状扭曲；或心叶基部纵向开裂，叶片畸形、皱缩或扭曲。植株常矮化，剖开茎基部可见纵向开裂，有褐色病变；重病株多不结实或雌穗瘦小，甚至枯萎死亡。病原菌一般从伤口或茎节、心叶等幼嫩组织侵入，尤其是蓟马、蚜虫等害虫的危害会加重该病害的发生。

（10）细菌性顶腐病。该病在在玉米抽雄前均可发生。典型症状为心叶呈灰绿色，感病植株失水萎蔫枯死，形成枯心苗或丛生苗；叶基部水浸状腐烂，病斑不规则，褐色或黄褐色，腐烂部有或无特殊臭味，有黏液；严重时用手能够拔出整个心叶，轻病株心叶扭曲不能展开。高温高湿有利于病害流行，害虫或其他原因造成的伤口利于病菌侵入。该病多出现在雨后或田间灌溉后，低洼或排水不畅的地块发病较重。主要症状表现：①叶缘缺刻型。感病叶片的基部或边缘出现“刀切状”缺刻，叶缘和顶部褪绿呈黄亮色，严重时1个叶片的半边或者全叶脱落，只留下叶片中脉以及中脉上残留的少量叶肉组织。②叶片枯死型。叶片基部边缘褐色腐烂，叶片有时呈撕裂状或断叶状，严重时顶部

4～5叶的叶尖或全叶枯死。③扭曲卷裹型。顶部叶片卷缩成直立长鞭状，有的在形成鞭状时被其他叶片包裹不能伸展形成"弓"状，有的顶部几个叶片扭曲缠结不能伸展，缠结的叶片常呈撕裂状、皱缩状（注意：该症状容易与玉米疯顶病混淆，区别在于该病的叶片边缘有明显的黄化症状，叶片变形、扭曲症状轻于疯顶病）。④叶鞘、茎秆腐烂型。穗位节的叶片基部变褐色腐烂的病株，常常在叶鞘和茎秆髓部也出现腐烂，叶鞘内侧和紧靠的茎秆皮层呈铁锈色腐烂，剖开茎部，可见内部维管束和茎节出现褐色病点或短条状变色，有的出现空洞，内生白色或粉红色霉状物，刮风时容易折倒。⑤弯头型。穗位节叶基和茎部发病发黄，叶鞘茎秆组织软化，植株顶端向一侧倾斜。⑥顶叶丛生型。有的品种感病后顶端叶片丛生、直立。⑦败育型或空秆型。感病轻的植株可抽穗结实，但果穗小、结籽少；严重的雌、雄穗败育，畸形而不能抽穗，或形成空秆（注意：该症状与"缺硼症"相似，但缺硼一般在沙性土、保肥保水性差、有机质少的地块，且长期持续干旱时发生；而该病是在多雨、高湿条件下发生）。病株的根系通常不发达，主根短小，根毛细而多，呈绒状，根冠变褐腐烂。高湿的条件下，病部出现粉白色至粉红色霉状物。

2.玉米虫害种类及防治

临沧属于热带亚热带湿润气候，光热条件良好，积温充足，终年适宜玉米的生长。烟后玉米，春、夏玉米为玉米害虫提供丰富的食源。

（1）草地贪夜蛾。该虫是2019年从缅甸传入我市的外来害虫，年发生危害面积100万亩以上，具有特别能吃、繁衍迅速、飞行能力超强、生存能力强的四大特点，主要危害叶片、茎秆、雄花、雌花、苞叶、籽粒等主要部位，虫口密度高。中低海拔地区或是干旱气温偏高的年份无越冬期，发生危害严重，已在多地造成较大的产量损失。数量呈现出波动变化，在玉米苗期、大喇叭口期大量发生，危害玉米心叶，在抽雄期数量有所减少，主要危害玉米雄穗；吐丝期转而危害玉米雌穗的花丝，数量有所增加；在乳熟期之后数量锐减，零星发生。所以，对草地贪夜蛾的防治原则是早、小。

幼虫防治。幼虫3龄前施药时间最好选择在清晨或者傍晚，特别注意要喷洒在玉米心叶、雄穗和雌穗等虫体所在部位（喷洒在虫体上）。同时与当地植保部门联合开展培训防治工作。目前，高效氯氟氰菊酯、虱螨脲、甲氨基阿维菌素苯甲酸盐、联苯菊酯、虫螨腈、氯虫苯甲酰胺、氟氯氰菊酯、溴氰虫酰胺等防治效果较好。但在大面积用药前，应在田间对比一下不同药剂的效果（推荐的药剂较多，但不一定都有好效果，或同一种药剂在不同地方其效果可能会相差很大）进行对虫下药。

成虫防治。防治成虫更重要，诱杀成虫防效好于幼虫药剂防治，同时可以监测该幺蛾子的动态（还没有发生幺蛾子的地方更要注意监测，估计早晚都会发生）。①采用杀虫灯（诱虫灯、黑光灯）诱杀。成虫发生期，集中连片使用杀虫灯诱杀。②性信息素（性诱剂）诱杀。草地贪夜蛾性诱剂成分有 7 种，可以购买性诱剂产品。③食诱剂等引诱物质诱杀。

（2）玉米蚜。苗期以成蚜、若蚜群集在心叶中危害，抽穗后危害穗部，吸食汁液，妨碍生长，还能传播多种禾本科谷类病毒。防治方法：一是及时清除田间地头杂草，消灭玉米蚜的孳生基地。二是在玉米心叶期虫口量超过2000头时，可用50%抗蚜威3000倍液，70%吡虫啉或3%啶虫脒3000倍液，或50%敌敌畏1000倍液，或2.5%敌杀死3000倍液均匀喷雾，也可用上述药液灌心，也可用40%氧化乐果50～100倍液涂茎。

（3）玉米螟。主要危害玉米叶片，防治的最佳时间在心叶期和穗期。若有发生选择符合国家规定的农药采取制作成毒土投入心叶防治，或用高效氯氟氰菊酯每亩30～40 mL兑水喷雾。

（4）地下害虫。主要有地老虎、金龟子等。地下害虫危害主要在苗期，严重时造成缺塘断垄。播种时可将辛硫磷颗粒剂或呋喃丹颗粒剂搅拌在底肥中，种肥隔离，施入播种穴中。

（5）其他。由于年份和气候的不同，危害玉米的害虫还有黏虫、蝗虫、粟穗螟、二点螟等，在这里不做介绍。

3.玉米病虫害防治措施

（1）选育和引进抗病品种。做好抗病基础材料选育和筛选是推广抗病品种的基础。在基础材料选育过程中，选育和筛选适宜临沧不同区域、不同气候条件的材料，对高感玉米病害（特别高感大斑病、灰斑病、细菌性顶腐病、白斑病）的材料进行淘汰。其次在引进品种试验时，严格把控引进筛选高抗各种病害的品种，选择适应不同高、中、低海拔区域和不良气候条件的品种进行推广。

（2）开展绿色防控。一是加强田间管理，清除浆草和病残体，集中深埋或焚烧。二是采取轮作、间作和套种的种植模式减少土壤菌源，改善田间通风透光条件，降低土壤湿度。三是合理施肥，尽量施农家肥或者缓控肥。采用配方施肥，增施磷钾肥，避免偏施和过施氮肥，提高寄主抗病力。发病较重的地块和酸性土壤适当撒施石灰改良土壤，进行土壤消毒杀菌，适时摘除病叶，避免病害扩散蔓延。在条件允许下采取适时早播，避开病害高发期，合理密植，适时收获。

（3）加强检疫与预测预报工作。市、县各级农业农村（特别是当地植保植检站）部门要密切注视各种玉米病害，定期或不定期调查不同区域玉米病害发生时期，做好预测预报的同时，做好外来品种和材料的检疫工作，对引进的新品种做好抗病性鉴定工作，避免新的病害传入本市。

（4）加强科技培训，增强防治意识。利用好"三区"科技服务培训、基层农技推广体系培训、新型职业农民培训等平台，全方位多层次开展玉米科技培训，增强农民绿色防控和统防统治意识，提高农民科学种田水平，较大程度降低灾害造成的损失。

（5）科学开展化学防治。农民对玉米病害没有防治意识，玉米病害大多数在抽雄、吐丝后发生，而且玉米是高秆作物，发病后很难防治，所以对病害防治要早，对不同病害采用不同配方和药剂。譬如，玉米锈病、玉米大斑病、玉米纹枯病、玉米褐斑病可以用丙环唑、己唑醇、戊唑醇、三唑酮、氟环唑、苯醚甲环唑-丙环唑等加磷酸二氢钾在苗期喷雾预防1～2次。患玉米细菌性茎腐病的植株茎基部腐烂、有恶臭，发现病株后拔掉深埋处理，可以用链霉素、叶枯唑、辛菌胺、中生菌素、噻菌铜、噻森铜、喹啉铜、氯溴异氰尿酸喷雾预防。

参考文献

[1]倪红权，向安清．西南玉米抗逆性育种进展研究[J]．种子科技，2021，39(17):1-3.

[2]孙博，孙林华．云南省玉米品种选育、审定及推广应用回顾与展望[J]．中国种业，2021，(9):10-13.

[3]朱猛，于大伟，员海燕．抗旱型玉米苗期根系性状的主基因+多基因遗传模型分析[J]．西北农林科技大学学报(自然科学版)，2021，(1):1-10.

[4]刘世梦倪．基于创新链视角我国玉米种业科技产出及产业化运用研究[D]．北京：中国农业科学院，2021.

[5]刘志铭，张晓龙，兰进好，等．1979～2020年我国玉米品种审定情况回顾与展望[J]．玉米科学，2021，29(2):1-7，15.

[6]徐丽，赵久然，卢柏山，等．我国鲜食玉米种业现状及发展趋势[J]．中国种业，2020，(10):14-18.

[7]董建军，薛继彪，邹春野，等.国内玉米育种现存问题及对策研究[J].种子科技，2020,38(16):111-112.

[8]宋伟彬，赵海铭，赖锦盛.2019年中国玉米生物学研究进展[J].玉米科学，2020,28(3):15-30.

[9]雷涌涛，隆文杰，周国雁，等.云南糯玉米种质资源的研究与利用[J].河南农业科学，2016,45(1):1-7.

[10]杨献才，陈玉香.远缘杂交对玉米种质创新及起源进化试验初报[J].种子世界，2014,(09):35-36.

[11]刘志斋.中国玉米地方品种的多样性研究与种族划分[D].重庆：西南大学，2008.

[12]唐祈林，荣廷昭.玉米的起源与演化[J].玉米科学，2007,(04):1-5.

第二节　水稻

一、概述

（一）临沧水稻发展历史

临沧水稻栽培历史悠久，是云南省栽培稻的重要发源地之一。2003年，耿马石佛洞考古发现，距今3000～4000年前，这一区域就有稻作种植。长期以来水稻一直是临沧市的主要粮食作物，海拔450～2200 m的区域都有水稻种植。1950年，全市有80万人，水稻面积只有74.4万亩，总产14.3万t，亩产191.5 kg；1983年，全市水稻种植面积达138.3万亩，为历史上水稻种植面积最大的年份；20世纪90年代以后，由于种植业结构调整以及城市建设、道路建设的需要，大量的稻田改变了用途，水稻面积持续下降。到2021年，全市水稻种植面积下降到64.8万亩，总产量约22万t、平均亩产340 kg左右，远远低于全省460 kg的平均水平。

（二）临沧水稻分布情况

临沧的水稻种植区主要分布在海拔450～2200 m区域，在8县（区）内都有种植。1986年，临沧市农业部门组织有关专家，对全市水稻种植区域进行区划，根据水稻本身对生态环境的要求，按照当地的自然生态条件，经济技术条件，并参照品种类型分布，种植制度的地带性，以海拔、积温作为稻作分区的重要依据，把全市的水稻种植区划分为四个基本类型区。

（1）低热河谷坝单、双季稻区。主要指临沧西南部和中部怒江、澜沧江流域的低热坝区和峡谷地带，包括耿马、双江、沧源、镇康、云县等地亚热带坝区和低热河谷区，水稻分布海拔450～1300 m。品种类型以籼稻为主。

（2）中海拔温热一季籼稻区。本区分布在临沧市中西部地区，南部和东南部也有部分地区属此区，集中在临沧、永德、双江、沧源、镇康等地，海拔1300～1650 m。品种类型以常规籼稻为主。

（3）高海拔温凉籼粳交错区。本区指的是临沧市中北部地带，包括凤庆、云县、临沧、耿马等县，水稻田主要分布在海拔1650～1900 m之间。本区域的水稻品种较多，有籼稻也有粳稻。

（4）高寒粳稻区。主要指凤庆、永德等地海拔1900～2200 m的高寒山区，其他县也有零星分布。本区域降雨量大、气温低，水稻品种以粳稻为主。

根据当前的水稻品种结构及分布海拔，又可划分为四个基本类型区。

低海拔杂交籼稻区。主要指海拔450～1300 m这一区域，稻田面积50万亩左右，目前水稻种植面积大约30万亩。这一区域光热资源较好，90%以上的田块都种植杂交籼稻，部分低热坝区可以种植双季稻，大多数地区都可蓄留再生稻，少部分田块种植常规糯稻及常规优质软米品种，是临沧市的水稻主产区。

中海拔籼粳稻交错区。主要指海拔1300～1650 m这一稻作区，稻田面积30万亩左右，水稻种植面积20万亩左右，种植的品种类型较多，有杂交籼稻、杂交粳稻、常规籼稻、常规粳稻，以种植常规籼稻为主。

中高海拔粳稻区。主要指海拔1650～1900 m这一稻作区域，以种植常规粳稻品种为主，有少部分的杂交粳稻，水田面积20万亩左右，种植的品种以粳稻为主。

高海拔冷凉粳稻区。主要指海拔1900～2200 m高寒冷凉稻区，有稻田面积5万亩左右。这一区域水稻生长季节雨量多、温度低，目前省内外育成的大多数品种都不适宜种植，还是以种植地方老品种为主。

（三）临沧水稻发展现状

水稻是临沧市三大粮食作物之一，是临沧人民的主要口粮，日常生活中一日三餐基本都以稻米为主。改革开放以前，水稻一直是临沧市第一大粮食作物，1983年全市水稻种植面积最大，曾经达到138万亩，但由于优良品种缺乏、种植水平低，始终难以解决广大人民群众的温饱需求。改革开放以来，各级党委政府和农业部门高度重视水稻产业的发展，把水稻产业发展作为解决人民群众温饱、促进农民增收和保障粮食安全的重要战略措施来抓。尤其是2009年以来，水稻产业发展纳入了国家提出的"千亿斤粮食增产行动计划"和云南省提出的"百亿斤粮食增产行动计划"，从国家和云南省的层面制定出台了扶持稻作产业发展的政策和措施，多渠道投入资金，大力实施以水稻良种良法配套为重点的水稻绿色高产高效增产模式攻关，解决了长期制约水稻产业发展的良种和配套技术推广问题，促进了全市稻作产业的快速发展，为保障粮食安全、实现粮食连续"十五年"增产做出了重大贡献。但由于产业结构调整，水稻种植面积不断下降。到2020年，全市水稻作种植面积降到64.89万亩，预计产量22万t，水稻良种覆盖率和主推技术普及率分别在90%和85%以上，其中优质稻米品种的比重达44.6%，稻米品质不断提高，水稻仍然是临沧市的主要粮食作物之一。

据临沧市农业农村局、种子管理站及各县农技推广部门提供的调查数据：2020年，全市水稻种植面积为64.9万亩，总产量22万t，平均单产340 kg左右，其中早稻5.48万亩，中稻53.96万亩，晚稻5.45万亩，水稻产量占全市粮食产量的20%左右，优质水稻种植面积约29万亩，占水稻种植面积的44.6%，总产量10.7万t，平均单产369 kg，全市共有优质稻示范基地11个，面积1.13万亩，每年生产优质稻米约1222 t，创建优质稻米品牌7个，大多数优质米都在当地销售，销售价10～20元/kg，还不能满足当地消费需求，订单生产较少。随着人口不断增长和稻田面积的持续下降，目前基本口粮安全问题非常严峻。

二、栽培技术

（一）临沧水稻栽培优势与特色品种

1.栽培优势

（1）气候优势。临沧市的水稻主要分布在海拔1500 m以下的坝子和半山区。全年平均气温16.5～22 ℃，≥10 ℃的积温在4600～7900 ℃之间，年降雨量1000～1650 mm，日照时数2100～2458 h，属典型的亚热带季风气候，雨量充沛、光照充足，具备水稻生产最有利的气候条件。

（2）品种资源优势。历史上我市和周边地区就是我省著名的优质常规籼稻主产地，品种资源丰富，在全省保存的5128份稻种资源材料中，籼型品种材料有2329份，占

45.4%。临沧市农业技术推广(临沧市农业科学研究所)目前仍然保存有各类水稻品种资源200余个,境内还分布有大量的疣粒野生稻和少量的药用野生稻,为水稻品种改良提供了丰富的种质资源。1963年临沧市农业科学研究所成立以来先后选育出72-5、科砂1号、黄砂1号、临籼12、临优1458、临籼21、临籼22、临籼23、临籼24、临籼25等一系列常规水稻新品种。其中临籼22号在2005年通过省品种审定委员会审定,品质经农业部(现农业农村部)食品质量监督检验中心分析:糙米率为79%,整精米率64.1%,垩白粒率10%,垩白度1.5%,直链淀粉含量17%,胶稠度85 mm,粒长6.8 mm,粒长宽比为3.0,理化指标达国优1级。这些水稻新品种的育成和示范推广,对解决边疆民族贫困地区的温饱问题和农民增收发挥了积极的作用,并有力地推动了我省优质常规水稻生产的发展。

(3)区位优势。临沧市东邻普洱市,北接大理州,西连保山市,西南与缅甸接壤,国境线长290.791km,有孟定、南伞两个国家级、省级口岸,可有效辐射普洱、保山、大理、红河、文山、西双版纳州等州(市)及缅甸部分地区,对帮助友邦抓好罂粟替代种植,巩固禁毒成果具有十分重要的意义。

(4)民族消费习惯优势。云南边疆少数民族居住的地区,口粮消费历史上就以优质软米为主食,这是长期以来形成的民族习惯,也是外引的杂交稻、常规稻难以满足的。所谓“软米”是我省滇南和越南、缅甸北部籼稻中的一种特殊类型,主要是直链淀粉含量比一般籼稻品种低5%~10%,煮熟的米饭比较软,但软而不烂,滋润可口,冷不回生,热、冷皆可食用;临沧有种植优质米的条件,也有种植优质米的传统,如老鼠牙、冬谷等品种就是临沧的地方优质米品种。

2.特色品种

2020年,临沧市农技推广站和临沧市种子管理站在临沧市开展水稻种质资源调查,结果如下。

(1)历史上种植的品种。

水稻地方品种:冷水白谷、南高谷、老鼠牙、小梅谷、红根细、黑谷、青塘谷、79-1、临优1458、科砂、临籼21、临籼22、临籼23、临籼24、毫安来、毫安巴弄、毫安温、冬谷、大白谷、细红谷、大红谷、冷水白谷、麻线谷、黑糯、小红糯、大红糯、大白糯、黄壳糯、紫糯、大香糯、齐头黄、细谷、小白谷、百日谷、早谷、背子谷、沙洋谷、红根白、蜜蜂糯、乌嘴谷、老鸦林、白麻线、大黄糯、大灰糯、白米细、西南175、勐佑大白谷、长芒大白谷、紫格谷、硬冬谷、白吊谷、小细谷、小霉谷、小杂谷、齐头谷、红细牙、白壳矮、细白谷、常根稻。

水稻外引品种：汕优63、汕优64、鄂粳杂1号、楚粳系列（楚粳7、16、27、28等）、楚恢系列（楚恢号、楚恢16等）、云粳系列（云粳29、云粳30等）、Ⅱ优838，冈优12，冈优725、冈优22、冈优725、冈优527、Ⅱ优63、桂朝二号、Ⅱ优501。

陆稻地方品种：俄给、俄骂、俄保、俄拢、小红谷、镰刀谷、长毛谷、烂地谷、炸谷、黑旱糯、压草糯。

陆稻外引品种：巴西陆稻、滇604、云陆续42、中科西陆4号、中科玉毫、Ⅱ优838、冈优22、汕优63。

（2）现有种植品种。

水稻地方品种：南高谷、老鼠牙、红根细、黑谷、青塘谷、毫安来、俄比笨、俄绕拉、青塘谷、两优2161、宜香725、临优1458、临籼24、乌嘴谷、临红软。

水稻外引品种：Ⅱ优838、Ⅱ优63、Q优6号、宜香1577、宜香481、宜优673、两优2161、明两优527、两优2186、野香优、版纳小软米、德优16、泰优390、傣象贡米、红优7号、楚恢7号、楚粳27、滇杂35、内香8518、科丰182、宜香1979、昌粳10号、楚粳28、楚粳29、宜香707、云优948、宜香3003、冈优725、宜香709、金优桂99、宜香305、云梗37、闽红6号。

陆稻地方老品种：考阿应、俄骂、俄罗、俄拢、压草糯、大红谷、老鼠牙。

陆稻外引品种：滇禾优34、滇禾优615、木斑谷。

（3）当前主推品种。

水稻地方品种：临优1458，临籼21、22、23、24，临红软，小白谷，82-2。

水稻外引品种：宜优115、宜优25、滇禾优615、Ⅱ优838、Ⅱ优63、Q优6号、宜香1577、宜香481、宜优673、两优2161、两优2186、明两优527、野香优、版纳小软米、德优16、红优7号、闽红6号、内香8515、云优948、宜香305、云梗37。

陆稻地方品种：俄骂、俄罗、俄拢、大红谷、老鼠牙、压草糯等。

陆稻外引品种：滇禾优34、滇禾优615。

（4）现在种植的地方品种。

水稻：南高谷、红根细、黑谷、青塘谷、毫安来、俄比笨、俄绕拉、耿籼1号、乌嘴谷、小霉谷等。

陆稻：压草糯、大红谷、细红谷、红旱谷、考阿应、俄骂、俄罗、俄拢等。

(5)当前重点开发的特色品种及稻米品牌。

为了推动地方优质稻产业发展,创建地方特色优质稻品牌,近年来各县都开展了丰富多彩、形式多样的优质稻食味品质品鉴活动,重点推广了一批优质米品种,打造了一批优质米地方品牌。如永德县通过品鉴打造了以当地小白谷为主的桑沼里优质软米,耿马县通过品鉴打造了芒见82-2优质米,云县通过品鉴打造了良心老鼠牙优质米,双江县重点扶持水稻种植专业合作社,打造了南勐河优质米,品种主要有文稻20、临红软、滇屯506、红两优6号等。这些品牌优质米各有特点,都得到了市场和消费者的高度认可,产品供不应求。

(二)临沧水稻栽培与管理技术

近年来,临沧水稻生产中重点示范推广的技术有旱育秧、精确定量栽培和全程机械化栽培三项技术,简述如下。

1.水稻旱育秧技术要点

(1)选择秧田:秧田应选择排灌方便、通风透光、土壤肥力高、土质疏松、容易耕整、无杂草的田块。秧田和大田比为1:30左右,每亩大田需准备20~25 m^2秧床,做墒前应进行人工翻挖或用旋耕机耕整,将秧田土块耙细,四周挖出排水沟。

(2)平整秧床:秧床墒面做到"沟直、墒平、土细";墒宽应根据盖膜方式具体确定,拱架膜墒宽一般1.4~1.5 m,盖平铺膜1.6~1.7 m为宜,同时要筛好足够的盖种用细土。

(3)培肥秧床,施足底肥:在施足农家肥的基础上每平方米秧床增施复合肥100~150 g;肥料应选用养分含量较高的复合肥(总养分≥25%),施肥后轻锄墒面,将肥料和床土充分混合,避免种肥接触秧苗而产生烧苗。

(4)种子处理:①泡种。播种前晒种3~4 h,再用施宝克1500倍液浸泡48 h。②用旱育保姆拌种。将泡过的种子沥水3~4 h后用旱育保姆拌种,每包旱育保姆粳稻型(800 g)拌2 kg种子,籼稻型(350 g)拌1 kg种子,搅拌均匀后马上播种。

(5)播种:播前先进行秧床消毒,每平方米秧床用5 g敌克松兑水喷洒或拌细土撒墒面,敌克松见光易分解,施药后要尽快播种盖土,播种量每平方米秧床80~100 g,播种方法可采用撒播和条播两种方式。撒播时,播后要用木板轻压墒面,使种子和土壤充分接触,有利于出苗,盖种可用腐熟的农家肥和细土混合拌匀来盖,厚度1~1.5 cm,不能漏盖露种。点播一般是采用宽幅条播,取后一行土来盖前一行,不留行距。播种后马上淹水，待水淹没墒面，秧床全部湿透后断水，但不撤水，让秧床水自然落干。

（6）秧床除草：一般在播种后次日进行，用封闭除草剂（丁扑合剂），兑水喷雾，每瓶药（20 mL）兑水10 kg，喷50 m^2秧床。喷药前要注意检查秧床上是否有露种的地方，若有要用粪土盖匀再喷药，以免种药接触产生药害。

（7）盖膜：喷除草剂后紧接着盖膜，最好是盖拱架膜，可以有效防止烧苗。盖平铺膜时薄膜和墒面不能贴得太紧，以免出苗后烧苗。薄膜周围一定要用土压紧，以免被风刮起。盖膜时间应根据播种时气温高低及出苗情况而定，避免烧苗，盖膜时间不宜太长，正常情况下当秧苗长到一叶一心时即可揭膜，遇到阴雨天，气温较低时可适当延长几天，最多不超过二叶一心期。揭膜前2～3 d，要将苗床两端薄膜揭开，通风炼苗1～2 d。揭膜时间应选择在阴天或下午太阳落山后，切忌在中午太阳当顶时揭膜，揭膜后秧床要马上淹水。

（8）追肥：秧田期一般追肥2次，第1次在二叶一心期施断奶肥，每平方秧床施尿素30～40 g，折合每亩用量为20～30 kg。第2次在栽前5～7 d施送嫁肥，每亩施5 kg左右尿素。施肥应选择在晴天，秧苗露水干后撒施，施肥时应先淹水，保持秧床墒面湿润，施肥应做到均匀一致，避免烧苗。

（9）淹水：正常情况下，10～15 d淹1次水，整个秧田期淹2～3次水即可移栽，拔秧前一天秧床要浇透水，便于拔秧。

（10）防病：旱育秧常见病主要是青枯病和立枯病，可采用敌克松喷雾（或兑水泼浇）防治，一般在揭膜后结合淹水进行。每平方米秧床用药3～5 g，喷2～3次即可。

（11）秧龄：秧龄40～45 d、小秧长到4～5片叶时移栽为宜。

2.水稻精确定量栽培技术要点

水稻精确定量栽培技术是云南省主推的一项高产高效节本的水稻主推技术，技术关键点：精量播种培育壮秧，根据产量结构精准移栽，施氮肥后移栽提高肥料利用率，及时防治病虫害。技术革新要点如下。

（1）品种选择：选择通过试验示范、适宜当地种植、审定的品种。

（2）扣种稀播，培育叶蘖同伸壮秧：采用旱育或湿润育秧方式培育壮秧，每亩秧田播种量以15 kg为限，在施足秧田基肥的基础上，注重二叶一心期断奶肥的施用和水浆管理。断奶肥每亩施尿素5～8 kg，水浆管理保持秧板湿润。

（3）浅插：浅水浅插，确保低位节间分蘖，达到早生快发目的，秧苗栽插深度确保在1～2 cm。

（4）扩行，降低栽插密度，改善田间通透条件：根据水稻精确定量栽培技术的要求，栽培密度为籼稻每亩 15～2万丛，粳稻每亩2～2.5万丛。

（5）调肥，实行前肥后移：在亩用1000 kg优质农家肥、3 kg纯磷、3 kg纯钾和总施氮量的1/4作基肥的基础上，通过观察叶龄，根据水稻生长发育情况及长势确定氮肥施用时间。

（6）科学灌溉：水浆管理坚持浅水栽秧返青、湿润交替、适时晒田、干干湿湿原则。一是栽秧时做到浅水浅插；二是返青期保持寸水；三是分蘖前期浅水湿润交替；四是分蘖数达预定苗数的80%时，断水分次晒田；五是拔节至成熟期，实行湿润灌溉、干干湿湿，抽穗开花期以浅水湿润交替为主，灌浆至成熟干湿交替，养根保叶，收获前一周断水。

（7）防治病虫害：根据病虫测报结果，结合病虫发生动态，对症下药防治病虫害。

（8）适时收获：当水稻达九成熟时，及时组织测产验收和收获。

3. 水稻全程机械化栽培技术要点

（1）简易硬盘育秧技术。

机插秧是一项节本增效的水稻栽培技术，是今后水稻生产的发展方向，而机插秧的关键又是育秧，只有育出适宜机插的合格秧苗，才能确保机插秧的顺利进行。简易硬盘集中育苗技术，就是采用机械播种，利用大棚、旱地和水田集中摆放秧盘，统一管理的一种育秧方式，临沧市农业技术推广站水稻科研试验示范团队，针对临沧水稻的生产特点，通过多年试验示范，总结出适宜临沧稻区推广应用的简易硬盘育秧技术，要点如下。

①育秧基质配制：选用无杂草、无病菌、无碎石的生红土作为育苗基本基质，在育秧前15～20 d备好，充分晾晒，加入有机肥和化肥，土肥配比为100 kg细土加5 kg有机肥和1 kg钙、镁、磷肥，充分混合，并用粉碎机粉碎。提前3～5 d粉碎好育秧基质待用。

②苗床选择：苗床可选择塑料大棚、水泥地坪和板实平整的旱地作为摆放秧盘的苗床。也可水田摆放，但取秧费力不提倡。总之，选择苗床要因地制宜。

③种子处理：播种前晒种2～3 h，再用脒鲜胺1500倍液浸种48 h，后用清水冲洗干净，倒在水泥地坪上晾晒，滤干水分，手握不结团时收起进行捂种催芽24～48 h，到80%以上谷种露白时播种。

④播种：采用播种流水线进行机械播种，播种、浇水、盖种一次完成，播种前要调整好播种设备，播种量设定为杂交稻80 g，常规稻100 g，备足育苗基质，配制好敌克松

1000倍液浇盘消毒水，播种流水线需要4～5人同时操作。播种速度以每小时300～400盘为宜。

⑤暗化催芽：播种后将播好种的秧盘20～25个堆放到背风向阳处，盖薄膜和遮阳网进行暗化催芽48～72 h，到90%以上种子出苗再移到育苗床内摆放。注意，若白天温度过高，膜内温度超过45 ℃时，为了防止烧芽，应揭去塑料薄膜，晚上再拉盖保温。

⑥摆盘：秧盘摆放的原则是便于打药、施肥和喷水，一般墒宽为3～4个秧盘宽，每墒间要留40 cm左右过道，便于秧床管理。

⑦苗床覆盖：在大棚内育苗可以不覆盖，若在水泥地坪和旱地上摆放秧盘，为了防止摆盘后小苗被强光灼伤，建议加盖遮阳网，也可搭遮阳棚，在棚内摆盘，等小秧长大后再揭除遮阳网。

⑧秧床管水：秧盘摆放后要保持秧盘湿润，不能让秧盘缺水开裂，一般每天中午都要喷水，大棚温度过高，一定要配喷灌设施，每天12:00左右开始喷水，间歇性开启喷灌2～3次，每次喷水20～30 min，湿透秧盘。大棚要开窗通风降温，在水泥地坪、旱地及水田摆盘可以采取放水淹或人工浇水，保持秧盘湿润，但盘内不积水，这样有利于小秧生长。每天如此，直到小秧长大，取秧前2～3 d停止浇水，让秧块板结盘根；取秧前夜若秧盘过干可适量喷水，但不宜过多，秧盘表面湿透即可。

⑨秧床防病虫及追肥：播种后10 d左右用甲霜恶霉灵1000倍液喷洒秧床防病1次。为防止小秧脱肥，二叶一心期进行叶面追肥，每喷壶（16 L）加入尿素100 g，磷酸二氢钾50 g兑水喷雾，间隔7 d左右喷1次。移栽前5 d再喷甲霜恶霉灵1000倍液防病1次。若发现害虫要及时防治。

⑩秧龄：机插秧苗秧龄不宜过大，一般控制在20～25 d，若进入4月后育秧，可缩短到15～20 d。苗高15～20 cm，3～4片完全叶时可移栽。

（2）大田机插秧及管理技术。

机插秧稻田由于插秧时秧龄短、秧苗小、带土插秧、秧苗受伤小、返青成活快，因此，在大田整地和插秧后管理方面有别于常规人工插秧，技术要点如下。

①大田整地：大田整地标准是田平泥化、表面无深水塘、泥浆沉淀，适宜机插。在具体操作时可采取以下方式：在前茬作物收获后先用旋耕机干耙1次，初步平整，放水泡田搭埂，泡田3～5 d，让耕作层充分吸水软化，田埂干硬；然后再进行第二次旋耕平田，耙好后保持浅水2～3 d，让泥浆充分沉淀；插秧前撤水，保持田面1～2 cm水深，这样机插

时秧苗才不易飘浮,降低缺塘率。

②机插秧:机插前要根据田块肥力情况及品种的分蘖能力调整好插秧机的株距及取秧量。常规稻及粳稻品种,株距相对于杂交稻要小些,取秧量要大些,采用机插规格为30 cm×10 cm或30 cm×14 cm。杂交稻及高肥力田块,株距可稍宽,取样量减少,采用机插规格为30 cm×17 cm。插秧时工作人员要规范安全操作,尽量减少缺塘。

③机插稻田水肥管理:掌握前促、中控、后补的施肥原则。前期早施肥促进分蘖早生快发;中期控制肥料用量结合晒田,减少无效分蘖,保证足够的有效分蘖;后期要施足穗肥,提高分蘖成穗率和穗大粒多,增加粒重。具体操作时注意以下几个方面。

施足底肥:肥料以农家肥、有机肥、磷肥为主,在耙田前作为中层肥施用。中等肥力田块每亩施用农家肥或有机肥1000～1500 kg,钙镁磷或普钙50 kg;前茬作物为马铃薯或蔬菜的高肥力田块可以不施用底肥。

早施分蘖:机插稻田采用带土移栽,秧苗小移栽时秧苗损伤小,移栽后基本无返青期。因此,分蘖肥要尽量早施,栽后3～5 d就可施肥,肥料以氮肥和钾肥为主,用量要根据田块肥力科学合理施用。一般中等肥力田块每亩施用尿素10 kg,氯化钾5 kg即可,前茬作物为马铃薯或蔬菜的高肥力田块用量可适当减少。

及时补充穗肥:穗肥是整个水稻生长期中肥料利用率最高、增产效果最明显的一次施肥,穗肥施用得当,可增加有效穗数、穗粒数和粒重。因此,掌握好穗肥的施用时期和合理的用肥量,关系到水稻产量的高低,机插稻穗肥的施用时期和人工插秧相同,建议在有效分蘖临界叶龄期,即穗分化前2～3 d施用。肥料种类以氮肥和钾肥为主,在分蘖末期正常褪色的田块可补充施穗肥,每亩施尿素5～10 kg,氯化钾5 kg。不能正常褪色的田块要慎用。

水浆管理:水浆管理是水稻生产中的一个重要环节,管理得当可增加有效穗、提高成穗率、减轻病虫害。水浆管理的原则是:浅水插秧、薄水分蘖、覆水孕穗、干湿壮籽。具体方法是,移栽时保持田面有浅水层,深度不超过2 cm,有利于机插,秧苗不易飘浮;分蘖期保持浅水,可提高水温促进分蘖,当分蘖数预计达到80%的有效穗数时及时撤水晒田,直到田面开裂、白根外露,有利于控制无效分蘖,增加分蘖成穗率;拔节孕穗期水分需求量大,要保持田面有水,直到齐穗;灌浆成熟期,可采取干湿交替的排灌方式,稻田灌水后切断水源,让其自然落干,晒田2～3 d后再灌水,籽粒充实饱满后就撤水晒田,直到收获。

④大田病、虫、草、鼠害防治。

杂草防治：主要采用化学除草和人工除草相结合的方法进行防治，在插秧后5～7 d，草芽萌发前，结合施用分蘖肥，在肥料中加入稻田除草剂防治小草，大草和老草用人工拔除。

病虫害防治：原则是"预防为主、绿色防控、安全用药、农业防治、物理防治、生物防治相结合、再辅以药剂防治"。具体措施为采用测土配方施肥、增施有机肥和磷钾肥，做到平衡施肥、加强水浆管理、注意及时晒田控制无效分蘖，中后期根据秧苗长势合理施用穗肥，采用色板和性诱剂等物理及生物防治措施防治害虫，使用高效低毒低残留农药对病虫害进行绿色防控。

稻田鼠害防治：采用物理防治和化学药剂防治相结合的方法，对稻田鼠害进行综合防治。一是采取大面积连片种植，避免集中危害造成严重损失；二是清除田边地头杂草，破坏田鼠栖息环境，减轻鼠害；三是进行物理防治，投放捕鼠夹；四是投放长效低毒的饵料进行药剂毒杀。

(3)效益分析：简易硬盘集中育苗及机械化插秧技术，与传统水稻种植技术相比，效益主要体现在省工节本和降低劳动强度两方面，比较分析如下。

①育苗比较：传统育秧方式，育一亩大田秧苗需投工1.5个(含秧田做整、播种、管理等)，按每工100元的工价计，工钱为150元，投入农资(含种子、化肥、农药、农膜等)约80元，共计投入约230元。而采用简易硬盘集中育苗，育出的秧苗市场价格为每盘7元左右，每亩需要20盘秧苗，成本仅为140元，育秧环节每亩可节本90元。

②插秧比较：传统插秧每亩至少投入插秧工2个，按每工100元的工价计，需投入插秧工钱200元，插秧期间农户还要提供餐食等每人至少20元，人工插秧1亩最终投入为220元。采用机插秧，市场收费一般为每亩120元，可节省工钱100元。

综上所述，采用简易硬盘集中育苗和机插秧技术，每亩可节约工钱210元左右，节本增效显著，同时大大降低劳动强度，值得在生产中推广应用。

(三)临沧水稻主要病虫害与防治技术

水稻病虫害防治原则是：预防为主、防治为辅、综合防治。首先，要选择抗病品种，注意保健栽培，增强品种抗病能力；其次，是辅以药剂防治。临沧水稻主要病虫害及防治方法如下。

（1）稻蓟马：可用乐果、甲胺磷等有机磷农药防治，亩用100 mL，兑水30～40 kg均匀喷雾。此外，早栽大田应注意防治灰飞虱，亩用吡虫啉（有效成分）2 g，兑水80～100 kg喷粗雾，可同时兼治稻蓟马。

（2）稻蝽甲：用菊酯类农药较有效，亩用2.5%敌杀死或20%速灭杀丁乳剂20～30 mL，兑水30～40 kg均匀喷雾。

（3）稻螟虫：一般每亩用40%三唑磷100 mL或5%锐劲特50 mL兑水50～60 kg喷施，并可兼治稻纵卷叶螟。若加阿维菌素混合喷施，防治效果更好。

（4）稻飞虱：一般每亩用扑虱灵或吡虫啉（有效成分）1.5～2.0 g兑水80～100 kg，喷粗雾于植株中下部即可。

（5）稻曲病：选用18%多菌酮粉剂250～300倍液或5%井冈霉素水剂500倍液进行喷施，于孕穗期和始穗期各防治一次。

（6）稻瘟病：苗瘟于移栽前1～2 d施药，叶瘟防治重点挑选发病田、危险田、叶尖不清秀的田块进行，穗瘟在水稻破肚期（抽穗3%～5%）防治。药剂选用75%三环唑可湿性粉剂800～1000倍液喷雾防治。

（7）纹枯病：大田分蘖末期，当穴发病率达5%或孕穗期穴发病率达10%时就应防治，一般亩用井霉素水剂100～150 mL或12.5%纹霉清水剂100～200 mL兑水60 kg喷施于植株中、下部，药效可持续10～14 d，而后视病情再次用药。

（8）白叶枯病：在分蘖高峰期用井冈霉素、叶枯灵等药物防治。

参考文献

[1]陈越，丁明亮，张敦宇，等．云南水稻种质资源农艺性状表型多样性分析及综合评价[J]．南方农业学报，2019，50(9)：1922-1930．

[2]刘玉文，郑家银，穆志坚，等．临沧市中低海拔稻区水稻简易硬盘集中育苗及机插秧技术[J]．云南农业科技，2019(2)：22-24．

[3]田淑玲，刘玉文，李如会，等．临沧市水稻生产形势分析[J]．云南农业科技，2018(6)：22-25．

[4]周丽洪，杨俊，李淼，等．水稻条斑病菌遗传多样性研究[J]．江西农业大学学报，2014，36(4)：750-759．

[5]李金梅.不同时期收集的农家保护云南水稻地方品种的遗传多样性比较[D].北京:中国农业科学院,2014.

[6]刘玉文.临沧市水稻抗旱栽培措施[N].云南科技报,2013-03-15(02).

[7]刘玉文,王耀伟,李如会,等.优质水稻新品种“临籼22”特征特性及高产栽培技术[J].云南农业科技,2013(1):59-60.

[8]刘玉文,王耀伟,李如会,等.临沧市中海拔高肥力稻区水稻精确定量栽培技术[J].云南农业科技,2012(S2):127-128.

[9]简少芬,钟楚,李世成,等.云南低纬地区气候生产潜力变化及其与水稻产量的关系——以临沧市临翔区为例[J].云南农业大学学报(自然科学),2012,27(2):263-269.

[10]刘玉文,李如会,王安东.临沧市水稻品种选育的回顾与展望[J].云南农业科技,2009(S2):44-47.

[11]曾亚文.云南稻种核心种质功能营养成分遗传评价及其地带性分析[D].昆明:云南农业大学,2009.

[12]杨明文,韦丽莉,杨子林,唐永耀.临沧地区水稻螟虫发生的主要特点及防治对策[C]//中国农业技术推广协会.水稻螟虫灾变规律及治理对策研讨会论文集.北京:中国农业出版社,2001:103-105.

[13]包丽琼,刘玉文,李廷良.籼稻新品种临优1458[J].作物杂志,1999,(1):30.

第三节　麦类

一、概述

麦类是云南省主要的粮食作物之一，云南种植品类主要以小麦和大麦为主。临沧麦类种植主要有大麦和小麦，小麦主要用于磨面作食，大麦主要用于啤酒酿制和饲料加工。临沧麦类在临沧市粮食作物收入中占据了比较重要的地位，是临沧市重要的秋播作物。对临沧市实现农业合理用地良性循环有着良好作用；对增加当地农民收入、提高耕地利用率、促进区域经济发展具有重要意义。

临沧市属亚热带低纬度山地季风气候，具有较好的光、热、水、土等自然资源优势，有利于麦类的生长发育和生产发展，全市耕地适宜区域主要分布在海拔1000～1900 m的“稻—麦”“烟—麦”“玉米—麦”两熟区。自然土壤以赤红壤及红壤为主，耕地土壤中水田土壤以沙壤为主，旱地土壤以红壤为主，土壤肥力适中，土质结构好；境内有澜沧江、怒江两大水系，农业基础设施逐步加强，水利化程度达30.7%，有效灌溉面积113.6万亩，具备麦类丰产栽培的水利条件；热量丰富，光照充足，有利于麦类干物质的积累，获得较高的千粒重。临沧市属于冬麦区，加之立体气候特点，麦类在不同海拔区域九月至十二月播种，二月至五月上旬陆续收获，收获季节雨水少，麦类籽粒成熟度好，发芽率高，有利于加工或贮藏。临沧得天独厚的气候环境是云南省种植麦类农作物最适宜的地区之一。

（一）临沧麦类发展历史

临沧市小麦种质资源丰富，种植历史悠久，是云南小麦亚种“铁壳麦”的原生地，小麦是临沧市三大粮食作物之一。中华人民共和国成立前和成立初期主要种植地方品种，以地麦为生产方式，单产极低。小麦自1952年开始统计，当年种植面积7.9万亩，

2019年小麦播种面积发展到48.6万亩，增长6.2倍；总产量从0.34万t增加到5.1万t，增长了14倍；单产从43.3 kg提高到106 kg，增长了1.4倍。

20世纪50年代初到70年代年末，是临沧小麦种植面积快速发展时期。中华人民共和国成立初期种植品种主要以铁壳麦等地方品种为主，50年代末引进推广了南大2419等新品种；60年代引进推广了福利麦、阿波、阿夫、殴柔等品种；70年代引进推广了墨西哥小麦品种墨沙、墨叶。这些品种多表现为高秆、中晚熟、产量低。这一时期农民还处在温饱线以下，种粮积极性比较高。27年间小麦面积从7.9万亩发展到77.8万亩，年均递增2.6万亩，面积创历史新高；但平均单产很低，总产量从0.34万t增加到4.3万t，主要靠增加种植面积提高总产量。

20世纪70年代年末到21世纪初期，是临沧小麦生产起伏波动较大的时期。其中，1979—1984年的6年时间，面积由75.5万亩迅速下降到30万亩，总产量从2.8万t减至1.7万t。这一阶段主要经历了农村家庭联产承包，农民获得了土地自主经营权，大春粮食发展较快，小春作物出现多元化格局，小麦生产受到严重的影响。80年代中后期进入恢复性发展阶段。期间，主要引进推广了川麦系统的绵阳78-7、80纯等品种，单产水平也有了较大的提高。进入90年代，临沧小麦在川麦系列、云麦系列品种的推动下得到了较快的发展，2000年种植面积达到了历史最高点，突破了80万亩，总产量8.3万t，达到历史最高水平；2001—2004年为结构调整阶段，温饱问题已基本解决，随着退耕还林政策的实施，开始进行产业结构调整，大力压缩粮食作物面积，种植核桃、甘蔗等经济作物，小麦种植面积由76.3万亩降到57.7万亩，总产量由7.3万t降至5.1万t。

21世纪初至今，为稳定发展期。小麦面积稳定在57.2万～64.7万亩之间，除2010年特大干旱影响外，总产量也稳定在5.5万～6.6万t之间。这一期间，临沧市建立和完善小麦良种繁育体系，开始自主选育工作，着手打造“临麦”品牌，以早熟、多抗、丰产为育种目标，根据市场需求，主攻面条、馒头、饼干等专用小麦新品种的选育与推广，完成我市小麦由数量型向质量效益型转变，主要推广品种为临麦6号、临麦15、临麦16、云麦53等。

临沧市种植小麦纪录较种植大麦早二十多年。20世纪70、80年代大麦在临沧市以食用大麦青稞为主，曾经有一定的种植面积。由于青稞适应性弱、产量低、应用途径单一等原因，到80年代末期除了山区有零星种植外，青稞逐步退出农业生产。临沧市2002年启动优质啤饲大麦引育试验与生产示范研究，引育筛选大麦优良品种。经过5

年时间，育成饲用大麦良种V43、V06、8640-1等，加工专用良种甘啤3号、8810-3-1-3、临05J8、S500等。2019年，全市种植面积达3.2万亩，平均单产119 kg/亩，种植区域已遍及全市6县（区）。

（二）临沧麦类分布情况

据临沧市农业农村局统计，2019年临沧市小麦小春产量5.12万t。临沧小麦种植区域已遍及8县（区），以凤庆县、云县、永德县、镇康县、临翔区、双江县为发展重点，凤庆县小麦种植面积为18.4万亩，位居全市第一。在小麦生产上凤庆县和云县种植面积均超过10万亩，除沧源县外的其余县（区）种植面积均在1万亩以上。小麦单产量最高的是双江县，高达155 kg/亩；小麦单产量最低的是永德县，只有86 kg/亩；除云县和永德县以外其余6县（区）的小麦单产量均在105 kg/亩以上。

2019年，临沧市大麦小春产量0.38万t。临沧市大麦种植集中于凤庆县、云县、永德县，其中凤庆县种植面积达1.4万亩位居第一，镇康县和临翔区大麦种植面积均超过1000亩，沧源县大麦种植面积50亩，而双江县和耿马县没有种植大麦。

（三）临沧麦类发展现状

1.临沧小麦发展现状

全市现有耕地面积约400万亩，其中水田面积93万亩。临沧市小麦常年种植面积约60万亩，其中旱地小麦超过45万亩。山地面积较大、农业基础设施薄弱、水利化程度低是制约临沧市小麦发展的主要因素，加之我市属于低纬度山地季风气候，冬春连旱突出，对小麦生产影响很大。在田麦生产中，小部分区域具备小麦丰产栽培的条件，产量超过500 kg/亩，与全国主产区产量差异不大。随着经济作物的发展，小麦已退出部分区域，大部分向山区转移，作为玉米和其他农作物的秋后作物。但由于大部分山区不具备灌溉条件，大部分是靠天吃饭、雨养农业的粗放播种方式，导致小麦产量在100 kg/亩左右，低于云南省一般单产250 kg/亩，临沧市小麦单产量较全国和全省还有很大的差距。

2000～2019年，临沧市小麦平均播种面积为61.9万亩，平均单产99.5 kg/亩，平均总产6.16万t。2019年临沧市小麦种植面积约为48.6万亩，20年来种植面积纪录首次跌破50万亩。原因在于：一方面，小麦在800～2200 m海拔均有种植，在生产上需要不同的品种去适应不同的区域，小麦科学种植方式很难以一套标准化、规模化的生产方式推广。农村经济需要发展，产业结构需要进一步调整，但是小麦的经济效益比较低，部分被经济效益高的农作物替代。另一方面，我市缺少品牌面粉加工企业，直接影响了市场占有份额和市场竞争力，由于没有龙头企业的拉动，还不能形成较好的商品品牌效应，种植带动示范作用不强，无法提高农民的种植积极性，从而影响了小麦的推广。

2. 临沧大麦发展现状

自2003年对临沧市大麦统计以来，大麦种植面积持续增加。经过10年时间，至2013年全市种植大麦面积已突破5万亩，连续6年大麦种植面积均保持在5万亩以上；至2019年大麦种植面积降低至3.2万亩。自2003年引进大麦至今，单产量均保持在115 kg/亩以上（除了2010年临沧市受旱灾影响，大麦的单产量为75 kg/亩），大麦单产量每年都较小麦单产量高。在麦类产业化发展中，临沧市大麦相较于小麦在生产发展上不占优势，农民对种植大麦的积极性没有小麦高。2019年，小麦种植面积是大麦种植面积15.2倍，小麦总产量是大麦总产量13.4倍。

小麦种植面积大、产品总量多，已经形成产品（自我消费）和商品（市场销售）兼用型，而大麦主要用在啤酒生产和饲料加工。由于当地缺乏相应的大型啤酒厂和饲料厂带动农民的种植积极性，大麦虽然种植周期较短有丰产性、广适性、抗病性、早熟性等优点，但也因大麦用途的制约性，当地农民并没有因为丰产性而积极种植大麦。

二、栽培技术

（一）临沧麦类栽培优势与特色品种

1. 小麦的栽培优势与特色品种

（1）气候环境适宜。

临沧市属滇西南早熟麦区，也是云贵高原早熟秋播半春性麦区的重要组成部分。全市属亚热带低纬度山地季风气候，四季温差不大，干湿分明，垂直变化突出。全年平均气温16.5～19.6 ℃，最热月平均气温在20.6～24 ℃之间，最冷月平均气温在10.3～12.5 ℃之间，极端最高气温41.4 ℃，极端最低气温-4.3 ℃，全年无霜期317～357 d，有效积温5549～7875 ℃。较好的雨、光、热条件，有利于小麦干物质的积累。

(2)耕地与土壤优势。

全市耕地面积约400万亩,适宜区域主要分布在海拔1000~1900 m的“水稻—小麦”“烤烟—小麦”“玉米—小麦”两熟区,面积约为120万亩。自然土壤以赤红壤及红壤为主,赤红壤是南亚热带季风常绿阔叶林下发育的地带性土壤,成土母质以各种母岩风化的残积物、坡积物为主,土壤剖面主要呈红色,土壤pH一般低于5.5,呈酸性反应。红壤是亚热带常绿阔叶林和混交林下发育的地带性土壤,成土母质主要是深厚的古红土和红色风化壳及岩石风化的残积物。耕地土壤中水田土壤以沙壤为主,旱地土壤以红壤为主。土壤肥力适中,土质结构好。

(3)种质资源优势。

临沧市是云南省重要的小麦生产区域,是普通小麦亚种云南小麦铁壳麦的原生地,种质资源十分丰富,种质资源在全球生物技术产业竞争中有十分重要的意义,是小麦科学研究和产业发展不可或缺的重要组成部分,是建立拥有自主知识产权品种选育的物质基础。小麦是临沧市农业科学研究所建所50多年来的主要研究对象,具有小麦育种材料5000余份和一批苗头品系,具备较好的小麦育种潜力,近期先后育成了具有自主知识产权的“临麦”品牌良种通过审定并成为云南省主导品种进入生产,为优质小麦产业的发展奠定了较强的基础。临沧市小麦的特色品种主要有:临麦6号、临麦15、临麦16、云麦53、云麦56。

2.大麦的栽培优势与特色品种

大麦栽培具有以下优势。

(1)早熟性:大麦具有突出的早熟性,生育期短,一般较小麦早熟7~15 d,大麦在临沧市是较好的间、套、复种作物,应用大麦的早熟性对解决作物间大小春两季矛盾具有重要的作用,特别是与烤烟轮作能提早烤烟种植节令,提高优质烟叶比例,并利用大麦轮作阻断烤烟菌核病的传播途径,减少病害的发生。

(2)丰产性:通过对临沧市大麦区域试验结果的分析,海拔1000~1800 m的田麦亩产在400~650 kg之间,林地套种亩产在200~300 kg,同比条件下较小麦高10%。

(3)广适性:大麦在我国的东部沿海至西部青藏高原均有广泛种植,我市目前年种植面积近3万亩,在海拔800~2000 m的区域均有分布,且在多雾、日照少等条件下大麦也能正常生长。大麦具有较强的抗病、抗旱、抗倒伏、耐寒、耐盐碱、耐瘠薄等优异特性,适宜在山区推广,是临沧市山区农业调优增效的理想作物。

(4)综合利用价值:啤大麦可用作酿酒,饲大麦可作为加工生产优质饲料的原料。大麦与核桃、蚕桑套种,可充分利用核桃冬季落叶休眠期和蚕桑冬季修剪期间发展饲料,在对核桃、蚕桑冬季管护的同时增加农民收入,实现作物间长短结合、优势互补。大麦—菜—稻谷是田间作物一年三熟的主要组合模式,提高了农田利用率。

大麦品种选用表现较好并由正规育种单位和种业公司销售的优质品种。饲料品种主要有V43、临大麦3号、保大麦8号等,啤酒品种主要有S500、云大麦2号、S-4等。

(二)临沧麦类栽培与管理技术

1.小麦的主要栽培技术与管理技术

(1)品种选择:临沧市麦类生产经常遭受干旱的影响,尤其是在2010年和2019年干旱严重影响了小麦单产量,2010年小麦单产量仅77 kg/亩。宜选择通过审定的中早熟、多抗品种。适宜临沧市早秋小麦品种有:临麦6号、临麦15、临麦16、云麦53、云麦56、云麦57、滇麦2号等。由于秋季气温较高,病害及地下虫害发生较重,可根据当地主要病虫种类,选择适宜种衣剂或拌种剂,按推荐剂量进行种子包衣或药剂拌种,拌种后应在72 h内播种。尤其是小麦种子常携带有病菌,播种前要注意处理好种子。小麦种衣剂种类及防治对象见表1。

表1 小麦种衣剂种类及防治对象

防治对象	药剂种类	用药量/种子量	备注
全蚀病	12.5%硅噻菌胺FS	20 mL/10 kg种子	对其他病害无效
纹枯病、黑穗病、根腐病	2.5%咯菌腈FS	20 mL/10 kg种子	安全
白粉病、锈病、纹枯病	3%苯醚甲环唑FS	4 g/10 kg种子	安全
地下害虫	50%辛硫磷EC	20 mL/10 kg种子	控制用量

(2)精整麦地:坚持"深、细、透、实、平、净、足"的原则,使土壤保持适宜的水分,麦田在耕地前注意做好排水,而山地麦则在整地时注意蓄水保墒。大春作物收获后及时灭茬,除尽杂草;及早犁耙,犁耙深度25 ~ 33 cm左右,不漏耕漏耙,土壤上松下实。有条件的田地应选择机播机收。每亩播种量12 ~ 15 kg,保证基本苗18 ~ 22万株。

(3)播种节令:播种时期既关系到小麦的品质,也关系到小麦的产量。临沧市易受冬春连旱影响,在适期内争取早播,抓住土壤墒情好的有利时机播种。最佳播种时间为10月上旬至11月上旬,最迟不超过11月中旬。早秋麦适宜在8月上、中旬播种,中高海拔区不宜提早播种,播种时间要严格控制在9月下旬之后。

(4)播种方式与播种量:采用行播,播量要精确,播深3 ~ 5 cm、播幅15 cm、行间距10 ~ 12 cm,播后覆土,做到下籽均匀、不重不漏、行距一致、深浅一致。采用撒播,要做到墒平土细、播种均匀,覆土浅而不露种。一般田块,采用条播亩播种量12 kg,撒播亩用种量为13 ~ 14 kg,确保基本苗18万株/亩。

(5)科学施肥:肥料是小麦的主要营养来源之一,肥料的选择、施肥量以及施肥期都影响着麦子的品质,宜遵循"平衡施肥、增施有机肥、控施化肥、基肥与追肥结合"的原则。每亩施氮肥(N)16 ~ 20 kg,磷肥(P_2O_5)6 ~ 10 kg,钾肥(K_2O)3 ~ 5 kg,优质农家肥1 ~ 2 t。优质农家肥作底肥犁耙时施用;30%(有效含量,下同)氮肥、100%磷肥和100%钾肥混匀或100%复合肥作种肥施用;40%氮肥作分蘖肥在小麦三叶期施用;30%氮肥作拔节肥在小麦拔节期施用。小麦灌浆初期视田间长势每亩可选择喷施1% ~ 2%的尿素溶液或0.2% ~ 0.3%硫酸锌溶液,或0.2%磷酸二氢钾溶液50 kg防止植株早衰。

(6)查苗补苗:出苗后及时查苗补种、移密补稀,以保证苗种的密度适宜。缺苗断垄在15 cm以上的地块要及时催芽开沟补种同品种的种子,墒情差时在沟内先浇水再补种;也可在苗稀少的地方及时补苗,采用疏密补稀的方法,移栽带1 ~ 2个分蘖的麦苗,覆土深度要掌握上不压心、下不露白,并压实土壤适量浇水保证成活。

(7)水分调控:临沧市小麦种植分田麦和山地麦,山地麦普遍属于靠天吃饭,没有人工灌溉条件,宜在播种前采取早播种的方式避开冬春连旱威胁。田麦在灌溉时要掌握实际情况:若降水量充足要减少灌溉;若遭遇干旱要及时灌溉,尤其是拔节抽穗期更要做好灌溉;保水能力弱的土壤,要多次适量灌溉。

(8)田间除草:小麦播种后利用秸秆进行覆盖,减少草害的发生;小麦进入三叶期注意观察草害的发生,根据杂草类型选择药剂进行化学除草。除草剂的用量要严格按照规定使用,做到一次防除,避免产生药害。小麦化学除草剂种类及防治对象见表2。

表2　小麦化学除草剂种类及防治对象

防治对象	药剂种类	喷施部位	备注
播娘蒿、荠菜、猪殃殃、野油菜、繁缕	唑草酮、苯磺隆、氯氟吡氧乙酸、苄嘧磺隆、噻吩磺隆	叶面喷施	按药剂说明书使用
野燕麦、硬草、看麦娘	精恶唑禾草灵,炔草酸(炔草酸酯、炔草酯),甲基二磺隆	叶面喷施	按药剂说明书使用
禾本科杂草和阔叶杂草混生	氟唑磺隆、甲氧磺草胺、阔世玛,或者精恶唑禾草灵与苯磺隆混用,炔草酸与苯磺隆混用	叶面喷施	按药剂说明书使用

(9)病虫害防治:由于临沧气候冬温春暖,小麦病虫害年年有发生,应坚持"预防为主,综合防治"的原则,优先采用农业防控、生物防控、物理防控,辅以科学合理的化学防治手段。

①农业防控:白粉病、锈病、赤霉病、纹枯病等高发地域,应注重小麦品种的选择。

优先选用抗(耐)病品种(如临麦15),播种前深耕灭茬减少菌源,适期播种及时清除田间杂草及自生麦,科学合理施肥,合理排灌。蚜虫、吸浆虫、金针虫等高发地域,应选用抗虫品种,播种前深翻灭茬、精耕细作、合理施肥、适时排灌。

②生物防控:白粉病、锈病等高发地域,可选用枯草芽孢杆菌、苏云金杆菌等生物农药防治,使用方法按农药标签和说明书使用。蚜虫高发地域,可以保护麦田的瓢虫、食蚜蝇、草蛉、蚜茧蜂等害虫的自然天敌,利用天敌控制蚜虫危害;也可应用阿维菌素等生物农药防治,使用方法按农药标签和说明书使用。

③物理防控:蚜虫、黏虫、金针虫成虫等可以采用色板、杀虫灯、性诱激素等方法诱(捕)杀。

④药剂防治:蚜虫,每亩选用50%抗蚜威可湿性粉剂3500~4000倍液,或10%吡虫啉(一遍净)可湿性粉剂2500倍液进行喷雾防治;吸浆虫,每亩选用10%吡虫啉(一遍净)可湿性粉剂2500倍液,或2.5%溴氰菊酯乳油3000倍液进行喷雾防治,选择在晴天、无风、黄昏前后防治;金针虫、蛴螬、蝼蛄、地老虎等地下害虫,每亩选用40%辛硫磷乳油或40%甲基异柳磷乳油0.3 kg,兑水1~2 L,拌细土25 kg制成毒土,犁地前均匀撒施地面,随犁地翻入土中。其余病害药剂防治方法见小麦主要病虫害与防治技术。

(10)及时收获与贮藏。

收获:人工收割宜在小麦进入蜡熟末期进行,机械收割宜在完熟初期进行。收获前去杂去劣,严防机械混杂和混收混放。

贮藏:收获后小麦籽粒含水量≤13%后方可入仓。可采用干燥、趁热密闭贮藏,或低温、低氧、低药量(磷化铝)"三低"贮藏。

2.大麦的主要栽培与管理技术

(1)品种选择:品种选用经临沧市引育试验示范表现较好并由正规育种单位和种业公司销售的优质良种。饲料大麦品种有:V43、临大麦3号、保大麦8号等;啤酒大麦品种有:S500、云大麦2号、S-4等。其中,临大麦3号目前是临沧市饲料大麦主推品种,适宜云南省海拔1400~1950 m区域种植。

(2)选地与整地:大麦要获得丰产应选择地势平坦、耕性良好、排灌配套、土层深厚、土壤肥沃的沙壤土或黏壤田块为好,宜中性略偏微碱,pH以6~8为适宜。播前整地要做到田间清洁、沟渠畅通、土块松碎、墒面平整。

(3)适时播种:无灌溉条件的烤烟地、核桃地、山地,播种时间必须选择在9月底至10月中旬之间,充分利用秋末冬初的雨水资源,确保10月中上旬出苗,11月中旬之前追肥促苗,为大麦创造后期生长的必要条件。具备灌溉条件的田块,播种时间在10月上旬至11月20日之间,但整地和播种要避开连续阴雨天气,避免淋雨作业。

(4)播种方式与播种量:播种方式可选择条播或撒播,规模较大或有条件的可以选择机械作业,用旋耕机整地后人工均匀撒播种子和撒施肥料,再用旋耕机盖种。用旋耕机盖种时,要调整刀片(耙齿),使之入土不超过5 cm。条播时亩播种量为11~13 kg,撒播时亩播种量为13~15 kg,确保基本苗在14~18万株较为合理。

(5)科学施肥:提倡使用农家肥,合理施用氮、磷、钾肥,确保促早发、稳后劲。无灌溉条件的烤烟地、核桃地、山地,播种时每亩施用50 kg磷肥、20 kg尿素作种肥,杜绝不使用种肥的种植习惯。除烤烟地外,核桃地、山地可以适当补充钾肥。大麦三叶期(播种后约30 d)亩用20 kg尿素追施分蘖肥,进入拔节期后可根据雨水和苗情作适当追肥。有灌溉条件的田块,播种时每亩用50 kg磷肥加15 kg尿素作种肥,三叶期亩用15 kg尿素追施分蘖肥,拔节期根据苗情亩用10~15 kg尿素追施拔节肥。

(6)水分调控:无灌溉条件的烤烟地、核桃地、山地,必须靠9月底10月初雨水资源保障播种及出苗,以入冬前雨水资源追施分蘖肥,并适时利用初冬雨水在大麦拔节期间酌情施肥。具备灌溉条件的田块,播种时墒面土壤湿度不能过大或有积水,播种后如遇天旱土壤水分不足,要及时在5~7 d内灌一次出苗水,分蘖期灌一次水(结合追肥),拔节期灌一次水(结合追肥),孕穗期到抽穗初期灌一次水,灌浆期灌一次水。前两次灌水量不宜太多,保证土壤湿润后及时排干,后两次要灌透,根据气候、土壤及大麦生长情况等因素,后期灌水次数可做适当调整。

(7)化学除草:大麦在二叶至三叶期,选用苯磺隆、膘马、绿麦隆喷雾,要求喷湿、喷透,及时灭除田间杂草。要严格掌握用药量一次除草,不能增加除草次数,以免造成药害。

(8)病虫害防治:在选用抗病品种的基础上还要注意观察病虫害的发生情况,适时进行防治。

(9)及时收获:大麦进入蜡熟末期后要及时收获,过熟后籽粒发黑、品质差、容易断穗、难于收获。

(三)临沧麦类主要病虫害与防治技术

1.小麦主要病虫害与防治技术

特殊的地理位置、地形地貌,加上低纬度高原的立体生态环境让临沧市一年四季都阳光充足,适合小麦生长。但在强烈的阳光照射下,尤其在适宜发病的秋季,小麦易发生多种病害。临沧市主要小麦病害有:锈病、白粉病、纹枯病、颖枯病、腥黑穗病、根腐病、赤霉病。

(1)锈病。

小麦锈病俗称黄疸病,根据发生部位和病斑形状又分为条锈病、叶锈病、秆锈病三种,目前,在3种锈病中危害最严重的是条锈病。小麦锈病在临沧市每年均有发生,但不同年份发病程度差异较大,轻者麦粒不饱满,重者植株枯死、不能抽穗,一般田麦较地麦发病重,发病较早损失越重。

①发病症状:“条锈成行叶锈乱,秆锈是个短褐斑”,这是区别3种锈病的口诀。条锈主要发生在叶片上,叶鞘、茎秆和穗部也可发病。初期在病部产生褪绿的斑点,以后形成黄色粉疱,即夏孢子堆,长椭圆形,与叶脉平行排列成条状;后期长出黑色、狭长形埋伏于表皮下的条状疱斑,即冬孢子堆。叶锈病初期出现褪绿斑,后出现红褐色粉疱(夏孢子堆),在叶片上不规则散生,后期在叶背面和茎秆上长出黑色、椭圆形埋于表皮下的冬孢子堆。秆锈危害部位以茎秆和叶鞘为主,也可危害叶片及穗部。秆锈的夏孢子堆较大,长椭圆形至狭长形,红褐色,不规则散生常合成大斑;后期病部长出黑色、长椭圆形至狭长形、散生、突破表皮、呈疱状的冬孢子堆。

②发病规律:病菌(主要以夏孢子和菌丝体)在小麦和禾本科杂草上越夏、越冬。越夏病菌可以使秋苗发病。春季,越冬病菌直接侵害小麦或靠气流从远方传来使小麦发病,发病轻重与小麦品种、气候、栽培等有密切关系。易感病品种发病较重,春季气温偏高和多雨年份、植株密度较大、越冬病菌量或外来病菌较多时,锈病易流行。

③防治措施:选用抗病品种如临麦15、云麦53等抗(耐、避)病品种。药剂拌种:用粉锈宁按种子量0.03%的有效成分拌种,或用12.5%特谱唑按种子量0.12%的有效成分拌种。叶面喷施:发病初期亩用20%粉锈宁乳油30~50 mL或12.5%特谱唑15~30 g,

兑水均匀喷雾防治。发病重的田块，可间隔7～10 d再喷药一次。

（2）白粉病。

小麦白粉病主要发生在田麦高产区域、地麦环境隐蔽、光照不足、田间湿度大、密度高等地块，发病后造成穗粒减少、粒重降低，特别严重时可能造成小麦绝产。

①症状识别：发病初期叶片出现白色霉点逐渐扩大成圆形或椭圆形病斑，上面长出白粉状霉层（分生孢子），后变成灰色至淡褐色，后期在霉层中散生黑色小粒（子囊壳），最后病叶逐渐变为黄褐色而枯死。

②发病规律：病菌（子囊壳）在被害残株上越冬，春天放出大量病菌（子囊孢子）侵害麦苗，此后在被害植株上大量繁殖病菌（分生孢子），借风传播再次侵害健株。小麦白粉病在0～25 ℃均能发展，在此范围内随温度升高发展速度就越快；湿度大有利于孢子萌发和侵入，植株群体大、阴天寡照、氮肥过多有利于病害的发生与发展。

③防治措施：选用抗病品种。适当控制群体，合理水肥促控，健株栽培，提高植株抗病力。药物防治：用粉锈宁按种子量0.03%的有效成分拌种，能有效控制苗期白粉病，并可兼治锈病、纹枯病和黑穗病等病害；也可亩用粉锈宁按有效成分7～10 g兑水喷雾。发病重的田块，可间隔7～10 d再喷药一次。

（3）纹枯病。

小麦纹枯病在我市均有发生，病害主要引起穗粒数减少、千粒重降低，还可以引起倒伏或形成白穗，影响产量。

①症状识别：叶鞘上病斑为中间灰白色、边缘浅褐色的云纹斑，病斑扩大连片形成花秆。茎秆上病斑呈梭形、纵裂，病斑扩大连片形成烂茎，导致小麦不能抽穗或形成枯白穗，结实少，籽粒秕瘦。

②发病规律：病菌以菌核在土壤中或菌丝在土壤中的病残体上存活，成为初侵染源，小麦发芽后，接触土壤的叶鞘被纹枯病菌侵染而发病。小麦群体过大、肥水施用过多、田间湿度大、通气性不好时，病害容易发生流行。小麦纹枯病在20 ℃左右容易发病，春季回暖温度升高病势发展速度加快。

③防治措施：选用抗病性较好的品种。控制群体结构，合理促控水肥，适当增加有机肥和磷钾肥，促进植株健壮，提高抗病力，并及时除草。药剂拌种：用50%利克菌以种子重量的0.3%或20%粉锈宁以种子量的0.15%、33%纹霉净以种子量0.2%的药量拌种。药剂喷雾：亩用50%井冈霉素100～150 g或20%粉锈宁40～50 mL、50%扑海因

300倍液均匀喷雾，防治2次可控制病害。拌种结合早春药剂喷雾防治效果更好。

(4)颖枯病。

小麦颖枯病主要危害麦穗和叶片，叶鞘和茎秆也会发病，一般在矮秆品种上容易发生。受害后籽粒不饱满，千粒重降低，影响产量。

①症状识别：小麦颖枯病症状主要表现在麦穗上，有时在叶片、叶鞘和茎秆上也可见到。发病初期，颖壳尖端出现褐色病斑，后变成枯白色，边缘褐色病斑扩展至整个颖壳，其后在病斑上产生黑色小粒(分生孢子器)，重者不能结实。叶片发病后，初期出现淡褐色小斑点，后扩大成椭圆形至不规则形状的斑块，病部中央灰白色，其上密布黑色小粒(分生孢子器)，病斑多时叶片卷曲枯死。叶鞘发病时变为黄褐色，致使叶片早枯。茎节受害则呈现褐色病斑，其上也产生黑色小粒，严重时茎秆呈暗色枯死。

②发病规律：颖枯病以病菌(分生孢子器及菌丝体)附着在病株残体上或种子表面越冬、越夏。秋季或春季，在适宜的环境条件下放出大量病菌，侵入植株后形成病斑，此后病菌在病株上又大量繁殖随风雨传播引起田间再侵染。小麦颖枯病易在田间高温多湿条件下发生蔓延。

③防治措施：选用抗(耐、避)病品种。加强栽培管理，及时除草，合理运筹水肥，促进植株健壮，提高抗病能力。药剂拌种：用15%粉锈宁以种子量的0.2%或12.5%特谱唑以种子量0.12%～0.3%的药量拌种。喷雾防治：亩用25%敌力脱100 g或15%粉锈宁60～100 g、多菌灵有效成分50～75 g兑水于扬花期喷雾防治。

(5)腥黑穗病。

小麦腥黑穗病主要有网腥黑穗病和光腥黑穗病，危害麦穗和籽粒，小麦发病可导致严重减产，且使籽粒及面粉品质降低。

①症状识别：病株一般较矮，分蘖增多，病穗较短而直立，初为灰绿色后变为灰白色，颖壳外张露出病粒，病粒短而肥，外包一层灰褐色膜，内充满黑粉。由于病菌冬孢子内含三甲胺故带有鱼腥味，腥黑穗病因此而得名。

②发病规律：腥黑穗病是由真菌引起的病害，其形成的黑粉即为病菌的冬孢子，条件适宜时冬孢子萌发形成孢子侵染小麦。腥黑穗病属幼苗侵染型，其病菌(黑粉)在脱粒时飞散，可黏附于种子表面或落入田间土壤。小麦播种发芽时，冬孢子从叶鞘侵染麦苗随植株生长，最终在穗部造成危害，一年只侵染一次。小麦芽鞘出土后病菌只有通过伤口才能侵入，一般地下害虫危害重的地块腥黑穗病发生较重。

③防治措施：选用抗病品种。建立无病种子田。药剂拌种：可用三唑酮（粉锈宁）按种子量的0.3%有效成分拌种；或用12.5%特谱唑按种子量的0.35%～0.5%拌种；也可用50%多菌灵可湿性粉剂100 g兑水5 kg拌种，拌种后堆闷6h后播种。

（6）根腐病。

小麦根腐病俗称白穗病，主要危害根部和茎基部。据调查，在大田病穗达到5%时产量损失3%，病穗率达到15%时产量损失超过10%。

①症状识别：小麦叶、茎、根、穗、粒均可受害，但以根茎部受害为主。在茎秆基部、叶鞘形成褐色条斑或梭形斑，根部产生褐色或黑色病斑，引起不同程度茎腐或根腐，进而造成死苗、死茎或死穗。叶片病斑初为梭形小褐斑，后扩大成椭圆形或较长不规则形，病斑可相互连成大块枯死斑，严重时造成整个叶片枯死。穗部受害时初在颖壳上形成不规则病斑，穗轴和小穗枝梗变成褐色，进而造成死穗或籽粒秕瘦。种子受害时，病粒胚尖或全胚黑褐色。根腐病也可以发生在胚乳的腹背或腹沟部位，病斑梭形、边缘褐色、中间白色，形成花斑粒。

②发病规律：小麦根腐病是一种比较严格的土壤寄居菌引起的，其病菌在土壤中适应范围比较狭窄，病残体的菌丝体是小麦根腐病的主要初侵染源。本病在整个生育期都可发生，但以苗期为主。病菌可以从幼苗种子根、胚芽、胚芽鞘、节间侵入组织，侵染越早发病越重。禾谷类作物连作有利于病菌积累和传递；土壤pH值高、有机质少、肥力低下，及冬、春低温和后期干热风等不良因素都会加重病害的发生。

③防治措施：一是选用抗病和抗逆性强的品种并合理轮作、适当倒茬，破坏病菌的传递链。二是培肥地力，加强小麦管理，培育壮苗，增强小麦抗病能力。三是化学防治，用6%立克秀悬浮种衣剂拌种；大田喷药可用20%粉锈宁乳剂或15%粉锈宁可湿性粉剂，按药品使用说明进行喷雾防治。

（7）赤霉病。

小麦赤霉病别名烂麦头、红麦头。在一定的温湿环境中赤霉病发生严重，从幼苗到抽穗时期都可受害。据调查，一般情况下赤霉病可导致小麦减产10%～20%，大流行年可以减产50%～60%，甚至绝收。赤霉病会使小麦籽粒皱缩，降低小麦的品质。

①症状识别：小麦麦苗、麦秆、麦穗均可以受害，引起苗腐、茎基腐、穗腐，其中危害最严重的是穗腐。小麦麦苗受害时，苗芽呈褐色，随之根冠开始腐烂，轻者苗黄瘦弱，重者枯萎死亡。麦秆受害时，初在叶鞘上长出绿斑后转变为褐色斑，严重时病部以上枯

黄，导致不能抽穗。麦穗受害时，病斑呈水渍状褐色斑纹，病部枯褐，严重时形成枯白穗。

②发病规律：小麦赤霉病可以残留在小麦病残体上，还可以通过玉米等农作物残留，来年病残体上形成的子囊壳成为主要侵害源。子囊孢子成熟时节正值麦子成熟时期，尤其在阴雨温湿时节借助气流加快传播速度，使麦穗感染赤霉病。持续低温降雨对小麦赤霉病的发生蔓延极为有利，最终导致小麦收成降低。

③防治措施：每亩选用50%多菌灵可湿性粉剂800倍液或60%多菌灵盐酸盐（防霉宝）可湿性粉剂1000倍液，或505甲基硫菌灵可湿性粉剂1000倍液喷雾防治。小麦抽穗扬花期，若天气预报有3 d以上连阴雨天气应及时喷药防治，若喷药后24 h遇雨应及时补喷。

2.大麦病虫害防治

临沧大麦主要受锈病、白粉病、蚜虫影响，防治方法如下。

白粉病、锈病：每亩用20%粉锈宁乳剂50 g，兑水60～70 kg，在发病始期喷雾防治。

纹枯病：每亩用5%井岗霉素水剂100～150 mL，兑水50～70 kg，顺垄喷施大麦茎基部。

蚜虫：每亩用10%吡虫啉或3%啶虫脒可湿性粉剂10 g，兑水50～60 kg喷杀。

参考文献

[1]田正书，赵凯琴，李根泽，等.云南省主要油菜产区施肥现状调查与分析[J].西南农业学报，2019，32(07):1586-1593.

[2]沙云，杨向虎，赵建芳，等.优质大麦新品种临大麦3号选育及栽培技术[J].农业科技通讯，2014(04):192-193.

[3]赵建芳，沙云.大麦新品种临大麦3号及栽培技术[J].中国种业，2014(02):64-65.

[4]赵建芳.临沧市优质小麦生产现状与应对策略[J].农业科技通讯，2015(02):6-7.

[5]赵建芳.小麦新品种在临沧市种植的适应性分析与研究[J].中国农业信息，2014(01):47.

[6]牛小燕，刘广才.荞麦宽幅匀播高产栽培技术规程[J].现代农业科技，2020(14):24-25.

[7]张海忠，邢石福，马丽萍．苦荞功能及种植方式研究[J]．农业与技术，2019，39(10):90-91.

[8]赵加涛，刘猛道，郭勉艳，等．云南省高产优质大麦新品种选育及示范推广[J]．云南农业科技，2017(02):59-61.

[9]周国雁，隆文杰，陈丹，等．袋装临沧铁壳麦种子生活力及a-淀粉酶、脂肪氧化酶活性与表达量分析[J]．南方农业学报，2018，49(11):2273-2281.

[10]李天银．大麦和小麦高产栽培概述[J]．大麦与谷类科学，2014(02):48-51.

[11]范昱，丁梦琦，张凯旋，等．荞麦种质资源概况[J]．植物遗传资源学报，2019，20(04):813-828.

[12]徐君峰．清代云南粮食作物的地域分布[J]．中国历史地理论丛，1995(03):85-96.

[13]曾亚文，张京，普晓英，等．云南大麦产业发展综合研究与利用[J]．浙江农业学报，2011，23(03):455-464.

[14]陈丹，普健萍，伍少云，等．云南小麦变种分类与地理分布研究[J]．作物杂志，2020(03):85-91.

第四节　薯类

一、概述

薯类作物地下的根(茎)显著膨大,贮藏有丰富的碳水化合物(主要是淀粉)。薯类作物种类繁多,有马铃薯、甘薯、木薯、芋头、魔芋、芭蕉芋、菊芋、葛、豆薯等。云南不但有丰富的薯类作物资源,还有得天独厚的适宜薯类生长的自然条件,目前临沧市栽培面积较大的薯类作物是马铃薯、甘薯、木薯等。

(一)临沧薯类发展历史

1.马铃薯

马铃薯(*Solanum tuberosum* L.)原产于南美洲安第斯山脉。中国学者考证认为,马铃薯传入中国的时间是明朝万历年间(1573—1619年)。云南是我国引进和种植马铃薯较早的省份之一。清代吴其濬著《植物名实图考》卷六中说"阳芋,黔、滇有之"。文中绘有阳芋(马铃薯)的素描图,这是中国马铃薯栽培史上的第一张马铃薯形状素描图。按此记载,1848年已有不同品种存在,农民已采用培土、压蔓等栽培技术,据此可推断1848年以前云南就已引进马铃薯栽培。云南省无论从纬度、山区生态类型和气候条件,都非常适宜马铃薯生长。自从马铃薯引入后,人们因地制宜,创造了多种耕作制度,积累了丰富栽培经验,促进马铃薯在全省广泛种植。马铃薯在云南广泛地被称为洋芋,其引进栽培无疑对全省社会和经济的发展产生了巨大的影响。土壤贫瘠、缺乏灌溉的丘陵和高寒冷凉山区不适宜种植水稻,甚至不适宜玉米生长,在这些地方种植马铃薯仍然可获得较高产量。马铃薯作为粮食对于解决云南广大山区、边疆少数民族地区人民的食物供应起到了重要作用。马铃薯又可以作为蔬菜,饲料、休闲食品加工和淀粉工业的原料,消费市场广阔,对发展山区经济和提高农民的经济收入也有重要作用。巨大的市场需求，优越的自然环境，适宜马铃薯生长的良好生态条件，让云南省成为中国马铃薯主要生产地区。

马铃薯是临沧市仅次于玉米、水稻和小麦的第四大粮食作物，临沧市委、市政府高度重视马铃薯生产，始终把马铃薯生产特别是冬季马铃薯生产作为全市粮食增产、农民增收的重要措施来抓，大力推广以脱毒种薯为重点的先进实用技术，使马铃薯生产有了较好较快的发展。为此，临沧市应着力完善马铃薯产业体系、经营体系和品牌体系，推动马铃薯产业链建设迈上新台阶。

2.甘薯

甘薯(*Dioscorea esculenta*)为双子叶植物，属于薯蓣科(Dioscoreaceae)薯蓣属(*Dioscorea*)的一种具有蔓生特性的一年生或多年生草本，起源于美洲的墨西哥、秘鲁、厄瓜多尔一带。甘薯在热带或亚热带常年温度较高的地区可以终年生长，为多年生植物；在温带地区，部分季节温度较低遇霜冻即枯萎死亡，为一年生植物。

3.木薯

木薯(*Manihot esculenta*)又称南洋薯、木番薯、树薯，属大戟科灌木状多年生喜阳光热带作物。中国是木薯种质资源贫乏的国家，国内的木薯种植在20世纪90年代中后期获得成功，但由于各种原因产业并没有得到持续发展壮大。据云南省农业科学院油料作物研究所2001年调查，1986年云南木薯种植区引进“南植188”，1988年引进“华南124”，1990年引进“华南201”。“十一五”以来，临沧市委、市政府对发展生物能源三薯十分重视，以沧源、耿马、云县、镇康等为重点大力发展生物能源木薯、甘薯产业。通过发展薯类种植，依托龙头企业加工已获得较好经济效益，有效地促进了农民增收，产业发展出现良好势头。

(二)临沧薯类分布情况

1.马铃薯

马铃薯是临沧高海拔冷凉山区的主要农作物，为山区贫困农民脱贫致富发挥着重要作用。临沧市属横断山系怒山山脉的南延部分系滇西纵谷区，海拔450～3429 m，临沧市属亚热带低纬度山地季风气候，四季温差不大、干湿季分明、垂直变化突出、冬无严寒、夏无酷暑、雨量充沛、光照充足，年平均气温16.8～17.7 ℃。这样的地理及气候条件下临沧兼具春马铃薯和冬马铃薯的生产条件，从高海拔山区到低海拔坝区均有马铃薯生产，一年四季均有本土马铃薯销售。

永德县是临沧市最大的春马铃薯生产区，以永德县为中心建设春马铃薯绿色高质高效生产区，提高良种覆盖率、配套绿色高质高效集成技术，提高产量和品质，达到不断提高春马铃薯经济社会生态效益的目的。春马铃薯区域布局：永德县重点是德党镇、乌木龙乡、大雪山乡、崇岗乡等乡镇，发展马铃薯—玉米间种、马铃薯—蔬菜轮作、马铃薯—杂粮(荞)轮作等栽培模式。镇康县重点是忙丙乡、木场乡等乡镇，发展马铃薯—玉米间种、马铃薯—杂粮(荞、豆等)轮作等栽培模式。耿马县重点是芒洪乡发展马铃薯—玉米间种、马铃薯—杂粮(荞、豆等)轮作等栽培模式。双江县重点是忙糯乡、大文乡等乡镇，发展马铃薯—蔬菜轮作栽培模式。临翔区重点是圈内乡、南美乡、章驮乡等乡镇，发展马铃薯—蔬菜轮作栽培模式。云县重点是茶房乡、涌宝镇等乡镇，发展马铃薯—蔬菜轮作、马铃薯—杂粮(荞、豆等)轮作栽培模式。

冬马铃薯具有上市早、产量高、品质优、市场好的优势。临沧低热坝区冬马铃薯商品薯长期稳定供应全国大中城市，社会生态经济效益突出。云县交通地理位置优越、高稳产农田建设较完备，冬马铃薯生产综合条件优越。以云县为中心建设冬马铃薯绿色高质高效生产区，健全种薯调运管理机制，推广适应市场需求的高产优质新品种、化肥农药减量、测土配方施肥、农机农艺结合、绿色综合防治，促进生产组织化、专业化、标准化。冬马铃薯区域布局：云县重点在爱华镇、幸福镇等乡镇，发展马铃薯—水稻轮作栽培模式、马铃薯—西瓜间套作栽培模式。永德县重点在永康镇、大雪山乡等乡镇，发展马铃薯—水稻、马铃薯—蔬菜轮作栽培模式。镇康县重点在南伞镇、凤尾镇、勐捧、军赛乡镇等乡镇，发展马铃薯—水稻、马铃薯—蔬菜轮作栽培模式。耿马县重点在耿马镇、勐撒镇、勐永镇等乡镇，发展马铃薯—水稻、马铃薯—蔬菜、马铃薯—西瓜轮作间套种等栽培模式。双江县重点在勐勐镇、沙河乡、勐库镇等乡镇，发展马铃薯—水稻轮作栽培模式。沧源县重点在勐董镇、勐省镇、勐角乡等乡镇，发展马铃薯—水稻、马铃薯—蔬菜轮作栽培模式。凤庆县重点在勐佑镇发展马铃薯—水稻栽轮作培模式。

冬马铃薯收获上市时期是市场上马铃薯比较紧俏的时期，价格高且供不应求，冬马铃薯纯收益超过5000元/亩，有力带动了广大农民种薯致富。冬马铃薯生产已成为临沧市冬季农业开发重点，临沧市现已发展成为云南省重要的冬季马铃薯主产区。临沧秋季马铃薯常年种植面积2000～3000 hm^2，主要以县乡城镇周边农户种植，以市内自销为主。秋马铃薯平均产量在18 t/hm^2，销售价格在3000～4000元/t，面积、产量和市场需求比较稳定。

临沧马铃薯能够周年种植,四季均有鲜薯上市销售。临沧农业"十三五"规划提到,马铃薯种植面积计划达到2.68万hm^2,平均单产提高到19.5 t/hm^2,总产超过50万t,实现马铃薯无公害化生产、区域化布局和产业化经营,优质种薯应用率90%以上,马铃薯商品率90%以上。

2.甘薯

甘薯适应性强、耐高温、耐瘠薄、耐干旱,在北纬40°以南广泛种植,是重要的粮食、饲料、经济、能源、工业原料作物。甘薯是多年生作物,只要气候条件适宜就能够长年生长,但应用到生产上,都是以一年生的栽种形式来完成从种到收的一生。甘薯是云南第二大薯类作物,常年种植面积约8万hm^2,是重要的粮食、饲料、能源和保健作物。云南甘薯种植分布广泛,各地区差异较大。2006年临沧市共完成甘薯种植1.85万亩,其中:沧源县完成0.15万亩、耿马县完成0.5万亩、云县完成1.2万亩。

3.木薯

云南木薯生产主要集中在红河、临沧、普洱、文山、西双版纳、德宏、保山等州(市)的热区,土壤类型为红壤、沙壤土,种植地形为平地、缓坡地、斜坡地、陡坡地、急陡坡地5种。种植区海拔一般在1500 m以下,无霜期8个月以上,4月平均温度28 ℃以上,10月平均温度17 ℃以上,年降水量600 mm以上,并且地处南北纬23°之间。

据农业部(现农业农村部)发展南亚热带作物办公室统计,2011年云南木薯总面积2.69万hm^2,总产量38.94万t,总产值5.94亿元。沧源县木薯种植始于2006年2月,全县种植木薯涉及5乡(镇)1境外,计划种植面积10300亩(含境外300亩),实际完成13269.2亩,占计划的128.83%,超额完成2969.2亩。

2006年临沧市共示范种植木薯4.5万亩,其中:沧源县完成1.7622万亩、耿马县完成2.45万亩、镇康县完成0.2778万亩、境外替代种植100亩。2007年完成木薯种植约7.2万亩,其中:沧源县完成2.6965万亩、耿马县完成3.5万亩、云县完成0.6万亩、镇康县完成0.4万余亩(境外替代种植0.3万余亩、境内0.1万余亩)。

2007年共收获木薯2.1062万亩,回收木薯干片9043 t,其中:沧源县收获1.0184万亩、收获干片3504 t,耿马县收获0.8万亩、收获干片4100 t,镇康县收获0.2878万亩、收获干片1439 t。

（三）临沧薯类发展现状

1.马铃薯

马铃薯抗逆性强、适应性广、产量高、用途广泛，是中国四大粮食作物之一，又是重要的蔬菜、饲料和多种工业品的加工原料，产业链长、加工升值空间大、经济社会生态效益显著，在国民经济发展中具有重要作用。临沧地形、气候类型多样，马铃薯有春种、秋种、冬种等种植方式，经过长期的发展实践，依据气候、水利、土地等综合资源，重点发展冬马铃薯。在低热坝区建设的冬马铃薯生产基地已成为云南省重要的冬马铃薯生产基地，以生产菜用型马铃薯为主，产品主要销往全国大中城市，成为山区人民增加经济收入的重要途径。冬马铃薯生产的蓬勃发展也带动了高寒山区春马铃薯品种更新换代，优质高产栽培技术应用扩大，产量和商品薯率大幅提高，经济效益趋向显著。在云南省马铃薯区域布局中临沧属于滇西马铃薯产业带，是云南省马铃薯生产的重要组成部分。近年来全市马铃薯种植面积在22万亩，冬马铃薯15万亩、春马铃薯7万亩，鲜薯总产量20万t。

在全国农业产业结构调整中，产值较低的籽粒型玉米、小麦等作物将会进一步缩减面积，马铃薯由于用途广泛、经济效益高、耐寒、耐旱、耐瘠薄、适宜性广成为理想的替代作物。各级政府和科技部门十分重视马铃薯产业的发展，临沧计划“十四五”期间马铃薯全市种植面积达30万亩，其中春马铃薯10万亩，冬马铃薯20万亩，总产量达30万t，总产值达4.5亿元。稳步增加市场优势强的冬马铃薯生产面积，扩大市场份额，促进农民增收。临沧低热河谷地区适宜种植冬马铃薯的面积在60万亩左右，发展空间大。在稳步推进冬马铃薯生产的同时，不断优化春马铃薯生产，实现全市马铃薯区域化布局、标准化生产、产业化经营，优质种薯和高产高效集成技术应用率超过90%。

临沧市马铃薯生产呈现面积和产量稳定增加，单产逐年提高的态势。临沧市现有耕地面积406.6万亩，其中适宜种植马铃薯的面积有100万亩。2021年全市马铃薯播种面积超过23万亩，鲜薯产量超过25万t。实现马铃薯优质种薯应用率90%以上、商品率90%以上、转化率50%以上，区域化布局、产业化经营、集约化发展。马铃薯科研能力得到加强，市级建立了云南省现代农业马铃薯产业技术体系——临沧试验站，双江县建立了云南省专家基层科研工作站——郭华春工作站，在云县、双江及凤庆开展马铃薯绿色高产高效产业片区，新品种选育、引进筛选取得阶段性进展，马铃薯高产高效集成技术研究与示范推广取得成效。特别是冬作马铃薯产值较高，曾出现过12600元/亩的最高产值案例。冬马铃薯近年来发展迅速,据行业部门统计,2016年临沧市建成冬马铃薯高产高效集成技术示范基地0.41万hm^2,涉及1区6县基本涵盖了冬马铃薯生产的主要适宜区,经示范县自测和市级专家复测,平均产量2339.8 kg/亩,较非示范区的1847.9 kg/亩增加26.6%,按当年的平均收购价2600元/t计算,新增纯收益6831.9万元,大幅提高了生产区农民收入,有力地推进了农业供给侧结构性改革。

2.甘薯

虽然云南甘薯的栽培历史悠久,自然条件也适合甘薯生长,但不论从生产面积还是从总产量来看均与马铃薯相差巨大,在全国排名仅为第15位。在全国甘薯区划中云南栽培面积为33万~6.6万hm^2,2013年种植面积为6.91万hm^2,总产110.50万t,单产15.99 t/hm^2。据调查全国的甘薯利用方式中食用、工业原料用、饲料用、出口、种薯用及损失分别占12%、45%、30%、5%、8%,云南的甘薯作为食用、工业原料用、饲用、出口、种薯和损失所占比率分别为13.2%、5.4%、73.4%、8.0%,与全国平均水平相比在工业原料用和饲用比率方面差异相当大,云南对甘薯的重视还不够。在目前甘薯消费结构发生明显变化、饲用比例减少、鲜食和加工用比例逐渐提高的大趋势下,云南甘薯产业发展面临巨大挑战。

3.木薯

木薯在我国主要分布于热带、南亚热带地区(简称热区)的海南、广东、广西、云南和福建等省、自治区。我国木薯栽培面积近年来稳定在40万hm^2左右,年产量约800万t,目前是种植面积第三大的热带经济作物。木薯的综合利用价值很高,不仅可食用、饲用,而且在工业上也有很高的应用开发价值。木薯作为一种能源作物,可通过木薯生产燃料乙醇,其巨大的经济效益及环保效益已初步显现,木薯已成为我国乃至世界热带经济作物产业经济的重要组成部分。

耿马县地处云南西南边陲,位于东经98°43′~99°54′,北纬23°20′~24°02′之间,东与临沧、双江交界,南与沧源相连,北与永德、镇康、云县毗邻,西与缅甸接壤,国境线长47.48 km。境内最高海拔3233.5 m,最低海拔450 m,属南亚热带、北热带半温润气候类型,年平均气温18.8~21.8 ℃,平均日照时数2212 h,年降雨量1400~1600 mm,相对湿度70%~80%,全境无霜期长达318 d,热带湿润的环境非常适合木薯生长。从1996年开始当地就政府就积极引导引进木薯试种、推广,并在政策、资金及技术多方面给予扶持,结合耿马县自然、区位等优势及现有木薯种植规模,加上地方企业自身良好的经营机制，以龙头企业带动木薯生产，具有发展薯类产业的良好基础和优势条件。2009年计划在耿马县勐简乡实施5万亩木薯基地建设，其中班望村1.6万亩、老厂村1万亩、大寨村1.6万亩、勐简村0.8万亩。

临沧市沧源县通过引进推广华南5号、华南205号、桂热3号、桂热4号、桂热5号、GTR891等优良品种，实行科学施肥、合理密植、推广病虫害综合防治技术，提高了木薯产量和品质。2011年，完成木薯种植5.17689万亩（境外1.71359万亩），产量19000 t，实现产值2850万元。目前，木薯产业已成为沧源县县域经济发展和农民增收的一个有力支撑点。

二、栽培技术

（一）临沧薯类栽培优势与特色品种

1. 马铃薯

（1）栽培优势。

临沧年平均气温多在18 ℃以上，全年基本无霜或霜期短，最冷月平均气温多在10 ℃以上，年降雨量1000～1400 mm，从而形成了临沧典型的立体气候，与马铃薯原产地之一的南美洲安第斯山区尤为相似。临沧马铃薯的上市时间恰逢全国马铃薯市场供应量和上市量较少的时期，此时市场需求量大，从而拉动了临沧马铃薯价格上涨，经济效益较好具有较大的市场优势。

临沧市土地资源丰富，常年耕地面积26.7万hm^2，其中水田6万hm^2，旱地20.7万hm^2，尚有2.14万hm^2冬闲田可开发利用。临沧市的土壤以红土为主适宜马铃薯生长，水田多属河谷两岸的冲积型沙壤土适宜马铃薯种植，土层深厚、土壤肥沃、疏松、透气性好有利于马铃薯匍匐茎的生长、薯块的形成和膨大。临沧市河流较多水利资源丰富，境内河流分属澜沧江、怒江两大水系，积水面积分别占52.3%和47.7%，分别流经东西两侧；境内共有南桥河、北桥河、罗闸河、南河、小黑江等大小河流48条，其中7 km以上的河流19条。

（2）特色品种。

选用优良品种是获得马铃薯高产稳产的重要基础。根据马铃薯生育的自然环境条件与栽培制度的不同，对种植品种具有一定的要求。临沧高寒山区无霜期短、地少人多，为一年一熟的一作区，要求种植中晚熟、生产潜力大、休眠期长、耐贮藏的品种。

临沧市农业科学研究所薯类作物科研团队经过多年的科学试验、技术创新，研究总结出适宜临沧生产的冬季马铃薯高产高效集成技术，从过去以低产的地方老品种为主，改为采用高产优质脱毒专用型新品种合作88、丽薯6号、青薯9号等。临沧马铃薯生产在“九五”计划（1996—2000年）以前以高海拔大春季栽培为主，栽培品种以地方品种为主，如永德小红长洋芋、瓦壳洋芋，镇康黄心洋芋、鞋底洋芋、芒果洋芋、耿马小紫糯洋芋、花生洋芋等。品种多、乱、杂，单产在500 kg左右，农户自给自足尚且困难，无法形成商品创造经济效益。针对临沧马铃薯生产中存在的问题，临沧市农业科学研究所在“九五”期间开始实施“中低海拔地区冬季马铃薯试验示范项目”，从云南省马铃薯主产区滇东北地区引进会-2号、会顺23、中甸红眼等新品种进行冬季试验，并相应开展冬季马铃薯高产栽培技术研究。“十五”期间冬季农业开发兴起，由于临沧具备冬季马铃薯生产得天独厚的自然优势，在政府和科技的合力推进下，冬季马铃薯生产迅速发展起来，经过十多年的发展形成了“十五”期间主推品种为菜用型品种会-2号、中甸红眼。“十一五”期间主推品种为加工和菜用兼用型品种合作88。“十二五”期间主推品种是加工和菜用兼用型品种合作88、青薯9号及菜用型品种丽薯6号、云薯505。“十三五”期间具有推广前景的品种有云薯304、云薯401、云薯902、丽薯10号等。一系列高产优质专用型品种在生产中应用，不仅提高了产量，而且经济效益显著。

2.甘薯

（1）栽培优势。

云南甘薯生产具有独特优势。第一，云南立体气候明显，可以四季种植、周年供应，普洱地区甚至冬天也可以栽培，市场效益较好。第二，云南甘薯一般以秋作、与玉米和烟草间套作栽培模式为主，栽培面积上有较大发展空间。第三，畜牧业是云南山地农业的核心，甘薯本身是高质量饲料作物，作为劳动密集型产业，我国机械化水平还处于起步阶段，平原区甘薯种植积极性不高，而云南94%以上的土地面积为山地丘陵，发展机械化更是艰难，所以甘薯产业应该积极抓住未来云南畜牧业发展机遇，寻找切入点提升甘薯产业地位。第四，云南甘薯加工业逐渐发展。

甘薯高产主要由于它是块根作物，收获物是营养器官，块根膨大不受株龄和发育阶段的限制；甘薯的收获指数大，可达0.7～0.8或更高，养分向块根运转和积累多，是一般禾谷类作物所不及的。甘薯大田栽培时，对土壤要求不严，植株的吸收能力和再生能力很强，因此耐旱、耐瘠，并能抗风、雹等自然灾害。在高产栽培中，只要能满足其对土、肥条件的要求，增产潜力也很大。加之目前高产栽培的理论与实践的综合运用，选择新育成的高产品种，每亩产鲜薯5000 kg是比较有把握的。甘薯的单株生产潜力也很大。如在村旁路边地、房前屋后地、场院及园地边角种植，可充分利用空闲地的光照，获得单株甘薯高产。

甘薯根系发达，茎蔓有着地生根习性，吸肥吸水力强，在其他作物不能生长的陡坡瘠薄地上，也能收到较好的产量。所以甘薯经常被用作新开垦的和未改良的瘠薄土地上的先锋作物。种植甘薯采用无性繁殖，茎叶匍匐生长，栽插和收获时间不像其他禾谷类作物那样严格，有利于间、套、轮作，也便于调节劳力。

(2)特色品种。

云南由于地理环境复杂交通闭塞，受到外界新品种的冲击较小，因此保留了丰富的种质资源。20世纪70年代初，建水从安徽引进的黄皮黄肉甘薯至今仍是当地主栽品种。云南农业大学薯类作物研究所最早从日本引进系列紫甘薯品种资源，在昆明进行了适应性评价，并且进行了紫甘薯营养成分、甘薯花青苷结构、不同部位花青素含量及花青苷稳定性、抗UV-B辐射等研究，取得较大进展并成功选育出滇紫甘薯1号、滇紫甘薯88、滇紫甘薯54等8个紫甘薯新品种，填补了云南省紫甘薯无自主选育品种的历史，取得了较大成果。通过区域比较试验，所有新品种产量均高于对照山川紫，滇紫甘薯88适应范围广可以在各地推广种植，而其他新品种则表现出地区适应性。临沧市引进示范种植的甘薯品种主要有：豫薯王、豫薯抗病1号、SL-1、信引6号、高淀粉2号、徐薯22、盘江3号等。在临沧市可选择豫薯王、豫薯抗病1号作为推广品种。

3.木薯

(1)栽培优势。

木薯生长迅速，通过大力推广木薯水土保持技术，还将产生较好的生态效益。在云南木薯种植区，与其他经济作物相比，木薯种植投入低、易种、易管、易收、高产、利润率高和方便贮运，基本是现场收购并付现金，保证了农民收入，社会效益好。

云南省是我国木薯种植的主要地区之一，且具有发展木薯产业得天独厚的优势。首先，从自然地理条件上看，云南具有较为广阔的适宜木薯生长的区域，日照充足、冬春气温适宜、雨量充沛、土壤条件好。云南宜种木薯的荒山、荒坡约45万 hm^2，主要集中在红河、文山、普洱、西双版纳、德宏、保山、临沧等州(市)的海拔1500 m以下的低热河谷少数民族聚集地区。区内全年平均气温20 ℃以上,4月平均温度28 ℃以上,10月平均温度17 ℃以上,无霜期8个月以上,年降雨量600 mm以上,光、热、水十分有利于木薯生长。

木薯是沧源县继甘蔗、茶叶、橡胶后的又一新兴产业,也是最能有效地利用本县山区自然资源和生态资源、劳动力资源的优势产业。沧源县98.2%的区域属于山区,耕地面积较大,土壤肥沃,具有优越的气候资源,种植区海拔850 ~ 1400 m,属南亚热带气候区,热量充足,终年无霜或轻霜,年均温17.49 ℃,≥10 ℃积温6000.5 ℃。历年日照时数1876.2 h,日照率为43%。土壤以肥沃的砖红壤为主,年降雨量800 ~ 1740 mm,80%降雨集中在5 ~ 10月。总之,沧源具有土地、光、热、水等丰富的自然资源,是发展生物能源原料的宝地。

(2)特色品种。

据国家木薯产业技术体系保山综合试验站统计,2012年云南木薯种植面积3.10万hm^2,临沧市引进示范种植的木薯品种主要有:华南124、华南205、GR911、南植119、南洋红等。推广品种有:华南5号、华南205号、桂热3号、桂热4号、桂热5号、GTR891等。

(二)临沧薯类栽培与管理技术

1.马铃薯

(1)统一使用优良品种及脱毒种薯。

根据临沧市农业近年来的新品种试验示范结果,以及市场对马铃薯品质、外观的需求,选择抗病性强、适宜性广、产量高、品质优、薯形好、商品率高、生育期适中的优良品种。主推合作88、丽薯6号、青薯9号等优良品种。冬季生产上使用的种薯选用脱毒马铃薯一级、二级、三级种薯,尽可能杜绝使用商品薯作种薯。

(2)统一规划及精细整地。

马铃薯以地下块茎为收获产物,土壤环境对其生长至关重要。适宜的土壤环境为:砂壤,要求土层深厚、疏松、富含有机质。马铃薯是茄科作物,不宜与茄科其他作物轮作,以避免病害交叉感染。宜与禾谷类作物轮作,水旱轮作(水稻—冬马铃薯)是适宜的生产方式,可以大大降低病虫害发生概率,生产出高质量无公害的优质产品,因此,应选择低热地区的砂土进行水旱轮作。此外甘蔗产区的土壤、气候条件也比较适宜马铃薯生长,新植蔗在甘蔗未封行前可实行甘蔗—马铃薯间套作模式或马铃薯与其他作物间套作，可以提高单位面积的产出率，增加农民经济收入。

前茬作物收获后，及时排水深耕土壤。统一机耕，耕作层不低于30 cm，做到深犁细耙，拾净前荐作物根茬，使土壤疏松提高土壤的蓄水保肥能力。并进行土壤消毒杀菌、疏通边沟，使其能排能灌。

(3)统一种植规格。

大垄双行种植规格：用犁间距40 cm的微耕机进行开沟理墒，播种时种植两沟空一沟，即成高垄双行(垄面宽80 cm，垄沟宽40 cm，垄高25 cm)。

单垄单行种植规格：用犁间距40 cm的微耕机进行开沟理墒，播种时种植一沟空一沟，即成单垄单行。

厢作种植规格：2 m开墒，1.6 m墒面，0.4 m沟宽。每厢种植5行。

(4)统一种薯处理。

①催芽。

首先剔除病薯、烂薯，在晴天晒薯1～2 d，然后将种薯堆放在阴凉通风的室内自然催芽。若赶节令可用湿沙层积法催芽，方法为：播种前20 d左右，用湿沙摊成宽1 m、厚10 cm，长度不限的催芽床，然后摊放一层种薯覆一层湿沙，厚度以看不见薯块为准，可摊放3～4层，然后在上面及四周盖湿沙7～8 cm。温度保持在15～18 ℃，最高不超过20 ℃，淋水保持湿润，15～20 d后，可萌芽。待芽长到0.5 cm左右时扒出薯块，放在散射光下炼芽，使芽变绿、变粗壮后即可播种。

②整薯播种。

采用小整薯播种(30～50 g)，可以避免病原菌通过切刀进行传播，从而降低植株发病率，同时具有保水性好、抗旱耐寒、出苗整齐、生长旺盛、丰产性好等优点。

③切块播种。

大于60 g的种薯需进行切块。切种在播种前2～3 d进行，切块应充分利用顶端优势。从脐部开始螺旋式向顶部斜切，最后按顶芽一分为二或一分为四，每块种薯要带1～2个健康芽眼，每块重量30～50 g左右为宜。切块过程中细菌性病害如青枯病、环腐病等会通过切刀传染，因此切刀、切板要严格消毒。可用75%酒精或0.5%高锰酸钾溶液消毒。

④种薯消毒。

种薯切块后拌种消毒，每100 kg薯块用滑石粉2 kg+70%甲基托布津可湿性粉剂80 g+

农用链霉素40 g混合均匀拌种。并放置在阴凉干燥处至少1～2 d,切面愈合后才能播种。

(5)统一适期播种及合理密植。

春播马铃薯播种期在2～3月。随着海拔升高,播种期相应推迟。春夏季高温高湿,马铃薯植株较冬季生长更旺盛,要在一定范围内控制株数,一般株距25 cm,平均行距60 cm,每亩4500株左右。要求做到切大种薯块、带芽播种、提高出苗率、培育壮苗、提高单株产量。主推平播后起垄规范化栽培模式。用犁间距40 cm的开沟机进行开沟理墒,播种时种植两沟空一沟,有机肥施在种植沟底部。化肥施在两块种薯中间或种薯四周,化肥不能与种薯接触,放置好种薯和肥料后覆土盖平种植沟,待出苗后逐渐培土,通过2～3次培土最后形成大垄双行。

冬马铃薯要防止霜冻危害,特别是苗期霜冻在生产中经常发生。根据长期的生产经验并结合市场需求,应适时早播、提早上市。临沧冬季马铃薯播种期在11月上旬至12月下旬,播种后出苗前一般15 d以内,针对往年杂草发生情况,选择对应的除草剂进行地表喷雾预防杂草。冬季马铃薯种植密度根据品种特性和栽培条件确定。冬季气温较低植株生长量较春季栽培小,可在一定范围内增加株数,合理密植、提高单株产量。一般每亩用种量250～300 kg,每亩5500株,播种深度12～15 cm。

①大垄双行合理密植:每亩密度5500株,种植规格:20 cm×(40+80)/2 cm(即120 cm起垄,沟宽40 cm,垄面宽80 cm,平均行距60 cm,株距80 cm)。

②大垄单行合理密植:每亩密度5500株,种植规格:15 cm×80 cm(株距15 cm,行距80 cm)。

③厢作合理密植:每亩密度5500株,种植规格:30 cm×40 cm(株距30 cm,行距40 cm)。

④地膜覆盖:在海拔1300～1500 m区域种植冬季马铃薯,播种期在12月中下旬或次年1月上旬,气温及地温均比较低,导致马铃薯出苗慢、不整齐,对产量影响较大。在该区域增加地膜覆盖,可以提高近地温度和土壤温度,促进出苗保证出苗率达到要求。冬季降雨量少,地膜覆盖能够抑制蒸发保持水分。铺膜时将膜四周拉平、盖严、压实,生长期保持膜面光洁完整,出苗期及时破膜放苗,并用细土覆盖出苗口,充分发挥地膜增温、保水、抑制杂草的作用。

(6)统一配方施肥。

马铃薯是高产作物对养分需求量大,亦是典型的喜钾作物对硫酸钾的需求量较大,硼、镁、锌等中微量元素也要适量补充。一般每生产1 t马铃薯块茎需从土壤中吸收氮

5.5 kg、磷2.2 kg、钾10.2 kg，三者吸收比例为1∶0.4∶2。通过测土配方技术，确定养分的比例，平衡施肥。一般情况下，每亩肥料总用量为有机肥2000 kg、三元复合肥80 kg（N 10%-P 5%-K 20%）、尿素（N 46%）30 kg、钙镁磷肥（含 P_2O_5 12%）50 kg、硫酸钾（K_2O 50%）50 kg，硼、镁、锌肥等微肥各4 kg。其中有机肥、钙镁磷肥、微肥全部用于底肥。三元复合肥80%用于底肥，20%用于追肥；尿素20%用于底肥，80%用于追肥；硫酸钾70%用于底肥，30%用于追肥。底肥应施在种薯下方或侧下方与种子相隔5 cm以上，追肥要结合灌水和培土进行。现蕾期至开花期使用磷酸二氢钾进行3～4次叶面喷施。

（7）统一田间管理。

①水分管理：马铃薯是需水较多的作物，全生育期保持田间最大持水量60%～80%为宜。冬马铃薯的大部分生育期处于干旱少雨、空气湿度较低的季节，需要进行田间灌溉补水。一般情况：出苗达50%，小水灌溉一次，以促进出苗；齐苗后结合追肥进行灌溉；中后期是块茎增长决定产量的关键时期，对水分的需求量达到最大，要连续保持土壤湿润状态，最好能够每周浇水一次。收获前15 d停止灌溉，以确保收获的块茎周皮充分老化，便于贮藏。

②中耕除草培土：培土是获得高产的一项重要措施。马铃薯结薯层主要分布在10～15 cm的土层中，需要疏松的土壤环境。为植株的健康生长和块茎的膨大创造良好的环境。通常中耕除草培土3次：第1次在苗出齐后进行，结合除草中耕，进行一次浅培土，以培到第一片单叶为准；发棵期培土1～2次，到植株即将封行时进行大培土一次，培成40 cm左右的高垄。高培土有利于保水保肥、防霜冻、减少绿薯、提高块茎品质、增加产量。

③摘除花蕾：对于开花结实性较强的品种，现蕾后要及时摘除花蕾，避免因开花结果造成养分消耗，保证薯块的养分供给。

④预防霜冻：密切关注天气变化，霜冻风险大时采取灌溉、覆盖、熏烟，喷施0.2%～0.5%的磷酸二氢钾或400～500倍的植物防冻剂等措施有效防御霜冻。

（8）统一病虫害防控。

贯彻“预防为主，综合防治”的方针。采用农业、生物、物理和化学防治相结合，有效控制病虫害。宣传培训农药安全使用技术，禁止使用高毒、高残留农药。马铃薯主要病害有晚疫病、早疫病、青枯病、环腐病等，虫害有斑潜蝇、蚜虫、地老虎、蛴螬等。

①防治晚疫病、早疫病：以预防为主，预防药剂有甲霜灵锰锌、代森锰锌等，喷药2～3次；加强田间巡查，发现中心病株立即拔除，全部移出地块以外；使用治疗药剂，治疗药剂有

银法利、阿米西达、丙森锌等，选择其中2～3种交替使用，间隔5～7 d喷药1次，连续防治3～4次，可以有效控制病害。

②防治青枯病、环腐病：以土壤和种薯消毒为主，加强田间巡查，发现中心病株立即拔除，全部移出地块以外。发病率高时用农用硫酸链霉素或乙蒜素600～800倍液灌根。

③防治虫害：斑潜蝇、蚜虫采用黄板诱杀物理防治措施。地老虎、蛴螬等地下害虫的防治可以通过药剂拌种、撒毒土、地表喷雾、灌根等途径。

(9)统一适时收获。

当80%以上的植株枯黄，匍匐茎干缩易与块茎脱离，块茎停止增重，即为生理成熟期，此时收获品质、产量最佳，应及时收获。也可根据市场行情，种植达110 d左右，销售价格较高时收获上市。收获时提前10 d割去地上茎叶，以促进薯皮木栓化，减少薯皮破损现象。选择晴天进行收获，根据薯块大小分级销售。如果不能及时销售，应放在干燥、通风、凉爽的室内贮藏，及时剔除病、烂薯，防止薯皮变绿，确保产品质量。

2. 甘薯

(1)选用良种，培育壮苗。

临沧各地应根据当地自然条件、栽培条件及生产目的，选择适宜的优良品种。尤其应大力引进和推广特色专用型品种，发展专用薯生产，提高甘薯生产效益。临沧市栽培甘薯可选择豫薯王、豫薯抗病1号作为推广品种。壮苗是高产优质的基础，壮苗比弱苗增产20%左右。壮苗的标准是：叶片肥厚，叶色较深，顶部三叶齐平；节间短(3～4 cm)，秧茎粗(0.5 cm)；剪口白浆多，秧苗不老化不柔嫩，根原基多而粗大；无气生根，无病虫害；苗高20～25 cm，百苗鲜重500～700 g。

①精选种薯：薯形端正，薯皮鲜亮光滑，薯块大小适中，单薯重100～200 g，白浆多，生命力强，无受伤、无受冻、无病害的具有原品种特征的薯块做种。

②种薯消毒。

温汤浸种：将经过精选的种薯装入箩筐，置于58～60 ℃温水中，上下轻缓晃动2～3 min，使薯块受热均匀；水温降至51～54 ℃，浸种10 min，取出降温。

药液浸种：用7%甲基托布津500～1000倍液，或50%多菌灵500～1000倍液浸秧苗基部10 min，可防甘薯黑斑病。

③育苗地选择：育苗地要选择没有种植过甘薯的田块，深耕细耙并施足基肥。

④种薯上床技术。

适时育苗：根据栽插时期确定排种期，夏薯露地育苗一般在3月初排种。

做好苗床：苗床做成1.0～1.3 m宽平畦，床土要疏松、肥沃、无病菌，沙质壤土最佳。

排薯技术：排薯的方法有三种，斜排、平排、直排。露地育苗排种较稀，采用斜排或平放。斜排种薯技术要点：一要掌握排种密度；二要分清种甘薯的头、尾和背、腹；三要大、小薯分排；四要掌握"上齐下不齐"的原则。

⑤苗床管理。

水分：排种前苗床浇透底水，出芽前一般不再浇水，若干旱可浇小水。出苗后，叶面积增加，蒸腾加快，一般4～6 d浇一次小水。采苗前，5～6 d浇一次大水，以后不再浇水，进行炼苗。

追肥：出苗后中耕松土促使根系发展。浇水结合追施尿素20 kg/亩，以后每隔4～6 d浇水一次，促使秧苗生长。一般1亩采苗圃的秧苗可栽培15～20亩夏薯。

预防病害：检查苗床时若发现有烂薯，可把床土水分控制在最大持水量的60%左右，用7%甲基托布津500～1000倍液，或50%多菌灵500～1000倍喷雾，防止病菌继续蔓延。

采苗后的管理：苗高20 cm左右时即可采苗。采苗后的当天不浇水，以利于伤口的愈合，防止病菌侵入，第二天浇水且追施氮肥，以促苗生长。

(2)深耕垄作，平衡施肥。

①深耕：甘薯根系生长和块根膨大均需要土层深厚，疏松透气的土壤环境，一般耕深25～30 cm为宜。

②垄作：垄栽的优点是加厚活土层，扩大根系和块根的活动范围；加大昼夜温差，加强土壤与大气间的气体交换；便于排灌，有利于防渍抗旱。常用垄作方式及规格，大垄双行：垄距带沟1～1.2 m，高0.3 m左右，每垄交叉插苗2行，适用于栽插密度较大、产量较高的高产薯田。小垄单行：垄距带沟0.7～0.8 m，高0.25 m左右，每垄插苗1行，在土壤贫瘠、土层较浅的山地或坡耕地应用较广。

③平衡施肥：甘薯根系发达，入土较深，其茎蔓也能产生根系吸收营养，所以需肥量较大。据分析每生产鲜薯1000 kg，约需吸收N 3.72 kg，P_2O_5 1.72 kg，K_2O 7.48 kg，其中以钾最多、氮次之、磷最少，氮、磷、钾比例约为2∶1∶4。平衡施肥即以测土配方施肥为基础，根据种植区域土壤养分丰缺情况精确施肥，提倡增施有机肥，有机无机配合，促进耕地质量改良，保持耕地可持续高效生产。

基肥:应以充分腐熟的农家肥为主,一般情况下每亩施用2000~4000 kg,可以整地前撒施结合犁耕翻入土中,也可以在种植时集中施入垄沟。化肥一般每亩施尿素5~10 kg、普通过磷酸钙40~50 kg、硫酸钾10~20 kg或三元复合肥40~50 kg,在起垄时集中施在垄内或人工开沟后施入垄底。

追肥:提苗肥。一般移栽后40 d左右,每亩施用尿素10~20 kg,施用氮肥量要根据土壤肥力情况而定。

结薯肥(壮株肥)。分枝结薯期视长势情况追肥,长势差的地块以增施氮肥为主。长势较好的减少氮肥的用量,并适当增加磷、钾肥的用量。长势好的高产田可以不追氮肥,以避免茎叶旺长。

催薯肥。催薯肥以钾肥为主,促进光合产物向薯块的运转,促进薯块膨大。施肥时期一般在薯块膨大始期,每亩施用硫酸钾5~10 kg。施肥方法以破垄施肥较好,即在垄的一侧,用犁破开1/3,随即施肥。所有追施肥料均要施入垄土内,不能施在土壤表面,干旱时施肥要结合灌溉进行,以提高肥料利用率。

根外追肥:在薯块膨大阶段,每亩喷施0.3%的磷酸二氢钾溶液75~100 kg。每10~15 d喷一次,共喷2~3次,不但能增产10%以上,还能改进薯块质量。要注意的是甘薯是忌氯作物,不能施用含有氯元素的肥料。

(3)适时栽种,合理密植。

①适时栽种:夏薯一般在立夏至夏至节令栽种(5月上旬至6月下旬)。在适栽期内,栽种越早获得的有效积温就越高,相应产量就越高。在没有灌溉条件的区域种植甘薯要根据降雨时期、降雨量等情况确定栽种时间,提高成活率。

②合理密植:肥田宜稀植3000~3500株/亩,旱薄地宜密植3500~4000株/亩;长蔓品种宜稀植3000~3500株/亩,短蔓品种宜密植3500~4000株/亩。

③栽插方式:直插法,将薯苗垂直插入土中2~3个节,其余节露在外。斜插法,将薯苗斜插入土中3~4个节。水平浅插,将薯苗平插入土中3~5个节。

④秧苗消毒:用7%甲基托布津500倍液,或50%多菌灵500倍液浸秧苗基部10 min,可防甘薯黑斑病。

(4)绿色防控,科学管理。

①病虫害防治原则:预防为主、综合防治,农业防治与化学防治结合。主要有清除田间病源,选用抗病品种,实行轮作倒茬,繁殖无病种薯,培育无病种苗,严格检疫制度。

合理安全使用农药，禁用高毒农药。

主要病害有：黑斑病、茎线虫病、软腐病、薯瘟病、疮痂病、蔓割病、根结线虫病、根腐病、病毒病和紫纹羽病等。预防病害要在栽插前用甲基托布津、多菌灵等农药浸泡秧苗。

主要害虫有：蝼蛄、象鼻虫、金龟子、地老虎、甘薯天蛾、斜纹夜蛾等。防治地下害虫，在栽插甘薯时每亩用3%辛硫磷颗粒剂3～5 kg拌细土施入沟或穴内。地上害虫可用32%杀灭毙乳油3000倍液或敌杀死3000倍液喷雾。

②科学管理：生长前期（栽秧——封垄始期），此期特点是扎根、缓苗、分枝发棵、结薯。主要任务是保全苗，促进茎叶早发、早结薯。在栽种后及时查苗补苗；视墒情及时灌溉；追施提苗肥；中耕培土。

生长中期（封垄——茎叶生长高峰），此期生长最旺盛，茎叶生长和块根膨大同时进行，但以茎叶生长为主，要控制茎叶生长，促使养分向地下块根输送。抑制茎叶徒长可喷施多效唑，也可喷施磷酸二氢钾促进地下块根膨大。

生产后期（茎叶生长高峰——收获），此期茎叶生长日趋减弱，茎叶中的光合产物迅速大量转运到块根，块根进入迅速膨大阶段。管理的重点是防止茎叶早衰，增施钾肥，促进薯块膨大。各期均要及时防治杂草，注意抗旱防涝。

（5）适时收获，安全储销。

①适时收获：甘薯块根是无性器官，在适宜的温度条件下可持续膨大，无明显的成熟标准和收获期，所以适当晚收可以提高产量。但收获过晚，块根常受冷害，不耐贮藏，而且因淀粉转化为糖切干率降低。根据温度及霜期：当5～10 cm地温在15 ℃时块根停止膨大，9 ℃以下时间稍长即遭受冷害。因此要在地温15 ℃时开始收获，地温在12 ℃时收获完毕。夏薯一般在10～11月收获。收获要求：主要是手工收获，面积大的采取机械收获。收获应选择晴天进行，尽量减少薯块损伤，做到轻刨、轻装、轻运、轻放。

②销售：商品薯要求无病斑、无虫眼、无创伤、无开裂、无露头青等。不同规格等级的商品薯分开销售。销售环境的温度不低于9 ℃，以避免受冷害。一批商品薯最好在1～3 d内销售完。

③储藏：因储藏不当造成的损失占甘薯产量的10%～15%，因此储藏环节十分重要。储藏前剔除病薯、虫薯、坏薯、次薯、破薯、伤薯，对储藏仓库进行消毒。储藏温度保持在10～15 ℃，相对湿度保持在80%～90%，保持充足的氧气供应。

3.木薯

(1)选地与整地。

①选地:木薯适应性强,对土壤要求不严,只要不过分贫瘠和石砾过多,并且不积水的土地均可栽培。但要获得较高的产量,宜选择阳光充足,土层深厚、疏松,富含有机质的沙质壤土地区栽培。冬季在云南省热区也会出现一些低温天气,影响木薯的正常生长,出现植株变黄、叶片脱落甚至植株冻死的现象,严重影响木薯的产量和品质。因此,木薯种植应选择开阔、冷空气不易沉积且难进易出的地块。

②整地:整地应根据不同的地形进行,林区山地垦地时必须注意水土保持,坡度大于15°的山地,开成梯田或等高垦耕种植,避免在坡度过大的山坡进行陡坡栽培。荒坡草地宜在种植前2～3个月进行全垦、带垦或免耕等,坡度在10°以下的较平缓坡地可进行机耕。丘陵山地、地块不大、高低不平,采用畜耕、免耕或开环山种植木薯。在过于潮湿或有积水的洼地要起畦种植。

值得注意的是,木薯虽深耕后更易获高产,但深耕需要采用机耕,这一点在临沧许多山地的实际操作中不易做到,解决方法是通过多次浅培土来弥补。

(2)种茎选择。

木薯是以营养体繁殖的块根类作物,生产上采用种茎进行种植。种茎要求新鲜、色泽鲜明、斩断切口见乳汁,此类种茎养分较多、生活力强、发芽率高,利于植后壮苗,保证产量。因此,应选择充分成熟、茎粗节密、髓部充实并富含水分、切口有乳汁、芽点完整、无病虫害的主茎作种茎。未充分成熟、茎秆纤细、叶节稀疏、髓部中空、皮芽受损或已抽芽的种茎栽植后发芽率低、出苗慢、幼苗细弱、结薯少、产量低不宜作种苗。在种茎部位的选择方面,试验研究表明,主茎作种茎比第一分枝作种茎的鲜薯增产22.7%,单株结薯数增加59.0%,单株薯重增加85.0%。因此,在选择种茎时应以主茎为主,其中主茎下段萌发力强,发芽粗壮、整齐、产量高,优于中段,更优于梢段。用梢段作种的,发芽率低,缺株多,最好不用或少用。

种茎长短涉及种茎养分。发芽率和经济用量等方面,种薯的长度应根据土壤、气候、种植方法、品种特性(如种植品种主茎节间疏密)和发芽势等而定。在干热区种植木薯,种茎应适当放长一些,利用种茎储存的养分和水分度过雨季来临之前的短暂干旱,以20 cm左右为宜。

砍种茎时要用利刀,尽量一刀或两刀砍断,在两个茎节之间斜向斩下,使切口的周边比较长，以增加发根数和结薯数。在砍种茎时要防止损伤和裂茎，当天砍的种茎当天要种完，以免缺水过多影响发芽。

（3）木薯种植方式。

木薯的种植方式有直插、斜插和平放3种。试验表明，平放可四周结薯，浅生易收获；但全埋于土中，通透性差、发芽出土困难、易受地下害虫（如白蚁）等危害，种茎的出苗率低、缺苗多、出苗不整齐、群体差异大、抗风性也较差。直插出苗早而齐、结薯多但不均匀、收获难，优点是根系入土较深、抗风抗旱性能较好。试验表明，斜插具有出苗快、出苗率高的特点，能保证全苗、薯块朝一方伸展，有利于机械化起垄、种植、施肥和收获，是比较适合干热区的种植方法。斜插主要技术要点为起垄后，将种茎的下端呈45°～60°角斜插于垄中，面部分芽眼向上露出表土，一般留2～3个芽眼即可。斜插是适宜云南木薯种植区的种植方式。

云南木薯植区冬春季节基本无降水，春植如遇长期干旱，将会严重影响种茎的萌发和出苗。云南木薯多种植在偏远山区基本无灌溉条件，这部分地区主要选择在雨季来临之前种植，一般在4月底至5月初，定植后进入雨季木薯正常生长，而收获期则推迟到翌年的1～2月。

地膜覆盖栽培在云南可提早在2月底至3月初种植，具有提高地温、降低土壤水分蒸发、保持土壤水分、保肥、防草害的作用，能够促进木薯种茎早发芽、植株早生长。地膜覆盖栽培改善了土地耕作层的生态条件，协调了水、热、气肥和土壤微生物之间的关系，有利于木薯生长和块根膨大。

（4）合理密植。

种植密度视土壤肥力和木薯品种的株型情况而定：土壤肥力高、分枝性强，分枝角度大的木薯品种，应疏植，反之密植，一般每667 m^2植800～1000株为宜，最密不超过1600株。种植株行距为0.8 m×1.0 m和10.8 m×0.8 m。

云南干热气候环境和气候条件特殊，降水量普遍偏少（600～800 mm），蒸发量大（2500～3600 mm），空气湿度低，雨季相对集中（5～9月），木薯的生产量比广西、海南等主产区偏小。因此，在木薯种植时适当加大种植密度有利于降低水分蒸发，增加湿度有利于木薯在旱季和苗期的生长。

（5）施肥。

在各类养分中，木薯对氮和钾的要求最高，其次是磷、钙和铁。木薯的施肥时期和方法是根据其生长周期、气候特点、土壤肥力、肥料种类和经济因素等条件决定的，原则是施足基肥，合理追肥，氮、磷、钾配合施用。在正常的情况下，三要素的施用比例以氮:磷:钾=5:1:5为宜。在生产上，由于木薯的生长与土壤、气候之间的交互作用，特别是在高温多雨、淋溶严重的地方，肥料的一次施用往往难于保证其全生育期的需要。试验表明，生长期内施用壮苗肥和结薯肥，可取得较好的增产效果。壮苗肥以氮肥为主，每667 m^2施尿素8～10 kg，硫酸钾6～8 kg，于定植后30～40 d、苗高15～20 cm时施用。结薯肥以钾肥为主，并适施氮肥，每667 m^2施钾肥15～20 kg，尿素8 kg，于定植后60～90 d、株高60～90 cm时施用，可促进块根形成，保证单株薯数。

云南热区因水土流失严重，土地肥力下降，除施用壮苗肥和结薯肥外，在木薯种植前增施基肥能够保持产量稳定。方法是在整地时每667 m^2撒施农家肥1000 kg，复合肥50 kg，均匀撒施后再起垄。

(6)间套作。

云南木薯的生长期一般是8～9个月，时间较长，可在木薯地里间种玉米、豆类、西瓜等，比较理想的是与花生、豆类或西瓜间种。花生或豆类本身可以提高土壤中氮素水平，对木薯前期生长很有帮助。但如果选择作物不当或与间作作物的种植规格不适，就会影响木薯生产，造成木薯减产减收、土地退化等不良后果。适宜临沧木薯植区的间套作方式有以下几类。

套种豆类作物。木薯与豆科作物间套作，对于土壤肥力的保持，及木薯的养分供应都具有积极意义。选择坡度5°以下的缓坡种植，经犁耙地整地后，按株行距0.8 m×1.2 m或1.0 m×1.0 m挖穴，每穴下基肥1～2 kg，间作物种植时间可与木薯同期或于木薯种植后1～2周内进行，一般在木薯行间种两行花生、黄豆、甘薯或玉米，以间作物长大后不遮蔽木薯为宜。

在木薯行间种花生，每667 m^2产量40～75 kg，黄豆每667 m^2产量50～81 kg，绿豆每667 m^2产量30～40 kg，增加收入60～150元。另外，种植豆科绿肥，虽无直接经济效益，但能培肥地力，提高木薯产量。

套种玉米。间作矮秆、早熟玉米品种，每667 m^2产量40～50 kg，能提高土地利用率，增加收益。应注意的是不宜种植高秆、晚熟品种，以避免玉米后期生长比木薯快遮蔽木薯，对木薯生长及产量有影响。

套种瓜类。作物犁耙整地后，于2～3月按株行距1.5 m×2.4 m开穴，每穴下基肥2 kg，种植西瓜或红瓜。1个月后，在瓜行里套种两行木薯，木薯的种植规格为0.8 m×1.0 m，一般5～6月便可收获西瓜和红瓜。还可种植冬瓜，3月下旬至4月上旬将冬瓜与木薯同时进行栽种，冬瓜植于木薯株间。木薯株行距为0.9 m×1.0 m，冬瓜株行距为1.8 m×2.0 m。6月中下旬冬瓜即可收获上市。每667 m^2可收获冬瓜5000～7500 kg。瓜类收获后，正是木薯迅速生长时期，便于追施肥料，促进木薯增产。

油棕间作木薯。由于油棕种植株行距8.0 m×8.0 m，且种植时苗小，为了土地合理使用，油棕定植后可以在油棕行距间于3～4月种植木薯4行，且种植木薯株行距为0.8 m×1.0 m，种植时每667 m^2撒施农家肥100 kg、复合肥50 kg，均匀撒施后再起垄，采用地膜覆盖，木薯种茎斜插方式种植。以后每年可视油棕长势决定套种行数。

橡胶林套种木薯。为了合理利用土地，橡胶林行间距离较大，且种植前几年橡胶树苗较小，所以云南很多种植橡胶林的地区都间种木薯。

茶叶间作木薯。由于茶叶种植时行距为1.8～2 m，且种植时苗较小，为了使土地合理使用、增加收入，在茶园初期的茶叶行间种植2行木薯，以后每年可视茶树长势套种木薯。

澳洲坚果间作木薯。由于澳洲坚果种植时行距为3～6 m，且种植时苗小，为了土地合理使用，增加经济收入，在澳洲坚果园建园初期的坚果行间可以种植2～5行木薯，以后每年可视澳洲坚果长势套种木薯。

（7）收获。

木薯块根属营养体，在生理特性上无明显的成熟期，生产上所说的成熟期，是指一年之中块根产量和淀粉含量均达到最高值的时期。云南省木薯多为春植，收获期多在当年11月至翌年2月，这期间薯干率和淀粉含量均能保持商品生产的经济指标。

木薯收获过早或过迟，都直接影响产量和块根淀粉含量。过早收获，块根肉质嫩、淀粉含量少；过迟收获，块根纤维增加，淀粉已转化。因此，必须适时收获。一般早熟品种在植后7～8个月便可收获，中熟品种9个月即可收获，迟熟品种在植后10个月才能收获。生产上也可通过观察植株生长状况确定收获时期，即木薯叶色稍转黄、下部老叶脱落、茎呈暗褐色、茎梢干萎、块根表皮变厚易裂，用手摩擦块根表皮易脱落，即可开始采收。云南省木薯收获多在当年11月至翌年2月，有霜地区应在早霜来临之前收获。收获是木薯栽培过程中占用劳力最多、劳动强度很大的一项工作。一般小规模生产多用人工收获，起畦栽培的可用犁松泥土进行收获。大面积栽培可用机械收获，方法是先去茎干，然后在拖拉机上装上没有翻土板的犁头，这样便可犁松表土而翻动块根，再用人工收拣，每人每天可收获0.26～0.33 hm^2。

由于收获的鲜薯不耐储存，在收获后3～7 d便会变质腐烂，所以在收获前要准备好工具、运输车辆，收获时增加人力，收获后及时送厂或加工制成干片，加工干片有农家自然晒干及机械烘干两种方法。

（三）临沧薯类主要病虫害与防治技术

1.马铃薯

（1）马铃薯病毒病。

病毒病是马铃薯发生最普遍、最主要，也是危害最大的病害，是造成马铃薯退化减产的根本原因。

①病毒病症状：由于马铃薯病毒病的病原种类较多，症状也比较复杂。常见的有皱缩花叶型、卷叶型和坏死型。

皱缩花叶型：病株叶片叶绿素分布不匀。呈现浓绿与淡绿相间或黄绿相间的轻花叶至重花叶，叶片变小、不同程度地皱缩、节间缩短、植株矮化。

卷叶型：典型症状为小叶叶缘向上卷曲，并逐渐变黄，严重的卷成汤匙状或筒状，病叶厚而脆，叶脉硬化，叶色较淡，有的叶缘背面呈现紫红或微紫红色。

坏死型：病株叶片、叶柄、枝条和茎出现不同程度褐色坏死斑和坏死条斑，病斑可连片坏死，导致全叶或全株枯死。

除上述3种基本类型以外，马铃薯感染病毒病后也可不表现症状或只表现轻微症状。无论症状表现如何，都可造成马铃薯不同程度退化减产。

病毒病病原：已知侵染马铃薯的病毒有18种。我国危害较重的主要有以下5种：即马铃薯X病毒（PVX）、马铃薯Y病毒（PVY）、马铃薯S病毒（PVS）、马铃薯A病毒（PVA）和马铃薯卷叶病毒（PLRV）。

病毒病传播途径和发病条件：马铃薯X病毒通过汁液传播和咀嚼式口器昆虫传播。马铃薯Y病毒、马铃薯S病毒、马铃薯A病毒主要通过接触传染，也可由蚜虫传播。马铃薯卷叶病毒主要由桃蚜等蚜虫传播。播种带病毒的种薯，也是次年田间发病的主要来源。高温、干旱和缺肥会使马铃薯对病毒的抵抗力降低，也有利于蚜虫繁殖、迁飞和传播病毒。因此，炎热地区的马铃薯病毒病发病重，凉爽山区则发病轻，甚至不发病。品种抗病性和栽培措施都会影响该病的发病程度。

②病毒病的防治：马铃薯病毒病导致种薯严重退化、产量锐减，已成为发展马铃薯生产的最大障碍。目前，马铃薯的病毒病防治方法主要集中在生产健康马铃薯种薯、培育马铃薯抗病毒品种和利用抗病毒物质等方面。

一是马铃薯抗病毒种薯的生产。首先，需要脱除这些病毒以获得无病毒的基础苗。马铃薯脱除病毒的常用方法有茎尖培养，茎尖脱毒组织培养技术可生产病毒含量很低的种薯。在严格的生产管理条件下，经检测合格的脱毒苗可以生产接近无毒的种薯。但茎尖脱毒组织培养技术由于成本高，对人员也有较高的要求，脱毒后的种薯易在栽培过程中受耕作措施及蚜虫的侵染而重新感染病毒，以及脱毒易造成品种的变异，且在继代过程中可能发生机械混杂等情况，马铃薯脱毒种薯尚未能全面应用于生产。选育和种植抗病毒品种以及加强田间管理仍是目前成本最低减少病毒危害的有效途径。

二是选育和种植抗病毒品种。选用抗病品种，如白头翁、丰收白、克新1号、东农304、克新4号、大西洋、中薯2号、郑薯4号等抗、耐病优良品种。同时用脱毒薯的早代种薯，如原种一级脱毒薯。在贮藏前、切芽前剔除病薯，尽量用小种薯，可避免切刀传病。种薯宜选用无病斑、无机械破损、无虫眼的50～100 g小整薯。挑好种薯后，必须进行消毒，可用1%石灰水或0.1%高锰酸钾浸种1 h再晾干；如果切块，切刀可用50%来苏尔或75%酒精消毒，一般都采用随切随消毒的方法，简单易行。

三是马铃薯一季作地区实行夏播，使块基在冷凉季节形成，增强对病毒的抵抗力。二季作地区春季用早熟品种，地膜覆盖栽培、早播早收，秋季适当晚播、早收，可减轻发病。

四是改进栽培措施，包括留种田远离茄科菜地，及早拔除病株，实行精耕细作、高垄栽培、及时培土，避免偏施过施氮肥、增施磷钾肥，注意深耕除草，控制秋水、严防大水漫灌。

五是现代农业绿色无公害生物防治预防。在病害常发期使用“蔬菜病毒专用”40 g+纯牛奶250 mL或有机硅5 g，兑水15 kg喷雾，5～7 d用药1次，连用2～3次。控制方案：初发现病毒病株，使用“蔬菜病毒专用”40 g+有机硅1包或纯牛奶250 mL兑水15 kg，进行全株喷雾，连用2 d，间隔5 d再用1次，待病情完全得到控制后转为每个疗程用一遍药预防进行即可。

(2)马铃薯真菌性病害。

据报道,在我国普遍发生危害严重的马铃薯真菌病害主要有晚疫病、早疫病、干腐病,癌肿病只在四川、云南有不同程度的发生,马铃薯银腐病仅在云南存在。

①晚疫病:马铃薯晚疫病是指由致病疫霉(*Phytophthora infestans*)引起,导致马铃薯茎叶死亡和块茎腐烂的一种毁灭性真菌病害。该病各地普遍发生,危害严重。晚疫病以往多在保护地发生,但近几年特别是多雨年份一年四季都能发生,发生严重时叶片萎蔫、整株死亡。

症状:该病主要危害叶、茎和薯块、叶柄,先在叶尖或叶缘生水浸状绿褐色斑点,病斑周围具浅绿色晕圈。湿度大时马铃薯晚疫病造成的病斑迅速扩大,呈褐色,并产生一圈白霉,即孢囊梗和孢子囊,尤以叶背最为明显。干燥时病斑变褐干枯,质脆易裂,不见白霉,且扩展速度减慢。茎部或叶柄染病,现褐色条斑。发病严重的叶片萎垂,卷缩,终致全株黑腐,全田一片枯焦,散发出腐败气味。块茎染病,初生褐色或紫褐色大块病斑,稍凹陷,病部皮下薯肉亦呈褐色,慢慢向四周扩大或烂掉。

发病病因:病害的发生与流行,与气候条件和马铃薯的生育阶段都有密切的关系。湿度对病害起决定作用,我国大部分马铃薯产区的温度都适于晚疫病发生,天气潮湿、阴雨连绵、早晚多雾多露,有利发病和蔓延。马铃薯开花结薯前抗病力较强,以后抗病力迅速下降。马铃薯开花前后,阴雨连绵,气温不低于10 ℃,相对湿度在75%以上时,以中心病株出现作为病害流行的预兆。在温湿度适宜和种植感病品种的条件下,大约经过10～14 d,病害可传播到全田的每个植株。

发病规律:病菌主要以菌丝体在薯块中越冬,播种带菌薯块导致不发芽或发芽后出土即死去,有的出土后成为中心病株,病部产生孢子囊借气流传播进行再侵染形成发病中心,致该病由点到面,迅速蔓延扩大;病叶上的孢子囊还可随雨水或灌溉水渗入土中侵染薯块,形成病薯,成为翌年主要侵染源。病菌喜日暖夜凉高湿条件,相对湿度95%以上,18～22 ℃条件下,有利于孢子囊的形成。冷凉(10～13 ℃,保持1～2 h)又有水滴存在时,有利于孢子囊萌发产生游动孢子;温暖(24～25 ℃,持续5～8 h)有水滴存在时,有利于孢子囊直接产出芽管。因此,多雨年份、空气潮湿或温暖多雾条件下发病重。

防治方法:一是农业防治。轮作换茬:防止连作,防止与茄科作物连作或邻近种植,应与十字花科蔬菜实行3年以上轮作。培育无病壮苗:病菌主要在土壤或病残体中越冬,因此,育苗土必须严格选用没有种植过茄科作物的土壤,提倡用营养钵、营养袋、穴盘等培育无病壮苗。加强田间管理：施足基肥，实行配方施肥，避免偏施氮肥，增施磷、钾肥。定植后要及时防除杂草，根据不同品种的结果习性，合理整枝、摘心、打杈，减少养分消耗，促进主茎的生长。合理密植：根据不同品种生育期长短、结果习性，采用不同的密植方式，如双秆整枝的品种每亩栽2000株左右，单秆整枝的品种每亩栽2500～3500株。合理密植可改善田间通风透光条件，降低田间湿度，减轻病害的发生。二是生物防治。以预防为主，在花前8～10 d和谢花后分别使用霜贝尔30 mL兑水15 kg进行喷雾；一旦发病，用霜贝尔50 mL+大蒜油15～20 mL，兑水15 kg喷雾，5～7 d 1次，连用2次；病情控制后，转为预防方案。三是化学治疗。药剂种类有波尔多液、代森锌、代森铵等保护剂和内吸杀菌剂氟菌霜霉威，银法利、克露、38%噁霜嘧铜菌酯、56%嘧菌酯-百菌清、霜贝尔、瑞毒霉等嘧啶核苷类抗生素，枯草芽孢杆菌等。

②早疫病：马铃薯早疫病是仅次于晚疫病的第二大真菌病害，各个种植区均有不同程度的发生并且呈上升趋势，部分地区其危害程度不亚于晚疫病。早疫病不仅在马铃薯田间生长期发生造成产量和经济损失，而且在贮藏期也会发生，导致品质降低。

症状：叶片上的症状最明显，叶柄、茎、块茎、果实等部位也都可发病。叶片上初生黑褐色、形状不规则的小病斑，直径1～2 mm，以后发展成为暗褐色至黑色，直径3～12 mm，有明显的同心轮纹的近圆形病斑，有时病斑周围褪绿。潮湿时，病斑上生出黑色霉层。通常植株下部较老叶片先发病，逐渐向上部叶片蔓延。严重发生时大量叶片枯死，全株变褐死亡。发病块茎上产生黑褐色的近圆形或不规则形病斑，大小不一，大的直径可达2 cm。病斑略微下陷，边缘略突起，有的老病斑表面出现裂缝。病斑下面的薯肉变紫褐色，木栓化干腐，深度可达5 mm。

发病规律：病原菌随病株残体、病薯越冬或度过不种植马铃薯的季节，在温湿条件适宜时，产生分生孢子侵染下一茬马铃薯幼苗，引起田间发病。病原菌还可以危害大棚和温室栽培的番茄、辣椒等蔬菜，度过冬季的病原菌可以侵染春、夏季的大田马铃薯。在生长季节，马铃薯叶上病斑产生的孢子，可由风、雨、昆虫等分散传播，侵染四周的健康植株。叶面湿润时，降落在叶片上的孢子萌发，由气孔和伤口侵入，几天后就形成新的病斑，病斑上又产生孢子分散传播。在一个生长季节里，可以反复发生多次侵染，以致造成全田发病。降雨有利于孢子形成，雨后2～3 d，空中飞散的孢子数量明显增多，孢子传播高峰期后10～20 d，田间发病数量急剧增多。生长早期雨水多，有利于早疫病流行。重茬地，邻近辣椒、番茄棚室的田块，菌源较多，发病早而重。土壤瘠薄，植株脱肥，生长不良，抗病性降低，发病加重。

防治方法：一是选用抗病品种。一般来说，晚熟品种的发病率低于早熟品种。幼嫩叶片对早疫病的抗性强，随着植株变老抗性逐渐降低。我国筛选出的抗性品种有晋薯14、晋薯7号、同薯23、同薯20、陇薯6号、陇薯3号、克新1号、克新4号、克新12、克新13和克新18等。二是加强栽培管理。选择土壤肥沃的干燥田块种植，增施有机肥，提高寄主抗病能力是主要措施。收获充分成熟的薯块、减少收获和运输中的损伤、病薯不入窖等措施均可有效地防治早疫病。三是生物防治。每7 d施用1次绿脓假单胞杆菌，每次用200 g/亩，对早疫病的防治效果与代森锰锌无显著性差异。四是化学防治。生产上防治马铃薯早疫病的主要措施是喷施杀菌剂。保护性杀菌剂主要有铜制剂、波尔多液、代森锰锌、百菌清、敌菌丹等；内吸性杀菌剂主要有啶酰菌胺、戊唑醇、苯醚甲环唑、嘧菌酯、腐霉利、异菌脲、咯菌腈等。

③干腐病：马铃薯干腐病作为一种在田间和窖储都常发生的块茎病害，其常年发病率达到10%～30%，起了广泛重视。其主要引起贮藏期块茎腐烂，通常生长在沙土和泥炭土的马铃薯易发该病，早熟品种比晚熟品种易发病。

症状：干腐病的最初症状会在收获后几周内显现出来，也有些干腐病症状出现的相对要晚些。发病初期仅局部出现褐色凹陷病斑，扩大后病部出现很多皱褶，呈同心轮纹状，其上有时长出灰白色的绒状颗粒，即病菌子实体。开始时薯块表皮局部颜色发暗、变褐色，以后发病部略微凹陷，逐渐形成褶皱，呈同心环状皱缩；后期薯块内部变褐色，常呈空心，空腔内长满菌丝；最后薯肉变为灰褐色或深褐色、僵缩、干腐、变轻、变硬。剖开病薯可见空心，空腔内长满菌丝，薯内则变为深褐色或灰褐色，终致整个块茎僵缩或干腐，无法食用。如果干腐病大面积发生，则收获的块茎不能贮藏食用或用作种薯，以防种薯田间萌发时发生腐烂，造成缺苗断垄。另外，干腐病在贮藏期间容易发展成湿腐病，这些病薯的分泌物接触相邻健康的种薯，导致一窝烂薯。

发病规律：病菌以菌丝体或分生孢子在病残组织或土壤中越冬。在土壤中可存活几年。在种薯表面繁殖存活的病菌是主要的侵染来源。条件适宜时，病菌依靠雨水溅射而传播，经伤口或芽眼侵入，又经操作或贮存薯块的容器及工具污染传播、扩大危害。被侵染的种薯和芽块腐烂又可污染土壤，以后又附在收获的块茎上或在土壤中越冬。病害侵染的最佳温度在10～20 ℃，根部受害的最适温度是15～20 ℃，而且要有较高的相对湿度，在≤2 ℃条件下不发病。另一个影响病害发展至关重要的条件是块茎伤口愈合时间的长短，温度在18～22 ℃，并且相对湿度较高、通风状况良好的条件下，伤口愈合时间需要3～4 d。温度在低于15 ℃或高于24 ℃时，或者相对湿度较低的条件下，由于伤口的愈合速度太慢，就会导致病菌侵入。块茎储存的时间越长，受感染的机会越大，切制块茎造成大量伤口而导致感染病菌的机会大大增加。

防治方法：一是加强农业防治和人工防治。挑选健康的种薯做种子，最大限度地保证后代不会感病；尽量整薯种植，避免因切制薯块造成伤口而引起不必要的感染；生长后期和收获前抓好水分管理，尤其是在雨后需及时清沟排水降湿，保护地种植要避免或减少叶片结露水，收获时尽量避免或减少人为对种薯造成伤口，以减轻贮运期块茎发病；马铃薯最好在表皮韧性较大、皮层较厚而且较为干燥时适时收获，这样可以有效地避免收获过程中由于相互摩擦、碰撞、挤压等造成伤口；选晴天收获，收获后摊晒数天，贮运时轻拿轻运，尽量减少伤口，并去除可疑块茎后才装运或入窖，入窖时清除病、伤薯块；在马铃薯的挑选和分类过程中，要将储藏温度提高到至少12 ℃。在收获1周内，要将储存条件控制在较高温度（15 ℃以上）及较高的相对湿度条件下（90%以上），保持良好的通风条件，以促使伤口尽快愈合，降低被侵染的机会。此外，薯块小堆贮藏可以防止温度过高，减轻病害的发生。种植过程中不偏施氮肥，增施磷、钾肥，培育壮苗，以提高植株自身的抗病力。适量灌水，阴雨天或下午不宜浇水，以预防冻害。二是药剂防治。将奥力克霉止按300～500倍液稀释，在发病前或发病初期喷雾，每5～7 d喷药1次，具体喷药次数视病情而定。病情严重时，奥力克霉止按300倍液稀释，每3 d喷施1次。施药避开高温时间段，最佳施药温度为20～30 ℃。马铃薯干腐病重要防治时期为开花期和果实膨大期。发病初期及时进行药剂防治，可选用58%甲霜灵锰锌可湿性粉剂400倍液进行喷雾，防治效果可达58%～89%，可有效减缓马铃薯干腐病的蔓延。

（3）马铃薯细菌性病害。

马铃薯细菌性病害多发生在温暖、潮湿的地区，危害比较严重。严重影响了马铃薯的产量和品质，阻碍了马铃薯产业化生产和农民的增收致富。且该病症状表现不易区分，给防治带来很大困难。马铃薯常见细菌性病害的识别与防治介绍如下。

①青枯病：马铃薯青枯病又称细菌性枯萎病，是温暖地区马铃薯最严重的细菌性病害。pH值6.6的酸性土壤最适宜发病。

症状：病株稍矮缩，叶片浅绿或苍绿，下部叶片先萎蔫后全株下垂，发病初期早晚恢复，持续4～5 d后，全株茎叶全部萎蔫死亡，但仍保持青绿色，叶片不凋落，叶脉褐变，茎出现褐色条纹。块茎染病后，轻的不明显，重的脐部呈灰褐色水浸状，切开薯块，维管束圈变褐，挤压时溢出白色黏液，但皮肉不从维管束处分离，严重时外皮龟裂，髓部溃烂如泥，区别于枯萎病。

传播途径和发病条件：病菌随病残组织在土壤中越冬，侵入薯块的病菌在窖里越冬，无寄主的病菌可在土中腐生14个月至6年。病菌通过灌溉水或雨水传播，从茎基部或根部的伤口侵入，也可通过导管进入相邻的薄壁细胞，致茎部出现不规则水浸状斑。青枯病是典型维管束病害，病菌侵入维管束后迅速繁殖并堵塞导管，妨碍水分运输导致萎蔫。该菌在10～40 ℃均可发育，最适温度为30～37 ℃，适应pH值为6～8，最适pH值为6.6，一般酸性土壤发病重。田间土壤含水量高、连阴雨或大雨后转晴气温急剧升高时发病重。

防治方法如下。

培育和选用抗病品种。这是防止青枯病最经济有效的方法，如克新4号等。建立无病留种地。选取未发生过上述病害的地块进行秋季繁育种薯，并利用脱毒技术繁殖原原种等，都可以控制病害的发生和传染。留种地采用整薯播种、夏播留种或芽栽等方式繁殖原种，获得无病种薯后再用于生产种植，生产田不留种。播种前应严格选择健薯，淘汰病薯，马铃薯在入窖、出窖、播前切种时要严格精选，凡有病、受伤的块茎都不能做种用，确保种薯无病。

种薯切块消毒。种薯切块时应注意切刀消毒处理，凡接触过病薯的刀，应随时消毒，可将切刀投入沸水中或用75%酒精，或浸在5%石炭酸液中消毒。此外，还应注意切块种薯场所及用具的消毒，一般可用2%硫酸铜液喷洒等。合理轮作。青枯病是土传病害，应大力提倡与十字花科或禾本科等非寄主植物实行2～3年以上的轮作，与水稻、莲藕等进行水旱轮作效果更好。

合理施肥。播种时按每亩施过磷酸钙25 kg，沟施或穴施，或用薯块重量的5%的药剂拌种，随切块随拌种，有一定的防病增产效果。切勿使用未腐熟可能带菌的土杂肥，尽量使用有机活性肥、生物有机肥，减少化肥用量。施足基肥，增施磷钾肥，合理灌水。在出苗后15～20 d每亩施腐熟的有机肥2000 kg或草木灰2000 kg，具有较好的防病增产效果。

加强栽培管理。深耕翻晒土壤，适当施石灰降低土壤酸度；加大行距，缩小株距，高垄深沟栽培；及时清洁田园，田间发现病株及时拔除，病穴施适量石灰以防病菌扩散；大雨后注意及时排水，采用高畦栽培，避免大水漫灌。

药剂防治。在未发病或发病初期进行喷雾或灌根，药剂可选用72%农用硫酸链霉素可溶性粉剂4000倍液，或用77%可杀得可湿性粉剂1500倍液，或用25%青枯灵可湿性粉剂800倍液等灌根，每株灌0.25～0.5 kg，每隔7～10 d1次，连续2～3次，做到上述药剂交替轮换使用。同时注意防治地下害虫，以减少根系损伤，降低发病率。

②环腐病：马铃薯环腐病在国内各地均有发生，常造成马铃薯烂种、死苗、死株，储藏期间病情发展造成烂窖，对产量及块茎质量影响极大。

症状：马铃薯环腐病属细菌性维管束病害，地上部染病类型有枯斑型和萎蔫型两种。枯斑型，多在植株基部复叶的顶上先发病，叶尖和叶缘及叶脉呈绿色，叶肉为黄绿或灰绿色具明显斑驳，且叶尖干枯或向内纵卷，病情向上扩展，致全株枯死。萎蔫型，初期从顶端复叶开始萎蔫，叶缘稍内卷似缺水状，病情向下扩展，全株叶片开始褪绿，内卷下垂，终致植株倒伏枯死。发病块茎切开可见维管束变为乳黄色至黑褐色，皮层内现环形或弧形坏死部，故称环腐。经贮藏，染病块茎芽眼变黑干枯或外表爆裂，播种后不出芽或出芽后枯死，或形成病株。病株的根、茎部维管束常变褐，病蔓有时溢出白色菌脓。

传播途径和发病条件：病菌主要在种薯内越冬，因此带病种薯是第二年发病的主要初侵染来源。播种时通过切刀传染，使生长的植株直接发病。病株结的薯块带菌，作种薯播种再引起下一季节发病。病菌主要从伤口侵入，切过病薯的刀不经消毒可将病菌连续传染到第20～30刀薯块。因此，即使种薯带菌率只有1%左右，但经过切薯刀传播，能使田间植株发病株提高到20%～30%。此外，病菌还可污染切种薯的场地、盛放种薯的容器等，也成为薯块感染的菌源。田间病害的发生、发展与温度、播期有较大关系。一般耕作层地温在16～28 ℃均可发病，以18～24 ℃发病最重。地温持续低于16 ℃时很少发病，高于31 ℃病害明显受抑制。贮藏期的温度对发病也有较大影响，一般在20 ℃以上的高温下贮藏比在1～3 ℃低温下贮藏的发病率高一倍以上。此外，播种期对于发病也有一定影响，播种早、收获迟的发病重，播种晚、收获早则发病轻。

防治方法：建立无病留种田，尽可能采用整薯播种。有条件的最好与选育新品种结合起来，利用杂交实生苗，繁育无病种薯。选用抗病品种。经鉴定表现抗病的品系有郑薯4号、宁紫7号、庐山白皮、乌盟601、克新1号、丰定22、铁筒1号阿奎拉、长薯4号、高原3号、同薯8号等。播前剔除病薯。把种薯先放在室内堆放5～6 d，进行晾种，不断剔除烂薯，降低田间环腐病发生概率。此外，用50 mg/kg硫酸铜浸泡种薯10 min有较好的防治效果。结合中耕培土，及时拔除病株携出田外集中处理。

③黑胫病：马铃薯黑胫病在各马铃薯产区均有不同程度的发生，发病率一般为2%～5%，严重的可达40%～50%。在田间造成缺苗断垄及块茎腐烂，还可在温度高的薯窖内引起严重烂薯。

症状：马铃薯黑胫病在马铃薯各个生长期均可发生，主要危害植株茎基部和块茎。病株一般在植株高16～20 cm时表现症状。植株矮小，叶色褪绿，茎基部以上部位发黑腐烂。由于植株茎基部和地下部受害，影响水分和养分的吸收和传导，早期病株很快萎蔫枯死，不能结薯，且根系不发达，易从土中拔出。纵剖茎部可见维管束变褐色。重病株的病薯在收获时呈腐烂状。如果发病较晚，则只有部分分枝发病，轻者不表现症状。局部发病的薯块，纵剖块茎，可看到病薯的病部和健部分界明显。病组织柔软常形成黑色孔洞，病轻的马铃薯只在脐部有很小的黑斑，有时能看到薯块切面维管束呈黑色小点状或断线状。而感病最轻的，病薯内部无明显症状，这种病薯往往是病害发生的初侵染源。

传播途径和发病条件：马铃薯黑胫病菌的病原属于肠杆菌科、欧氏杆菌属细菌。带菌种薯、土壤和田间未完全腐烂的病薯是病害的初侵染源，带菌种薯是主要初侵染源。病菌通过伤口才能侵入寄主，用刀切种薯是病害扩大传播的主要途径。带菌种薯播种后，在适宜条件下，病菌沿维管束侵染幼芽，随着植株生长侵入根、茎、匍匐茎和新结块茎，并从维管束向四周扩展，侵入附近薄壁组织的细胞间隙，分泌果胶酶溶解细胞壁的中胶层使细胞离析，组织解体呈腐烂状。在田间，种蝇的幼虫和线虫可在块茎间传病。无伤口的植株或已木栓化的块茎不受侵染。块茎与块茎之间的侵染主要是通过切薯、田间昆虫、灌溉水带菌传播等。病害发生程度与温湿度有密切关系。覆盖了地膜的马铃薯由于地温较高，所以发病重；窖藏期间，窖内通风不良，高温高湿，有利于细菌繁殖和危害，往往造成大量烂薯。土质黏重、排水不良的土壤对发病有利。黏重土壤往往土温低，植株生长缓慢，不利于寄主组织木栓化的形成，降低了抗侵入的能力；黏重土壤往往土壤含水量大，有利于细菌繁殖、传播和侵入，所以发病重。播种前，种薯切块堆放在一起，不利于切面伤口迅速形成木栓层使发病率增高。

防治方法如下。

合理轮作、深耕灭茬，减少翌年初侵染源。

采用抗病品种。这是防治马铃薯黑胫病的有效措施，如青薯2号、青薯168、陇薯3

号、阿尔法等。

采用无病种薯。一是整薯播种，为了避免切刀传染，采用小整薯播种的办法，连续3年可大大减轻危害。小整薯播种比切块播种可减少发病率50%～80%，提高出苗率70%～95%，增产20%～30%。但小整薯要用上一年从大田中选择的抗病、农艺性状好的品种，在开花后、收获前选择和标记健株，收获时单收单藏，或用从无病区调入的种薯。二是选用健薯，汰除病薯。种植无病种薯可大幅减少发病。在收获时仔细挑选无病种薯，淘汰病薯；将选好的无病种薯放在背阴的地方风干2～3 d，入窖时再挑选一次病薯；第2年种薯出窖时，再剔除一次病薯；催芽使一些极轻微的病薯表现出较明显的病症，再一次把病薯淘汰掉；最后切薯时再选一次，把外表无病症而切开后表现病症的病薯剔除。三是切刀消毒，黑胫病主要通过切刀进行传染，所以在切薯时要做好切刀消毒。操作时准备两把刀、一盆药水，在淘汰外表有病状的薯块基础上，先削去薯块尾部进行观察，有病的淘汰，无病的随即切种，每切一薯块换一把刀。消毒药水可用5%石炭酸、0.1%高锰酸钾、5%食盐开水或75%酒精。四是切块时用种薯质量0.1%的敌克松与适量干细土混匀后拌种，随拌随播种，减少切刀传病的概率。五是用高锰酸钾预防，用高锰酸钾280～300倍液浸种20 min，能减少马铃薯黑胫病的发病率。春季播种时，在播种沟内撒施98%高锰酸钾1.5～2 kg，能起到抗病增产的作用。

贮藏期间注意通风，避免潮湿，防止烂窖。

④疮痂病：薯块表面长有疮痂的是疮痂病。马铃薯疮痂病是一种世界性病害，传播非常广泛，被视为马铃薯生产中的第四大病害。一般植株的地上部看不出有异状，但薯块的外观和品质变劣，从而影响销售，降低收益。带有疮痂的马铃薯在加工过程中不易清洗，尤其是凹状病斑中更易残留泥土增加清洗难度。为去掉块茎表面的病斑，必须增加去皮的厚度，从而造成浪费，如果是凹状病斑这种情况便更为严重。

症状：马铃薯疮痂病主要侵染块茎。先是在表皮产生浅棕色的小突起，几天后形成直径0.5 cm左右的圆斑，病斑表面形成硬痂，疮痂内含有成熟的黄褐色病菌孢子球，一旦表皮破裂、剥落便露出粉状孢子团。根据病斑形态可分为突起型疮痂病和凹陷型疮痂病。

传播途径和发病条件：马铃薯疮痂病病原菌是链霉菌，在适宜土壤中可永久存活。病原菌在薯块上越冬或在土壤中腐生，病原菌从皮孔、气孔或伤口侵入，发病后病菌能在土中长期存活。如果病菌被传到新的种植区，那么病菌就会在当地的病薯或土壤中越冬，而且存活多年。带菌土壤、带菌种薯和带菌肥料是主要初侵染源。马铃薯的常年连作会导致田间病菌大量积累，土壤中病菌的大量积累是疮痂病大爆发的主要原因。适宜发病气温25～30 ℃，中偏微碱性砂壤土发病严重。土壤高温干燥适宜发病（>22 ℃，相对湿度<60%），pH值5.2以下的土壤很少发病，连作重茬严重的地区发病率较高，白色薄皮品种易感病，褐色厚皮品种较抗病。

防治方法：一是选用高抗疮痂病的品种。尽可能与葫芦科、豆科、百合科等非块茎类蔬菜进行轮作，依据国外研究最好5年轮作。二是加强田间管理。块茎形成期及膨大期应注意浇水，保持土壤湿润，注意排出田间积水。三是施用充分腐熟的有机肥。种植马铃薯的地块上避免施用石灰。四是秋季用1.5～2 kg硫黄粉撒施后翻地进行土壤消毒，播种开沟时每亩再用1.5～2 kg硫黄粉沟施消毒。五是药剂防治。可用0.2%的福尔马林溶液，在播种前浸种2 h，或用对苯二酚100 g，兑水100 L配成0.1%的溶液于播种前浸种30 min，然后取出晾干播种。另外，农用链霉素、新植霉素、春雷霉素、氢氧化铜等药剂对病菌也有一定的杀灭作用。

（4）马铃薯虫害。

马铃薯生长过程中常见的虫害有蚜虫、瓢虫、马铃薯块茎蛾、地老虎、蛴螬、蝼蛄等，这些害虫严重影响了马铃薯的品质。

①蚜虫：是马铃薯生长期的主要害虫，不仅吸取液汁危害植株，还传播病毒。

危害症状和生活习性：危害马铃薯的蚜虫主要是桃蚜，群集在幼嫩叶片和花蕾的背面吸取液汁，造成叶片变形、皱缩，使顶部幼芽和分枝生长受到严重影响。蚜虫繁殖速度快，每年可繁殖10～20代。而且桃蚜还是传播病毒的主要害虫，对种薯生产造成威胁。有翅蚜一般在4～5月迁飞，温度25 ℃左右时发育最快，高于30 ℃或低于6 ℃时蚜虫数量会显著减少。桃蚜一般在秋末时，有翅蚜又飞回第一寄主桃树上产卵并以卵越冬。春季卵孵化后再以有翅蚜迁飞至第二寄主危害。

防治方法：一般农民种植商品薯，对蚜虫防治都不太在意，认为蚜虫的危害并不太严重。可是种薯生产就必须搞好对蚜虫的防治，不然生产出的种薯都会带有病毒，使翌年种植的商品薯因田间退化而减产。一是选好种薯田地点。根据蚜虫的习性，选择高海拔的冷凉区域，或风多风大的地方做种薯生产田，使蚜虫不易降落，减少传毒机会。二是种薯田要远离有病毒的马铃薯田。种薯生产田建在与有病毒马铃薯田距离300～500 m远的地方，以免蚜虫短距离迁飞传毒。三是掌握蚜虫迁飞规律，躲过蚜虫迁入高峰期。比如采取早播品种或进行错后播种等方法可以减轻蚜虫传毒。四是药剂防治。采用药剂防治，主要有3种施药方法。a.用内吸杀虫剂给芽块包衣（拌种）。按剂量使用噻虫嗪拌种，持效期可达60 d以上。b.用内吸性杀虫剂进行沟喷或穴施。出苗后因内吸作用，植株上存有杀虫有效成分，可以杀死蚜虫，持效期可达60 d以上。c.在马铃薯生长期，也是蚜虫比较活跃的时期，用触杀、熏蒸、胃毒等消灭力强的速效杀虫剂进行田间喷雾；用锐宁（2.5%高效氯氟氰菊酯微乳剂）喷雾；还可以用内吸杀虫剂，如高猛（30%吡虫啉微乳剂）进行植株喷雾。使用这些农药，不仅可杀死蚜虫，其他害虫如斑整、瓢虫、叩头甲、金龟子等都能被杀死。

②二十八星瓢虫：马铃薯瓢虫又称二十八星瓢虫，主要危害马铃薯、茄子、辣椒、番茄、豆类和瓜类等蔬菜，其中以马铃薯和茄子受害最为严重。

危害症状和生活习性：马铃薯瓢虫危害以成虫和幼虫取食寄主植物的叶片和嫩茎为主。被害叶片仅残留一层表皮，形成许多规则的透明凹斑，似平行的几何图案状，后变为褐色斑痕，危害严重时叶片只剩粗大叶脉。马铃薯瓢虫以成虫群集在背风向阳的山洞、石缝、树洞、树皮缝、墙缝及篱笆下、土穴等缝隙中和山坡、丘陵坡地土内越冬。第二年5月中下旬出蛰，先在附近杂草上栖息，再逐渐迁移到马铃薯、茄子上繁殖危害。成虫产卵期很长，卵多产在叶背面，常20～30粒直立成块。第1代幼虫发生极不整齐，成虫有假死性并可分泌黄色黏液。夏季高温时，成虫多藏在遮阴处停止取食，生育力下降，且幼虫死亡率很高。一般在6月下旬至7月上旬、8月中旬分别是第1代、第2代幼虫的危害盛期，从9月中旬至10月上旬第2代成虫迁移越冬。

防治方法如下。

人工捕杀。一是根据卵颜色鲜艳成块容易被发现的特点，结合农事操作人工摘除卵块。二是在农事活动中，发现幼虫和成虫，人工将其消灭。

化学防治。在普遍发生危害、人工灭杀困难时可喷药防治，药剂可选用35%赛丹乳油1000倍液、20%杀灭菊酯乳油300倍液、2.5%溴氰菊酯乳油3000倍液、80%敌敌畏乳油1000倍液、50%辛硫磷乳油1000倍液、50%二嗪农乳油1000倍液、5%抑太保乳油2000倍液等喷雾防治。药液要喷到叶背面。

③马铃薯块茎蛾：马铃薯块茎蛾又称马铃薯麦蛾、烟潜叶蛾等，属鳞翅目麦蛾科。国内分布于14个省（市），以云、贵、川等省受害较重。主要危害茄科植物，其中以马铃薯、烟草、茄子等受害最重。

危害症状和生活习性：在自然情况下可危害马铃薯、烟草等植物地上部分，除取食叶肉外还蛀食花和果实。该虫危害田间和贮藏期马铃薯，幼虫潜入叶内，沿叶脉蛀食叶肉，余留上下表皮呈半透明状，严重时嫩茎、叶芽也被害枯死，幼苗可全株死亡。在仓库内常危害马铃薯的块茎，且危害严重。该虫蛀食块茎时形成弯曲的虫道并能吃光薯肉，受害块茎易霉变腐烂。以幼虫或蛹在枯叶或贮藏的块基内越冬。田间马铃薯以5月及11月受害较严重，室内贮存块茎在7～9月受害严重。成虫夜出，有趋光性。卵产于叶脉处和茎基部，薯块上的卵多产在芽眼、破皮、裂缝等处。幼虫孵化后四处爬散，吐丝下垂，随风飘落在邻近植株叶片上潜入叶内危害，在块茎上则从芽眼蛀入。卵期4～20 d，幼虫期7～11 d，蛹期6～20 d。

防治方法：严禁从疫区调种，控制虫源的蔓延危害。冬季翻耕灭茬消灭越冬幼虫。仓库重蒸彻底清除仓库的灰尘和杂物，用磷化铝熏蒸仓库，保证仓库不带虫。药剂处理种薯，对有虫的种薯用溴甲烷、二硫化碳或磷化铝熏蒸，也可用25%喹硫磷乳油1000倍液喷种薯，晾干后再贮存。选用无虫种薯在大田生产中及时培土，在田间勿让薯块露出表土，减少成虫产卵的机会。药剂防治，成虫期喷洒10%菊马乳油1500倍液，50%辛硫磷乳油、50%杀螟松乳油、40%乙酰甲胺磷乳油、80%敌百虫可溶性粉剂各1000倍液，2.5%溴氰菊酯乳油、20%氰戊菊酯乳油、2.5%功夫菊酯乳油、5%顺式氰戊菊酯乳油、10%氯氰菊酯乳油、50%巴丹可溶性粉剂等2000倍液喷雾；幼虫初孵期，选用高效氨氟氰菊酯或阿维菌素喷雾防治。

④地老虎：地老虎俗称土蚕、切根虫等，是鳞翅目夜蛾科昆虫。危害马铃薯的地老虎有多种，其中小地老虎是分布最广、危害最重的一种，在我国各马铃薯产区均有发生和危害。

危害症状和生活习性：小地老虎为杂食性害虫，寄主范围十分广泛，主要危害玉米、高粱、棉花、烟草、马铃薯和蔬菜。幼虫危害马铃薯的幼苗，在贴近地面的地方把幼苗咬断，使整棵幼苗死掉，并常把咬断的苗拖进虫洞；或咬食子叶、嫩叶，常造成缺苗断垄、毁种，需要补栽。小地老虎一年发生4～5代，以老熟幼虫在土中越冬。第一代幼虫是危害的严重期，也是防治的关键时期。成虫白天栖息在杂草、土堆等隐蔽处，夜间活动，喜食甜酸味汁液，趋化性强，对黑光灯有明显趋性。在叶背、土块、草棒上产卵，温暖、潮湿、杂草丛生的地方有利于其生长。1～2龄幼虫危害幼苗嫩叶，3龄后转入地下危害根茎，5～6龄危害最重可将地面幼苗茎咬断。

防治方法：清洁田园，及时清除田间杂草，使成虫远离大田产卵。在田间安装频振式杀虫灯、黑光灯（每盏灯控制面积为2～4 hm^2）。放置装有糖醋诱杀剂（诱剂配法：糖3份、醋4份、水2份、酒1份，并按总量加入0.2%的90%晶体敌百虫）的盆诱杀小地老虎成虫。也可根据小地老虎幼虫3龄前不入土的习性，清晨在断株或叶片上有小孔或缺刻的植株处进行人工捕杀。药剂防治，幼虫3龄前，可用2.5%敌杀死乳油2000倍液或用20%氰戊菊酯乳油1500倍液，或用2.5%高效氯氟氰菊酯乳油2000倍液喷植株下部。在虫龄较大的地里，可用50%辛硫磷乳油1000倍液，或用48%乐斯本乳油1000～1500倍液灌根。

⑤蛴螬：马铃薯蛴螬属于鞘翅目、鳃金龟科，为金龟甲的幼虫，在全国各地均有发生。金龟子种类很多，主要有大黑金龟子、暗黑金龟子、黄褐金龟子等。其中，大黑金龟子在我国危害最为普遍，主要是幼虫危害。

危害症状和生活习性：在马铃薯田，蛴螬主要危害地下嫩根、地下茎和块茎，进行咬食和钻蛀，断口整齐，使地上茎营养水分供应不上而枯死。同时也危害马铃薯幼嫩块茎，块茎被钻蛀后导致品质降低，伤口易遭病菌侵入引起腐烂造成减产。蛴螬成虫体长16～22 mm，身体黑褐色至黑色有光泽，卵椭圆形。体长约3.50 mm，乳白色，表面光滑，略具光泽。老熟幼虫长35～41 mm，身体多皱折，静止时弯成"C"形。腹部乳白色，头部黄褐色，头部前端每侧有3根刚毛。蛴螬以幼虫和成虫在45～80 cm无冻土层中越冬。卵期一般为10 d，幼虫期约350 d，蛹期约20 d，成虫期近1年。5月中旬至6月中旬为越冬成虫出土盛期，白天藏在土中，20:00～21:00为成虫取食时间，此时是交配活动盛期。卵多散产在寄主根际周围松软潮湿的土壤内，以水浇地居多，每次可产卵100粒左右。蛴螬幼虫始终在地下活动，与土壤温湿度关系密切。当10 cm土温达8 ℃时开始往土表移动，13～18 ℃时活动最盛，23 ℃以上则往深土中移动。土壤潮湿活动加强，尤其是连续阴雨天气，春、秋季在表土层活动，夏季时多在清晨和夜间到表土层。成虫有假死性、趋光性和喜湿性，并对未腐熟的厩肥有较强的趋性。

防治方法如下。

一是农业防治。a.深翻地。对于蛴螬发生严重的地块，在深秋或初冬翻耕土地，不仅能直接消灭部分蛴螬，并且将大量蛴螬暴露于地表，使其被冻死、风干或被天敌啄食、寄生等，一般可压低虫量15%～30%，明显减轻第2年的危害。b.合理安排茬口。前茬为豆类、玉米的地块，常会引起蛴螬的严重危害，适当调整茬口可明显减轻危害。c.避免施用未腐熟的厩肥以及合理施用化肥。金龟甲对未腐熟的厩肥有强烈趋性，常将卵产于其内，如施入田中，则带入大量虫源。因此施用农家肥时，要经高温发酵使肥料充分腐熟以杀死幼虫和虫卵。另外，碳酸氢铵、腐植酸铵、氨水、氨化过磷酸钙等化学肥料，散发出氨气对蛴螬等地下害虫具有一定的驱赶作用。

二是药剂防治。a.土壤处理。用50%辛硫磷乳油每亩200～250 g，加10倍的水，喷于25～30 kg细土上拌匀成毒土，顺垄条施，随即浅锄；或以同样用量的毒土撒于种沟或地面，随即耕翻；用5%辛硫磷颗粒剂或用5%地亚农颗粒剂，每亩2.5～3 kg处理土壤，都能收到良好效果，并兼治金针虫和蝼蛄。b.薯块拌种。用50%辛硫磷或50%对硫磷与水和种子按1∶50∶600的比例拌种，具体操作是将药液均匀喷洒于放在塑料薄膜上的马铃薯块茎上，边喷边拌，拌后闷种3～4 h，期间翻动1～2次，薯块干后即可播种，持效期可达20多天。c.毒饵诱杀。每亩用25%对硫磷或辛硫磷胶囊剂150～200 g拌炒至半熟的麦麸等饵料5 kg，或用50%对硫磷或50%辛硫磷乳油50～100 g拌饵料（炒香的麦麸、豆饼、煮熟的谷子等）3～4 kg，撒于种沟中，可收到良好的防治效果。d.灌根。在7月底前进行第1次防治，每公顷用50%辛硫磷3000～4000 mL，兑水1500 kg浇灌根部。隔10～15 d再用药1次，连用2～3次。

⑥蝼蛄：蝼蛄属于直翅目，也叫拉拉蛄、土狗子。在全国各地普遍发生，在盐碱地和沙壤地危害最重。

危害症状和生活习性：蝼蛄的成虫（翅已长全）、若虫（翅未长全）都对马铃薯形成危害。它用口器和前面的大爪子咬断幼根或把马铃薯的地下茎或根撕成乱丝状，导致地上部萎蔫或死亡，也有时咬食芽块造成嫩芽不能生长，造成缺苗。蝼蛄在土壤表层中穿行形成隧道，使幼根与土壤分离、透风造成失水，影响幼苗生长甚至死亡。秋季蝼蛄咬食马铃薯块茎形成孔洞降低品质，甚至使块茎感染病害造成腐烂。蝼蛄有昼伏夜出习性，午夜前后为活动、取食高峰期。成虫有强烈的趋光性，在气温高、相对湿度大、风速小、无月光的时候，以及闷热快下雨的傍晚趋光性更明显。蝼蛄喜爱香甜食物，对炒香的麦麸、豆饼或煮半熟的豆子等的趋性尤甚；对未腐熟的马粪等有机质含量高的粪土也有一定的趋性。蝼蛄常喜在潮湿的土壤中生活，东方蝼蛄最为明显。湖泊沿岸、沟渠两旁、菜园地、水浇田特别是沙质壤土多腐殖质的地方蝼蛄数量最多，“蝼蛄跑湿不跑干”就说明了这种特性。土温影响蝼蛄在土中的垂直分布，蝼蛄在春秋季节活动频繁，在栽培蔬菜、禾谷类、大豆等作物的田块蝼蛄发生量较大。

防治方法：秋季深翻地深耙地，破坏蝼蛄的越冬环境，冻死准备越冬的大量幼虫、蛹和成虫，减少越冬数量，减轻下年危害。诱杀成虫，利用糖蜜诱杀器和黑光灯、鲜马粪堆、草把等，分别对有趋光性、趋糖蜜性、趋马类性的成虫进行诱杀以减少成虫产卵，降低幼虫数量。使用毒土和颗粒剂播种时每亩用1%敌百虫粉剂3～4 kg，加细土10 kg拌匀，顺垄撒于沟内，毒杀苗期危害的地下害虫。或在中耕时把上述农药撒于苗根部，毒杀害虫。灌根，用40%的辛硫磷1500～2000倍液在苗期灌根，每株50～100 mL。小面积防治还可以将40%辛硫磷掺在炒熟的麦麸、玉米或糠中做成毒饵，在晚上撒于田间。

⑦金针虫：金针虫是鞘翅目叩头虫科幼虫的总称，为重要的地下害虫，各地均有分布，危害作物种类也较多。

危害症状和生活习性：金针虫在土中活动常咬食马铃薯的根和幼苗，并钻进块茎中取食，使块茎丧失商品价值。咬食块茎还可传病或造成块茎腐烂。叩头虫为褐色或灰褐色甲虫，虫体较长，头部可上下活动并使之弹跳。幼虫体细长，20～30 mm，外皮金黄色、坚硬、有光泽。叩头虫完成一代要经过3年左右，幼虫期最长。成虫于土壤3～5 cm深处产卵，每只可产卵100粒左右。经过35～40 d孵化为幼虫，刚孵化的幼虫为白色而后变黄。幼虫于冬季进入土壤深处，在3～4月10 cm深处土温6 ℃左右时开始上升活动，土温10～16 ℃时为其危害盛期，温度达21～26 ℃时又入土较深。

防治方法：一是农业防治。深翻土地，破坏金针虫的生活环境；在金针虫危害盛期多浇水可使其下移，减轻危害。二是药剂防治。播种时，每亩用5%辛硫磷颗粒剂1.5～2.0 kg，拌细干土100 kg撒施在播种沟（穴）中，然后播种；发现有虫危害时，可用50%丙溴磷乳油1000～2000倍液，或用48%毒死稗乳油1000～2000倍液，或用辛硫磷乳油800～1500倍液兑水灌根。

2.甘薯

（1）甘薯主要病害防治技术。

①甘薯黑斑病：甘薯黑斑病也叫黑疤病、黑疗、黑膏药等。这种病在国内所有产区普遍发生，是造成苗床期死苗、大田生长期死秧、贮藏期烂薯的主要病害。这种病侵染薯块后，产生有毒物质，食味极苦，用来喂牛、猪等家畜会引起中毒、死亡。此病可以随薯块、薯苗的调运而远距离传播，被列为国内检疫对象。

症状：育苗期。如果种薯或苗床土带菌，发芽后苗的基部白嫩部位最容易受感染。早期病重的幼芽变黑腐烂，病轻的幼芽基部发生平滑稍有微凹陷的黑斑，以后斑点逐渐扩散，使苗根全黑，地上部叶片黄化，生长不旺。当温、湿度适宜时，病斑上长出灰白色霉状物，这就是病菌的菌丝和分生孢子。大田期。病苗栽到地里1~2周后，基部叶片发黄、脱落，根部腐烂，茎蔓不伸长，很快死亡。在生长期间结成的薯块感病较多，大都发生在虫咬、鼠伤、裂皮或其他损伤的伤口。病斑呈黑色或黑褐色，圆形或不规则形，轮廓清楚，中央稍凹陷，生有刺毛状物。切开薯块，病斑的下层组织呈黑色、黑褐色或绿色，薯肉有苦味。贮藏期。感病薯的病斑也发生在伤口处和根痕上，发病情况和大田病薯一样。贮藏后期，病斑能深入薯肉2~3 cm。发病严重的薯窖，可闻到苦味，烂窖事故多由此发生。

传播途径：黑斑病菌在土壤里能存活两年零九个月。传播途径主要有3条，即薯苗，苗块，土壤肥料和人、畜携带。由于传播途径多，形成苗床、大田生长和贮藏窖的连锁交叉感染。因此，对于黑斑病必须综合防治才能见效。该病发生轻重与当时的温度、相对湿度、土壤含水量、甘薯品种抗病性，以及薯块伤口的大小、多少有直接关系。其发病的最低温度是18 ℃，最高35 ℃，最适温度是25 ℃，10 ℃以下和35 ℃以上一般不发病。土壤含水量在14%~100%都能发病，在14%~60%范围内，病害随水分的增加而加重。在育苗期间，由于苗床温度高、水分大，再加上有覆盖物以及薯块上有不同程度的创伤，会造成黑斑病的大流行。而35 ℃以上的高温则是控制发病的有效温度。

防治方法：在防治中应当针对主要感染途径，采取繁殖无病薯、培育无病壮苗和安全贮藏并重的防治方针，贯彻以农业防治为主、药剂防治为辅的综合防治措施，抓住育苗、大田、贮藏和建立无病留种地4个环节，才能收到理想的效果。一是切断菌源。做到“三查”“三防”。“三查”是一查病薯不育苗，二查带病苗不栽大田，三查病薯不留种贮藏。“三防”是一防引进病苗、病薯，二防调出病苗、病薯，三防病苗、病薯在本地区流动。在薯块出窖、育苗、栽插、收获、切片晒干、复收等农事活动中，彻底拣出病残体，集中烧毁或深埋。病薯、洗薯水不做饲料，不用病土、旧床土垫畜圈或积肥，采苗圃和留种地注意轮作倒茬。二是建立无病留种地。要做到苗净、地净、肥净，并防治好地下害虫，从各方面防止病菌侵染传播。地净是选择3年以上没有种过甘薯的地。三是温水浸种。把精选的薯种放在筐里，水温调到56~58 ℃，将薯筐浸入，使水温保持在51~54 ℃，浸种10~12 min。水要没过薯面，同时上下提动，使薯块受热均匀。浸好后立即排进苗床，防病效果在80%以上。但要注意，凡是贮藏期间受低温冷害的薯块不能浸种，以免加重腐烂。四是药剂浸种（苗）。可以选择以下常用药剂之一浸种（苗）：50%代森铵200~300倍液浸种10 min;50%多菌灵1000倍液浸种10 min,或2000~4000倍液浸薯苗基部3 min;50%甲基托布津200倍液浸种10 min,或1000~2000倍液浸苗基部3 min。五是高剪苗。黑斑病一般只危害薯苗基部白嫩部位,在距苗床面3 cm处高剪,可减轻发病,提高薯苗成活率。六是选用抗病品种。目前还没有免疫品种,但品种间的抗病性有差别。抗性较强的品种有鲁薯3号、济南红、苏薯1号、福薯87、冀18-1等。

②甘薯根腐病:甘薯根腐病也叫烂根病。这是一种毁灭性病害,发病地块轻者减产10%~20%,重者减产40%~50%,甚至造成成片死亡绝产无收。

症状:育苗期。病苗叶色浅黄,生长缓慢,须根尖端的中部有黑褐色病斑,出苗较晚而少。大田生长期。根系是病菌主要侵染部位,初期侵染根尖或根的中部形成黑褐色病斑,以后大部分根变黑腐烂。地下茎(拐子)也被侵染,生成黑斑,害病部位多数表皮开裂,皮下组织变黑而疏松。重病植株的根部全部腐烂;病轻的地下茎靠近地表处还能发出新根,但多不能形成薯块而成为柴根。也有的病株虽能结薯,但薯块小而少、畸形,表面上生有大小不一的黑褐色病斑,多呈圆形,稍凹陷,生长中后期薯皮龟裂,容易剥落。皮下组织变黑疏松,患病部位与健康部位相接处形成一层新皮。贮藏期间病斑不扩大,病薯不硬心,熟食没有异味。病株茎蔓生长迟缓,多分枝,在阳光照晒下容易萎蔫。入秋气温下降,茎蔓仍能生长,每节叶腋处能抽薹现蕾开花。重病的茎节缩短,从底叶开始向上各叶色淡且发黄,最后遍及整株,叶片皱缩,增厚反卷。干旱天气,叶片边缘焦枯,提早脱落,只剩顶梢上的2~3片嫩叶,直至全株枯死。

传播途径:土壤传病。此病在田间发生,先有一个或几个发病中心,随着水流和耕作活动逐年扩展蔓延,直到传遍全田。俗话说,“甘薯得了病,今年一小片,明年一大片,后年片连片”。病菌在土壤中的分布深度为0~45 cm,其中以0~15 cm土层里的菌量最多,发病也最重。土杂肥传病。用病薯茎叶、病根、病薯积肥或做饲料,或用来制淀粉的带菌粉渣、洗粉水喂猪或倒入猪圈,都能使土杂肥带菌。用病茎叶喂猪,猪粪里的病菌仍保持生活力,可继续传播疾病。病残体传病。每年遗留在地里的病株残体,是使土壤菌量积累和病害加重的原因之一。带菌地随着寄主作物连年重茬种植,发病程度也越来越重。根腐病在高温、干旱条件下病重;夏薯重于春薯;连作重茬地重于轮作地;晚栽地重于早栽地;沙土瘦地重于壤土肥地。根腐病发病温度范围是21~30 ℃,适宜温度为27 ℃左右。土壤含水量在10%以下有利病害发展。

防治方法:目前,对此病还没有有效的药剂防治方法,各地都是选用抗病品种来控制病情，并取得了显著效果。高产抗病品种主要有徐薯18、苏薯3号、鲁薯3号、农大22、济宁5号等。值得注意的是，品种的抗病性随着种植年限的延长会有所减弱。因此，应注意年年培育，不断更新。其他防治方法：如培育壮苗，适时早栽；深翻改土，增施净肥，使薯苗早发快长，增强抗病能力；轮作换茬，轮作期保持在3年以上；建立无病留种地等都是重要的防病措施

③甘薯茎线虫病：也称糠心病、空心病、糠梆子、花瓤等。此病危害甘薯地上部和地下部，造成烂薯、死苗，一般减产10%～50%，严重的可造成绝产。除甘薯以外，还危害马铃薯、花生、大豆等300余种植物。

症状：被茎线虫寄生的薯块，内部组织成为黑色与白色的疏松花瓤，即所谓糠心。这是因为茎线虫侵入薯肉以后，大量繁殖并分泌唾液，溶解薯肉细胞间的中胶层，并引起杂菌的侵染。这种病症以经过贮藏后出窖时的甘薯最明显。苗期被害后，苗基部变青但没有病斑，剖开茎部里面呈褐色糠心，线虫侵入量不多时，病症不明显。茎蔓被害后，主蔓基部外面产生黄褐色龟裂斑块，里面为褐色糠心，发病严重的主蔓顶端也有病疮，病株蔓短、叶黄、生长迟缓甚至主蔓死亡。侵染薯块后，薯皮褪色有裂口，薯块空心。茎线虫的抗逆性很强，－2 ℃低温仍能存活1个月，所以茎线虫在土壤里或薯窖里过冬很少死亡。茎线虫怕热，在43 ℃干热下放置病薯，经53 h后，56%线虫可被杀死。在49 ℃温水中浸泡10 min，线虫全部死亡。此虫在2 ℃时开始活动，最适温度为25～30 ℃，大量繁殖的时期主要在春秋两季，夏季的高温可抑制其繁殖。在土壤中的活动场所是离地表10～15 cm深的土层。

传播途径：除薯叶以外，薯苗、茎蔓、薯拐、薯块、病残体、土壤、未腐熟的农家肥料都能传播。线虫病发病特点，春薯比夏薯重，连作重茬地比轮作地重，涝洼多水的沙土地比黏土地重。

防治方法：甘薯茎线虫病的传病途径和黑斑病大体相同。因此，防治黑斑病的综合措施，基本上也适用于防治茎线虫病。防治药剂有两种。一是辛硫磷浸苗。用50%辛硫磷300倍液浸苗下部半小时后栽插，可使苗里的线虫大部分都死亡，药效平均在90%以上。二是药剂处理土壤和肥料。每亩用80%二溴乙烷2.5 kg，兑水30～50倍，栽插前半个月开沟（沟距40 cm，深15 cm左右），均匀施入沟中立即盖土，半个月后就可扶垄栽插。

④甘薯瘟病：甘薯瘟病又名甘薯细菌性萎蔫病，烂头、发瘟，多发生在长江以南的各个薯区。此病蔓延很快，造成的损失严重，是甘薯的毁灭性病害。发病轻的减产30%～

40%，重的可达70%～80%甚至绝产。

症状：该病是一种萎缩型病害。病菌从植株伤口或薯块的须根基部侵入，破坏组织的维管束，使水分和营养物质的运输受阻，叶片青枯凋萎。甘薯的整个生长期都能受到该病危害，但各个时期的症状不同。苗期。用病薯育苗，当苗高15 cm左右时，1～3片叶开始凋萎，苗基部呈水渍状，以后逐渐变成黄褐色乃至黑褐色，严重的青枯死亡。大田生长期。病苗栽后不发根，几天后死掉。健苗栽后，蔓长30 cm左右时，病菌从伤口侵入，叶片暗淡无光，中午萎蔫，茎基和入土部分特别是在有伤口的地方，呈黄褐色或黑褐色水渍状，最后全部腐烂。生长后期。茎蔓各节已长出不定根，叶片不萎蔫，提起蔓扯断不定根后，植株很快青枯死亡。多数须根出现水渍状，用手拉易掉皮，仅留下线状纤维。薯块。早期感病的植株，一般不结薯或结少量根薯，后期感病植株的根本不结薯。感病轻的薯块症状不明显，但薯拐呈黑褐色纤维状，根梢呈水渍状，手拉容易脱皮。中度感病的薯块，病菌已侵入薯肉，蒸煮不烂失去食用价值，称为“硬尸薯”。感病重的，薯皮发生片状黑褐色水渍状病斑，薯肉为黄褐色，严重的全部烂掉，带有刺鼻臭味。

传播途径：温度20～40 ℃，病菌都能繁殖，以27～35 ℃和相对湿度80%以上生长繁衍最快，危害也最重。南方各薯区在4月下旬至10月末的高温、高湿季节，都是传播发病时期，6～9月份是发病盛期。传播媒介很多，病菌通过病苗、病薯、带菌土、肥料和流水等都能交叉感染。甘薯瘟病病原菌是青枯假单胞杆菌小种1，该菌是好气性菌，在水田里只能生存1年左右，在旱地里可存活3年。

防治方法：严格检疫，搞好病情调查，划分病区，禁止疫区薯（苗）出境销售。建立无病留种地。合理轮作，水旱轮作或与小麦、玉米、大豆等作物轮作，是防病的最好方法之一，但不要和马铃薯、烟草、番茄等作物轮作。选用抗病品种，如华北48、广薯62、湘薯75-55、闽抗330等。禺北白、新种花、胜利100等品种容易染病，在疫区不要种植。

⑤甘薯蔓割病：甘薯蔓割病又叫枯萎病、蔓枯病、茎腐病、萎蔫病。在大田期发病越早，减产越重。

症状：苗期发病，主茎靠近地面部分叶片发黄，茎蔓维管束变色，茎的基部白色部位呈紫色，也有时感染后暂时症状不明显，栽插后不久开始发病。首先叶片黄化，以后茎基部肿大，纵向破裂，维管束变黑，裂开部位呈丝状，遇空气潮湿时上面长出粉色霉状物，就是病菌的菌丝体。病株叶片自下而上黄萎脱落，最后全株枯死。也有些病株依靠蔓条上新生的不定根吸取养分，凋萎较慢。

传播途径：病菌寄附在病薯上过冬，或附着在病残体上在土壤里生活，在土里能存活3年以上。因此，病薯、病蔓和土壤都能传染该病。病菌主要是从伤口侵入，沿着导管蔓延。土温27～30 ℃是发病最适温度，因此夏季病害重于春季，25 ℃以下发病变慢。在适宜温度下，降水量多少是影响该病流行的主要因素，降水量大、次数多有利于病害流行，所以降水后病情常很快上升。沙土、沙壤土发病比土质黏重、水分多的土地重。

防治方法：采取以选用抗病品种为主的综合防治措施。结合防治黑斑病实行温水浸种，培育无病壮苗，或用70%甲基托布津700倍液浸薯、浸苗5 min。发病重的地方可与水稻、玉米、大豆等作物实行3年以上轮作。在田间发现病株要及早拔除、烧毁、深埋。禁止从病区调运薯块或薯苗，防止病害蔓延。

⑥甘薯疮痂病：甘薯疮痂病又叫缩芽病、甘薯麻风病、硬秆病。病变部叫狗耳朵、龙头等。苗期发病时生长缓慢，不能及时采苗而耽误农时。大田生长前期发病能减产30%～40%，中期发病减产20%～30%，后期发病减产10%左右。

症状：疮痂病只危害甘薯的上部茎叶，尤其是嫩叶背面的叶脉最容易被感染。发病初期病斑为红色油渍状小斑点，后随茎叶的生长而变大、突起，颜色转白或转黄，突出部分呈疣状，逐渐木质化形成疮痂。疮痂处表面粗糙，容易裂开，凹凸不平。叶片被害后常向里卷曲，严重时皱缩，不能伸展；嫩梢和顶叶受害时则短缩、直立或卷缩成木耳状。茎蔓被害后，最初呈现为紫褐色的圆形或椭圆形突起的疮疤。后期凹陷，严重的疮疤连成片，生长停滞。在潮湿的环境中，病斑表面长出粉红色毛状的孢子盘。

传播途径：病菌在甘薯的落叶、枯蔓或冬薯蔓上越冬，春暖后开始侵染传播。传播媒介主要是病苗、风雨和病薯。该病菌在15 ℃以上开始活动，25～26 ℃是最适发病温度。我国南方薯区4～10月份都能发病，6～9月份为流行盛期。每逢连续降水或台风暴雨天气，往往出现发病高峰。发病程度与地势和土质有密切关系。发病程度：坡地比平地轻，旱地比洼地轻，土质疏松的砂土、砂壤土比黏土轻，排水良好的田块比排水不畅的田块轻，轮作地特别是水旱轮作地比重茬地轻。

防治方法：坚持检疫，禁止从疫区调运薯、苗。选用广薯15、湘农黄皮等抗病品种。提倡秋薯留种，培育无病壮苗。坚持轮作，清除田间病残体，集中烧毁或深埋。农药防治可用70%甲基托布津500倍液浸苗10～15 min，杀死附着在表面的病菌。大田发病初期用70%甲基托布津或50%苯并咪唑800～1000倍液，每亩用75 L喷洒土面，以后隔1周喷1次，防病效果更好。

(2)甘薯主要虫害防治技术。

①棉红蜘蛛:据标本鉴定,危害甘薯的红蜘蛛为棉红蜘蛛。

症状:成虫、幼虫和若虫均在叶片上咬伤组织吸食汁液,被害处出现小白斑后变红,叶片干枯脱落。

农业防治:铲除田埂、路边和田间杂草,对薯区进行冬耕冬灌,消灭虫源;轮作倒茬,注意薯田灌溉,避免与棉红蜘蛛的嗜好寄主间作套种;合理使用农药,延缓棉红蜘蛛产生抗药性;利用肉食草蛉、肉食蓟马、小花蝽、大眼蝉长蝽和瓢虫等天敌防治。

药剂防治:用5%尼索朗1000倍液或20%甲氰菊酯(灭扫利)乳油2000~3000倍液(兼治斜纹夜蛾)或0.9%阿维菌素乳油4000~6000倍液,在叶背面喷雾。以上药物交替使用,每隔7 d喷药1次,连续喷药3次。

②甘薯麦蛾:甘薯麦蛾(卷叶蛾)又称甘薯卷叶虫、甘薯包叶虫,甘薯花虫等。

症状:幼虫在薯叶背面吐丝卷叶,取食部分叶肉后,又爬往他处危害。

农业防治:收获甘薯后清洁田园,以消灭越冬蛹;在幼虫盛发期,及时人工捏杀卷叶幼虫;或摘除虫害卷叶,集中杀死。

药剂防治:可用90%敌百虫晶体1000倍液或40%乐果乳油1000倍液,或50%辛硫磷乳油1000倍液,交替喷药防治。

③甘薯天蛾、斜纹夜蛾、甘薯潜叶蛾。

症状:甘薯天蛾比斜纹夜蛾大,两者均是以幼虫咬食叶片、叶柄和嫩茎。甘薯潜叶蛾是幼虫钻入叶肉内潜食叶肉,边食边进行而蛀成一条弯曲的虫道。

农业防治:防治甘薯天蛾结合冬耕杀蛹,利用物理方法诱杀成虫。在斜纹夜蛾的发蛾盛期摘除寄主卵块,用物理方法诱杀成虫。防治甘薯潜叶蛾要及时清沟排水,降低田间湿度,减轻虫害发生。

药剂防治:每亩用90%敌百虫晶体1000倍液或50%辛硫磷乳油1000倍液,或2.5%溴氰菊酯(敌杀死)乳油2000倍液,或10%氨氰菊酯(灭百可)乳油2000倍液喷雾。以上药物交替使用。

④甘薯蚁象:甘薯蚁象又名甘薯小象甲以及甘薯象甲、甘薯象鼻虫、沙虱、沙辣子、臭心虫等。

症状:此虫不仅在甘薯生长期危害,贮藏期也继续危害。薯块被害后恶臭,不能食用。薯块被虫蛀食,被钻成许多伤口和孔道,病菌同时寄生感染,造成腐烂。该虫也危害幼苗，成虫取食茎叶，严重影响植株生长，常使薯苗变黄甚至死亡，造成大量缺株，降低产量。

农业防治：甘薯收获后，及早拾净田间薯块并清除茎叶残体集中销毁；薯块膨大期盖沙填缝、培土，防止薯块外露被虫咬；实行水旱轮作，减少虫源；严格检疫，防止人为传播。

生物防治：薯田灌水湿润后，撒布白僵菌粉或菌液，每亩用白僵菌208（50亿/ g）粉1.5 kg，可代替药剂毒土，防治效果良好。

药剂防治：薯苗在栽前用90%敌百虫晶体800～1000倍液浸湿，取出稍晾干，然后栽插。毒饵诱杀效果很好，在初冬或早春把小鲜薯或鲜薯片、鲜茎蔓用90%敌百虫晶体500倍液浸泡12～24 h后，取出晾干成毒饵。每亩挖50～60个小浅坑，把毒饵放入，上面盖草，每隔5～7 d更换1次毒饵。福建、广东在甘薯田全面采用性诱剂技术防治甘薯小象甲，防治效果达84%。甘薯小象甲性诱剂对雄成虫具有很强的引诱活性，持效期达110 d，引诱范围达15 m。这是一种人工合成的甘薯小象甲雌虫性外激素，是一种无毒、有挥发性的化学物质，对雄虫诱杀能力强，使雄虫找不到雌虫交尾无法繁殖后代，从而大幅降低田间甘薯小象甲密度，达到防治目的。性诱剂防治收效显著，不产生残毒及抗药性问题，不少国家已大量应用于生产，是联合国粮农组织向全世界推荐的新成果。甘薯小象甲诱捕器制作与使用方法：用大型可口可乐塑料瓶，制成一个诱捕器，瓶盖用一根铁丝穿起，把一条约3 cm长、牙签大小的诱芯，固定在瓶盖上，然后在薯田刚结薯块时，把诱捕器放在田间，每亩放两个。在60 d内，每天均有甘薯小象甲爬入瓶内，因瓶口狭窄，甘薯小象甲能进而不能爬出，这就可以把甘薯小象甲收集起来集中杀死。

3.木薯

木薯病虫害防治主要采用种植措施预防和必要时开展药剂防治两种方式。在云南省，主要病害有木薯细菌性枯萎病、木薯褐斑病、木薯炭疽病等，主要害虫有朱砂叶螨、木薯单爪螨、木薯烟粉虱、木薯粉蚧等。在种植前采用木薯园清理焚烧、木薯种植地撒药（土壤菌虫净+毒死蜱）。种茎浸种，用48%毒死蜱乳油1000倍液和1.8%阿维菌素乳油2000倍液混合液（1:1）浸泡种茎10 min后种植等措施预防病虫（草）害发生。

（1）木薯病害防治。

①木薯细菌性枯萎病：该病主要危害叶片、茎部，属系统性病害。叶片染病后出现暗绿色水渍状角形斑，湿度大时在病部背面出现菌脓，初为白色黏液，后变为黄色，严重

时叶片萎蔫。茎部染病,病部呈凹陷状,嫩枝和嫩茎常见菌脓溢出,常导致局部萎蔫或干枯。块根染病后,维管束变为黄褐色进而坏死,根系及维管束出现干腐,严重的全株死亡。

防治措施:实行植物检疫,繁育、栽植无病苗;实行轮作;植株发芽时发现病株及时清除;选用耐病品种;加强田间管理;使用有效药剂,如3%中生菌素、华丹(苯醚甲环唑)、展绿(煤油+甲醛)、乙蒜素、水合霉素、噻菌铜、农用硫酸链霉素、12%绿乳铜乳油等。

②木薯褐斑病:该病是木薯生产中最常见的病害之一。我国目前栽培的木薯品种中80%左右均不抗此病。病原菌主要危害生长的木薯叶片。叶片受侵染后,叶片正反两面均出现褐色角斑,病斑边缘呈现明显黑色;叶片下表皮病斑上有灰橄榄色的粉状物,即病原菌的子实体。木薯种质抗病力弱时,病斑周围往往出现不明显的黄色晕圈;发病后期,叶片出现黄化、干枯和脱落等症状。

防治措施:农业措施。选用抗病种质,种植时注意选用健康种茎,适时施肥、除草、消灭荒芜,降低田间湿度,减缓病害发生与流行。化学防治。注意加强田间监控,特别是在病害易发生季节,发现病害后要抓紧防治,常用的有效药剂主要有50%异菌脲粉剂、25%咪鲜胺乳油和25%丙环唑乳油等。

③木薯炭疽病木薯:该病是生产中最常见的病害之一,严重影响木薯产量。病原菌最先危害幼嫩叶片,使叶片扭曲、干枯,部分或全部坏死,严重时叶片脱落。病原菌也能危害幼嫩枝条,形成溃疡和干枯。病原菌所形成的病斑中心常出现粉红色小点,即病原菌的分生孢子堆。该病常造成产量的严重损失,也影响木薯插条的质量。

防治措施:农业防治。选用抗病或耐病木薯种质,种植时选用无病种茎,尽量避免大雨季节,加强田间管理,合理施肥,提高木薯植株对病害的抵抗能力;应在冬季进行田间清理。化学防治。注意加强田间监控,特别是在病害易发生季节,发现病害后要抓紧防治。常用的有效药剂主要有50%多菌灵粉剂、25%咪鲜胺、25%丙环唑乳油和70%甲基硫菌灵粉剂等。

④木薯棒孢霉叶斑病:该病病原菌主要侵染叶片,初期形成黄褐色圆形小点,其周围具有明显的黄色晕圈。病斑随后扩大呈圆形,深褐色,中央略呈白色纸质状,边缘黑褐色,周围有明显的黄色晕圈。田间木薯叶片上常形成大小不等的病斑,病害发生严重时引起植株早落叶。田间湿度大时病斑中央会出现霉状物,即病原菌的分生孢子梗和

分生孢子。

防治措施：选择抗病木薯品种；合理施肥，提高木薯对病害的抵抗能力；做好田间卫生，清除杂草，以降低田间湿度；收获后做好木薯园田间清理；必要时可用25%丙环唑乳油、50%多菌灵粉剂和25%咪鲜胺等药剂进行防治。

⑤木薯白点病：该病是我国常见病害，最先侵染下部叶片，形成圆形或不规则形的病斑。病斑正面白色或黄褐色，边缘下陷，其厚度只有正常叶片的一半。病斑背面边缘通常为褐色，周围有黄色晕圈，潮湿时中心可见灰白色点状物，为病原菌的子实体。病斑在叶片上常密集、连片分布。

防治措施：选择抗病、耐病木薯品种；选择合适的种植密度，适当施肥和除草，降低田间湿度；用常用的化学药剂，如25%丙环唑乳油、50%多菌灵粉剂和25%咪鲜胺等进行防治。

⑥木薯根腐病：该病病原菌主要侵染木薯块根，导致腐烂坏死，块根出现黄褐色、规则或不规则的变色现象，后期腐烂。

防治措施：选种抗病品种；加强田间管理，增施有机肥，提高植株抗病能力；田间发现中心病株后，及时拔除并且撒施石灰消毒，用农药对周围植株进行灌根处理。常用有效药剂有甲霜、霜霉威和精甲霜锰锌等。

(2)木薯虫害防治。

木薯害虫、害螨有15类45种，主要危害木薯叶片和嫩梢，也危害木薯种茎。

①木薯单爪螨：叶螨科，单爪螨属。绿色，虫体大小为中型，后半体第三对背中毛之间的表皮纹纵向。背毛13对，爪间突裂为3对针状毛，足1跗节两对双毛相距近，肛侧毛两对。

防治措施：目前尚未发现有效天敌种类，主要通过检疫和药剂防治。环保高效药剂有阿维菌素、哒螨灵、齐螨素、尼索朗等。

②烟粉虱：幼虫与成虫不仅直接刺吸寄主汁液，导致植株矮化、黄化、褪绿斑驳、卷叶，并且分泌大量蜜露，诱发煤污病。该虫还能传播70多种病毒，引起多种植物病毒病。

防治措施：种苗处理，特别是对来自国内外热带、亚热带地区的木薯插条，必须灭虫处理，以防该虫传播蔓延；培育无虫苗；用丽蚜小蜂生物防治烟粉虱，可持续控制其危害；注意安排茬口、合理布局，以防粉虱传播蔓延；早期在粉虱零星发生时用药防治；棚室内施放烟剂，但要严格掌握用药量，以免产生药害。

③朱砂叶螨：成螨呈锈红色或红色，或绿色，或黄色等。雌成螨为梨形，体色橙黄，后半体背面表皮纹构成菱形图案；雄成螨腹部较瘦小，末端尖削，菱形。

该害虫寄主种类多，对农药易产生抗性，控制难度较大，几乎不可能根除，目前主要通过药剂防治，环保高效药剂有阿维菌素、哒螨灵、齐螨素、尼索朗等。

(3)木薯草害防治。

木薯地杂草主要有菊科、禾本科、豆科、茄科、苋科、鸭跖草科等，其中菊科有12种，约占杂草总数的30%。杂草中马齿苋、龙葵、赛葵、胜红蓟和香附子最为常见；其次是光头稗、鸭跖草、酢浆草、马唐和牛筋草等。

针对木薯地杂草种类多、杂草群落复杂的特点，在生产中应采用农业防治、物理机械防治及化学防治相结合的方式控制草害。在种植木薯前采用机耕，使耕层达到30 cm以上，对破坏和根除顽固性杂草的深层根芽有较好的作用，在机耕的基础上，结合人工翻耕，将翻耕出来的杂草茎芽暴晒烧毁，既能防除部分杂草，又可达到改良土壤的效果。木薯种植后出苗前，用土壤处理除草剂乙草胺+敌草隆、莠去津或莠灭净防除。木薯生长中后期，可以人工除草。

参考文献

[1]张翠翠，张丽红，钟华义．马铃薯规模生产与经营管理[M].北京：中国农业科学技术出版社，2016.

[2]云南省农业技术推广总站．云南省马铃薯产业发展概述[M].云南：云南科技出版社，2021.

[3]郭华春．云南薯类作物生产现状与产业化前景分析[J].西南农业学报，2004，17(5)：384-387.

[4]郭华春，肖关丽．云南能源薯类资源优势及其开发利用策略[J].云南农业大学学报，2006，168-170.

[5]杨永梅，郑家银，王宁华，等．临沧市马铃薯产业发展概述[J].农业开发与装备，2018(5)：8，52.

[6]鲁晓健，董光美，翟美英，等.16个马铃薯品种(系)在双江县的适应性评价[J].南方农业，2019，13(11)：181-183.

[7]施志鹏,许文峰,徐传婕,等.甘薯栽培特性和储藏根发育的研究进展[J].植物生理学报,2020,56(6):1191-1200.

[8]王永厚.甘薯引种史话[J].作物品种资源,1983(4):47-47.

[9]袁绍杰,张连根,梁艳丽,等.云南高原不同甘薯品种的比较分析[J].西南农业学报,2004,17(4):477-481.

[10]唐兴龙.6个甘薯新品系在云南省不同地区的适应性评价及品质分析[D].昆明:云南农业大学,2017.

[11]刘光华,杨秀峰.云南木薯[M].北京:中国农业出版社,2017.

[12]赵大伟,李国芳,刘亚俊,等.低纬度高海拔地区木薯高产高效栽培[J].热带农业科学,2019,39(5):26-29.

[13]黄洁,李开绵,叶剑秋,等.中国木薯产业化的发展研究与对策[J].中国农学通报,2006,22(5):421-426.

第五节　特色杂粮(荞麦类、豆类)

一、概述

(一)临沧特色杂粮发展历史

临沧市位于云南省西南部,常用耕地中73%均为山区、半山区旱地,四季温差不大,干雨季分明,每年3月至8月雨水较多,属于低纬山地季风气候,立体气候特征明显。山区、半山区旱地的农业生产季节性和地域性强,无法种植水稻等粮食作物。临沧市杂粮栽培历史悠久,种类繁多,荞麦、蚕豆等特色杂粮是临沧市常年种植的主要杂粮种类。通过长期的生产和生活实践,劳动人民对荞麦类、豆类杂粮的食用价值和药用价值都有很好的认识。16世纪前,临沧各少数民族多以荞麦、豆类为主食,引进马铃薯、玉米后,荞麦、豆类栽培面积逐渐减少,但仍然是农业生产的重要补充。荞麦类、豆类杂粮因生育期短、耐瘠薄,具有较强的抗逆能力、广泛的适应性、特殊的营养价值和药用价值,成为边疆人民农业生产一种重要的经济作物和饲料、蜜源、药用、绿肥等多用型作物。它们适应临沧高山、干旱的气候,打破了临沧山多、坡陡、地贫、干旱、人少等农业制约因素,随着人们对杂粮的需求不断提高和高原特色农业发展的政策优势,近年来荞麦类、豆类杂粮种植面积不断增加,已经成为临沧发展高原特色农业的有效载体,具有较大发展潜力和空间,是实现边疆人民致富增收的重要手段之一。

(二)临沧特色杂粮分布情况

荞麦类、豆类等杂粮在临沧全市均有分布,八县(区)均有种植,但主产区相对比较集中。从地理分布特点看,主要分布在山地、陡坡;从生态环境分布特点看,主要分布在生态条件较差的地区，即干旱、半干旱和高寒地区；从行政区域看，主要分布在永德、云县、临翔等县(区)。

(三)临沧特色杂粮发展现状

临沧市粮食种植一直以玉米、水稻、薯类、小麦为主，荞麦类、豆类等杂粮种植占比小。随着经济社会发展，临沧人民生活水平和消费水平不断提高，营养价值高、具有保健作用的特色杂粮越来越受到重视推广种植，加之临沧高山区域多、雨季分明的地域和季节的特殊性，人们对荞麦类、豆类特色杂粮的种植热情逐年升高。在农业生产中，杂粮是山区的重要作物，在施肥方面主要以农家肥为主，农药的使用较少，是较为理想的绿色农产品。杂粮的适应性较强，对自然条件以及地理条件的要求不高，并且由于杂粮作物抗旱性较强，适用于新开垦的耕地种植，也可作为退耕还牧的过渡性作物种植。在25°以上的坡地种植可以防止水土流失，实现保护耕地的作用。

全市荞麦类种植面积约8000 hm^2，总产量约1.5万t，种植品种仍以本地甜荞、西盟米荞、苦荞为主，种植区域以双江、临翔区、永德、云县、耿马为主，其他县也有零星种植；蚕豆、豌豆、大豆及其他杂豆种植面积约4.4万hm^2，总产量约6.1万t，荞麦类、豆类杂粮农业总产值可达3.41亿元。豆类种植品种主要为大白蚕豆，台湾长寿仁豌豆、白花豌豆、大豆、芸豆、腰豆、无筋豆、四季豆、筷豆等。无筋豆、四季豆、筷豆、大豆等作为反季节豆类多种植分布在孟定热坝区、临翔区、永德、云县等水利、交通等基础设施条件较好的地方，蚕豆、豌豆多与核桃、澳洲坚果、咖啡等经济林果等套种，也可于烟草采收后套种，从而实现土地最大利用价值。临沧市荞麦类、豆类特色杂粮种植仍然存在种类多、面积小、优良品种少、单产和效益低、开发成本高、机械化程度低、销售渠道无保障等问题需要解决。

二、临沧特色杂粮栽培与管理技术

(一)临沧特色杂粮栽培优势与特色品种

临沧高山区占比大、雨季分明的地域和气候的特殊性，印证了荞麦类、豆类特色杂粮被广泛种植的优势；高营养价值，低成本投入激发了人们对荞麦类、豆类特色杂粮种植的热情;高原特色农业的政策优势助推了临沧特色杂粮的发展。荞麦种子营养丰富,具有很高的营养价值和保健功能,素有“五谷之王”的美誉。荞麦是粮、饲、肥、蜜、工五兼作物。荞麦抗逆性强、适应性广、耐贫瘠、耐粗放等特点,特别适合高山、干旱、高寒冷凉等生产条件差的地区种植。食用豆类营养丰富,是人类和畜禽重要的植物蛋白质来源,与其根系共生的根瘤又能固定空气中的氮素进而培肥土壤,因此被誉为养人、养畜、养地的“三营养”作物。

豆类与荞麦类作物可倒茬轮作,荞麦类、豆类具有生育期短、播种适期长、抗旱、耐瘠、适应性强、易于栽培管理等特点,可作为填闲复种、间作套(混)种等的理想选择,也是减灾救荒的可靠选择。不论是从传统农业,还是从现代农业的角度来看,二者都是可持续农业发展的重要组成部分。

通过对荞麦类、豆类特色杂粮品种长期种植和选育,逐渐形成了适应临沧地区生长环境的特色品种,临沧市荞麦类种植品种主要有甜荞、西盟米荞和苦荞,八县(区)均有分布,双江县、云县、临翔区、耿马县、云县和永德县较为集中。

(二)临沧特色杂粮栽培与管理技术

1.荞麦类栽培与管理技术

(1)整地。

荞麦的种子小,储存的营养物质较少,根系发育差,子叶大,幼苗顶土能力弱。这就要求播种前整地的质量要高,整地时应及时清理田间杂草残株,有条件可用旋耕机处理一次或用人力加以处理,确保土垡细碎、整平、无杂草、上层较松、下层较实,地整好后应保墒,有条件的应浇好保墒水,力求地表不板结或过湿。

(2)种子选择及处理。

荞麦的高产量需要以优良品种为前提,根据临沧地区山地荞麦栽培的实际条件,可选用相应的优良品种,如:川荞1号(生育期相对较短),西荞系列、川荞2号(生育期相对适中),米荞1号(生育期相对较长)。选好种子后,需要对种子进行处理。首先是是对种子进行精选,选用品质好、成熟度高、粒大、粒重、饱满的新种子。如果种子不纯、不净、不饱满或者是陈年种子会导致发芽率低,将会严重影响出苗率。选种方法可用风选、水选或人工筛选,将空、瘪、破、坏或杂粒去除。其次是对选好的种子进行晾晒,播种前一周左右将选好的种子置于太阳下摊成薄层晾晒1~3 d。播种前还可对种子进行温汤浸种，用35～40 ℃温水浸种10～15 min，也可用约10%草木灰浸出液或约0.4%磷酸二氢钾溶液浸种，或用0.1%～0.5%硼酸、钼酸铵并混有荞麦可吸收的锌、锰等微量元素浸种，浸种结束后将种子置于温润环境中进行催芽，约24 h后，芽长至1～2 mm，即可播种。如当地病虫害多发，可采用药物进行拌种，药物可选百菌清、退菌特等。

(3)播种。

基于临沧市地形、气候特点，春荞的开花结实期尽量调节在6月中下旬，秋荞于8月中下旬播种，避开干旱。荞麦播种可采用条播、撒播、点播等方式，播量和密度应根据品种特点、土壤肥力、气候条件等综合确定，一般高秆、多枝、晚熟品种播种量宜少，矮秆、早熟、大粒品种播种量宜多。甜荞播种量约45～60 kg/hm^2，保苗60万～90万株/hm^2；苦荞播种量30～45 kg/hm^2、保苗90万～120万株/hm^2。荞麦播种时覆土不能太深。种植于平坝，土地墒情好时可适当浅些，种植于山地则需要适当深一些。具体深度应根据播种季节、土壤墒情、土质、籽粒大小等情况而定，一般在4 cm左右。春荞可适当深些，夏荞、秋荞宜浅些。干旱多风时要适时进行二次培土，雨后如遇板结，要将土耙碎。沙质土可适当深些，土质黏重或土壤湿度过大情况下应适当浅些；大粒种子可深播，小粒种子应浅些。

(4)田间管理。

①苗期管理：荞麦苗出土后要适时进行间苗，对出苗后拥挤的地方进行疏苗，一般在二叶时进行第一次间苗，四叶时进行第二次间苗。第二次间苗的同时要开展定苗，一般选择晴天下午开展，定苗原则为：留匀、留齐、留良、去劣、去弱。选留壮硕的幼苗，确保合理的荞麦种植密度，使荞麦幼苗个体分布均匀，从而充分利用光能和土壤养分，为增产打下坚实的基础。

②中耕除草：中耕有利于疏松土壤、去除杂草，进而增加土壤的通透性、蓄水保墒、提高地温、促进幼苗生长的作用，是值得采用的增产措施。在前期荞麦中耕除草可选择和间苗同时进行，从而提高效率。中耕次数与土壤状况有关，对于春荞，因杂草较多需要开展2～3次，夏、秋荞杂草较少开展1～2次即可达到效果。荞麦由于生长迅速，中后期荞麦枝叶基本已封垄，可不必再开展中耕除草。中耕除草时视情况进行培土，可促进荞麦根系生长，降低倒伏，提高营养吸收和抗旱能力，确保获得高产。

③追肥防旱：荞麦是喜湿作物，吸肥能力强，荞麦生长过程中要根据荞麦的长势进行营养诊断，可以通过看营养元素缺乏部位、叶片大小和形状以及失绿部位情况来判

定。氮肥视情况于穗期按每亩10 kg左右进行叶面施肥，同时根据土壤肥力施加磷钾肥，选择钾肥时不能用氯化钾，因为氯离子会导致荞麦发生叶斑病，可选择硫酸钾盐、磷酸二氢钾盐等。锌、锰、铜、硼、铂等微量元素在植物受精结实过程中有着重要的作用，也可适当施加。荞麦根系浅不发达，荞麦生长期间耗水量较小麦、大麦等作物高，开花后尤其明显。荞麦抗旱能力弱，水分不足会影响籽粒发育和产量。若在有灌排条件的地区，可根据荞麦的需水量，采用合理的灌排技术、调节荞麦与水分的关系，以满足荞麦对水分的需要。如果在山区坡地种植，通过合理的技术措施也可以增加荞麦的抗旱性。一是蹲苗（如干旱时松土）；二是种子处理（如播前用一定量水进行干旱锻炼）；三是增加磷钾肥，多施厩肥增加土壤中腐殖酸含量，增加土壤的持水性。另积极地加强耐旱性荞麦品种的选育，加大力度研发荞麦的抗旱保水技术，发展节水荞麦生产，在有限的水资源环境条件下保证荞麦的产量品质具有重要的现实意义。

④病虫害防治：临沧地区气温适宜，绿色农业生产已深入人心，且荞麦种植多为零星种植，荞麦病虫害发生概率小，防治多以生物防治为主。如发现病虫害已无法通过生物防治得到解决，且可能对收成产生影响时，则需要通过喷施农药进行干预，农药喷施要符合国家有关要求。临沧地区荞麦较为常见的病害主要有褐斑病、轮纹病和立枯病等，而常见虫害主要包括黏虫、草地螟和钩刺蛾等。对于荞麦苗期病害可用约1∶200的波尔多液或者70%的代森锌粉于700倍水中混合溶解进行喷洒，对于虫害可用菊酯类杀虫剂按规定稀释后进行喷施。

⑤防倒伏：荞麦倒伏是减产的主要原因，要避免荞麦倒伏一般可采用以下几个方法。一是选用抗倒伏能力强的品种；二是加强荞麦生长期的水肥管理，确保水肥不过量，如遇荞麦植株过高，可视情况施加适宜浓度的多效唑，也可通过打去植株上部部分叶片等方法进行处理；三是控制荞麦植株密度。

(5)收获和贮藏。

荞麦属于总状花序（也称无限花序），开花时间长，籽粒成熟时间不一致，早花早熟，晚花迟熟，从开花到籽粒成熟一般要30 d左右。同植株中，下部的籽粒已成熟，顶部还继续开花。农谚说“苦荞遇霜，籽粒脱光”，因此采收要在霜降前完成，一般选取植株籽粒70%左右变为褐色或灰色呈现出成熟色泽时即可开始收获。成熟的籽粒容易受到外力而脱落，收获天气应选取湿度大的清晨进行，收获后就近堆放或堆垛，自然干燥后及时脱粒。脱粒去杂后，置于太阳下充分晾晒，确保干燥后即可装袋贮藏。荞麦籽粒贮藏的含水量不超过15%，以13%最好。保证低温、低氧储备，确保籽粒不发热、不生虫、不霉烂、不污染、不变质。

2.豆类栽培与管理技术

(1)整地。

豆类根系发达，比荞麦、豆类对地的要求较低，这也是临沧地区豆类种植面积较荞麦广的原因之一，山地、果林、地边都是豆类的生长场所。豆类种植不能连作，前茬口选小麦、马铃薯为佳，播种前需清理好地块的杂草，有条件可用旋耕机深耕或用人力加以处理，确保土层深厚，土垡相对细碎、平整，播种前应重施腐熟有机肥，充分深翻土壤保墒。

(2)种子选择与处理。

地块水肥较好，可选择高产优质、增产潜力大的优良品种。山地、林地等瘠薄地块，适宜种植抗逆性强的本地品种，如：蚕豆可选大白蚕豆，豌豆可选台湾长寿仁豌豆、白花豌豆等。种子应选择粒大、饱满、成熟度高、色泽鲜艳、无病虫害的新籽粒作种。种子应在日光下暴晒2～3 d，以提高种子的发芽率和发芽势。

(3)播种。

将选好的豆种进行浸泡催芽，出芽后即可进行播种，播种深度5 cm左右，一般用点播的方法，每穴3～6粒种子。蚕豆行距约50 cm，株距约16 cm；豌豆行距约30 cm，株距2～4 cm。播种量：蚕豆160～220 kg/hm^2，保苗约25万株/hm^2；豌豆180～220 kg/hm^2，保苗约130万株/hm^2。另播种方式也有撒播的情况，如蚕豆按垄撒播，或本地豌豆通过撒播，出芽后摘取嫩芽销售。

(4)田间管理。

①苗期管理：豆苗出土后要适时进行查苗、间苗、补苗，幼苗移植时应尽量带土，移栽后应浇水。选留壮硕的幼苗，确保合理的种植密度。

②中耕培土、搭豆架、除草：中耕有利于疏松土壤、去除杂草，进而增加土壤的通透性、蓄水保墒、提高地温、促进豆类生长。当豆苗高3～10 cm(现蕾之前)时，应视情况进行第一次锄草，并结合根部培土，并搭好豆架、防止后期倒伏。第二次锄草应在开花后封垄之前进行，注意勿碰落花而影响结实，以后还应拔大草以利豆株生长。

③追肥防旱：豆类生长过程中要根据长势进行营养诊断，可以通过看营养元素缺乏部位、叶片大小和形状以及失绿部位情况来判定。在成花后表现缺肥时应按每亩50～100 g的标准喷施磷酸二氢钾和尿素，以补足养料。

④病虫害防治：临沧地区豆类种植属于零星种植，防治多以生物防治为主。如发现病虫害较多时可选用敌杀死按要求剂量进行喷洒。

⑤防倒伏：倒伏是豆类减产的主要原因，采用以下几个方法可避免：一是选用抗倒伏能力强的品种；二是加强水肥管理，确保水肥不过量；三是控制植株密度。

（5）收获和贮藏。

临沧地区人们豆类喜鲜食，籽粒采摘可结合市场需求和成熟情况综合确定采摘时间；籽粒若要成熟后采摘，则应按照种子成熟情况进行判定，一般蚕豆豆荚变为黑褐色，豌豆等豆荚变为黄褐色，叶片枯黄时可以采收，采收后根瘤留地肥田。种子收获后应尽快晾晒脱粒，翻晒至籽粒含水量在13%左右即可装袋贮藏，贮藏时应保证低温、低氧，确保籽粒不发热、不生虫、不霉烂、不污染、不变质。

参考文献

[1]李如飞.临沧市发展高原特色农业存在的问题及对策[J].云南农业科技，2017，(5):61-64.

[2]李学智，刘金菊，许文芳，等.临沧市杂粮生产情况调研报告[J].云南农业，2019，(2):20-22.

[3]赵志仙.对临沧市近十年粮食生产发展的思考[J].农业科技通讯，2020(6):32-34.

[4]赵加涛.保山市小杂粮生产现状及发展对策[J].农业科技通讯，2017(11):38-40.

[5]马协然.山区小杂粮的生产优势及种植技术[J].农业技术与装备，2020(11):170-171.

[6]武凯，张丽君.苦荞生产技术指导意见[J].农业技术与装备，2019(11):107，109.

[7]尚文艳，许志兴，孙小金，等.药食饲兼用作物——苦荞的高产栽培技术[J].特种经济动植物，2019，22(6):21，25.

[8]杨旭，蔡晓琳，周琰，等.云南省粮豆高效种植技术推广与展望[J].南方农机，2017，48(08):52-53.

[9]王泽宇.蚕豆高产种植技术及管理[J].种植与养殖，2018，38(8):131.

[10]范昱，丁梦琦，张凯旋，等.荞麦种质资源概况[J].植物遗传资源学报，2019，20(4):813-828.

CHAPER 2

第二章

特色经济作物

第一节　茶叶

一、概述

临沧是世界茶树重要地理起源中心和栽培起源中心，是世界茶文化重要发源地，是最早发现和利用茶叶的主要地区，是普洱茶原产地，滇红茶、蒸酶茶诞生地，是中国最大产茶市、最大红茶生产基地和最大普洱茶原料基地，是世界著名的“天下茶尊”“红茶之都”“天下茶仓”。凤庆县香竹箐茶祖树被誉为“地球上最粗、最古老的人工栽培型古树茶”，民间亦称“锦绣茶祖”。

临沧的地理环境群山环抱、缠绵不已，使得临沧茶“一山一味，百山百味”特色鲜明，更形成了名山茶群体争奇斗艳之势。临沧管辖的七县一区，即临翔区、凤庆县、云县、永德县、镇康县、双江县、耿马县和沧源县等地均有茶叶种植。全市八县（区）均有栽培古树茶的历史，现存百年以上古茶园超过11万亩。其中对大叶茶驯化栽培有重大影响的首推云县白莺山古茶园（被誉“世界茶自然历史博物馆”）和双江冰岛古茶园。临沧野生古茶园的面积约54万亩，是目前已发现的世界上海拔最高、面积最广、树龄最大的万亩野生古茶园（表3）。

表3　临沧市栽培古茶园分布情况（2019年）

地区	茶园面积/万亩
凤庆县	3.9
云县	2.3
双江县	2.9
临翔区	0.9
耿马县	0.2
永德县	0.5
镇康县	0.4
沧源县	0.02

临沧是最早发现和利用茶的地区之一，有3000多年的种茶、制茶、饮茶历史。未来临沧利用资源、生态主导茶叶产业发展，空间巨大。临沧茶叶产业发展的优势和特点，主要有以下方面：①具有世界一流的、天然的、不可复制的宜茶生态环境；②茶园面积大、产量大，有规模、有数量；③具有较强的加工能力，茶叶品类齐全；④茶叶产业基础厚实，关联度高；⑤茶叶品质优良，拥有全球顶级的茶叶产品；⑥树茶资源珍贵，有名山、有名牌。

茶产业是临沧市传统的支柱产业，在临沧市的经济社会中起着极其重要的作用。特别是随着我国“一带一路”建设和茶产业转型提出升级，给临沧茶产业带来了新的发展机遇和挑战。但在发展的同时也存在很多问题和困难，主要表现在四个方面：①茶叶种植组织化程度低，难以适应规模化发展的要求；②企业规模普遍偏小，龙头带动作用不强，行业自律性较差；③资金短缺，发展后劲不足；④茶文化挖掘、宣传不足，知名度还不高。

二、栽培技术

为了大力推广茶树栽培技术，加强茶区人才培养，更好地发挥云南茶叶优势，帮助农民增收致富，现将现代茶园茶树栽培技术要点作简要的介绍。

（一）茶园建设

1.茶地选址

茶园适宜建在5°～25°的坡地，或低丘陵地区的平地、缓坡地，地域年降水量1200 mm以上，活动积温3500 ℃以上，土壤呈酸性或微酸性，pH值在4.5～6.5之间。

2.茶园规划与设计

茶园应设置合理的道路系统，形成包括主道、支道、步行道和环园道等多级道路网络。同时，要建立渠道、主沟、支沟、隔离沟等蓄、排水系统。干道面宽4～5 m，支道面宽2.5～3 m，步道面宽1～1.5 m。梯式茶园每隔若干梯层设一横步道，每隔一定距离设一直步道。在茶园与森林或荒地交界处、茶园的边缘，设深0.50 m、宽0.6 m，沟壁为60°倾斜的隔离沟。平地茶园在步道两侧、坡地茶园在直步道两侧和横步道内侧开宽0.2～0.3 m、深0.2 m的排灌蓄水沟，横沟每隔3～5 m挖一小水潭，以积蓄雨水。

3.茶园开垦

平地和15°以下的缓坡地要等高开垦，按行距170～200 cm开挖种植沟。坡度在15°以上时，梯面宽度因坡度、梯壁高度而异，种植梯面宽度不低于180 cm，种植沟宽60 cm以上，深60 cm。开沟时底层留10 cm松土，中层填入基肥15～20 cm，每亩施有机肥35000 kg以上，磷肥200 kg。上层填入泥土10～15 cm，余下10～15 cm待植茶时再填满。

（二）茶树种植技术

1.种苗繁殖技术

种苗繁殖技术包括有性繁殖技术（也称茶籽繁殖技术）和无性繁殖技术（主要介绍扦插繁殖技术）。

（1）有性繁殖技术。

云南一般在10月霜降前后，将成熟茶果采收并进行适当贮藏。翌年2月以前，进行穴播或散播。穴播：行距20 cm，穴距10 cm，每穴4～5粒。散播：密度要适中、均匀，播后盖土3～5 cm，浇足水，每亩播种260～320 kg，可出苗20万～22万株。

（2）无性繁殖技术。

①苗圃地的选择与做畦。

苗圃地要选择在地势平坦水位低，背风向阳，交通方便，土壤疏松，有水源的地方。地块选好后，做好畦，在畦面上铺10～20 cm的心土，并整平。

②营养袋育苗。

用营养袋育苗，移栽成活率高。首先按每100 kg土，配复合肥0.2 kg、过磷酸钙0.3 kg，充分拌均匀。然后用规格8 cm×12 cm的塑料袋，先装1/3的营养土，按紧压实，再装2/3的无污染心土，并排列整齐。

③枝条、插穗的剪取。

选取当年生的无病虫、生长健壮、茎粗3～5 mm、腋芽饱满、叶片完整、叶色呈红棕色或黄绿色半木质化的枝条。剪取穗长3～3.5 cm，上桩口长0.5 cm，留一片成熟的叶和一个饱满的腋芽。上下剪口必须平滑，并成30°左右的倾斜角，斜口与叶向一致。云南大叶种可剪去叶片的1/2。

④短穗扦插技术。

茶树全年都可进行扦插繁殖，但云南茶区以7～10月为宜。扦插前要将营养袋中的土用水浇湿、浇透，至少浇水两次，土壤呈“湿而不黏”的松软状态时，进行扦插最为适宜。用0.003%～0.008%的萘乙酸或1∶1000倍的生根粉溶液，浸泡插穗基部30 min，以利发根，并提高成活率。扦插时用拇指和食指夹住短穗上端，以一定的倾斜角度轻轻插入土中，用两指将穗周围的土稍加压紧。叶片和叶柄要露出地面，叶片不能紧贴地面，以免沾泥脱落影响成活。为保证成活率，每个营养袋可插1～2个穗。扦插好后再浇一次水，以保证插穗与土的紧密结合，然后选用透光率30%的遮阳网搭盖2 m高的遮阴棚。

2. 幼苗移栽技术

(1)移栽时间。

根据云南的气候特点，茶苗移栽在6月上旬至7月中旬进行。

(2)移栽方式。

双行单株种植，大行距120～50 cm，小行距30～40 cm，株距30～33 cm，每亩栽2600～3300株；单行单株种植，行距120～150 cm，株距25～30 cm，每亩栽2800～3000株。

(三)茶园管理

1. 施用肥料

茶树施肥一般分为基肥、追肥和根外施肥三类。茶树地上部分停止生长之后，开始施用基肥，一般应在10月施用为好，基肥以有机肥为主，施用量依茶龄而定，幼龄茶园亩施有机肥750 kg以上，成龄茶园亩施有机肥1500 kg。茶树地上部分处于生长时期进行追肥，一般在采摘前10～15 d开始追催芽肥，春茶结束后施第二次追肥，夏茶结束后施第三次追肥，一般每亩年最高总追肥量不超过60 kg。其中，追肥以速效氮为主，常用的有尿素、碳酸氢铵、硫酸铵等。追肥的分配比例主要取决于茶树的生物学特性、采摘制度及气候条件等因子，一般春、夏、秋3次追肥量可按照2∶1∶1的比例施用。根外施肥可以与追肥配合使用，施用方法可与治虫和人工喷灌结合起来，注意在采摘前10 d停止施肥。

2. 茶园铺草

将杂草、修剪枝叶和作物秸秆等材料覆盖在茶地中，可以提高茶园的保土蓄水能力。茶园铺草宜在秋末进行，铺草的厚度以不露土为宜。每亩铺干草量：一般成龄茶园不少于2000 kg,幼龄茶园不少于3000 kg。

3.合理耕作

茶园耕作时应考虑当地降水条件,防止水土流失。对土壤深厚、松软、肥沃,树冠覆盖度大,病虫草害少的茶园,可实行减耕或免耕。

4.间作绿肥

幼龄或台刈改造茶园宜间作豆科绿肥,可以培肥土壤和防止水土流失。茶园绿肥按种植时间分春播夏季绿肥和秋播冬季绿肥。春播绿肥品种有豇豆、绿豆、花生和大豆等,秋播绿肥有紫云英、蚕豆和豌豆等。茶园间作的绿肥可刈青后直接翻埋,也可刈青后直接覆盖在茶行中。

5.茶树修剪

(1)茶树的定型修剪。

①修剪时机和修剪位置。第一次定型修剪:苗高达到30 cm,有1～2个分枝,茎粗超过0.3 cm时,在距地10～15 cm处修剪。第二次定型修剪:树高达40 cm时,在原来剪口基础上提高10～15 cm,或者在距地25～30 cm处修剪。第三次定型修剪:在第二次剪口基础上提高15 cm左右,距地45 cm处修剪。

②修剪注意事项。

一是剪口要平滑,第一次、第二次用枝剪修剪,以后可以用篱剪或修剪机修剪。二是修剪应在新梢成熟时和茶树生长盛期进行,10月份以后不能剪,以防剪后茶树受冻。三是修剪应与耕作除草和病虫害防治相结合。四是未投产茶园严禁以采代剪。

(2)茶树的轻修剪和深修剪。

轻修剪,指剪去树冠表面枝叶3～5 cm,使树冠面平整。深修剪,指剪去树冠表面10～15 cm的枝条。

(3)茶树的重修剪和台刈。

茶树的重修剪,指剪去树高的1/2或略多一些,留下离地面高度30～40 cm的主要骨干枝。台刈,指在离地面5～10 cm处剪去全部地上部分枝干。

(四)鲜叶采摘

1.幼龄茶树采摘

幼龄茶树采摘只能打顶轻采,实行“以养为主、以采为辅,以采促养,多留少采”原则。

2.投产茶园采摘

投产茶园的采摘应实行分批采摘技术，既要及时采摘，又要防止过度采摘，以确保鲜叶质量和茶树旺盛生长。

采摘鲜叶时，盛具应做到无污染、清洁、通透性好，盛叶量以不影响鲜叶品质为宜。采下的鲜叶应及时送加工厂。鲜叶在运输过程中不得与有异味、有毒、有害物质混同堆放。

（五）茶树病虫害防治

茶树是多年生常绿植物，在生长过程中时常遭到病虫害的威胁。例如，叶蝉、茶黄蓟马、蚜虫、尺蛾、毒蛾、刺蛾、蓑蛾、叶螨等害虫，以及茶饼病、茶白星病、茶云纹叶枯病、茶炭疽病等病害，均可造成茶叶产量和品质的严重下降；一些根部病害和地下害虫则可引起茶苗大批死亡等。为了保证茶叶的持续高产优质，不断满足日益增长的市场需要和出口需求，必须持续不懈地开展茶树病虫害综合防治工作。

茶园病虫害防治主要坚持“预防为主，综合防治”的植保方针。防治策略应以农业防治为基础，充分发挥物理防治、生物防治的优势，做好各项措施的协调应用，尽量减少化学防治次数。在搞好病虫监测的前提下正确选用农药种类，尽量减少农药污染和残留，实现无公害化生产。

当茶园中某种有害生物达到或超过防治指标时，有限制地使用一些高效、低毒、低残留或无残留化学农药来进行防治。目前，茶树病虫害防治中使用的化学杀虫剂有除虫菊酯类药剂、新农药凯恩、帕力特、吡蚜酮等；杀菌剂有甲基托布津、多菌灵，以及在非生长季节使用的波尔多液、石硫合剂等。使用化学药剂时严格控制浓度、使用次数，掌握其最佳施用方法，控制施药时期，防止杀伤茶叶中的有益生物和造成茶叶产品农残超标。

三、可持续发展战略

（一）茶叶古树茶资源保护与开发利用

古茶树都生长在远离城市，空气清洁，生态环境良好的山林中。在茶与天然林复合生态环境下生长的古树茶品质独特、安全，深受消费者喜爱，非常畅销。茶农为获取更多经济利益，对古茶树过度采摘，加上管理粗放，造成茶树树势衰退甚至死亡。为了挽救这一宝贵资源，让古茶树得到持续利用，应采取科学的管理措施对古茶树资源进行保护及开发利用。

可采取的手段和保护措施是：(1)申报文化景观类遗产的古茶园；(2)出台保护古茶园和古茶园村落的一系列地方性政策法规；(3)在古茶园中定点安置垃圾箱，防止游客乱扔垃圾；(4)路面建设禁止使用钢筋混凝土，采用石头铺设，路线应尽量绕开古茶园；(5)引导古茶园申遗区居民逐步搬迁，减少古茶园的人流量和车流量，保持申遗区原有生态环境和人文环境；(6)古茶树不打农药不施肥(农家肥除外)、禁止放牧、挖掘等；(7)禁止砍伐、修剪、移栽古茶树，对古茶园较大的树木进行定位保护；(8)大力宣传茶文化知识，强化茶农对茶文化知识的了解，

(二)茶树种质资源保护及作用

茶树种质资源是茶树种质创新、品种选育、生产利用的资源基础。云南地处中国西南部，悠久的种茶历史和得天独厚的自然条件，孕育了丰富的茶树种质资源。

根据茶树的生长特点、遗传特性和保存条件，目前在云南主要采取原生境和资源圃两种方式进行保存。原生境保存就是在茶树(群体)生长的生态环境中建立保护区或保护点。原生境保存的资源主要是野生茶树、古茶树等资源。资源圃保存是目前采用最多的田间保存方式，特点是完整保存资源活体，便于研究鉴定和集中管理，防止资源丢失。

云南茶树种质资源在我国茶树的科研、育种、生产上发挥了巨大作用，产生了较大的经济效益和社会效益。20世纪50年代以来，云南大叶种茶被广泛引种到广东、海南、广西、四川等部分茶区种植。育种上将种质资源中的基因进行选择与组合，种质资源中的一些优异基因的开发和利用，可以使茶树在产量、品质、抗逆性等方面取得突破性进展。

(三)茶叶绿色贸易优势及可持续发展

绿色贸易是指在贸易中预防和制止由于贸易活动而威胁人民的生存环境以及对人民的身体健康的损害，从而实现可持续发展的贸易形式。云南具有悠久的茶叶种植和对外出口的历史，当前经济快速发展，贸易保护势力崛起，世界各国均在不同程度上对

我省茶叶提出了更为严格的出口要求。此种现象的出现,使茶叶企业在生产经营中,逐渐认识到质量和绿色发展的重要性,充分提高了我省茶叶的产品质量。

参考文献

[1]马林龙,罗正飞,曹丹,等.临沧市普洱生茶滋味品质分析[J].茶叶通讯,2021,48(3):462-468.

[2]王欣荣,杨金玲,邓锶涵,等.临沧茶区不同产地古树茶与台地茶品质比较[J].中国茶叶加工,2021(2):41-47.

[3]李发贞.临沧市临翔区茶叶产业发展现状及对策[J].乡村科技,2020,11(29):24-27.

[4]安会敏,熊一帆,张杨波,等.临沧工夫红茶季节判定模型及风味轮的构建[J].食品工业科技,2019,40(23):199-206.

[5]陈方武.临沧茶产业的优劣势分析与发展对策[J].农家参谋,2018(21):11.

[6]王宁.临沧市高原特色茶产业的发展优势与问题分析[C]//.云南省科学技术协会,中共楚雄州委,楚雄州人民政府.第八届云南省科协学术年会论文集——专题二:农业.[出版者不详],2018:360-364.

[7]龚正礼,陶永生,罗正飞.茶产品现状及发展对策——以临沧市为例[J].江西农业,2018(16):71.

[8]张文驹,戎俊,韦朝领,等.栽培茶树的驯化起源与传播[J].生物多样性,2018,26(4):357-372.

[9]季鹏章,王家金,李慧,等.云南主要野生、栽培茶树资源形态多样性分析[J].西南农业学报,2014,27(3):972-977.

[10]中国茶叶网.云南大叶茶栽培技术[J].农村实用技术,2013(2):28-29.

第二节 甘蔗

一、概述

（一）甘蔗简介

甘蔗（*Saccharum officinarum* L.）是禾本科（Graminaceae）甘蔗属（*Saccharum*）植物，原产于热带、亚热带地区，是一种高光效的C_4植物，光合能力强，生物产量高，是制糖的主要原料，在世界食糖总量中，蔗糖约占75%。甘蔗全身都是宝，除了用来生产蔗糖，也是生产燃料乙醇的原料，是一种重要的能源作物。长期以来，人们仅以为甘蔗是生产食糖的原料。随着研究的深入，逐步发现甘蔗除用于加工食糖等相关产品外，茎及其副产物还可以作为生产乙醇、加工饲料、造纸、发电、制作甘蔗醋及饮品等的原料。甘蔗生产在国民经济发展中具有重要的战略地位，发展高产、高效的甘蔗产业具有重要的现实意义。

1.甘蔗是重要的糖料作物

糖是人类生命活动的能量物质，是日常生活的必需品，也是关系国计民生的重要战略物资。在国际农产品贸易中，食糖是所有产品中高度敏感的商品。食糖生产的主要原料包括甘蔗和甜菜。甘蔗生长于热带和亚热带地区，而甜菜主要生长于温寒带地区。20世纪70年代，甘蔗糖和甜菜糖的产量基本持平。随着巴西、印度等国家大力发展甘蔗产业，使甘蔗糖产量在20世纪80年代有较大幅度增长，与甜菜糖产量的差距逐步拉开。进入21世纪后，随着欧盟的食糖市场改革，各国甜菜产随着补贴和生产配额的削减而减少，甜菜糖产量也进一步降低而甘蔗的发展势头逐渐增强。截至2018年，甘蔗糖产量约占食糖总产量的80%，甜菜糖约占20%。

甘蔗的种植区域较为集中，主要集中在美洲的巴西、美国、墨西哥，亚洲的中国、印度和泰国等，甜菜种植面积较大的国家有俄罗斯、乌克兰、美国、法国和德国等。我国甘蔗种植区域主要在桂中南、滇西南、粤西、琼北等优势蔗区，云南是我国第二大甘蔗产区，四川、贵州、江西、福建、浙江等地也有零星种植，主要生产一些红糖等当地特色产品。我国甘蔗糖占食糖总产量的比例最高时达到94%，常年保持在87%～90%。因此，甘蔗产业在我国食糖生产中占据重要地位，其稳定可持续的发展对于保障我国食糖安全和食品工业健康稳定发展至关重要。

2.甘蔗是重要的能源作物

随着能源和环境问题的日益凸显，世界上很多国家都将生物能作为解决问题的突破口，从而推动了生物能源产业的快速发展，巴西是全球甘蔗乙醇的生产和利用大国。其中，甘蔗燃料乙醇产业的不断发展强化了甘蔗的能源属性，深化了食糖市场和能源市场之间的经济联系。在21世纪，甘蔗燃料乙醇在世界生物质燃料乙醇生产中一直占据半壁江山。甘蔗乙醇占世界生物质乙醇总量的41%～47%，是生物质乙醇最重要的组成部分，这主要是因为甘蔗作为燃料乙醇的原料具有较强的优势，从而甘蔗成为最有竞争力的燃料乙醇原料作物。

3.甘蔗是重要的轻工业原料

甘蔗是制糖工业最重要的原料，而蔗糖是多种制品的原料。以蔗糖为原料或辅料的产品多达56类2300多种，其中主要以食品为主。蔗糖还是乙醇、酵母、柠檬酸、乳酸、甘油、醇类、药品等的原料。世界上许多国家都开展了蔗糖化学的研究与开发。以蔗糖为原料，与脂肪酸反应可以制成蔗糖脂肪酸酯，其以无毒、无臭、无刺激及良好的表面活性的特性而广泛应用于食品、医药、化工纺织及农牧业等行业。以蔗糖为原料的蔗糖脂肪酸因其高度的安全性和非凡的功用，已相继被中国、日本、美国及欧盟等批准作为食品添加剂和药用辅料。

4.甘蔗叶梢是优质畜牧饲料

甘蔗叶梢是一种廉价的饲料原料，具有产量大、产地集中、易于收购、成本低等特点。甘蔗叶梢是指甘蔗收获时砍下的顶端2～3个嫩节和青绿色叶片的统称，俗称“甘蔗尾”，约占甘蔗生物总产量的20%，我国每年甘蔗叶梢的产量约2000万t。每千克甘蔗叶梢（干物质）含消化能5.68 MJ，粗蛋白3%～6%。甘蔗叶梢还富含糖分、无氮浸出物、蛋白质、20多种氨基酸和维生素（维生素B、叶酸、核黄素、烟酸）等营养物质，营养成分丰富。甘蔗叶梢含糖量高，适口性好，是一种优质畜牧饲料。

此外，甘蔗副产物如甘蔗渣、糖蜜等，也被广泛应用于制备动物饲料、燃料乙醇、生物有机肥、制浆造纸和高级脂肪醇（如二十八烷醇）等产品。

（二）临沧甘蔗发展历史

临沧市热区资源丰富，具有发展甘蔗、橡胶、咖啡、热带水果等热带经济作物的优势和条件，海拔1300 m以下亚热带面积7886 km^2，占全市总面积的1/3，占云南省热区面积的11.4%，是全国甘蔗种植优势区。

临沧地区的甘蔗种植始于1598年，已有400多年历史。通过临沧市农业农村局甘蔗技术推广站提供的新中国成立以来的甘蔗栽培面积数据（图1）可以看出，1950—1984年期间，临沧甘蔗种植面积不到10万亩，这与当时糖厂的建设和发展落后有关。直到1985年，全区有机制白糖厂7座，加上小红糖厂，日压榨甘蔗能力超过3700 t，种蔗面积终于突破10万亩。1985年以后，临沧市甘蔗生产迅速发展，到1994年种植面积达突破50万亩，蔗糖产业成为了地方财政收入的主要来源。1995—2014年间，甘蔗种植面积不断扩大，最高时期达165万亩。2015年开始，随着临沧农业产业结构的不断调整、国际糖价的冲击、劳动力成本不断增加，甘蔗种植面积有所下降，2019年全市种植面积108万亩，产量481万t，实现农业产值22.04亿元，工业产值38.66亿元，临沧市甘蔗种植面积连续10年位列全省第一，在云南糖业发展中占据了重要地位。

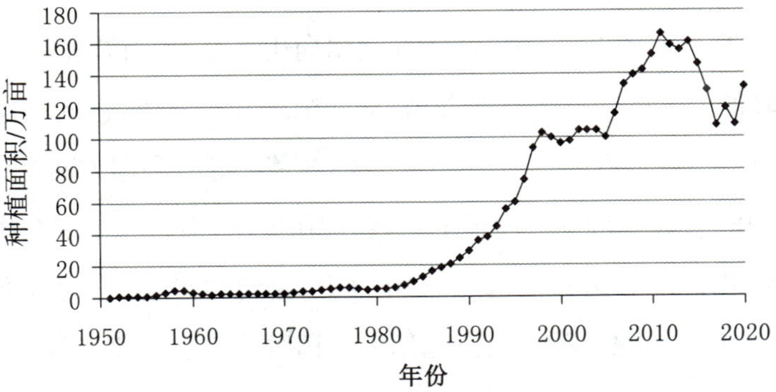

图1 临沧市1950—2020年甘蔗种植面积

（三）临沧甘蔗分布情况

临沧市下辖7县1区，各县(区)均有甘蔗栽培(表4)。2020年，临沧市甘蔗种植推广面积131.76万亩(含境外21.81万亩)。其中，耿马县种植推广面积最大，占全区总面积的38.56%；其次为镇康县、沧县和云县，而双江、永德、凤庆和临翔区的栽培面积均不到总面积的10%。甘蔗推广面积每年会因蔗糖价格、甘蔗收购价格和竞争性作物的推广情况而有所变动。

表4　2020—2021年临沧市甘蔗种植情况

种植区域	耿马	镇康	沧源	云县	双江	永德	凤庆	临翔区	合计
推广面积/万亩	50.80	24.40	12.86	12.00	9.94	8.18	7.50	6.08	131.76
占比/%	38.56%	18.52%	9.76%	9.11%	7.54%	6.21%	5.69%	4.61%	100%

（四）临沧糖业发展现状

临沧市内目前有制糖公司3家，包括临沧市南华糖业有限责任公司、永德糖业集团公司和凤庆糖业集团公司。3家公司旗下共有糖厂17座，有1座为红糖厂，日处理甘蔗750 t，总生产为规模日处理甘蔗7.225万t。其中，临沧南华糖业有限公司有10条生产线，生产规模日处理甘蔗4.725万t，是市内最大的制糖企业，2019—2020年入榨量占全市84.6%，其中孟定分公司每日入榨量10000 t，是云南省最大且最先进的生产线；云南凤庆糖业集团有限公司有4条生产线，生产规模日处理甘蔗1.5万t；云南永德糖业集团有限公司有3条生产线，生产规模日处理甘蔗1万t。

临沧制糖企业已从过去单一的生产糖和酒精向生产浆纸、有机肥、木糖醇、药用酵母等方面延伸，取得了阶段性进展。在蔗稍、蔗叶综合利用方面，云南澜沧江酒业集团已投资建成年产20万t脱水青贮饲料加工生产线；在蔗渣综合利用方面，已形成年产9.5万t蔗渣浆纸、2500 t木糖、2000 t活性炭生产能力；在糖蜜-酒精联产废弃物综合利用方面，已建成年产食用酒精7.7万t、麦角固醇10t、1万t酵母生产能力，通过推广利用酒精废醪液进行除尘浓缩与滤泥、灰渣混合，选用专利菌种进行发酵生产液态、固态有机肥技术，广泛用于蔗区测土配方施肥，共建成年产固态、液态肥96.6万t生产能力。

表5为临沧市2007年以来甘蔗入榨面积及单产变化情况。甘蔗入榨面积近年来呈现出先增后降的趋势，平均入榨面积141.57万亩；随着种植技术的不断进步，单产近年来也在提高，2013/2014榨季以来一直维持在4 t/亩以上，但一直都难以突破5 t/亩，单产

低的原因主要与临沧市的栽培条件不好和机械化程度低有关。临沧种植甘蔗气候资源具有优势，但栽培条件并不优越，所有蔗地中70%以上为旱坡地，具有灌溉设施的蔗地不到10%，干旱问题严重以及机械化操作困难是限制临沧市单产的重要因素，但临沧入秋以后昼夜温差较大，有利于甘蔗糖分积累，2007—2020年的甘蔗糖分均达到14%。临沧市2007—2020年平均食糖产量为66.96万t，酒精产量为4.41万t，二者产量与入榨量基本成正比。2019/2020榨季，食糖产量65.97万t，实现农业产值22.04亿元，工业产值38.66亿元，实现税收5.8亿元。

表5　2007—2020年甘蔗生产基本情况

年份	平均单产/(t/亩)	甘蔗含糖分/%	入榨面积/万亩	食糖产量/万t	酒精产量/万t
2007/2008	3.60	14.00	133.00	58.70	4.04
2008/2009	3.76	14.50	142.03	66.65	4.18
2009/2010	3.74	14.80	133.36	60.02	3.95
2010/2011	3.82	14.20	144.31	63.41	3.72
2011/2012	3.94	14.30	156.79	75.09	3.85
2012/1013	3.92	14.60	159.75	72.94	5.09
2013/2014	4.12	14.20	173.27	78.22	5.44
2014/2015	4.08	14.30	162.04	71.30	6.33
2015/2016	4.10	14.10	145.10	64.00	3.46
2016/2017	4.00	14.30	120.52	56.82	3.47
2017/2018	4.05	14.60	126.12	71.09	4.85
2018/2019	4.36	14.40	124.67	66.26	4.39
2019/2020	4.45	14.50	119.46	65.97	4.51
平均	4.00	14.37	141.57	66.96	4.41

二、栽培技术

（一）临沧甘蔗栽培条件与特色品种

1.栽培条件

临沧属亚热带低纬度山地季风气候，四季温差不大，干湿季明显，有亚洲恒温城之美称，年平均气温17.2 ℃。大部分地区雨水较多，日照时间长，年平均日照数在2000 h以上，霜期较短，部分地区终年无霜，日照时间正好满足甘蔗生产过程中糖分的积累，是云南省第一大蔗区。但临沧70%的蔗地为无水利条件的旱坡地，水田蔗和有灌溉条件的蔗地仅为30%，而云南全省冬春干旱突出，因此干旱是限制甘蔗产量提高的主要原因之一，目前主要通过全膜覆盖克服干旱问题，临沧市蔗区全膜覆盖率达51%。此外，临沧甘蔗栽培的机械化水平较低，因旱坡地的地势局限，机械很难在蔗地里运作，机耕比率不足30%，机收比率不足1.5%，造成甘蔗种植人工成本较高。近年来，临沧市积极推广全膜覆盖、化学除草、机耕、飞防、配方施肥和增施有机肥、蔗叶还田等技术，建成吨糖田蔗园23.3万亩，旱地高优蔗园57.2万亩。

2.特色品种

临沧市尚无品种选育机构，早期种植的主要品种为台湾品种新台糖系列，其中以新台糖22号栽培面积最广，近年来通过国内育种单位的不断努力，培育了很多农艺性状较好的品种，2020—2021榨季临沧市种植各品种信息见表6。由表6可见，目前临沧市的主要栽培品种依然是新台糖22号和25号，但新品种如柳城系列和粤糖系列品种在临沧蔗区表现良好，有望逐步改变新台糖品种占比过大的情况。

表6　2020—2021榨季临沧市甘蔗品种种植情况

品种名称	种植面积/万亩	占比
新台糖22号	44.00	34.06%
新台糖25号	32.68	25.30%
柳城05-136	8.38	6.49%
柳城03-1137	7.37	5.70%
粤糖93-159	6.04	4.68%
粤糖00-236	5.83	4.51%
粤糖86-368	5.62	4.35%
云蔗05-51	4.16	3.22%
粤糖60号	2.51	1.94%
新台糖20号	1.62	1.26%
桂糖21号	1.04	0.81%
川糖61-408	1.04	0.80%
其他品种	8.90	6.89%

（二）临沧甘蔗栽培与管理技术

1.新植蔗绿色栽培技术

（1）蔗区环境要求。

甘蔗的宜植地应选择在生态条件良好，远离工业污染，无严重灾害性气候的农业生产区域。全年≥10 ℃的活动积温6000 ℃以上，年日照时数2000 h以上，年降雨量800～1400 mm，年均温18 ℃以上，海拔1400 m以下蔗区。

土壤重金属含量应符合NY/T391—2021标准，并满足以下条件：a.旱地坡度在25°以下，耕作层深度在25 cm以上，pH5.5～7.6，有机质含量1.5%、速效磷含量12 mg/kg、速效钾含量80 mg/kg以上的土壤。b.水田耕作层深度在30 cm以上，pH6～7.6，有机质2%、速效磷含量13 mg/kg、速效钾含量85 mg/kg以上的土壤。

（2）整地。

提倡机械深耕深松，精细整地，做到耕深30～35 cm，耕作层深、松、碎、平。按行距90～130 cm开植蔗沟，要求沟深20～30 cm，沟底宽20～25 cm，沟底平整、细碎松土。

（3）优良选种。

良种应具有高产高糖和抗逆性、宿根性强等特性，并适应于当地环境条件和满足制糖工艺要求。因地制宜推广应用增产率、增糖率比当家品种提高10%以上的中茎、大茎高产高糖优良品种。选用大茎种（蔗茎中部节间茎＞3 cm）、中茎种（蔗茎中部节间茎2.5～3 cm）应符合要求，且经临沧市甘蔗科技部门区域试验认定可推广应用的优良品种。秋植蔗可采用全茎作种，冬、春植蔗应选用蔗株梢部的蔗茎作种。种茎要求新鲜、蔗芽饱满健壮、无病虫害。下种前种茎要剥去叶鞘，用利刀斩成双芽或三芽段，蔗种要进行消毒，防止烂种。可用5%石灰水溶液浸种，也可用50%多菌灵可湿性粉剂，或50%甲基硫菌灵可湿性粉剂，或50%苯菌灵可湿性粉剂稀释1000倍浸种消毒10 min。

（4）种植时期。

冬植蔗宜于11月初至1月底（立冬至立春前），春植蔗于2月初至3月（立春至春分），秋植蔗在9月下旬至10月进行种植。

（5）栽培。

新植蔗栽培按照"等高槽型、深沟板土、双行（三行）多芽、全膜覆盖、缓释肥料、高效低毒农药"的要求开展甘蔗种植。按照持续发展、安全优质、化肥减控、有机为主的原则，所有肥料均需符合《绿色食品产地环境质量》（NY/T394—2021）。下种方式：采取两行或三行接顶，芽朝两边，平放在沟底板土上，种苗间有58 cm的距离。旱地蔗秋植蔗下种量每6000～8000芽/667 m^2，冬、春植蔗下种量8000～10000芽/667 m^2；水田蔗下种6000～8000芽/667 m^2。旱地蔗亩用44%的高浓度甘蔗配方肥80～100 kg，或25%的复合肥100～120 kg加有机肥80～100 kg。水田蔗每667 m^2用44%的高浓度甘蔗配方肥60～80 kg或25%的复合肥80～100 kg，加有机肥80～100 kg。下种后将下一沟的细土取出，覆盖在上一沟的种苗上。覆土厚度：秋植蔗3～5 cm，冬春植蔗5～8 cm。

（6）全膜覆盖。

地膜应符合《聚乙烯吹塑农用地面覆盖薄膜》（GB13735—2017）的要求，宜使用膜厚0.008～0.012 mm、膜宽1.5～3.0 m的生物降解地膜。甘蔗下种覆土后，沿蔗沟垂直方向逐幅覆盖，两幅地膜边缘重叠10 cm左右，在地膜边缘及重叠处用细土压紧、压实，宽度10 cm左右；在蔗沟正上方的地膜区域，用细土沿蔗沟方向进行覆土，厚度3～5 cm。盖膜后，及时检查地膜，若地膜有破口的，及时用土将破口封住。盖膜后出苗前要进行检查，发现膜有裂口或受牲畜损坏的，要及时用细土进行封口压实，防止土壤水分散失。甘蔗出苗后进行检查，发现不能破膜的蔗苗要及时进行人工破膜帮助出苗，同时用细土封住破口。

（7）中期管理——水田蔗。

地膜覆盖的甘蔗，在甘蔗齐苗后，当有3～5片完全叶时，及时揭膜。在甘蔗出苗后，当有3～5片完全叶时，及早进行查苗补缺。对缺苗断垄达到30 cm的，及早补苗，苗源可挖取不留宿根的健壮蔗蔸，或预先进行育苗移栽，或采用蔗种补种，要求边起苗边补苗。在甘蔗分蘖后，对苗数过多的，应及时间苗，标准定苗比目标有效茎数多15%～20%为宜，每平方米留蔗苗9～12苗。

水分管理：苗期土壤表层25 cm的含水量达到田间最大持水量的55%～70%，低于55%及时浅灌；同时，要防止田间积水，造成烂苗。分蘖期土壤表层30 cm的含水量达到田间最大持水量的60%～80%，低于60%及时进行灌溉，宜勤灌、浅灌。伸长期土壤表层50 cm的含水量达到田间最大持水量的80%以上，低于80%及时进行灌溉，保持土壤湿润，脚踏沟畦，有脚印而不粘土为宜。成熟期控制灌溉次数和灌溉量，要求土壤表层40 cm的含水量控制在田间最大持水量的60%左右，以每月1次“跑马水”为宜，浅水过沟，不宜久泡，保证表土润而不湿，干而不白。收获前30 d不宜灌水，保持田间干燥的状态，促进甘蔗成熟。

追肥：苗期结合揭膜补苗和苗情长势，追施壮苗肥，每667 m^2追施纯N 6.9～9.2 kg，并进行小培土，培土高度3～5 cm；伸长期当甘蔗长到10～13片完全叶时，假茎高度超过40 cm时，每667 m^2追施攻茎肥纯N 18.4～23.0 kg、纯P_2O_5 4.8～6.4 kg、纯K_2O 6.0～9.0 kg，混合集中一次施用，并进行大培土，培土高度25～30 cm，建议施用甘蔗配方复合（混）肥；在甘蔗伸长后期，8月中下旬，及时补施壮尾肥，每667 m^2施纯N 6.9～9.2 kg，并进行少量培土。

(8)中期管理——旱地蔗。

甘蔗盖膜后,要经常注意检查,发现裂口及时用细土封口压实,部分出土不能自行破膜的幼苗,人工破膜辅助出苗。为充分发挥地膜作用,盖膜时间可适当延长,雨季来临结合小培土或施肥时揭膜。

旱地追肥:5~6月进入雨季,结合培土进行追肥工作,每667 m^2施用纯N 18.4~27.6 kg、纯P_2O_5 3.2~6.4 kg、纯K_2O 6.0~9.0 kg,均匀施于槽内,覆土3~4 cm,并保证槽型完整,也可施用甘蔗配方复合(混)肥。

(9)化学除草。

大培土后,杂草刚萌动时,每667 m^2施用35%蔗草灭可湿性粉剂,或40%莠去津胶悬剂,或40%草净津胶悬剂等农药200~300倍液,或80%阿灭净可湿性粉剂300~400倍液等茎叶处理型除草剂,均匀喷施于蔗沟进行土壤封闭处理,防治杂草。

(10)病虫害防治。

栽培防治:第一,科学选择优质甘蔗品种。在选择甘蔗品种时,必须要确保种子有着较高抵抗病虫害的能力。第二,构建完善检疫制度。在甘蔗栽培当中必须要严格做好植物检疫工作。第三,做好种苗消毒工作。在栽培甘蔗时需要对种苗进行消毒,具体操作当中要有效利用浸种方式完成消毒处理,从源头上遏制病虫害。第四,优化甘蔗栽培技术。在甘蔗栽培工作当中,要注重合理选择播种期,有效避开病虫害高发季节;深翻土地,借助光照杀死土壤当中的病和虫;有效做好杂草清除工作,及时摘除甘蔗发黄叶面。第五,实施科学套种方法。采用套种方式能够在极大程度上提升土地利用效率,同时还可以借助套种植物吸引病虫天敌,从而降低病虫危害程度。

物理防治:甘蔗病虫害的物理防治方法主要有以下几种。第一,灯光诱杀。灯光诱杀法实际上借助的是昆虫本身有着趋光性的特点,利用光源引诱成功之后借助高压电网或者水盆将害虫杀灭。第二,粘虫板诱杀。利用粘虫板同样也是因为昆虫的趋性,害虫会被吸附在粘虫板上,起到诱杀甘蔗害虫的作用。这一技术的特点是环保、成本低,同时也不会影响到天敌昆虫。第三,热水消毒法。利用热水处理甘蔗种苗能够杀灭其中的病原物,而且借助热水浸种可以起到良好的催芽效果。第四,机械法。在收获甘蔗之后避免在这天当中留下宿根,而是借助深耕深犁等机械设备有效深耕深犁,清除蔗田当中的残叶枯枝,破坏地下病虫害的生存环境,有效杀灭绝大多数的越冬虫源,控制病虫害的大范围拓展。第五,辐射不育技术。这一技术主要是借助高能射线来对目标害虫的某个虫态进行辐射照射,从而影响其正常生殖。

生物防治:生物防治所坚持的根本原则以及宗旨是积极培育病虫天敌,实现以虫治虫,最大程度上降低病虫害发生率。在全面实施生物防治过程当中必须要注重强化甘蔗栽种质量,利用这样的方式为病虫害天敌的生长提供优良的环境。在生物防治技术运用当中,要为广大甘蔗种植户进行短期预报,让他们在种植过程当中可以根据病虫生长发生的规律来做好防控措施,利用及时施药的方式起到预防作用。在这一过程中要注意的是选用的杀虫剂要有着极强的甘蔗虫害防治效果,又不能让天敌受到伤害。

化学防治:禁止在甘蔗绿色栽培上使用的农药(共23种)。包括:甲胺磷、甲基对硫磷、对硫磷、久效磷、磷胺、六六六、滴滴涕、毒杀芬、二溴氯丙烷、杀虫脒、二溴乙烷、除草醚、艾氏剂、狄氏剂、汞制剂、砷类、铅类、敌枯双、氟乙酰胺、甘氟、毒鼠强、氟乙酸钠、毒鼠硅。

(11)收获。

成熟期标准:在11月下旬至翌年初陆续进入工艺成熟期,成熟期的蔗茎上下部田间垂度比值在0.9～1.0之间。其中,在0.9～0.95为成熟初期,在0.95～1.0为全熟期,甘蔗糖分≥12%,蔗汁重力纯度≥80%。

收获时,按品种熟期划分,砍蔗顺序为:早熟品种→中熟品种→晚熟品种;按种植时期划分,砍蔗顺序为:秋植蔗→宿根蔗→冬植蔗→春植蔗。采用快锄低砍,入土3～5 cm,蔗桩不外露;蔗茎不带泥沙、须根和叶鞘,蔗梢削至生长点下明显见肉,蔗头不带“烟斗头”;不带干枯茎、腐败茎(包括水浸、火烧、冰冻导致的严重变质茎)以及1m以下的蔗笋、严重病虫鼠害茎和其他非蔗物。

(12)废弃物回收。

在甘蔗收获后及时清除蔗地上的废旧地膜,并集中处理。使用农药化肥后及时将包装物收回,并集中处理。

2.宿根蔗栽培技术

(1)旱地宿根蔗管理。

蔗叶还田:甘蔗收砍后,提倡蔗叶还田,清理田间蔗叶,将蔗叶隔行覆盖,或粉碎还田,或蔗叶加地膜全覆盖。

施足基肥:1月上旬前收获的甘蔗,土壤墒情较好的,每667m^{2}施用纯N 9.0～12.9 kg,有机肥、纯P_2O_5、纯K_2O施用量与新植蔗相同。

地膜覆盖：地膜覆盖技术与上述新植甘蔗相同。宿根蔗地膜选用宽60 cm、厚0.008 mm，两边用细土各压7～8 cm，保证40 cm透光面。

查苗补蔸：及早进行查苗，对缺苗断垄达到30 cm的，及早进行补蔸。补蔸可在松蔸时用蔗种补种，或预先育苗埋蔸时移栽，或并蔸，或挖旧补新。

早施追肥：宿根蔗追肥技术与新植蔗相同，要求田间管理时期提前一到二个节令。

病虫草鼠害防治：宿根蔗病虫草害的防治要做到早发现、早防治，防治技术与新植蔗相同，要求田间管理时期提前一到二个节令。在甘蔗生长后期，使用国家规定的灭鼠农药，配制毒饵进行1～2次投毒灭鼠。

（2）水田宿根蔗管理。

清理蔗园：甘蔗砍收后，及时清理蔗园，提倡蔗叶还田将蔗叶隔行覆盖，或粉碎还田，或蔗叶加地膜全覆盖。

开垄松蔸：开垄松蔸前，先把秋冬笋砍去。开垄离蔗头3～5 cm翻开，深度接近蔗头基部，蔗头至少一半露出地面。松蔸后，根据土壤墒情，进行晒蔸5～7 d。晒蔸后，及时灌发株水，以浅水过沟为宜，防止田间积水。在甘蔗收获后，无霜蔗区和轻霜蔗区进行开垄松蔸，有霜蔗区要等晚霜过后才能开垄松蔸。

施足基肥：在宿根蔗晒蔸后覆土前施足基肥，每667 m^2施用纯N 9.0～12.9 kg，有机肥、纯P_2O_5、纯K_2O施用量与新植蔗相同。

查苗补蔸：及早进行查苗，对缺苗断垄达到30 cm的，及早进行补蔸。补蔸可在松蔸时用蔗种补种，或预先育苗埋蔸时移栽，或并蔸，或挖旧补新。

水分管理：宿根蔗水分管理技术与新植蔗相同，要求田间管理时期提前一到二个节令。

追肥管理：宿根蔗追肥管理技术与新植蔗相同，要求田间管理时期提前一到二个节令。

病虫草害防治：宿根蔗病虫害防治技术与新植蔗相同，要求田间管理时期提前一到二个节令。

3.临沧甘蔗主要病虫害

临沧市主要发生的病害有锈病、褐条病、黑穗病、梢腐病、赤腐病、凤梨病、轮斑病、叶枯病、白条病等，其中锈病、褐条病和黑穗病的发生率较高。虫害方面，主要虫害有蔗龟、甘蔗螟虫、绵蚜、蓟马、粉蚧壳虫、食叶象甲、白蚁等，其中甘蔗螟虫、绵蚜和白蚁的为害面积较大。防治方法参考上述绿色防控技术。

参考文献

[1]杨本鹏.现代甘蔗栽培技术[M].北京:中国农业出版社.2019.

[2].陈维钧,许斯欣.甘蔗制糖原理与技术(全册)[M].北京:中国轻工业出版社.2001.

[3]辛术贞,林熊,杨建,等.我国甘蔗品种及产品加工研究现状[J].农产品加工,2020(12):73-76,79.

[4]临沧市甘蔗技术推广站.临沧市绿色农业甘蔗丰产栽培技术:DB5309/T27—2019[S].2019.

[5]中华人民共和国国家质量监督检验检疫总局,中国国家标准化管理委员会.旱地糖料甘蔗高产栽培技术规程:GB/T19566-2004[S].北京:中国标准出版社,2004.

[6]云南省质量技术监督局.旱地甘蔗槽植栽培技术规程:DB53/T481-2013[S].2013

[7]云南省质量技术监督局.甘蔗"吨糖田"栽培技术规程:DB53/T482-2013[S].2013.

[8]鲁强.临沧市蔗糖业发展研究[D].北京:中国农业大学,2005.

[9]张慧君,赵文华,曹阳.临沧市加快蔗糖产业发展助力脱贫攻坚[J].农业科技通讯,2019(07):43-44.

[10]唐吉昌,董有波,王冬蓝等.临沧市蔗区甘蔗全膜覆盖对比试验[J].甘蔗糖业,2015(1):11-14.

[11]曹阳.云南临沧市甘蔗螟虫发生危害特点与防治[J].农家参谋,2020(24):62.

[12]李晓君,周文吉,周中等.临沧甘蔗生产现状与发展建议[J].甘蔗糖业,2014(1):58-61.

第三节　油料作物(含花生)

一、概述

(一)临沧油料作物发展历史

油料作物是临沧市冬季的主要经济作物,是全市食用植物油的主要来源,更是山区半山区农民的经济来源之一。"十三五"末,全市油料播种面积18.6315万亩,总产2.5088万t。其中,油菜15.1245万亩,总产2.198万t,平均亩产145.33 kg;花生2.592万亩,总产2584.48 t,平均亩产99.71 kg;向日葵8925亩,总产545.41 t,平均亩产61.11 kg;芝麻225亩,总产7.5 t,平均亩产33.33 kg。油料播种面积和单产得到恢复性提高。而油菜的产物(油菜籽)是食用植物油(菜籽油)的主要加工原料,菜籽油是城乡居民重要的生活必需品,在国民经济中占有重要地位。抓好油料生产,对实现农业生态平衡、提高土地利用率、缓解耕地压力和维持农业生态良性循环有着良好的作用;对保障当地植物油供给、增加农民收入、促进粮油双丰收和区域经济发展具有重要意义。

全市自20世纪50年代开始,花生、向日葵、芝麻的种植面积均处于保持阶段,但是油菜种植发生了历史性改变。自新中国成立以来,油菜产业发展大致经历了四个主要阶段。

第一阶段:中华人民共和国成立初期,各地油菜净种很少。油菜一般是和豆、麦混播及有种无收的芥菜型自生油菜。20世纪50年代末至60年代初,临沧市农业科学研究所陆续引进和推广了甘蓝型油菜云油6号、云油7号,芥菜型的易门凤尾子、江川高棵,白菜型的浠水白油菜等品种,其中云油6号、云油7号为当时的主推品种,这是临沧第一次油菜良种更换。1952年油菜播种面积为1.6万亩,总产为524 t,到60年代末其总产一直在179~922 t之间波动。1959—1960年播种面积从15万亩发展到21万亩,单产在4~

60 kg/亩之间。

第二阶段:20世纪70—80年代末,临沧市农业科学研究所又陆续引进、试验和推广了云油31、国庆25、21006及低芥酸品种81008、126、127、8A007、单23等甘蓝型品种,并成为油菜生产上的主要推广品种,从此临沧市油菜种植品种走上了由常规油菜品种向双低杂交油菜转换更替之路。1984年播种面积超过2万亩,且尚在逐步扩大,这是第二次油菜良种更换。70年代末大多数油菜种植面积都在1万~6万亩之间,产量在201~1247 t,1976年产量高达1247 t。80年代,油菜播种面积在1.3万~4.2万亩之间。80年代开始,虽然种植面积增长幅度缓慢,但单产及总产提高很快。这是由于种植区域集中,缺硼问题解决及其他栽培措施改进,栽培管理水平提高。此时期,单产在42~153 kg/亩,总产在582~5975 t之间,其中平均单产最高是1983年为153 kg/亩,1987年总产最高时达5975 t。

第三阶段:第三次油菜良种更换是从90年代开始,临沧通过与云南省农科院油料所、生物技术研究所组成的全省优质油菜试验、示范、推广协作网,先后成功引选(育)和示范推广了84001、8840894、H166、H030、H090、H0088、临油1号、544-5-5早熟系及杂交种榆黄1号、云油杂2号(2000F100 d)等一批丰产性好、抗逆性强、适应性广的甘蓝型"双低"油菜品种,大大推动了临沧市油菜产业快速稳步健康发展,油菜成为临沧市第一大油料作物。从1990年油菜播种面积为3.56万亩发展到2009年12.01万亩,期间面积增加8.45万亩,增长了2.37倍,年均增加0.4225万亩。90年代以来,随着新的优良品种的引选(育)、示范推广,栽培技术的不断提高,面积、总产量和单产也得到了相应提高。

第四阶段:甘蓝型早熟油菜杂种优势的利用(云油杂2号、临引杂1号)。通过这些优良品种的示范、推广,品种结构进一步优化,品质得到改良,为促进油菜产业快速发展,增加总产,提高单产打下坚实的基础,有效地解决了烟油争地争时的季节矛盾,为全市油菜产业和烤烟产业的平衡发展探索了新的发展路子。总产从1987年5975 t增加到2009年的1.61万t,增长了1.69倍,年均增加440 t。单产从1990年至今保持在114~154 kg之间,基本趋于稳定。

(二)临沧油料作物分布情况

1.油菜种植分布

临沧油菜以临翔区、凤庆县、双江县、云县、永德县、沧源县为发展重点,在油菜生产上表现出了两个极端。一是以临翔区为代表的油菜主产区,分布在海拔1500~1900 m,面积高度集中,生产水平高,种植面积近3000 hm^2,平均亩产近200 kg,总产9000 t,占63.88%,单产稳定;二是发展的新区,分布在海拔1000~1500 m,面积比较分散,栽培管理粗放,投入不足,种植面积近3666.7 hm^2,平均亩产仅96 kg,总产5088 t,占36.12%,与主产区相比,平均亩产相差约100 kg。

油菜分布在临翔区的凤翔街道办事处、忙畔街道办事处、博尚镇、蚂蚁堆乡、章驮乡、圈内乡、马台乡、邦东乡、平村彝族傣族乡、南美拉祜族乡;凤庆县的凤山镇、鲁史镇、营盘镇、小湾镇、勐佑镇、雪山镇、三岔河镇、洛党镇、诗礼乡、大寺乡、新华彝族苗族乡、腰街彝族乡、郭大寨彝族白族乡;云县的爱华镇、漫湾镇、大朝山西镇、茂兰镇、涌宝镇、幸福镇、大寨镇、茶房乡、栗树彝族傣族乡、忙怀彝族布朗族乡、后箐彝族乡、晓街乡;永德县的德党镇、永康镇、小勐统镇、勐板乡、亚练乡、崇岗乡、大山乡、班卡乡、乌木龙彝族乡、大雪山彝族拉祜族傣族乡;镇康县的凤尾镇、勐捧镇、南伞镇、忙丙乡、勐堆乡、木厂乡、军赛乡;双江县的勐勐镇、勐库镇、沙河乡、忙糯乡、邦丙乡、大文乡;耿马县的勐永镇、勐撒镇、大兴乡、贺派乡、四排山乡、勐简乡、芒洪拉祜族布朗族乡、耿马镇、孟定镇;沧源县的勐董镇、勐省镇、芒卡镇、糯良乡、岩帅镇、勐来乡、单甲乡、班洪乡、班老乡、勐角傣族彝族拉祜族乡。

2.向日葵种植分布

向日葵主要分布在凤庆县的鲁史镇、诗礼乡、营盘镇、勐佑镇、新华彝族苗族乡、凤山镇、小湾镇、雪山镇、三岔河镇、洛党镇、大寺乡、腰街彝族乡、郭大寨彝族白族乡;云县的晓街乡、爱华镇、漫湾镇、大朝山西镇、茂兰镇、涌宝镇、幸福镇、大寨镇、茶房乡、栗树彝族傣族乡、忙怀彝族布朗族乡、后箐彝族乡;永德县的德党镇、永康镇、小勐统镇、勐板乡、亚练乡、崇岗乡、大山乡、班卡乡、乌木龙彝族乡、大雪山彝族拉祜族傣族乡;耿马县的孟定镇、勐永镇、勐撒镇、耿马镇;沧源县的芒卡镇、勐省镇、勐来乡、糯良乡、岩帅镇、勐董镇、勐角傣族彝族拉祜族乡、班洪乡、班老乡、单甲乡。

3.花生种植分布

花生分布在临翔区的平村彝族傣族乡、邦东乡、马台乡;凤庆县的鲁史镇、诗礼乡、营盘镇、新华彝族苗族乡、小湾镇、腰街彝族乡；云县的晓街乡、爱华镇、漫湾镇、大朝山西镇、茂兰镇、涌宝镇、幸福镇、忙怀彝族布朗族乡；永德县的德党镇、永康镇、小勐统镇、勐板乡、亚练乡、崇岗乡、大山乡、班卡乡、乌木龙彝族乡、大雪山彝族拉祜族傣族乡；镇康县的南伞镇、凤尾镇、勐捧镇、勐堆乡、军赛佤族拉祜族傈僳族德昂族乡、木场乡、忙丙乡；双江县的勐勐镇、勐库镇、沙河乡、忙糯乡、大文乡、邦丙乡；耿马县的耿马镇、孟定镇、勐永镇、勐撒镇、大兴乡、贺派乡、四排山乡、勐简乡、芒洪拉祜族布朗族乡；沧源县的芒卡镇、勐省镇、勐来乡、糯良乡、岩帅镇、勐董镇、勐角傣族彝族拉祜族乡、班洪乡、班老乡、单甲乡。

4. 芝麻种植分布

芝麻原产中国云贵高原，是喜温植物，主要分布在40°N和40°S之间。我国芝麻种植区域可至45°N的地方，主要在黄河及长江中下游各地。临沧市芝麻种植主要分布在永德县的德党镇、晓街乡、永康镇，沧源县的勐省镇、芒卡镇、糯良乡、岩帅镇。

（三）临沧油料作物发展现状

近年来，由于农业产业种植结构调整，除油菜以外，其他油料作物种植面积逐年减少。随后，临沧加大了对新的优良品种的引选（育）和示范推广力度，以及栽培技术的不断提高，油菜面积、总产量和单产也得到了较大提高。临沧市农业科学研究所研究集成的油菜“三精”高产高效栽培技术，即“精播育苗、精栽增密、精细管理”技术，已经应用于大面积生产，连续三年创造了早熟油菜“亩单产、百亩连片、千亩连片，万亩连片”四项全国高产纪录。

2014年实现168亩连片平均亩产360.80 kg，创全国早熟油菜百亩连片最高纪录，其中1.2亩油菜亩产456.47 kg，创全国早熟油菜最高亩产纪录；2015年实现1125亩连片亩产298.08 kg，创早熟油菜千亩连片全国高产纪录，达到早熟油菜栽培的国内领先水平。“十三五”期间临沧平均每年种植油菜15.36万亩（加权值），是全省油菜种植面积唯独每年递增的市。2016年11861亩（2732户）早熟油菜平均亩产275.04 kg，创全国万亩连片早熟油菜高产纪录。2017年油菜种植面积17万亩，平均亩产147 kg，杂交油菜推广面积13.9万亩，占种植面积的81.76%，实现了全市油菜面积增、单产增、总产增，创历史最高水平。2019年油菜高产技术集成示范（临翔区博尚镇永泉村）全田进行实产验收，最高单产达408.21 kg/亩，整体达到国内早熟油菜高产技术集成示范领先水平，也是云南油菜实产验收中单产首次突破400 kg。

云南省临沧市临翔区冬油菜，全生育期不到210 d，却连续多年出现100 hm^2平均单产超过4500 kg/hm^2、典型高产田块单产达到7000 kg/hm^2高产纪录。说明在适宜的环境条件下，油菜高产潜力还有很大的提高空间。环境对农作物产量的影响很大，云南临沧在冬油菜生长期的主要环境特点是海拔较高、昼夜温差大、阳光充足。该地区油菜高产的主要特征是有效分枝数多、单株角果多、籽粒多而饱满。油菜作为食用植物油的主要油料作物，种植模式也向绿色、高效、优质、高产方向转变。近年来，沧市临沧市农业技术推广站通过与中国农业科学院油料作物研究所以及各省知名院校合作，先后引进高油酸品种，高产、高含油量品种，彩色油菜品种，菜用型油菜品种等多功能油菜品种在临沧开展试验示范和推广种植，为全市产业扶贫及乡村振兴拓宽了新思路，开辟了临沧高原特色农业发展新途径。(1)大力推广“早熟油菜+烤烟”轮作栽培模式效果显著；(2)“烤烟+秋玉米+油菜”三熟制轮作模式开辟了临沧高原特色农业发展新途径；(3)“烟+油”模式、“三精”高产栽培技术的推广应用夯实了油菜产业的发展基础。

“十八大”后，随着脱贫攻坚、产业扶贫、乡村振兴、建设鲜花盛开的美丽村庄以及改善人居环境等相关政策的实施，临沧油料作物种植又开始呈现恢复状态。尤其随着农业供给侧结构性改革的深入推进和绿色发展的迫切需要，油菜的多功能开发异军突起，新业态、新动能不断涌现，成为稳定油菜生产、增加农民收入、提高农业效益、建设美丽乡村的重要途径。

农业供给侧结构性改革，使油菜从传统油用作物向花用、菜用、饲用、肥用、蜜用等多用途、多产品发展，可以优化产品结构，推行绿色生产方式，推进农业提质增效，增强农业可持续发展能力；使油菜生产从传统种植业向旅游业、畜牧业和食品行业延伸，可以壮大新产业、新业态，拓展农业产业链、价值链，有效促进一二三产业融合发展和城乡一体化统筹发展。

油菜在建设美丽乡村和发展生态文明模块上具有极其重要的意义。以油菜生产为基础、农民为主体、农田为场地，发展油菜花观光旅游，是农业产业与乡村建设高度融合的统一体，可以促进农村人居环境的改善。通过发展“花为媒”的乡村旅游产业，培育和带动一批新型农民成长，吸引人才、技术和资金向农村集聚，促进城乡融合发展。通过开发油菜多功能性，整合农业生产过程、农民劳动生活、农村风情风貌中的文化元素，培育农业非物质文化遗产(古法榨油作坊)，不断提高乡村的文化内涵，系统宣传、展示、传承中华农耕文明，推动农村绿色生态文明发展。

二、栽培技术

（一）临沧油料作物栽培优势与特色品种

1.栽培优势

临沧自然条件优越，土壤比较肥沃，水利资源丰富，四季温差不大，是冬季油菜生产的理想宝地。临沧油菜种植历史悠久，已发展成为标志性的支柱产业。

2.特色品种

（1）油菜特色品种。

“十二五”期间，品种主要以自选品种临油1号、外引品种云油杂10号和德油早1号等为主。“十三五”期间，通过多年引进试验试种筛选，又筛选出适宜临沧栽培的早熟高产品种云油杂12号、星德油660等。

（2）花生栽培品种：临沧栽培的花生品种有临沧小粒红花生、黑花生、紫色花生、七彩花生、云花生10号、云花生15号等。

（3）向日葵栽培品种：临沧栽培的向日葵品种有当地常规向日葵（黑葵、红葵）和后期从内蒙古引进的油食兼用型向日葵（新葵10号）。

（4）芝麻栽培品种：临沧栽培的芝麻品种主要有当地的常规白芝麻、黑芝麻。

（二）临沧油料作物的栽培与管理

1.优质油菜“三精”栽培技术

（1）精播育壮苗技术。

①良种选择：选择通过国家非主要农作物品种登记、登记应用区域覆盖临沧产区的早熟、优质良种。用种符合NY414—2000标准，推荐种植品种、各品种主要特性及栽培要点详见附表1。

②种子质量：种子质量符合GB4407.2—2008中规定的指标。种子纯度≥85.0%，净度≥98.0%，发芽率≥80%，水分≤9.0%。

③种子处理：播种前晒种1～2 d，选用生物杀菌剂（如用油菜种子重量0.2%～0.3%

的多菌灵或百菌清)拌种。

④苗床选地:选土壤肥沃、排灌方便、光照充足,前作非十字花科作物,无土传病害的地块作苗床,pH值在6.0~7.0,用地符合NY/T391—2013的规定。苗床与大田比1:(8~10)。播种前精细整地,开沟理厢,做到田平、土细、沟直,厢沟、腰沟、围沟配套。以厢面宽1.3~2.0 m,厢沟宽0.3~0.4 m,沟深0.15~0.2 m为宜。

⑤苗床底肥:以有机肥为主、化肥为辅,每667 m^2用腐熟农家肥1000~2000 kg,20~30 kg普钙或钙镁磷肥、6~10 kg钾肥和5~10 kg尿素混合均匀撒施于厢面,亦可用油菜专用肥或通用型复合肥30~40 kg结合苗床整地,将肥料混合撒施于厢面浅翻土中。

⑥播种时期及密度:海拔1000~1700 m区域,于9月中下旬播种;海拔1700~2000 m的区域,于9月上旬播种。苗床播种量0.5 kg/667 m^2,采取条播方式(分墒计算面积,称量种子精量撒播)。

⑦间苗、定苗及追肥:早间苗、早定苗,在3叶期间苗要做到"五去五留",即去弱留壮、去小留大、去杂留纯、去病留健、去密留稀。拔出弱苗、小苗、高脚苗、丛生苗、杂苗、病虫苗、落坑苗。5~6叶期定苗:100~120株/m^2,苗龄20~30 d进行大田移栽。按照"移大苗、弃小苗""移壮苗、弃弱苗"的原则,以实现壮苗移栽。管理符合NY/T790—2004的标准。

⑧追肥:根据幼苗长势,在3叶期每667 m^2用5~10 kg尿素或腐熟人粪尿400~500 kg兑水浇施,培育大壮苗。

(2)精栽增密度。

前茬作物收获后,应用机械进行精耕整地,田块较大时,要采用机械开沟(围沟和中沟),便于排除田面积水。移栽前按30 kg/667 m^2复合肥(N、P、K有效成分比为15:15:15)均匀撒施于耕整好的大田表面。每667m^2再用20 kg复合肥(N、P、K有效成分比同上)+8 kg的尿素+2 kg硼砂,混匀后施于油菜苗周边(穴施)。

移栽时按30 cm(塘距)×50 cm(行距)规格打塘,2株/塘;或按15 cm(塘距)×50 cm(行距)规格开沟单株移栽。种植密度:8000~8500株/667 m^2,较常规种植增2000~3000株/667m^2,有利于增加群体结角密度,促使产量最大化。

(3)精管促高产。

油菜生产因为施肥不足或施肥不当导致的产量潜力得不到发挥,肥料浪费及施肥经济效益低的现象非常普遍。烤烟—油菜轮作是临沧主要种植模式之一,通过油菜和烤烟两大主要经济作物的交替生产，实现了农民、企业、财政增产、增效、增收。油菜是烤烟最佳前茬作物，油烟轮作模式下油菜种植增加了烤烟生产的土壤有机质含量、吸收了烤烟生产剩余的氮等营养元素，提高了烟叶质量；烤烟生产可减轻油菜生产病虫害，降低氮素化肥用量，促进油菜产量效益提高。因此，探讨在烤烟—油菜轮作种植模式下，满足油菜在农业生产中减肥增效绿色可持续发展的科学施肥方法显得尤为重要。

①施肥原则：以有机肥为主，化学肥料为辅，施足基肥，早施苗肥，稳施薹花肥，配施硼肥，注意各养分比例平衡。施肥原则符合NY/T394—2013的规定执行。

②施肥量：每667m²土地中施纯N 18 ~ 20 kg，P_2O_5 8 ~ 12 kg，K_2O_4 6 kg，B 0.2 kg。

③施肥方法：基肥每667m²土地中移栽时用1000 ~ 2000 kg腐熟农家肥，100%磷肥、50%钾肥、20%氮肥和50%硼肥混合均匀后撒施于塘内或沟内，注意肥土相隔。早施苗肥：移栽后15 ~ 18 d用30%氮肥兑水浇施提苗肥。稳施薹花肥：油菜抽薹8 ~ 10 cm时用50%钾肥、50%氮肥和50%硼肥混合均匀撒施于根部周围并结合中耕培土，此次培土要高（培土高度15 ~ 20 cm），防止植株倒伏并有利于营养吸收。肥料的使用符合NY/T496—2010的规定。

④灌水：根据土壤墒情和油菜需水特性，油菜整个生育期需灌水2 ~ 3次。第一次在移栽当天（活棵水）；第二次在薹花期中耕培土后灌水一次；第三次根据花角期田间和空气湿度确定。

⑤收获：油菜的收获时期为全田有70% ~ 80%的角果变黄，主花序中下部角果呈现枇杷色，种皮呈现固有颜色，一般在油菜谢花后35 ~ 45 d。油菜的落籽性强，最好适宜于在阴天或晴天早晨抢收，在收割时从植株基部收割。集中堆捂后脱粒，堆捂时间不宜过长，一般不超过7 d。注意防水、防渍、防霉变。

⑥贮藏：收获后及时晾晒。油菜籽贮藏主要注意两个方面：贮藏入库油菜籽含水量应≤9%，长期贮存的含水量应≤8%；贮藏油菜籽的仓房必须具备通风、密闭、隔湿、防热等条件，堆高不能超过1.5 m。及时通风透气，防止菜籽发热。禁止使用高毒、高残留农药熏蒸消毒。

2.油菜免（少）耕直（撒）播高产栽培技术

免（少）耕直（撒）播油菜是指晚稻（玉米、烤烟）收获后土壤不翻耕，封杀老杂草和简单平整后，直接播种油菜种子的一种油菜栽培方式，具有省工节本，产量与移栽油菜基本持平的特点。免耕直播油菜比移栽油菜更适合机收作业，随着油菜机播、机收技术的推广，其发展前景十分广阔。

(1)品种选择：免耕直播油菜扎根较浅，后期易出现倒伏。生产上应选择临油1号、德油早1号等产量高、株高适中、抗倒性较好的“双低”油菜品种作免耕直播栽培。

(2)适期早播：晚稻(玉米、烤烟)收获后应抢时早播，一般于9月中下旬播种，最迟不超过10月底。在田土潮湿或适期早播时，每亩播种量为0.25～0.4 kg；在田土干燥或迟播时，每亩播种量为0.3～0.5 kg。为使播种均匀，可用细沙、复合肥与种子拌匀后再播。播种方式以条直播、撒直播为主。

(3)间苗、定苗：菜苗3～4片真叶时间苗，间密补稀。4～5叶期定苗，对早播的田块，每亩留苗草甘膦1.2万～1.8万株；对迟播的田块，每亩留苗1.8万～2.4万株。

(4)化学除草：①播前处理关。对播种前杂草较重的田块，在播种前15～20 d，每亩用10%500 mL兑水40 kg喷雾扑杀免耕田块老杂草。②播后苗前处理关。播种覆土后，每亩用50%乙草胺50～75 mL或60%丁草胺100 mL兑水40 kg喷施土壤，防止杂草萌发。③茎叶处理关。以禾本科杂草为主的田块，在杂草3～4叶期，每亩用5%精禾草克50 mL或10.8%高效盖草能20～25 mL，兑水40 kg喷雾防除。对阔叶草为主的田块，在杂草2～3叶期每亩用50%高特克30 mL，兑水40 kg喷雾防除。

(5)科学施肥：直播油菜肥料采用前促施肥法，即基肥足，苗肥早，薹肥稳，促使冬春双发。一般每亩总施肥量掌握在氮肥20～30 kg，过磷酸钙25～30 kg，钾肥7～10 kg，硼肥1～2 kg。一般磷、钾、硼肥作基肥一次性施用，氮肥施用比例为基肥30%、苗肥50%、薹肥20%。

(6)适时收获：角果呈枇杷黄时(成熟率达85%)，及时收割，晴天脱粒。若采用机械收割，待油菜成熟率达90%时，抢晴收获。

3.花生种植技术

(1)播前准备。

①选地：花生是地上开花、地下结果的作物，根系生长发育需要良好的土壤环境，适宜在排水良好的壤土或沙壤土，比较向阳的非盐碱土，非豆科作物下茬地块种植。

②整地：花生地要普遍进行深中耕20～25 cm，一般不要超过30 cm，通过深翻整地达到深、松、厚、活的土壤条件。

③施肥：种植花生要求一次施足底肥，这样施肥效果较好。一般亩施农家肥3500 kg(包括厩肥、草木灰、沼渣、沼液、作物秸秆肥，饼肥等经过充分沤制的速效有机肥)，三元

复合肥30～40 kg或磷酸二铵15～20 kg、硫酸钾8～10 kg。

④选膜：种植花生必须选用0.007～0.008 mm微膜，以利果针下扎穿透，也可降低成本。

⑤轮作换茬：花生重茬可导致土壤微生物群落失衡和土壤养分失调，病虫害加重，生长发育受阻，荚果产量降低。据试验，花生重茬一年，荚果减产近20%，重茬两年减产30%。因此，要使花生高产，必须进行轮作换茬。

⑥选种：一般中等肥力地块，选用发育早，生育期较短的早熟品种，如云花生15号、临沧小粒红花生良种。

(2)播种措施。

①播期：当5 cm的地温达15 ℃时，即开始播种，一般在5月上旬。花生覆膜种植最佳播期为4月下旬。

②墒情：为确保花生种子出苗期和幼苗期对水分的需求，一定要足墒播种，墒情要达到手握成团，撒下散花，墒不足要浇水补墒。

③选种：播种前选择晴天9:00～15:00将花生种平铺到屋外利用阳光晒种，连晒2～3 d后剥皮，进行分级粒选，一级种子百粒重≥90 g，二级种子百粒重≥70 g，淘汰三级次种。

④种子处理：选用的种子要做到“三拌”。即一拌杀虫剂，每50 kg种子，用辛硫磷乳油150 g拌种；二拌杀菌剂，每50 kg种子用多菌灵200 g拌种；三拌微肥，每50 kg种子用200 g磷酸二氢钾拌种。

⑤播种：花生播种深度与密度根据土壤性质的不同有所变化，一般沙壤土4～5 cm，中壤地3～4 cm。播种密度行距46.7～50.0 cm，株距6.6 cm，单粒点播；花生覆膜栽培大行距90 cm，小行距33.3 cm，株距13.2 cm，双粒播种。

(3)田间管理。

①清棵蹲苗：当花生出苗后，立即把周围的土扒开，使第一对侧枝的两片叶子外露，清棵比对照一般亩产增加30%以上。

②叶面喷肥：如果幼苗缺肥，每亩用0.3%磷酸二氢钾溶液40 kg加1 kg尿素，或用2%的过磷酸钙40 kg溶液喷施叶面，促进幼苗健壮生长。在8月上中旬可叶面喷施助壮素、魔力壮或富尔655。

③调节生长：在高水肥地块，花生营养生长过盛，容易徒长，可采用叶面喷施植物生

长调节剂B9或缩节胺，喷施浓度0.05%～0.1%为宜，每亩喷40 kg即可。缩节胺每亩用2～3 g，兑水40 kg喷施，可控制花生的营养生长，促进生殖生长，使其多结果，结饱果。

④浇水追肥：在花生的花针期，如果不下雨，土壤耕层50 cm含水量低于10%时，应结合追施尿素7～10 kg/亩进行浇水，浇水时以顺畦沟缓慢浸润，浇匀、浇透，避免大水漫灌。

⑤及时收获：中早熟品种在9月中下旬收获，晚熟品种在10月初及时收获。如果收获过迟，花生会脱落在土壤里，减少收入。收获后将荚果晾晒5～7 d，待水分降到10%以下时即可收藏。

4.向日葵种植技术

（1）向日葵基本习性。

向日葵属于一年生植物，高1.5～1.7m，茎直立、粗壮、圆形多棱角、被白色粗硬毛，性喜温暖，耐旱。向日葵的根由主根、侧根和须根组成。主根入土较深，侧根从主根上生出，水平方向生长；侧根上长有许多的须根。侧根和须根上着生根毛。向日葵根系发达，在土壤中分布广而深，其中60%左右的根系分布在0～40 cm土层中。向日葵根的生长速度一直比茎快，花盘形成前后根生长最快，到种子开始成熟时，根不再生长，以后便逐渐枯萎。此外，在适宜条件下向日葵可长出大量的水根。

①幼苗期：从出苗到现蕾称为幼苗期。一般需要35～50 d，夏播28～35 d。此时期是叶片、花原基形成和小花分化阶段。该阶段地上部生长迟缓，地下部根系生长较快，很快形成强大根系，是向日葵抗旱能力最强的阶段。

②现蕾期：向日葵顶部出现直径1 cm的星状体，俗称现蕾。从现蕾到开花一般需20 d，是营养生长和生殖生长并进时期，也是一生中生长最旺盛的阶段。这个时期向日葵需肥、水最多，约占总需肥水量的40%～50%。此期如果不能及时满足向日葵对水肥的需要，将会严重影响产量。

③开花期：田间有75%植株的舌状花开放，即进入开花期。一个花盘从舌状花开放至管状花开放完毕，一般需要6～9 d。第2天至第5天是该花序的盛花期。这4天开花数约占开花数量的75%。花多在4:00～6:00开放，次日上午授粉、受精。未受精的枝头可保持7～10 d不凋萎。向日葵自花授粉结实率极低，仅为3%左右，而异花授粉结实率高。

(2)向日葵生长与环境条件。

①温度:向日葵原产热带,但对温度的适应性较强,是一种喜温又耐寒的作物。向日葵种子耐低温能力很强,当地温稳定,在2 ℃以上,种子就开始萌动;4~5 ℃时,种子能发芽生根;地温达8~10 ℃时,就能满足种子发芽出苗的需要。发芽的最适温度为31~37 ℃,最高温度为38~44 ℃。向日葵在整个生育过程中,只要温度不低于10 ℃,就能正常生长。在适宜温度范围内,温度越高,发育越快。

②水分:向日葵植株高大,叶多而密,是耗水较多的作物。它的吸水量是玉米的1.74倍。但因其生长发育多与当地雨热同步,水分供求矛盾不突出。向日葵不同生育阶段对水分的要求差异很大。从播种到现蕾这段时间比较抗旱,需水不多,仅为总需水量的1.9%。并且适当干旱有利于根系生长,增强抗旱性。现蕾到开花这段时期是需水高峰,需水量约占总需水量的43%。此期若缺水对产量影响很大,此阶段恰逢雨量较多,基本上能满足向日葵生长发育对水分的需要,如果过于干旱需灌水补充。开花到成熟这段时期需水量也较多,约占总水量的38%。如果此期水分不足,不仅影响产量,还降低油脂含量。

③光照:向日葵为短日照作物,但它对日照的反应并不太敏感。比如在临沧的日照条件下,向是葵无须特殊处理,都能正常开花成熟。向日葵喜欢充足的阳光,其幼苗、叶片和花盘都有很强的向光性。日照充足,幼苗健壮能防止徒长;生育中期日照充足,能促进茎叶生长旺盛,正常开花受粉,提高结实率;生育后期日照充足,籽粒充实饱满。

④土壤:向日葵对土壤要求不严格,在各类土壤上均能生长,从肥沃土壤到旱地、瘠薄地、盐碱地均可种植,有较强的耐盐碱能力。

⑤向日葵的播种时间:在临沧可以周年播种;播种的适宜温度为18~25 ℃;出芽时间为5~7 d。

(3)向日葵种植技术。

①选用良种:葵花品种很多,一定要挑选皮薄粒满,高抗倒伏品种。临沧市主栽品种有食用型常规种和油食兼用型新葵20号杂交品种两个品种,盘大抗倒,产量高,一般亩产在150~250 kg,出油率达32%~35%。

②整地施肥:向日葵的根系发达,吸收能力强,为实现高产应该深翻土地,多施有机肥。亩施底肥复合肥(N:P:K=15:15:15)20~25 kg,高效硼肥2~3 kg(向日葵是喜硼作物),防地下害虫药用地虫清3~4 kg,可满足向日葵前期生长需求。

③播种时期及规格：在临沧海拔1100 m以下地区，一年四季都可以种植向日葵。种植时一膜盖双行（小行），同时喷除草剂精禾草克等防控禾本科杂草。塘距33 ~ 35 cm，大行距60 ~ 70 cm，小行距40 cm，每塘播3粒，最后每塘留1株，亩保苗4000 ~ 4500株。一般先盖膜后破膜点播，播深3 cm，亩用种1 kg左右。一般10 d左右出苗，应及时查苗放苗，避免烫伤生长点。

④生长期管理：苗期宜蹲苗，促地温的升高和多生新根。应做到不旱不浇水，多中耕除草增加土壤的温度和透气性。幼苗长到7 ~ 8片叶，每亩用氮肥5 kg兑水浇施。现蕾期是水肥关键时期，结合中耕亩施复合肥25 kg（干施），提高肥料利用率，同时每隔一周连续喷施速效硼两次。

⑤适时抢收：葵花盘的背面显黄色即可收获。收割后立即脱粒晒干以防霉变，影响出油率和品质。

5.芝麻种植技术

芝麻是中国主要油料作物之一，具有较高的种植价值，我国自古就有许多用芝麻和芝麻油制作的美味佳肴。

（1）芝麻播种时期。

临沧春芝麻可在4月下旬至5月上旬播种。夏芝麻产区主要是小麦—芝麻、油菜—芝麻、蚕豆—芝麻、豌豆—芝麻一年两熟。夏芝麻应抢时早播，一般在5月下旬至6月上旬播种。麦垄套种和育苗移栽提早到5月15 ~ 20日播种。秋芝麻播期在7月上旬至中旬，一般不晚于7月下旬。间作、混播芝麻以当地最适宜的播期播种。但要服从主作物的播种期。芝麻与主作物有同时播，也有芝麻晚于主作物的播种时间，如大豆、棉花地种芝麻，芝麻起补缺作用应适当迟播。

不管是夏芝麻还是秋芝麻，都是在气温高、蒸发量大的季节播种，精细整地，保持土壤水分是全苗的关键。

（2）芝麻播种方式。

芝麻有点播、撒播和条播三种，每亩用种量撒播为400 g、条播为350 g、点播为250 g，在土壤肥力高、病虫害少、含水量高的田块可适当少播。

①撒播：撒播是江淮地区的传统播种方式，适宜于抢墒播种。撒播时种子均匀疏散，覆土浅，出苗快，但不利于田间管理。

②条播：条播能控制行株距，实行合理密植便于间苗、中耕等田间管理，适宜机械化操作。

③点播：点播每穴5～7粒种子。

无论何种播种方式，浅播、匀播，深度2～3 cm为宜。

（3）芝麻种植技术。

①整畦播种：畦沟宽33 cm，畦高20 cm，畦宽1～1.2m，畦宽适当，便于管理。在畦面挖浅沟，沟距（也是行距）33 cm。播种时，由于芝麻种子小，密度难控制，可与少量干细土拌匀，再播种。

②化学除草：在播种后3 d，亩用60%禾耐斯乳油60 mL，加水50 kg稀释后均匀喷施于畦面，可减少杂草的生长。

③适时间苗：播后十多天，待其长出2～3片子叶后间苗，5～6 d再间一次，使其株距在22～24 cm之间，亩植8000～10000株。适宜的株距，有利其分枝。

④科学施肥：施足基肥，每亩施农家肥1500 kg。在长出3～4真叶后，施1～2次人粪尿。开花结蒴期是芝麻生长最旺盛时期，也是需肥高峰期，每亩追施硫酸铵10～15 kg，并用0.4%的磷酸二氢钾与0.2%的硼砂混合溶液进行叶面喷施，5～7 d喷一次，连喷2次。

⑤打顶收获：在盛果期后，当主茎顶端叶节簇生，近乎停止生长时，选晴天上午摘除顶芽。芝麻果实黄熟，籽粒黑色就可收获。

（三）临沧油料作物主要病虫害及防治技术

1.油菜病虫害防治技术

为了有效提高油菜的产量和品质，还应切实加强病虫害防治工作。在油菜病虫害的防治过程中，应当尽可能地掌握病虫的危害特征及相关规律，及时采取防治措施，把病虫害扼杀在萌芽状态。如果病虫害危害不大，可以通过直接摘除病叶达到防治目的。如果受害面积达到或超过10%，这时就应采取药物治疗措施了。应当尽可能地选择毒性低、残留量低的无害农药，促进油菜产量和品质的提升。

（1）优质油菜“三精”栽培技术防治病虫害。

病虫草害防治坚持“预防为主，综合防治”的方针，综合运用农业防治、生物防治和化学防治。

①病害防治：油菜主要病害有根肿病、菌核病、白锈病，应早查早治。

②虫害防治：油菜主要虫害有蚜虫、叶蜂幼虫、油菜菜青虫、斑潜蝇。病害、虫害防

治方法详见附表2。

③田间除草：油菜播种后（1～2 d内）用乙草胺喷施苗床，封闭除草，减少草害的发生；移栽前15～20 d用化学除草剂进行大田除草，栽后薹花期采用人工除草。除草剂的使用符合NY/T1997—2011的规定。油菜化学除草剂种类及防治对象详见附表3。

（2）免（少）耕直（撒）播高产栽培防治病虫害。

直播油菜前中期蚜虫发生重，可用灭蚜灵、功夫等药剂喷雾防治。在初花期、盛花期，每亩用50%速克灵100 g或25%使百克20～40 mL，兑水40 kg喷雾防治菌核病。

2.向日葵病虫害防治技术

油葵的病害并不多，主要是菌核病及霜霉病。虫害主要是螟虫、钻心虫等。病害用菌核净或阿米多彩喷两遍即可，螟虫可用功夫菊酯喷雾。

3.花生病虫害防治技术

（1）地上病虫害防治技术。

花生出苗前后用丙溴灭多威等杀虫剂防治黑绒金龟子等苗期害虫；6月上旬花生团棵时用吡虫啉或乐果1000倍液喷雾防治蚜虫；7月中旬、8月上旬用丙溴灭多威1000倍液喷雾防治棉铃虫和尺蠖（造桥虫）。

花生生长后期常见病害为叶斑病（主要为褐斑病与角斑病）。主要防治措施：于7月中旬用70%甲基托布津1500倍液或50%多菌灵1000倍液喷雾防治，7～10 d喷1次，连喷2～3次。

（2）地下害虫的防治。

①实行2～3年轮作，轮作年限越长，效果越好；

②深翻改土，增施有机肥；

③在播种前用辛硫磷颗粒处理土壤，或用辛硫磷乳剂拌种。

4.芝麻病虫害防治技术

（1）芝麻立枯病。

①发病症状：芝麻立枯病是在芝麻幼苗期最常发生的一种病害。幼苗发病后会在其茎部产生深色的病斑，然后围绕着茎部逐渐蔓延发展。导致茎部受害严重形成线状病斑，幼苗倒伏，严重的时候会导致植株下部叶片萎蔫枯死。

②防治方法：首先我们要选择一个优良的品种，保证有良好的抗病能力，在播种前对种子进行消毒工作，使用福美双等药剂进行拌种。然后做好整地工作，将土壤深翻消

毒，消灭土壤中的病菌。

（2）芝麻根腐病。

①发病症状：芝麻的根腐病主要危害芝麻植株的茎基部。在发病初期会在茎基部出现深色斑块，但分界不明显。然后逐渐变成黑腐症状，将表皮剥去会发现内部呈现红色。最终导致芝麻全株萎蔫，逐渐枯死。

②防治方法：我们在选择种植地块的时候要注意地块的地势，不可种植在低洼易积水的地方。然后在种植过程中要加强管理，不可浇水过多，防止田间湿度过大，导致积水沤根。遇到雨季或者是产生积水的时候要及时排水。

（3）芝麻花叶病。

①发病症状：芝麻花叶病危害植株的叶片。花叶病发病后会导致茎秆出现扭曲现象，植株无法长高。结实率极低甚至不结实，品质与产量受到严重影响。

②防治方法：注意隔壁地块及土壤前茬作物，不宜为花生等作物，否则易产生土传病害。然后要选择抗病能力强的种子，加强田间管理，同时要注意防治好蚜虫，防止携带病菌。

（4）芝麻角斑病。

①发病症状：芝麻角斑病在芝麻任何时期都可发病，一般集中在幼苗期。幼苗发病后死亡率极高，在幼苗叶片上会出现水渍状的斑点。然后逐渐扩大成深色的多角形病斑。并且还会沿着叶脉发展，导致全株叶片受害。顶端受害后无法继续生长，导致植株死亡。

②防治方法：在播种前要使用温水、硫酸铜等药剂进行消毒工作，消灭种子内的病菌。或者选择优良的杂交品种，培育出抗病能力强的芝麻品种。然后做好水分管理，及时排出积水，采收后做好清园工作，烧毁病残体及杂草。发病后使用氧氯化铜等药剂进行防治。

针对以上各种作物的病虫害防治技术，要积极贯彻“预防为主，综合防治”的植保方针，农业防治、物理机械防治、生物防治和化学防治相结合。首先，做好植物检疫工作，禁止检疫性病、虫、草害从疫区传入。其次，在选用抗病品种、合理轮作、加强肥水管理的基础上，按照病、虫、草害的发生规律和经济阈值，针对病、虫、草害的发生种类，科学采取化学防治技术，有效控制病、虫、草害，以保持农作物健壮生长，减少损失。此外，在进行药剂防治时，严格按照《农药安全使用标准》(GB/T8321—2000)规定执行。严禁使用高毒和高残留农药品种、"三致"(致癌、致畸、致突)农药品种和无"三证"农药及其混配品种。严格控制安全间隔期、施药量和施药次数,注意不同作用机理的农药交替使用和混合使用,避免产生抗药性。

附表1　适宜临沧市种植的优质油菜品种及栽培要点

品种名称	主要特性	品质类型	栽培要点
云油杂51号	早熟(190 d),分枝紧凑,平均株高172 cm,有效分枝12个,每角粒数22.8粒,单株有效角果数327个,抗倒,抗白粉病、霜霉病、病毒病,中抗菌核病,千粒重4.0 g	低芥酸、低硫苷、高油酸	1.提高整地质量;2.施足底肥,合理施用提苗肥、薹花肥;3.控制群体结构;4.加强肥水管理,该品种根肿病抗性弱,种植时要注意加强根肿病的防控措施
云油杂12号	早熟(190 d),株高175 cm,有效分枝13个,单株有效角果数498个,每角粒数22粒;中抗菌核病,中抗病毒病,中抗霜霉病和白粉病,苗期抗寒性强;易裂荚;抗倒伏性强,千粒重4.3 g	低芥酸、低硫苷、高含油量	1.提高整地质量;2.施足底肥,合理施用提苗肥、薹花肥;3.控制群体结构;4.加强肥水管理,加强菌核病、病毒病、霜霉病、白粉病防治;该品种根肿病抗性弱,种植时要注意加强根肿病的防控措施
德油早1号	早熟(186 d),平均株高200 cm,生长势强,匀生分枝,有效分枝12个;单株有效角果480个,角粒数15.2~20粒,千粒重3.7 g,熟期早,抗倒、抗冻,耐病力强	低芥酸、低硫苷	1.提高整地质量;2.施足底肥,合理施用提苗肥、薹花肥;3.控制群体结构;4.加强肥水管理;该品种根肿病抗性弱,种植时要注意加强根肿病的防控措施
星德油660	中早熟(195 d),平均株高183.8 cm,有效分枝数20个,单株有效角果数733.0个,每角粒数23.0粒,抗倒,抗白粉病、霜霉病、病毒病、中抗菌核病,千粒重3.9 g	低芥酸、低硫苷	1.提高整地质量;2.施足底肥,合理施用提苗肥、薹花肥;3.控制群体结构;4.加强肥水管理加强菌核病防治;该品种根肿病抗性弱,种植时要注意加强根肿病的防控措施
临油1号	中偏早熟(190 d),株高156 cm,有效分枝13个,再次有效分枝8个,单株角果数367个,角粒数24粒,抗白粉病、霜霉病、病毒病、中抗菌核病,千粒重3.8 g	低芥酸、低硫苷	1.提高整地质量;2.施足底肥,合理施用提苗肥、薹花肥;3.控制群体结构;4.加强肥水管理,加强菌核病防治;该品种对根肿病的抗性弱,种植时要注意加强根肿病的防控措施

附表2 油菜主要病虫害及防治方法

防治类型	防治对象	防治方法	备注
农业防控	白粉病、白锈病、霜霉病、菌核病、根肿病等	选用抗(耐)病品种;播种前深耕灭茬,减少菌源;适期播种;及时清除田间杂草及自生麦;科学合理施肥;合理排灌	
	蚜虫、跳甲、小菜蛾、斜纹夜蛾、蛴螬等	选用抗虫品种;深翻灭茬,精耕细作;合理施肥;适时排灌	
生物防控	白粉病、白锈病	应用枯草芽孢杆菌、苏云金杆菌等生物农药防治	按农药标签和说明书使用
	蚜虫	保护瓢虫、食蚜蝇、草蛉、蚜茧蜂等自然天敌,利用天敌控制蚜虫危害;应用阿维菌素等生物农药防治	按农药标签和说明书使用
物理防控	蚜虫成虫等	应用色板、杀虫灯、性诱激素等诱(捕)杀	每亩10~15片色板
药剂防治	白锈病、白粉病	每667 m^2选用25%三唑酮可湿性粉剂28~33 g,或12.5%烯唑醇(禾果利)可湿性粉剂40~60 g,或25%丙环唑乳油33 mL,或30%戊唑醇(得惠)悬浮剂10~15 mL兑水50 kg喷雾防治	发病重的田块,可间隔7~10 d再喷药一次
	菌核病	用40%菌核净可湿性粉剂1000~1500倍液1~2次,或50%多菌灵粉剂500倍液2~3次,或甲基托布津可湿性粉剂500~1500倍液2~3次,每667 m^2喷施药液100~125 kg	按农药标签和说明书使用
	根肿病	用75%百菌清可湿性粉剂600~700倍液,或50%多菌灵可湿性粉剂800~1000倍液,或70%敌克松可湿性粉剂1000倍液,每667 m^2喷撒药液60 kg	重病田块间隔7 d喷洒1次,连续2~3次
	霜霉病	用75%百菌清可湿性粉剂500倍液,或65%代森锌500倍液,或50%托布津1000~1500倍液,每667 m^2喷施药液100 kg	初花期叶病株率10%以上开始喷药
	蚜虫	每667 m^2选用50%抗蚜威可湿性粉剂3500~4000倍液、10%吡虫啉可湿性粉剂2500倍液喷施	有翅蚜株率达10%时进行药剂防治;叶蜂幼虫、菜青虫在发生期及时防治
	油菜菜青虫	10%吡虫啉可湿性粉剂2500倍液,或5%定虫隆乳油2000倍液喷施	按农药标签和说明书使用
	斑潜蝇	80%灭蝇胺可湿性粉剂1000倍液喷施	按农药标签和说明书使用
	金针虫、蛴螬、蝼蛄、地老虎等地下害虫	每667 m^2选用40%辛硫磷乳油或40%甲基异柳磷乳油0.3 kg,加水1~2 L,拌细土25 kg制成毒土,犁地前均匀撒施地面,随犁地翻入土中	

附表3　油菜化学除草剂种类及防治对象

防治对象	药剂种类	喷施部位	备注
播娘蒿、荠菜、猪殃殃、野油菜和繁缕	唑草酮、苯磺隆、氯氟吡氧乙酸、苄嘧磺隆、噻吩磺隆	叶面喷施	按药剂说明书使用
野燕麦、硬草、看麦娘	精恶唑禾草灵、炔草酸(炔草酸酯、炔草酯)、甲基二磺隆	叶面喷施	按药剂说明书使用
禾本科杂草和阔叶杂草混生	氟唑磺隆、甲氧磺草胺、阔世玛，或者精恶唑禾草灵与苯磺隆混用、炔草酸与苯磺隆混用	叶面喷施	按药剂说明书使用

参考文献

[1]冯云生，王文生，王秀莲，等.临沧市油菜产业发展的历史、现状及对策[J].云南农业，2010(01):23-25.

[2]彭柳.不同生境下影响甘蓝型油菜收获指数的相关产量性状基因定位[D].重庆：西南大学，2016.

[3]王寅，鲁剑巍.中国冬油菜栽培方式变迁与相应的养分管理策略[J].中国农业科学，2015，48(15):2952-2966.

[4]陈华，李庆刚，余绍伟，等.云南油烟轮作区油菜缓释肥施用技术模式研究[J].中国农技推广，2019，35(S1):61-64.

[5]赵凯琴，杨兆春，符明联，等.云南油烟轮作区育苗移栽油菜化肥减施技术模式与效果分析[J].中国农技推广，2019，35(S1):58-60.

第四节　蔬菜

一、概述

（一）临沧蔬菜发展历史

由于临沧市地理位置相对边远，长期处于交通条件极为不便的状态，经济发展相对滞后，加之临沧城镇人口相对较少致使对蔬菜的消费量较少，致使长期以来临沧各地的蔬菜种植基本上处于自给自足的状态，所以蔬菜种植在临沧市起步较晚，又因经济基础薄弱及农民对发展设施蔬菜的概念模糊，对蔬菜生产的投入不足，致使蔬菜生产方式长期处于较为粗放的状态，临沧市蔬菜种植品种也相对较为单一。随着2007年临沧至大理的临祥二级公路的贯通，特别是2012年临沧各县（区）间的二级公路相继修通，临沧各县（区）的蔬菜产业发展步伐因为交通条件的改善而不断加快，全市蔬菜种植面积稳步发展。

（二）临沧蔬菜分布情况

临沧具有一定规模的蔬菜种植基地主要分布在耿马县、镇康县、永德县、双江县及临翔区。耿马县的孟定镇、勐简乡、耿马镇，镇康县的勐堆乡，永德县的永康镇，双江县的勐勐镇、沙河乡，这些地方因为海拔较低、常年无霜为临沧市的热区，是临沧市冬早蔬菜的主要生产基地，所产蔬菜大多数销往外省。临翔区的忙畔街道、凤翔街道，云县的爱华镇，凤庆县的凤山镇，沧源县的勐董镇城郊部分村寨的蔬菜产业发展具有一定的规模，但总体上蔬菜种植产业仍以农户的自发式、分散式生产为主，所产蔬菜基本上就近供应当地城乡居民。

（三）临沧蔬菜发展现状

近年来，临沧市充分发挥资源优势，突出区域特色，不断优化基地布局，加大资金扶持力度、土地流转力度和招商引资力度，积极引导企业、专业合作组织和农户开展合作，走“龙头企业+合作社+基地+农户”的发展道路，强化基础设施、市场流通体系、质量安全体系建设，努力提高蔬菜生产经营专业化、规模化、标准化、集约化水平，全市城乡“菜篮子”品种逐渐丰富，市场供应保障能力不断增强。目前，临沧全市蔬菜种植面积超过33400 hm^2，全年蔬菜产量超过60万t，实现年产值超过20亿元。全市常年供应市场的蔬菜有14大类150多个品种，叶菜类、茄果类、瓜豆类、葱蒜类等主要蔬菜市场供应充足，品种花色丰富，基本满足了临沧居民多样化的消费需求。临沧市目前已建成专供临沧主城区的蔬菜基地30余个，面积超过677 hm^2。以耿马县孟定镇为中心，辐射带动双江县、永德县、镇康县等周边地区的冬季蔬菜产品销往省内外，冬季蔬菜已成为临沧的重点特色产业和农民主要的增收产业，对临沧区域经济的拉动作用明显增强。目前，仅孟定镇每年种植的冬季蔬菜就超过了6770 hm^2，蔬菜生产方式已由粗放型、分散型向集约型、规模型、标准化生产方向发展，产品交易基本实现产、供、销一体化经营，临沧现在已经成为北京市冬春季蔬菜的重要来源地之一。

二、栽培技术

（一）临沧蔬菜栽培优势与特色品种

1.临沧蔬菜栽培优势

临沧具有发展蔬菜得天独厚的气候、土地、生态优势。临沧市属亚热带低纬度山地季风气候，雨量充沛，光照充足，干湿季节分明，冬无严寒，夏无酷暑，四季气候温和，适宜全年生产蔬菜。临沧市系怒山山脉的南延部分，属横断山脉纵谷区的南部，境内地形地貌复杂，海拔从450 m（耿马县孟定镇南汀河出境处）到3504 m（永德县大雪山）不等，海拔差异悬殊致立体气候十分显著，具有包括北热带、南亚热带、中亚热带、北亚热带、南温带及中温带在内的6种气候类型，既能四季生产冷凉蔬菜，又适合发展冬蔬菜和反季蔬菜，露地栽培也能实现蔬菜的周年均衡上市。

临沧市土地面积为24469 km^2，人口密度相对较低（约100人/km^2），辖区内农业人口人均占有耕地较多。澜沧江和怒江两大水系流经临沧，境内水资源丰富，生态环境保护较好，具有以沧源县南滚河国家级自然保护区及永德县大雪山国家级自然保护区为代表的丰富森林资源。此外，由于临沧市属典型的传统农业地区，境内工业污染源少，生态环境保护较好，空气清新，水源清洁，具有发展无公害蔬菜生产得天独厚的生态条件。

2.特色品种

目前临沧冬春季外销蔬菜的特色品种主要有四季豆、辣椒、荷兰豆、扁豆、苦瓜、西葫芦、黄瓜、茄子、西红柿、青玉米等喜温蔬菜以及冬春马铃薯和鲜食玉米。

（二）临沧蔬菜栽培与管理技术

1.根茎类蔬菜栽培与管理技术

临沧根茎类蔬菜主要包括萝卜、胡萝卜、芜菁、莲藕、山药、芋头、土豆、红薯等，根茎类蔬菜在出苗以后至叶片旺盛生长期要适当控制水分，尽量不浇水。中耕松土2～3次，中耕深度由浅渐深，从而促进幼根生长。这一控水过程俗称为蹲苗，具体时间应根据气候、土质情况而定，若天气干旱应缩短蹲苗或停止蹲苗。萝卜露肩以后，要保持土壤湿润，防止土壤忽干忽湿，小水勤浇，可以适当追施一些硼肥，以防裂根。胡萝卜叶面积小，蒸发量少，根系发达，吸收力强，比较耐旱。但在夏秋干旱季节，特别是在根部膨大时，需要及时适量灌水。要求土壤表面见干见湿为好，收获前一周停止浇水。

根类蔬菜在追肥管理上不同品种有很大差别，萝卜、胡萝卜、芜菁若基肥施用充足可不需追肥，若施用量不足应在根茎膨大初期随水追肥1～2次。以氮磷钾含量在40%以上的速溶肥或水溶肥为主。

根茎类蔬菜在肉质根未充分肥大前，会有“先期抽薹”的现象。抽薹受品种特性和外界条件的影响。如果在肉质根膨大未达到食用成熟前，遇到低温及长日照，植株就会抽薹开花。在栽培上常因品种选用不当、品种混杂、播期太早以及管理技术不当等引起先期抽薹，尤其在露地冬春季萝卜或山地萝卜种植时更易出现“先期抽薹”的现象。所以，防止先期抽薹的关键在于使萝卜在营养生长期间避免阶段发育的低温和长日照条件。例如，在不同季节、不同地区选用适宜的品种适期播种，选用阶段发育严格的品种及耐抽薹的品种等。另外，加强栽培管理，肥水促控结合，也可减少或防止先期抽薹的现象出现。

2.叶类蔬菜栽培与管理技术

临沧叶类蔬菜有大白菜、青菜、甘蓝、芹菜、韭菜等。叶菜蔬菜在苗期（3～5片叶）除了需要大量的氮之外，磷、钙、镁营养元素也很重要。磷是促根壮苗的重要元素，缺磷会导致植株矮小、减产。钙可增加叶片厚度和茎秆结实度，提高植株抗病力，减少烂叶现象。缺钙会导致叶片容易皱缩畸形，甘蓝类干烧心严重。镁促进叶片青绿，使黄叶大大减少，增加商品菜的比例。叶类蔬菜在生长中后期生长迅速，种植密度大会导致枝叶旺长、根系发育差，难以持续供给叶菜所需的营养，容易导致蔬菜早衰，采摘期短、产量低并且叶片薄弱、抗病能力弱、病害发生多。

3.瓜类蔬菜栽培与管理技术

瓜类蔬菜定植时要浇足水，定植后需要在高温高湿环境条件下缓苗，当进入初花期后白天要保持在25～28 ℃。冬春茬瓜类蔬菜定植后，必须控制水分，促进根系发育，控制地上部生长。发现水分不足生长受到抑制时，可选晴天上午，揭开垄端地膜，往暗沟中浇少量水，有滴灌设备的田块，可适量滴灌。

冬春茬瓜类蔬菜结果期最长，经历的环境条件变化也比较大，管理的关键是维持营养生长和生殖生长的平衡，既要防止徒长，又要避免早衰。进入结果期以后，日照时数增加，光照时间增长，外界温度升高，温光条件已经完全满足瓜类蔬菜需要，不会出现低温危害，但是仍然要保持10 ℃以上的昼夜温差。第一个瓜接近采收时，开始追肥浇水，每667 m^2追施硝酸铵或尿素10～15 kg，追肥溶于水中，随水灌入暗沟中。前期10～20 d浇1次水，隔1次追肥；进入结瓜盛期5～10 d浇1次水，追肥仍隔1次进行。追肥和浇水需明沟与暗沟交替进行。明沟在浇水后，表土见干时应进行浅松土保墒，可结合除草。

4.茄果类蔬菜栽培与管理技术

播种前，采用温汤消毒或药剂消毒的方式，对种子进行消毒，杀灭或减少附着在种子表面及潜伏在种子内部的病菌，减少种传病害。温汤消毒：把种子放在55～60 ℃的温水中浸15 min，并不断搅拌，使种子均匀受热。但种子消毒前要在常温水中预浸15 min，以便激活附着的病菌，达到较理想的灭菌效果。蔬菜不能连作，提倡轮作。茄果类蔬菜应进行3年以上轮作。前茬作物收获后，应该及时深耕，利用冬季低温冻垡，或利用夏季高温烤土，减少土传病害。果实挂稳后，应加强肥水管理。追肥以复合肥为主，不能偏施氮肥，适当增施磷钾肥，盛果期视长势向叶面追施0.2%～0.3%磷酸二氢钾。浇灌蔬菜时要用清洁水，生活污水不能用来浇灌。适时清除凋萎叶片和病株病叶。病株病叶要带出菜园，集中销毁。未覆盖地膜的田块，要及时中耕除草。整枝打叶要及时扦杆，防止植株倒伏。根据定植的密度，茄子、西红柿采用单秆或双秆整枝，即每株保留1个主秆或2个主秆。西红柿要及时疏花疏果，每台果保留2～3个果实。

5.豆类蔬菜栽培与管理技术

播前晒种1～2 d，每10 kg种子用杀菌剂适乐时15 mL兑水150 mL拌种。2～3片真叶期每677 m^2用尿素5 kg+0.5 kg硼砂兑水浇施，初花期亩施尿素5 kg+氯化钾5 kg，结合追肥除草培土一次，盛花期视苗情每亩浇施尿素2～5 kg，成熟期要求土壤保持湿润，一般现蕾期、始荚期、鼓粒期需要浇灌水补充土壤水分。现蕾期将无花无荚的空枝和弱小分枝疏除，改善株间通风透光；当田间开花枝达90%时，于晴天露水干后及时打去各分枝顶端3～5 cm，促进坐荚，并且用0.5% KH_2PO_4+0.3%硼砂溶液进行叶面喷施。

6.葱蒜类蔬菜栽培与管理技术

葱蒜类蔬菜是指具有特殊香辛味的鳞茎类蔬菜，多属于百合科多年生草本植物，以鳞茎或叶为食用部分，生长要求气候凉爽，耐寒性较强。除大葱外，其他葱蒜类蔬菜以黏壤土为好。该类蔬菜生长前期不喜过多水分，但产品器官形成期对水分要求较高。

葱蒜类蔬菜的根系为弦状须根，生长中又能从短缩茎部再生新的须根，根群分布范围广，但入土不深，几乎无根毛，吸水力弱，故在栽培中土壤不能过于干旱。地上部为扁平斜条形多蜡质或管状叶片，比较耐旱。叶脉与叶片平行，叶鞘闭合，基部连接茎盘，有的叶鞘部分肥厚，多数包合成球状。适宜生长温度多数为月平均12～20 ℃，耐寒性强，适于春秋季生长。繁殖方式不一，大葱、洋葱、韭菜、韭葱用种子繁殖，香葱以及多年生栽培的韭菜分蘖力强，为分株繁殖，大蒜、大葱、洋胡葱很少分蘖或不分蘖，大蒜、胡葱、薤、分蘖洋葱、顶生洋葱用鳞茎繁殖，亦可用气生小鳞茎繁殖。

（三）临沧蔬菜主要病虫害与防治技术

1.根茎类蔬菜主要病虫害与防治技术

根茎类蔬菜常见病害有黑斑病、黑腐病、细菌性软腐病，常见害虫主要有地下害虫、蚜虫、根蛆等。在黑斑病和黑腐病防治上，防治措施为选用优良品种，合理布局，轮作倒茬，增施有机肥，中耕除草，培育无病虫害的壮苗，降低病虫源数量。温汤浸种，用种子量0.3%的70%代森锰锌进行拌种；发病初期用75%百菌清可湿性粉剂600倍液，或50%速克灵可湿性粉剂1500～2000倍液，或50%扑海因可湿性粉剂1000～1500倍液喷雾防治，隔10 d左右喷1次，连续防治2～3次，采收前15 d停止用药。

在细菌性软腐病防治上，采用高垄栽培，发现病株及时挖除，并撒生石灰，用新植霉素400倍液，或72%农用链霉素可湿性粉剂400倍液喷雾防治。

在害虫防治上，地下害虫蛴螬、金针虫等用50%辛硫磷2500～3000倍液，或乐斯本2000倍液防治；蚜虫用5%虫螨克、10%吡虫啉1500倍液防治；根蛆成虫发生期，可用2.5%敌杀死乳油3000倍液喷施，隔7 d喷1次，连喷2～3次；幼虫发生期，用乐斯本7.5 L/hm^2，或40%辛硫磷15 L/hm^2浇水灌根进行防治。

2.叶类蔬菜主要病虫害与防治技术

叶类蔬菜的主要病害有霜霉病、软腐病、病毒病、黑腐病、黑斑病、干烧心、斑枯病、灰霉病等。叶类蔬菜的主要害虫有蚜虫、菜青虫、小菜蛾、韭菜蛆、甜菜夜蛾等。主要病虫害防治技术要因地制宜，一般选用抗（耐）病优质品种；实行翻耕、轮作、倒茬，加强中耕除草，清洁田园以降低病菌虫源数量，减少初侵染源。

防治霜霉病可选用58%甲霜灵锰锌可湿性粉剂500倍液、69%安克锰锌可湿性粉剂600～800倍液、72%克霜氰可湿性粉剂500～700倍液、72.2%普力克水剂800倍液等药剂喷雾；防治软腐病可用菜丰宁或专用种衣剂拌种，及时中耕松土促进根系发育，干旱年份浅耕可保墒，涝年深耕可促进水分蒸发，提高地温，利于发根提高抗病性，但注意避免伤根，团棵期要施好关键的肥、水；防治炭疽病、黑斑病可选用70%甲基托布津500～600倍液、80%炭疽福美可湿性粉剂800倍液等。

常见虫害推荐使用农药，防治菜蚜（甘蓝蚜、桃蚜、萝卜蚜等）可用50%辟蚜雾（抗蚜威）可湿性粉剂2000～3000倍液、25%快杀灵1000倍液等。防治菜青虫、小菜蛾也可选用菊酯类农药，也可采用BT乳剂、虫螨克、七公雷等生物制剂。防治韭菜蛆可选用75%辛硫磷乳油500倍液、48%乐斯本1500倍液灌根。防治甜菜夜蛾可用52.25%农地乐乳油1000～1500倍液，且在傍晚施药效果佳。

3.瓜类蔬菜主要病虫害与防治技术

（1）瓜类蔬菜主要的病害有霜霉病、白粉病、疫病、细菌性角斑病及病毒病等。霜霉病是瓜类蔬菜的重要病害，发生普遍、危害严重，主要危害叶片。白粉病主要危害瓜类蔬菜叶片，白粉病菌可在瓜类蔬菜病残体上越冬，第二年气温适宜时，又扩散到瓜苗上开始危害，高温干旱与高温高湿交替出现时，容易引起白粉病流行。疫病主要发生在瓜类蔬菜的嫩茎、叶片和瓜条等幼嫩部位。病毒病是由多种病毒引起的一类病害，病毒病在瓜类蔬菜上发生比较普遍，主要症状是引起花叶病，其他症状还有叶片皱缩变小、边缘卷曲、叶片变厚、颜色变深、出现强烈皱缩畸形等症状，也有的叶片变细、皱缩，叶缘向内卷曲呈鸡爪状。

（2）瓜类蔬菜病害主要的防治措施有：

①选用抗病品种。根据当地瓜类蔬菜病害的发生情况，确定危害最重的病害，然后选种适宜当地种植的抗该种病的品种。

②种子消毒。播种前应该对种子进行消毒，可以用50～55 ℃温水浸种10～15 min，或用50%多菌灵可湿性粉剂500倍液浸种1 h左右，还可以用40%甲醛150倍液浸种1.5 h左右。种子消毒后一定要用清水冲洗干净，然后再催芽播种。

③培育适龄壮苗。健壮的幼苗可以减少生长期病害的发生，因此要重视瓜类蔬菜苗期管理，培养壮苗，增强瓜类蔬菜幼苗的抗病力。还要及时拔除弱苗、病苗，减少瓜类蔬菜幼苗的感病机会。

④合理施肥、浇水。基肥要施足腐熟的农家肥，每667 m^2施农家肥5000 kg左右，氮磷钾复合肥40～50 kg；生长期及时追施嘉美红利、海力宝、赢利来等，适当控制浇水，下雨过后要及时排除积水，降低瓜类蔬菜地的土壤湿度。棚室栽培的瓜类蔬菜要适当推迟放风时间提高棚温，降低棚室湿度，减少棚顶以及叶面结露和叶缘吐水。

⑤摘除病组织。在瓜类蔬菜栽培过程中，要勤查植株，及时摘除病叶、病果，并且带出田外深埋或烧毁，减少菌源和初侵染来源。摘除幼果上残留的花以及柱头，也可以减少病害的发生。

⑥及时清园。瓜类蔬菜收获后要及时清除病残体，并且进行深翻30～35 cm，将地上部分病菌埋入深层土壤中。轮作倒茬，重病田要实行3～5年轮作，前茬以绿肥和豆茬最好，有条件的地区可以实行水旱轮作。

⑦化学农药防治。一般应该在瓜类蔬菜发病初期喷药，这样就可以及时地控制病情。防治霜霉病可以喷施普力克、银法利+嘉美金点，防治白粉病可以喷施乙嘧酚、苯醚甲环唑、绿妃+嘉美金点，防治疫病可以喷施银法利、抑快净+嘉美金点，防治细菌性角斑病可以喷施可杀得、中生菌素、噻菌铜等，防治病毒病可以喷施盐酸吗啉胍、辛菌胺醋酸盐、氯溴异氰尿酸等。

瓜类蔬菜主要害虫有瓜蚜、斑潜蝇、瓜绢螟等。防治瓜蚜可以喷施10%吡虫啉可湿性粉剂2500倍液+嘉美金点1000倍液，或50%抗蚜威可湿性粉剂2000倍液+嘉美金点

1000倍液。防治斑潜蝇可以喷施20%的阿维菌素+杀虫单2000倍液+嘉美金点1000倍液。防治瓜绢螟可以喷施20%氰戊菊酯乳油2000倍液+嘉美金点1000倍液，或5%高效氯氰菊酯乳油1000倍液+嘉美金点1000倍液。此外可以采用银灰棚膜驱蚜（蚜虫不喜欢银灰色，有远离银灰色的习性，所以使用银灰色棚膜，或者在苗床上悬挂银灰色薄膜，可以起到驱赶蚜虫的作用，使蚜虫不在苗床上为害）和悬挂黄板（蚜虫、斑潜蝇以及烟粉虱都喜欢黄色，会朝着黄色的物体上飞。利用这个习性，可以在棚室或田间设置黄板，黄板上涂抹黄油或者粘虫胶）等物理防治措施。

4.茄果类蔬菜主要病虫害与防治技术

茄果类蔬菜病害主要有青枯病、黄萎病、病毒病、疫病、炭疽病、疮痂病等。青枯病属细菌性病害，发病后应及时拔除中心病株，在穴内撒石灰消毒，用农用链霉素灌根，每5～7 d 1次，连续2～3次。茄子黄萎病又称“半边疯”，对发病株及周围健康株用多菌灵、甲基托布津等农药灌根。疫病、疮痂病、炭疽病、晚疫病等用可杀得、瑞毒霉、百菌清、克露等农药进行防治。病毒病可用病毒A、病毒K等农药防治。

茄果类蔬菜害虫主要有蚜虫、烟青虫、斜纹夜蛾、二十八星瓢虫等，可用虫螨克、顺反氯氰菊酯、阿维菌素、甲维盐、乐斯本等农药防治。

5.豆类蔬菜栽培主要病虫害与防治技术

豆类蔬菜主要的病害有菜豆炭疽病、细菌性疫病、豆角锈病、叶斑病等，主要的害虫有种蝇、豆荚螟等。

豆类蔬菜炭疽病在多雨、多雾或低洼积水地栽培受害严重，可侵染刚出土的子叶、叶、茎、荚、种子，病斑有暗褐色或黄褐色斑点，干燥时易龟裂，潮湿时病斑边缘有淀粉红色的晕圈。豆类蔬菜炭疽病的防治方法一般在无病豆荚上采种，深翻土地，实行轮作，用1∶200～240等量式波尔多液喷雾保护，65%代森锌可湿性粉剂500倍液或50%甲基托布津可湿性粉剂600倍液在发病初期喷雾。

豆类蔬菜细菌性疫病又名火烧病、烧叶病，危害叶、茎、荚、种子等，病斑中央近圆形、长条形或不规则形，黑褐色或红褐色，边缘有黄色晕圈，潮湿的病斑中央有细菌黏液，干燥时被害组织呈半透明羊皮纸状，受害种子种皮皱缩，高温多雨、肥力不足、杂草丛生的地块发病严重。防治措施有加强田间管理，选用无病种子，播前用45 ℃温水浸泡种子10 min，或用种子重0.3%的50%福美双可湿性粉剂（或敌克松原粉）拌种，发病初期喷1∶2∶200石灰倍量式波尔多液。

豆角锈病主要危害叶片，初生黄白色小斑，稍突起，后逐渐扩大为锈褐色突起病斑，病斑破裂散发出铁锈粉末（夏孢子），严重时叶片迅速干枯脱落，直接影响产量，高温、高湿是主要诱病因素。防治措施：清除田间病残体，集中烧毁；用50%萎锈灵1000倍液或65%代森锌500倍液、50%多菌灵800倍液喷药防治。

豆角叶斑病表现为叶的两面初生紫褐色斑点，后扩大呈圆形，病斑表面上生暗绿色或暗褐色霉状物，严重时叶片枯死脱落，高温高湿的连作地发病重。防治措施：增施钾肥，提高植株抗病力；发病初期喷1∶1∶200等量式波尔多液或50%托布津、50%多菌灵1000倍液、65%代森锌500倍液，每隔10 d喷1次，连续喷2～3次。

种蝇的防治措施：堆沤肥必须腐熟，并将腐熟的肥料深翻进土中不与种子接触；用90%敌百虫1000倍液喷洒根部，杀死幼虫。

豆荚螟成虫产卵于花蕾和嫩梢部位，初孵幼虫先侵入花蕾危害，继而蛀入荚内取食嫩荚种子，果荚内部及蛀孔外部堆积许多粪粒，致使果荚失去食用价值，高温、高湿、多雨的年份发生重。防治措施：对3龄以前的幼虫进行药剂防治，常用农药有90%敌百虫1000倍液、50%杀螟乳剂1500倍液；也可于夜间用白炽灯加黑光灯共同诱杀成虫。

6. 葱蒜类蔬菜主要病虫害与防治技术

葱蒜类蔬菜的主要病害有霜霉病、紫斑病、锈病、炭疽病、菌核病、软腐病等，主要害虫有潜叶蝇、蓟马、线虫、夜蛾等。

葱蒜类霜霉病多发生在春、秋季节，主要危害叶片和花梗。叶片发病，出现叶片扭曲、发黄、变厚，并生出黄白色或乳黄色病斑；花梗发病，会出现卵形或椭圆形病斑，湿度较大时叶片及花梗的病斑上出现白色霉层，逐渐变成绿色或暗紫色，病害严重时逐渐萎蔫枯死；若是整株发病，可使植株停止生长。防治措施：选择土壤条件良好的地块，适时播种，避免连茬连作。及时清除田间杂草，适时追水、追肥，避免肥料偏施、漏施、少施，有条件的农户建议测土配方施肥。发病后可用75%百菌清可湿性粉剂600倍液、25%甲霜灵可湿性粉剂500～600倍液等喷施防治，7～10 d喷1次，连喷3～4次。

葱蒜类紫斑病又称黑斑病、轮斑病，该病主要危害叶片和花梗，病菌以菌丝体在寄主体内或随病残体遗落在土壤中越冬，种子也可带菌。分生孢子随气流传播，从伤口、气孔或表皮直接侵入植株内部致病。防治措施：重病区实行轮作；因地制宜选用抗病品种，播前用40～50 ℃温水浸泡种子消毒1.5 h，加强肥水管理；发现病害及早喷药，用70%甲基托布津1000倍液或波尔多液，或代森锰锌70%1000倍液交替喷施，前密后疏。

葱蒜类锈病主要危害叶，初期叶片上出现零星的小泡点，后发展呈圆形、椭圆形或梭形小斑，病斑表皮开裂后散出橙黄色或紫褐色的粉末。严重时，葱叶上布满病斑破裂后留下的疤痕，易枯死和腐烂。防治措施：发病初期及时喷洒三唑酮、烯唑醇等，每10 d喷一次药，连续2～3次。

葱蒜类炭疽病常年发病，主要危害叶、花茎和鳞茎。叶片受害症状表现：发病初期病斑近纺锤形或不规则形，淡灰褐色至褐色，上生许多小黑点，严重时上部叶片枯死，在多雨年份或在排水不良时发病症状重。防治措施：与非葱蒜类蔬菜实行两年以上轮作，选用无病种子，必要时进行种子消毒，用福尔马林（40%甲醛）300倍液浸种3 h播种前用水充分洗干净以免发生药害；清洁田园，加强管理；多施基肥，合理追肥，施氮肥的同时适当配施磷肥、钾肥；注意雨后排水，使植株生长健壮，增强抗病力；及时防治葱蓟马以免造成伤口；在发病初期及时喷施药剂防治，药剂可用75%百菌清可湿性粉剂500～600倍液，或58%甲霜灵锰锌可湿性粉剂500倍液，或64%杀毒矾可湿性粉剂500倍液，或50%扑海因可湿性粉剂1500倍液，或80%炭疽福美可湿性粉剂800倍液，或70%代森锰锌500倍液，或铜铵合剂（硫酸铜1 kg+碳酸氢铵0.55 kg）500倍液喷雾，每7～10 d喷1次，共3～4次。

葱蒜类菌核病在田间及贮藏均可为害，病菌的菌核在土壤中或混在种子间越冬，病菌借气流传播，病、健株接触也能传播，从生活力衰弱的部位侵入，发病后病部又长出新的菌核。防治措施：精选种子，清除混杂在种子间的菌核，发病地应与禾本科作物进行两年轮作，最好水旱轮作；收获后深翻土壤，深翻深度15 cm以上，把落于土壤表面的菌核深埋土中，合理密植，施用粪肥，避免偏施氮肥，增施磷、钾肥；发病初期可用50%速克灵可湿性粉剂1000倍液，或50%腐霉利可湿性粉剂1000倍液，或50%乙烯菌核利可湿性粉剂1000倍液，或50%异菌脲可湿性粉剂倍液，或40%菌核净可湿性粉剂1000倍液，或50%氯硝铵可湿性粉剂1000倍液，或40%灭病威可湿性粉剂500倍液，或20%甲基立枯磷可湿性粉剂1000倍液等药剂喷雾防治，每7 d 1次，连续防治2～3次。

葱蒜类软腐病的症状为在葱蒜类蔬菜生长后期，植株外部的1～2张叶片基部产生半透明灰白色斑，叶鞘基部软化腐烂，致使外叶折倒，并继续向内扩展，致使整株呈水浸状软腐，并伴有恶臭。防治措施：通常用琥胶肥酸铜、氢氧化铜、农用链霉素等药剂每7～10 d施用一次进行防治，连续2～3次。

葱蒜类虫害的防治措施：发现受害叶片随时摘除，集中掩埋，收获完毕后，及时彻底清除田间植株残体和杂草以消灭越冬虫卵；当幼虫开始危害时及时用阿维菌素、高效氯氰菊酯、螺虫乙酯、烯啶虫胺、氟啶虫胺、仲丁威等喷雾防治。

参考文献

[1]梅建娇，李世成，李金槐．临沧市临翔区高原农业气候资源分析[J]．乡村科技，2021(07)：116-117，120.

[2]张霞，王文林，陈德荣，等．临沧市打造“绿色食品牌”建设生态农业新高地[J]．社会主义论坛，2019(10)：68.

[3]李应顺，李春燕．耿马县外销蔬菜基地建设现状、存在问题及对策措施[J]．农业开发与装备，2017(04)：60，155.

[4]王奎荣．临沧农业绿色发展[J]．云南农业，2014(11)：10-11.

[5]王子青．临沧市蔬菜病虫害防治存在问题及对策[J]．云南农业，2010(07)：38-39.

第五节 咖啡

一、概述

咖啡与可可、茶并称世界三大饮料作物，而咖啡的产量、消费量和经济价值均居三大饮料作物之首。全球共有80余个国家种植咖啡，遍布亚洲、非洲、美洲等热带、亚热带地区。咖啡产业是热带种植业中的一大产业，在世界热带农业经济、国际贸易和人类生活中具有十分重要的地位和作用。咖啡为茜草科（Rubiaceae）咖啡属（*Coffea*）植物，生产中通常所指的咖啡为真咖啡（Eucoffea）组中的小粒种（*Coffea arabica*）、中粒种（*Coffea canephora*）和大粒种（*Coffea liberica*），商业性栽培品种主要为小粒种（70%）和中粒种（30%）。

（一）临沧咖啡发展历史

咖啡是云南省高原特色优势产业，临沧具有得天独厚的发展咖啡产业的自然条件。在云南省“18生物资源开发工程”产业研究的推动下，临沧地委行署决定从1996年起，组织开发咖啡产业，于1996年定植咖啡2300亩。1998年，临沧召开了第二次“18工程”工作会议，进一步掀起了抓好咖啡产业发展的热潮，临沧许多企业和热区农户参与咖啡种植的积极性普遍高涨，承担咖啡项目的单位达到19户，其中国有企业9户，集体企业6户，个私企业4户，参与的单位和部门涉及粮食、供销、乡镇企业，农、林等部门和农民，形成了企业办基地、基地连农户、产供销一条龙的开发模式，促进临沧咖啡产业进入了鼎盛时期。

2002年后，咖啡市场供过于求，全球咖啡价格持续下跌，加之投入不足，许多咖啡园被放弃管护，甚至改种橡胶、甘蔗等，咖啡种植面积逐年减少，产业发展逐年衰退。到2006年，临沧市有效管理的咖啡种植面积仅4600亩，咖啡干豆产量仅300t左右。2007

年，德宏后谷咖啡有限公司与当地企业临沧凌丰咖啡产业发展有限公司共同出资组建了临沧后谷咖啡有限公司，经过逐步发展，至2011年底共有种植面积6.96万亩。

2012年开始，临沧咖啡种植得快速发展。到2016年，全市咖啡面积发展到历史最高点61.5万亩，后因市场价格波动及咖啡龙头企业带动能力弱等问题的影响，部分咖啡种植区被其经济作物代替；到2020年，咖啡种植压缩到37.44万亩，咖啡豆产量1.7万t，综合产值25亿元。

（二）临沧咖啡分布情况

2020年，临沧咖啡种植遍布8个县（区），涉及59个乡（镇）、416个行政村。其中，镇康县种植面积最大为10.46万亩，耿马县9.25万亩、云县5.8万亩、临翔区4.48万亩、双江县4.16万亩、永德县2.02万亩、沧源县0.8万亩、凤庆县0.46万亩，全市合计37.44万亩。

（三）临沧咖啡发展现状

2014年，临沧被中国供销社果品流通协会咖啡豆分会授予“中国临沧精品咖啡豆示范区”。2018年，被云南精品咖啡学会授予“中国云南精品咖啡核心产区”称号。全市建成和在建咖啡加工工厂30个，年加工鲜果能力27万t。临沧后谷咖啡有限公司建成和在建加工厂3个，年加工能力13万t，其中已建成投产耿马孟定2万t和镇康南伞10万t咖啡鲜果初加工厂各1个，在建镇康南伞工业园区开工建设年产1万t速溶咖啡粉规模的精深加工厂1个。临沧凌丰咖啡产业发展有限公司累计建成投产咖啡初加工厂24个，年加工咖啡鲜果能力10万t，公司自主研发推广的第四代背压式热风辅助穿透干燥咖啡豆湿法加工工艺在世界处于先进水平。

全市已建立市、县、乡、村“四级”咖啡科技服务体系，市级、县（区）、乡镇设立了咖啡产业发展办公室，实现标准化生产。一是统一种植模式。推行“咖啡+坚果”的立体间套种模式，根据咖啡、坚果生长特点，施行产业长短结合，利用坚果高大乔木的特点为咖啡提供荫蔽，套种地种植咖啡4950株/hm^2（规格1 m×2 m），套种坚果135～210株/hm^2。二是严格执行公司制定的控制种植程序和标准，实行统一收购、统一加工、统一销售、统一品牌等种植、加工技术标准。三是统一品种。四是规划布局，集中连片、规模化发展。对各县（区）咖啡产业发展进行了规划布局，各县（区）在市级规划的基础上都制定出产业发展规划，合理、有效、适宜的规划为咖啡产业的稳步发展奠定了基础。

二、栽培技术

(一)临沧咖啡栽培优势与特色品种

1.栽培优势

世界上最好的咖啡产自15°N至北回归线之间。临沧市位于23°05′N～25°02′N,处在世界咖啡生产黄金带上,具有低纬度、高海拔、热带亚热带气候、降水充沛、偏酸性土壤、无霜区域广等地理气候条件,市内海拔450～3504 m,年均温度18.1 ℃,累计日照时数2552.6 h,降雨量1158.2 mm,土壤pH4～6。临沧种植的咖啡两年就能初花初果,是国内较适宜咖啡生长的区域。临沧海拔在1300 m以下的热区面积有7886km^2,占云南省热区面积的11.4%,全市1区7县均有热区资源分布。根据小粒咖啡最适宜在海拔600～1300 m的亚热带无霜区高地栽培的要求,全市现有的低产蔗区、低效农作物种植区、低产林地可开发用于种植咖啡的面积在100万亩以上。

2.特色品种

目前全市主要种植小粒种咖啡,品种以卡蒂姆、铁皮卡、卡杜拉系列为主。卡蒂姆系列主要有Catimor7963(P4)、Catimor7961(P2)、T8667、T5175等主栽品种,8县(区)均有种植。铁皮卡系列主要有矮卡、CCCA25、PT、波邦、铁皮卡等优质高产品种。

(二)临沧咖啡栽培与管理技术

1.咖啡繁殖技术

(1)咖啡树有性繁殖。

①选种:良种是培育壮苗、提高单位面积产量的基础,必须认真选种。根据各地区气候情况、海拔、生态类型选择适宜的咖啡良种,种子必须在优良的母树上进行选择。优良母树的标准是:结果树龄3年以上、高产稳产、株型好、无病虫害、抗性强的单株。选种时必须选择完全成熟、果型正常、充实饱满、大小基本一致、具有两粒种子的果实。

②制种技术。

a.制种流程:咖啡制种工作流程见图2。

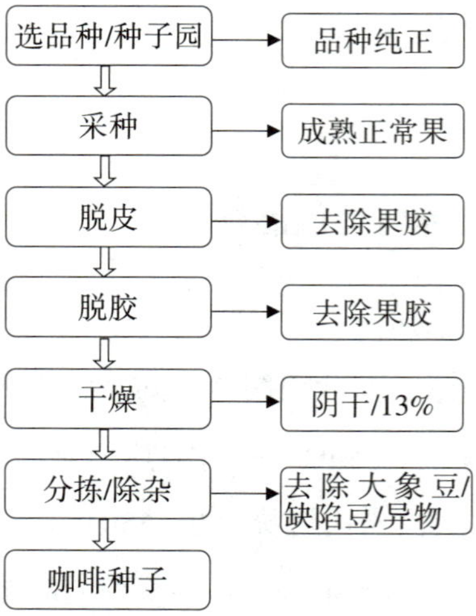

图2　咖啡制种工作流程

b.播种量的确定：不同咖啡品种的鲜干比不同，种子的千粒重也有差异，小粒种咖啡种子每1 kg有种子4000粒左右，可出有效苗木2500～3500株，10 kg鲜果可种植15亩左右。

c.制种工作要点。

种果采摘：以成熟中期的果实为宜，头批果和扫尾果不宜用于制种；选择正常成熟的红色果为制种果实，未成熟果、过熟果和干果不宜用于制种；要求果实大小正常，过大和过小的果实不宜制种。

种果脱皮：种果要求当天采摘当天脱皮，将不能当天脱皮的种果放在清水池中保鲜；采用咖啡鲜果脱皮机脱皮，脱皮前根据果实大小调整脱皮齿轮间距，以减少机损豆。种果量少时也可人工将果皮脱去。

种豆脱胶：采用自然发酵脱胶（种果量少时也可与草木灰和沙子混合摩擦脱去果胶），不能采用机械脱胶（容易使胚芽受损）或化学脱胶；一般在气温20 ℃时发酵24 h即可，以种子不黏滑有粗糙感、干燥后豆壳颜色洁白为宜。

种豆清洗：在清洗池内反复清洗，至少换3次水，以排出的水不浑浊为标准；清洗时利用水的浮力进行浮选，清除漂浮在上层的不饱满咖啡豆，从而获得饱满的咖啡种子。

种豆干燥：种豆要求在通风干燥的室内或阴凉处进行干燥，不能在太阳下曝晒，种子含水量为12%～13%即可，随即播种的种豆含水量可放宽。

种豆除杂：种豆干燥后要进行除杂，要求清除果皮、大象豆、机损豆、黑豆及杂物，要求正常种子合格率在98%以上。

种子贮藏：当种子含水量达13%即可贮藏，可用通透性好的竹篓、麻袋等进行盛装，放在通风干燥阴凉的仓库贮藏。贮藏仓库和运输车辆不能混有化肥、农药等杂物。

③咖啡育苗技术。

a.苗圃地的选择：选择交通便利、水源充足、能排能灌、地势开阔、背风向阳、平坦的地块做苗圃地。此外，应考虑有丰富的腐殖土和就近种植等因素。

b.播种催芽：咖啡播种工作流程见图3。

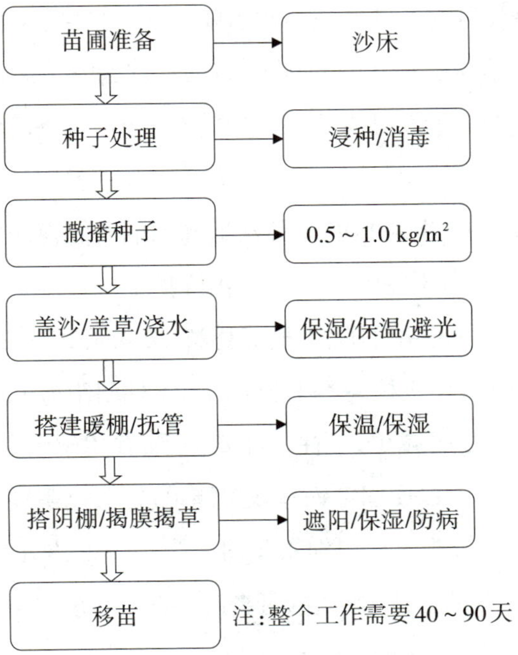

图3　咖啡播种催芽工作流程

催芽苗圃准备：催芽床平地为南北走向，坡地沿等高线布局，沙床面宽1.2 m，床高10 ~ 15 cm，长度10 m，沙床间距50 cm，具体视地形而定。

选定为催芽床的地块，先清除地面上所有杂物、杂草和杂树，挖土深度15 cm，太阳曝晒10 d后平整土地。催芽床可做成地下沙床和地上沙床2种。直接在挖松的土床上铺沙（15 cm高）即成地下沙床；在土面上用15 cm高的木板或竹子固定成长方形的框土再铺沙，即成地上沙床。催芽床的沙取自江（河）的洁净中粗沙，沙里不能有杂物和大块石砾等，以免造成弯根。将沙均匀地摊放在已做好的土床上，铺实并平整。中粗沙透气性好，且由中粗沙制作的催芽床表层不会起壳。

种子处理：播种前用清水或40 ~ 45 ℃温水，或者1%硫酸铜液浸种24 h，然后取出来用杀菌剂甲基托布津或多菌灵（1:45倍液）浸种，同时对沙床和草分别喷杀菌剂消毒。

撒播种子：将经处理的种子均匀地播撒在沙床上，播种量为0.5 ~ 1.0 kg/m²，以种子不重叠为原则；种子撒好后，用木板将种子压入沙中，并保持沙床水平的平整状态。

盖沙、盖草、淋水：种子播好后，将河沙盖在种子上，厚度2 ~ 3 cm，要求沙面平整均匀，不宜过厚或过薄。盖好沙后，用稻草或茅草将沙床进行覆盖，厚度3 ~ 5 cm，以不见沙床为宜。沙床盖草后，用水将沙床浇透，要求水分渗透深度超过15 cm；浇水时要求用带有喷头的水管或喷壶进行浇水，确保浇水均匀且不把种子冲露出沙床。

搭建拱棚：冬春季播种时在沙床浇足水后随即搭建拱棚；用长2.5m、宽2 cm左右的竹片作拱棚支架，两头削尖后将其插入沙床两边，深度约15 cm，形成高约80 cm的半圆弧形，每间隔1.5 m安装1个拱棚支架；支架安装好后用白色透明塑料薄膜覆盖，四周用土密封。

沙床管理：覆膜后每3 d浇水1次，具体次数和间隔时间视沙床湿度而定，同时做好除草，防鼠（畜、禽），防火等工作和催芽沙床苗圃维护工作。

搭遮阴网：遮阴网支柱可用竹子、木棍等材料，要求长2.0 ~ 2.5 m，支柱顶端直径不小于5 cm，入土深度30 cm，出土柱高不小于1.7 m；支柱间距为4 m×5 m，地形复杂、风力大的地块可增加数量，反之可减少；支柱顶部要锯平，并用硬纸板或油毛毡包裹以保护遮阴网，顶端按“十”字钻孔，以便固定铁丝或聚酯单丝网；遮阴度要求达85%；将遮阴网铺在铁丝或聚酯单丝网上，绷紧后用细铁丝固定为一个整体，四周也要用遮阴网围起来。对于开春前下种催芽的苗床，遮阴网可搭晚一些，为防止拱棚内温度过高，白天可将拱棚两头的塑料薄膜掀起，晚上又盖严。

揭膜揭草：阴棚搭建好后，即开始揭草工作；咖啡种子播种后20 d左右即开始萌发露出根点，40 ~ 60 d开始出土，当有10%的幼苗出土即可揭膜揭草，揭膜揭草时要仔细操作，以免损伤幼苗。

苗床管理：揭草后要浇透水1次，以便覆盖在幼苗上的沙子落入根部，以后每5 d浇水1次，此外每天17:00后用喷雾器喷水1次，以豆壳湿润为原则，以便种壳脱落子叶展出；揭草浇水后用内吸性杀菌剂喷雾预防幼苗立枯病，如50%多菌灵可湿性粉剂可按1000倍液配制，并经常巡察苗床，如发现幼苗感染立枯病则用50%多菌灵可湿性粉剂1000倍液兑水浇灌感病区域；此外种子或根部裸露时要注意培沙，并做好除草，防鼠（畜、禽）和沙床维护等工作。

移苗：幼苗子叶展开并稳定后，在第一对真叶长出前出圃，移入营养袋进行育苗。

其他事项：浇水可用人工挑水喷洒，也可利用抽水泵提水或高位淹水池压力差进行人工喷洒或架设自动喷灌（雾）系统进行喷灌；此外苗圃四周要修建排水沟和防护栏。

c.营养袋育苗。

苗圃准备：地块选择好后，要进行土地整理，将地块上的杂草、树根和石头等杂物清除干净，并平整土地，使地块呈水平状态；如为缓坡地则须开成水平台地，台面要求宽2 m。地块要深翻15 cm，耙细后按照宽1.2 m、长10 m、间距40～50 cm规划出苗床。

营养土配制：营养土要求表土、有机肥和磷肥的比例为70∶28∶2，营养土要混合均匀。表土以壤土为宜，不宜选用黏土和沙土；表土原则上就地取材，如苗圃无符合要求的表土时则从别处调运；表土要求细碎，用孔径1 cm铁网筛筛土，粗土可留作围苗床之用。

营养土装袋：营养袋选用黑色塑料袋，当年育苗当年定植的小苗营养袋规格为12 cm×16 cm，第二年定植的营养袋规格为14 cm×20 cm或更大的营养袋；装袋时按宽1.2 m、长10 m、间距40～50 cm的规格拉线划出方框再行装袋。可选择直径10 cm的竹筒、PVC塑料管制成装袋工具，将竹筒、PVC塑料管锯成长30 cm，一端锯成30°的斜口；营养袋的营养土要装满，松紧度适中，并且要摆正，处于直立状态，切忌倾斜；每排之间的营养袋要扣缝排列，尽量减少缝隙，营养袋要排列整齐。

搭建遮阴网：遮阴网支柱可用竹子、木棍等材料，遮阴网遮阴度要求达85%（搭建方法与沙床苗圃相同）。

营养袋苗床浇水：在插苗之前2～3 d必须保证营养袋土壤潮湿，如果土壤湿度不足，在插苗前一天要将营养袋苗床浇透水。

取苗及保鲜：在幼苗子叶展开稳定后第一对真叶长出之前即可插苗；取苗时要用拇指和食指轻轻地捏住幼苗茎秆基部向上拔起幼苗，并将幼苗放在水深5 cm的塑料盆等容器内保鲜才可进行插苗；远距离运输幼苗时需要将幼苗放在泡沫箱进行保鲜和运输，幼苗要求当天到达，时间越快越好。

插袋上苗：插苗工具由削尖的长30 cm、直径约2 cm的小木棍或竹片制成。首先，将木棍插入营养袋中心，形成深约7 cm、口径约2 cm的锥形插苗孔，将幼苗根部放入插苗孔中，根部入土深度离根茎处1 cm，然后用木棍将根部营养土挤实；主根长度为5 cm左右，过长易形成弯根，过短则不利幼苗的恢复生长。

浇定根水：幼苗插好后，要浇足定根水，用水管浇水时压力不能过大，否则会将营养土冲出来，造成幼苗根部裸露。

苗床管理如下：

浇水：幼苗插好后第1～5 d每天浇水一次，此后每3 d浇水一次（具体视旱情而定），浇水时间宜在11:00前和16:00后进行；浇水方式以自动或半自动喷灌为佳，采用人工浇灌费工费时难操作。

追肥：隔年定植的苗木如果不缺肥则可不追肥，以免苗木生长过大过快，影响定植成活；当年定植的苗木要适当追肥，要求进行水肥一体化追施，用尿素或三元复合肥（N:P:K=15:15:15）按0.2%的浓度配制水溶液进行喷洒，达到浇水施肥同步进行的目的，每7～10 d施肥一次，进行少量多次追施。

除草：及时拔除苗床的杂草，保持苗床干净整洁，但不能用除草剂除草。

防治病虫：生长期的病害主要有细菌性叶斑病，秋冬季节主要有炭疽病、褐斑病等，可用50%多菌灵可湿性粉剂1000倍液等广谱性内吸性杀菌剂进行喷雾防治（使用方法参照说明书）；害虫主要有绿蚧等；此外要做防鼠（畜、禽）等工作。

炼苗：在苗木出圃前1个月逐步调整遮荫度，由80%逐步下调为30%，这样可防治发生日灼病，提高成活率。

苗木出圃及运输：当年定植的苗木，当株高12 cm以上、真叶3～5对时即可出圃；隔年定植的苗木，要求株高不超过30 cm，真叶8～9对，以无分枝为宜。苗木出圃前1周不得浇水。从苗圃到定植地都有一段距离，因此须小心搬运以减少苗木损伤和浪费。就地育苗就地定植，当天取当天定植完；远距离运苗和装卸苗木要小心，尽量减少损伤；苗木运到定植地后要及时种植，如不能马上种植需要摆放一段时间的苗木要摆放整齐放直，并适当搭遮阴物和适量浇水。

其他事项：浇水可用人工挑水泼浇，也可利用抽水泵提水或高位淹水池压力差进行人工喷洒或架设自动喷灌（雾）系统进行喷灌；此外苗圃四周要修建排水沟和防护栏。

④常见的异常苗木。

弯根苗：弯根苗是指主根弯曲20°～90°的苗。弯根苗咖啡树的主根发育不良，根系浅，在干旱地方定植后冬春季节容易死亡，地上部分发育不良，产量低，投产后容易枯死。造成弯根的原因：一是插苗时主根过长，插孔过浅造成主根弯曲；二是插苗前营养土没有浇透水，插孔浅而造成弯根；三是插苗时临时浇水，营养土黏结，插孔不完整而造成弯根；四是营养土颗粒太大，有石砾，营养土板结；五是营养袋太小，主根在营养袋底部弯曲，定植苗木时没有剪弯根；六是选苗不认真，选用了弯根苗。总之，造成弯根的原因很多，因此在咖啡插苗过程及大田定植过程要避免产生主根弯曲。

高脚苗：指苗木在苗圃时间较长，分枝部位较高，超过30 cm的苗木。高脚苗植株高大，主根已穿袋入土，移栽时因地下部分较弱，而地上部分茂盛，易造成水分供求失衡，苗木恢复生长慢，成活率低，不耐强光，生长弱。另外，苗圃地荫蔽度大、光照不足、营养袋排放太密等也易形成高脚苗。

老头苗：老头苗也称老化苗或僵苗，幼苗的主干或分枝树皮呈灰褐或灰白色，定植后咖啡树生长慢，树势弱。造成老化苗的原因：苗木缺水缺肥、遭受病虫害、荫蔽度不足、光照太强等。

⑤小粒种咖啡苗木质量标准：品种纯正，苗木健壮，叶色浓绿。当年苗：株高12 cm以上，4～5对真叶，茎基部已木质化；隔年苗：株高15～30 cm，6～8对真叶，无分枝(表7)。

表7 小粒种咖啡种苗的质量指标

项目		当年苗(苗龄6～8个月)指标	隔年苗(苗龄10～12月)指标
品种纯度/%		98	98
根	主根弯曲度	直生，不弯曲，不卷曲	
	主根长度/ cm	≥10	≥10
	侧根数量/条	≥25	≥30
	侧根分布	均匀、舒展，且布满根毛	
茎	节数；分枝	≥4；无分枝	≥7；≤2对分枝
	粗度/ cm	≥0.3	≥0.5
	倾斜度	直立，不弯曲；15°以下	
叶	真叶对数/对	≥4	≥6
	非正常叶/%	≤10	≤15
根皮与茎皮		无干缩皱皮，无损伤	
种苗高度/ cm		≥12	15～30 cm

(2)咖啡树无性繁殖。

咖啡树无性繁殖的方法主要有嫁接，扦插及组织培养(快速繁殖，体细胞胚胎发生)等方法。无性繁殖的方法可用在小粒种咖啡杂交F_1代的繁殖或者是中粒种咖啡的繁殖。

①扦插繁殖：咖啡扦插材料用直生枝，不能用一分枝，因为一分枝扦插后长成的新

植只能匍匐生长，不能长成直生的咖啡树。扦插的时间一般在4～10月，幼苗才容易成活。

a.插条的增殖。

增殖苗圃的建立：咖啡无性繁殖需要大量的直生枝和芽片作为提供扦插和芽接用的材料，为了加快繁殖速度，可以建立增殖苗圃。增殖苗圃应适当密植，株行距1 m×1.5 m，种植密度约为6000株/hm^2，按不同的无性系分行种植。

b.插穗增殖：切干诱发直生枝，方法见图4。拉弯主干，促使咖啡下芽萌发，形成大量直生枝（图5）。

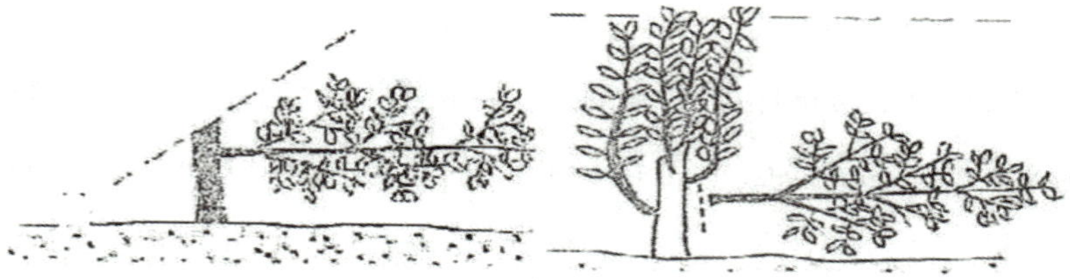

图4　切干诱发直生枝

图5　咖啡树主干弯枝促下芽萌发形成直生枝

c.扦插材料的准备：插条要用绿色未木栓化、叶片已充分老熟、健壮的直生顶芽对下面的第2～3段枝条，不宜用半木栓化和已木栓化的直生枝。插条的叶片留四指宽（约6～8 cm）或保留1/3～1/2的叶片，每段插条4～6 cm长，将插条从中剖为两条，各带一个叶片，剪去一半叶片，切口削光滑。

d.插床的准备：插床一般用沙床，厚度40～50 cm，下部用粗沙，上部用中等细沙，插床要有80%～90%的荫蔽度（图6）。

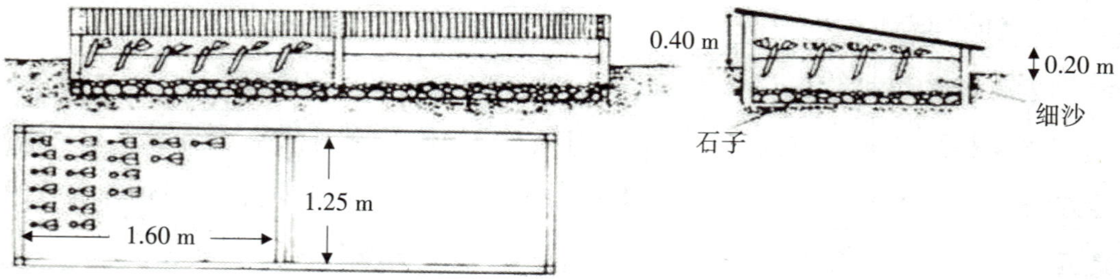

图6　咖啡扦插苗床

e.扦插方法：插条斜插或直插均可，扦插深度以埋到叶节处为度。10～15 cm一行，以叶片互相不遮蔽为标准。插后充分淋水，使插条与沙紧密接触。扦插后，要在插床上覆盖塑料薄膜，以减少水分蒸发，提高插条生根率。覆盖塑料薄膜时要用铁丝或竹片弯成拱形，插在沙床边缘，再将塑料薄膜覆盖在上面，然后压紧，保持床内湿度。如用喷雾设备，则不用覆盖塑料薄膜。

f.管理：扦插后的管理主要是淋水和防病，要求保持插床内有较高的空气湿度和较低的温度。淋水不能过多，以免插条腐烂或发生病害。为了防止病害发生，扦插后可立即喷施1∶1000的多菌灵，以后如有病害发生，再喷1～2次。

g.生根插条的移植：插条扦插后约60 d新根长至3～4 cm，此时移苗虽比较方便，但是在插条根系长出第二轮侧根时移植（插后约90 d）的成活率高。移苗时应细心操作，因为根系很脆嫩易断。未发根的插条继续插在沙床内，待发根后再次移苗，移苗后或装袋的扦插苗的管理与种子苗相同，在苗圃中培育至有5～7对叶片时，便会长出第一对分枝，此时可出圃定植。

②嫁接：嫁接方法可用芽接和劈接两种。

芽接：用一年生的幼苗，将茎基部的泥土擦净，然后切开一个长2.5～3.5 cm的芽接位，从优良母树或增殖苗圃中选取发育饱满的节，削取带有少量木质部的芽片，放入芽接位，用捆绑带扎紧，20 d后将芽点打开，30 d左右开芽接口已愈合，全部解绑，5 d后成活的苗可将芽接位上部砧木剪去，不成活的苗重新芽接。

劈接法：用一年生的幼苗作砧木，劈接时，砧木离地10～15 cm处剪断，在剪口中间垂直切下3～5 cm长的切口，选用与砧木大小相一致的直生枝，于节下3～4 cm处削断，将接穗基部削成楔形，插入砧木切口处，注意对正形成层，用捆绑带扎紧。为了提高成活率，可用捆绑带将接穗包好，20 d后露芽点，30 d左右全部解绑。

嫁接苗的管理：嫁接成活后需在苗圃地培育苗木至符合定植标准，方可出圃定植。嫁接苗管理除与实生苗相同外，在管理中必须注意保护新芽，并及时抹除砧木上抽出的芽。嫁接前苗木要充分淋水，嫁接后淋水要小心，不要淋到接口。

2.咖啡园管理技术

（1）咖啡园耕作。

①咖啡园耕作技术：咖啡园的土壤管理是指采取各种措施合理调节土壤中水、肥、气、热等环境因子之间的关系，改善土壤环境，充分发挥土地的增产潜力，满足咖啡对土

壤营养的需求，使咖啡树持续丰产提高经济效益。土壤管理的主要措施包括以下几方面。

修筑梯田：咖啡种植地多为丘陵山地，因此，保持水土就成为重要措施。修筑梯田即可截断径流面，减弱水力冲刷。梯田面能截水滞流，使雨水浸入土层，增加土层水分贮量，既保水，又因水肥协调而利于咖啡生长。要求5°以上的坡地应修筑等高梯田，梯田面宽1.5～2 m，种一行咖啡；5°以下缓坡地筑2.5 m以上大梯田，种2～3行咖啡，梯田内倾3°～5°，外筑田埂，以保持水土及保肥。

深翻改土：在一般土壤条件下，深翻改土后，植株侧根生长量比不深翻的多3～4倍，地上部分生长量也增加1/3。深翻改土可以改善土壤理化性状，增加土壤养分和水分，提高保水能力和促进微生物活动，从而形成良好的土壤条件，促使根系向深处生长，根量明显增多，特别是深层更加明显。

由于深翻改土，植株可吸收营养的土壤面积增大，促进咖啡生长和增加结果量。据广西资料显示：同年定植的咖啡，经深翻改土的株高达145 cm，分枝3190 cm，844个节，结果节528个，结果6072个；而未深翻改土的株高仅为135 cm，分枝2106 cm，380个节，结果节380个，结果4617个。可见深翻改土具有良好的效果。

咖啡根系在土层50 cm以下，除主根外，基本无侧根、须根，因此深翻改土以30～40 cm深即可。应注意在坡度较大的丘陵地，对深翻改土要采取慎重态度，不宜过多地翻动土层，以免在雨季造成滑坡。深翻改土宜在定植两年内完成。深翻工作一般结合中耕除草、压青和施肥同步进行，一般雨季结束要求中耕松土一次，以达到保水、保温和增强抗旱能力的目的。

中耕除草：为免除杂草对水肥竞争影响咖啡生长，并且要保持咖啡园土壤疏松、通气良好，应适时进行中耕除草。除草可结合浅中耕同时进行，除草时间和次数根据天气、灌溉和杂草生长情况来定。一般在雨后（或灌溉后）土壤发白时进行，减少土壤水分蒸发。咖啡幼龄期（2龄）行间裸露可适当间种矮秆的豆科作物，增加收入的同时还可以培肥土壤，减少中耕除草次数。咖啡幼龄期除草以人工除草为主，雨季期间可适当采用化学除草。

②咖啡园除草：雨季杂草每月砍（割）1次，以保证咖啡园空气对流和透光，降低病虫害发生率。旱季保留咖啡树冠外的低矮植物和台坡上的草丛，减少水分蒸发量并抗旱，冬季也可防寒。国内外对使用除草剂的观点有分歧，总的来说应该因地制宜谨慎使用。

③咖啡园地面覆盖:地面覆盖分为活覆盖和死覆盖两种。活覆盖是用低矮的豆科或草本植物种植在咖啡树冠外的台面。死覆盖是用植物的枝、叶、秆或塑料膜覆盖在咖啡树冠外的台面。

活覆盖:咖啡园可用活体植物覆盖,活体植物要定期修剪,以豆科作物为主,如地花生等能固氮的豆科植物是较好的活覆盖材料。覆盖有利于改善土壤肥力和水土保持。但由于咖啡树的根系分布较浅,活覆盖常常会竞争水肥而影响咖啡的生长和产量,因而要选择适宜对象。在肥料缺乏的地区,为提供绿肥改土,在咖啡幼龄期可用活覆盖。种植时在距咖啡树50 cm以外的行间种植为宜,并注意绿肥作物的管理。

死覆盖:死覆盖主要是盖草。咖啡树是喜湿的浅根作物,清除的杂草、易腐烂的作物茎干和枝叶均适宜作死覆盖(压青)。上层有荫蔽,地表有覆盖,为咖啡树提供了良好的生长环境。死覆盖材料既不与咖啡发生水肥竞争,又可保持土壤温度,还可减少土壤水分蒸发量从而保持土壤水分。死覆盖会促进土壤微生物的活动,杂草腐烂后成为土壤有机质又可改善土壤理化性状和提高土壤肥力,有利于咖啡根系生长发育和吸收养分,促进咖啡生长和增产。同时,采用死覆盖还可抑制杂草的生长。死覆盖的方法:距咖啡树主干10 cm外的台面环状或带状覆盖,覆盖物选用容易腐烂的植物,覆盖厚度10 cm;如覆盖材料多,冠幅下所有空地可长年进行死覆盖。旱季覆盖物易燃,要注意防火。

(2)咖啡园水分管理。

①咖啡树需水规律:咖啡树是处于中、下层的小乔木(灌木),适生于荫蔽湿润的环境,根系分布浅、叶片较大不具旱生结构,其生长发育对水分有较高的要求。咖啡树对水分的需求量与季节、树龄大小有关。幼苗期咖啡树对水分的需求最敏感,供水不足会可导致咖啡幼苗死亡,咖啡树成龄后抗旱能力有所增加,但供水不足会严重影响咖啡的品质和产量。一年中,夏秋季节咖啡树对水分的需求量最大,冬春季节对水分的需求较少,但冬春季节水分亏缺将影响咖啡树当年长势及开花。

②咖啡园水分调控技术。

a.灌溉:根据咖啡对水分的需求,旱季过长会影响其长势和开花。云南省受季风的影响,干旱季节长,缺水在一定程度上成为咖啡生长、丰产的一个限制因素。但由于云南省咖啡植区旱季长短不同,旱情也不同,应根据各地的干旱情况适时进行灌溉,以保证咖啡的正常生长和结果。在保山潞江坝,年降雨量只有700 mm左右,且旱季集中在2~5月份,此时正是咖啡开花时期,应每月灌水一次,用水量每株不少于10 kg。灌水过后，土壤水分适合及时中耕，保证咖啡正常结果。近年来旱地栽培保水剂的应用较为广泛，用于橡胶、香蕉等作物的育苗、幼苗栽培、成龄树的管理当中，咖啡方面的应用标准参照相关的热带作物执行。

b.排水：咖啡树对土壤积水较敏感，应及时进行排水。我国咖啡产区气候差异很大，多数植区降雨集中，在降雨量较多或集中的咖啡植区，特别是地势低洼的地块，要修排水沟。

修筑台地：在地势低洼易积水地区，可修筑平台。在台面1.5 m左右咖啡树内侧留出50 cm挖排水沟。

降低地下水位：在地下水位较高的地区，可挖深沟降低水位。根据咖啡树根系的生长深度，可挖1 m深的排水沟，使地下水降到80 cm以下。

排除地表积水：在低洼易积水地区，可在周围挖排水沟，即可阻止园外水流入，又可排除园内地表积水。

(3)咖啡园施肥。

①咖啡营养与需肥规律。

a.咖啡幼龄树需肥特点：咖啡幼龄树是指新定植而未结果或结果很少的咖啡幼树，或更新后未结果的成龄咖啡树。一般小粒种咖啡指1～3年生树龄，但春植(2～3月份定植)的Catimor(F_6)品种第三年即正式投产须按成龄树管理。咖啡幼龄树的生长发育以营养生长为主，主要处于扩大根系、形成树冠阶段，施肥以氮肥为主，适当补施磷、钾肥，施肥宜少量多次，勤施和薄施肥料。一般定植1个月后，植株恢复生长时施第一次肥，以后每隔2个月左右施水肥一次，每年施肥4～6次。

b.咖啡成龄树需肥特点：咖啡植株定植后第二年就有少量植株开花结果，第三年开始进入投产期。进入投产期的咖啡植株需要大量的氮、磷和钾营养元素肥料，以满足咖啡植株营养生长和生殖生长对养分的需求。此外，还要注意增施硼砂、硫酸锌等微量元素肥料，以维持植株体内的营养平衡。云南热区气候和土壤类型复杂多样，施肥种类还应根据土壤性质而定，如云南普洱市和西双版纳州等湿热地区的咖啡园土壤多数偏酸，应注意施用石灰调节土壤酸碱度，提高土壤钙元素含量和增加土壤有效氮、磷、硫的含量。而云南干热河谷地区的咖啡园，土壤钙含量基本能满足咖啡生长发育所需，一般不施钙肥，相反在局部碳酸岩发育的土壤植区，由于土壤的石灰含量过高已导致部分咖啡植株叶片出现黄化症状，对咖啡的产量和质量带来不利影响，因此需要通过合理灌溉、增施有机肥、施用生理酸性肥料等措施进行矫正，以减轻或消除pH值过高引起的症状。

c.成龄咖啡树不同生育阶段营养特点：咖啡叶片营养诊断能较好地反映咖啡植株的营养状况。不同生育时期，咖啡叶片养分含量有明显差异。各生育时期，咖啡叶片氮含量最高，磷含量最低，镁含量比钾、钙含量低而比磷含量高（表8）。

表8　不同生育时期咖啡叶片养分含量变化

（单位：g/kg）

营养元素	取样日期（2006年）			
	初花期	幼果期	第一批果实成熟期	果实采收末期
氮	30.80	37.30	32.00	29.90
磷	1.75	2.77	2.56	1.57
钾	13.60	15.90	12.80	11.20
钙	14.75	13.86	18.45	13.98
镁	2.81	5.16	3.24	3.53

初花期：咖啡果实采收结束，树体还处于恢复阶段，同时进入花芽分化期，低海拔地区咖啡园咖啡植株的第一批花开放，咖啡植株对营养元素的需求处于一个相对稳定的时期。氮素营养对花芽分化有促进作用，此期叶片氮含量相对较高而镁含量处于较低水平。

幼果期：幼果期是咖啡植株吸收营养元素的高峰期，此时咖啡植株的营养生长和生殖生长同期，为满足植株生长发育的需要，植株要大量吸收营养元素。与初花期相比，叶片氮、磷、钾、镁元素含量明显提高，并达到周年的峰值，而叶片钙含量比前期低。生产实践证明，幼果期咖啡叶片的营养元素含量更能代表咖啡植株总体的需肥状况，这是因为从咖啡生长发育对养分的需求考虑，幼果期咖啡植株对营养元素的需要量和吸收量均最大，气候条件和土壤水分条件也最利于植株对养分的吸收。

第一批果实成熟期：咖啡植株有少量果实开始成熟，进入果实采收期。咖啡叶片中钾、镁等移动性强的营养元素向生长活跃的器官即果实转移；氮素是植物细胞蛋白质的主要成分，叶片维持一定氮素水平，有利于光合产物的合成，从而能合成较多的蛋白质向果实转移。因此，与幼果期相比，尽管叶片氮、磷、钾、镁元素含量明显下降，但叶片氮素含量仍处于较高水平。而叶片钙含量与前期相比，呈上升趋势，达周年最高值。这是因为，钙在植株体内是一个不易流动的元素，老叶中的钙比幼叶多。

果实采收末期：随着咖啡果实的成熟采收，大量营养物质被带走，咖啡植株体内的大部分养分均被消耗，由此导致叶片氮、磷、钾、钙含量持续下降。其中，氮、磷、钾含量降至周年最低水平，钙含量也降至较低水平。果实采收后期，咖啡植株需镁量减少，因此，叶片镁含量比前期稍高。

d. 投产咖啡树需肥特点：咖啡树生长发育需肥量较大，据计算咖啡园每生产1 t鲜果就带走养分量N素7.8 kg、P_2O_5 1.14 kg，K_2O 7.9 kg、CaO 2.5 kg、MgO 0.19 kg，此外还有微量元素，而维持树体自身生长所需养分的含量为果实带走量的3～4倍，然而施入土壤中的肥料不能100%被吸收利用，N肥的利用率只有50%，P_2O_5肥的利用率只有30%，K_2O肥利用率只有40%，其余养分被土壤固定、挥发或随水流失，因此在确定施肥量时要充分考虑这些因素，并根据目标产量、土壤养分、咖啡需肥规律、树体生长、肥料有效性等确定合理的施肥量，才能确保咖啡正常生长，实现咖啡优质、高产、高效、安全的生产目标。

②咖啡园施肥技术：科学施肥是提高咖啡豆产量和品质不可或缺的一部分。科学合理施肥就是要做到“缺什么补什么，吃饱不浪费”，也就是要配方施肥。避免肥料投入不足或施用过量，从而保证咖啡植株营养平衡。合理施肥可以提高咖啡产量，改善咖啡品质，节省劳力，节支增收。要做到对咖啡树科学合理施肥，主要是要把握好施肥种类和施肥量（施什么、施多少），施肥时间（什么时候施），施肥的方法（怎么施）等方面。

施肥种类和施肥量的确定。

土壤特性及咖啡树生长发育特点指导施肥：咖啡树对营养元素的吸收与土壤的酸碱度有关，施肥时选用的肥料应注意根据土壤酸碱性而定。土壤pH值在5.5～6.5时，咖啡根系对营养元素的吸收效率最高；土壤偏酸（pH＜4.5），根系对营养元素的吸收受抑制。生石灰是调节土壤酸碱度、增加土壤钙元素最有效、快捷和经济的方法。石灰施用的时间为雨季开始前或雨季结束后，如果台面有蕨类植物，说明土壤呈酸性，每公顷撒施900～1200 kg石灰于台面。石灰撒施1个月后才能施其他化肥。每个咖啡种植点最好进行土样分析，确定有效的石灰施用量，一般每隔3～4年重复施石灰一次（表9）。

表9　土壤酸碱度与肥料的选择

肥料	pH			
	＜5.0	5.0~5.4	5.5~5.6	＞6.0
氮肥	硫酸铵、尿素	硫酸铵、尿素	硫酸铵、尿素	任何氮肥均可
磷肥	钙镁磷肥	钙镁磷肥	钙镁磷肥	普钙
钾肥	氯化钾	氯化钾	氯化钾、硫酸钾	任何钾肥均可
钙肥	石灰、钙镁磷肥	石灰、钙镁磷肥	石灰、钙镁磷肥	石灰、钙镁磷肥

云南省种植的小粒种咖啡定植第1～2年以营养生长为主，第3年进入投产为营养生长与生殖生长并进期，在施肥量和施肥比例上要根据树龄、营养状况、发育阶段进行有针对性的施肥。我国咖啡生产上还未推行咖啡测土配方施肥，主要凭个人经验进行，应在咖啡种植企业和农户中推广营养诊断与测土配方施肥技术。

咖啡叶片营养诊断指导施肥：采用测土配方施肥的咖啡树，如果叶片还表现明显的缺素症，就要进行叶片分析。叶片取样方法：采果结束后或在旱季，取树冠中层结果枝的顶端顺数第三和第四对充分展开的叶片。100 hm^2以下的基地取300～600片叶片。取下的叶片用湿卫生纸包裹放入密封塑料袋，及时送样分析（图7）。

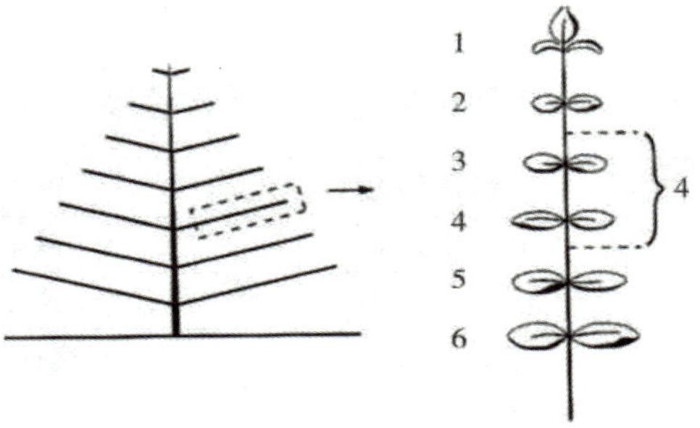

图7 咖啡叶片营养诊断取样

结果表明：咖啡树叶片（中层结果枝叶片）的元素含量与咖啡树的生长密切相关（表10）。

表10 咖啡树叶片中营养元素含量参考数值

元素	参考数值
氮/%	2.50～3.00
磷/%	0.15～0.20
钾/%	1.50～2.60
硫/%	0.10～0.20
钙/%	0.70～1.30
镁/%	0.20～0.40
铁/($mg \cdot kg^{-1}$)	50.00～150.00
锰/($mg \cdot kg^{-1}$)	50.00～150.00
铜/($mg \cdot kg^{-1}$)	6.00～15.00
锌/($mg \cdot kg^{-1}$)	10.00～15.00
钼/($mg \cdot kg^{-1}$)	0.15～0.20
硼/($mg \cdot kg^{-1}$)	40.00～100.00

测土配方指导施肥：测土配方施肥是以土壤测试和肥料田间试验为基础，根据作物需肥规律、土壤供肥性能和肥料效应，在合理施用有机肥料的基础上，提出氮、磷、钾及

中、微量元素等肥料的施用数量、施肥时期和施用方法。测土配方施肥技术的核心是调节和解决作物需肥与土壤供肥之间的矛盾。同时有针对性地补充作物所需的营养元素,作物缺什么元素就补充什么元素,需要多少补多少,实现各种养分平衡供应,满足作物的需要。达到提高肥料利用率,减少用量,提高咖啡豆产量,改善咖啡豆品质,节省劳力,节支增收的目的。

测土配方施肥技术:由专业部门对土壤和叶片进行测试分析,并提出肥料配方,由企业按配方进行生产并供给农民,在农业技术人员指导下科学施用。种植户直接买或订制配方肥,再按具体方案施用。施肥量要根据土壤情况来确定,下表为咖啡园土壤营养元素含量参考数值(表11)。

表11　咖啡园土壤营养元素含量参考数值

元素	参考数值	单位
氮N	90.00～120.00	碱解氮/mg·kg^{-1}
磷P	20.00～40.00	速效磷/mg·kg^{-1}
钾K	0.20～0.40	交换性钾/mg·kg^{-1}
钙Ca	1.50～5.00	交换性钙/mg·kg^{-1}
镁Mg	0.40～2.00	交换性镁/mg·kg^{-1}
锌Zn	2.00～10.00	速效锌/mg·kg^{-1}
硼B	0.50～2.00	速效硼/mg·kg^{-1}
钠Na	<1.00	mg·kg^{-1}
阳离子交换量(CEC)	10.00～20.00	mg·kg^{-1}
盐基饱和度(Sat)	60.00～80.00	—
Ca/K	3.00～14.00	—
Mg/K	2.00～5.00	—
Ca/Mg	1.20～5.00	—
Ca/CEC	40.00～60.00	%
Mg/CEC	10.00～20.00	%
K/CEC	3.00～5.00	%
pH值	5.50～6.50	—
钾的比例	3.00～6.00	$K=(100\times K)/(K+Ca+Mg)\times 100\%$

施肥时间:咖啡树每年施肥4次,其中土壤施肥3次,叶面施肥1次。土壤施肥在有灌溉条件的咖啡园于3、5、7月份各施一次;没有灌溉条件的咖啡园于雨季5、7、9月份各施一次,叶片施肥于10月份施一次。第一次土壤施肥为催芽肥,第二次土壤施肥为保果肥,第三次土壤施肥为壮果肥,叶面施肥为保暖过冬肥(具有促进花芽分化、提高抗旱力和促进籽粒饱满的作用)。

施肥方法：咖啡植株主要靠根系从土壤中吸收生长发育所需的营养元素，在施肥技术上以土壤施肥为主，但枝叶和果实也有一定吸收养分的能力。因此，通过叶面施肥，也可促进咖啡植株对营养元素的吸收，叶面施肥常用于快速矫正营养缺乏症，微量元素肥料常采用叶面施肥。

土壤施肥法：根据咖啡根系的分布特点，将肥料施在根系密集区域，保证根系充分吸收养分，发挥肥料的最大效用。幼龄咖啡植株根系浅，分布范围不大，以浅施、勤施为主；随着咖啡树龄的增大，施肥的深度和范围也应逐年加深和扩大。幼龄树一般在树冠滴水线处挖施肥沟进行沟施。成龄咖啡树一般在距植株主干一侧30～40 cm处，挖长40 cm、宽深各20 cm的施肥沟，施肥前将准备好的氮、磷、钾肥按一定比例（N∶P∶K=15∶15∶15或10∶5∶20）混合均匀，撒施于沟内，肥料与沟土拌均匀，施肥后覆土，施肥沟的位置在四个方位交替轮换施用。沙质土、坡地及高温多雨地区，肥料要适当深施勤施。黏性土施肥浓度可适当增大，以减少施肥次数。旱地施氮肥要深施或混施，粒肥深施是目前提出减少氮素损失、提高氮肥利用率的各种方法中效果最好且较稳定的一种，与氮肥表施相比将氮肥混施于土壤耕层中，也能减少氮素损失。混施和深施的主要作用是减少氮挥发和径流损失，也可减少反硝化损失。有灌溉条件的咖啡园，施肥后及时灌水，有利于降低氮素损失，提高氮肥利用率和增产效果。磷肥在土壤中移动性差，磷肥淋失很少，土壤对磷肥有固定作用，宜集中施用和深施，这有助于减少磷的固定作用，使更多的磷肥保持在有效状态，磷肥与农家肥作基肥一次施入更能发挥肥效。钾肥在土壤中易淋失，根据生长季节的不同，可采用撒施、条施、沟施、穴施和叶面喷施。在进行土壤施肥时，施肥位置要交替进行。

叶面施肥法：叶面施肥是根外施肥的主要方式之一，是把肥料用水溶解后稀释成一定浓度，直接喷施到叶面上，让叶片直接吸收利用。叶面施肥法虽不能取代土壤施肥法，但对迅速改善植株营养状况具有重要作用。叶面施肥主要用于补充植株营养和纠正缺素症。

喷施时期和时间：叶面施肥一般选在新叶、新梢、花期和幼果期叶片组织未老熟前进行，以新梢生长期、花期和幼果期施用效果最好，叶片老熟后喷施效果会降低。肥液在叶片上停留的时间愈长效果愈好，如果喷施肥液后叶面能保持湿润30～60 min，有利于加快吸收速率和提高利用率。喷施最佳时间宜选在10:00前和16:00后进行。根据树势酌情施用，长势正常的咖啡树在10月喷施一次磷酸二氢钾、硼、钼等叶面肥，可促进花芽分化，促进次年开花结果，并增强咖啡树的抗寒和抗旱能力。

喷施部位和喷施次数：叶面喷施以喷叶背面为好，叶片的背面气孔比正面多，海绵组织间隙大，茸毛也多，吸收肥液多且速度快，所以喷肥要喷匀，叶背一定要喷到。大中量元素（氮、磷、钾、钙、镁等）可根据需要多次喷施，微量元素在连续喷施2～3次后，若缺素症状消失，停止喷施，避免发生肥害。

喷施浓度：叶面施肥所用的肥料要求严格掌握喷施浓度，特别是微量元素肥料，浓度过低，施肥效果不明显，浓度过高容易产生肥害。咖啡生产上常用的叶面肥有尿素、磷酸二氢钾、硫酸镁、硫酸锌、硼砂或硼酸等，施用浓度分别是：尿素0.2%～0.3%，磷酸二氢钾0.3%～0.5%，硫酸镁0.3%～0.5%，硫酸锌0.1%～0.3%、硼酸或硼砂0.1%～0.2%。

（4）咖啡树整形与修剪技术。

①整形修剪。

a. 作用：整形修剪，有利于咖啡树冠通风透气，让树冠结构合理，促进光合作用；有利于主干及骨干枝的生长发育，分枝层次分明，形成丰产树形；有利于减少病虫害的发生；同时有利于咖啡树整株营养的合理分配，促进开花坐果及营养生长。因此整形修剪是咖啡生产中不可缺少的措施之一。

b. 主要树体结构：栽培小粒种咖啡的树形有两种，单干型和多干型（见图8）。

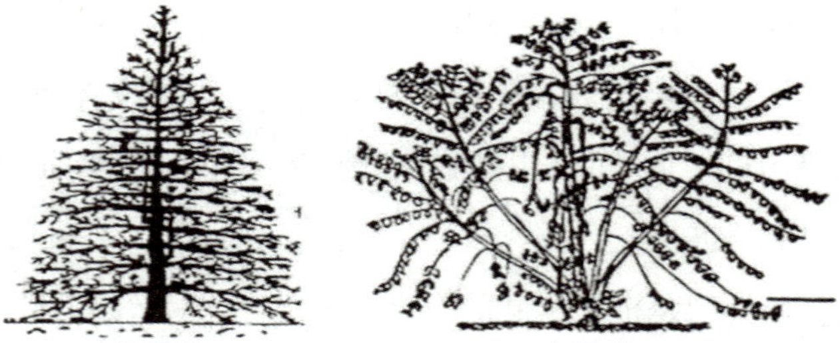

单干型　　多干型

图8　小粒种咖啡树型

单干型：每棵咖啡树只培养一条主干。这类树型应将树体控制在一定高度，使养分集中供应，促进主干和一分枝发育、增粗，形成强健的骨架。以后每年不断从一分枝上抽生二、三分枝，以代替一分枝结果。单干型多用在新种植的咖啡树上，该树型一分枝数量有限，后期二、三分枝也是主要的结果枝条。一般在投产几年后应培养多干型树体，促进咖啡树丰产、稳产。

多干型：每棵咖啡树培养2～3条主干。该树型的一分枝数量较多，应促进主干和一分枝发育、增粗，一分枝为主要的结果枝条。该树型应注意主干的合理轮换、一分枝的培养,可达到咖啡树丰产、稳产。

c.单干树整形与修剪。

单干树的培养方法。

一次去顶法:当咖啡树高1.8~2.0 m时打顶形成单干树。目前,多数卡蒂莫系列品种在生产上多采用一次去顶形成单干树。

多次去顶法:在保留的单干上分2~3次去顶,形成单干树。第一次去顶高度1.2 m,第二次去顶高1.8~2.0 m,铁皮卡、波邦等高秆品种适宜多次去顶法。

单干树的修剪:幼龄咖啡树修剪时间安排在3~10月份,投产咖啡树修剪时间安排在采收结束至10月份。一级分枝不能修剪,二级分枝在离主干10~15 cm处开始保留。修剪与否关系到枝条的去留,主要做到以下几点。

根据二级分枝的萌发情况,交叉保留二分枝;每条一级分枝可保留3~5条二级分枝,每条二级分枝保留1~2条三级分枝。去除地表20~25 cm以下的第一分枝,以促进空气流通。不可过度剪除第一分枝形成的枝干,因为无法再生。剪除主干10~15 cm内的二分枝,形成烟囱式通气通道。剪除所有不定枝(向上、向下、向内生长不规则的枝条),这些是无法结果的。剪除弱枝、病虫枝、干枯枝。

d.多干树的整形与修剪:多干树整形的目的是培养多条主干长出大量健壮的一级分枝作为主要结果枝。主干不去顶,待顶芽生长变缓,产量下降时,更新主干。多干整形的修剪技术较简单,主要是定期换主干,剪去结果后的枯枝、弱枝,多余的徒长枝及病虫枝。多干整形有两个步骤:多干的培养和多干轮换。

多干的培养方法主要有以下三种。

一是截干法:此法适用于2年生苗木,在离地面25~30 cm处截干,以后长出多条直生枝培养成新主干。

二是斜植法:定植时将苗木斜植于大田,苗木与地面形成10°~45°角,选留从基部抽生的3~4条直生枝作为主干,把原主干的最上一条直生枝处截去。生产上较普遍采用此法。

三是弯干法:将种植后一年的苗木主干向地面拉弯成45°,用绳子固定,促进基部抽生出直生枝,选留3~4条育成新干,老干在结果1~2年后截去。此法较斜植法费工,且需用固定主干的材料。

多干轮换:多干整形的植株,在结果3~5年后,由于主干继续生长,结果部位逐年升高，老干生长量逐年减少，产量下降。因此，必须更换主干，使植株保持足够的结果主枝。多干轮换主要采用一次截干轮换和多次截干法轮换，培养新主干代替老主干结果。

一次轮换：主干结果4～5年后，产量下降。于收获后把主干一次截去，截去高度一般离地面30 cm，锯口面向外倾斜，待新干萌发后，保留从基部萌发的新干4～5条，培养成新干。

分次轮换：每年将结果能力低的1～2条老干截去，培养1～2条新干代替老干结果。一般在截干前一年，于老干基部保留直生枝1～2条，到截干当年采果后，在直生枝生长部位上方锯去老干。

多干修剪：多干整形也需修剪，以保持树冠内通风透光，新培养的主干健壮、结果多。修剪的主要对象是截干后长出的多余直生枝。截干后，萌发出的直生枝，除要培养的新干外，多余的直生枝要及时除掉。另外，要剪除部分内侧枝、枯枝和病虫枝，适当控制主干高度。幼龄咖啡树多采用单干整形，结果多年的衰老树、弱树或主干衰弱的咖啡树可采用多干整形。

②咖啡枯梢树、低产树的改造。

枯梢树往往发生在枝条大量结果后，植株消耗大量养分，此时若水肥不足，管理又跟不上，就会导致枝条生长量小、叶子褪绿，经冬季低温干旱期，引起落叶、枝枯，形成树冠中部空虚。结果多的枝条全部干枯，结果少的枝条受到影响；严重枯梢的植株，叶片全部落光，枝条大部分或全部干枯，个别主干也会干枯。

a.枯梢树的改造：枯梢破坏树型，使产量下降，不经过改造难以恢复产量，改造后也需1～2年后才能恢复到正常产量。改造时间宜早不宜晚，2月中、下旬气温回升时即可进行，早改造，早长枝，加速当年生长量，使下年多结果。改造时根据枯梢的情况进行。

上部枯梢：原上部枝条结果多，上部枝条大多数枯死，不枯枝条的叶片大部分脱落。从枯枝部位处截干，使其萌发直生枝，然后选留一条粗壮直生枝代替主干，长至离地面160～180 cm再进行去顶，控高以后要及时除掉多余直生枝。

中上部枯梢：在枯梢部位最下一对枯枝的地方截干，选留新生的直生枝1～2条，培养成老干的延续主干。原主干下部正常的一级分枝可继续留用，以使来年有一定产量。

中下部枯梢：可采用弯干法或截干法改造。

弯干法：将树干拉弯，促使抽生新直生枝，选留1～2条。

截干法：单干及多干树型都可以采用该方法。多干树型可采用一次截干更新或多次轮换两种形式。方法是在树干离地面30 cm左右处截干，选留直生枝作新干。

下部枯梢：多出现在没有控制高度的植株，高度超过300 cm左右时严重影响群体受光。下部枝条处于隐蔽状态，枝条瘦弱，最后干枯，结果部位升高，只有顶部枝条结果，成了伞状树型，产量下降，增加管理工作难度。下部枯梢的植株可进行截干更新，更新方法后述。

b.枯梢树的管理。

灌水或喷水：截干后应进行灌水或喷水，保持土壤有一定水分，截干后一个月萌发新芽，早发芽，早生长，加大当年生长量，为下年打下基础。

深翻改土：截干后，在土壤水分适当时进行深翻，深挖30～40 cm，可切断部分老根，促进新根长出。

修剪：在改造枯梢树的咖啡园，对留下的植株进行一次修剪，将所有枯枝、病枝，无结果能力的老枝、弱枝、过密枝等剪去，腋芽大量萌发时留够下年结果枝，其他腋芽全部剪去。截干后一个月左右大量萌发直生枝，留2条健壮芽培养主干，多余直生枝条及时剪去。

其他管理：施肥、除草、松土、灌水、防治病虫害等措施和正常的咖啡园相同。

③咖啡树更新。

咖啡结果后第3～5年是盛产期，第6年产量开始下降，生长势逐渐衰退，一般在结果后6～7年更新复壮。若管理得好可延缓更新期；若管理跟不上，在大量结果之后，一级分枝干枯，树型被严重破坏，一般管理难以恢复原来的产量，可采取更新换干复壮来恢复原来的产量水平。

a.更新方法。

上部分枝条全枯的：在离地面25～30 cm处切干，切口倾斜度为45°，切口向外，切口糊黄泥或油漆保持水分，30 cm以下有枯枝的全部剪除，有正常枝的全部保留。30 cm以上有正常枝条的，可提高到40～50 cm处切干，在活枝条上端5 cm处切干。活枝条可萌发出多条二分枝，可使下年有部分产量。

成片一次更新的：当年没什么产量或产量很低，树的长势不好，枝条全部枯死的可成片一次更新。

轮换更新：密植咖啡的行距太窄、荫蔽度过大，或咖啡园有部分枝条干枯但还有一定的产量的，可采用隔2行更新1行，每年通过更新1/3留2/3的方法进行更新。更新1

行留2行，增加了光照和营养，从而促进植株的生长并提高产量。

b.更新时间：有条件灌溉或浇水的咖啡园，以早更新为好。收果结束之后，2月中旬或3月上旬（平均温度15 ℃以上）切完干即可更新。无灌溉条件的地区可在雨季初进行，争取尽早切干，早萌发直生枝，这样可使当年生长量加大，为下年提高产量创造条件。

c.更新咖啡园的管理。

灌溉供水：截干后和新芽萌发前要求土壤水分充足，能灌溉的咖啡园应进行灌溉，以利于枝条的抽生。

深翻改土：截干后在土壤水分适宜时，深挖25～30 cm疏松土壤，同时切断部分老根，促进新根生长。

抹芽：新芽萌发时，选留1～3条生长在切口下1～2 cm以上的健壮直生枝作干枝，枝与枝之间要有间隔（最好为相对而生），其余的新芽应及时去除。

施肥：施肥可参照新定植的咖啡树来进行。

防虫：更新之后的咖啡树，基部主干暴露在外，易受害虫（尤其是天牛）的危害，当新芽抽出后，可用药剂或涂剂（硫黄1份、生石灰1份、水25～30份）喷主干或涂主干。注意不要涂在新抽出的芽上。

中耕除草：更新之后，地表裸露，杂草生长较快，结合浅中耕及时清除园内杂草，以保持土壤疏松、透气。

摘顶控高：单干更新后，待植株高180～200 cm时摘顶控高。

（5）咖啡树冻害及处理措施。

云南省哀牢山以东地区常常周期性地遭受寒流袭击，种植咖啡树除选择避寒环境外，还要搞好防寒工作。当冬季中午降温7～8 ℃、下午露点温度小于5 ℃、盛行偏北风或西北风时，当晚最易发生霜冻。云南咖啡种植区发生霜冻比较严重的年份有1953年、1973—1974年、1975—1976年、1986年春（倒春寒）和1999年，平均霜冻周期为13～20年。霜冻年给咖啡树的生长和产量造成很大的损失。霜冻无论轻重，都对咖啡的品质和产量影响极大（造成褐色豆比率增加）。

①咖啡树冻害症状：咖啡树冻害表现为嫩叶枯焦、顶芽及嫩梢枯死、叶片和枝条枯死、咖啡果果皮枯焦、咖啡豆褐色豆比例增加等症状。

②咖啡树抗寒栽培措施：秋冬季节，注意气象信息，掌握天气变化，早做防寒准备，可有效促使咖啡树抵御低温霜冻灾害。

a.选择避寒环境栽培:掌握低温霜冻发生的规律。咖啡种植地避开闭塞环境和低凹的沟谷,因这些地形冷空气易下沉,出现霜冻机会多,受冻强度大。新种植区,选择背风向阳的平地、山坡地或地势开阔、空气流通的地方种植。

b.培育抗寒品种、加强抚育管理:目前生产上尚无表现优良的抗寒品种,培育抗寒品种也是提高咖啡树抗寒能力的主要措施之一。在生产管理中,要注重培养树型使咖啡生长健壮,提高抗寒能力。

选择抗锈病的咖啡品种。促使咖啡树生长健壮,提高咖啡树的抗逆性。

适量增施肥料,提高咖啡抗寒能力。进入冬季前,施磷、钾、硼等肥料,促进枝叶生长健壮,提高植株抗寒能力。

c.保护咖啡树体,提高抗寒能力。

覆盖:秋季对幼龄咖啡树进行地膜覆盖;严寒前对未木质化的幼龄咖啡树采用整株搭草棚架,在架上盖遮光网防寒;高大的咖啡树可用废旧塑料袋做成网罩,或用稻草帘、多层遮光网等防寒物覆盖。

根颈培土:对已老化的咖啡树,12月中旬前进行培土,保护近地5~30 cm的主干,是老咖啡树行之有效、节约型的防寒措施。根颈培土利于咖啡树灾后换干。无论是否霜冻,立春后将培于主干的土恢复台面。

灌水和熏烟是常规防冻措施,可以因地制宜使用。

适当遮阴,可种植荫蔽树。

③霜冻树的处理方法

a.处理时间:发生寒害、霜冻害的咖啡树在灾害发生1~1.5个月后进行处理。

b.处理方法:

一年苗龄的咖啡树连片受冻重新挖沟种植;如果是缺株,补苗即可。其他树龄的弱树,重新挖沟种植。

严重受冻树,地表上5~20 cm的树干存活,在其树干枯死与活组织交界处切干,并涂封切口,以后长出多条直生枝培育成新主干。

受冻树距地表50 cm以上的树干成活,在受冻部位以下切干。

主干一分枝回枯,按枯枝树的截干法处理;一分枝存活有足够的长度,只要修剪死亡的枯枝即可。

c.受害树管理方法：

有条件的种植地，旱季15～20 d灌水1次。

春季土壤潮湿，每株树施尿素20～30 g，促使直生枝的抽生；如选留的直生枝陡长，枝叶颜色淡黄，可喷施尿素等叶面肥缓解。

切干后保持台面内倾，施有机肥，进行地面覆盖。

如果选留的新主干近地表，扒开主干周围的土壤，避免土壤高温伤害直生枝。

（三）临沧咖啡主要病虫害与防治技术

1.主要病害的防治技术

（1）咖啡锈病。

①分布：咖啡锈病是世界小粒种咖啡生产地的主要病害，云南是国内种植小粒种的主产区，1958年小粒种咖啡波邦、铁皮卡种植面积达到了13万亩，除了保山潞江坝干热区锈病发生相对较轻外，其他地区锈病都发生较重。由于锈病危害和市场价格及其他因素的影响，到1978年，云南省仅潞江坝保留了200亩的咖啡面积。后期随着抗锈品种的推广，咖啡种植面积逐渐扩大。因为新小种的出现，使生产上主要栽培种卡蒂姆类咖啡出现锈病危害。

②危害：小粒种咖啡感染叶锈病后，叶片上出现病斑，上面布满锈孢子，导致提早落叶、光合作用能力下降、当年营养生长不够和果实变小，造成后期的碳水化合物量不足，引起枯枝、早衰。病害流行年份可使咖啡的产量损失超过30%，严重的可达到70%。同时又因锈病危害造成大量落叶，引起天牛类害虫的严重危害，因此严重影响了咖啡生产的持续发展。

③症状：咖啡锈菌仅危害叶片，重病年份也可见幼果和嫩梢有孢子堆。病状主要表现于叶背孢子堆的发展过程。发病初期叶背面开始出现2～3 mm的小黄斑点，其周围有浅绿色晕圈。斑点逐渐扩大，以后在发病部位的叶背面出现橙红到橙黄色的孢子堆。随后孢子堆以同心圆方式逐渐扩大，一般直径达5～8 mm，最大的病斑可达25 mm，往往许多病斑连成一片。咖啡锈菌在气孔处产孢，与大多数锈菌的病斑隆起呈疣状、表皮破裂的产孢方式不同。病斑老化，中间出现褐斑，病叶黄化、脱落。在阴雨潮湿天气，孢子堆上有白色霉状物使孢子迅速霉坏。

④病原：咖啡锈病病原菌是咖啡驼孢锈菌（*Hemileia vastatrix*），目前只发现夏孢子、

冬孢子、担孢子,而性孢子和锈孢子尚未发现,也未发现有转株寄主。咖啡锈菌生活史尚未被完全阐明,在自然中仅靠夏孢子侵染咖啡,菌丝体在病叶内越冬越夏,病叶是锈菌唯一的生存场所。

夏孢子由叶背气孔伸出,孢子密集排列,相互倾轧呈椭圆形、肾形、拟三角形,或不规则形。一般有明显的“驼背”,其背脊上密生短刺,而腹部无刺,我国称驼孢锈菌。冬孢子比夏孢子略小,为陀螺形或不规则形状,黄色,外表光滑,有一乳突,无休眠期,遇水立即发芽,伸出棍棒状粗大的担子梗。

⑤咖啡锈病流行规律。

咖啡锈菌的传播与扩散:咖啡锈病是一种气流传播病害,锈菌夏孢子遇到轻微的气流,就会从夏孢子堆中飞散出来。风力弱时,夏孢子只能传播至邻近的植株上。当气流强、菌量大时,强大的气流可将大量的锈菌夏孢子吹送至1500~3000 m的高空,然后随气流传播到几千公里以外的咖啡树上侵染为害。

咖啡锈病夏孢子寿命及萌发条件:咖啡锈菌夏孢子的寿命长短与日光照射的时间长短及温、湿度的高低有密切关系。据报道,雨季咖啡叶面上孢子10~15 d即不再发芽,而在低温干燥季节(平均温5.8 ℃),个别叶片在50 d后尚有21%的发芽率。在相对湿度80%的条件下,生活力很快丧失。

咖啡锈菌夏孢子萌发的适温范围是15~28 ℃,最适范围是21~22 ℃;侵入最适温度为18~24 ℃。锈菌潜育期在最适温度(22 ℃左右)下是14~15 d,气温增加或降低,潜育期均相应延长,温度为25 ℃时是15~18 d,18 ℃时是25~29 d。潜育期长短与温度高低关系密切。强光对锈菌夏孢子萌发阶段有抑制作用。

咖啡锈菌侵染过程及条件:叶面自由水是感染成功的必要条件。咖啡锈菌夏孢子落到感病咖啡品种的叶片上,遇合适的温湿度条件,2~4 h即可发芽。在自然条件下靠叶背的雨水膜或凝结的露滴发芽,这也是病斑多发生在水滴或水膜多的叶缘边的原因。在保湿条件下3~4 h可萌发。

海拔越高、气温越低锈病越轻;温度也影响发病,孢子发芽的最低、最适和最高温度分别为15.5 ℃、22 ℃和28 ℃;夏孢子萌发必须接触水滴,因而叶面上的水滴或雨露量与停留时间是锈病侵染与流行的必要因素。云南咖啡锈病都是在雨季来临后迅速流行,与湿度大、叶面水膜停留时间长有关。

栽植密度、荫蔽树:适宜的荫蔽能减少叶面露量,延缓叶面水分的蒸发和散失,同时使咖啡树减少对肥料的消耗，结果量大大降低，因而有效防止了咖啡园早衰，保持叶片的抗锈性。相反，叶片在强光照射下易发病。

植株营养状况如下。

a.结果量。结果越多特别是结果过多超过自身营养负荷的植株是易染病体质，锈病发生越重。当果实被疏果时，锈病严重度可减少2%～38%。咖啡结果有明显的大小年，结果大年也是锈病流行之年。

b.咖啡植株的中层结果枝由于结果对养分的强烈消耗形成了全株营养物的吸引中心，全株各部分的叶片越靠近果枝，养分含量越低。同时不同部位叶片由于养分含量差异也表现出抗病性的差异，使全叶片呈抗病的异质性。

c.咖啡植株全年生长和开花结果动态平衡，生殖生长与营养生长的平衡。云南有近半年的低温期，此期咖啡树停止生长，而浆果在11月下旬至12月集中成熟，在11月至第二年3月，咖啡树停止生长。冬旱季光照足、日较差大，白天光合率很高而夜间呼吸量低，枝条内积累的碳水化合物极其丰富，促使当年大量开花结果。由于冬旱季落叶甚多、开花时花果量往往超过同株叶片的数量，而且生殖生长早于营养生长，抢先耗用了糖分的储备，抑制或减少同株上新枝叶的抽出，加之果实生长对养分的强烈消耗，生殖生长远远大于营养生长，为数不多的叶片营养负荷极大，导致抗病性降低。

营养物质的流出和流入平衡及主要矿质营养与抗病关系：营养物质和能量流动收支平衡，是咖啡园生态系统的核心，也是决定一个咖啡园经济寿命和系统稳定性的关键。氮肥充足最有利于植株的抗锈性增强，施用氮肥加钾肥，效果更显著。

⑥防治方法。

选用抗(耐)锈丰产良种：利用品种抗性防治病害是最经济、有效的措施。咖啡抗锈良种的选育主要通过种内杂交、多系育种和种间杂交等途径获得。我国从国外引进了大量的咖啡抗锈品种和种质，其中S288、Catimor7963(F_6)、T5175、T8867、P86(Pt)和Sarchimor系列、Cavimor系列等抗锈新品种，解决了生产上对咖啡抗锈优良品种迫切需求的问题。

农业防治：推行高产品种复合栽培模式，提供适宜的荫蔽，防止咖啡园早衰，保持叶片的抗锈性。注意合理施肥，增施磷肥、钾肥，避免偏施氮肥，增强品种的抗锈性。适时修枝整形，促进营养生长，控制过度结果损伤树势。

化学防治：要充分发挥药剂的最大效果，必须根据锈病的流行特点、气候条件、品种感病性及杀菌剂特性等，结合预测预报确定用药量、用药适期、用药次数和施药方法等。前期选择保护性杀菌剂，喷药预防1～2次。后期有病斑出现时，使用内吸性杀菌剂进行喷雾防治。但应与铜制剂轮流使用，以免产生抗药菌系；在雨季来临前喷药，低产量年份每年喷药2～3次，高产量年份每年喷药4～6次。在云南雨季来临前喷施1次铜制剂，进入雨季后，在7月或8月喷1次波尔多液，9月或10月再喷1次铜制剂，两种药剂交替使用。

（2）咖啡炭疽病。

①分布与危害：咖啡炭疽病是一个在咖啡植区普遍发生的病害。中国分离的咖啡炭疽病都是胶孢炭疽（*Colletotrichum gloeosporioides*）。

②症状：该病主要为害咖啡叶片，也为害果实和枝条。叶片被初侵染后，上下表面均有淡褐色的病斑，直径约3mm。侵染多从叶边缘开始，病斑中心呈灰白色，边缘黄色，后期完全变成灰色，并有同心圆排列的黑色小点。枝条感病后产生褐色病斑，最后引起枝条干枯；果实感病后有变黑色的下陷病斑，果肉变硬并紧贴在豆粒上。

③病原：毛盘孢属真菌（*Colletotrichum coffeanum*），无性世代产生无色、单胞、短圆柱形的分生孢子。叶片和果上的分生孢子盘有刚毛、黑色、有膈。枝条上的分生孢子无刚毛、孢子稍短。

④发病条件：侵染最适的条件是相对湿度90%以上，温度18℃左右。分生孢子萌芽后直接从叶、果枝的表面伤口侵入。冷凉、高湿季节或长期干旱后的连续降雨天气有利发病。

⑤防治方法：加强抚育管理（合理施肥、正确修剪等），创造适合咖啡树生长的小气候环境，避免咖啡树过度结果，营养亏缺，保持咖啡树生长健壮，提高抗病力；用1%波尔多液、75%百菌清500倍液、50%多菌灵可湿性粉剂500倍液，每7～10 d喷洒1次，连喷2～3次。防治时期为4～9月、11月至第二年1月。

（3）咖啡褐斑病。

①分布及危害：是一种分布广泛的病害，主要危害叶片和果实，引起落叶、落果。

②症状：在叶片上产生近圆形、边缘褐色、中央灰白色的病斑，在幼叶上为红褐色病斑。有时几个病斑可连在一起。严重感病的病叶脱落，在果上形成斑点影响咖啡豆的质量。

③病原：半知菌尾孢属病菌（*Cercospora cffeicola*），分生孢子鼠尾状，无色，一端较尖，

基部钝圆,顶生在分生孢子梗上;发芽适温范围为15～30 ℃,最适温度25℃。

④发病条件:半知菌尾孢属病菌是弱寄生菌,蓖麻是其野生寄主。在寄主抗病力弱的情况下严重发病。通常土壤瘠薄或管理粗放的咖啡园,以及无荫蔽条件的咖啡幼树发病较重。相对湿度在95%以上或咖啡植株立地环境长期阴湿最有利该病发生。

⑤防治方法:加强抚育管理,创造适合咖啡生长的小气候环境,使咖啡树生长健壮,提高抗病力;选用1%波尔多液、25%多菌灵可湿性粉剂250～500倍液、80%代森锰锌可湿性粉剂600～800倍液、50%甲基托布津可湿性粉剂800～1200倍液、65%代森锌可湿性粉剂400～500倍液等喷洒树体进行防治。

(4)咖啡幼苗立枯病。

①分布与危害:咖啡幼苗立枯病是在咖啡育苗过程中常发生的一种重要病害,在我国咖啡种植区均有发生。该病引起催芽床上咖啡幼苗倒伏枯死,特别是大规模育苗基地,会出现成片幼苗发病死亡,带来一定的损失。

②症状:发病初期在幼苗茎基部或茎干上的病斑扩展,形成环状缢缩,造成顶端叶片凋萎,全株自上而下青枯、死亡。病部树皮由外向内腐烂,重者死亡。在病部长出乳白色菌丝体,形成网状菌索,后期长出菜籽大小的菌核,灰白色至褐色。

③病原:半知菌类丝核菌属真菌立枯丝核菌(*Rhizoctonia solani*)。菌丝体呈蜘蛛网状,有横膈,开始无色,后呈茶褐色。菌丝分枝处稍细,呈直角分枝,不远处有一横膈。该菌寄主范围广,主要借菌丝体蔓延、侵害,后期产生菌核,以菌核在土中存活并传播病害。

④发病条件:在高温、高湿、地势低洼排水不良或淋水过多、苗床过分荫蔽、苗木拥挤、连作的土地,地表有很多枯死的植物残屑处,都有利于发病,且蔓延迅速。

⑤防治方法:苗圃地不要连作,整地要细碎平整,最好高畦育苗,避免苗圃积水;播种或插条不宜过密,适当淋水,注意田间卫生,及时清除地面枯枝落叶;用熟地育苗。在播种覆土前或插条前用50%代森铵0.5 kg兑水200～250 kg,或用萎锈灵800～1000倍液喷洒畦面,进行土壤消毒;发现病苗及时清除烧毁,并喷药防治。用10%世高水分散粒剂2000～2500倍、0.5%波尔多液等喷洒控制。

(5)咖啡茎干溃疡病。

①分布及危害:此病为镰刀菌引起的病害,国内外咖啡种植区均有发生。1999年,云南特大寒害年份其对德宏无荫蔽的咖啡幼树产生了严重危害。

②症状：典型症状是根茎交界部位出现溃疡，也常在植株中部某节茎干或一分枝基部发生，严重时受害部位呈缢缩状，俗称“吊颈子”。

③病原：病原菌是子囊菌亚门球壳目肉瘤菌科赤霉菌属（*Gibberella stilboides*），无性世代属半知菌亚门瘤座菌科镰刀菌属（*Fusarium stilboides*）。

④发病条件：此菌在咖啡茎干木栓化组织上以腐生形态存活，当植株受不良环境刺激或损伤时而易受侵染。病菌侵入树皮的木栓形成层危害，引起树皮爆裂，形成溃疡病灶，最后造成整株死亡。冬季植株正北面受辐射、寒害或日灼使木质部损伤变黑，利于病原菌入侵。在雨量稀少、气温长期干旱的年份，无荫蔽条件和栽培管理差的咖啡幼树发生溃疡病较重。

⑤防治方法：旱季对咖啡幼树进行死物覆盖，提高其抗逆能力。适度荫蔽，增强植株生势，可减轻冬期温度剧烈变化对咖啡茎干的影响；冬春季节采用石灰水涂干（水20份、生石灰5份、食盐0.5份），以减轻幼树茎干受辐射、寒害和太阳灼伤的程度；在定植当年10月份结合松土除草，在根茎处垒高土护干，避免根茎裸露受害。

（6）咖啡枝枯病。

①分布及危害：此病是一种常见病，能使植株的分枝落叶枯死，严重的整株枯死。海拔低、无荫蔽条件的咖啡树，产量过高和管理不善时发生较重。

②症状：此病先发生在中层结果枝上，在果实要成熟时，先是结果枝上的叶片变黄，迅速脱落；随后果实表面出现似灼焦状的褐斑，并逐渐干枯；最后整条果枝干枯，果实变黑。病株仅在顶部的新梢上残留少量带褐斑的叶片。

③病因：咖啡枝枯病是咖啡树的一种生理性病害，是因为咖啡结果过多，植株养分（特别是糖分）消耗过多，又供给不足。

④发病条件：此病的发生与林地有无荫蔽、结果数量、肥水管理水平等有密切关系。一般是无荫蔽、施肥（特别是钾肥）少、管理差、结果过多、枝条瘦弱、咖啡锈病落叶严重的植株发病较重，因此该病在那些无荫蔽、结果过多或管理差的咖啡园严重发生。

⑤防治方法：在无荫蔽咖啡园采用多干轮换整形，保持植株的营养生长与生殖生长平衡，控制结果量，创造适当的荫蔽环境；咖啡园台面覆盖厚草，保护根系，在咖啡盛果期适当增施钾肥；注意防治咖啡锈病、褐斑病和炭疽病，可减少该病的发生。

（7）咖啡细菌性叶斑病，

①分布及危害：此病主要为害新定植的咖啡幼树，造成严重落叶和嫩梢回枯，影响

植株生长和产量。在中国海南、云南咖啡种植区都发生过危害。

②症状：在叶片上产生水渍状或形状不规则的黄褐色病斑，边缘有明显黄色晕圈，多在叶片边缘或叶脉两侧发生。受害的叶片出现卷曲、干枯、变黑和死亡，但枝条不脱落；最典型的症状是受害的嫩枝条基部的叶柄逐渐变黑，回枯枝条顶端变黑的叶片一时不掉落，严重时整株咖啡树如被大火灼伤一样。

③病原：属丁香假单胞菌咖啡致病变种（*Pseudomonas syringae* pv.*Garceae*）。该病原菌经格兰氏染色呈阴性，短杆状。树上的和落地的病叶是此病的初侵染源，病菌经雨水传播，从伤口或自然孔口侵入。

④发病条件：雨水是本病发生的基本条件，特别是台风雨或暴雨，或者久旱遇雨，不但有利病原细菌的蔓延、传播，而且易导致叶片产生大量伤口，利于病菌的入侵。

⑤防治方法：清除染病组织，使用杀菌剂防治。

（8）咖啡美洲叶斑病。

①分布及为害：此病是拉丁美洲咖啡植区发生最严重的病害，在云南普洱也有发生。在海拔较高或冷凉、高湿地区发病较重。受害叶片变小，嫩梢停止生长，少花和落果。

②症状：叶片染病初期出现小的暗色、水渍状病痕，病痕中央有一种黄色物体；病痕扩展呈圆形的浅灰色病斑；因受叶脉限制病斑呈椭圆形、稍凹陷，边缘有一狭窄的暗色晕圈；病斑散生，其上着生许多细小的浅黄色发状物，顶生膨大的梨状子实体（芽孢）。染病浆果产生类似的病斑。在嫩枝上的病斑呈椭圆形，病枝的栓皮变粗糙。

③病原：桔色小菇（*Mycena citricoloy*）。是新热带潮湿山区和森林地区的习居菌，寄主范围十分广泛，通常以营养菌丝体存在。此菌在叶斑上产生半透明的发状细柄。顶生闪光的浅黄色、卵圆至扁平的芽孢。水湿后芽孢脱落，在潮湿的寄主植物表面发芽、侵入。高湿条件下产生柠檬色或黄色、具短柄的小蘑菇，在其中产生担子孢子。

④发病条件：此菌的生长和繁殖都需要高湿条件，干旱和强烈日照对它不利，生长繁育的最适温度为22～24 ℃。在干旱季节以半休眠的菌丝体在病部潜伏。此菌借助雨水和风传播，带菌种苗是远距离传播的重要途径。

⑤防治方法：清除染病组织，降低荫蔽度。雨季前两周喷施杀菌剂，雨季期间病害发生严重时，使用杀菌剂防治；选用43%好力克悬浮剂4000～5000倍液、1%波尔多液、10%世高2000～2500倍液、27.12%铜高尚500～800倍液、15%粉锈宁1000～1500倍液

等对树体喷雾防治。

(9)咖啡根病。

①分布与危害:咖啡树有4种根病,即根茎龟裂病、褐根病、黑根病和镰刀菌根病。这些根病在我国云南的景洪、瑞丽和海南的万宁、澄迈咖啡园已有发生。

②症状:根病树一般表现为生长势衰弱、树冠叶片萎蔫和枯枝多,叶片变成暗黄绿色,严重时整株死亡。患黑根病的植株病根上铺展有宽的扇状菌丝体,在病死根上能见到小球状黑色子实体。患镰刀菌根病的植株根部无特征性菌丝体,但在被害茎部的木质部能看到颜色变为紫褐色。

③病原菌:根茎龟裂病的病原菌为蜜环菌(*Armillaria mellea* Kummer);褐根病的病原菌为有害层孔菌(*Phellinus noxius*);黑根病的病原菌为锥孢座坚壳菌(*Rosellinia bunodes*);镰刀菌根病的病原菌为腐皮镰孢菌(*Fusaruim solani*)。

④发病规律:在森林地或混生杂木林地开垦的咖啡园发病最多,黏质通气差的土壤发病较重。在新开垦的森林地通常易发生根茎龟裂病、褐根病或黑根病,林地残留的树桩和根系提供初侵染菌源。

⑤防治方法。

开垦时彻底清除侵染来源。可用机垦清除带病树头和树根,对无法拔起的大树头或在山坡无法机耕的,可用炸药爆破,或用除草剂毒杀。回穴时防止病杂树残根回入穴内。

发现病株立即挖根检查,用刀将发病部刮除干净,伤口涂浓缩硫酸铜混合剂或涂沥青,然后用干净土埋根。

加强管理,避免用有根病的寄主树作遮荫树。

用生物制剂防治咖啡根病。木霉菌(*Trichoderma harzianum*)是一种能有效防治土生病原菌的真菌,对土生病原菌表现出拮抗作用,并能抑制这些病原菌的活性。

木霉菌剂的施用方法:

将一袋试剂(500 g)与30 kg腐熟的农家土杂肥混合,放置于荫蔽处1 d。

在每一受害植株根系周围挖半径为15~20 cm、深为3~5 cm的辐射状坑,挖坑时注意不伤到根;将3 kg的真菌剂施于坑中,并将翻出的土及覆盖物再填回坑中。邻近的健康植株也要施用生物制剂。

木霉菌剂的施用时间:第一次撒施是在11月份,雨停后容易鉴别出受害植株枯萎症状时进行；第二次撒施是在6月份，土壤足够潮湿时进行。选用0.5%～1%铜制剂、20%农用链霉素可湿性粉剂3000～4000倍液进行喷雾防治。

（10）根结线虫病。

①分布及危害：咖啡根系常遭受多种线虫侵害，造成不同程度的损失。据报道有7种为害咖啡的病原线虫：短小根结线虫，在我国云南的勐腊、瑞丽有发现；南方根结线虫，在我国云南的勐腊、瑞丽有发现；穿孔线虫，分布范围广泛，能侵染咖啡等80多种作物，已被列为我国对外植物检疫对象。

②防治方法：加强植物检疫，预防穿孔线虫等我国尚未发现的重要病原线虫入侵；化学药剂灌根或药物埋施；清除染病组织；使用杀菌剂防治，选用阿维菌素2000倍液灌根或每株3～5 g 20%灭线磷颗粒剂穴施或沟施防治；重病园可用抗病、耐病品种更新。

2. 主要虫害防治技术

（1）咖啡旋皮天牛。

咖啡旋皮天牛又称咖啡锦天牛，属鞘翅目天牛科（Cerambycidae）。

①分布与危害：国内分布于云南、四川，为害咖啡、喜树等植物，以幼虫旋蛀咖啡树干基部等皮层进行为害。

②形态特征：成虫全身密被带丝光的纯棕栗色或深咖啡色绒毛，无其他颜色的斑纹；卵梭形，两端狭小略弯曲，初产时白色，后渐变黄白色，近孵化时变黄褐色；老熟幼虫扁圆筒形，头部及前胸硬皮板颜色较深，黄褐色至黑褐色，体躯其余部分均呈蜡黄色；蛹乳白色。

③生活史和习性：幼虫危害咖啡树干基部，被害植株外表呈螺旋伤痕，叶片变黄下垂，整株呈现枯萎状，轻者来年不能正常开花结果，重者死亡，需很长时间才能恢复生势。咖啡旋皮天牛在云南1年发生1代，以幼虫在寄主内越冬。有荫蔽的咖啡树受害较轻。幼虫早期在咖啡树茎干基部皮层旋蛀，在蛀入木质部前易被天敌捕杀，所以该虫在咖啡树上很少能完成1个世代，为害虫源主要是来自野生寄主。

④防治方法：清除野生寄主，保护天敌；荫蔽环境能够大大降低发生率；成虫羽化前，即3月下旬用1份药剂、25份新鲜牛粪、10份黏土和15份水调成糊状涂刷树干基部防止成虫产卵，也可在5～7月份用药剂喷树干基部1次。作涂剂的杀虫剂可选用50%杀螟丹可湿性粉剂、敌毒粉（敌百虫+毒死蜱）等按上述比例配制；可用50%杀螟丹可湿性粉剂500～700倍液、30%乙酰甲胺磷乳油400～800倍液等杀虫剂喷洒茎干木栓化部

位进行防治。

(2)咖啡灭字脊虎天牛。

咖啡灭字脊虎天牛(*Xylotrechus quadripes*)属鞘翅目天牛科(Cerambyeidae)。

①分布及危害:该虫害在云南、海南等地均有发生,危害小粒种咖啡等,以幼虫为害枝干。开始时在形成层与木质部之间蛀食,当幼虫蛀至根部时,植株失去再生能力而枯死。

②形态特征:成虫黑色,头胸被覆淡黄或灰色绒毛;卵乳白色,椭圆形;幼虫略呈扁圆筒形,全身淡黄白色;蛹黄褐色,长椭圆形。

③生活史与习性:以幼虫钻蛀咖啡枝茎,先在树表皮下蛀食,随着虫龄增大,潜入木质部和髓部沿树心上下蛀食,导致整株枯死。该虫1年完成1代。4龄以上的咖啡树虫害逐渐加重;靠近虫源寄主的咖啡树虫害发生早且重;种植密度稀和栽培管理粗放的咖啡园虫害发生重。

④防治方法:种植抗逆性强、高产、密集矮生品种,合理密植;采取复合栽培,适度荫蔽,有效控制该虫产卵;加强咖啡园管理,采果结束后,对虫害枝干进行1次全园清除,其余时间及时处理虫害树;在成虫出现高峰期每天12:00~14:00进行人工捕杀;在产卵和幼虫孵化高峰期,人工抹树干,可以减少虫口密度;清除野生寄主及园内虫源;保护天敌,发挥其生防作用;用杀螟丹、毒死蜱等防治,虫害严重时在3~10月份各用药剂喷树干杀卵1次。

(3)咖啡木蠹蛾。

咖啡木蠹蛾(*Zeuzera coffeae*)又名咖啡豹蠹蛾,属鳞翅目木蠹蛾科(Cossidae)。

①分布和危害:该虫在云南、广东、海南、台湾、福建和四川等地均有发生。为害咖啡、油梨、可可、茶树和番石榴等作物。

②形态特征:成虫触角丝状;卵长椭圆形,杏黄色;幼虫红色,头部深褐色;蛹长圆筒形,赤褐色。

③生活史及习性:危害多种经济作物。幼虫为害树干或枝条,致被害处以上部位黄化、枯死或受大风而折断。为害咖啡树的虫源主要来自咖啡园附近的野生寄主。初孵化的幼虫先从枝条顶端的腋叶处蛀入,向枝条上部蛀食,3~5 d内被害处以上出现枯萎现象,这时幼虫钻出枝条外,向下转移,在不远处节间又蛀入枝内,继续为害,经多次转移,幼虫长大,便向下部枝条转移危害,一般侵入离地15~20 cm的主干部。

④防治方法：经常检查，结合修枝整形。发现虫伤枝，特别是幼嫩受害枝条应从虫孔下方剪除并烧毁，及时杀灭卵和初孵幼虫；选用25%杀虫双水剂500倍液、25%扑虱灵可湿性粉剂1500~2000倍液、50%辛硫磷乳油1000~1500倍液、90%晶体敌百虫1000倍液、30%乙酰甲胺磷乳油500~1000倍液，或40%烟碱800~1000倍液等药剂喷树体。

(4)咖啡根粉蚧。

①分布与危害：危害咖啡根部的粉蚧达40多种，国内咖啡根粉蚧（*Planococus lilacinus*）分布于云南、海南、广西和台湾等，2002年云南普洱出现较重的根粉蚧危害。

蚧虫为害咖啡等作物根部。主要以若虫和雌成虫寄生在咖啡根部，初期先在根颈2~3 cm处为害，以后逐渐蔓延至主根、侧根并遍布整个根系，吸食植株液汁。植株受害当年虽然不致枯死，但翌年生势日趋衰退，不能正常开花结果，造成减产和品质下降，最后因根部发黑腐烂，整株凋萎枯死。

②形态特征：雌成虫椭圆形，背面稍隆起，体呈紫色，背面密被白色蜡粉。雄虫体呈橄核形，黄褐色；若虫初孵化时为紫红色，外形和雌成虫相似，背面扁平，无蜡粉；卵椭圆形，紫色，常聚集成堆，外被白色蜡粉。

③生活习性：一年发生两代，以若虫在土壤湿润的寄主根部越冬，翌年3~4月为第一代成虫盛期，6~7月第二代成虫盛期。世代叠置发生，一般完成一个世代约60 d。主要靠蚂蚁传播，因为蚂蚁会取食其分泌的蜜露。

④发生规律：该虫害一般喜在土壤肥沃疏松、富含有机质和稍湿润的林地发生。幼龄树受害较重，干旱年份发生较重。该虫害的寄主较多，田间生长的草本植物有的也是其野生寄主。

⑤防治方法。

农业防治：咖啡根粉蚧的寄主范围广，应做好其他寄主的根粉蚧防治，消除虫源。咖啡采取间作，树势强就不利于该虫的危害发生。

生物防治：咖啡间作，树势强，天敌多能较好地控制蚧虫的危害。瓢虫对该虫的生物防治效果较好。目前一些咖啡生产地区主要采用生物防治方法来控制蚧虫危害。

化学防治：注意防治该虫传播媒介蚂蚁，化学农药防治蚂蚁能有效地防止蚧虫的传播。用90%晶体敌百虫500~1000倍液喷杀防治效果好。咖啡苗定植时，用0.3%氟虫腈颗粒剂拌土施入植穴，每亩施用量1.5~1.8 kg。用48%毒死蜱乳油1000倍液每株

200~300 mL灌根,可获得理想防效。

(5)咖啡绿蚧。

①分布与危害:咖啡绿蚧(*Coccus viridis*)是同翅目蜡蚧科害虫,又名咖啡绿软蜡蚧,国内分布于云南、广西、广东等地。为害咖啡、茶叶、柑橘、可可、芒果、柠檬等;以若虫和成虫群集在咖啡嫩梢和叶背面吸取汁液,尤其以幼嫩部分受害较重。严重被害的幼果果皮皱缩,果柄发黄,幼果未成熟即脱落,导致咖啡产量减少,品质降低。

2008年以来,云南咖啡主要种植区冬春季干旱明显,咖啡绿蚧为害严重。2012年4月份云南省德宏热带农业科学研究所调查结果表明,超过30%的煤烟病由次虫害引起。

②形态特征:雌性成虫体平、卵形、浅黄绿色;卵圆形,边缘扁平,中间稍微突出。

③生活习性:咖啡绿蚧一代28~42 d,若虫3龄。孤雌生殖,一雌虫一生可产卵数百粒,卵置于母体下面,干旱季节和阴湿且通风不良的环境有利于其发生,在叶上以叶脉两侧较多,嫩枝上多分布在纵形的稍微凹陷处。低温季节绿蚧繁殖速度下降,为害程度减轻。

④发生规律。

虫源基数:由于热区冬季温度相对较高,云南保山潞江1~3月平均单株虫口数在9~86头,到8月份达到了1428头;咖啡绿蚧繁殖速度即单株虫口数量月增量与平均温度月增量呈显著正相关。

气候条件:咖啡绿蚧为害率的高低取决于8月份以前单株虫口数量的多少,8月份以后尽管单株虫口数量下降但为害率仍保持较高的水平,直至9月份达到最高点,9月份以后为害率基本保持稳定但略有下降。

天敌昆虫:7月份进入雨季后由于雨量集中、空气湿度大,有利于绿蚧天敌寄生菌芽枝霉球囊菌和笋尖孢霉等的发生与寄生,很大程度上抑制了咖啡绿蚧单株虫口数量的增加;绿蚧天敌中的肉食性昆虫如大红瓢虫、红环瓢虫、二星瓢虫以及内寄生天敌膜翅目的小蜂科种进入6~7月份后开始大量繁殖,对咖啡绿蚧的扩增产生抑制作用。

⑤防治方法。

生物防治:保护和利用天敌。寄生蜂、寄生菌和瓢虫,能大幅度降低咖啡绿蚧的虫口密度,应保护利用;利用乳菇轮枝泡菌防治绿蚧。在田间用16×106个孢子/ mL菌悬液对咖啡树喷雾防治两次,每次隔2周,能使30%~95%的咖啡绿蚧死亡。

化学防治：在旱季虫害发生严重时使用药剂防治。用48%毒死蜱乳油1000～2000倍液、25%扑虱灵可湿性粉剂1500～2000倍液、0.3%苦参碱水剂200～300倍液、50%马拉硫磷乳油1200～1500倍液、2.5%高效氯氟氢菊酯乳油1000～3000倍液等药剂喷树体进行防治。

3.鼠害防治

（1）分布与危害：2011年在云南保山驼峰咖啡庄园咖啡基地和潞江镇香树村的咖啡园发现老鼠危害，一块受害地危害率达18.2%。危害咖啡的老鼠主要是板齿鼠和黄胸鼠，后期还发现常在竹林上活动的飞鼠。板齿鼠个体大，体重在500～1500 g，是为害咖啡树枝的优势种。黄胸鼠既是家栖鼠，又能在村子周围的农田活动为害，其喜食植物性食料及含水分较多的食物，由于其种群密度较高对咖啡树和果实的破坏也较重。飞鼠在树上行走轻盈如飞，活动范围广，主要危害咖啡植株高处的枝条。

（2）发生规律：咖啡鼠害主要是在果实成熟期，老鼠上树偷吃咖啡鲜果，也咬吃咖啡枝，受害树下地面可见老鼠吃去鲜果皮后剩余的带壳豆；对于未结果的咖啡树，老鼠喜欢在冬天旱季咬食营养丰富的翌年结果枝，被害树可见老鼠咬断食过的枝条挂在树上，枝条被咬处口齿不明显，有点像修枝剪的剪口，树下有老鼠咬吃枝条留下的碎渣。老鼠喜欢集中在一块地危害，危害严重时达100%。

鼠害发生较重的咖啡树都是靠近村寨和咖啡基地管理人员生活区，这里食源丰富，并且常有空地种植红薯、芭蕉芋等饲料作物，在这些饲料作物收获前，老鼠有充足的食物，大量繁殖，并在咖啡地和咖啡树下打洞筑窝。但随着饲料作物收获后可食的东西减少，老鼠开始上树咬食咖啡，造成产量损失。

（3）防治方法。

①农业防治：避免在咖啡园大量种植饲料作物，同时结合栽培措施，加强咖啡树的整形修剪，改善咖啡园的通透性，防止老鼠迁入咖啡园栖息为害，并捣毁田间鼠窝。

②生物防治：注意保护天敌，如蛇类、鹰等。

③物理防治：对于害鼠种群密度较低不适用大规模灭鼠的咖啡园，可以使用鼠快、地箭、弓形夹等物理器械，进行人工灭鼠。

④化学防治：对害鼠种群密度大造成一定危害的林地，应用化学灭鼠剂进行防治。第二代新型抗凝血剂（华法林、澳敌隆等），对非爬行动物安全，无二次中毒现象，不产生耐药性，可大量使用。在使用该类药剂时应采取一些保护性措施，如添加保护色、小塑

料袋包装等。每年进入9月份在易发生鼠害的地块投药灭鼠效果显著,第1次放药后隔3个月再放1次,能取得较好防治效果。

参考文献

[1]李学俊.小粒种咖啡栽培与初加工[M].昆明:云南大学出版社,2014.

[2]朱敏.临沧市咖啡产业现状及发展思考[J].热带农业科技,2020,43(2):43-46.

[3]董云萍,龙宇宙.咖啡高产栽培技术[M].北京:中国农业出版社,2009.

第六节 甜龙竹

一、竹子概述

在当前的“低碳”浪潮中，竹子的生态价值日益为人们所关注。2010年上海世博会上，多个场馆的建材以竹子“挑大梁”。德国设计师马库思·海因斯多夫认为，竹材可以表达低碳理念，符合世界低耗、环保、可持续发展潮流。

据研究发现，竹林的固碳能力远超亚热带的其他林木，是杉木的1.46倍、热带雨林的1.33倍。减少二氧化碳排放是发展低碳经济的永恒主题。专家测算，每公顷竹林每年可吸收空气中的二氧化碳12 t，是桉树的4倍；同面积竹林可比树林多释放35%的氧气。工业上每减排1 t碳所耗成本达100美元，而竹木固碳每减排1 t碳所耗成本仅5～15美元。

（一）竹类资源丰富多彩

全球竹林面积约2200万hm^2，主要分布于亚太、非洲、拉丁美洲的热带、亚热带地区。我国竹类资源约有竹类植物48属近500种，蓄积量居世界第一。我国现有竹林面积720万hm^2，其中纯竹林420万hm^2，主要分布在长江流域、华南以及西南地区。

（二）竹林涵养蓄水保土

一棵竹子可固定6 m^3土壤，每公顷竹林可蓄水1000 t，10万亩竹林相当于一座200万m^3水库。

（三）我国每年有3000万亩林地逆转为无林地

如，湖南省在新中国成立初期竹木茂盛，水土流失面积仅1.8×10^{6} hm^2，而进入21世纪后山洪灾害总面积高达7.13×10^{6} hm^2。

（四）竹林环保有益健康

竹林是负氧离子之源，同面积竹林产生的负氧离子比树林多30%。而空气中负氧离子含量是衡量一个地区空气质量的重要标尺，与人体健康密切相关。世界卫生组织对清新空气的界定标准是：空气中负氧离子含量为1000～1500个/cm^3。研究表明，负氧离子含量低于50个/cm^3时，就会诱发人体发病。

（五）竹材利用永续不竭

据《人民日报》报道，建造相同面积的建筑所耗能源，竹子仅为钢铁的1/50、混凝土的1/8、木材的1/3，而抗震强度是木材的2～3倍，素有"植物钢筋"之称。日本是地震频发国家，房子多采用竹结构。据统计，70 hm^2竹林每年能提供建造1000栋原竹结构房屋所需竹材，约替代600 hm^2原始森林。竹材建筑省时方便，同样一栋房屋，砖混结构需要6～10个月时间建造，而竹结构仅需要100个工作日，且利用率比砖混结构房屋高出8%～10%。2007年建于湖南省耒阳市的世界首座可通行载重8t卡车的竹桥，长10m，由9根竹梁组成，使用期限为20～30年，被美国《科技新时代》评为2008年度全球最佳工程创新奖。竹子具有成长快、可再生的优点。竹子年生长30%，4年成材，远低于速生树林10～15年的成长期。一次造林，年年择伐，永续利用。有研究认为，竹子的可持续经营和利用能够帮助推动绿色经济增长，是应对气候变化和消除贫困的双赢方案。

（六）我国是世界竹子资源最为丰富、竹林面积最大、分布最广、开发利用率高的国家

竹子因其特殊的美学形态和自然属性，是中国文化中特殊的载体。在临沧，竹子作为重要的生物质资源，具有分布广、生长快和用途多等特点，在生物质基能源和材料方面拥有较高的利用价值和食用价值。其中，甜龙竹化学成分主要为纤维素、半纤维素、木质素和类脂物，研究其化学成分对于替代化石资源、节能减排、发展低碳经济和促进

农民增收都具有重要意义。

二、甜龙竹的特征特性

（一）甜龙竹的形态特征

（1）地下茎：合轴丛生型，地下茎仅由秆柄和秆基两部分构成，秆基上的芽直接萌笋成竹。它们一般不能在地下长距离蔓延生长，新竹以细短的秆柄与母竹相连。

（2）竹秆：从上而下分为秆茎、秆基、秆柄三部分。

①秆茎：为竹秆的地上部分，具有明显的节和节间，节间中空。节具有二环，下为箨环，是秆箨脱落后留下的环痕；上为秆环，是居间分生组织停止生长后留下的环痕，常隆起成脊；二环之间的部分称为节内，其中具一木质横隔称节隔，其外着生芽或枝。

②秆基：为秆茎的下部，位于地下，常较秆茎粗，由数节至数十节组成，其节间极度短缩粗壮，节上长芽（称芽眼）、生根。

③秆柄：为秆基基部逐渐变细且无芽、无根的部分，与母竹相连。

（3）分枝：由秆茎上的芽发育而成。

不同竹种具有固定的分枝类型，因此分枝类型成为竹类识别和分类的重要依据之一。一般将其分为4种类型：一枝型、二枝型、三枝型、多枝型。

甜龙竹属多枝型，即每节具多数分枝。多枝型分为无主枝型、1主枝型、3主枝型。甜龙竹属1主枝多分枝型。

（4）竹叶和秆箨：竹叶有营养叶和茎生叶两种。

①营养叶：即正常的叶，着生于末级小枝。

②茎生叶：即笋壳，特称为箨或秆箨，同一种变态的叶，生于竹秆或主枝的各节，对笋和幼嫩的节间起保护作用。

在同一竹秆上，秆箨的形态是逐渐发生变化的，在竹秆梢部最前端，秆箨几乎变成了叶。所以用动态的观点看，箨和叶是相对的。

（二）甜龙竹的适生环境

甜龙竹喜温暖湿润的热带、亚热带气候，海拔800 ~ 1800 m，年均温度 > 17 ℃，年降雨量>1200 mm的地区。喜赤红壤、红壤，要求土厚60 cm以上，土质疏松、肥沃、湿润；成片种植喜低山、山谷、缓坡地，山坡以下部或中部为好，忌在干旱地、瘠薄地、荫蔽地、水涝地，以及风口栽种。

三、甜龙竹的苗木培育

（一）苗圃选择及规划设计

区位布局适中，交通方便，能辐射周边供苗；光照充足，向阳背风；水源充足，灌溉方便，排水良好；地势平缓的缓坡地、台地或平地；砖红壤、赤红壤、红壤均可，要求土层深厚、疏松、肥沃。

（二）整地做床及消毒杀虫

提前于秋末或冬初进行全面翻耕，深度不少于25 cm，清除石块或植物残根后曝晒一个月左右，也可利用晒干的杂草、植物残根及其枝叶铺地进行全面炼烧，杀虫灭菌，熟化土壤，增加土壤中的钾肥；育苗前每亩施入农家肥1000 kg作为基肥，与土壤混合均匀，并将土块打碎耙细整平，做成宽100～120 cm，高20～30 cm的苗床，床长视实际管理操作方便程度而定，苗床间留40 cm步道；每亩再用生石灰15 kg、3%辛硫磷颗粒剂5 kg，均匀拌入表土中进行土壤消毒和杀虫。

（三）母竹选择及育苗季节

选择品种优良、速生丰产、生长健壮、枝叶茂盛、分枝完整、根系发达、无病虫害的甜龙竹作母竹，一般采用1～2年生的母秆或母枝；育苗季节以立春后的2～4月均可，以3月初至4月中旬（即惊蛰至谷雨）为最佳季节；竹秆年龄特征对照（表12）。

表12 不同年龄甜龙竹的形态特征

部位	特征	1年生	2年生	3年生
节间	颜色	翠绿至深绿色	中绿色	浅绿色并逐渐变黄
	被毛、粉	常被有粉或微茸毛	粉、毛均脱落	已全无
	附生物	无	无	开始有地衣、真菌附生

续表

部位	特征	1年生	2年生	3年生
秆箨	宿存性	基本上保留,少数脱落	多数脱落,基部部分残留	全部脱落
	脱落性	正脱落,有的部分保留	全部脱落	全部脱落
节	秆环	轻微隆起,颜色明显较节间浅	颜色渐变深,与节间较接近,隆起已变得不明显,仍有部分秆箨保留	与节间几无区别
分枝	主枝	从无分枝到主枝长出很少侧枝,枝条柔软,绿色较深	侧枝开始旺盛生长,密集而茂盛,绿色渐浅	分枝变老变硬,颜色渐变为黄绿色
叶片		叶较少,嫩绿色	叶茂密,深绿色	叶密有不少落叶出现,叶片变为黄绿色
梢头		多直立,少数弯曲	多弯曲,多分枝	多断梢

(四)育苗方法及技术要求

种子育苗:竹种子稀少,繁殖较慢,生命期短,一般不采用。分蔸移栽育苗:取苗不易,栽植较难,生产成本高,但发笋早,见效快。截秆育苗:育苗方便,成本较低,但成苗较慢,种植后头年发育迟缓。主枝扦插育苗:繁殖材料采集容易,不伤母竹竹秆,但育苗管理工作精细,成林较慢。高位压枝育苗:育苗成本低,取苗不伤母竹竹秆,但育苗操作费时费工。

1.截秆育苗法

截秆要求:1~2年生、枝芽饱满、生长健壮、无病虫害的新秆。

截秆部位:竹秆基部距地面150 cm处。同一母竹各节隐芽的养分贮藏下多上少,上部各节隐芽萌发早,但养分少易死亡;中下部各节隐芽充实,尽管萌发较迟,但生根较快,长势旺盛,成活率高。

截秆大小:根据节间长短、直径大小和两端能利用的部分,可截下单节、双节和三节不同数目的节段。母竹粗大可截成单节,母竹较细宜截成双节。

截秆方法:在距地面1.5~2 m处截断,截去梢头部分,修去过长分枝,将竹秆带一完整的节,截成若干段,下节砍削成斜口,斜口上缘距节下约5 cm。节上保留节间长度15 cm,锯成平口。节上保留1枚生长健壮的主枝,其枝长至少保留2~3个枝节,剪去过长部分和多余分枝。

①单节:必须保留一个完整的节,其上带有发育良好的分枝和具有生命力的芽,节

的上下各保留1/2和1/3的节间部分，节上截为平口，节下截为斜口。

②双节：保留两个完整的节和一个完整的节间，两端各保留1/3～1/2的节间，均截为平口。

③三节：保留三个节和两个完整的节间，两端各保留1/3～1/2的节间，均截为平口。

单节能充分利用竹秆，成活率高于双节和三节秆段。为提高成活率，竹秆砍下后立即截秆和埋秆，截秆后可将节段两端塞满湿泥。如需较长时间运输，到目的地后先用清水浸泡1～2 d，待母竹充分吸水后再截秆育苗。

种植技术：苗床育苗时，单节秆段采用斜埋和平埋，双节或三节采用平埋法。

斜埋法：容器育苗时，单节采用斜埋法，并且完全露出保留分枝的第一节，以促使枝芽尽快萌发生叶。此法能减少新笋出土时的阻力，新笋能垂直向上伸长。

平埋法：将节段两端切口用潮湿的黏土塞满封口，再在两节之间的节间中央开一直径5～10 mm的小孔，并向节间内注满清水后用黏土封孔。将节段平放至20 cm深、30 cm宽的育苗沟中，沟间距40 cm。两节的节枝及芽与地面平行，覆土3 cm左右，稍加压实，盖草淋水。大约入床20～30 d后，竹段长出新根后装袋。

2.主枝扦插育苗法

切枝要求：从2～3年生母竹秆上选择健壮、隐芽饱满的1～2年生有根点的主枝。

切枝长度：以保留2～3个节为宜，故在主枝第3个节上2 cm处剪断，保留部分枝叶。

切枝方法：用利刀从基部切下，基部侧枝全部剪掉，中间节只留一健壮侧枝。如有宿存的枝箨应将其剥去露出芽眼。切下的枝应尽快植于苗床(袋)。

种植技术：在苗床开好育苗沟，沟深12～15 cm，行间距40 cm，株间距15～20 cm，将切枝按30°～40°斜埋，侧枝(芽)向两侧，最下一节入土3～6 cm，切口与地面平行，露出最上一节枝叶。

苗木管理：育苗完成后，及时浇足定根水，随时保持床面湿润、通风和透气，并用稻草、松针等物覆盖遮阴。竹秆或竹根露出地面要培土覆盖。

出苗后逐步揭去覆盖物，待竹苗全部出齐进入生根期，及时施用稀人粪尿或1%的复合肥水溶液，15 d左右一次，浓度逐次加大。

竹苗长到一定高度后，要及时剪去顶部，抑制其顶端优势，促进根系及侧枝生长，有利于萌发新竹笋，提高苗木质量。

四、甜龙竹的造林技术

（一）整地挖穴

整地时间：2～3月。

整地方式：

（1）全面整地：坡度在25°以下。

（2）带状整地：坡度在15°～25°之间的缓坡地。

（3）块状整地：坡度在25°以上的陡坡地。

挖穴规格：根据苗木体积，穴的宽度在30～50 cm，深度以定植时原竹苗土表低于造林地平面2 cm左右为宜。分蔸移栽时，种植穴规格为60 cm×60 cm×50 cm；袋苗和截秆育苗移栽时，种植穴规格为50 cm×50 cm×50 cm。

（4）种植密度：每亩33～55株（丛），株行距分别为3 m×4 m，4 m×4 m，4 m×5 m。

（5）开挖要求：挖穴时表土、底土分开放置，暴晒1～2个月，使土壤熟化。栽前15 d回填土，并施足基肥。每穴施腐熟农家肥10 kg或竹子专用肥5 kg。先将表土回到穴底，施入基肥后与表土拌匀，充分混合，将底土回满穴。

（二）竹苗运输

直接定植鲜切的繁殖材料（截秆、分篼等），用潮湿稻草包扎后运往造林地；从苗床挖出的裸根苗，应在竹苗出土后立即剪去根的先端，用潮湿草席等包裹竹苗后运往造林地；袋苗在定植前1～2 d不宜浇水，在竹苗移出苗袋时尽量保持宿土完整，避免土球散碎。定植时要避免根系挤拢和向上卷曲；定植后应在竹苗周围盖草（最好是竹叶，因竹叶富含硅质，有利于竹苗生长），以减少土壤水分蒸发，防止表层土壤变硬。

（三）造林季节

最佳种植时间：有灌溉条件的地方于早春2～3月栽种，此时竹子处于休眠状态；其次是雨季造林，5月底至6月。最迟可在出笋末期气温较高阴雨天较多的9月份栽植，但此时成活、生长效果较差。

（四）造林方式

甜龙竹主要采用经苗圃培育的母竹苗、竹秆苗、竹枝苗等进行栽植造林，苗圃培育的苗木具有根系发达、来源广、苗量多、成本低、出圃早、成活率高、运输方并适合便于大面积种植等优点。但有的地方种植规模小，就近有种源，群众有经验，可采用带篼母竹、埋竹节、竹枝扦插等方法不育苗直接造林。苗木移栽造林有母竹苗移栽、竹秆苗移栽、扦插苗移栽等方法。

（五）带篼母竹造林

（1）母竹选择：竹秆1～2年，秆基芽眼肥大充实，须根和支根发达。

（2）取苗季节：最好在发笋前期的2～4月，不伤竹蔸笋芽，有灌溉条件的及时挖出及时移栽；无灌溉条件的需进行苗圃地假植，遮阴管理至雨季来临初期定植。

（3）母竹挖取：将母竹尾部截秆，一般留1～1.5 m，切口呈斜面，在竹节下端，使母竹上端留有1个竹秆节间，供定植时盛水用。在距母竹30～40 cm处开挖，由远到近逐渐深挖，注意保护秆基芽眼和根系，待竹篼全部露出时，找到母竹秆柄与老竹秆连接处，切断秆柄，连篼节带土将母竹掘起。忌劈破、撕裂秆柄。

（4）竹篼运输：定植时竹秆盛满水后，在顶端塞满胶泥，用塑料膜包扎严实，促进新竹成活。处理好的母竹，就近栽植无需包扎，搬动时竹秆直立，防止茎上的芽和根受伤，以及防治泥土脱落。较远距离运输时，必须用稻草包扎竹篼，保持根部湿润。运到造林地时，要注意遮阴、保湿，以及催根5～7 d，待白根长出后定植，效果更好。

（5）竹篼定植：定植时把穴中心土壤扒开，将苗根部蘸稀泥后放入，深度以原来挖掘母竹的深度为准，干旱地栽植可再深5～10 cm。母竹应正面斜放，切口朝上，竹秆与地面呈45°～60°的倾斜，坡地以向上坡为宜，母竹秆基切口向下，根系在穴中自然舒展，秆基笋芽朝向两侧便于出土。沿苗秆基部填入松土，将土分层压实，上边再加一层松土，做成土盘，盖上稻草，浇足定根水。栽后每隔7～10 d浇水一次，保持土壤湿润，直到雨季来临。

五、甜龙竹的高效栽培

（一）幼林管理

（1）中耕抚育：近竹浅挖，远竹深挖。以竹丛为中心的50 cm半径范围内进行松土除草，近竹丛处深度一般为10～15 cm，远竹丛处20～25 cm，避免伤及竹篼秆基芽眼和根系。竹篼裸露时要进行培土。竹子被风吹歪斜，要及时扶正固定。

（2）合理施肥：施肥要结合中耕抚育进行。施肥量一般为每株竹子施专用肥5 kg，于每年5月底至6月、12月至次年1月分两次施用。在离竹丛50 cm处开挖环状施肥沟，深25 cm，宽15 cm，将肥料均匀撒入沟中，覆土即可。注意肥料不能接触嫩芽和根系。

（3）间伐抚育：当新竹生长过高时，要及时断梢，砍去1/4竹尾，防止竹秆倒伏，促进萌发新笋，提高成活率。大部分新竹栽植后每株能发笋1～3个，栽植当年一般留1～2条粗壮的竹笋作母竹，其余的竹笋长出2节青筒时割笋，距离地6 cm左右平割留笋桩，不能弄破笋桩，当年可长出新枝，促进根系生长。

（4）林地间种：新造竹林地的前1～2年可种植豆类、绿肥等矮秆作物，以耕代抚。不宜间种芝麻、玉米等耗肥量大的作物。

（二）成林管理

留笋养竹及疏笋育竹：适时、适量、适地。

（1）适时：即留笋要选择最好的时期。发笋初期留笋养竹，大量消耗竹丛营养，影响当年笋产量，因此初期笋应全部采收；末期笋体较小，难以成竹，应完全采收；应当留盛期（7月下旬到8月中旬）所发笋。

（2）适量：即留养新竹的数量要适当。每丛留笋养竹2～3株便可。以后每年留笋养竹，且每年砍去老竹，调整到合理的秆龄结构。

（3）适地：即新竹留养的位置要适当。做到留疏挖密，尽量挖取竹丛中部竹笋，留养竹丛周围竹笋。

（4）扒晒除篼：其作用是让竹篼上的笋芽露出土面，直接见光，刺激和促进笋芽萌发，提早发笋。扒土在2月底至3月中旬进行。将竹丛根际土壤自外向内扒，暴露所有笋目（芽眼），并清除缠绕在笋目上的须根，暴晒20～30 d。注意不要损伤笋芽和根系。

扒开土暴晒后结合培土进行施肥。挖除或劈除无发笋能力的老竹篼。

(5)覆土培笋：一般在5月进行。扒开土后的竹丛，让竹笋直接受阳光照射，笋箨逐渐变成绿色，笋芽开始生长形成子笋，结合施肥将竹丛周围落叶连同细土培到竹笋周围，高度应高出原竹笋土表20～30 cm，覆盖笋芽，避免笋芽见光，防止竹笋老化，促进笋体充实。

(6)水分管理：3～4月份甜龙竹枝芽、节芽萌动，抽枝展叶；4～5月份笋芽萌动，发育成笋；6～10月大量产笋。因此，春季关系到竹笋的产量和质量，必须有充足的水分。在竹笋生长期，缺水的竹笋出土慢、个体小、鲜嫩度下降，严重缺水会引起竹笋死亡。

(7)伐桩施肥：为防止化肥与笋芽、根系接触，可使用竹子特有的伐桩内施肥法。即在成林中每丛竹子选择伐桩3～4个，打通竹节隔，每一伐桩灌入化肥200～300 g，用土封口，肥效期可达1～2年。此法与土壤施肥有同样效果，并具有省工、省料、成本低、防止肥料流失、肥效期长以及促进伐桩腐烂等优点。

(三)低产林改造

坚持“去4留3调2”原则。

1年生的甜龙竹处于幼龄生长阶段极少发笋，2年生的产笋力最强，3年生的次之，4年生的基本不发笋。因此，每年冬季要砍伐竹子，遵循“去4留3调2”的原则，即伐去4年生以上的老竹，保留3年生的母竹，调整2年生的母竹，让竹林长期保持合理的年龄结构。

(四)病虫害防治

1.竹烟煤病

(1)危害：由蚜虫或蚧壳虫引起，主要危害竹叶与小枝。开始时，叶片正面有黑色煤污状斑点，形状不规则，后扩展至整个叶表面布满黑色煤污层，病叶易脱落，严重影响光合作用，造成竹子生长衰弱。

(2)防治：以消灭竹林中蚜虫和蚧壳虫为主。适当疏伐老竹，及早清除带病、虫的枝叶，并加以烧毁；当虫害严重时可喷洒石硫合剂，夏季用0.5～1波美度，冬季用3～5波美度，具有杀虫和杀菌的作用。此外，喷洒乐果可灭杀蚜虫和蚧壳虫的若虫，松脂合剂12～20倍液对防治蚧壳虫有特效。

2. 竹根腐病

（1）危害：危害多年生竹林，主要发生在根部，病变后的主根常为墨黑色，侧根和须根易腐烂，呈黑色或黄褐色，秆基由绿色变为酱黑色；植株染病后期因根部难以吸收水分、养分而出现大量枯死。

（2）防治：每年6～7月是防治的最佳时间，在根腐病大面积发生时，用40%根腐宁1000倍液喷雾或浇灌病株，也可用多菌灵粉剂喷洒或溶剂浇淋病株来防治。用95%恶霉灵1000倍液对病株进行灌根处理，此药剂具有效果快、药效高、持效期长的优点，能基本控制根腐病的严重危害。

3. 竹丛枝病（扫帚病）

（1）危害：病竹生长衰弱，病枝细弱，叶形变小。病枝的侧枝丛生，丛生枝节间缩短，叶退化成鳞片状。每年5～7月，病枝顶端鞘产生白色米粒状物，即病菌的分生孢子器。秋后病竹多数枯死。

（2）防治：加强竹林的抚育管理，砍伐老竹，保持适当的密度；进行松土、施肥，以促进竹林生长旺盛；发展新竹林时，应从无病竹林中选取母竹；发病初期应及早砍除病竹。

4. 竹秆锈病

（1）危害：病害多发生在2年生以上竹秆中下部或基部。竹秆被害后，材质变黑发脆，影响工艺价值。发病重的竹子可能枯死。

（2）防治：发病轻的竹林，及早砍除病竹，烧除病部，防止病菌蔓延；发病重的竹林喷0.5～1波美度的石硫合剂，每隔7 d喷1次，连续喷3次。

5. 竹广肩小蜂

（1）危害：以阳坡的新竹受害最为严重，造成竹叶多而密厚，枝叶下垂，后期竹节膨大，形成虫瘿，枝叶渐黄而枯落。受害严重的植株营养大量消耗，长势减退，发笋减少，立竹头重脚轻，继而枯死。

（2）防治：虫害较集中的竹林，可用高压喷雾器喷洒5%速灭威4000倍液，或40%乐果乳剂1000倍液毒杀成虫。幼虫危害期，在竹秆基部2～3节打洞，用40%氧化乐果与80%敌敌畏乳剂等混合药剂10倍液注入竹腔，每株2 mL。

6. 竹笋夜蛾

（1）危害：幼虫蛀食竹笋内部，造成退笋或成竹后断头、烂梢、心腐、材脆等。

（2）防治：①在出笋季节及时清除退笋，退笋应深埋沤肥，杀死笋内幼虫，降低下年虫口密度；②在秋冬季节施用除草剂或竹林垦覆清除林内杂草，既可消灭草上的越冬卵，又可减少幼虫孵化后的食物来源；③用50%乐果、80%敌敌畏1500倍液喷雾防治。

7.竹大象虫

（1）危害：成虫、幼虫均从竹笋内部咬食竹笋，咬断笋梢，使竹笋变软、腐烂、退笋，或成竹后被风折断等。

（2）防治：①结合冬季抚育，翻松土壤，破坏成虫越冬土室；②用80%敌敌畏乳油1000倍液，或用90%敌百虫、80%敌敌畏300倍液注射，毒杀幼虫；③或用40%乐果加水3～6倍，涂刷产卵孔。

8.竹螟

（1）危害：幼虫吐丝卷叶取食，大规模发生时竹叶可被吃光，使来年出笋减少。6月中下旬取食竹叶，7月中下旬老熟，冬季在竹篼附近土中做茧越冬。

（2）防治：①冬季结合林地松土消灭土中越冬幼虫；②6月下旬发现幼虫卷叶时可喷洒90%敌百虫500倍液或50%敌敌畏1000倍液毒杀；③5月底成虫出现期间，可用黑光灯诱杀；④虫口密度大时，可在林中放“721”烟雾剂熏杀。

参考文献

[1]张云洁，蔡昌杨，冉取丙，等．竹子遗传改良技术研究进展[J]. 世界林业研究，2021，34(05):26-31.

[2]曾祥杰．竹子栽培与病虫害综合防治技术探讨[J]. 山西农经，2020(15):106-107.

[3]万晓丽，谢凤瑞，赵云晋，等．临沧甜龙竹笋用林栽培实用技术[J]. 绿色科技，2020(7):100-101，106.

[4]黄玲，初彩华，邓琳，等．不同栽培条件下的勃氏甜龙竹苗的叶片结构与光合特性研究[J]. 西部林业科学，2020，49(2):68-74+81.

[5]张国学，辉朝茂，石明，等．甜龙竹发笋和退笋规律及秆高生长特性研究[J]. 世界竹藤通讯，2020，18(1):30-33，40.

[6]辉朝茂，刘蔚漪，张国学，等．甜龙竹优良种质资源发掘和选育研究[J]. 竹子学报，2019，38(4):26-30.

[7]窦营，余学军，岩松文代．中国竹子资源的开发利用现状与发展对策[J]. 中国农业资源与区划，2011，32(5):65-70.

第七节　烤烟

一、概述

（一）临沧烤烟发展历史

临沧有计划地种植烤烟始于20世纪50年代后期，之后在60年代、70年代、80年代仍有少量断断续续的种植。但由于当时种植烤烟的基础设施差，加之人们缺乏商品意识观念，投入有限，政策不配套，工作不到位，栽培烘烤技术落后，多数县（区）又被省级有关部门定为烤烟种植次适宜区和不适宜区等多种因素的制约，烤烟产业一直没有发展起来。临沧烤烟产业真正持续健康快速发展始于“十五”期间，特别是进入“十一五”以来，市委、市政府高度重视，抓住国家和省委、省政府对烤烟产业发展进行战略调整的机遇，大力发展烤烟产业，让临沧烤烟产业走上了发展的快车道。

80年代以来，临沧烤烟产业历经了1985—2007年的探索前行，2008—2013年的跨越增长，2014年至今的稳定规模三个阶段。自2008年临沧新烟区开发建设以来，平均每年以20万担的增长速度，不断推进烤烟产业向前发展，实现了跨越式发展，并于2012年达到了历史最高峰（种植40多万亩，收购烟叶110多万担）；随着2014年全国实施“控规模、压库存”战略以来，临沧烤烟规模平均每年以6%的速度逐年递减，到2018年基本稳定在75万担的水平。从2014—2018年的5年时间里，临沧烤烟产业逐步实现了从“规模数量突破”向“质量效益提升”的转型发展，烟叶收购均价从2014年的23.32元/ kg增长到2018年的27.7元/ kg，增长4.38元/ kg，增加了18.8%，平均每年增长0.88元；上等烟比例从2014年的47.9%提升到2018年的70.9%，平均每年增长4.6个百分点。在烟叶总量减少17.25万担的前提下，烟农交售烟叶总收入持续稳定在10亿元以上，户均售烟收入从2014年的1.93万元增加到2018年的2.94万元，增加了52.3%，平均每年每户增加收入2000多元。全市烤烟系统每年上缴的税收从2014年的9.21亿元增长到2018年的10.75亿元，增加了16.72%；年度税额占全市财政收入的比例从2014年的15.65%上升到2018年的17.2%；每年上缴烟叶税基本稳定在2.3亿~2.4亿元。

烤烟作为地方烟农增收、企业增效、财政增长的支柱产业地位日益明显，已成为临沧重要的新兴产业，并真正意义上实现了政府、企业、烟农三满意。

（二）临沧烤烟分布情况

1.临沧市烤烟总体分布情况

临沧市按照“巩固核心区、发展优质区、优化适宜区”的植烟规划思路及两年轮作的要求，全市分布的植烟面积76万亩，按照2.6~2.7担/亩测算，全市计划收购烟叶不低于100万担，涉及8个县（区），56个乡（镇），414个村委会。其中，核心区51.09万亩，占分布面积的67.22%，涉及245个村委会；优质区17.09万亩，占分布面积的22.49%，涉及189个村委会；适宜区7.82万亩，占分布面积的10.29%，涉及112个村委会。各县（区）分布基本情况见表13。

表13　临沧市烤烟种植区域分布统计表

（单位：亩）

县(区)	合计	核心区	优质区	适宜区
临翔区	120000	106000	14000	0
凤庆县	210000	111630	55870	42500
永德县	150000	103300	34300	12400
云县	70000	41600	25200	3200
双江县	60000	44000	9000	7000
耿马县	50000	30950	10750	8300
沧源县	60000	45900	9900	4200
镇康县	40000	27500	11900	600
合计	760000	510880	170920	78200

2.各县（区）烤烟生产发展思路

（1）临翔区：巩固博尚、圈内核心烟区，稳步发展章驮、南美有潜力的区域，逐步开发平村、蚂蚁堆、马台等新烟区。

（2）凤庆县：巩固江北三乡(镇)核心烟区，发展大寺、腰街、郭大寨、小湾有潜力的区域，开发营盘新烟区。

(3)永德县:巩固发展德党、大山、班卡核心烟区,发展永康、亚练、小勐统、勐板等潜力烟区。

(4)云县:巩固发展茂兰、忙怀、爱华、晓街核心烟区,发展涌宝、栗树、后箐、茶房潜力烟区。

(5)双江县:巩固忙糯、沙河、勐勐核心烟区,发展大文、邦丙等潜力烟区。

(6)耿马县:继续巩固勐撒、耿马、贺派坝区,发展四排山、勐永山地烟区。

(7)沧源县:稳步开发勐董、勐来、勐角"三勐"片区,发展糯良、岩帅等潜力烟区。

(8)镇康县:在巩固勐捧核心烟区基础上,开发怒江流域烟区,发展丫口、忙耿、勐堆、南伞和忙丙潜力烟区。

(三)临沧烤烟发展现状

1.临沧烤烟种植现状

2019年,临沧市种植烤烟27.8万亩,收购烟叶74.88万担。涉及8个县(区)、32个烟叶工作站、58个乡(镇)、376个村、2195个组、28690户农户。其中:临翔区5.84万亩、15.55万担,凤庆县6.77万亩、18.40万担,永德县4.68万亩、12.25万担,双江县2.6万亩、6.63万担,云县2.6万亩、7.45万担,沧源县2.04万亩、5.8万担,耿马县1.85万亩、5万担,镇康县1.42万亩、3.8万担。共涉及12家工商客户、省内有省烟叶公司10.28万担,进出口5.4万担,红塔集团3万担,省外有河南14.2万担,重庆10.8万担,湖南7万担,陕西6.5万担,上海6万担,山东5万担,江苏4万担,四川1.7万担,湖北1万担。

2.市场发展形势

临沧是烟叶种植适宜区之一。自2008年新烟区建设以来,在省委、省政府和上级有关部门的大力支持及帮助下,临沧举全市之力,高位推动,强势推进烟草产业持续稳定发展。在烟叶生产工作中,结合烟叶资源配置方式改革,积极与国内重点卷烟工业企业,探索具有山区特色的现代烟草农业建设之路,以工业需求确定生产、品牌发展引导生产、基地建设促进生产,构建"基地共建、生产共抓、资源共享、品牌共创、发展共赢"的工商合作格局。通过基地单元建设,充分整合工商科研技术力量和科技资源,实现临沧烟叶生产逐步从自然资源优势向品质优势、特色优势转变,临沧烟叶已进入上海、红塔、湖南、河南、重庆、江苏、陕西等地的卷烟工业企业高端卷烟配方,品牌形象初步确立,工业认可度不断提升。同时,按照专业化育苗、专业化机耕、专业化植保、专业化烘烤、专业化分级的要求，积极探索烟叶种植专业合作社生产组织形式，建立劳动集约、管理集约、扶持集约，履行自我管理、互相监督、责任共担的烟叶生产服务合作社，为烟农提供全方位服务，全行业可提供就业岗位（烤烟生产技术员、烤烟辅导员）近1000个。烤烟产业的发展拉动了交通运输等相关产业的发展。

3.烟叶质量及工业需求

临沧烟叶“清甜香润”的风格特色已经得到工业企业的认可，连续几年《中国烟叶质量白皮书》对临沧烤烟质量给予了高度评价，随着临沧烟叶收购等级质量的不断提升，社会各界对临沧烟叶的认可度越来越高，部分工业企业已开始大幅增加临沧烟叶的调拨计划。

外观质量：烟叶开片好、组织疏松、油润丰满、颜色均匀纯正，中下部叶以金黄色为主，上部烟叶以橘黄色为主，成熟度较高，烟叶身份适中，油分和色度较好。

内在质量：具有显著的清香型特点，其香气质较好，香气量足，吃味醇和，劲头适中，杂气小，刺激性小，燃烧性较好，烟灰灰白，可用性较高。

主要化学成分：烟叶主要化学成分协调性好，与津巴布韦烟叶相似性较高。C3F烟叶总糖31.6%，还原糖26.4%，总氮1.52%，烟碱2.56%，氧化钾1.68%，氯0.72%。

感官质量：烟叶香气质较好，香气量较足，杂气较少，烟气细腻，浓度适中，成团性、透发性好，劲头适中，刺激性小，余味舒适，燃烧性强，工业可用性好。

由于市场对产品类型和风格的多样化需求，各个厂家选用烟叶的质量标准不同，烟叶可用性也就有较大的差异。烟叶的质量风格特色，是自然生态条件所决定的。临沧市的自然生态环境符合优质烟叶生产，生产的烟叶区域风格特点突出，深受国内外各卷烟工业企业的喜爱。目前，临沧市的烟叶主要销往上海、红塔、湖南、河南、重庆、江苏、陕西中烟等工业企业，产品供不应求，有着广阔的市场前景。下步将紧紧围绕市场需求，根据工业企业的要求，生产出符合中式卷烟的优质烟叶原料，提高烟叶可用性。

4.面临的机遇和挑战

（1）面临的机遇。

从国内看，2018年全国烟叶库存数量和库存水平首次出现“双下降”，库存水平41.4个月，同比减少1.9个月。随着中式卷烟发展，工业企业对云南烟叶的需求较为旺盛，对北方烟区烟叶的需求逐渐下降；随着经济社会的发展，东南部分经济发达地区烟叶生产积极性逐步减弱。未来几年，全国烟叶市场将呈现“逐步压缩普通烟区、稳定巩固重点烟区、保护发展核心烟区”的趋势，烤烟生产逐步向云南、贵州、四川等生态自然资源优势明显的区域转移、集中，临沧烟叶种植将迎来新形势、新机遇。

从省内看，一是省委、省政府下发了《云南省人民政府关于印发云南省支持烟草产业高质量发展若干政策措施的通知》，对发展烤烟产业的重视度始终坚定不移，并着力推进云南烤烟产业高质量发展，为临沧烤烟产业再上台阶提供了一个难得机遇。二是云南是典型的清甜香烟叶产区，云南烟叶已经成为引领中式卷烟主流风格的主配方原料，在卷烟配方使用上常年保持在40%以上，中部上等烟更是一二类卷烟不可或缺的主料烟，使用量占比在66%以上。但随着滇东、滇中等区域城镇化进程的快速推进，农村产业结构持续调整，蔬菜、花卉、林果等其他经济作物对烤烟产业的冲击日益突出，昆明、曲靖、玉溪、红河等传统老烟区稳定规模发展的压力日益增加。三是随着全省农业产业结构调整，为巩固云南烟叶优势地位，在下一轮的发展中，烤烟种植计划将呈现出从传统老烟区向生态条件好、土地资源丰富的潜力区转移的趋势。临沧通过近几年的巩固发展和经验积累，只要提前做好准备，抓住下一轮发展机遇，完全有条件、有能力实现烤烟产业增量提质发展。

从市内看，一是市委、市政府高度重视，举全市之力把烤烟产业作为促进全市经济发展、农村稳定、财政稳收、农民致富的骨干产业来抓，为烤烟产业持续发展营造了良好氛围。二是临沧已成为国家可持续发展议程创新示范区，具有政策、项目扶持优势。三是临沧土地资源丰富，生态条件优越，宜烟面积160多万亩，充裕的土地资源蕴含着临沧发展烤烟产业的巨大潜力。四是自然生态条件优越。全市宜烟区域主要分布于澜沧江、怒江和南汀河三大流域海拔1400 ~ 1800 m的河谷地带，光、温、水等自然条件完全适合优质烟叶生产，优越的生态环境为优质生态烟叶的生产提供了坚实的保障。五是烟叶风格特色突出。临沧烟叶“清甜香润”风格特色已经得到工业企业的认可，随着临沧烟叶收购等级质量的不断提升，社会各界对临沧烟叶的认可度越来越高，有的工业企业已开始大幅增加临沧烟叶的调拨计划。六是助农增收作用明显。烤烟产业具有“短、平、快”的特点，收购价格稳定、政策保障有力，当年投入当年收益。2018年，烟农户均收入达到2.94万元，烤烟已成为助推乡村振兴的优势特色产业。七是烟农综合素质提升。烤烟产业作为一个技术集成度较高的产业，讲究精细化、科技化和标准化生产，长期技术培训能够有效提升农民生产技能和综合素质，为全市实现“农业强、农村美、农民富”的目标奠定基础。八是经过多年的发展，烟区基础设施不断加强和改善，防灾抗灾能力不断增强，同时还培养了一大批懂生产、会管理的干部队伍、技术队伍、烟农队伍。九是随着铁路、高速公路的建成，全市交通条件得到改善，烤烟生产物资、初烤烟叶调拨的运输成本将会显著降低，从而实现烤烟生产总体成本的降低，收益实现增长。

(2)面临的挑战。

从国内看，一是宏观经济发展增速放缓，控烟的呼声越来越高，消费者健康意识越来越强，卷烟销量的增长和结构的提升空间受到遏制，必然导致“两烟”面临增长难的问题。二是新广告法的出台，对卷烟营销环境和卷烟品牌宣传促销都有了更多的限制，一定程度上制约了卷烟营销活动的开展。三是受缅甸等毗邻地区战事影响，临沧区位优势未能得到充分发挥，临沧烤烟产业走向南亚、东南亚任重道远。

从省内看，经过近10年的扩大投入和生产，全省烟草产业已进入转型期，即将从以往的粗放型、规模型发展向精益型、质量效益型方向发展。因此，对烟区基础设施建设投入将逐年减少，给临沧市烤烟产业发展带来不利影响。

从市内看，一是受生产计划调减的影响，各级有关部门对发展烤烟产业重要性的认识有所减弱。二是产业争地，烤烟与茶叶、甘蔗等经济作物争地现象十分突出。三是烟区区域规划不尽合理，资源浪费现象较为严重。

总体来看，临沧烤烟产业发展机遇与挑战并存，但机遇大于挑战，只要坚定信心，精心谋划，科学发展，临沧烤烟产业一定能持续稳定发展。

5.存在的问题

(1)部分乡(镇)党委政府对发展烤烟产业的重要性认识不足，对烤烟是助力脱贫攻坚最具成色的产业认识不到位，存在生产过程数据上过得去就行，到收购时才想起来是否能完成任务的现象。

(2)核心烟区严重流失。近几年来，随着各县(区)产业结构的不断调整，部分传统烟区产业规划杂乱无章，茶叶、核桃、坚果、甘蔗等经济作物与烤烟争地、争劳力现象日益突出，加之“五网”建设等因素的影响，导致临沧核心烟区流失严重。

(3)烟农队伍严重流失。部分烟区均未形成适宜本地的良性发展模式，烟农增收乏力，加之乡村振兴的深入推进，农民急于寻找快速致富的方法，导致烟农队伍严重流失。

(4)个别适宜烟区萎缩明显。大批经验丰富的烟农退出种烟，大量基础设施闲置、浪费，每年需要开发新烟区，培养新烟农，增添新设施，给地方财政投入带来了较大压力。

(5)烟叶市场严重流失。前几年县(区)间、站点之间收购质量管控水平不均衡,存在着不同程度的质量问题,尤其在快速发展过程中,烟叶质量不稳定给临沧烟叶形象带来了较大影响,个别工业企业对临沧烟叶满意度有待提高。

(6)烟区基础设施薄弱。临沧植烟区多是山区或半山区,农田分散零碎、机械化推广难,水利设施不完善,工程性缺水突出,给全市烟叶生产水平的整体提升带来很大压力。

二、栽培技术

(一)临沧烤烟栽培优势与特色品种

1.栽培优势

临沧市位于云南省西南部,北回归线横穿境内,境内山地起伏交错,地势高低悬殊,地形复杂多变,形成“一山分四季,十里不同天”的典型地域性气候。全市从低海拔到高海拔分属北热带、南亚热带、中亚热带、北亚热带、南温带、中温带等六个气候带。旱季受大陆干暖气团控制,雨季受湿热的南亚和东亚海洋气团交替影响。表现出以下几个方面的气候特征:降水充沛,光热资源丰富;冬暖夏凉,四季之分不明显;冬春季干燥少雨,夏秋季多雨潮湿,旱季雨季分明;气候种类多样,立体气候显著;气温年较差小,日较差大。

临沧市年平均日照时数1862.5 ~ 2227.7 h,日照百分率为43% ~ 51%,年太阳总辐射为524 ~ 571 kJ/cm²,为云南省光能资源相对丰富的区域。临沧市热量资源丰富,有效性高,但由于复杂的地形、地貌影响,在高度上具有明显的垂直分层性和在水平分布上具有明显的地域变异性,立体气候明显,部分山地逆温现象突出。全市>10 ℃以上的活动积温一般在6000 ℃以上。临沧市邻近印度洋,水汽资源丰富,雨量充沛。但由于地形复杂,雨量分布极不均匀。总的分布特点是西部、南部多于东部、北部,高海拔地区多于低海拔地区。全市年降水量一般为900 ~ 1800 mm。

临沧土壤比较肥沃,水利资源丰富,四季温差不大,是烤烟生产的理想地区。临沧市适宜发展烤烟产业的耕地面积为164.8万亩,按照隔年轮作的要求及其他产业的布局与发展,宜烟面积80万亩以上,涉及8个县(区)60多个乡(镇),人均占有耕地1.5亩以上。

2.特色品种

临沧市要求种植全国烟草品种审定委员会或云南省烟草品种审定委员会审定推广的烤烟品种。目前临沧烤烟主要种植品种有云烟87、K326等，种子质量符合YC/T19—1994相关要求。同时引进新品种进行试验示范，经全国或云南省审定通过后推广种植，克服品种单一或退化。

(1)云烟87。

①来源：云南省烤烟品种。由云烟2号为母本，K326为父本杂交选育而成，2000年经全国烟草品种审定委员会审定为推广品种。

②特征特性。

植物学性状：株式塔形，打顶后近似筒形，封顶后株高110～118 cm，节距5.5～6.5 cm，茎围7.1～8.03 cm，有效叶18～20片。

农艺性状：腰叶长椭圆形，叶面皱，叶色深绿，叶尖渐尖，叶缘波浪状，叶耳大，叶片上下分布均匀。

大田生育期：110～115 d，田间生长整齐，生长势较强。

抗逆性：抗黑胫病，中抗南方根结线虫病，耐普通花叶病，抗叶斑病，中抗青枯病。

品质：主要有以下三个质量标准。外观质量：原烟下部多为柠檬色，中上部烟叶为橘黄色，叶片厚薄适中，结构疏松。内在质量：总糖31.4%左右，总氮1.6%左右，烟碱2.5%左右。评吸质量：香气质好，香气量充足，杂气微有，刺激性微有，余味尚舒适，燃烧性强，烟灰白色。

③栽培与烘烤要点。

适应地区：适宜在海拔1500～2000m地区种植。

栽培要点：常规膜上移栽时间在4月中旬至5月上旬，膜下小苗移栽提前10～15 d，中等肥力的田(地)施纯氮105 kg/hm^2(7 kg/亩)，氮(N)：磷(P_2O_5)：钾(K_2O)为1∶1∶2.5为宜。每公顷种植16500株(1100株/亩)左右，单株留叶20～22片，初花期封顶。

烘烤要点：云烟87烟叶变黄速度适中，变黄较均匀，失水平衡，定色脱水较快，烟叶变黄定色，脱水干燥较为协调，容易烘烤。变黄期温度38～42 ℃，使叶片变黄9成以上，定色期52～54 ℃，将叶片基本烤干，干筋期温度不超过68 ℃，湿球温度不超过42 ℃，烤干全炉烟叶。

产量：初烤烟叶产量为2250～2625 kg/hm^2(150～175 kg/亩)，上中等烟比例为90%以上。

(2)K326。

①来源:美国烤烟品种。由MC25×(MCN30×NC95)选育而成,1989年经全国烟草品种审定委员会审定为推广品种。

②特征特性。

植物学性状:株式塔形,封顶后株高100~110 cm,节距4~4.6 cm,茎围7~8.9 cm,有效叶20~22片。腰叶长58~69 cm,宽24~28 cm。

农艺性状:叶形长椭圆形,叶色绿色,叶尖渐尖,叶缘波浪状,叶面较皱,叶耳小,主脉较细,叶片厚度中等,叶肉组织细致,茎叶角度大。

大田生育期:115~130 d,田间生长整齐,腋芽生长势强。

抗逆性:抗黑胫病,中抗青枯病、南方根结线虫病和北方根结线虫病,抗爪哇根结线虫病,感野火病、普通花叶病、赤星病和气候型斑点病。

品质:主要有以下三个质量标准。外观质量:原烟橘黄色,油分多,光泽强,叶片结构疏松,叶片厚度适中。内在质量:总糖27.5%左右,总氮1.5%左右,烟碱2.0%左右。评吸质量:香气质好,香气量充足,劲头适中,杂气有,燃烧性好,烟灰白色。

③栽培与烘烤要点。

适应地区:适宜在海拔1000~1700 m,水肥条件较好的地区种植。

栽培要点:常规膜上移栽时间在4月中旬至5月上旬,膜下小苗移栽提前10~15 d,中等肥力的田(地)施纯氮120 kg/hm^2(8 kg/亩),氮:磷:钾以1:1.2:3.0为宜。种植密度为16500株/hm^2(1100株/亩)左右,单株留叶21~24片,初花期打顶。

烘烤要点:K326分层落变黄,下部叶成熟采收,上部叶充分成熟采收。一般变黄期温度35~42 ℃,时间50~60 h,定色期45~55 ℃,30~40 h;干筋期温度不超过68 ℃,时间25~30 h,升温不要过急。

产量:为2250~2625 kg/hm^2(150~175 kg/亩),上中等烟比例在90%以上。

(3)品种区划布局。

①布局原则:应按照基本烟田规划的要求,坚持隔年轮作制度,在最适宜区和适宜区,按山区2 hm^2(30亩)以上、坝区3.33 hm^2(≈50亩)以上有规模相对连片布局,不在规划区外分散零星种植。

②品种布局要求:应按照卷烟工业需求,从推广的优良品种中选择需求品种。可结合新品种选育和审定情况开展新品种示范,并根据示范结果和卷烟工业的需求,逐步扩

大示范品种的种植面积，优化品种种植结构。按照品种特性，实行品种区域化种植，每个乡镇或一个收购点应种植同一品种。

(二)烤烟栽培与管理技术

1.烤烟漂浮育苗技术

(1)烤烟漂浮育苗技术的定义。

该技术属温室无土育苗技术，把育苗基质填充于专用育苗盘孔穴内，烤烟包衣种子1～2粒播于基质上，漂浮于棚内营养池中，通过营养液提供烟苗营养，并实施以温湿度为重点的精细管理，培育出整齐健壮、无病虫害的烟苗的技术。

(2)苗期。

①出苗期：从播种至幼苗子叶完全展开，整棚70%出苗的时期。

②小十字期：幼苗在第三片真叶出现未展开时，第一片、第二片真叶与子叶大小相近，交叉呈十字状的时期。

③大十字期：烟苗第三片、第四片真叶大小相近与第一片、第二片真叶交叉呈十字状的时期。

④成苗期：烟苗达到成苗标准，适宜移栽的时期。

⑤苗龄：从出苗开始计算，达到成苗标准的天数。

(3)育苗材料。

①育苗盘。

材料：高密度聚苯乙烯泡沫塑料盘，产品外观光滑，颗粒结合紧密，盘面四周平整，塑化均匀，苗孔穴底部小孔必须全部通畅。

外观：方形孔穴格盘，白色，表面平整、光滑、无缺损，致密，孔穴排列整齐。

规格：160孔育苗盘长×宽×高为53 cm×33.7 cm×6 cm，重量≥170 g；360孔育苗盘长×宽×高为53 cm×33.7 cm×3.6 cm，重量≥180 g。

②基质：理化指标达到YC/T310—2009烟草漂浮育苗基质行业标准的质量要求。

③种子：育苗用种子为包衣种子，符合YC/T141—1998的规定。

④防虫网：一般选择≥30目高密度聚乙烯网；有蓟马危害的烟区，使用≥60目的高密度聚乙烯网。

⑤池膜(棚膜)：质量要求符合GB4455—2019规定。

⑥遮阳网：遮光率≥85%。

⑦其他器具及防护设施。

温湿度观测器具：50 ℃干湿温度计、100 ℃普通水银温度计、电子温湿度计。

剪叶器具：剪刀、弹力剪叶器、电动剪叶器等。

安全防护：棚群周围设围栏、铁丝网、沟和埂等隔离保护措施。

(4)育苗准备。

①场地选择：避风向阳，地形平坦，地下水位低，有洁净水源，交通便利，远离村庄、烤房、工厂等污染和其他病虫源，距离烟区最远运输距离不超过10 km。

②场地整理：清除育苗场地内的杂草、废物、秸秆等病菌虫源，喷洒消毒剂、杀虫剂，平整场地。育苗场地四周围建护栏，育苗区入口设消毒池、警示牌。育苗区应设置消毒池、隔离带和警示牌。

(5)成苗标准。

①膜下小苗成苗标准：苗龄35 d左右，烟苗4叶1心至5叶1心；苗高5 ~ 6 cm；叶色正绿、根系发达，茎秆有韧性，清秀无病虫、均匀一致性好。

②常规烟苗成苗标准：苗龄50 d左右，茎高8 ~ 12 cm，茎围2.0 ~ 2.2 cm，茎秆柔韧性强，叶色淡绿至正绿，根系发达，清秀无病虫，群体整齐一致。

(6)育苗操作管理。

①播种期的确定：按照苗龄倒推播种起止时间，明确育苗梯度和播种量。

②消毒：小棚采用广谱型杀虫剂、杀菌剂、除草剂和生石灰对育苗场地和物资进行消毒，新物资不需要消毒；中棚、大棚消毒原则是“长时间、多次、多种药剂”。消毒时间不少于14 d。对于曾经发生过病虫害(特别是花叶病)的大棚，应提前1 ~ 2个月翻池土通风，用不同的消毒药剂进行重复消毒。消毒药剂与小棚一致。

育苗盘消毒：新育苗盘不需要消毒，旧育苗盘应在使用后和第二年使用前分别进行两次消毒，育苗盘消毒适宜在使用前3 d进行，最早不超过15 d。可用二氧化氯类消毒剂500倍液浸湿育苗盘或喷雾淋湿育苗盘，覆盖塑料薄膜堆捂24 h，用清水冲洗晾干。可用10% ~ 15%次氯酸钠(漂白粉)溶液喷洒浸湿育苗盘，覆盖塑料薄膜堆捂24 h，用水冲洗晾干。使用育宝消毒时，应按照说明书，进行≥1∶150倍液进行浸泡，放置48 h后沥干使用。

池水消毒：每吨水用10 ~ 20 g粉状漂白粉、二氧化氯等消毒剂混合后倒入育苗池中进行消毒,然后关闭棚膜1~2 d,无刺激性气味后,再放入播好种的育苗盘。育苗期间的用水使用同样方法进行。使用消毒剂前应认真阅读使用说明,并根据水的体积进行消毒剂用量计算,防止过量。用山泉水、自来水等清洁水育苗时不必进行再消毒。

③装盘。

拌基质:基质装盘前要先调整好基质的水分含量,一般基质水分含量以手握成团、触之即散为宜。

装盘:将基质装满育苗盘每个孔穴,盘面留有2~3 cm厚的基质。将育苗盘水平抬起10 cm高,松开两手自然落地墩盘2~3次。刮去盘面上多余的基质,松紧度以手指轻压感觉略有实落感为宜。基质装盘后,用压孔板压出2~3mm深的播种穴即可播种。

④播种。

播种时间:播种时间应根据供苗片区的移栽时间、成苗时间进行倒推,分批次进行育苗。全市大部分烟区,建议在2月初至3月上旬进行育苗,确保膜下小苗35 d左右苗龄,常规苗50 d左右的苗龄。

播种方法:原则上每个孔穴播1粒包衣种子,为防止种子及天气原因导致出苗不齐,可结合实际按照比例育一定数量的补苗。播完后用基质将种子覆盖,以表面隐约能见到种子为宜,漂浮育苗最佳的播种深度为0.5 cm。

⑤漂盘入池:“装盘、压穴、播种、盖种、刮盘、入池”操作应在2 h内完成。漂盘入池操作时,应从苗棚一侧并排一次推入。

⑥温湿度计放置:每个梯次应至少选一个小棚作为观察棚。棚内放置温湿度计,作为指导该梯次棚群记录和调节温湿度依据。温度计悬挂在苗盘上方50 cm左右。

⑦水肥管理。

池水管理:选择干净清洁、无污染、不流经村庄、农田等未被污染的地下水、自来水或山泉水。育苗前1~3 d注入池水,深度保持在8~12 cm。苗期视池水情况补水2~4次,遵循“先少后多”原则。从播种到大十字期,池水深度控制在5~10 cm。大十字期后,池水深度控制在10~15 cm,标准是苗盘盘面与池埂平齐。

养分管理:烤烟专用复合肥一般分两次施入,池内营养液浓度在0.3%以内。第一次施肥建议在漂盘入池前进行,用量为30~40 g/盘,干肥均匀撒施到育苗池中。第二次施肥建议在烟苗大十字期时进行,用量为10~15 g/盘,泡水溶解,多点施入,混合均匀。用于膜下小苗移栽的苗池不施第二次肥。施肥应在移栽前15 d左右停止,降低池水氮素浓度。

⑧苗床管理。

棚内温湿度管理：育苗前期，外界温度较低，揭膜排湿时要迟揭早盖。育苗后期，外界温度较高，棚内温度超过30 ℃要揭膜降温，棚膜应早揭迟盖。

a.播种至十字期：保持棚内温度20～28 ℃，湿度85%左右，以获得最大的出苗率；温湿度超限时，要注意通风排湿降温。

b.十字期到成苗：棚内温度最高不超过30 ℃，棚内湿度保持在75%左右，要加强通风，避免棚内极端温度，防止高温伤苗。天气晴朗时可将两侧的棚膜卷起，加大通风量，增强烟苗抗逆性。常规小棚漂浮育苗，在低温天气的夜晚可采用草帘等覆盖保温，在整个育苗过程中要注意棚内温度最高不超过35 ℃，相对湿度高于90%的持续时间不超过3 d。当外界温度降低时，棚内极易结露，棚顶形成水滴，水滴落下易击伤烟苗，此类情况下即使棚内温度低于18℃也应开棚通风排湿。

遮阳管理：播种至大十字期期间，应结合烟苗的生长进程，通过遮阳网的管理，有效控制棚内温度。播种至出苗，应全天覆盖遮阳网。出苗后，遮阳网覆盖时间一般为10:00～16:30；其他时间应揭去遮阳网，增加光照，避免产生高脚苗。进入大十字期后，逐步减少使用直至完全不使用遮阳网。

⑨间苗补苗：烟苗进入小十字期后，要及时开展间苗补苗，保证每穴一苗。间苗补苗过程中，要做到同棚、同盘烟苗均匀一致，一个育苗棚不论大小，要在一天内完成间苗补苗工作。操作期间应从苗棚两头取放苗盘。提倡使用一穴一粒的播种方法，少间苗，多补苗。补苗时使用小竹签或其他工具将烟苗连同基质一起取出，然后移植到需要补苗的空穴内。注意操作卫生以及工具消毒，完成间苗补苗后盖上遮阳网3～5 d，还苗后揭去遮阳网。

⑩剪叶：育苗期间可剪叶2～3次，一般控制在3次内，以减少感染病毒病的概率。剪叶坚持前促、中稳、后控原则。在移栽前3～5 d停止剪叶。

第一次剪叶：在烟苗5～6叶、茎秆高4～5 cm、叶片搭接遮荫时进行，在距离生长点3～4 cm处剪去最大叶的30%～50%面积，注意避免过度修剪伤及心叶。

第二次剪叶：在茎秆高5～8 cm时进行，剪去最大叶片的1/2面积，注意避免伤及生长点。

第三次剪叶：在茎秆高8～12 cm时进行，打平为主。全盘剪叶高度在生长点3～4 cm以上。

注意：每次剪叶后一天内，应加大通风和延长光照时间，降低棚内湿度，快速干结伤口，合理使用药剂，减少病害侵染，一天后转入正常温湿度管理。推荐使用弹力剪叶器剪叶，弹力线要纤细、锋利，可到市场上购买较粗的钢丝解开使用，剪叶操作过程要注意安全防护。每剪一盘，要对弹力线进行一次消毒；每剪完一池，要对弹力剪叶器全面消毒；消毒水明显浑浊后要及时更换。可用二氧化氯液、漂白粉或75%酒精消毒。

⑪炼苗：在烟苗茎秆8～12 cm时，或移栽前10～15 d，逐步加大苗棚通风量。移栽前4～6 d将棚膜全部揭开，使苗棚与外界环境温湿度一致。建议移栽前2～4 d进行断水断肥炼苗，提高移栽成活率和烟苗的抗逆性。炼苗程度以烟苗于晴天中午轻度萎蔫，早晚能自然恢复为宜。

⑫弱苗小苗管理：按照株数发放达到标准的壮苗，弱苗、小苗不能出棚。棚群内建立弱苗、小苗管理区，集中管理弱小苗。通过加强水肥管理，促进生长，待成苗后再进行发放。

⑬特殊情况处理办法：受天气干旱或其他因素影响，达标烟苗不能按时移栽时，应进行控水控肥，加强炼苗。视情况实施重剪打叶，增加剪叶次数，抑制烟苗过快过旺生长。

(7)其他注意事项：进入育苗区的人员应先消毒、后入棚。育苗区应限制闲杂人员进入。

2.烤烟地膜覆盖移栽技术

(1)移栽准备。

栽期确定：遵循适时移栽原则，日平均气温稳定在18 ℃以上，土壤温度15 ℃以上。

移栽时间：常规移栽时间一般选择在4月10日～5月20日，膜下小苗移栽提前10～15 d。海拔较高区域和大田生育期降雨量较充裕区域可根据情况提前移栽。

栽前炼苗：移栽前7～10 d进行炼苗。棚膜全部揭开，密封防虫网，不加水，不加肥，自然落干水层保持基质和烟苗根系湿润。

选择壮苗：选择苗龄50 d左右，苗高8～12 cm，茎围≥2 cm，挑选经过充分炼苗、茎秆韧性强、根系发达、烟苗清秀、无病虫的适龄壮苗进行移栽。

集中移栽：6.67 hm^2(约100亩)连片植烟区要在5 d完成移栽。同一村的植烟区要在10 d内完成移栽。同一乡(镇)的植烟区要在15 d内完成移栽。

移栽密度：田烟120 cm×50 cm，16500株/hm^2(1100株/亩)；土壤贫瘠地烟：110 cm×50 cm，18000株/hm^2(1200株/亩)。

（2）移栽技术：按照肥足、苗壮、深栽、水透、膜严的标准规范移栽。

①明水深栽：移栽前浇足定根水，浇水量根据土壤墒情，一般每个烟塘浇水1～2 kg。移栽深度要求栽后烟苗生长点露出表土3～5 cm，覆膜压土后生长点露出表皮1～2 cm。

②浇定根水：移栽后使用1%的复合肥水溶液和根茎类病害防治药物溶液，浇一次定根水，减少根系与土壤空隙，提供营养，提前防病。

③环施底肥：移栽后将三元复合肥作为底肥，按照300～450 kg/hm^2（20～30 kg/亩）用量来计算每株烟的用肥量，以烟株为圆心，在直径10～15 cm范围内将底肥环施于烟株周围，然后用有机肥或干细土覆盖。

④喷药防虫：移栽过程中，每栽完一墒烟就要及时对墒面和烟塘喷施杀虫剂，并快速扫过烟苗一次，再马上盖膜，预防地下害虫。

⑤注意事项：移栽要适时、规范、集中，尽量挑选素质一致的烟苗进行大田移栽。不要在高温天气的中午移栽。

⑥地膜覆盖。

地膜规格：地膜技术参数符合YC/T238—2008标准要求。地膜类型：使用黑色地膜，不使用聚氯乙烯类有毒薄膜。盖膜质量：栽后及时覆膜，使地膜紧贴墒（垄）面，四周用细土压严、压紧。

⑦掏苗：在烟苗上方划一直径5～10 cm的开口，掏出烟苗，确保烟苗生长点露出2～3 cm高度，并用细土封住烟苗周围的地膜开口。

⑧查塘补缺：移栽后3～5 d，勤查烟田。发现缺苗及时补栽，在水肥上偏重管理，确保全田烟株大小一致、生长整齐；发现地膜有破损的要用土封严，起到保温保湿作用。

⑨揭膜：揭膜按照烤烟田间管理技术规程技术要求进行。

3.烤烟膜下小苗移栽技术

（1）膜下小苗移栽定义：将小苗龄烟苗移栽至烟塘内，先栽烟后盖膜，让小苗在膜下生长一段时间，是一种保温保湿促进烟苗早生快发的抗旱节水移栽方式。

（2）区域布局：海拔较高，移栽时气温偏低的烟区；水利设施薄弱、移栽用水不足的种烟区域；户均种植面积大、劳动力短缺的区域；冬闲地块及小春作物收割较早的区域。

（3）育苗技术。

①育苗时间：根据移栽期和苗龄倒推播种时间，全市推荐播种时间为2月20日～3月20日。

②合理施肥:选择低氮高磷钾的烟草专用复合肥作为育苗肥。按照30~40 g/盘的标准,在育苗盘放入池水前施用,育苗期间只施一次肥。

③间苗补苗:烟苗生长至大十字期进行间苗补苗,要求每穴一苗,并补齐无苗孔穴。

④温湿度控制:当烟苗进入大十字期后,及早揭除遮阳网、棚膜以增加光照和通风,通过降低温度和湿度促进烟苗稳健生长,培育壮苗。

⑤剪叶:膜下小苗采取不剪叶移栽。

⑥炼苗:幼苗即将成苗时要加强炼苗,达到移栽标准时要及时移栽。

⑦弱苗小苗管理:移栽时按株发放达到标准的烟苗,不能发放弱苗、小苗。弱苗小苗按照常规漂浮育苗技术要求进行后续管理,达到标准再作为常规苗发放。

⑧成苗标准:苗龄35 d左右,4~5叶,苗高5~6 cm,苗壮健康,茎高1 cm左右,叶色正绿或淡绿,根系发达,拔苗可带起基质,清秀无病虫,均匀一致的烟苗。

(4)规范移栽。

①整地理墒:比常规苗提早15~20 d进行整地理墒打塘。整地要深翻犁高起垄,长田短墒,排灌通畅。理墒规格为行距120 cm,株距50 cm,墒高30 cm以上,塘宽35~40 cm,塘深15~20 cm,保证烟苗前期有足够的生长空间,塘内土垡细碎。山区可适当减小行距。

②移栽时期:全市移栽期在4月5日至5月5日之间,5月10日后不再移栽膜下小苗。

③选苗:移栽时选择生长一致,健康粗壮、根系发达、清秀、无病的烟苗进行明水移栽。

④浇足定根水:移栽前先浇透塘水,每塘用水量2~3 kg,保证塘土潮湿、松散。

⑤明水移栽:在塘水未干完之前、水淹不过苗心时,用木棍或竹片进行打孔,将烟苗小心放入孔内,然后轻轻挤压根部土壤,使烟苗根系与土壤充分结合。烟苗移栽深度为塘土与茎基部相平。

⑥浇定根水:栽后浇施0.5%~1%复合肥水液,使土壤与烟苗根系紧密结合。根茎类病害易发区域,应结合使用防青枯病或黑胫病药液一起施用。

⑦施肥盖土:烟苗移栽后肥料使用量为底肥施肥量的1/3,以烟苗为圆心10~15 cm为直径的圆周上进行环状施肥,施肥后用腐熟农家肥或细干土进行盖塘,以见不到湿土为宜。

⑧治虫防病：烟苗发苗时要用药液沾根，带药发苗；烟苗移栽后针对青枯病、黑胫病、病毒病喷施相应的药剂进行防治；盖膜前对烟墒、烟塘喷施杀虫药剂防治地下害虫，减少缺塘。

⑨规范盖膜：选择透光率在30%～40%的黑色地膜覆盖，移栽后要及时盖膜保水，做到边栽烟边盖膜。盖膜后烟苗顶部与地膜有5 cm以上的距离，薄膜两侧要压严压实，在移栽当天盖好全部地膜。

（5）栽后管理。

①查塘补缺：出现死苗缺塘的，栽后3 d内及时揭开覆膜进行补苗，补栽后及时盖膜，并对补栽烟苗进行偏重管理，一般从通风口追施0.5%～1%浓度的复合肥水液。

②降温排湿：烟苗移栽后，视膜内温度和水汽状况进行开孔通风降温排湿。阳光下温度达到或超过33 ℃时，或膜内壁水滴很多时，要在烟苗顶部的膜侧上方开一直径为3～5 cm小孔，放出多余水蒸气，防止塘内温度过高或湿度过大导致死烟。移栽时气温偏高的烟区，移栽当天盖膜后要立即在烟苗侧上方的膜上打一个透气孔，直径在3～5 cm，防止烧苗。

③扩孔炼苗：当烟苗最高叶尖即将接触膜面时，在烟株正上方将膜孔扩大到杯口大小（约10 cm）改善膜下通风和光照条件，让烟苗适应自然环境2～3 d。扩孔时间宜选在阴天或晴天18:00后进行。

④补水追肥：炼苗后将膜孔扩大到直径为10～15 cm，浇一次水或1%的肥料水。根茎类病害易发区域，应结合使用防青枯病或黑胫病的药液一起施用。浇水后将剩余的2/3底肥干施于烟苗四周或侧方，在以烟苗茎基部为圆心10～15 cm直径周围施用。

⑤掏苗压土：补水追肥结束后，及时进行破膜掏苗。将烟塘四周高处的土壤扒入塘窝内，细土培于茎周围。使用沟内土壤覆盖住地膜，覆土后烟塘呈碟状，薄膜与下方土壤自然贴合。掏苗应在早晚进行，切忌在高温晴天中午掏苗。

⑥后期管理：掏苗后烟株转为常规苗管理。

⑦注意事项：育苗时间要与烟田移栽时期相配合，苗期要在间苗4～5 d后揭去遮阳网，防止烟苗徒长，进入大十字期后应加强通风透光，适时炼苗，提高烟苗素质。膜下小苗移栽采用黑色地膜覆盖，要边栽烟边盖膜。加强田间检查，视膜内水汽、温度情况及时破口降温排湿，防止烧苗。

4.烤烟田间管理技术

(1)大田生育期。

还苗期:烟苗移栽后5~7 d,根系逐渐恢复吸收功能,晴天烟苗不萎蔫,叶色开始变绿,心叶开始生长的时期。

摆盘期:烟苗移栽后约10~15 d,新长出叶片4~8片,茎秆很短,叶片集聚向地面横向伸展,形似盘状的时期。

团棵期:烟苗移栽后约20~30 d,烟株茎开始伸长加粗,高度约33 cm,叶12~16片,烟株横向生长的宽度与纵向生长的高度比例约为2∶1,烟株近似球形的时期为团棵期。

旺长期:从团棵期到现蕾期前称为旺长期,历时约25~30 d。

现蕾期:全田50%烟株花蕾露出时为现蕾期。

打杈、抑芽:打杈又称抹杈、抹芽。待烟株封顶后,腋芽在长出3~5 cm还未木质化时就抹去,抹杈时连腋芽的基部抹去。人工打杈时结合化学抑芽。

成熟期:封顶后到烟叶采摘结束的时期。

(2)田间管理技术。

①查塘补缺:栽后3~5 d,勤查烟田,发现缺苗要及时补苗,确保全田烟株大小一致,生长整齐。

②团棵期:少雨时节要结合浇施提苗肥和追肥进行浇水。若干旱时间长,土壤最大持水量在40%以下时,可采用适量浅水走沟,增加土壤含水量。

③旺长期:烟株需水量大,土壤最大持水量在70%~80%,要保证有充足的水分供应,不能受旱,根据烟株需水情况要及时沟灌;若降雨量过大,田间存有积水,要及时疏通沟渠进行排水。

④中耕管理。

揭膜:一般在移栽后30~35 d或烟株长出8~12片叶时揭膜,结合当地雨水情况进行适时揭膜,遇降雨或有灌溉条件时适当早揭,遇持续干旱时可适当推迟几天,但最迟不超过栽后40 d揭膜。揭膜方法:揭膜要干净彻底,及时清理出田间的废旧薄膜,并集中妥善处理,保持田间卫生。揭膜要从烟株的两侧慢慢揭,尽量避免伤害到叶片和长出的新根。

中耕除草:结合揭膜做好清除杂草和中耕,提倡采用人工除草方式,杜绝使用国家禁用的除草剂。

提沟培土：揭膜后及时提沟培土，培土后田烟墒高不低于40 cm，地烟不低于35 cm。

⑤成熟期管理：土壤最大持水量应保持在65%左右。成熟期尤其要做好防洪涝工作，在降雨量大时及时疏通沟渠，排除田间积水。

⑥封顶打杈。

留叶数：云烟87留有效叶18～20片，K326留有效叶20～22片，新品种按相关要求留叶。

封顶时间：根据烟株长势和土壤肥力状况灵活掌握封顶时间，封顶要在晴天上午进行，先封无病烟株再封有病烟株。

封顶方法：烟叶实际生产中，需根据品种和烟株长势长相来综合判断打顶适宜时期和留叶数。

a. 正常烟株：正常生长的烟株在中心花开放时封顶较为适宜。全田烟株长势整齐一致，营养合理，有50%烟株的第一朵、第二朵中心花开放时可进行一次性打顶，打顶时在花枝往下第2叶、第3叶位间斜口剪下花枝。生长正常但不整齐的烟田可分两次打顶，分别在烟株第一朵、第二朵中心花有50%和剩余烟株开放时打顶，同时要打除短于10～15 cm的顶部小叶。

b. 长势弱的烟株：土质瘠薄的旱地和肥水条件差的区域的烟株，以及生长势较弱的烟株可在现蕾期打顶，以促使顶叶开展，提高烟叶质量。在花蕾刚长出4～6 cm，花蕾与嫩叶能截然分开时，将花蕾、花梗连同附着的2～3片花叶（小叶）一起打去。

c. 长势过强烟株：土壤肥力过高，肥水条件过好，长势过强的烟株，需要通过延长生殖生长消耗养分，因此宜在盛花期封顶。当全田烟株花朵大量开放时，将主茎顶部连同花枝下的小叶一起打去。

打杈：烟株封顶后，要及时打掉烟杈。烟杈较小，长度不超过2 cm，使用抑芽剂可以抑制生长。烟杈长度在2 cm以上的，必须从上到下全部打除。在剪烟杈时应在叶基部保留1 cm左右的杈基部，避免伤到烟株韧皮部和叶片。烟杈要求早打、勤打。

注意事项：同一地块通常要进行2～3次打顶，最后一次要把生长不整齐或未现蕾的烟株顶芽打去。打顶要在晴天上午进行，以利伤口迅速愈合。打顶时须注意所留花梗要比顶叶略高，以免伤口离顶叶太近，影响顶叶保持水分。打下的花芽花梗不可抛在烟田内，以减少病虫害的传播。正常烟株和感病毒病的烟株要分开打顶，注意消毒，打下的花芽花梗要带出烟田，集中处理。

⑦化学抑芽。

抑芽方法：一般采用人工抑芽与化学抑芽相结合法。

施药时间：烟株封顶后24 h内进行。施药时间要选择晴天的上午或傍晚前后，不要在中午用药。施药后至少保持2 h晴朗天气，避免在雨后、露水未干时用药。如果用药后2 h内遇雨必须重新喷药，否则会降低用药效果。施药前进行适量灌水能提高抑芽效果。

施药方法：杯淋法或笔涂法。施药时，把所有长度超过2 cm的腋芽全部抹去后施药。杯淋或笔涂到每个腋芽的芽点上，每株用药液15 ~ 20 mL涂抹或杯淋于烟株腋芽。

注意事项：抑芽剂只对较小的烟芽起抑制生长作用，因此施药前要摘除2 cm以上的腋芽，以早抹为宜。打顶24 h内，用原液按抑芽剂安全使用量兑水稀释后施药。施药时要让药液从打顶处向下淋，使药液沿茎而下，并使药液流到每个腋芽，未流到的腋芽应及时补上，以达到100%抑芽率。为降低抑芽剂残留，施药量以药液流到中部腋芽为最佳，施药后10 d内禁止采烟。

（三）主要病虫害防治技术

1.病虫害综合防治

根据有害生物与环境之间的相互关系，充分发挥自然控制因素作用，因地制宜采取措施将有害生物控制在经济受害允许水平之下，以获得最佳经济效益、生态效益和社会效益。

（1）生态方面：有害生物的治理，既要保证烟草优质适产，又要建立环境友好的农业生态系统。

（2）经济方面：以最低的防治投入获得最大的防治收益。

（3）环境保护方面：充分利用自然因素控制有害生物，避免或减少农药的施用，努力构建环境友好的农业生态系统。

（4）公共植保：就是把植保工作作为农业和农村公共事业的重要组成部分，突出其社会管理和公共服务职能。植物检疫和农药管理等植保工作本身就是执法工作，属于公共管理，许多农作物害虫具有迁飞性、流行性和暴发性，其监测和防控需要政府组织跨区域的统一监测和防治；如果病虫害和检疫性有害生物监测防控不到位，将危及国家粮食安全；农作物病虫害防治应纳入公共卫生的范围，作为农业和农村公共服务事业来支持和发展。

(5)绿色植保:就是把植保工作作为人与自然和谐系统的重要组成部分,突出其对高产、优质、高效、生态、安全农业的保障和支撑作用。植保工作要采取生态治理、农业防治、生物控制、物理诱杀等综合防治措施,要确保农业可持续发展;选用低毒高效农药,应用先进施药机械和科学施药技术,减轻残留、污染,避免人畜中毒和作物药害,生产绿色产品;植保还防范外来有害生物入侵和传播,要确保环境安全和生态安全。

(6)植物检疫:是以法规为依据,通过法律、行政和技术手段,对生产和流通中的某些感染特定病虫害的植物和植物产品采取禁止和限制的措施,以防止这些病虫杂草和其他有害生物的人为传播,保障国家农业、林业生产安全。

(7)农业防治:在农业生产上通过耕作制度、栽培技术和田间管理的改进和落实运用达到防治病虫害的目的。主要是利用一系列耕作栽培管理技术措施,有目的地改变某些生态因素,创造有利于作物健壮生长和有益生物繁殖的生态条件,从而把病虫害造成的损失控制在经济受害许可范围内。

(8)生物防治:是利用有益生物或其他生物来抑制或消灭有害生物的一种防治方法。包括利用微生物防治、利用寄生性天敌防治、利用捕食性天敌防治、利用生物源农药防治、利用植物抗性防治等。

(9)物理防治:指利用各种物理因素、人工和机械设备来防治病虫害。如利用人工捕杀、诱杀、纱网或薄膜等方法隔离和杀死害虫。

(10)化学防治:指应用化学农药直接杀死有害生物的方法。

2.防治原则

(1)指导方针:树立“公共植保,绿色植保”的理念,贯彻“预防为主,综合防治”的植保方针。

(2)防治策略:按照作物有害生物综合治理(IPM)原理,制订符合烟草产业发展需求和本地实际的烟草有害生物治理策略。就是以农业防治为基础,采用生物的、物理的、化学的多项有效措施对有害生物进行综合治理,减少初侵染源,控制传播途径,并通过科学管理,提高烟株的自身抗病能力,最大限度地降低病虫为害程度,达到经济高效的目的。

3.农药使用

尽量使用高效低毒低残留的农药,采用合理的施用方法,持续稳定地把烟草病虫害造成的损失降至最低;使用国家当年推荐在烟草上使用的农药品种。并按农药合理使用规范的要求施用。

4. 主要防治对象

(1)病害。

①病毒病：烟草普通花叶病、烟草黄瓜花叶病、烟草蚀纹病毒病、烟草曲叶病毒病、烟草丛顶病、烟草脉斑病毒病、烟草环斑病毒病。

②细菌性病害：烟草野火病(含角斑病)、烟草青枯病、烟草空茎病。

③真菌性病害：烟草立枯病、烟草炭疽病、烟草白粉病、烟草黑胫病、烟草赤星病、烟草低头黑病、烟草蛙眼病、烟草灰霉病。

④线虫病害：烟草根结线虫病。

(2)虫害：烟蚜、斜纹夜蛾、烟青虫、烟草潜叶蛾、地老虎类、金针虫类等。

5. 防治技术

根据近年来临沧病虫害的发生情况，按照烤烟病虫害预测预报技术规程的要求，针对当地主要病虫害种类，确定系统调查点，在烤烟生长不同时期开展普查工作，掌握病虫害发生动态，确定最佳防治时期，及时开展防治工作。

(1)移栽管理。

烟塘打好后每亩用10%烟碱乳油600～800倍液对地下害虫进行防治。出棚移栽前，喷施抗病毒剂1次，可选用8%宁南霉素水剂1600倍液、2%嘧肽霉素水剂1000倍液等药剂喷雾防治。

(2)真菌性病害。

①赤星病。

烟草赤星病发生于大田生长期，烟株特别是在打顶后易感病。该病主要危害叶片，也可侵染茎、叶柄、花梗和蒴果。叶片发病多数从下部叶片开始，并逐渐向上扩展。

症状：病斑初为黄褐色圆形小斑点，后扩大成为褐色圆形或近圆形斑，直径1～2 cm，并有赤褐色同心轮纹。病斑边缘明显，易破碎，外有黄色晕圈。环境湿度大时病斑上可产生黑色霉层(分生孢子)。病情严重时，多个病斑融合，叶片大面积枯焦，破碎。高湿条件下形成的病斑比干燥条件下大。

农业防治：实行轮作；选用优良抗病和耐病品种，如云烟87；合理施肥，壮苗移栽，适时早采；保持田间卫生，增大通风透光量，改善田间小气候。

化学防治：推荐使用当年烟草部门供售的农药，严禁使用烟草禁用农药(下同)。打顶前15 d，均匀喷施波尔多液预防病害发生。可选用80%波尔多液可湿性粉剂600～750倍液，也可自行配制。初现病斑时可选用枯草芽孢杆菌可湿性粉剂（有效含量：100亿芽孢/g，用量：40～60 g/亩）等药剂进行喷施防治。烟株打顶后3～7 d，田间出现发病株时用10%多抗霉素可湿性粉剂800～1000倍液、30%王铜悬浮剂400～800倍液等药剂进行叶片喷雾防治。间隔7～10 d一次，施药时应着重中、下部叶，自下而上喷施。

②炭疽病：苗期至成熟期均可发生。

症状：叶片上出现2～5 mm近圆形小病斑，中央灰白色，周围有赤褐色边缘（稍凸起），有时有小黑点（分生孢子盘）。

农业防治：搞好田园卫生，及时清除病株残体，集中销毁。使用1∶1∶（160～200）波尔多液进行预防，每7～10 d喷一次，一般2～3次。

化学防治：封顶后用枯草芽孢杆菌1000倍液（有效含量：100亿芽孢/g）进行叶面喷雾，7～10 d一次，连续2～3次。

③黑胫病：主要发生在成熟期，苗期较少发生。

症状：典型症状是黑胫、穿大褂、碟片状、腰烂。茎秆染病，茎基部初呈水渍状黑斑，后向上、下、髓部扩展，绕茎一周时，植株萎蔫死亡。纵剖病茎，可见髓部黑褐色坏死并干缩呈“笋节”状，“节”间长满白色絮状菌丝。叶片染病，初为水渍状暗绿色小斑，后扩大为中央黄褐色坏死，边缘不清晰隐约有轮纹呈“膏药”状的黑斑。潮湿条件表面也生白色绒毛状物。

农业防治：因地制宜选用优良抗病品种，如K326等；培育无病壮苗，用100%无病壮苗移栽；实行轮作；在烟株旺长初期应及时揭膜提沟培土；搞好田园卫生，及时清除病株残体，集中销毁；在有病史的烟区，禁止采用放“跑马水”等漫灌措施，雨后要及时排除烟沟积水，及时揭膜培土。

化学防治：微生态调控。采用枯草芽孢杆菌粉剂（有效含量：10亿芽孢/g，用量：125～200 g/亩），寡雄腐霉菌（有效含量：100万孢子/g，用量：20～50 g/亩）移栽时穴施，或在发病初期喷淋茎基部。

田间发病率达1%时，可用50%烯酰吗啉1∶1000倍液、芽孢杆菌（有效含量：10亿芽孢/g）或50%氟吗乙铝可湿性粉剂等药剂交替进行防控，每株药液需在100 mL以上，兑水浇淋烟株茎基部及烟根周边土壤（直径10～12 cm），以杀灭土壤中的致病菌。每隔7～10 d施用1次，共交替施用2～3次。

④白粉病：主要发生在成熟期，苗期较少发生。

症状：白粉病俗称“上灰”“下霜”“上硝”。该病多为害成熟老叶，由下向上发展。叶片发病初期产生近圆形的黄褐色小斑，后斑上现白色粉状小点，使病斑呈毯状，斑块扩大，白粉布满整个叶片，病叶先褪绿变褐，后枯死。严重时为害嫩茎，病茎上也布满白粉。病叶烘烤后薄如纸，呈暗锈褐色，丧失经济价值。

农业防治：科学施肥，控制氮肥增施钾肥。在合理留叶的基础上，开展好底脚叶清除工作，并将杂草、烟杈、烟花、病株、病叶清出田间处理。加强田间管理，减少积水，降低田间湿度，并注重田间卫生，改善下部的通风透光条件。

化学防治：封顶前选用15%丙唑戊唑醇悬浮剂500倍液和腈菌唑12%（乳油）1000倍液进行交替防控，间隔7～10 d施用一次，不少于2次。

（3）细菌性病害。

①青枯病：团棵至成熟期均可发生，应在移栽时、团棵期、旺长期三个生育时期进行提早预防。越早用药效果越好（移栽时>团棵期>旺长期），越往后病菌将侵入烟株根系，在大面积发病时才进行用药防治已经基本没有效果。

症状：感病初期，田间病株一般表现为发病叶片一侧枯萎，另一侧叶片正常生长，俗称“半边疯”。以后，病株叶片全部萎蔫，直到整株枯死。

农业防治：雨季要及时高起垄、高培土，做到田间无积水。应加强田间管理，合理施肥，适当增施锌、硼肥，提高烟株的抗病能力。注意田间卫生，及时铲除田间的病株集中深埋，并撒石灰消毒，避免造成新的污染。

化学防治：交替使用1∶1∶160倍液的波尔多液喷施、50%氯溴异氰尿酸水溶性粉剂800倍液预防保护。发病初期用50%氯溴异氰尿酸水溶性粉剂800倍液、多黏类芽孢杆菌500倍液、77%硫酸铜钙可湿性粉剂400倍液、4%春雷霉素可湿性粉剂600倍液等每株用药液50 mL灌根，隔7～10 d施用一次，连续2～3次。

②野火病：以在成熟期发生为主，苗期较少发生。

症状：叶片发病初期产生褐色或黑褐色水渍状小圆点，周围有一明显的黄色晕圈。病斑扩展后直径可达1～2 cm，病斑愈合形成不规则大斑，斑上有轮纹。

农业防治：实行3年以上的轮作制。搞好田园卫生，及时清除病株残体，集中销毁。合理施肥灌水，防止后期氮肥过多，并适当增施磷、钾肥，适期打顶，防止病菌从伤口侵入。

化学防治：交替使用1:1:160～200倍波尔多液叶喷雾预防。50%氯溴异氰尿酸水溶性粉剂800倍液药剂预防。发病初期，用多黏类芽孢杆菌500倍液、50%氯溴异氰尿酸水溶性粉剂800倍液、77%硫酸铜钙可湿性粉剂400倍液、4%春雷霉素可湿性粉剂600倍液等喷雾2～3次，每次间隔7～10 d。或者用50%氯溴异氰尿酸水溶性粉剂800倍液或多黏类芽孢杆菌500倍液、77%硫酸铜钙可湿性粉剂400倍液或4%春雷霉素可湿性粉剂600倍液等交替防控，每株用药液50 mL灌根，隔7～10 d施用一次，一般2～3次。

(4)病毒性病害。

①普通花叶病：幼苗至大田期均可发生。

症状：典型症状是花叶、幼苗被侵染后，心叶的叶脉组织变浅绿色，呈半透明的“明脉症”，而后出现黄绿相间的“斑驳或花叶症”。大田期，烟株受侵染后，首先在心叶上出现“明脉”现象，叶缘逐渐形成缺刻并向下卷曲，皱缩扭曲，有些叶片甚至变成细带状。

农业防治：选用优良抗病、耐病品种。严格执行育苗消毒和卫生操作，使用过的旧漂浮盘、漂浮池和剪刀等育苗工具必须消毒。坚持轮作，重病烟田需进行3年以上轮作。禁止使用被普通花叶病残体污染过的水源和农家肥。搞好田园卫生，及时清除病株残体和杂草，集中销毁。防止人为传病。做好农事消毒工作非常重要；农事操作时，按照先健株健叶，后病株病叶的次序进行，同时禁止吸烟。

化学防治：免疫诱抗。移栽后15 d以内，喷施一次免疫诱抗剂，可选用3%超敏蛋白微粒剂3000～5000倍液、6%寡糖链蛋白1000倍液、2%氨基寡糖素水剂1000～1200倍液、0.5%香菇多糖水剂300～500倍液等诱抗剂进行防治。

防控应急预案。田间烟草花叶病发病率大于5%时，可用抗病毒剂有8%宁南霉素水剂1600倍液、2%嘧肽霉素水剂1000倍液等、0.5%氨基寡糖素(施特灵)水剂400～600倍液、24%混脂·硫酸铜水乳剂900倍液、6%烯羟硫酸铜可湿性粉剂400倍液等进行防治。也可选用氨基酸类叶面肥或磷酸二氢钾喷施叶片，以缓解病毒病症状，减少损失。

②番茄斑萎病毒病：移栽至旺长前期均可发生。

症状：番茄斑萎病毒病主要症状有三点，即顶芽萎蔫下垂、不对称生长、密集坏死斑。具体表现为：烟株感病后出现不对称生长，整个叶片以主叶脉为中轴，两边生长不均等，一边大一边小，主叶脉弯曲，一边坏死症状明显，叶片似镰刀状。烟株上，顶芽萎蔫下垂,往往同一侧的多片烟叶出现密集的坏死斑,整株烟矮化,呈“偏头”状。

农业防治:拔除病苗,控制田间地头的杂草,烤烟后彻底清除烟株残体。

化学防治:烟草的番茄斑萎病毒病的防治应以控制越冬虫源、防治传播介体蓟马为主。在大田生产的早期,当蓟马种群开始上升时,应用杀虫剂对蓟马进行控制。交替使用1.7%阿维吡虫啉微乳剂、20%吡虫啉可溶液剂、22%噻虫、高氯氟微囊悬浮剂等不同作用机制的杀虫剂以减缓蓟马对杀虫剂产生抗性。

(5)烟草根结线虫病。

临沧主要危害线虫种类为花生根结线虫和少量南方根结线虫,团棵至成熟期均可发生。

症状:发病部位在根部,但地上部分表现为烟株矮化,叶片黄化。白天高温时萎蔫,夜间可以恢复。中下部叶片的叶尖和叶缘出现红褐色坏死斑,叶缘下卷。在根上形成大小不一的根结,烟根畸形,形同鸡爪。

农业防治:选用优良抗病耐病品种,如KRK26;坚持轮作。与禾本科作物3~5年轮作,水旱轮作效果更佳。早栽促生产,高培土,施足底肥,增施有机肥。深耕培肥地力,及时排除积水,随时拔除病株。搞好田园卫生,及时清除病株残体和杂草,集中销毁。

化学防治:移栽时用100亿活芽孢/g坚强芽孢杆菌、2.5亿个孢子/g厚孢轮枝菌微粒剂、0.5%阿维菌素颗粒生物菌剂或25%阿维、丁硫水乳剂等药剂与根际细土拌塘施药预防(避免根系与药剂直接接触产生药害)。施药40 d之后需进行第二次药剂灌根。发病初期也可用同一方法进行处理。

(6)虫害。

①小地老虎:主要以幼虫咬断烟茎,1~2龄幼虫取食幼叶成小孔或缺刻,造成缺苗,2~3代幼虫还危害大田生长后期的烟叶。

形态特征:成虫体长16~23 mm,翅展42~54 mm,翅膀暗褐色;幼虫体长37~50 mm,虫体灰褐至暗褐色,体表密布黑色隆起的大小颗粒。

生活习性:对大田团棵前的烟苗危害较重。成虫飞翔能力强,具强趋光性和趋化性。白天停息隐蔽处,夜晚活动。

农业防治:合理轮作(如烟稻轮作)。深耕深翻土壤,开春后起垄前浅耕细耙,除去杂草,以杀死地老虎的卵和幼虫;合理施肥,施用充分腐熟的农家肥。诱杀幼虫,每亩烟地均匀放置60~80片新鲜泡桐叶或甘蓝菜叶,每天清晨捕杀集聚于泡桐叶下的幼虫。

化学防治:化学防治方法有以下几种。

灌根:移栽后烟田地老虎为害株率超过2%时,可选择10%烟碱乳油800倍液、10%高效氯氟氰菊酯水乳剂6000~8000倍液、5%氯氰菊酯乳油5000~6000倍液等药剂对烟株灌根及根际土壤喷雾,每株200 mL左右。此法可结合移栽水进行。

毒土防治:溴氰菊酯乳油500 mL加适量水,喷拌于150~200 kg细土上,在傍晚顺烟垄撒施,使烟苗周围形成一保护带。每亩烟地用毒土20 kg。

毒饵防治:用溴氰菊酯乳油500 mL加水2.5~5 kg喷在50~70 kg碾碎炒香的棉籽饼、豆饼或菜籽饼上;将毒饵于栽烟时撒于根际周围;用糖醋液诱杀成虫。

生物防治:生物防治方法有以下几种。

诱杀成虫:灯诱防治成虫技术。有条件的地区,在移栽前60 d左右,在烟田设置杀虫灯,山地烟区30~40亩设置一台,坝区50~60亩设置一台,灯间距离180~200 m,呈棋盘式分布。开灯时间为19:00至次日6:00。仅用于防治地老虎成虫时,可于移栽后40 d左右结束灯光诱杀。

生物药剂防治幼虫:结合起垄覆膜垄面喷施生物药剂,或结合定根水施用生物药剂防治地老虎幼虫,可选择10%烟碱乳油600~800倍液等药剂进行防治。或于移栽前7 d左右,进行起垄打孔,选用白僵菌或绿僵菌制剂,均匀撒施于烟穴中防治地老虎幼虫。

酒水糖醋液:自发蛾初期开始,将配制好的糖酒醋液盛入盆内,傍晚放到烟田约1 m高的支架上。酒:水:红糖:醋=1:2:3:4,另加0.1%的敌百虫或辛硫磷。

②蚜虫:烟蚜吸食幼嫩烟叶汁液,受害后烟株生长缓慢,叶片变薄、皱缩,同时分泌蜜露诱发煤污病,造成烟叶品质下降,同时也传播多种病害。

形态特征:无翅孤雌胎生蚜体长1.5~2.0 mm,长卵圆形,体色有绿、黄绿、暗绿、赤褐等多种颜色。有翅孤雌胎生蚜体长约2.0 mm,头部黑色额瘤显著,向内倾斜,胸部黑色,腹部绿色或黄绿色。

生活习性:具有明显的趋嫩性、避光性。有翅蚜对黄色有正趋性,对银灰色和白色有负趋性。

农业防治:盖银灰色地膜;合理施用氮肥,避免烟株徒长;及时打顶抹杈。

化学防治:消灭在点片阶段,当单株蚜量>20头时,采用生物制剂喷雾防治蚜虫,可选用10%烟碱乳油600~800倍液、0.5%苦参碱水剂600~800倍液、25%噻虫嗪水分散粒剂8000~10000倍液、20%啶虫脒可湿性粉剂8000~10000倍液等药剂于烟叶正背两面进行喷雾。烟叶正背两面喷雾2～3次，每次间隔15～20 d。

生物防治：利用蚜虫天敌防治蚜虫，如在烟田饲养或释放烟蚜茧蜂等；利用生物农药防治蚜虫。

物理防治：在田间布局黄板进行诱杀。

③烟青虫：烟青虫属鳞翅目夜蛾科，又称烟草夜蛾，除危害烟草外，还危害辣椒。遭受烟青虫危害的烟叶常呈千疮百孔，甚至叶肉被吃光，仅留叶脉。

形态特征如下：

成虫：雌蛾为棕黄色，雄蛾为淡灰黄绿色。前翅有四条暗褐色波状横线，内横线与中横线间有环形斑，中横线上端处有肾形斑；后翅近中央处有一个淡黑色弦月形纹，沿外缘有黑褐色宽带。卵：半球形，表面有纵横棱线，初产时乳白色，几小时后变为灰黄色，近孵化时变为紫褐色。幼虫：初孵幼虫体铁锈色。老熟幼虫体色、线纹变化大，常见的有黄绿色、红褐色、绿褐色；体背有背线一条，且散生白色小点。蛹：纺锤形，前期暗红色，后期浓褐色；尾端有臀棘2根，基部相连。生活习性：烟青虫于5月中旬至6月中旬羽化，第一代幼虫盛发期为7月上旬、中旬，旺长期烟株受害较重。

农业防治：捕杀幼虫。幼虫为害期，傍晚及时下田检查心叶、嫩叶，如发现新鲜虫粪，就捕杀周围幼虫。

生物防治：采用性诱技术，在田间布局烟青虫诱捕装置，每隔40 d更换诱芯。

化学防治：当田间虫口密度达到6～8头/百株时，或为害株率超过2%时，选用0.5%苦参碱水剂600～800倍液、10%烟碱乳油600～800倍液、0.3%印楝素乳油800～1000倍液等药剂进行喷雾防治，药剂防治宜在幼虫三龄前进行，同时采烤前10 d内不使用药剂。

④斜纹夜蛾：幼虫取食叶片，轻则食成孔洞和缺刻，重则可将叶片吃光。

形态特征：成虫体长14～20 mm，翅展33～42 mm。体暗褐色，前翅灰褐色，自翅基部向外缘有1条白纹，后翅白色。成熟幼虫体长35～51 mm，呈圆筒形，通常呈黑褐色、暗褐色、土黄色或淡灰绿色，但均散布白色斑点，体背有1对较大的新月形黑斑，腹部腹面暗绿色且散布有白色斑点。

生活习性：幼虫和蛹在土中越冬。成虫昼伏夜出，趋光性、趋化性强，喜食糖醋及发酵物；卵常产在烟株中部叶片背面，初孵幼虫群集在卵块附近取食，不怕光；4龄开始避光且进入暴食期，一般傍晚出来取食。

农业防治：及时冬耕，减少越冬蛹。成虫发生期在田间设置黑光灯、糖醋液诱杀成虫。人工摘除卵块和虫叶，产卵盛期结合打顶抹杈，摘除卵块并将虫叶带出烟田烧毁或堆沤。

生物防治：采用性诱技术，在田间布局诱捕装置，每隔40 d更换诱芯。

化学防治：当田间虫口密度达到6～8头/百株时，或为害株率超过2%时，选用5%高氯甲维盐微乳剂3000倍液、0.5%苦参碱水剂600～800倍液、10%烟碱乳油600～800倍液、0.3%印楝素乳油800～1000倍液等药剂进行喷雾防治，药剂防治宜在幼虫三龄前进行，采烤前10 d内不使用药剂。

(7)非侵染性病害(气候性斑点病)：气候性斑点病是从接近生理成熟的下部叶片开始发病。

发病原因：大气中的臭氧、二氧化硫是造成该病的主要原因。烟草旺长期的低温、干旱等不良环境条件也可促进该病的发生。

症状：气候性斑点病是从接近生理成熟的下部叶片开始发病。发病初期，叶片正面出现许多密集的不规则的水渍状小点，直径为1～3 mm，48 h内病斑由褐色发展为灰色或白色。病斑往往集中在主叶脉的两侧和在已伸展的叶尖附近。许多病斑连片，并融合成大片，造成叶片大面积坏死，然后脱落并产生空洞，严重时叶片脱落得只剩下叶脉。

农业防治：加强栽培管理，根据当地的气候条件，适时移栽，合理密植；施足基肥，及时追肥，适当控制氮肥；注意开沟排水，防止积水，以降低田间湿度；及时中耕除草，增加田间通风透光度，促进烟株正常生长，提高烟株抗臭氧的毒害能力。

化学防治：在该病常发的烟区，在烟株进入团棵期前后，用生石灰∶硫酸铜∶水=1∶1∶(160～200)配制而成的波尔多液保护剂进行叶面喷雾防治。烟株封顶后，严禁使用二硫代氨基甲酸酯类(代森锌、代森锰锌、福美双等)化学农药。

参考文献

[1]临沧市人民政府.临沧市人民政府办公室关于印发临沧市烤烟种植区域规划(2020年—2025年)的通知[EB/OL].(2020-03-30)[2021-10-20].http://www.lincang.gov.cn/info/1058/12460.htm.

[2]云南省临沧市烟草专卖局(公司)企业标准(Q/LCYC.J02.07.01-2018)烤烟漂浮育

苗技术规程[S].2018-12-25.

[3]云南省临沧市烟草专卖局(公司)企业标准(Q/LCYC.J02.03.02-2018)烤烟地膜覆盖移栽技术规程[S].2018-12-25.

[4]云南省临沧市烟草专卖局(公司)企业标准(Q/LCYC.J02.03.03-2018)烤烟膜下小苗移栽技术规程[S].2018-12-25.

[5]云南省临沧市烟草专卖局(公司)企业标准(Q/LCYC.J02.04.01-2018)烤烟田间管理技术规程[S].2018-12-25.

[6]云南省临沧市烟草专卖局(公司)企业标准(Q/LCYC.J02.05.05-2018)烟田病虫害综合防治技术规程[S].2018-12-25.

第八节　魔芋

一、概述

魔芋是天南星科（Araceae）魔芋属（*Amorphophallus*）的总称，栽培学上属于薯芋类作物。魔芋含有丰富的碳水化合物，热量低，蛋白质含量高于马铃薯和甘薯，微量元素丰富，还含有维生素A、维生素B等，特别是葡甘聚糖含量丰富，具有减肥、降血压、降血糖、排毒通便、防癌补钙等功效。

（一）魔芋发展历史

魔芋主要分布在亚洲和非洲的热带及亚热带的一些国家和地区。关于魔芋的起源尚无定论，但倾向于认为魔芋起源于亚洲较温暖的山区。魔芋的种类很多，至少有170个种，其中30多个种分布在非洲，其余都分布在亚洲，包括泰国、印度尼西亚、中国、马来西亚、越南、老挝、印度等国。据记载，我国早在2000多年前就开始栽培魔芋，栽培历史悠久，种质资源也比较丰富，迄今已发现并命名的魔芋资源有20多种，其中10余种为我国所特有。

（二）临沧魔芋分布情况

1.国内魔芋分布

魔芋为半野生植物，主要分布于65°E～140°E、36°N～10°S的印度半岛以东的热带、亚热带亚洲各国（地区），如中国、日本、越南、老挝、泰国、孟加拉国、朝鲜、印度、缅甸、菲律宾、印尼等，非洲部分国家也有分布。垂直分布最高海拔达2500 m，一般在1000 m以下地区。中国魔芋广泛分布在20°N～35°N地区，北纬由低到高呈递减趋势，其主要产地是四川、湖南、贵州、云南、湖北、广西、陕西、安徽、福建、江西、浙江、广东、台湾、江苏和上海等地，尤以陕西、四川、湖北、贵州、云南等地栽培最多。保守估计，中国魔芋种植面积约为39万亩，其中陕西约10万亩、四川15万亩以上、贵州约5.1万亩、湖北约5.1万亩、云南约2.1万亩。产量以长江流域为多，质量以金沙江两岸为优。

魔芋作为半野生植物，分布很广，栽培管理较粗放，但影响魔芋生长发育及分布的关键因素是水、热条件，间接因素是地理位置、地形地势、海拔及植被性状。中国魔芋种植区可划分为4个主区和几个亚区，具体情况如下。

(1)西部、北部高原干旱、半干旱、寒冷气候不能种植区。包括青藏高原、内蒙古高原、西北地区、东北地区和华北地区平原中北部。

(2)大秦岭山脉及其东南平原丘陵湿润、半湿润气候过渡种植区。

(3)南部高原山区湿润气候最适种植区。包括云贵高原、四川盆周山地和南岭山地。这一地带自然植被较好，属热带、亚热带气候，气候温暖湿润，水热充足。

(4)沿淮南热带湿润气候特适宜种植区。包括雅鲁藏布江下游河谷，滇南地区、西南、海南、黎母岭山地，台湾中央山脉南部。此带终年常绿热带雨林区，次生林丰富，土层深厚，腐殖质多，有机质含量高，质地疏松，自然肥力高，年平均气温在26～30℃，昼夜温差大，是中国魔芋遗传育种和高产优质研究的重要基地。

2.临沧魔芋分布

临沧魔芋分布呈现地带性特点，如下。

(1)高海拔山区：此区域主要种植品种为花魔芋，集中分布于临沧市凤庆县、云县、永德县的高海拔山区，种植模式以农户零星种植为主。

(2)中低海拔山区：此区域主要种植品种为珠芽魔芋，集中分布于临沧市各县区的中低海拔山区，以规模种植为主。

(三)临沧魔芋发展现状

云南魔芋产业发端于20世纪90年代中后期，主要集中在曲靖、昭通、楚雄等几个州市，到21世纪初，已初步形成规模。当地党委、政府把魔芋列为特色支柱产业进行培植，从政策、资金等方面加大扶持力度，种植面积快速上升，并带动加工业发展，成为农民增收的重要支柱产业。目前，云南省魔芋种植面积60万亩左右，深加工企业20多个。2019年曲靖市种植魔芋的面积已经达到了20万亩，占到云南省的30%，全国的10%，产量和产值均位居云南省前列。其下辖的富源县魔芋种植达13万亩，实现产值10亿元，成为曲靖市乃至云南省的优势特色农业，并在全国具有一定知名度和影响力，富源县已成为全国魔芋种植基地和加工基地重点县。楚雄州2019年种植魔芋15万亩，农业产值近10亿元。魔芋这个20世纪的新兴产业已成为云南省贫困山区农民脱贫致富及出口创汇的重要产业，是山区经济发展中最具成长潜力与竞争优势的地方特色产业。

临沧市魔芋种植主要以房前屋后零星、分散种植为主，管理粗放，产量较低，形不成规模；此外，各县（区）均有野生魔芋分布，但由于受到不断采挖，野生资源越来越少。“十五”以来，永德县、凤庆县、云县、镇康县等县农业部门先后引进外地芋种进行示范种植，由于管理技术滞后，尤其以软腐病、白绢病为主的病害发生严重，生产效益低下，未能将魔芋产业带动起来。近年来，魔芋产品价格持续走高，刺激了部分农户自发种植魔芋，取得了较好效益，并带动周围农户扩大种植，成为小区域农民增收的新亮点。根据临沧市农业农村局初步统计，2019年临沧市种植魔芋10万余亩，产值8亿元左右，但多以出售鲜芋或初级加工产品为主，综合效益较低。

二、栽培技术

（一）临沧魔芋特色品种

1.世界魔芋主要品种

中国魔芋的栽培和加工利用虽有上千年的历史，但对其种质资源的研究还处于起步阶段。除日本以花魔芋为原始品种材料选育出了几个栽培品种外，其他国家（包括中国）栽培的都是生物学分类种。

目前，全世界魔芋属植物多达163种，中国已命名的魔芋属植物有21种。其中，中国特有品种10余种，可食用品种11种。广泛种植10种，即花魔芋、白魔芋、田阳魔芋、西盟魔芋、勐海魔芋、东川魔芋、攸乐魔芋、滇魔芋、疣柄魔芋和疏毛魔芋。花魔芋种植最广泛。

2.临沧特色魔芋品种

临沧魔芋品种资源丰富，不同气候环境条件下，品种分布差异较大。海拔在1600 m以上、多雨地区以勐海魔芋为主要种植品种，其次是本地花魔芋，有少量西盟魔芋分布；

海拔在1600 m以上、雨量相对较少地区以本地花魔芋为主要品种，勐海魔芋次之，西盟魔芋有少量分布；海拔在1500 m以下区域以西盟魔芋为主要品种，勐海魔芋、甜魔芋等有少量分布。近年来，临沧通过各种渠道引进的品种除楚雄、曲靖、丽江等地的花魔芋外，有从泰国、缅甸和印尼等东南亚国家引进的10余个珠芽魔芋品种。

(1)花魔芋。

主要特征：叶柄白色或略带红色，有黑色花斑。球茎肉质白色或略带红色，有芋鞭，成熟时顶端膨大并脱落(一龄种芋)。

分布：花魔芋品种多、分布广，临沧市八县(区)均有分布。

适宜生长区：适宜在年均温14 ℃左右(临沧市内海拔1800 m左右及以上地区)的冷凉地区种植，低海拔小气特殊地区也有种植。

品种优势：品种最多，品质仅次于白魔芋，产量高。

种植难点：易感软腐病。

(2)勐海魔芋。

主要特征：叶柄绿色，有白色或黑色花斑。球茎肉质淡黄色，有芋鞭，顶端不膨大、不脱落(一龄种芋)。

适宜种植区：临沧本地种，又称野魔芋，临沧市内各县区1200 m海拔以上多雨地区种植较多。低海拔小气候特殊地区也有种植。

品种优势：适种范围广、抗软腐病、产量高、品质好。

(3)珠芽魔芋。

主要特征：最明显特征是无芋鞭，在叶脉分叉处结气生球茎(一龄种芋)；叶柄颜色杂，绿、青、黑、红等色都有，花斑颜色较多。球茎肉质黄色或粉红色，根系发达、多叶生长、不换头。临沧目前种植的品种主要是珠芽黄魔芋(混合群体)、珠芽红魔芋和珠芽白魔芋(灰白片)等。

适宜种植区：珠芽黄魔芋品种在临沧市内海拔1500 m以下的热区均可种植，是热区幼龄橡树、林果树林下种植的理想品种。

品种优势：适种范围广、高抗软腐病、多叶多头接力、生长不换头、根系发达、产量高，黏度和葡甘聚糖含量高。

种植难点：较高海拔地区种植易发生冻害；热区地下害虫严重、为害球茎。

(4)西盟魔芋。

主要特征:临沧本地品种,又称小黄魔芋。叶柄淡绿色,有黑色花斑,叶薄而色淡。球茎肉质呈淡黄色或黄色,有芋鞭,成熟时顶端不膨大、不脱落(一龄种芋)。叶片颜色较花魔芋淡,薄而柔软。

分布:主要分布在沧源、耿马、镇康、永德等县的中、低海拔地区。

适宜种植区:临沧市内海拔1500 m以下热区均可种植,其品质优良,是中、低海拔区林下种植和玉米地套种的好品种。

品种优势:较耐高温、较抗软腐病、品质好。

种植难点:球茎小产量较低。

(5)白魔芋。

主要特征:叶柄淡绿色,无花斑;叶薄而色淡;芋鞭特多,顶端稍膨大,成熟时不脱落。

分布:主要分布在四川、云南金沙江干热河谷,云南昭通是主产区。2013年临沧引进试种。

临沧试种表现:耐高温、抗软腐病、品质好;芋鞭特多、球茎较小、产量低。

3.临沧市魔芋产业规划及品种布局建议

(1)临沧市魔芋产业规划。

魔芋生产具有“高投入、高风险、高产出”的特点,纵观临沧市及云南省内外魔芋产业发展历程,总结其中成败的经验及教训,魔芋产业发展的两大“瓶颈”,一是种源紧缺、二是病害风险大。其中,具有优质、抗病的良种是魔芋种植成功的关键,是魔芋产业健康发展的基础。在市场带动及政府推动的双重作用下,当前临沧市魔芋生产规模上升较快,但尚未建立起一个坚实的种源基础,这给魔芋产业的健康发展埋下了极大隐患。具体表现如下:受种源紧缺、种芋成本高、病害风险大等因素影响,魔芋生产具有种植规模上升缓慢、投资风险较高的特点,魔芋产业发展不可能一蹴而就、跨越发展。因此,应遵循“规模适度、相对集中、稳步推进”的原则,结合不同品种生长特性,选择最适气候、最适土壤进行产业规划的制订和布局种植区域,并按照“就近就便”的原则建立繁殖基地,可从源头上确保优质魔芋种的足量供给,避免或减少种芋异地调运,降低成本和生产风险。

(2)临沧市魔芋产业品种布局建议。

500～1400 m低海拔地区重点以“遮阴网保护种植”“稀疏林地+魔芋”“橡胶+魔芋”“林果+魔芋”等模式种植珠芽黄魔芋和西盟魔芋；海拔在1600 m以上地区以“核桃+魔芋”“玉米+魔芋”模式种植花魔芋、勐海魔芋。

(二)临沧魔芋栽培与管理技术

1.魔芋繁殖方法

(1)根状茎(芋鞭)繁殖：根状茎是由块茎上的不定芽萌发形成的，一般形似棒状，先端有顶芽，有明显的分节，节上有侧芽。二年生以上的白魔芋植株，每年能在块茎上部长出6条以上根状茎。花魔芋能长出4条以上根状茎，而甜魔芋较少出现根状茎。带顶芽的根状茎相当于1个小子芋。顶端优势较强，成活率高，生长快。不少植株还可长出第2片营养叶。增重系数大，在良好的管理下，可增重15～20倍。即1个15 g左右的根状茎，经1年培育，大都可长成200～250 g的种芋。根状茎上的侧芽，也可萌发形成植株产生块茎。魔芋块茎上常形成许多根状茎，可以用来繁殖获得大量种芋，是生产上极为重要的繁殖方法。

用根状茎繁殖的方法是：将挖出的芋鞭切成长3～10 cm的段，每段具2～3个芽。切口撒草木灰，晒1～2 d后按株距、行距各33 cm的密度播种。当年单株块茎可长至100～150 g，每个块茎上平均能长出2.4条芋鞭。次年再按行距50 cm、株距33 cm的密度栽植，收获后可作为商品出售。也可再按行距66 cm、株距50 cm的密度播种，长1年再出售。

(2)顶芽带蒂繁殖：制作魔芋干或魔芋豆腐时，用刀从距顶芽3～4 cm处，向块茎下方斜着将芽取下，使带芽块茎呈上大下小的半球形，重100～200 g。切口涂草木灰，待伤口愈合后再种。

(3)小块茎繁殖：魔芋收获后，将大块茎挑出作为商品出售，剩余的小块茎留作种用。用整个无损伤的小块茎作种芋，促进出苗率高、生长健壮、产量高。

(4)切块繁殖：魔芋块茎顶端优势极强，切块时应以顶芽为中心，纵向等份切割，破坏顶芽，使每个切块所带侧芽萌发生长。为减少伤口，一般宜用重约0.5 kg的块茎，纵切成50～100 g的小块，经济效益显著。块茎大，切口亦大，容易染病腐烂。切块时，用具尽量不沾水，防止葡甘聚糖溶液包裹大量病菌。切好的块茎在室温下放置一昼夜或在阳光下晒一段时间，待伤口愈合后再种。对于较大的块茎，可采用横切法：自块茎高1/4～1/3处横切下具有顶芽的上部块茎作为繁殖材料，下部块茎用于芋角、芋片的加工。横切的切块栽种方法和整块茎一样；而纵切的切块，栽种时要使皮部向上，切口向下，平放或倾斜栽植，以利于幼芽出土。为加速出苗，也可在种芋贮藏前将顶芽切除，使侧芽萌发，栽植前再将块茎分切成小块。

（5）种子繁殖：魔芋浆果红熟后采收，除去果肉，将小块茎取出、洗净、晾干，放阴凉透气处，或采用与干沙混合堆积的办法贮藏。若近期播种，可与湿沙混合贮藏。

魔芋种子有休眠现象，休眠期长达290～300 d。为促进发芽，播种前将其放在0.5～1 mg/L赤霉素溶液中浸种5 min。然后按8 cm的行距，开深5 cm的小沟进行条播。也可按2 cm左右的粒距撒播。播后覆3 cm厚的细土，再在床面盖一层秸秆或搭阴棚，适时洒水，使土壤处于湿润状态。

魔芋种子的播种期一般在3月上中旬，大部分在5月中旬至6月上旬萌芽出土。萌芽出土期的温度以20～30℃为宜。幼苗出土后，揭去覆盖物。

苗高8～12 cm时，按10 cm×10 cm或10 cm×15 cm的株距、行距移栽。从幼苗出土至冬季倒苗，历时180～210 d。小块茎一般可长至10～20 g，次年种植，经2～3年即可作种。

魔芋可以进行有性繁殖，但在自然环境下很多地方都不能结实。杂交难题大多是可能发生不亲和性、花粉易污染、植株易发病死亡这3个原因导致。

魔芋为雌蕊先熟植物，将雌蕊刚成熟时的母体用刀片切掉雄花序及附属器。为防止伤口流液过多，及时在伤口涂一层凡士林；或不切除雄花序，而在外面涂一层凡士林，阻止花粉散发。对花魔芋雄花序及未带花芽的球茎进行化学去雄处理。布袋和纸袋均能很好地起隔离作用，但如时间过长，袋内高温高湿容易导致子房和花粉发霉，从而影响子房的正常发育。切掉雄蕊及附属器，除少数死亡外，多数存活并收到种子。雄花序外涂凡士林后，花粉虽仍由花药中散出，但被凡士林阻隔而不能散发到空气中。两种方法都可使魔芋花粉不扩散到空气中，达到预期的隔离效果。雄花序外面密涂凡士林不伤植株，效果更为理想，但操作时应仔细密涂，不可留空隙。切割柱头及涂4%蔗糖，可使不能正常受粉的植株结籽。

(6)组织培养繁殖。

①培养方法。

魔芋组织培养技术是将魔芋组织或组织切块,放在离体的人工模拟植物体内生理环境的无菌条件下,让其生长发育并长成一完整植株的方法。中国魔芋组织培养技术始于20世纪80年代中期,30年来取得了不少成果。魔芋植株的任何器官和组织都可作为外植体进行离体组织培养。但不同器官或组织对培养条件的反应各不相同,培养难易程度不同。花魔芋和白魔芋的块茎、根状茎、幼嫩芽鞘,比叶片和根易于培养。魔芋组织中含有多酚物质,组织培养过程中容易发生氧化褐变,影响愈伤组织的生长。在培养基中加入0.05%聚乙烯吡咯烷酮(PVP),并进行暗培养等措施,可有效地防止离体组织的褐变。

魔芋组织培养用块茎、根状茎和幼嫩芽鞘作外植体。比较叶片、叶柄、块茎诱导试验,叶片扩大呈波浪状,颜色由绿转黄,但无愈伤组织形成;叶柄末端会膨大,产生绿豆大小的瘤状物,并不断增殖,形成愈伤组织;块茎皮层和皮下组织,顶部形成突起或从旁边开裂,体积增大形成瘤状愈伤组织,覆盖整个切块。叶柄平放于MS+BA(6-苄基氨基嘌呤)2 mg/L+NAA(萘乙酸)0.2 mg/L培养基表面,此培养基诱导率最高达85.71%。MS+BA 2 mg/L+NAA 0.01 mg/L为芽分化最佳培养基。从生芽在MS+NAA 0.5 mg/L培养基上的生根率达100%。

白魔芋材料比花魔芋材料易于培养。在附加1 mg/L NAA和1 mg/L BA的MS固体培养基上诱导愈伤组织。继代培养后,在含0.1 mg/L NAA和1 mg/L BA或含0.5 mg/L NAA和4 mg/L激素的MS固体培养基上诱导生芽。

②试管苗的移植。

试管苗出管移栽时,应洗净附着于根部的培养基,减少病菌感染。出管后3 d内,注意保持空气相对湿度在90%左右。若出管时气温过高或过低,应在培养室中预培养1周。试管苗种植当年可得到重20~30 g的块茎。再种2~3年,即可作为生产用种。

组织培养繁殖速度很快。接种1个小外植体,继代2~3次,可得到4~10块甚至更多的愈伤组织。每块愈伤组织以分化10个芽,可得到40~100株苗。

(7)不定芽低温保存。

以往魔芋种源靠资源圃保存,占地多、费用高,且存在自然灾害和人为损失等问题。试管苗继代培养工作量大,费用也高;长期继代培养还易产生体细胞变异,不利于保持魔芋种质资源的遗传稳定性。

低温保存时，不定芽不宜太小，否则芽材易褐变、水肿，存活率极低。取芽时应带一定的愈伤组织。愈伤组织结构致密，似小块茎，具有较强的抗冷力，保存后易于发生腋芽，加速繁殖速度。甘露醇有利于芽的低温保存，其主要作用是增加培养基的渗透势，减少不定芽对水分的吸收利用，有利于不定芽细胞可溶性糖的积累，并降低过氧化物酶活性升高的幅度，保存后不定芽能快速恢复生长。

(8)微球茎繁育。

2003年，云南省农业科学院生物技术研究所报道了魔芋微球茎的繁育技术。随着微球茎快速繁殖方法的建立，有望从根本上解决种芋问题。

2.魔芋栽培技术

魔芋病害是发展魔芋的制约因素，所以应重点推广以防病为主的栽培技术，实施以农业防治为基础的"预防为主，综合防治"的防病丰产高效栽培技术，即"一贯彻，两坚持，三做到，四推广"的体系。"一贯彻"就是把防治魔芋病害的"预防为主，综合防治"方针贯彻到整个魔芋生产过程中，这是一个观念转变问题。由于魔芋软腐病是细菌性病害，目前尚无治疗的特效药。以农业防治为基础的"预防为主，综合防治"的方针就是要立足于防，要打主动仗，把病防放在发生之前，把"防"贯穿在魔芋生产基地布局、地块选择、播种田管理和种芋越冬保管上。彻底改变"魔芋病害没法治"的畏难思想，树立依靠科技治病的观念，就能有效降低病害损失，减少农药用量，降低生产风险，而且对生产无公害绿色农产品、保护农田生态环境也大有益处。"两坚持"就是坚持科学布局，坚持种芋就地自繁自用，就地调剂。魔芋的规划布局是否合理直接关系到栽培的成败。实践证明，海拔800m以上的区域为适栽区，最适区为海拔1000～1500 m的区域。在适栽区应坚持搞好轮作换茬。坚持种芋就地自繁，以芋农自繁为主，乡村县(区)调剂为辅，新发展户必须先发展种芋，老种植户要配套相应的种芋种植面积，提高种芋质量和安全性。种子田与大田面积的比例一般为1∶3。大力推广根状茎两年促成栽培法。即选择粗大饱满的根状茎作种子田的种芋，各方面优先满足种芋生长需要，当年即可繁殖出150 g左右的优良魔芋种。一年生的芋鞭年轻，生活力旺盛，抗病力和生产力都强，比种植多年而未膨大的种芋的增长率要高得多。"三做到"就是做到种芋消毒处理；做到粪、种隔离；做到适当药剂防治，及时铲除病株。"四推广"就是推广厢式覆膜越冬贮藏，推广催芽移栽，推广播种起垄和厢面盖草盖膜，推广增施钾肥。

(1)土地准备。

①选地:魔芋宜选择在半阴、温暖、湿润的地区栽培。适宜的海拔为500～2500 m,最宜的海拔为1000～1600 m,海拔1200 m以上的山区可以净作。

魔芋忌连作,长期连作导致土壤带菌病残体增多,引起病害大流行。多点调查结果表明,第1年种植魔芋的地块病害率为3%,第2年为14.4%,第3年为21.2%,第4年高达34.1%。所以,必须改连作为3年轮作制度,每1～2年必须换地,有条件的地方改为水旱轮作。

魔芋对土壤条件要求不严,单作、套作均可,即使在房前屋后或疏林、溪谷两旁的小块空地上也能种植。最好选择土层深厚、肥沃、有机质含量高、疏松并经常保持湿润而无积水的壤土或砂壤土。

魔芋是喜中性和酸性的植物,在土壤含盐量为2.5%时生长好,含盐量>2.5%时生长受抑制,盐分达3%时生长不良、倒苗早、产量低。因此,大面积种植时应事先做好土壤酸碱度(pH)测定。凡pH在5.5～7的范围内,表明土壤呈中性或偏酸性,适宜魔芋种植;pH值<4或>7的土壤不宜种植。

若无条件测定土壤pH值时,可根据以下简易的经验进行识别:一般情况下,黄壤、红壤属于酸性反应,石灰质土壤呈碱性反应,沙质岩母质土壤呈中性,海边土壤属盐碱土;杜鹃花、铁芒箕、马尾松等生长良好的地方,多呈酸性或微酸性;油桐、蜈蚣草等生长良好的地方,呈中性;野棉花、艾蒿、碱蓬、盐蓬等生长好的地方,一般呈碱性反应;蚂蟥(水蛭)多的田块呈酸性;螺蛳和蚌多的田块呈碱性;泥鳅多的田块呈中性或微酸性;旱地中有蚯蚓、蛴螬(金龟子)和蝼蛄等昆虫生长的,一般为中性。

②改良土壤:对酸碱度不符合魔芋生长要求的土壤,可以采用人工方法进行改良:酸性过强的,可通过施石灰、草木灰和增施农家有机肥的方法进行改良;而对碱性土壤,可以采用掺黄土或掺红土,或增施有机肥,或施入石膏、磷石膏、亚硫酸钙等进行改良。

③施肥:魔芋地要在冬前深耕,深耕时要重施基肥。不同基肥对魔芋发病率和产量都有极大影响。块茎中"三要素"的含量是:氮0.16%,磷(P_2O_5)0.02%,钾(K_2O)0.18%,其中氮、钾最为重要。肥料用量因土壤养分含量、芋种大小及种龄而异,大致一年生种芋每667 m^2施氮8～11 kg,磷5.5～7.5 kg,钾7.5～12 kg。二年生和三年生种芋的施肥量需适当增加。若以每667m^2产块茎2500 kg计算,可施用纯氮25 kg,磷(P_2O_5)20 kg,钾(K_2O)30 kg。基肥用量应占总施肥量的80%～90%。基肥应以有机肥料为主,化学肥料

适当搭配。有机肥成分复杂，虽养分含量比无机肥料低、肥效慢，但后劲大、维持时间长，能满足整个生长发育时期的需要。特别应注意的是，有机肥含有机物质，而有机物质却是改良土壤的有效物质，可使土壤形成团粒结构。有团粒结构的土壤，具有高度的蓄水、保水能力，并可有效地解决土壤保肥、供肥的矛盾。所以整地时要多施有机肥作基肥，在此基础上再施些无机肥，才会取长补短，充分发挥作用。施肥时应特别注意各元素的配合。

沼肥是沼气池发酵的沼渣、沼液，是一种无污染、无杂菌、无残毒、高肥效的有机肥源，在魔芋地施用后可提高种芋发芽率，起到抑菌、防病、增产的作用。一般可用沼渣作基肥。沼渣是沼气池底层沉积的固形物，播种时一次施入，每667 m^2施250～300担(50 kg/担)；沼液即沼气池中的上清液，用沼液灌施叶柄基部，一般施2次，分别在魔芋出苗期(6月上中旬)和展叶期(6月底)，每次每667 m^2施50～60担。在魔芋发病高峰期用沼液喷雾2～3次，每次间隔10～15 d。还可用发酵清亮的沼液浸种1～2 h。若采用沼液浸种+灌根+喷雾配合应用，效果更好。必须注意，所取沼液必须充分发酵，沼气池能正常点灯，充分供气；可以用沼液原液进行灌根和喷雾，喷雾时先用纱布过滤沼液，晾30 min后再喷雾。喷雾时要谨慎，防止损伤植株。

④翻耕：魔芋根系分布范围不大，一般水平分布主要集中在距植株30 cm范围内，垂直分布大部在距地面6～25 cm的土层中。地要尽早翻耕，冬前深耕的耕翻深度应达30 cm左右；春季浅耕，耙细整平，并要做好排水沟，沟深以田间不积水为宜。

要实行轮作，连作不宜超过3年。对连作地应进行土壤消毒，一般每667 m^2用生石灰50～100 kg，均匀撒施后翻入土壤，施后1周播种。对于地下害虫严重的地块，用10%地虫克0.6～0.8 kg或敌百虫0.1～0.2 kg拌细土或粪肥，撒施田间，翻耕入土，然后播种。

(2)种芋的选择、处理、破除休眠和催芽。

①种芋的选择：应选择芋龄较小、膨大率高的块茎作种芋。种芋的特点如下。

块茎呈椭圆形，横径＞纵径，上端＞下端。

块茎上端凹陷，口平，呈较光滑圆正的、浅陷的“臼形”。窝眼凹窝，正中芽体完整、粗壮、端正。芽尖呈粉红色，有光泽，并略高出凹窝边缘，或与边平。

块茎上部有一圈折断或脱落须根的痕迹，下部和较突出的底面光滑，无须根。

块茎颜色鲜亮，上半部呈灰暗色，下半部与底部呈灰白色。表皮光滑，无皱裂、疤痕、伤烂和霉变现象。

对过早出芽、芽似号筒、超过4 cm、无叶、结籽的"公芋"块茎，除特殊需要外，一般应淘汰。

魔芋的用种量大，每667 m^2下种量1000 kg(用种量与魔芋种及种龄有关)左右，种植成本高。因此，研究种芋大小与生产效果的关系至关重要。种芋大小对魔芋生产效果的影响常用"增值系数"[(收获产品重量－种芋重量)/种芋重量]表示。据试验，当魔芋块茎在200 g以下时，增值系数高，最高可达7.13；当魔芋块茎在300 g以上时，增值系数仅为2.3～2.5。种芋越大，投入效益越低。目前，生产中种芋的大小以重250～500 g特别是重500 g左右的为佳。＜250 g的小块茎播种后多作次年留种之用。必须注意，用500 g重的大魔芋块茎作种，其块茎产品鲜重虽大但含水量多，因此也有人主张生产上以选用＜200 g的小块茎作种较好。

②种芋的处理。

伤口处理：凡经切块的种芋，要用草木灰或生石灰粉等涂抹伤口，也可用烟火熏烤。因机械受伤腐烂的种芋，应切去坏掉的部分，伤口也应用草木灰涂抹，防止细菌侵染，促进伤口愈合。

晒种：播种前将种芋平铺地上，让太阳暴晒1～2 d，利用阳光杀死部分病菌，并加速种芋养分的转化，提高发芽率，加速出苗。

消毒：为减少种芋带菌，可将其置入福尔马林200～250倍液中浸种20～30 min，或在1%硫酸铜液中浸泡5 min，或25%多菌灵500倍液、50%甲基硫菌灵1000倍液中浸种2～6 h，晒干后播种。也可用500倍液百菌清+500万单位农用链霉素兑水10 L，或1000倍氢氧化铜(可杀得)+500万单位农用链霉素兑水10 L，或600倍液硝基黄腐酸盐+40%杜邦福星800倍液浸种30 min，然后用草木灰：石灰：硫黄粉按50:50:2的比例裹衣。

③种芋的破除休眠。

高温贮藏：将魔芋块茎放在20～25 ℃的环境中贮藏，可以缩短休眠期。如在20 ℃的环境中贮藏的钟芋，比在自然变温中贮藏的休眠期可缩短30 d左右。

化学处理：用0.5%～1.5%硫脲溶液浸泡块茎2～4 h，取出晾干，然后催芽，不仅可破除休眠，促进萌芽生根，还可使植株迅速生长，尽早形成一定的同化面积，延长生育期，提高产量。为防止种芋染病，可在硫脲溶液中，加入适量的农用链霉素或多菌灵。用10 mg/L赤霉素处理块茎，表面上能促进块茎顶芽萌发，但因诱导了花芽分化，成为花、叶并存的开花株，花序外形正常，雄性败育，叶也畸形，裂叶少，部分裂叶呈暗绿色，失去栽培意义。用氯乙醇处理，初期对块茎萌芽生根有促进作用。用0.05%高锰酸钾处理24 h，只有促生根和消毒的作用。用硫氰酸钾及高浓度乙烯利处理，有抑制或延迟魔芋萌发生长的作用。用硫酸、过氧化氢溶液及流水冲洗，对块茎萌发、生长有促进作用，但易引起腐烂。

④种芋的催芽：催芽可使块茎顶芽萌发整齐迅速，延长生长期，有利于块茎的形成和物质的积累，而且通过催芽可进一步选择优良芋种，淘汰病劣种芋；同时，块茎集中催芽，可以推迟栽种期缩短占地时间，有利于作物的茬口安排。

催芽的方法是：播种前15～20 d，将种芋置于温室、温床或阳畦中，床上铺湿沙，放1层种芋后，再用沙或土盖严。然后，再放第2层、第3层，最后盖上草帘。前10 d保持20～25 ℃，后10 d保持15 ℃，空气相对湿度75%。当幼芽开始伸长、新根将萌出时再取出种芋播种。也可采用塑料薄膜小拱棚冷床（阳畦）简化催芽法：选地势高燥、排水好、土壤疏松、透气、无病虫害处作催芽地。催芽前15 d，耕地晒土，然后做床。床长7～10 m、宽约1.4 m，周围挖排水沟。目前软腐病发生严重，该病有两个主要来源，即种芋带菌或土壤带菌。种芋带菌是新区主要的初侵染源，所以对种芋消毒是极为重要的环节。以1000万单位农用链霉素1000倍液处理后的种芋出苗率最高、发病率最低，且有一定的持效期。

播前可用药剂浸种。方法为：农用链霉素1000万单位兑水25～50 L，再加70%甲基硫菌灵素50～100 g，混匀后浸种20～30 min。0.5%～1%硫酸铜水溶液浸种10～20 min。福尔马林按1:200浸种30 min。氢氧化铜（可杀得、丰护安）1000倍液，每667 m^2用50 L药水加1000万单位农用链霉素，浸种20 min。绿亨一号、绿亨二号，按说明书兑水浸种30 min。还可用高锰酸钾1500倍液浸种5～6 min，或用1～2 mg/L的赤霉素浸种5～10 min，或用10～15 mg/L的ABT4号生根粉浸种。

为防治土壤害虫，用800～1000倍的敌百虫晶体液喷洒床土。播种时，先取出厚约5 cm的床土，再将经过预处理的种芋斜着栽入床中，每个种芋间隔一指，覆土厚2～3 cm。播种后在床上插入竹竿做成方形架，架高0.5 m，架上覆塑料薄膜。温度保持在25 ℃以下，最高不能超过30 ℃。晴天温度＞25 ℃时，及时揭膜通风。阴雨天一般不揭膜，仅将床畦两端薄膜揭起即可。如果温度＜5 ℃，则需加覆草帘防寒。湿度管理以块茎表面略呈湿润状态为准。待魔芋块茎长出根系时，即可移栽到大田。

(3)播种。

①播种期:魔芋的播种期分冬种和春种两种。一是冬种,适用于冬季霜冻轻、冰雪少的地区。方法:秋末将魔芋挖收后立即播种,使其在地里越冬。二是春种,在高海拔、高纬度和高寒山区,冬季平均气温低,冰冻严重,魔芋块茎在地里容易受冻腐烂,必须进行春种。春种一般是在4~5月间,当气温回升到15 ℃以上时播种。播种不宜太早。

②播种密度:魔芋最怕强烈的日照和大风,适宜密植。具体密度按土质好坏、种植方式和种芋大小而定。根状茎和较小的球茎采用沟播,大球茎采用穴播。一般以种芋横径的6倍为行距,4倍为株距,以达到叶定形时,叶片约有1/3相互重叠为适宜。还应考虑地理条件,如为向南斜坡或较低海拔处,因易受高温、强日照危害,宜密植;在高寒地区,日照较少,宜稀植。

③播种量:魔芋用种量大,生产周期长。如何降低成本,提高投入产出比,获得大的个体,是亟待解决的问题。在条件允许的情况下,选择350~450 g大种芋作种,可达到高投入、高效益的效果。综合考虑山区经济条件和农民的栽种习惯,以选用中等偏大(250~350 g)的种芋作种较好。块茎大小和栽植距离选择的最佳方案:用100 g重的块茎作种,以行距50 cm,株距33 cm栽植,当年块茎能长至250 g左右。次年,再用它作种,按行距66 cm、株距50 cm栽植,收获的块茎可以>500 g,适宜作商品出售。如果生产者资金特别雄厚,在土地较为紧张,不考虑投资多少和块茎个体的较大增重,只要求获得高额产量和纯收入,则选用500 g重的块茎作种,以行距20 cm、株距16.5 cm进行栽植最为适宜。

④播种方法:魔芋块茎上端有一凹陷的芽脐,其凹陷程度随着块茎的增大而加深。芽脐容易积水,积水后常使芋芽和块茎腐烂。因此,栽植时应按芽脐的深浅不同,采用不同的倾斜角度。商品栽培时使用的种芋,一般较大,芽脐较深,栽植时茎芽应向上倾斜,最好面向东方,即向日出方向倾斜,既可避免雨水等积留于芽脐周围,又可尽早接受阳光,提高温度,促进出苗。芋种不能倒栽,否则影响出苗。用芋鞭作种时,顶芽宜朝向一边,一根接一根播下。

有些地方播种时,先将种芋包于稻草或杂草团中,再将种芋同草团一起埋入土中,草团既可保护种芋,又能在腐烂后使土壤疏松、肥沃,有利于魔芋生长。但生长初期,草团在腐解过程中要消耗一些氮素,所以应及时补充氮肥。

魔芋播种的深度一般以块茎上部位于土表下3~5 cm为宜。过深不利于幼苗生长,导致出苗迟、产量低。播种时最好用火烧土盖种，因土壤经过熏烧后肥分增多，尤其含钾量丰富，又无病虫，用它盖种效果更好。

魔芋生长快、喜肥，除施基肥外，一般栽种时，每667 m^2应施腐熟厩肥1500～2000 kg、过磷酸钙20～25 kg、尿素5 kg作种肥。必须注意，肥料不要直接触及种芋，防止烧芽。为此，农民常用“隔山”施肥法，即将肥料施入播种沟内，播种穴的下部填一层土后再放种芋，然后在种芋上少盖些土，土上面再施肥，肥上再盖土。

魔芋播种后至出苗前，正值春末夏初，常遇低温阴雨，不利于出苗，甚至发生冻害。因此，播种覆土后，最好再盖一层3～6 cm厚的山青或稻草，待其腐烂后再加盖一层，这样既可保持土壤疏松湿润、不生杂草，又可增加土壤营养。

⑤栽植方式。

垄作：适宜在较平坦的地块应用。按50 cm的行距开沟，沟深5 cm。按株距40 cm播入种芋，主芽向上，每株种芋上及周围施有机肥约2 kg、磷肥0.1 kg。由两边拢土做垄，垄高12～20 cm，垄底宽25 cm左右。

穴植：适宜坡地应用。种植时，按40 cm×40 cm距离挖穴，穴深25 cm，宽25 cm。在回填土中拌入30%完全腐熟的有机肥和0.1 kg磷肥，将种芋主芽向上，放入坑的中央，覆土厚10 cm。云南推广斜三窝双行栽植法和众星捧月栽植法，前者是在垄的两边间种玉米，中间呈三角形栽植魔芋。间作玉米的株距20 cm，块茎株距33 cm，玉米与块茎间的行距为20 cm。众星捧月栽植法，即是对大小整齐的种块，在间作玉米大行中间种1行大块茎(株距50 cm)，每一个大块茎周围密植小块茎，其密度根据块茎大小确定。

堆栽：适宜土质较黏的平地应用。按40 cm的株行距，将种芋置于地面，主芽向上，每个芋种上覆盖有机肥2 kg，磷肥0.1 kg，然后由周围壅土做堆。

大小种块间栽式：将魔芋大粒种块与小粒种块互相间隔种植，行株距46 cm×19 cm，每畦3～4行，使地上部分形成多层次结构。其优点是：可以充分利用光、温资源；夏季高温干旱期还可减少地表水分的蒸发，提高产量；同时，选用不同大小的块茎间栽，收获后大块茎作商品，小块茎留作种用，逐年繁殖，可以争取持续增产。

宽畦统种撒栽式：这是一种普遍采用的宽畦温床式种植法。种植时，先把上层土壤向四周拨开，修成宽幅播种畦，畦内下层填入充分腐熟的农家肥作基肥，其上覆盖一层薄土。然后，把大小种块混合撒播，再均匀地撒下肥料，覆土盖草。这种方法占地少，但密度不匀，出苗后容易发生强苗欺弱苗的现象，生长不整齐，影响产量。所以，一般是在种芋分级时，将淘汰的小种块用统种撒栽式种植，作繁殖种芋用。

包衣技术：魔芋病害大多为土传，侵染途径多，防治难度大。种芋包衣是一项把运输中受伤种芋的处理、防病虫、消毒、贮藏融为一体的综合处理技术，即在种芋表面包裹一层由成膜剂、抑菌剂、营养剂、植物生长调节剂等多种成分加工制成的复合剂。种芋包衣后有药膜保护，药剂释放后可直接杀灭病原菌，并利用成膜剂的作用，把种芋紧紧包裹，阻断种芋与外界及土壤中病原菌的直接接触，防止病原菌侵入。同时，种衣剂中具有有利于生长发育的养分、微量元素和植物生长调节剂等成分，所以包衣的种芋具有发芽快、生长发育好、产量高的优点。

(4)间作套种。

魔芋最忌强烈持久的直射光。光照过强，超过了魔芋光饱和点，会使光合效率降低。同时，长时间的强光照，还会引起环境温度急剧升高，造成叶部灼伤，加重病害。

①魔芋—玉米立体栽培：玉米行距2 m，株距15 cm；每2行玉米间种4行魔芋，魔芋株行距40 cm×40 cm。每667m^{2}种植魔芋2988株，平地垄作，坡地穴植。也可做1.3m宽的畦，种2行玉米，行距1 m，株距15 cm，然后在2行玉米间种2行魔芋，行距40 cm，株距15 cm，沟宽30 cm。大致以玉米的叶面积系数达到0.8～1.2为宜。低于0.8，荫蔽度不够，会灼伤魔芋叶片；高于1.2，荫蔽过度，光合作用降低、生长弱、产量低。如果遮荫太多，可将玉米中、下部位的叶片剪除一些。

②魔芋—油菜—玉米立体栽培：年前冬季种油菜，次年3月下旬在油菜地挖穴种魔芋。魔芋株行距40 cm×40 cm，每种4行魔芋预留1条玉米行，玉米行距2 m。油菜籽收获后，在预留的玉米行内，按株距20 cm种玉米，每667 m^{2}种植魔芋2988株。

③魔芋—猕猴桃立体栽培：猕猴桃株行距2 m×2 m，在行间离猕猴桃植株80 cm外种植魔芋。魔芋的株行距为40 cm×40 cm，每667 m^{2}种植1600株左右。

④魔芋—桑树立体栽培：桑树林内，距树主干0.8 m外种魔芋。魔芋株行距40 cm×40 cm，每667 m^{2}桑园内种植魔芋约2000株。

⑤魔芋—苹果/梨立体栽培：1～3年生的果树，株行距2.5 m×4 m，每1条果树行间种5行魔芋，魔芋株行距40 cm×40 cm；4～6年生的果树，株行距4 m×5 m，每一条果树行间种6行魔芋，魔芋株行距40 cm×40 cm。

⑥魔芋—桃树/枇杷立体种植：1～3年生的果树，株行距2 m×3 m，每1条果树行间种5行魔芋，株行距40 cm×40 cm；4～6年生果树，株行距3 m×4 m，每1条果树行间种5

行魔芋，魔芋株行距40 cm×40 cm。

⑦魔芋—黄瓜/菜豆套作：魔芋播种后出苗较慢，4月中下旬尚未出苗时，在魔芋畦旁种植1行黄瓜或菜豆。5～6月份，当魔芋地上部未旺长时，黄瓜、菜豆等已近结束，可以剪除，不仅对魔芋生长无不良影响，而且可以为魔芋遮荫。

⑧魔芋间作套种小菜：魔芋生长前期，行间可适当间种小白菜、苋菜和小葱等，可以保墒，促进魔芋提早出苗和长壮苗。魔芋出苗后，随着魔芋植株的长大，叶未茂密时采收小菜。

(5)田间管理。

①追肥：魔芋生长期长达150 d，有的甚至超过200 d，凡出苗早、叶柄粗壮、叶色浓绿、回秧倒苗迟的产量均高。为促进植株生长，延长叶片寿命，除施足基肥外，要适时分期追肥。出苗后，每667 m^2撒施尿素或硫酸铵15～25 kg，施后浅中耕，松土保墒；或距植株15 cm左右，开挖1条深约5 cm的环状沟，每株顺沟施入稀人粪尿1.5 kg，或1%～2%尿素，或复合肥溶液1 kg，然后将沟填平，松土保墒。6月下旬，地上部处于旺盛生长期，再撒施1次腐熟厩肥、垃圾土、灰肥混合肥，或氮、磷、钾复合肥，施后培土，促进块茎肥大。9月上旬，白露节前后，每667 m^2再追施畜粪1000 kg，或硫酸铵10～15 kg，以保护叶片，防止早衰。

应特别强调的是，魔芋是球茎作物，喜钾肥。由于农民已改变了烧火土的积肥习惯，原有的钾肥，一部分被作物吸收利用，一部分随水流失。特别是农民有“重氮轻钾”的观念，还没有施用商品钾肥的习惯。增施钾肥能增强魔芋的抗病能力，这是一项投入小、收益大的防病高产措施。一般应于魔芋展叶时，在地面每667 m^2撒施钾肥10～20 kg、尿素10～20 kg作追肥，然后培土12～15 cm厚，并且盖草。注意追肥时不能污染叶柄和叶片，以免植株被灼伤。

生长期间，还可用浓度为0.2%～0.4%的磷、硼混合液或0.3%尿素溶液，于早晨日出前或下午日落后，或阴天均匀喷洒到叶面，最好喷洒到叶背面。因为叶背面有气孔，气孔是养分进入叶片的通道。喷施时最好在肥液中加入一些展着剂，如十二烷苯磺酸钠或中性洗衣粉等。展着剂是大分子的有机化合物，既喜水，又喜脂，能把水溶液和叶片的蜡质粘在一起形成液膜，粘贴到叶片表面，以利于养分进入气孔。

②除草培土：魔芋为浅根作物，很少中耕，尤其不宜深中耕，防止伤根。有草时要随时拔除。除草时间以魔芋冒尖出土达5%～10%时施用为宜。为了防旱防涝，增大土壤

温差，应结合施肥，及时分次向植株周围培土。培土总厚度为6～10 cm。培土后，继续向畦面盖草，减少水分蒸发，防止杂草滋生。

③灌溉与排水：魔芋既怕旱又怕涝。从其全生育期需水规律看：苗期植株矮小、叶面积不大、耗水量少，加之块茎中含有大量水分，所以需水不多，只要经常保持土壤湿润以利于扎根即可。7～8月份是块茎膨大盛期，植株高大、蒸腾作用旺盛、需水量大，如果气候干旱，宜在早晨或傍晚及时灌水，严防植株失水萎蔫。入秋后，气温日渐降低，魔芋需水量减少，可以少灌或不灌，但切勿过分缺水以防止叶片早衰。同时魔芋怕渍，雨天要注意排水。

④覆盖：覆盖是魔芋栽培管理中的重要措施，它可以减少土壤板结、土壤干旱、地温上升和病虫害的发生，能起到显著增产的作用。

覆盖用的材料种类较多，以杉叶和野干草最好，麦秸、谷草、落叶等次之，堆肥、青草、稻壳等紧实材料较差。必须用紧实材料时，可在地上铺些竹枝，再将覆盖材料撒在上面；或与其他松软材料混合使用。一般在种芋播种后，及时覆土并随即盖一层山青，厚15～20 cm，大致每667 m^2铺盖50 kg，做到铺后不见土。待山青腐烂后，要另加盖一层。盖草的好处在于：保持土壤湿润，前期促进出苗，后期有利于球茎膨大；消灭草害，盖草对抑制杂草生长效果明显，不仅节省大量拔草用工，而且不伤害魔芋根系，保持土壤疏松、通气性好，不板结；避免雨水反溅，减少病害传播。

在荫蔽条件下，一般每667 m^2至少应盖草750 kg。日照长而强的南面坡地，应盖厚些；相反，则薄些；以不过分密闭土表为度。9月份气温下降时，可除去覆盖，使土壤照射到更多的阳光，保持地温，以利于植株生长和块茎的发育。

⑤除花保叶：魔芋开花结果时，要消耗大量养分，所以应将花序柄除去，促进新芽萌发。魔芋一般只长1片复叶，且再生力差，叶片的寿命达4～5个月，生长中不会出现新老叶更替的现象。叶片是进行光合作用的器官，是块茎肥大的基础，如果损伤不易另行重新长出。所以，要加强保护，更不能割除。另外，在生产过程中，还要设法防止叶片衰老。

⑥药剂灌根，清除中心病株：魔芋出苗后，随着植株生长，田间温度逐渐升高，病害侵染逐渐加快。为此，当魔芋齐苗后，用杀毒矾800～1000倍液或农抗一二〇400倍液进行灌根，每株灌100～150 mL，使种芋和叶柄周围形成药剂保护层，防止苗期发病。魔芋出苗后，应当经常观察，当田间中心病株出现时，将其及时拔除，带出田外集中烧毁。

对病穴灌洒50%甲基硫菌灵或50%多菌灵400～500倍液，或每667 m^2撒施生石灰粉（拌入2%硫黄）20～30 kg消毒，防止病原菌传播蔓延。

3.魔芋管理

（1）收获。

①产量预测方法：魔芋产量与柄茎呈正相关，遵从$Y=A+BX$直线回归方程。方程中参数A、B与气候、土壤等因素有关。预测产量时，只要量出叶柄基茎（X）的数值，即可计算出单株平均产量（Y）并预测出总产量。

②收获期：10月份以后，地上部停止生长，叶片逐渐枯黄，地下部则仍在继续生长，这时虽可以收获，但块茎不充实、产量低、品质差，也不耐贮藏。11月中下旬，当地上部全部枯死，根状茎（芋鞭）与球茎完全分离，昼夜平均温度在12 ℃以下时为最佳收获期。挖收过晚，植株地上部已腐烂，标记不明显，挖收时易挖伤块茎造成损伤，使魔芋染病烂种。同时，进入初冬霜冻出现，当平均最低气温＜5 ℃时，容易发生低温伤害，造成冻伤，魔芋收获后易于腐烂。魔芋块茎带土多、块茎含水量大，都会导致伤口易感染、难愈合。因此，挖收应在晴天或土壤干燥时进行。

魔芋可一次性收获。南方及冬季不太冷的地区，也可随用随挖，一直留至次年3月份。留种用的魔芋，宜根据当地气候和种植时期收获；秋季种植的，叶枯后即可随挖随种；春季种植的一般在叶枯后15 d左右进行挖收。

③收获方法：宜在晴天挖收魔芋。先将叶柄从地面割下，可直接切碎、煮熟，或加少许灰碱除毒后喂猪。也可用土窖、缸等进行密闭青贮，青贮时不必加碱。青贮过程能自然消除叶柄的毒性和麻味，然后作饲料。魔芋块茎入土较深，体积大，质地较疏脆，收获时应按植株位置的标记逐株挖收。从距植株15 cm外下锄深挖，小心刨出，细挖轻放，避免损伤，防止伤口氧化变褐或染病腐烂。块茎挖出后，摊晾在地面，掰去芋鞭，除净泥沙，晾干后按大小分级，分别贮藏。

（2）贮藏。

①贮藏期的生理变化：刚收获的魔芋，含水量高，块茎难免受伤，从而导致大量腐烂。经2周预处理后仅表皮受损伤的块茎腐烂率为2%，深层受伤的腐烂率为5%，而未预处理的仅表皮受伤的块茎腐烂率为60%，深层受伤的则达60%。经预处理后完好的魔芋块茎，在5 ℃、10 ℃、20 ℃这3个温度下贮藏4个月后，腐烂率皆为零。在20 ℃贮藏的块茎，45 d后在12月下旬芽开始萌动，但不迅速伸长；在次年3月上旬顶芽才伸长，根

也相继出现。5 ℃以下的块茎表面较湿润，在贮藏后期，顶芽受害变褐，个别出现烂疤。10 ℃以下的块茎则无萌芽，也无烂疤或冻害现象，显然5 ℃和20 ℃是不适宜的贮藏温度。

魔芋块茎成熟收获后，贮藏期间的生理变化过程分为以下4个阶段。

后熟期：从收获起至11月下旬，历时1个月左右。此时，是休眠初期，块茎含水量高，伤口未木栓化，呼吸及蒸发作用较强，代谢作用旺盛，酶活性较强。因气温高，水汽容易积聚而引起块茎腐烂。

休眠期：从11月下旬至次年1月上旬。此期，块茎呼吸作用减弱，生理代谢不旺盛，处于深休眠期，对外界环境条件适应性强，在任何条件下均不会萌动。

休眠解除期：从12月下旬或次年1月上旬开始，到2月下旬或3月上旬结束，历时2个月。此期，呼吸作用仍很弱，葡甘聚糖酶、淀粉酶的活性几乎没有变化，但过氧化酶活性逐渐下降，而多酚氧化酶活性略微上升。若环境条件适宜，块茎可以萌动，但不伸长，处于相对静止状态，是一个破坏休眠的过程。

芽伸长期：此期一般在2月底以后。休眠已解除，只要环境适宜，萌芽即可伸长，生根，形成植株。需要继续贮藏的块茎，贮藏的温度要低，不能 > 15 ℃（发芽起点温度）。

②贮藏关键技术。

适时挖收：作种用的或需较长期贮藏的块茎，应在地上部倒伏后一段时间、块茎充分成熟后挖收。当温度 > 5 ℃时必须进行挖收。挖收尽可能在晴天进行。

干燥与愈伤处理：魔芋含水量大，挖收后因去掉根状茎或挖收时造成伤口，贮藏后常大量腐烂。所以，收获后应晒1～2 d，使块茎表皮干燥，并进一步木栓化。再在15～20 ℃下风干10 d左右，使块茎减重约15%，待其伤口愈合后再贮藏，可防止腐烂。

分选与分级：将畸形、损坏、感病的块茎剔除，并根据生长年限，将块茎分级，以利于贮藏管理。留种用的魔芋，应选性状好、具有本品种特征、适应性强、产量高、较抗病或耐病的球茎；大小均匀，成熟度好，顶芽要短、粗壮，表面光滑无创伤、无病虫害；色泽上半部褐色、下半部浅褐色，重量为100～150 g。贮藏前对种芋翻晒3～5 d，用75%农用链霉素300倍液、草酸800～1000倍液、50%多菌灵可湿性粉剂1000倍液、福尔马林200倍液或50%代森铵1000倍液浸种，待药液晾干后贮藏。还可用生石灰、草木灰、硫黄粉按50∶50∶2的比例拌种。经以上处理可有效杀死种芽上的病菌，使贮藏更有效和安全。

温度与湿度：魔芋块茎贮藏的温度以8～10 ℃为最合适。在这种温度下，块茎不萌动，也无烂疤。温度 < 20 ℃，块茎过早生根、萌芽。湿度 < 5 ℃，容易引起冷害，顶芽受害

变褐，个别出现烂疤。温度 < 0 ℃，块茎会受冻，进而腐烂。温度过高，呼吸作用加强，水分散失快，同时块茎顶芽过分伸长并开始生根，形成老化苗，导致芋苗不抗低温、容易枯死。当根枯死后，更易导致腐败。同时，在高温、高湿下，病害也多。所以贮藏期间，以 8 ~ 10 ℃最为适宜，最高温度不超过 20 ℃，最低不低于 5 ℃。贮藏后期，可把温度控制在 12 ~ 20 ℃，促进顶芽萌动。

魔芋贮藏期间，空气相对湿度以 60% ~ 80% 为好，有利于保持魔芋的鲜度。湿度过低，容易造成块茎萎蔫、重量减少、品质降低且伤口不易愈合；湿度过大，易导致病害发生。

空气：贮藏期间，魔芋仍在不断地进行呼吸，尤其在温度高时呼吸作用很强。呼吸需要氧气，如果氧气不足，魔芋会进行无氧呼吸出现酒精中毒现象，导致芋块腐烂。因此，贮藏过程中要注意通风换气。

③贮藏方法。

自然越冬贮藏：又叫宿地留种。魔芋当年不挖收。秋末，植株枯萎后，地面用稻草或树叶全面覆盖，厚 15 cm。草上盖些泥土防寒，令其自然越冬，次年边挖收、边播种。该法适宜于冬季不太严寒的地区应用。

窖藏：选坐北朝南、温暖、干燥处挖窖。窖挖好后，先用干草猛烧烘烤一遍或撒些硫黄粉，或喷来苏尔、新洁尔灭等消毒。待水汽干燥后，在窖底铺一层谷草、麦壳、干沙，厚 5 ~ 6 cm。然后，将魔芋晒 1 ~ 2 d 后，再入窖。入窖时，芽向上，放一层魔芋上面撒一层谷壳或干沙，按此顺序一层接一层地装窖至窖深的 4/5 处，再撒一层谷壳。窖堆中竖直放置 1 根直径约 30 cm 粗的通气筒。窖上不加盖，以便散发湿气。

坑藏：在背风向阳、土壤干燥处挖坑。坑深、宽各 0.6 ~ 1 m，长度依贮藏量而定。坑底及四周先铺一层干沙或干草。将魔芋晒 1 ~ 2 d 后，放入坑内，魔芋上再盖一层干沙或干草，厚约 15 cm。一层魔芋，一层沙或草。在坑中央，每隔 50 ~ 80 cm，竖放 1 束秸秆或 1 根通气筒，装至最上层的魔芋距冻土层下 10 cm 处即可。魔芋上盖细沙，使之与地面相平。沙上再盖干土，厚约 16 cm，略高出地面。坑上搭防雨棚，四周开好排水沟，防止雨水流入坑内。

筐藏：筐中铺一层麦秸或谷壳，再装一层魔芋。如此一层魔芋一层草，直至装满后，用谷壳或麦糠盖严，挂于室内。还有采用竹楼烟熏法贮藏，即将魔芋排放在农户灶房的竹笆楼上，利用做饭柴火燃烧增加室内温度，减少湿度。

地面堆藏：此方法在冬季不太冷的地方适用。在室内地上铺一层干草或细沙(细土)，再将魔芋顶芽向上摆一层，再铺草或铺沙，再摆魔芋，共铺3～4层，高约40 cm，宽100 cm左右。最后盖草或沙，厚约20 cm，防寒保温。也可在地面上铺一层湿河沙，厚约7 cm，将魔芋芽向上，平放一层，再盖沙，一层魔芋一层沙共铺3～5层。上盖干草，必要时在草上覆盖一层薄膜。在温度不太低的地方，也可在露天堆藏。可选择高燥的空地，将草木灰、糠壳、麦壳、灶土灰等与干细土混匀，然后将混合土与魔芋分层叠放。最后盖细土，厚约30 cm。芋堆周围挖排水沟，下雨时覆盖薄膜，晴天揭膜。若种芋数量相当大而又无大窖房时，可在室内用木架或竹架分层摆放。木架层间距40～50 cm，每层架上放一层干燥、透气性好的覆盖物保暖。若藏堆较大，堆中每隔80～100 cm插1束作物秸秆，以利于通气。贮藏后每隔15 d检查干湿度，如过干可适当喷水，过湿应摊开晾晒。发现发霉腐烂芋块及时挑出，并消毒灭菌。

山洞贮藏：选深5 m以上的山洞，放魔芋时先用稻草垫在洞底，再放魔芋。一般放3～4层。魔芋上盖干草，厚20 cm左右。贮藏初期和春季气温回升后可将洞口封一半，冬季要将洞口封严。

烟熏贮藏：在背篓、箩筐内铺干草或谷壳，然后将魔芋放入并盖好。直接挂在灶房或经常生火有烟处，或放入专用的熏室里。熏烟能使魔芋表面干燥，并有消毒杀菌、促进伤疤愈合、防止病害的作用。此方法仅适宜于少量芋种的保藏。

(3)运输。

长途调运鲜芋种时，宜用透气的木箱、竹筐或纸箱盛装。箱内四周和上下各放一层锯末或谷壳，再一层魔芋一层锯末分层装放。上下层之间错开主芽，上面用锯末装实后加盖。小球茎可直接用纸箱装放。不论采用哪种方式运输，都应避免魔芋与运输车体直接接触而发生摩擦，损伤块茎。也不要挤压、践踏和扔摔，而应做到轻取轻放。

(三)临沧魔芋主要病虫害与防治技术

1.主要病害及防治

(1)日灼病。

①病征及病因：魔芋为半阴性植物，遇到连续高温干燥和强光直射后的叶温＞40 ℃时，叶肉细胞受伤死亡，出现白斑、叶片萎蔫、光合作用降低等现象；土壤龟裂，引起断根。

②防治方法：与玉米等高秆作物间作；地面铺草和适时灌水。

（2）白绢病。

①病征及病因：又叫白霉病，主要危害茎、叶柄基部及块茎。菌丝无色透明，空心管状，有膈膜，放射状生长，有分枝，后集结成线状或索状，最后表面形成纽结，形成菌核。菌核初为洁白色，后转淡黄色至黄褐色或茶褐色，表面光滑如油菜籽，多为圆球形。发病部主要在近地面1～2 cm的叶柄基部。叶柄基部及球茎染病后，初呈暗褐色不规则的小型斑，后软化，使叶柄湿腐，植株倒伏，叶片由绿色变黄色。高温、高湿时病部长出一层白色绢丝状霉，后期有圆形菌核。病菌可通过叶柄基部向下蔓延，直接危害地下块茎，引起腐烂。白绢病有时和软腐病同时发生，病部表面产生白色菌丝及褐色菌核，内部组织软腐，多为糊状，有恶臭。该病由半知菌类真菌齐整小核菌引起。有性阶段为白绢薄膜革菌，属担子菌亚门真菌。该菌能危害62科200多种植物，除危害魔芋外，还危害茄科、豆科、葫芦科等作物。

白绢病的病原菌主要靠菌核及病残组织中的菌丝在土中越冬，次年萌发后顺着土壤蔓延到邻近植株上；也能通过雨水及中耕等作业传播，从寄主根部或茎基部直接侵入或借伤口侵入到寄主组织内。菌核萌发17 h后，即可侵入植株，2～4 d后病菌分泌大量毒素及分解酶作用于植株，使植株基部腐烂、倒伏。病菌在田间主要随土壤、流水及病残体传播蔓延。

该病发生的温度为8～40 ℃，尤以32～33 ℃最为适宜，高湿时发展更快。该病菌较耐酸碱，在pH1.9～8.4均可生活，有的在pH2～10范围内也可生长，以pH5～8生长较好。该菌寿命长，在室内可存活10年，在田间可活5～6年。用病残组织喂牲畜，经消化后排出的病菌仍能存活。但该病菌怕水，水淹后3～4个月便会死亡。

白绢病一般在6月中下旬开始发生，且常与软腐病同时危害植株。高温、高湿，尤以雨过天晴后易于流行。土壤酸性及中性有利于发病，pH＜3或pH＞8不易发病。连作地发病重，新地或水旱轮作地发病轻。轮作3年以上的地块，发病率仅1%～5%。

②防治方法。

避免连作。重病地宜与禾本科作物轮作，有条件的可实行水旱轮作。白绢病菌喜氧气，魔芋收获后深翻土地，把病菌翻埋到土壤下层，可抑制病菌生长。开沟浇水，不漫灌，不淹水，少施氮肥。

浸种消毒。种芋用0.1%硫酸铜溶液，或50%代森铵300～400倍液，或50%多菌灵粉剂500倍液，或50%甲基硫菌灵500倍液浸种10 min，捞出用清水冲净，晾干后播种。

及时拔除病株烧毁。病穴灌50%代森铵400倍液，或每667 m^2撒入石灰粉约15 kg，分3次撒完，隔1周撒1次。每次撒石灰粉不能过多，否则会对魔芋生长产生一定抑制作用。

合理施肥。所施有机肥要充分腐熟。200 mg/kg的亚硝酸盐能阻碍白绢病菌的生长，400 mg/kg亚硝酸盐可抑制该菌生长。在田间增施硝酸钙、硫酸铵或喷施复硝酚钠6000倍液，可减少白绢病的发生。

在植株高20 cm时，用10～15 cm见方的塑料薄膜包裹叶柄基部，能防止病菌侵染。

发病初期，喷洒40%多硫悬浮剂500倍液，或50%异菌脲（扑海因）可湿性粉剂1000倍液，或15%三唑酮可湿性粉剂1000倍液，或40%五氯硝基苯400倍液，或50%甲基硫菌灵500倍液，7～10 d喷1次，共2～3次。也可用50%甲基立枯磷（利克菌）可湿性粉剂0.5 g/m^2喷洒地表。也可用50%的三唑酮（粉锈宁）粉剂5000倍液，从魔芋叶柄基部灌根。石灰、5%甲基立枯磷（利克菌）和三唑酮（粉锈宁）等杀菌剂能附着在病原菌的菌丝和菌核的表面，使该菌的表皮细胞皱缩、破裂以及内含物外渗，病菌不能生长和萌发。

（3）软腐病。

①病征及病因：魔芋软腐病又叫黑腐病，是生产上危害最严重的病害之一。湖南、湖北、四川、云南等省均有发生，在国外以日本发病最为严重。栽培期及贮藏期均可发病，田间发病率为20%～30%，严重的全田发生，减产损失达50%～70%。

软腐病主要危害叶片、叶柄及块茎。该病最明显的特征是组织腐烂并具有恶臭味。在贮藏期或播种期的种芋受侵染后，被害块茎初期表皮产生不定形水渍状暗褐色斑纹，逐渐向内扩展，使白色组织变成灰白色甚至黄褐色湿腐状，溢出大量菌液，导致块茎腐烂。最后，随着土壤水分的降低，块茎变成干腐的海绵状物。受害种芋发芽出苗后，芋尖弯曲，展叶早，刚露土即展叶，叶不完全展开，或叶柄、种芋腐烂；展叶后染病，则叶片向叶柄作拥抱状，株形像一个蘑菇。叶色稍淡，拔起植株可见种芋腐烂。生长期的症状表现有3种：一是块茎发病，植株半边或全部发黄，叶片稍萎蔫。在块茎与叶柄交界处拔断，有部分叶柄呈黑褐色。挖出块茎，表面出现水渍状暗褐色病斑，向内扩展，呈灰色或灰褐色黏液状，使块茎部分或全部腐烂。二是植株发病，基部软腐，最后倒伏，但叶片保持绿色。三是叶片发病，初为墨绿色油渍状不规则病斑，边缘不明显，多沿叶脉向两旁叶肉作放射状或浸润状发展，后叶片腐烂，吊在植株上，并有脓状物溢出。以后病害沿叶柄向下扩展至种芋，导致整株腐烂。有些病菌沿半边叶柄向下扩展，使主叶柄一侧形成水渍状暗绿色的纵长形条纹。之后，组织进一步软化，条斑随即凹陷成沟状，溢出菌脓，散发臭味，使植株半边腐烂、发黄，俗称“半边疯”。该病一般在6月中下旬开始发生，8月上中旬是发病高峰期，9月中下旬基本停止发生。田间渍水、土壤湿度大及降雨过多，特别是苗期受水浸渍的田块容易发病。

②防治方法。

种植抗病品种。种植万源花魔芋、赤诚大芋、榛谷黑、云南花魔芋、重庆花芋、白魔芋等优良品种。实行多品种当家，品种合理搭配、合理布局、定期轮换，避免单一品种大面积种植，利用魔芋品种群体的抗性多样化，提高整体抗（耐）病水平。

实行轮作，特别是水旱轮作效果好。轮作周期一般为3年。避免大量施用未腐熟的有机肥料，多用草木灰，增施硝酸铵和硫酸铵，可减轻病害。深耕改土，整地时每667 m^2施用100 kg石灰进行土壤消毒，降低田间病菌数量。增施钾肥，每667 m^2用纯氮15 kg，增施20 kg氧化钾，病株率较单一施纯氮减少48.28%，产量提高27.5%。高畦栽培，排水防涝。及时将病株清理出田块烧毁。病穴灌注20%福尔马林消毒。土壤疏松、不渍水，有利于降低病害发生概率。

魔芋收获后，去净泥土，晾晒干后拌石灰，或用福尔马林50～100倍液和20%石灰水浸泡30 min，风干后贮藏。

播种前用20%石灰乳液浸泡20 min，或用40%多菌灵胶悬液1500倍液加敌敌畏1000倍液浸种30 min，或200 mg/kg农用链霉素浸种4～5 h，晾干后播种；或每千克种芋用50%甲基立枯磷（利克菌）可湿性粉剂0.5～1 g拌种。土壤处理每667 m^2施用生石灰50～60 kg，施后耕翻，软腐病病株率为17.86%，较未处理的田块减轻28.19%。追肥时不可将肥料直接施于芋根上，以免烧根。雨天或田间露水未干时，不要到田间进行农事操作，以免伤根。及时拔除病株，烧毁或深埋，在病窝处及周围撒上石灰，踩实土壤，以免雨水串流传播病害。

金龟子、笨蝗、粉蝶、夜蛾、蜻蝴等害虫都容易造成伤口，使病原菌侵入，加重病害，要及时防治。

发病前或发病初期，用72%农用链霉素可溶性粉剂3000～4000倍液，或新植霉素4000倍液，或75%敌磺钠（敌克松、地可松）可湿性粉剂50 g加水100～150 L，或50%代森铵600～800倍液，喷洒叶柄周围地面或灌根，7～10 d喷1次。也可选用64%杀毒矾

500～600倍液，78%科博500～600倍液，4%农抗120500～600倍液，75%氢氧化铜（可杀得）900～1000倍液，并掺入磷酸二氢钾0.1～0.2 kg喷雾，每667 m^2用药50 kg，从叶片展开起每10 d喷1次，连喷3次以上。对高海拔区域，魔芋生长前期，在耕地表面铺一层秸秆或杂草，以提高地温，促进出苗，减轻病害。

与玉米间作。魔芋与玉米间作能有效控制魔芋软腐病的发生，玉米与魔芋之比为2∶4的效果最好，相对防效可达61.27%。

（4）病毒病。

①病征及病因：全株可发病，病株叶片呈花叶或缩小、扭曲、畸形，有的病株叶脉附近出现褪绿色环斑或条斑，出现羽毛状花纹，或叶片扭曲。由芋花叶病毒、番茄斑萎病毒、黄瓜花叶病毒单独或复合侵染引起。芋花叶病毒质粒线状，大小750 nm×13 nm。主要在发病母株球茎内存活越冬，通过分株繁殖传到下一代。也可在田间其他天南星科植物如芋、马蹄莲等寄主上越冬。借汁液和桃蚜、棉蚜、豆蚜等昆虫传毒。番茄斑萎病毒还可借蓟马传毒。病征在6～7叶前较明显，高温期病征减轻乃至消失。

②防治方法：Ⅰ.因地制宜选育和换种抗病品种；Ⅱ.选用无病母株繁殖作种；Ⅲ.及早消灭害虫，并用肥皂水洗手和刀具，防止汁液摩擦传染；Ⅳ.发病初期就开始喷洒1.5%十二烷基硫酸钠1000倍液、菇类蛋白多糖水剂250倍液，每10 d喷1次，连喷2～3次。

（5）轮纹斑病。

①病征及病因：该病主要危害叶片。初发病时叶缘或叶尖产生浅褐色小斑点，后扩展为近圆形至不规则形黄褐色斑，大小0.5～2.5 cm。病斑上具轮纹，湿度大时病部生稀疏霉层。后期有些病斑穿孔，病斑上长出黑色小粒点，埋生在叶表皮下。由半知菌亚门真菌魔芋壳二孢菌引起。分生孢子器椭圆形，器壁褐色，直径56～61 μm；分生孢子无色，双细胞，两端尖，略缢缩，大小为12.3 μm×1.9 μm。以分生孢子器随病叶遗留在土壤中越冬，成为次年初侵染源。生长期产生的分生孢子，借风雨传播。该病多发生在生长后期，倒苗前进入发病高峰。

②防治方法：Ⅰ.收获后清除病残体，减少菌源；Ⅱ.必要时用36%甲基硫菌灵（甲基托布津）悬浮剂600倍液，或50%多菌灵可湿性粉剂800倍液，或50%腐霉利（腐霉剂、速克灵）可湿性粉剂1000倍液喷洒植株。

（6）炭疽病。

①病征及病因：该病主要危害叶片。初期病斑小、圆形、褐色，扩大后为圆形至不定

形褐色大斑。病斑中部淡褐色至灰褐色，边缘深褐色，周围叶面组织褪绿变黄，斑面上生黑色小粒点。病斑多自叶尖、叶缘开始，向下、向内扩展，融合成大斑块。病部易裂，严重时叶片局部或大部分变褐、干枯。该病由半知菌亚门真菌的刺盘孢菌和长盘孢菌引起。两类菌的分生孢子盘均为浅盘状，埋生于寄主表皮下，成熟时突破表皮外露。刺盘孢菌分生孢子盘周生黑褐色刺状刚毛，分生孢子新月形，单孢，无色；长盘孢菌分生孢子盘不长刚毛，分生孢子长椭圆形，两端钝圆，单孢，无色，中央有一透明油点。

两菌均以菌丝体和分生孢子盘在病株上或随病残体遗落土中越冬，次年产生分生孢子，借雨水溅射传播，引起植株发病。以后，病部不断产生分生孢子进行再侵染。温暖多湿天气、种植地低洼积水、过度密植、田间湿度大，或偏施氮肥、植株长势过旺时，发病重。

②防治方法。

种芋和草木灰和细干土(1:1)混合物分层堆放高燥处，雨天覆盖塑料薄膜，晴天揭开，使种芋完好。

选择高燥、不积水的地块种植，做到二犁二耙，深沟高厢或起垄种植。

精选种芋，摊晒1～2 d，下种前用72%农用链霉素或500 mg/kg医用链霉素浸泡30～60 min，晾干后播种。

加强管理，合理密植。清沟排渍，降低田间湿度。增加植株间通透性。施用酵素菌沤制的堆肥，或充分腐熟的有机肥。采用配方施肥，避免过量施用氮肥，提高抗病力。清洁田园，及时收集病残物带出田外烧毁。发现病株立即挖出，并在病穴内撒石灰消毒。

发病初期，用50%苯菌灵可湿性粉剂1500倍液，或80%炭疽福美可湿性粉剂600倍液，或30%碱式硫酸铜悬浮剂400倍液，或77%氢氧化铜(可杀得)可湿性微粒剂500倍液喷洒植株防治，每10 d喷1次，连续喷2～3次，收获前10 d停止用药。

(7)细菌性叶枯病。

①病征及病因：该病发生非常普遍，主要危害叶片。发病初期，叶片上产生黑褐色不规则形枯斑，并使叶片扭曲；后期，病斑融合成片，叶片干枯，植株倒伏。

病原菌为油菜黄单胞菌魔芋致病变种，菌体杆状，多单生，两端钝圆，具1～2根单极生鞭毛。由于魔芋叶片含有较多的葡甘聚糖等黏质物，病叶直接压片检查时，一般不易看到细菌溢出，但经稀释分离培养后，可得到大量米黄色细菌菌落。该菌是好氧菌，适宜生长温度为25～30 ℃,最高温度为30～39 ℃。主要在土壤中的病残体上越冬,借风雨传播,高温多雨及连作地容易发病。6月中下旬开始发病,9月上中旬为发病高峰期。暴风雨常有利于该病的发生流行。在病叶的枯斑上还可看到伴生的弱寄生真菌。

②防治方法。

抓好种芋贮藏,选高燥地块,采用"室外覆土盖膜"法贮藏。选择不积水处种植,并做到深耕细耙,高垄深沟,小块种植。

精选种芋,播前晒1～2 d,再用硫酸链霉素500 mg/kg浸种1 h,晾干下种。

生长期间勤检查,发现中心病株立即挖除,并用链霉素400 mg/kg灌淋病穴及周围植株2次,每株0.5 L;或用链霉素10000 mg/kg注射植株,每次每株3～4 mL。此外,也可用30%碱式硫酸铜(绿得保)悬浮剂400倍液,或72%农用链霉素4000倍液喷洒植株。

(8)干腐病。

①病征及病因:该病主要侵染茎、块茎、芋鞭和根,在魔芋的生育期和贮藏期均可为害。生育期发病多见于8月中下旬,发病后羽状复叶和部分叶柄变黄,并常沿叶柄的一边坏死,延伸向下。拔起病株,坏死叶柄一侧的根变黑褐色,部分根内部变黑腐烂,但无异味。病势逐渐扩展,叶柄基部腐烂缢缩,叶片变黄倒伏。根受害后,根尖变褐枯死;切开根,可见近基部变为褐色,根状茎也呈褐色。块茎贮藏期间,继续侵染,内部变黑腐烂、干缩。用染病种芋播种,不发芽或发芽后叶片异常。

该病由魔芋干腐病菌引起,属半知菌亚门镰孢霉属病原真菌,菌丝体呈丝状,无色有分膈。分生孢子有两种类型:大型分生孢子新月形,有3～5个分膈;小型分生孢子卵圆形,不分膈或偶有1个分膈。在不良环境下产生厚垣孢子。病菌以菌丝和分生孢子随种芋和根状茎越冬,或以厚垣孢子在土壤中越冬,通过种芋和土壤传播。一般黏质土比轻沙质土易发病,种植浅易发病。中性偏酸和施用未腐熟有机肥的田块易发病。肥料不足,生长弱的植株易感病。

②防治方法。

严格选种,剔除病芋;贮藏种芋处,严格控制湿度;浸种消毒。

(9)根腐病。

①病征及病因:该病主要危害魔芋地下块茎和根系。病部发病初期出现褐色水浸状病斑,随后根系和部分块茎腐烂变黑,地上部分叶片发黄,植株生长矮小,后期叶柄枯萎,整个植株枯死。天气潮湿时,病部以上又长出新的不定根。挖收时可见地下块茎大

部分腐烂，剩余未腐烂部分为凹凸不规则的残体，俗称“戏脸壳”，失去商品价值。发病严重时全株枯萎，最后常受细菌侵害而导致软腐。

该病的病原菌有多种，主要是菜豆腐皮镰孢菌。该菌属半知菌亚门真菌，菌丝有膈膜，分生孢子分大小两种类型。大型分生孢子无色，纺锤形，具3～4个横膈膜，最多8个；小型分生孢子椭圆形，有时具1个膈膜，无色。厚垣孢子单生或串生，着生于菌丝顶端或节间。该菌的生育适温29～30 ℃，最高温度35 ℃，最低温度13 ℃。

病菌主要在病残体、厩肥及土壤中存活，且能存活多年。魔芋、豇豆、菜豆、豌豆均可受害。无寄主时该菌也可腐生10年以上，土壤中的病残体是次年的主要初侵染源。该菌主要靠带病肥料、工具、雨水、灌溉流水传播，从伤口侵入。高温、高湿的环境，有利于发病。发病盛期在8月。连作地、低洼地、黏土地发病重，新垦地很少发病。

②防治方法。

改革耕作制度，实行水旱轮作。

深翻土地。用高畦或深沟排水，防止根系浸泡在水中。

发病初期，用70%甲基硫菌灵可湿性粉剂800～1000倍液喷洒叶柄基部，7～10 d喷1次，连喷3次。也可用75%百菌清600倍液或70%敌磺钠（敌克松）1500倍液，连续喷洒2～3次；或用40%多硫悬浮剂800倍液、77%氢氧化铜（可杀得）可湿性微粒剂500倍液、14%络氨铜水剂300倍液、50%多菌灵可湿性粉剂1000倍液加70%代森锰锌可湿性粉剂1000倍液混合喷洒植株，每7～10 d喷1次，连喷2～3次。

（10）缺素症。

①病征及病因：魔芋在生长过程中常因缺乏某些微量元素而使植株出现叶面褪绿黄化、生长衰弱、早期倒伏等现象。最常见的缺素症是缺镁症和缺锌症。

缺镁症一般在8月上中旬开始发病，从叶边缘开始黄化，向内扩展，仅剩叶脉部分为绿色。最后植株全部黄化并倒伏。若日照很强症状发展快，黄化部分变白，植株先立枯，后倒伏。缺镁症在酸性土壤易发生；久雨乍晴、日照强时，发生更重。

缺锌的魔芋，初生叶片展开度小，呈“Y”字形。小叶细小，向内卷曲。叶脉从淡黄色至黄白色，中脉和侧脉处残留绿色，后期叶肉干缩，最后全株枯黄倒伏。块茎发育不健全，影响产量。叶片展开后出现症状的植株，叶片会正常展开，叶色为绿色。但到8月份后开始黄化，明显褪绿。9月份以后，中脉和侧脉仅留部分绿色，似日灼状。一般不倒伏。

②防治方法：缺镁的田块，应进行深耕改土，增施有机肥及硫酸镁等含镁肥料。发病期每隔3～4 d喷1次5%硫酸镁溶液，共喷3～4次。缺锌的田块，除加强肥水管理提高地力外，在播种前可增施硫酸锌。发病初期用0.4%硫酸锌喷洒叶面，每3～4 d喷1次，共喷2～3次。

(11)花斑叶。

①病征及病因：土质黏重、板结，肥水不足，植株瘦小时叶片上常出现颜色不同、大小不等的斑点，叶缘枯黄，叶片焦卷，或叶片自然穿孔，影响光合作用并降低产量。

②防治方法：生产中要选择适宜的地块，供足肥水，使之早出苗，早封垄。若有发病植株，应及早浇水，增施氮肥，促进生理功能协调运转。

(12)非正常倒苗。

①病征及病因：在正常情况下，魔芋生长后期因温度降低而不适宜生长时发生自然倒苗，这是正常的现象。但在生长过程中，常因某些人为因素使之提前倒苗死亡，造成损失，这是必须防止的。

常见的非正常倒苗有6种。

肥害倒苗。追施化肥浓度高、用量大，又接触到植株时，容易烧苗，引起倒伏。缺镁、缺锌、缺铜时，也易引起倒苗。

干旱倒苗。盛夏，地上部蒸腾作用强烈。若天旱，土壤缺水容易时引起萎蔫倒苗。

病害倒苗。因植株感染黑腐病、软腐病、白绢病等，有时也有害虫如甘薯天蛾、豆天蛾、铜绿金龟子等使叶柄受到损伤，容易引起倒苗。

积水倒苗。土壤长期积水，影响根系呼吸，引起烂根，容易倒苗。

冻害倒苗。收获过晚或收获后贮藏期间管理不当，或春季定植过早、温度低等，都会使块茎受冻，出苗后容易倒苗。

人为损伤。进入田间观察、施药、除虫、除草时，损伤叶片、叶柄、根系及茎，导致植株的伤口感染，诱发病害，引起倒苗。

②防治方法：针对非正常倒苗的不同原因，采取不同措施，防止倒苗。

2.主要虫害及防治

(1)斜纹夜蛾。

①病征及病因：斜纹夜蛾又叫莲纹夜蛾、莲纹夜盗蛾、斜纹盗蛾，俗称芋虫、花虫，属鳞翅目夜蛾科害虫。该害虫除为害魔芋、芋等天南星科植物外，还为害白菜、萝卜等十

字花科蔬菜，以及茄科、葫芦科、豆科、石蒜科、藜科、薯类等农作物，达99科290种以上。幼虫通过取食叶、花及果实进行为害。

成虫体长14～20 mm，翅展35～40 mm，头、胸、腹均深为褐色，胸部背面有白色丛毛。前翅灰褐色，斑纹复杂，内横线及外横线灰白色，波浪形，中间有白色条纹。在环状纹与肾状纹间，自前翅中央向后缘外方有3条灰白色斜线，故名斜纹夜蛾。卵扁呈半球形，初黄白色，渐转绿色，孵化前为紫黑色。卵粒集结成3～4层的卵块，外覆灰黄色疏松的绒毛。老熟幼虫体长35～47 mm，头部黑褐色，胴部体色因寄主和虫口密度不同而有所差异，可以呈土黄色、青黄色、灰褐色或暗绿色。蛹赭红色。该虫自北向南，因寒暖不同，1年可发生4～9代甚至更多代。成虫在夜间活动，飞翔力强，一次可飞数十米远，飞升高度10 m以上。成虫具趋光性，并对糖、醋、酒液及发酵的胡萝卜、麦芽、豆饼、牛粪等有趋性。卵产于高大、茂密、浓绿的边际作物上，尤以植株中部叶片背面的叶脉分叉处产卵最多。初孵幼虫群集取食，4龄后进入暴食期；多在傍晚觅食。老熟幼虫在1～3 cm表土内做土室化蛹，土壤板结时可在枯叶下化蛹。发育适温为29～30 ℃，所以各地严重为害期皆在7～10月份。

②防治方法。

利用黑光灯或糖醋液（糖∶醋∶白酒∶水∶90%敌百虫=6∶3∶1∶10∶1，调匀；或将泡菜水加适量农药）诱杀成虫。

3龄幼虫为点片发生阶段，可结合田间管理进行防治。4龄后幼虫夜出活动，可在傍晚前后用21%灭杀毙6000～8000倍液，或2.5%功夫乳油5000倍液，或2.5%天王星，或20%灭扫利乳油3000液，或40%氰戊菊酯乳油4000～6000倍液，或20%菊马乳油2000倍液，或4.5%高效顺反氯氰菊酯乳油3000倍液进行喷雾防治，每10 d喷1次，共喷2～3次。

（2）金龟子。

①病征及病因：金龟子为杂食性害虫，以成虫咬食叶片和嫩茎，造成缺刻。幼虫（蛴螬又叫老母虫）咬食地下块茎，咬伤处呈黑色及凹凸不平状。成虫椭圆形，有金属光泽。幼虫头部黄褐色，胸、腹部乳白色或黄白色，虫体弯曲呈"C"字形。此虫1年发生1代。以幼虫在土中越冬，次年春季土壤融冻后，越冬幼虫开始活动取食块茎，后做土室化蛹。6月份开始出现成虫。成虫白天潜伏在土中，夜间取食叶片。施用未腐熟厩肥的田块及沙壤土中容易发生此虫危害，7月下旬至8月上旬为害重。成虫喜欢栖息在潮湿、肥沃的土中，有假死性和趋光性。

②防治方法：用50%辛硫磷乳油0.5 kg兑水50 L，或50%马拉硫磷乳油0.5 kg兑水50 L拌种芋。7月中下旬用25%甲萘威（西维因）可湿性粉剂400倍液，或90%敌百虫800倍液，或50%辛硫磷乳油1000倍液喷洒或灌根。

（3）天蛾。

①病征及病因：为害魔芋的天蛾有甘薯天蛾、豆天蛾和芋双线天蛾3种。

甘薯天蛾：又叫旋花天蛾、虾壳天蛾、猪仔虫、猪八虫。成虫体大，头暗灰色，胸部背面灰褐色，有2丛鳞毛构成褐色"八"字纹。腹部背面中央纵线暗灰色，各节两侧顺次有白色、红色、黑色横带3条，似虾壳状。前翅稍带茶褐色，翅尖有1条曲折黑褐斜纹，后翅有4条黑褐色带。卵球形，浅黄绿色。老熟幼虫体长约83 mm，体上有许多环状皱纹，第8腹节有1尾角，末端下垂似弧状，体色多变。蛹长约56 mm，褐色，腹面色较淡，喙伸出很长，弯曲似鼻状。成虫白天潜伏叶荫处，黄昏出来觅食，交尾产卵。卵多散产于叶背。成虫具趋光性和趋嫩性，飞翔力强，喜食糖蜜。初孵幼虫在叶背取食叶肉，3龄后多沿叶缘取食造成缺刻，食量大时仅剩叶柄。除为害魔芋外，还为害芋、甘薯、牵牛花等。

豆天蛾：又叫大豆天蛾，其幼虫叫豆虫，俗称豆猪虫，魔芋、豆类都可受害。中国各省均有，日本、朝鲜、印度也有。魔芋、豆类都可受害。成虫黄褐色，体长4～4.5 cm，翅展10～12 cm。前翅狭长，前缘近中央有1个半圆形淡白色斑，后翅中央有1条基部窄、外部宽的赭褐色带。成虫飞翔力很强，但趋光性不强。日伏夜出，每蛾产卵350粒左右，单产于叶背。老熟幼虫黄绿色，长9 cm，体表密生黄色小突起。胸足黄褐色。腹部两侧各有7条向背后倾斜的黄白色条纹，臀背具1个尾角。蛹红褐色，头部口器明显突出，略呈钩状。1年发生1代，以老熟幼虫在土壤中做土室越冬。次年春移至表土层化蛹。7～8月份为幼虫盛发期。幼虫4龄前白天多藏于叶背，夜间取食。4～5龄期多栖于叶片三裂片的分叉小裂片处，夜间暴食，阴雨天全天取食，并可转株为害。

芋双线天蛾：成虫体长3.2～4 cm，翅展6～7.2 cm。体背茶褐色，头胸两侧有灰白条，肩片中有1条细白纵线，腹部中线为2条靠近的白色线，腹侧淡红褐色。前翅灰褐色，顶角至后缘有1条白色斜带，其上、下有黑褐色斜带，此外还有5条灰色细线，中室端部有1个小黑点，后翅有1条绿黄色亚缘带。老熟幼虫体长7 cm，暗褐色。胸部亚背线有8～9个黄白斑点，腹侧有黑色斜纹及1列黄色圆斑，尾角黑色，末端白色。1年1代，以蛹在地面越冬。幼虫6～8月份为害，昼夜取食；成虫8～9月份出现，有趋光性。

②防治方法。

用黑光灯或糖醋液(用有酸甜味的物质,如糖、酒、醋混合液,或酸菜水与酒混合液等,内加敌百虫,置盆内,傍晚挂到地里)诱杀成虫。

幼虫出现期,人工捕杀。

冬季深翻土地,消灭越冬蛹,减少次年虫源。

掌握在幼虫3龄期前喷药杀灭。可选用20%氰戊菊酯(速灭杀丁)乳油3000倍液,或2.5%溴氰菊酯(敌杀死)3000~3500倍液,或50%马拉硫磷1000倍液,或90%敌百虫800~1000倍液,或每克含菌量70亿~100亿个的杀螟杆菌等药剂每千克兑水100~150 L进行喷雾防治。

三、发展前景

魔芋在许多领域都有着广泛的应用,因此魔芋有着广阔的市场前景和发展前景。魔芋的种植虽然遍布亚洲大多数国家,但主要用于生产的只有中国和日本,中国栽培魔芋的历史虽可以追溯到2000多年以前,但真正意义上大规模的生产和加工魔芋却只有三十多年的时间。中国魔芋产业是从20世纪80年代开始起步,经过三十多年的摸索发展,种植方式由以前的房前屋后零星栽培发展成了现在的规模化栽培模式。如今,全国大规模的魔芋基地已经有20多个,总种植面积达99万亩。魔芋之所以被人们所青睐,是由于魔芋是唯一能够大量合成葡甘聚糖的天然植物,葡甘聚糖在魔芋干物质中的含量也超过了50%。近些年魔芋产品的不断研制和发展,世界各国对魔芋精粉的需求也在逐步增大,除了中国和日本对魔芋精粉的大量需求外,如今欧美市场也在渐渐扩大。日本人自古以来就有喜食魔芋的习惯,但由于本土面积有限,再加上自然气候等的影响,日本的魔芋精粉生产量十分有限,每年都需从中国进口大量魔芋精粉。据统计,日本每年都需从中国及东南亚等国进口魔芋精粉超过300 t。

在中国,由于魔芋的保健功效逐渐被开发,人们的饮食方式也向营养型转变。据统计,国内各个魔芋食品企业,年需魔芋精粉超过6000 t,而且随着人们的生活水平不断改善,魔芋的需求量也不断地增加。目前,中国的魔芋粉加工及魔芋食品产业已经步入了国际领先水平,魔芋的开发利用产业也逐渐发展壮大。在中国,魔芋的大规模种植不仅能满足中国人民对魔芋产品的大量需求,也解决了中国西南部山区农民们致富难的问题。

中国的魔芋精粉除出口到日本外,近些年也逐步出口到欧美市场。欧美虽不种植魔芋,但也开始食用魔芋,并且需求量也逐年增加。据统计,欧美每年对魔芋精粉的进口量已经超过了3000 t。用魔芋精粉中的葡甘聚糖作纤维素来开发出的保健食品也备受欧美的喜欢。欧美的魔芋市场对魔芋的需求量也将会有增无减。

从中国、日本以及欧美各国对魔芋精粉的需求量可以预见,未来魔芋市场前景将十分广阔。魔芋除了以上用于食品行业以外,在各个工业领域的作用也逐步被人们所发现。各种魔芋制作的生物膜,科研材料的开发也不断加大了魔芋的需求量。魔芋产业虽然发展迅速,但还处于一个年轻发展的阶段,魔芋既能满足世界各国对它的需求,又能促进农民致富增收。近些年,政府看到了魔芋产业的发展前景,不断推动山区种植魔芋,并以魔芋产业作为支柱产业来发展,也让我们看到了魔芋产业的希望。

近年来,随着人们对魔芋产业有了新的认识,以及政府的带头领导及推广,促进了魔芋的种植规模不断扩大,逐步实现了集约化管理。魔芋的规模化栽培为魔芋产业提供了大量的原材料,保证了魔芋产业的发展。20世纪90年代以来,中国陆续建立了多家魔芋加工企业,研制和进口了多种加工设备,引用了干法加工和湿法加工等多种加工方法,生产出了大量优质的魔芋精粉及精粉加工制品。生产出来的优质精粉除了流入到中国食品企业以及工业企业中外,还有些出口到国外,这也促进了中国魔芋加工业的崛起。

参考文献

[1]田云,周海燕.魔芋综合加工利用技术[M].北京:科学出版社,2019.

[2]周燚,孙正祥,鲁学红,等.魔芋抗病种植新技术[M].北京:化学工业出版社,2019.

[3]张和义.魔芋栽培与加工利用新技术[M].第2版.北京:金盾出版社,2018.

[4]农业部农民科技教育培训中心,中央农业广播电视学校.魔芋栽培与加工技术问答[M].北京:中国农业科学技术出版社,2009.

[5]张和义.魔芋栽培与加工利用[M].北京:中国科学技术出版社,2017.

[6]李磊.不同种魔芋生物学性状及化学成分比较研究[D].长沙:湖南农业大学,2012.

CHAPER 3

第三章

经济林果

第一节 澳洲坚果

一、概述

澳洲坚果(*Macadamiainte grifolia*)系山龙眼科(Proteaceae)澳洲坚果属(*Macadamia*)多年生常绿乔木,又名昆士兰栗、夏威夷果等,原产于澳大利亚昆士兰州东南部及新南威尔士州北部。澳洲坚果具有较高的营养价值、保健价值和药用价值,被认为是世界上最美味的干果之一,素有“干果皇后”之称。澳洲坚果果实主要是由果皮、果壳和果仁所构成。澳洲坚果果仁营养丰富,风味独特。焙烤后,果仁的脂肪含量高达78%,远远高于核桃、花生、杏仁、腰果仁等坚果类经济作物。尽管果仁含油率高,但其脂肪酸为不饱和脂肪酸且不含胆固醇。此外,果仁还含有相当丰富的蛋白质、蔗糖、果糖、葡萄糖、麦芽糖、淀粉、膳食纤维等碳水化合物,以及钙、磷、铁、维生素、硫胺素、核黄素、烟酸等。

研究表明,长期食用澳洲坚果能改善人体血液微循环,提高脑细胞的活性,增强记忆力和思维能力;能降低人体血液中胆固醇含量,降低心脏病、心肌梗死、心血管病的发生概率;降低患乳腺癌,男性生殖疾病的风险;还能美容养颜、防止肥胖、延缓衰老。此外,澳洲坚果的副产品也有相当多的用途,如:果皮中含有适于制作鞣皮的鞣质,并含有8%~10%的蛋白质,粉碎后可混作家畜饲料;果壳可制作活性炭或作燃料,也可粉碎作塑料制品的填充料。

截至2020年,临沧市澳洲坚果种植面积达262.77万亩,成为全球面积最大的集中栽培区域,种植面积超过全球种植面积50%。

(一)临沧坚果发展历史

1857年,植物学家W.希尔和冯•穆勒在昆士兰州莫里顿湾发现、采集了这种树,并建立了山龙眼科新属——澳洲坚果属(*Macadamia*)。1858年第一次人工种植至今已有一百多年的历史，最早于1910年引入我国，种植在台北植物园作为标本树。1931年台湾嘉义农业试验站从夏威夷引入种子和实生苗500株试种，前期发展缓慢，仅作为标本树和科研引种试种。1940年，原岭南大学也从夏威夷引入少量种子和实生苗种植于广州。但由于引入的实生树产量低、品质差异大、果仁率低，未形成商品化生产。直到20世纪90年代，澳洲坚果在我国迅速发展，目前在云南、广西、贵州、广东、海南、四川等地均有栽培。其中，云南栽培面积最大，规模化栽培最早。经过多年的发展，澳洲坚果已经成为云南高原特色优势产业之一。截至2017年底，云南全省共有临沧、德宏、西双版纳、普洱、保山、红河、文山、怒江等州（市）种植澳洲坚果，种植面积已达262万亩，约占全国种植面积的93%（广西、四川、广东、贵州等地共种植20万亩左右），超过全球其他国家和地区种植面积的总和（约200万亩），占全球澳洲坚果种植面积的（约482万亩）54%。云南省澳洲坚果种植产业发展最快的地区为临沧市。

临沧市是云南省引种澳洲坚果最早的州（市）之一，于1991年在永德县永康镇红旗山开始试种并获得成功。1991—2001年种植面积为2.35万亩，2002—2008年为3.75万亩，2009—2010年为6.99万亩，2018年种植面积达227.89万亩，占云南种植面积的87.65%，占全国种植面积的81%，占世界种植面积的52.27%，成为澳洲坚果最大种植区域。至2020年，全市澳洲坚果种植面积262.77万亩，挂果40万亩，产量3万t，产值15亿元，带动建档立卡贫困户6万多户24万人实现脱贫。

（二）临沧坚果分布情况

2018年，临沧坚果划定的地域保护范围为云南省临沧市所辖临翔区、云县、凤庆县、永德县、镇康县、耿马傣族佤族自治县、沧源佤族自治县、双江拉祜族佤族布朗族傣族自治县共计8个县（区），共77个乡镇（街道）。临沧坚果种植适宜的地理坐标为东经98°40′~100°34′，北纬23°05′~25°50′，临沧坚果种植海拔范围为450~1500 m。

（三）临沧坚果发展现状

临沧坚果为临沧市行政区域内种植的澳洲坚果，2018年10月9日临沧坚果获中华人民共和国农业农村部颁发的农产品地理标志认证。临沧坚果地方标准制定取得重要突破，制定并发布临沧坚果良种苗木培育、嫁接苗、丰产栽培、高接换种、主要有害生物防治、肥料与农药使用、果实采收与采后处理、鲜果收购质量要求、带壳果、果仁等10部地方标准，标志着临沧坚果产业发展迈出标准化生产加工和经营管理步伐。国内首个致力于澳洲坚果产学研工作的重要平台——国家林业草原澳洲坚果工程技术研究中心在云南省临沧市正式揭牌。这是临沧市创建国家可持续发展议程创新示范区进程中的一项重要举措。“十三五”时期，临沧市委、市政府围绕云南省委、省政府全力打造“三张牌”的总体部署，牢固树立绿水青山就是金山银山的理念，坚定不移地走绿色发展之路，把临沧澳洲坚果产业作为一项重要的生态产业、富民产业、特色产业来抓，澳洲坚果产业已成为临沧市的重要支柱产业。

但是，目前临沧澳洲坚果产业还存在以下问题。

（1）坚果品种混杂。品种在种植上起决定品质和获得丰产的主要作用，但临沧市仍然存在坚果品种混杂的现象。品种混杂在澳洲坚果种植中主要是特指一些实生树及不适合在临沧种植的个别品种，主要表现为低产、果小、出仁率低。

（2）未根据澳洲坚果品种特性，随意选择澳洲坚果品种种植，导致产量较低或品质较差，甚至使整个澳洲坚果产业链都受到极大的影响。

（3）专业技术人员较少，能够真正了解并掌握澳洲坚果及品种鉴别的专业技术人员缺乏。

二、栽培技术

（一）临沧坚果栽培优势与特色品种

1. 临沧坚果栽培优势

临沧属亚热带低纬高原山地季风气候，地形地势复杂，气候类型多样。从全市气温分布情况看：临翔、凤庆、永德、沧源气候温和，四季如春，年平均气温16.5～17.5 ℃；云县双江、耿马和镇康四县气候炎热，年平均气温在18～20 ℃，夏季较长，无明显冬季。临沧市雨量充沛，沧源、耿马孟定镇、镇康勐捧乡为降雨多雨区，年降雨量1500～1750 mm，云县、双江和临翔为较少雨区，年降雨量920～1600 mm。全市可划分为北热带、南亚热带、中亚热带、北亚热带、南温带、中温带六个气候带，年平均气温为17.3 ℃，无霜期317～357 d，年均降雨量920～1750 mm，年均日照1894.1～2261.6 h。临沧具有光热资源充足、四季差异不明显、夏无酷暑、冬无严寒、干湿季分明、降水充沛、立体气候显著的特点。

临沧市是全球最适宜澳洲坚果生长的地区之一。全市低热河谷区域面积约1100万亩，均适宜种植澳洲坚果，发展空间巨大。由于澳洲坚果根系主根不发达，容易受大风摧毁。所以，相比常遭台风影响的两广地区，云南的气候更具优势。

2.临沧坚果栽培优势与特色品种

山龙眼科大约60个属，1300个种。其中，澳洲坚果属有22个种(表14)，分布于澳大利亚、新喀里多尼亚、马达加斯加、苏拉威西岛等地区的热带雨林。在这些种类中，可食用且已被商业性栽培的只有3个种，即光壳种(*Macadamiainte grifolia*)和粗壳种(*Macadamiate traphylla*)以及它们的杂交种(*M.integrifolia*×*M.tetraphylla*)，其他的种因果仁小、味苦，内含氰醇甙而不能食用。目前，世界各国所选育的品种已经超过540个，经过40多年的发展先后引入中国的澳洲坚果品种已经超过90个。

表14　世界澳洲坚果属名录

序号	种名
1	*Macadamia alticola* Capuron
2	*Macadamia angustifolia* Virot
3	*Macadamia claudiensis* C.L.Gross & B.Hyland
4	*Macadamia erecta* J.A.McDonald & R.Ismail
5	*Macadamia francii* (Guillaumin) Sleumer
6	*Macadamia grandis* C.L.Gross & B.Hyland
7	*Macadamia heyana* (Baill.) Sleumer
8	*Macadamia hildebrandii* Steenis
9	*Macadamia integrifolia* Maiden et Betche
10	*Macadamia jansenii* C.L.Gross & P.H.*Weston*
11	*Macadamia leptophylla* (Guillaumin) Virot
12	*Macadamia lowii* F.M.*Bailey*
13	*Macadamia minor* F.M.Bailey
14	*Macadamia neurophylla* (Guillaumin) Virot
15	*Macadamia praealta* F.M.Bailey
16	*Macadamia rousselii* (Vieill.) Sleumer
17	*Macadamia ternifolia* F. Muell
18	*Macadamia tetraphylla* Johnson
19	*Macadamia verticillata* F.Muell. ex Benth
20	*Macadamia vieillardii* (Brong. & Gris) Sleumer
21	*Macadamia whelanii* F.M.Bailey
22	*Macadamia youngiana* (F.Muell) Benth

资料来源：International Plant Names Index(IPNI)和Australian Plant Name Index(APNI)

云南省目前引进的澳洲坚果种质资源76个。当前临沧市主要栽培的澳洲坚果品种,并经过云南省林木品种审定委员会审定(认定)的有19个。其中审定12个:660、741、344、508、246、788、OC、H2、800、294、A4、A16;目前认定7个:695、900、广11、昌宁1号、桂热1号、863、迪思1号。其他栽培数量较少的品种:333、814、816、791等。目前临沧市所种植的澳洲坚果多为美国夏威夷和澳大利亚选育的品种,总体的特性为丰产、优质、早实、耐寒。临沧市林业科学院经过多年的数据收集对比,综合坚果特性、气候条件、种植水平、加工与销售等因素,选定了临沧坚果的主要推荐品种为O.C、A4两个品种,其他表现较好的品种作为技术性观察或者特定地块专用品种。种植品种选择原则为:高产、果大(壳果直径2.1 cm以上)、出籽率48%以上、出仁率30%以上。现临沧市推广种植的主要品种有8个,即O.C、A4、344、246、508、660、741、788。

O.C品种:该品种植株树形开张,树冠密集,自然分枝力强,枝条小而多;叶缘反卷,叶色淡绿;花为乳白色;果大,果实墨绿色,果顶部明显突出;壳果纺锤形,面光滑有花纹。该品种适应性广,结实早,丰产稳产,抗风性强,分枝力强;但树冠易郁闭过密,应注意修剪管理。

A4品种:该品种是澳大利亚1987年开始广泛推广种植的新品种之一,早结、高产、成熟期集中、整个收获期短且无成熟果实挂树现象;果仁粒大、质量高、适宜加工、果仁平均粒重3.6~3.8 g、出仁率高达43%~47%、一级果仁率99%~100%。

344品种:该品种树形直立而匀称,枝条向上生长,分枝少,树冠较窄而直立,圆锥形;叶片稍小、长椭圆形,叶面光滑,叶缘扭曲少刺,叶顶部上卷;新梢淡绿,嫩叶略带古铜色;花乳白色,坚果大小中等。

246品种:该品种树形开张、宽大;树冠圆至阔圆形;分枝多,枝条细小,且向下弯曲;叶片长而窄,顶部比基部宽,叶尖钝,通常上卷,叶缘波浪形,刺中等多,叶片常扭曲,新梢鲜绿色,幼叶略带古铜色;花序长度中。其缺点是:抗风性差。

508品种:该品种树形直立、圆形,树冠窄圆形,颜色淡绿,枝条健壮,节间短;叶呈簇状成束生长于枝梢末端;叶中等大,叶基宽,略呈圆形,叶缘波浪形或全缘,少刺,有时叶缘反卷,叶柄短;新梢鲜绿色,幼叶略带古铜色;花序细小、量大,花乳白色。该品种的特点是:抗风性较差,对高温敏感。

660品种:该品种直立生长明显,树冠紧凑,较窄,略呈圆形,深绿色;叶片大而宽,叶端比叶基略宽,呈圆形,有时略尖,叶缘波浪形,刺中等多;叶脉明显可见,从背面看尤其明显;新梢淡绿,有光泽;花序数量少,花乳白色;薄壳坚果。该品种的特点是:抗风性较强。

741品种:该品种树形直立生长,枝条粗壮,树冠直立而匀称,圆锥形,分枝量中等;叶片光滑,叶缘刺少,叶顶部近似等腰三角形,新梢绿色;花乳白色。该品种适于较高海拔地区种植。

788品种:该品种树势中等直立,枝条粗壮;三叶轮生,叶长而宽、末端较尖、叶基较窄,叶全缘呈波浪形、反卷,少刺,新梢浓绿;花乳白色,果大且种皮薄。

澳洲坚果应采用嫁接苗种植,嫁接苗应达到以下标准:根系良好,嫁接口高20~30 cm,砧木和接穗亲和性好,嫁接口平滑,至少有二次老熟梢,接穗上抽生的第一次新梢枝条直径≥0.6 cm,整株高≥85 cm,无严重病虫害,苗木营养袋完整;苗木应附"一签两证"(产地标签,苗木生产合格证,苗木检疫证)及良种证明等。

(二)临沧坚果栽培与管理技术

参照NY/T2809—2015澳洲坚果栽培技术规程进行栽培管理。

1.土壤及气候环境

澳洲坚果树耐旱、耐瘠,适应性强,对气候、土壤要求不严格,除地下水位过高或排水困难的低洼易涝地外,平缓山坡、山地均可栽植。温度是决定澳洲坚果树是否能够正常生长的重要因素之一,澳洲坚果树宜在年平均气温19~23 ℃,绝对低温在0 ℃以上,年降水量在1000 mm以上的地区种植。

根据适宜澳洲坚果种植的土壤环境,选择土层厚度≥0.7 m,质地均匀、疏松,排水性好,pH值5.5~8.0的壤土种植;盐碱土或重黏土不宜种植,需改良土壤后栽植。从风力而言,据长期观测,8级以上风力会引起枝条折断从而导致植株死亡,因此栽植地风力应小于8级。

2.栽培与管理技术

(1)科学合理密植。

澳洲坚果种植密度应依品种特性和本地区的气候环境而定。密度过稀,影响果园前期的单位面积产量;密度过大,会增大果园初期建设的资金投入和树体管理费用,同时也影响果园后期的产量。临沧市一般采用株距4~5 m,行距5~6 m,每公顷种植330~495株;直立型品种宜密,开张型品种宜疏;应采用多个品种间混种,不宜采用单一品种种植(因为该树为雌雄同株,但不同熟)。每个栽培园宜搭配3个或3个以上花期相近且授粉亲和力强的品种,常用1:1:1和2:2:2两种方式,主栽品种可适当提高比例。应避免将亲缘关系相近的品种种植在一起(表15)。

表15 品种搭配方式

行	行样	品种
1	●●●●●●	A
2	▲▲▲▲▲▲	B
3	◆◆◆◆◆◆	C
4	●●●●●●	A
5	▲▲▲▲▲▲	B
6	◆◆◆◆◆◆	C

(2)科学灌溉。

在合理的灌溉条件下,澳洲坚果可提高产量30%以上。在花期干旱季节进行灌溉,灌水量为田间持水量的60%,有利于澳洲坚果的授粉受精,提高坐果率及产量。在开花坐果期、果实膨大期和果实油分积累期等3个澳洲坚果需水的关键期,灌溉周期应为5~7 d 1次。灌水量为田间持水量的60%左右。

(3)科学施肥管理。

澳洲坚果为多年生常绿果树,幼树期和投产后的生理特性发生很大改变,所以对营养的需求也随之发生改变。幼树期主要以营养生长为主,"枝繁叶茂"是此阶段目标。而投产后"果实累累"是该阶段的目标。值得注意的是澳洲坚果树的根系可以产生一种特殊的结构,可增强对土壤中磷的吸收和利用效率。一般在澳洲坚果树投产后,根据其长势可适当降低外源磷的供应量,即减少磷肥的施用量。

坚果园在苗木长出的第一轮新梢稳定时即可施肥,针对临沧澳洲坚果种植生产中存在的施肥管理水平低的问题,应着重抓好每年的两次科学施肥。

第一次是在冬末施好足量的以有机肥(畜肥或林果专用生物有机肥)为主的基肥,施肥量标准是:中幼树按树龄增长要逐年增加施肥量,以1年生的嫁接苗为起始,每株施畜肥5 kg或林果专用生物有机肥1 kg;之后树龄每递增一年,每株递增施畜肥5 kg或林果专用生物有机肥1 kg;澳洲坚果树龄达20年时,每株澳洲坚果施畜肥100 kg或专用生物有机肥20 kg;之后不再递增。

第二次是在每年5月份内施好追肥。结合中耕除草、压青覆盖农事活动一起进行。同样以1年生的嫁接苗为起始，每株施复合肥(N∶P∶K=10∶10∶5)0.5 kg+尿素(含有效氮46%)0.5 kg，或林果专用生物有机肥1 kg；之后树龄每递增一年，每株递增施复合肥0.25 kg+尿素0.25 kg，或林果专用生物有机肥1 kg；澳洲坚果树龄达20年时，每株施复合肥5 kg+尿素5 kg或林果专用生物有机肥20 kg；之后不再递增。

每年两次的施肥方式为：15年树龄以前，沿树冠垂影进行环状施肥，即在宽30 cm、深20 cm的环状沟中撒入肥料均匀拌土10倍后再盖土(坡地按马蹄形开沟施肥)；树龄15年以上植株的树冠已基本封盖，应以树干为中心，在距树干1m处向外开施肥沟至树冠垂影处，或以穴状进行施肥。

(4)科学整形修剪。

为协调澳洲坚果树营养生长与生殖生长的关系，提高产量与品质，减少病虫害，增强抗风能力，必须对其进行整形修剪。层级分明、结构合理、疏密有度的圆锥树形是理想树形。实际操作中，可采取因地制宜、因树修剪、随枝作形、顺其自然、适度控制及便于管理的原则；修剪中综合考虑澳洲坚果树生长结果特性，自然条件，栽培措施，经济水平要求等因素。

①整形：第一次整形是定干。即在主干离地面80 cm高处将其剪断，促其分枝，萌发多个新枝，保留3～4条健壮枝成为主枝。随后每隔40 cm左右使每个新主干水平分枝一次，形成层次多、枝条发达的树冠，可大大增加坐果率。对于临沧现种植的品种，其盛产植株的树高一般应控制在7 m左右。促长侧枝，发展好树冠。即在留下的每层主枝30 cm处进行摘顶，促使发出侧枝，一般在每侧枝发源节点处留下2～3个侧枝。同样在每个侧枝30 cm处进行摘顶，促使发出二级侧枝，让二级侧枝一直顺势向前生长，沿着二级侧枝全轴培养好挂果小枝条。

②修剪：澳洲坚果的修剪，应根据不同生长时期、不同长势区别对待。幼龄果树修剪：主要是摘心短截，促其分枝，冬季则进行疏枝。结果树修剪：果树收果后，在冬季清园时，将枯枝、病虫枝、交叉重叠枝、徒长枝及从生枝剪去。茂密树修剪：对生长茂盛、枝叶密集的果树，在树冠顶部适当截顶、疏枝，下部去除结果少的下垂枝。过密树修剪：对长势旺盛，树冠庞大，彼此封闭交叉显得过密的坚果园，应伐去一部分弱势果树或对长势较弱、枝叶稀疏的果树进行枝条更新，促其萌发新枝。

(5)科学套种。

做好坚果林下精耕细作的间套种过程就是对坚果树进行精耕抚育的过程,所以在坚果园中间套种农作物、中药材、矮小经济灌木等林下经济植物,可使坚果林和林下产业双双获得高产高效。适宜间种的多年生作物有咖啡、薯芋、菠萝等,短期作物有生姜、红云豆、花生、黄豆等。不能间种高秆及消耗地力很强的木薯类植(作)物,如木薯、黄竹草等。

探索研究应用示范的林下中药材、林下薯类、林下饲料肥料兼用草、林下麦类(核桃林下冬季小麦和大麦)等都成为项目区助农增收的重要项目,成为培肥林地土壤、改善土壤物理结构和化学性质、平衡土壤菌群、优化土壤生态环境的重要措施。林下经济作物栽培、研发获得重大突破。

(6)树盘覆盖改土。

临沧种植坚果树的地块属荒山的较多,在这类地块种植的坚果树,其根部的土壤结构状况较差,使坚果难以生长挂果。解决措施之一就是结合年度抚育管护农事活动,把中耕铲除的杂草、农作物秸秆或地块外的草秆、树叶,对每株树冠下的树盘进行覆盖。常年坚持这一做法,可获得增温、保湿、增肥、松土、压草的效果。几年后,坚果树势明显增强,可有效提升坚果树的产果水平。

(7)科学采收。

根据实际生产经验,确定采收时间、采收方式,以及果实脱皮、果实干燥的技术指标。

①采收时间:果实脱落是植物果实成熟的典型标志,涉及果柄组织与花梗组织间一系列复杂的细胞结构和组织结构变化。目前认为,澳洲坚果果实成熟的标志是内果皮由浅褐色转变为深褐色,果壳坚硬,大约10%的果实自然成熟落地。澳洲坚果宜在9月10日(白露节左右)至11月中旬集中采收,早熟品种的采收建议于9月10日开始,常规品种的采收建议于9月20开始,晚熟品种的采收建议于9月30日开始(表16)。

表16 澳洲坚果品种的成熟期类型划分

成熟期类型	品种名称
早熟品种	660、508、788、741、344
常规品种	816、333、800、246、A4、H2、O.C、294
晚熟品种	695、900、A16

②采收方式:传统的采收方式是利用采果钩将树上的果钩下来,或用木棍或竹竿敲

打下来。一般采用从上到下、从内到外的顺序顺枝将果敲落，减少果实漏采的同时，尽量避免损伤枝芽。

③果实干燥：带壳果需要干燥到哪种程度与其有效存放和运输时间有关。带壳果含水量过高时，存放和运输过程中容易霉变、果仁出现腐败气味，有效存放时间明显缩短；若带壳果含水量设置过低，不仅会大大增加带壳果的干燥时间，而且对干燥设施也有更高的要求，可操作性不强。因此，要求果仁的含水量≤3%。

随着温度的升高，澳洲坚果带壳果干燥速率加快，总干燥时间逐渐缩短。澳洲坚果带壳果从常温到60 ℃干燥条件下，果仁还原糖含量、果仁褐变率、过氧化值的变化都不明显；而当温度从60 ℃升高到70 ℃时，果仁还原糖含量、果仁褐变率、过氧化值均显著增高。为了避免果仁产生褐变，在升温阶段的干燥温度最好选用50 ℃。

（三）临沧坚果主要病虫害与防治技术

1.主要病害与防治

（1）叶枯病。

症状：叶枯病在苗期和成龄树的叶片上均可发生。病原菌自叶尖或叶缘侵入，初期呈水浸状，随后叶片边缘逐渐出现干枯或在叶片上形成枯斑，病斑边缘清晰，近圆形或不规则形，逐渐扩展，形成褐色、黄褐色或灰褐色病斑。随着感病时间的延长，在叶片病斑两面上长出黑色点状的分生孢子盘，埋生于叶片角质层下，分生孢子成熟后，角质层破裂，逐步释放出分生孢子并成为新的侵染源。本病易在高湿的环境条件下发生，果树一般在雨水较多的7～8月开始感病，秋冬季至翌年春季，果树出现叶片干枯的典型症状。

防控：加强栽培管理，尽量选择施用有机肥，防止偏施氮肥，适当施用磷、钾肥。每年10月至翌年4月，果树叶片上出现枯斑，发病率在10%以上时，宜选用农药进行防治，如：50%多菌灵可湿性粉剂600～800倍液，或50%甲基硫菌灵（甲基托布津）可湿性粉剂600～800倍液，或25%丙环唑悬浮剂3000～4500倍液，或50%克菌丹粉剂600～800倍液，每7～10 d喷1次，连续喷2～3次。单株发现时尽早进行局部防治，大面积发生时进行全面防治。

（2）衰退病。

①速衰病。

症状：衰退病初发时，常见感病果树树冠顶端或中部叶片由绿色变灰绿色，最终转为红棕色，而有的叶片则直接变为棕色，不脱落，病株从出现症状到整株死亡只需7～10 d。随着发病时间延长，在距地表60 cm范围内的主茎表面长有横生、唇状、浅黑色的分生孢子器。在病死的枝条、树干及根部的木质上均能分离到病原菌。有的病株在地表30 cm以下至主根上长出长梭状或圆形点状的孢子器，常为黑色，发病45～60 d后植株死亡。常见以下症状：在根表面长出粗糙的炭黑物，在炭质层下面有黄白色或铁锈色的菌膜；菌膜具清香蘑菇味，木质部水浸状，有污泥味；果树发病后期多数叶片才会脱落，根部发病部位的皮层与木质部间初期呈紫色，并伴有浓烈的腐臭味。

防控：用根腐宁按大树每株施一包、小树半包各兑水20 kg浇在根幅内；补施速效化肥，根据植株树龄和大小决定施用量；每株施三元复合肥2～4 kg；每株施25～50 kg有机肥。覆盖：用坚果果皮、禽粪、杂草、作物秸秆等堆积为8～10 cm厚的覆盖物全年覆盖整个树冠所占的地面。对投产5年以上的坚果树，要加强肥水管理，及时做好整形修剪；挂果多的树要增加施肥数量和施肥次数。

②慢衰病。

症状：感病植株最先表现为枝条回枯、冬春季落叶、抽芽慢。随着发病时间的延长，枝条逐渐回枯至主干，最终导致植株死亡。植株从感病到死亡需要几个月甚至1～2年时间。

防控：预防为主，加强肥水管理，改善土壤结构，增强树势，提高果树抗病能力。当土壤pH<4.5时，可适当施用石灰防止土壤过酸。施有机肥，用腐熟的澳洲坚果果皮、杂草、作物秸秆等进行树盘覆盖，覆盖厚度21 cm。

（3）果实黑斑病。

症状：病害发生初期，可在果实上见到黑色圆形病斑，严重时病斑可连片，黑斑上可见有白色菌丝和分生孢子。一般发生在6～8月雨季，枝条密、通风不好的果园发病相对较重。

防控：清除病僵果，修除下垂枝和过密枝，保持树体通风透光。雨季来临时喷氢氧化铜，或硫酸铜，或波尔多液等保护性杀菌剂1次。后期用农药防治，如：80%代森锰锌可湿性粉剂500～1000倍，每间隔7～10 d喷1次，连续喷2～3次。

（4）炭疽病。

症状：炭疽病主要为害澳洲坚果的外果皮，病斑为黑色，病斑形状不规则，后期病斑表面长出一层橘红色的分生孢子。

防控：清除病僵果，修除下垂枝和过密枝，保持树体通风透光。在4～5月果实生长期，少量幼果出现变黑坏死时，用农药喷雾防治。如25%丙环唑悬浮剂3000～4500倍液，或50%多菌灵可湿性粉剂600～800倍液，或50%甲基硫菌灵可湿性粉剂600～800倍液，或50%克菌丹粉剂600～800倍液，每10 d左右喷1次，连喷2～3次。

（5）流胶病。

症状：该病多发生于果树主干。发病初期，感病部位流出红棕色胶液；后逐渐呈棕黑色，流胶处树皮常呈条状裂纹；随着病斑的扩展，渐成纵向条状斑块，感病组织呈水浸状、褐色，病健交界不明显。

防控：冬春季节，用0.5波美度的石硫合剂或0.6%～1.0%石灰半量式波尔多液涂抹树干，并做好抗旱和防日灼工作。流胶严重的树干，用刀剔除感病组织，将药剂涂于患病处，连续涂抹2次，每次间隔7～10 d，最后用涂封剂涂封伤口。防治药剂用50%多菌灵可湿性粉剂800～1000倍液，或50%腐霉利（速克灵）可湿性粉剂1000～1500倍液。

（6）枝条回枯病。

症状：感病植株树冠顶端或侧枝上的叶片变小、脱落，枝条顶端芽先枯死，随后从枝条顶端逐渐向下干枯。整个树冠感病后，枝条生长稀疏，植株生长停滞。

防控：在秋冬季节进行修剪，剪除病枯枝、衰弱枝。单株发病时进行局部防治，大面积发生时进行全面防治。每年冬春季枝梢抽发期，嫩梢、枝条出现枯死时，可选用农药进行防治。用50%多菌灵可湿性粉剂800～1000倍液，或50%腐霉利（速克灵）可湿性粉剂1000～1500倍液进行喷雾防治，每7～10 d喷1次，连续喷2～3次。

2.主要虫害与防治

（1）蓟马。

危害症状：蓟马主要为害花序、嫩梢、嫩叶和果实。受害嫩梢、嫩叶变硬、卷曲、枯萎；为害果实时导致果皮呈铁锈色，影响果实膨大，并传播病毒。

防控：保护利用天敌，如瓢虫、草蛉、食蚜蝇、蜘蛛、捕食螨等。在果园中悬挂黄板和蓝板进行诱杀。2～5月，当果园10%以上的果实受害，果皮呈铁锈色时，可选择农药进行防治。如吡虫啉、啶虫脒4000倍液，或联苯菊酯、氯氟氰菊酯、氯氰菊酯、高效氯氰菊酯、甲氰菊酯、溴氰菊酯3000倍液。

(2)蝽象。

危害症状:蝽象刺吸果实、嫩梢、花序和嫩叶,造成果仁局部变褐、霉变、落果。嫩梢、花序和嫩叶受害后,皱缩畸形直至枯死。

防控:保护利用天敌,如寄生蜂、猎蝽、步甲、蜘蛛、螳螂、花蝽等。3~5月,当超过5%的果实受害时,可局部喷施农药防治。如白僵菌(每毫升溶液含5亿孢子),或氯氟氰菊酯、氯氰菊酯、高效氯氰菊酯、甲氰菊酯、联苯菊酯3000倍液,或辛硫磷1500倍液,或抗蚜威2000倍液。

(3)蛀果螟。

症状:蛀果螟主要为害果实,在果壳尚未完全硬化时直接钻入果仁内,造成落果。

防控:每年3~8月,在果园中部空旷处或果园周边悬挂杀虫灯诱杀蛀果螟成虫,并集中销毁。保护果园中的害虫天敌,如螳螂、鸟、蜘蛛、寄生蜂等。5~7月,当发现果园中蛀果率>1%时,可以选择农药进行防治。如BT乳剂300倍液,或白僵菌(每毫升溶液含5亿孢子),或除虫脲、氟虫脲、灭幼脲、噻嗪酮2500倍液,或氯氟氰菊酯、氯氰菊酯、高效氯氰菊酯、甲氰菊酯、联苯菊酯3000倍液,或抗蚜威2000倍液,或苦参碱、烟碱、鱼藤酮1500倍液。

(4)环蛀蝙蛾。

危害症状:环蛀蝙蛾以幼虫环剥树皮,尤其是根茎部树皮,导致定植1~2年内的植株死亡。

防控:每年11月,在气温降低前用涂白剂对树干进行涂白,涂至离地1m左右。定植后2年内在果园中部空旷处或果园周边悬挂杀虫灯诱杀环蛀蝙蛾成虫。保护利用果园中的天敌,如螳螂、鸟、蜘蛛、寄生蜂等。及时将受害的死树残桩带出果园烧毁。

(5)蚜虫。

危害症状:蚜虫主要为害花序、嫩梢及幼果,导致树势衰弱。花序、嫩梢受害时,出现卷曲、皱缩、畸形甚至枯死。

防控:保护利用天敌,如蚜茧蜂、瓢虫、草蛉、食蚜蝇、蜘蛛、捕食螨等。在果园中挂黄板进行诱杀。1~12月,当果园超过20%的嫩梢、果实或花序受害时,可局部喷施农药进行防治。如吡虫啉、啶虫脒4000倍液,或辛硫磷1500倍液,或联苯菊酯、氯氟氰菊酯、氯氰菊酯、高效氯氰菊酯、甲氰菊酯3000倍液,或抗蚜威1500倍液,或苦参碱、烟碱、鱼藤酮1500倍液。

(6)蚧类。

危害症状:蚧类害虫包括粉蚧、蜡蚧、盾蚧等,主要以口器刺吸花序、嫩梢及果实汁液,造成嫩梢、嫩叶卷曲皱缩、畸形,以及树势衰弱、落花、落果甚至枯死等症状,虫口密度大时所排泄的蜜露可引发煤污病。常见蚂蚁与之共生。

防控:保护利用天敌,如寄生蜂、瓢虫、草蛉等。1～12月,当果园10%以上嫩梢、果实或花序受害时,可局部喷施农药进行防治。如吡虫啉、啶虫脒3000倍液,或氯氟氰菊酯、氯氰菊酯、高效氯氰菊酯、甲氰菊酯3000倍液,或辛硫磷1500倍液,或抗蚜威1500倍液,或苦参碱、烟碱、鱼藤酮1500倍液。

(7)蝉类。

危害症状:包括叶蝉、角蝉、蜡蝉、沫蝉等,主要以口器刺吸嫩梢、嫩叶、花序及果实汁液,造成嫩梢、嫩叶卷曲、皱缩、畸形,树势衰弱、落花、落果甚至枯死等,虫口密度大时所排泄的蜜露可引发煤污病。常见蚂蚁与之共生。

防控:保护利用天敌,如寄生蜂、瓢虫、草蛉、蜘蛛等。2～9月,当果园10%以上嫩梢、果实或花序受害时,可局部喷施农药进行防治。如吡虫啉、啶虫脒3000倍液,或辛硫磷1500倍液,或抗蚜威1500倍液,或苦参碱、烟碱、鱼藤酮1500倍液。

(8)鼠类。

危害症状:包括老鼠和松鼠等,主要为害果实,啃食果仁,造成落果。

防控:在果实生长期间要及时清理果园杂草,清除鼠穴。保护利用天敌,如猫、猫头鹰、蛇、黄鼠狼等。挂果果园可在6～10月从地面开始用塑料布包裹树干,高度≥50 cm。挂果果园全年用捕鼠笼、捕鼠夹等捕杀鼠类,并投放鼠类不育剂,如α-氯代醇、雷公藤、棉酚、天花粉蛋白等饵料。亦可将溴敌隆、杀鼠灵、大隆、杀它仗、敌鼠钠盐、氯敌鼠或杀鼠醚等灭鼠剂扮成饵料投放。

参考文献

[1]白海东,杨建荣,罗文秀,等.中幼龄澳洲坚果园套种小饭豆对杂草的生态防治研究[J].林业调查规划,2020,45(05):59-61.

[2]张明,帅希祥,马飞跃,等.澳洲坚果叶片酚类物质提取及抗氧化活性研究[J].食品研究与开发,2020,41(11):41-46.

[3]李晓君,白海东,曹琦,等.亚热带山区澳洲坚果育苗技术[J].林业科技通讯,2017(12):28-30.

[4]贺熙勇,陶亮,柳觐,等.国内外澳洲坚果产业发展概况及趋势[J].中国热带农业,2017(01):4-11+18.

[5]杨建荣,刘世平,李智华,等.临沧市澳洲坚果种植品种和抚育存在的问题及对策[J].林业科技,2016,41(05):56-60.

[6]陈作泉,李仍然,胡继胜,等.澳洲坚果引种试种研究初报[J].热带作物学报,1995(02):70-77.

[7]张明楷.28份澳洲坚果种质资源果实主要成份研究[D].海口:海南大学,2011.

[8]余炳武,李官.边疆民族地区产业振兴与乡村振兴的实践探索——以云南省临沧市澳洲坚果产业为例[J].学术探索,2019(05):26-33.

[9]蒋桂芝,何双凌,岳海,等.澳洲坚果褐腐病的病原菌鉴定及生物学特性[J].植物保护,2020,46(02):107-111.

[10]蒋桂芝,周程,李子强,等.澳洲坚果黑果病病原鉴定及防治药剂毒力测试[J].热带农业科技,2019,42(01):25-29.

[11]蒋桂芝.云南澳洲坚果春季病害[J].热带农业科技,2018,41(04):55.

[12]蒋桂芝,陶亮,岳海,等.云南澳洲坚果春季病害病原调查及主要病原防治药剂筛选[J].热带农业科技,2018,41(04):27-31.

[13]蒋桂芝,何双凌,陶亮,等.澳洲坚果叶枯病病原鉴定及其防治药剂筛选[J].中国植保导刊,2018,38(07):20-24.

[14]詹儒林.国内外澳洲坚果主产区病虫害的发生与防治[J].中国南方果树,1998(05):23-28.

[15]云南坚果行业协会.澳洲坚果有害生物绿色防控技术指南:T/YNS0103—2020[S].2020.

[16]中华人民共和国农业部.澳洲坚果栽培技术规程:NY/T2809-2015[S].2015.

[17]杜丽清.澳洲坚果初加工技术[M].北京:中国农业科学技术出版社,2020.

第二节 核桃

一、概述

核桃是胡桃科胡桃属植物，与扁桃、腰果、榛子并称为世界著名的“四大干果”。核桃仁含有丰富的营养素，每百克含蛋白质15～20 g、碳水化合物10 g，脂肪较多，并含有人体必需的钙、磷、铁等多种微量元素和矿物质，以及胡萝卜素、核黄素等多种维生素，深受广大消费者的青睐。

（一）临沧核桃发展历史

1.临沧核桃的历史溯源

明朝著名地理学家、旅行家徐霞客在《徐霞客游记》里对临沧市凤庆县泡核桃做过这样的叙述：“郡境所食所燃皆核桃油。其核桃壳厚而肉嵌，一钱可数枚，捶碎蒸之，箍搞为油，胜芝麻、菜子者多矣。”

临沧市凤庆县核桃栽种历史悠久，已有3000多年的历史。当地的核桃树多生长在山区和高山峡谷，无污染，且果大、壳薄、仁白、肉厚、味香、含油量高，倍受人们的青睐，是传统的出口创汇商品。1976年凤庆县被定为全省发展泡核桃基地县，2004年12月被原国家林业局（现国家林业和草原局）命名为“中国核桃之乡”。凤庆县群众一直沿袭着种植核桃的传统，泡核桃林成了全县主要的特色经济林。

2.临沧市核桃的产业化

临沧是核桃老产区、主产区，种植历史悠久。多年来，临沧市基于区域优势和资源禀赋，把核桃产业作为“生态建设产业化，产业发展生态化”和高原特色农业发展的支撑产业来抓，高位推动，强势发展。早在“十一五”期间，临沧市狠抓核桃种植，以每年新增

100万亩以上的速度推进，提前实现了临沧市委、市政府确定的800万亩核桃基地建设目标，为核桃产业升级发展奠定了资源基础。临沧市在着力抓林改、做产业的过程中，提出把核桃作为扶贫攻坚的“先锋树”、社会主义新农村建设的“致富树”、和谐临沧建设的“基础树”。进入“十二五”以后，工作目标逐步从大规模种植发展向巩固成果、稳定面积、提质增效方向转变，着力在补植补造、品种改良、抚育管理和发展林下配套产业等方面狠下功夫，这一系列工作取得了明显成效，核桃产业化水平显著提升，2018年6月出台了《临沧市核桃产业发展行动方案》，为全市核桃产业的快速健康发展提供了政策保障。

（二）临沧核桃分布情况

临沧市地处云南省西南部，四季温差小，干湿分明，雨量充沛，年降水量约为1487.2 mm，光照充足，年平均气温约为16.5～19.5 ℃，自然条件优越，全市8县（区）临翔、云县、凤庆、双江、永德、耿马、镇康和沧源大部分的土壤、气候都适宜核桃生长。根据林业部门测算，全市海拔为1500～2200 m适宜种植泡核桃的土地面积有2700多万亩，占全市土地面积的77.3%。临沧市拥有全省乃至全国最优秀的铁核桃种苗资源，是嫁接泡核桃的优质砧木。每年可供优质接穗3000余万条，给核桃产业的发展提供了可靠的种源和苗木。

（三）临沧核桃发展现状

核桃是临沧的乡土树种，重要的经济林木，在临沧种植历史悠久，品种优良，市场认可度高，具有坚实的群众基础，已成为山区农民群众的“希望树”“小康树”。为把核桃产业建设成为广大山区农民群众脱贫致富的新兴产业，2009年临沧市委、市政府先后制定下发了《临沧市关于核桃产业“三率”建设实施意见》和《临沧市核桃产业“三率”建设问责办法（试行）》，确定每年5月至6月、12月至次年1月分别进行两次核桃抚育管护“大会战”，对在核桃种植管护中不履行或不认真履行职责的相关人员，采取严格的问责制度。通过每年投入百万人次参与核桃“三率”建设，投入3600多万元核桃产业发展专项资金，临沧核桃产业得到了飞速发展。

1.政府高度重视，大力扶持

临沧市委、市政府在深入调查研究的基础上，决定把核桃产业做成新农村建设和构建和谐社会的支撑产业。加强领导，落实政策，高位推动谋发展，结合集体林权制度改革，提出2010年前全市累计种植泡核桃面积达600万亩，农民人均拥有3亩(30棵)泡核桃，并以核桃产业为支撑，到2020年实现农民人均可支配收入达10000元，与全国、全省同步进入小康社会。

2.临沧核桃生产状况

2007年，临沧市的核桃种植面积已达375万亩(挂果面积67万亩)，产量2万t，产值4亿元，核桃种植涉及8县(区)77个乡镇30多万户农户，农民人均核桃收入246元，占全市农民人均可支配收入的12%。

2009年底，临沧市泡核桃累计种植面积已达521.6万亩，挂果面积95万亩，产量3.53万t，经济总收入超过8.2亿元，人均核桃收入337元。核桃产业呈现出植株长势好、挂果面积增加、单株产量增加、总产量增加、总产值增加、从事核桃收购运销商人增加、价格居高不下的“一好五增一高”良好势头。

2018年，全市核桃投产面积550万亩，产量33万t，产值46.39亿元。截至2021年，全市共投入核桃产业发展资金6.4亿元，建成核桃基地800.39万亩，产值78亿元，相对集中连片的高产核桃园面积300余万亩，占总面积的37%。临沧市不断加强经验总结，从核桃采种、育苗、嫁接、种植、管理以及采收，一直到果实加工，都积累了丰富的经验，并形成一套标准的技术规范。

3.临沧核桃加工状况

扶持龙头企业，是临沧市核桃产业发展的着力点和突破口。通过采取“公司+基地+农户”的现代产业经营管理模式，确立了企业和林农在产业建设中的主体地位。

截至2020年，临沧市主要的核桃加工企业有13户，其中规模以上核桃精深加工企业5户，年加工量9万t，主要生产核桃仁、核桃油、核桃乳等。按照“精深加工龙头企业 + 初制加工小龙头企业+专业合作社 + 农户+基地”的生产组织模式，以实现核桃原料果“六化”为目标，采取以凤庆县为主，覆盖带动全市推进核桃初制加工小龙头企业建设，以实现核桃初加工转型升级。凤庆县拥有8户规模化经营核桃种植和加工企业，精深加工和初加工企业分别为1户与7户，并有300多户中小型加工户，专门进行核桃果与核桃仁的加工销售。全年加工核桃干果4万t，主要经营核桃仁、核桃粉以及核桃油等产品。因为缺乏精深加工企业，产能低下，产品标准缺乏统一性，导致80%以上的核桃产品都是以初级产品进行销售。因缺乏强有力的科技支撑体系，生产技术水平不高，产品竞争力弱。核桃新产品研发不足，导致核桃产业链较短；不注重标准化研究，造成品牌影响力有限；落后的生产工艺不仅影响产出量，还导致生产成本偏高。新产品研发和精深加工有待加强。

二、栽培技术

核桃树适应性强、寿命长、病虫害少、管理省工，果实贮运方便。核桃树喜温、喜光，对水分要求较严，尤其是新梢生长期和果实发育期，更需要充足的水分供应，宜在结构疏松、保水透气良好的沙壤土中种植。核桃的生长周期分为萌芽期、展叶期、开花期、果实硬核期和果实成熟期。

（一）临沧核桃栽培优势与特色品种

1.临沧核桃栽培优势

（1）临沧具有得天独厚的自然资源优势。

核桃具有深根、喜光、喜温、喜湿的特性，其生长对土壤、地形、气温、水分、光照等自然因素有特殊的要求。临沧地处东经98°42′至100°33′，北纬23°04′至25°02′，北回归线横穿临沧市南部，澜沧江、怒江流经临沧市东部，属亚热带低纬高原山地季风气候，四季温差不大，干湿季分明，垂直变化明显。年平均气温为17.3 ℃，其中山区气温为13～15 ℃，中海拔坝区气温为16～18 ℃，低海拔河谷地区在19 ℃以上。无霜期317～357 d，年均降雨量920～1750 mm，年均日照1894.1～2261.6 h，年均相对湿度69%～81%。得天独厚的自然环境，为临沧核桃产业的发展提供了基础和现实的可能性。

（2）临沧具有优良的种质资源。

临沧拥有优良的核桃种苗资源，产出的泡核桃品质全国最优。凤庆县的泡核桃是全国知名的优良品种，有核桃成年树200多万株，每年可供优质接穗1000余万条，可培育嫁接苗500万株以上，种源和苗木有保障。

（3）临沧具有丰富的实践经验。

从古至今，核桃一直以来都是临沧人民用于交易的农副产品之一，是山区人民主要的经济来源之一。临沧人民对核桃生长的自然条件、生长习性比较熟悉，对核桃的种植、管护技术具有一定的了解。经过多年实践，临沧在泡核桃繁育、栽培、嫁接、管理等方面积累了很多经验，形成了市、县（区）、乡三级泡核桃育苗栽培技术体系，总结出了“五个一”种植标准，龙头企业初步形成，具有一定的市场空间。

（4）临沧具有较好的发展基础。

核桃产业和其他农业产业一样，是劳动密集型产业，在核桃种植管理过程中需要大量的劳动力。核桃种植主要是在山区和半山区地带，由于生长环境和植株的特殊性，在核桃种植、管理、收获过程中无法采用机械，在产业上游的每个环节只能使用人工进行操作，工作效率低，需要大量的社会劳动力。随着社会生产力的提高和科学技术的进步，在粮食作物种植上已经不需要投入如此多的劳动力，山区农村出现了大量的剩余劳动力。为此，充足的劳动力为核桃产业的发展提供了人力支持。同时，由于临沧人对核桃的生长条件、生长习性比较熟悉，拥有一定的种植、管理经验，只要对适龄劳动力简单培训、加以规范就可以投入到生产实践之中。

2.临沧核桃的特色品种

为把临沧市泡核桃产业推向特色化、品牌化发展轨道，临沧市核桃研究所对在临沧市高海拔1400～1900 m地区生长且产果表现较好的大泡核桃，以及在海拔2000～2500 m地区生长且产果表现较好的耐寒小泡核桃两个品种的性状特性进行了认真调查、收集与分析整理，临沧市林木良种认定委员会认定了两个优良泡核桃品种临凤1号和高山宝。

（1）临沧核桃特色品种临凤1号。

经临沧市林木良种审定委员会认定：在1400～1900 m地区生长的大泡核桃与漾濞大泡核桃品种具有共同性状外，同时又有其他特性。相同性状是：树势强，株高超过30 m，冠幅达734 m^2，单株产量最高可达488.4 kg，3.7万个果，折合每平方米冠影产仁量超过340 kg，坚果平均三径为3.2 cm×3.8 cm×3.9 cm，单果重8.0～17.1 g，壳厚0.9 mm左右，出仁率达50%～76.5%，果大、仁饱满、仁黄白、味香、丰产性好，并且具有较好的抗逆性。与漾濞大泡核桃不同点是：大泡核桃因长年在具有独特气候的临沧生长已驯化出了比漾濞大泡核桃更耐热的特性，其生长的海拔可比漾濞大泡核桃的低200 m，在临沧1200 m海拔地区可正常生长，饱满而丰产。专家组认为，从其各方面的性状表现看该品种可作为优良品种在临沧中高海拔地区大面积推广，并定名为临凤1号。

（2）临沧核桃特色品种高山宝。

经临沧市林木良种认定委员会认定：在临沧市永德县乌木龙2000～2500 m之间的

高海拔地区生长的具有果小、多果、丰产的临沧地方耐寒核桃品种，坚果平均三径为3.5 cm×3.6 cm×4.1 cm，单果重11.9～14.2 g，壳厚0.8 mm，取仁易，可取整仁，出仁率52.08%～56.45%。该品种属小果型，仁黄白色、饱满、味香，成熟期比大泡核桃早20 d。专家认为，该品种是适宜在临沧市海拔2000～2500 m之间的地区推广种植的耐寒、小果、多果丰产、优质型良好的品种。

（二）临沧核桃栽培与管理技术

1.临沧核桃种植的“五个一”标准

核桃种植“五个一”标准，是临沧许多基层干部、科技人员和人民群众的生产实践经验，是林业科技工作者通过多年工作实践总结出来的有效技术标准，在核桃种植中收到明显成效。

（1）一个1 m×1 m×1 m种植坑：开挖1m^3的坑塘，对种活、种好一棵核桃能起到三个方面的作用。一是能有效地改良坑塘土壤结构，使土壤变得松软，有利于核桃根系的定根和生长，吸收更多的水分和养分，使核桃保持较好的长势；二是从坑塘挖出的土壤通过太阳照射，能起到杀灭细菌和增加肥力的作用；三是将开挖出的土壤进行分开堆放，有利于拌肥回填，合理地把肥力层和种植层进行分开，确保核桃苗不被肥料烧伤和防止细菌感染，保证核桃苗成活和正常生长。

（2）一株合格苗：一株合格苗主要是指萌蘖条直径（在嫁接穗条上萌生的新植株基部直径）达1 cm、高度达30 cm的核桃苗，低于此标准的为不合格苗。对徒长势强的苗木，根据情况进行选择性切枝干，并进行薄膜包扎、涂漆封口等处理，减少苗木水分流失和防止病菌感染，确保核桃苗的成活和生长。

（3）一百斤农家肥：农家肥主要是为了核桃苗成活后的生长过程中需要增加肥力而预先施下的基肥。施基肥要掌握好以下几个方面的细节：一是农家肥要与熟土（表层土、耕作层）充分拌匀后填回到坑塘60 cm以下的位置，并且边回土边进行踩实；二是将生土（板土、无菌土）填到坑塘的上部，堆成馒头形状并高于地表面10 cm左右（能降低雨季坑塘回落造成核桃苗糟根的情况，同时起到增大光照面积、提高地温促进植株生长的作用），这样就能使肥料层与种植层合理分开，防止核桃苗根部被肥料灼烧和受土壤细菌感染，同时在回填好的坑塘中心顶部开挖30 cm×30 cm左右的植苗坑，并将植苗坑底部的土壤锄细。

(4)一担定根水:核桃苗定植好后必须浇足定根水,使坑塘保持苗木生长需要的湿度。没有进行浇水前,苗木根系与土壤保持的是一种“贴合”的状态。通过浇定根水,苗木根系与土壤之间形成了一种很好的“黏合”状态,保证了土壤能及时有效地向根系输送水分和养分。浇水后让水自然被土壤吸干,能保证土壤的内部构造不被破坏,使土壤保持良好的湿润性、紧密性和透气性,保证植株根系正常生长。

(5)一平方米覆盖膜:覆盖薄膜能够起到很好的保湿和增温作用,对促进苗木的成活和生长起到关键作用。进行薄膜覆盖时,首先,是将定植核桃苗后的坑塘顶部做成30 cm左右大小的盆状浅坑,盖膜后有利于在雨季来临前接收零星雨水和进行不揭膜浇水,同时便于正常蒸发的水汽在薄膜上聚集,并回落到坑塘和苗木根部,减少水分流失;其次,是覆盖薄膜时用手在薄膜中央开一个直径10 cm左右的口并套入植好的苗中,绷紧薄膜并用土均匀的压住薄膜四周,做到压实不漏气、不损坏薄膜,并留足薄膜裸露面积使阳光照射起到增加地温的作用;最后,是用细土进行封口,使阳光照射提高地温后的土壤水分能正常挥发,且保证挥发的热水汽不会烧伤苗木根部,同时又能使挥发的水汽在通过薄膜口的细土时降低温度和减少水分流失,发挥薄膜的保温保湿作用。

2.临沧核桃的管理技术

(1)科学编制核桃产业发展规划,完善作业设计。

临沧有近2700万亩适宜核桃生长的土地面积,占土地面积的77%,有得天独厚的土地资源和自然条件。临沧市编制了《临沧市核桃产业发展行动方案》,规划发展核桃600万亩以上。县(区)乡(镇)应严格按“总体规划、分区域实施、整村推进”的原则进行规划布局,每一块造林地都要有作业设计,坚持适地适树、因地制宜的原则,采取集中连片和零星种植相结合,荒山造林与耕地种植相结合,农作物与核桃间作相结合的发展模式,做到以短养长,长短结合,避免出现盲目性,选择好主栽品种,引导群众选择合适地块种植核桃;应充分尊重自然规律,优先、重点在最适宜的地区发展;应采取多形式的发展模式,以集中连片建设基地为主,分散、零星种植为辅,鼓励群众在房前屋后、田边地角、沟边发展核桃种植。在种植模式上以种植嫁接苗为主,以实生苗、铁核桃嫁接、改造,大树移栽为辅。截至2019年,全市累计建成核桃种植面积突破800万亩。

(2)严格按照“三率”建设标准,规范核桃种植管护。

为对种植的核桃进行全方位的抚育管护,2006年临沧市提出了核桃“三率”(成活率、成长率、挂果率)建设目标,研究制订了核桃“三率”建设标准,坚持每年开展两次核桃“三率”建设大会战。严格按照“五个一”标准进行规范种植，起苗到定植落土必须在24小时以内完成，确保栽一棵，活一棵。按照除草、松土、施肥、修剪、病虫害防治（涂白）、合理移密补缺、低洼坑（塘）排水沟的开挖等冬季泡核桃管护要求进行核桃管护，以便提高核桃成活率和成长率，确保栽种一片、成活一片、见效一片。

（3）加大科技投入，做好核桃品种鉴定工作。

各级人民政府建立健全核桃种植科技服务机构，配好配强核桃种植管护技术人员，为每个核桃种植行政村聘请一名核桃种植技术辅导员。核桃种植科技服务机构、核桃种植管护技术人员在做好培训工作的同时，还要帮助群众挑选适宜于当地种植的优质树苗（籽种），提供技术咨询及指导服务，进一步加大科技投入。县（区）为民服务中心、乡镇农民服务站、村农民服务点要做好核桃种植管护技术的咨询服务工作。临沧市林业与草原局牵头在全市范围内开展核桃品种资源普查，摸清临沧核桃品种及分布，做好核桃品种鉴定工作，选择品质好、丰产稳定、抗病性强的优良品种作为临沧的优良种源，从而建立起一定规模的采穗圃和母树林。

（4）组织人员，加强核桃园管理。

目前，临沧核桃种植水平普遍较低，经营管理较为粗放，产品综合开发深度不够。在核桃生产的整个过程中，产量的高低、品质的优劣直接影响到生产者的经济利益的高低，为了使核桃生产达到高产优质高效，取得更好的经济效益，必须对核桃园进行科学的综合管理。因此，每年县（区）、乡镇要组织人员对核桃进行一次种植、两次核桃抚育管护，核桃种植一般在冬季末春季初进行，干旱缺水的陡坡地块可以推行秋末种植。每年进行的两次核桃抚育管护，第一次在每年10月至翌年1月进行，第二次在翌年5月至6月进行。各县（区）、乡镇党委政府领导要亲自挂帅，责任到人，派出强有力的工作组，深入基层，发动群众，搞好培训，认真组织好种植、管护“大会战”。抚育管护的主要内容是除草除杂、施肥、修剪、病虫害防治、低洼坑塘排水沟的开挖等。

（5）加大核桃种植管护实用技术培训力度。

每年市、县（区）的林业、农业技术人员应深入乡镇、村（组）开展核桃种植实用技术培训，努力提高核桃的种植、管护水平，培训以“五个一”为标准的核桃种植技术、核桃嫁接技术，施肥、杂草铲除、枝条修剪、病虫害识别及防治等核桃抚育管护技术为培训内容，采取从上到下、层层培训、全覆盖的方法进行。

（三）临沧核桃主要病虫害与防治技术

1.临沧核桃种植面临的主要病虫害

核桃是一种对环境适应性较强的植物，充足的光照、适宜的温度和水分、肥沃的土壤有益于核桃的生长发育。为了让核桃种植更加成功，需要加强研究最先进的防治技术防止病虫害出现。

（1）核桃溃疡病。

核桃树的主干和主要的枝丫最容易感染溃疡病，常见症状一般是出现0.1～0.3 cm的黑褐色斑点，斑点呈长条状、梭形、椭圆形，比较容易用肉眼发现。初期在树皮表面出现近圆形的褐色病斑，以后扩大成长椭圆形或长条形，并有褐色黏液渗出，向周围浸润，使整个病斑呈水渍状，中央黑褐色，四周浅褐色，无明显的边缘。光皮核桃树染病后，大多先形成水泡，而后水泡破裂，流出褐色乃至黑褐色黏液，并将其周围染成黑褐色。后期病部干瘪下陷，上面散生很多小黑点，为病菌分生孢子器。染病树皮的韧皮部和内皮层腐烂坏死，呈褐色或黑褐色，腐烂部位有时可深达木质部。严重发病的树干，由于病斑密集联合，影响养分输送，导致整株死亡。该病危害核桃苗木、大树的干部和主枝，在皮部形成水泡，破裂后流出淡褐色液体，遇空气变为铁锈色，后病斑干缩，中央纵裂一小缝，上生黑色小点，即病菌分生孢子器。

核桃溃疡主要是由真菌感染引起的，是一种常见于育苗时期的核桃主要枝干、新芽、初长成果实上发生的病害，发病症状有轻有重，轻者导致核桃发育不良、生长缓慢，重者则会直接引起核桃树死亡。一旦核桃树染病，新芽就会被真菌所吞噬，果实会逐渐干瘪、变黑甚至腐烂，最终导致大量果实脱落，不脱落的果实也会出现各种各样的品质问题，使产量大大缩水，预期收益大大降低。

（2）核桃黑斑病。

核桃黑斑病又名核桃细菌性黑斑病、黑腐病、核桃黑。核桃黑斑病与核桃溃疡病不同，黑斑病主要是由细菌感染所致，比溃疡病更容易发病，且极容易传染，影响范围较广。病菌一般在枝梢或芽内越冬，翌年春季泌出细菌液借风雨传播，主要危害幼果、叶片、嫩枝。当核桃树染上黑斑病细菌后，枝干生长被抑制，果实也会变成黑色随后出现干瘪、腐烂、脱落情况。黑斑病发病时期不集中，在整个生长期中都容易发生。幼苗时期染病，核桃青皮上会出现褐色、正圆形斑点，主要分布在核桃表皮中间部位。随着核桃树的生长，褐色小斑点会逐渐变大，形成更大的圆形斑。如果出现部分表皮下凹，则意味着细菌已经侵入到果实内部。之后果实就会出现变软变瘪、腐烂、脱落。核桃枝叶在染病初期，叶片表面会出现黑褐色斑点，形状不规则，多为多角形。随着核桃树的生长，斑点会侵入到叶片的另一面，直到穿透叶面，使叶片腐烂掉落。

(3)云斑天牛危害。

云斑天牛又叫铁炮虫、大天牛、钻木虫，是核桃生长面临的主要虫害之一。幼虫一般身长为30～60 mm，颜色为黑褐色，一对梭形的白色斑点对称分布在前胸和后部身体上。到了成熟时期，一般身长会增长20～30 mm，体色变为米色或淡白色。云斑天牛不会啃食核桃果实，主要危害核桃树枝干，严重干扰核桃树生长发育，不仅会使核桃树生长缓慢致受害树枝死亡，如果主干受害严重也会致整株死亡。

2.临沧核桃病虫害防治

核桃是一种产值高、市场需求量极大的果树。核桃产量的提高会直接促进农业整体效益的增加，能有效带动一个地区经济的发展。需要加大研究力度，寻找正确方法解决核桃种植面临的病虫害问题，避免遭受不必要的损失，让核桃种植产生更大收益。要结合临沧本地区实际情况，及时发现核桃种植过程中出现的问题，与同行互相学习交流，加强合作；保证核桃优良品质，创设临沧地区专属品牌，提高知名度；打造出一片蓬勃发展的核桃种植事业，为临沧地区经济稳步发展贡献力量。

(1)溃疡病的防治措施。

核桃溃疡病主要是由真菌感染而引起的，因此选择抵抗能力较强的核桃品种是防治核桃溃疡病的首要措施。在选择核桃树种时，仔细进行甄别和询问，选取抗病性强的树种。在培育过程中，及时松土翻土，保持土壤透气性。做好杂草清除工作，及时施加肥料，为核桃树提供足量的生长所需养分。采摘时注意保护未成熟果实，避免优质果实受到病害感染。采摘过后及时进行消毒灭菌，为来年核桃培育打下良好的环境基础。

(2)黑斑病的防治措施。

黑斑病是核桃种植过程中最常见的病害，与防治溃疡病相似，优先选择抵抗力强的树种。在培育过程中及时进行松土、翻新、灌溉，保证生长所需水分。施加有机肥料，使土壤中含有更多有机物。另外，定期修剪核桃树，及时去除染病的果实或枝叶，防止黑斑病二次传播。由于黑斑病在核桃树整个生长过程中都极易发病，所以要随时提高警惕，多观察核桃树生长情况，发现病变及时处理，处理越早，传染范围越小，以防止更多的树木遭受感染和损失。

（3）云斑天牛的防治措施。

由于云斑天牛一般只会取食核桃树枝干，所以要在核桃树地上部涂抹石灰浆，防止云斑天牛在核桃树根部产卵。主要枝干都有必要涂抹石灰浆，云斑天牛闻到异味就会自动远离核桃树，不会再选择在核桃树上产卵或直接啃食核桃树。另外，还可以喷洒农药，避免云斑天牛在主干之外的枝叶上产卵。

参考文献

[1]张静芳，谢凤瑞．临沧市核桃产业发展问题及对策[J]．绿色科技，2020，5(9):212-213.

[2]杨曦，杨青．云南临沧市核桃产业发展现状及对策分析[J]．理论研究，2010，14(4):11-12.

[3]董成锋，肖红云．临沧核桃种植管护实用技术推广研究[J]．临沧师范高等专科学校学报，2012，22(2):130-137.

[4]陈德荣．临沧市认定两个优良地方泡核桃品种[J]．云南林业，2011，32(5):58.

[5]杨玉春．临沧核桃种植“五个一”标准解读[J]．云南林业，2009，30(4):45.

[6]孟召训．核桃育苗、种植主要病虫害防治方法及措施[J]．现代园艺，2019(16):48-49.

第三节　橡胶

一、概述

橡胶树属大戟科(Euphorbiaceae)橡胶树属(*Hevea*)橡胶树(*brasiliensis*),是典型的热带雨林中上层的多年生热带高大乔木树种,需要高温、高湿、静风和肥沃土壤的生态环境。橡胶树是多年生经济作物,经济寿命可达40~50年左右。

(一)临沧橡胶发展历史

1904年,被孙中山先生誉为边寨伟男的民主革命志士、云南省干崖(今德宏盈江县)傣族土司刀安仁先生从新加坡购回巴西三叶橡胶树苗8000株,并于当年8月底至9月中旬种植在盈江县海拔960 m的凤凰山上,目前存活一株。刀安仁是我国第一批天然橡胶树的引种者,并开启了西南边陲地区植胶的历史篇章,奠定了云南天然橡胶产业发展的基础,使云南成为了中国橡胶种植的发源地。

1948年西双版纳橄榄坝建立华侨经营的胶园。1953年,党中央指示开辟云南植胶区,临沧市孟定农场于1958年建场引种试验,由海南引进橡胶种子育苗28亩。孟定农场于1963年至1965年大力整顿原有林地及1962年以前定植的低产实生树林地(除因茎粗不便芽接者外),全部用优良无性系进行芽接改造。主要品系有PB86、PR107、RRim600。这批胶林生长势好,为后来临沧大面积发展"速生、优质、高产"林区奠定了良好的基础。1965年开始,镇康、永德、沧源各地陆续开始种植橡胶。1966年云阳和东景农场开始37亩(8548株)试割,开启了临沧橡胶的相继投产。临沧天然橡胶产业经过60多年的发展,经历了宜林地资源调查、引种试种、规模种植经营、大力推广良种、全面推广抗寒高产植胶综合技术、改革割胶制度、巩固提高植胶效益等发展过程。2020年,临沧天然橡胶种植面积99.33万亩,产量4.9万t,面积和产量均居全省第三。

（二）临沧橡胶分布情况

自然资源丰富是发展橡胶产业的前提条件。临沧属于发展橡胶自然资源丰富的地区，特别是独特的气候资源、多样性的生物资源、充足的水资源，不仅为临沧发展橡胶产业奠定了坚实的基础，更为临沧发展橡胶产业提供了广阔的发展空间。

临沧属于典型亚热带季风气候，气候温和、四季如春、雨量充沛、日照充足、海拔差异大，拥有北热带、南亚热带、中亚热带、北亚热带、南温带和中温带6个气候类型区；年平均气温为17.3 ℃，无霜期317～357 d，年均降雨量920～1750 mm，年均日照1894.1～2261.6 h。具有光热资源充足、四季差异不明显、夏无酷暑、冬无严寒、干湿季分明、降水充沛、立体气候显著的特点。临沧土壤种类繁多，土地肥沃，有机含量高。另外，临沧是亚洲独具特色的水电基地，水资源丰富，降水充沛，河流纵横、蕴藏丰富的水资源，为临沧特色农业发展提供了重要的后备资源，适宜多种作物的生产，有利于开发区域性特色农业。橡胶树有喜高温、多雨、静风、沃土的生长习性，临沧拥有符合橡胶树生长的适宜气候型区。

目前，临沧天然橡胶种植以耿马、沧源、镇康、永德为适宜区，以双江、临翔和云县为次适宜区。农垦种植橡胶有孟定、勐撒、勐底3个农场，民营橡胶涉及17个乡（镇）、101个村、2.1万农户，植胶区总人口约20万人。临沧天然橡胶种植主要集中于耿马孟定镇，沧源班洪乡、班老乡，镇康县南伞镇、军赛乡，永德县崇岗乡等南汀河流域经济带。

（三）临沧橡胶发展现状

天然橡胶是重要的工业原料和战略物资，由于其分布地域和产品的不可替代性，又是一种典型的资源约束型产业。云南部分地区拥有独特的气候资源及地域条件资源，适宜种植橡胶树，将资源优势变为经济优势，发展地方区域经济。发展至今，云南已成为中国天然橡胶的主产区之一，橡胶种植面积、总产量、单产水平均位居全国第一。目前，云南省已发展成为全国天然橡胶最大最优的生产基地，天然橡胶已经发展成为地方重要产业，为植胶区经济社会发展做出重要贡献。

近60年来，临沧天然橡胶产业不但提供了我国国防和工业需要的大量天然橡胶，而且为云南省的社会和经济发展、科技进步和环境改善发挥了积极的作用，已成为了临沧市边疆民族地区乡村振兴的重要产业支撑。按照《云南省“十四五”高原特色现代农业发展规划》，临沧橡胶产业即将转型升级。稳面增产、强质提特，加快发展特种胶园，因地制宜发展生态胶园，打造国内天然橡胶生产供应主基地。

二、栽培技术

（一）临沧橡胶栽培优势与特色品种

1.橡胶树对环境条件的适应

（1）海拔：根据橡胶树对环境条件的适应性，结合临沧多年的植胶经验，临沧植胶区海拔一般为800m，河谷阳坡可提高到900 m，峡谷地带可达1000 m。

（2）土壤条件：橡胶树喜土层深厚，微酸性，肥沃的壤土。土层深100 cm以上或60 cm以上但下有50 cm以上的风化层。土壤疏松肥沃，有机质含量1.5%以上。土壤pH值4.5～6.5。排水良好，地下水位在100 cm以下。如常年积水，地下水位在100 cm以内，以及排水不良的土壤不宜植胶。临沧市土壤有10个土类、19个亚类、72个土属、348个土种，呈地带性垂直分布。由低海拔到高海拔依次分布主要有砖红壤、赤红壤、红壤、黄壤、黄棕壤和亚高山草甸土等6个土类。临沧市主要植胶区分布有砖红壤、赤红壤。

（3）光温水条件：橡胶树属于耐阴喜阳性植物，喜高温怕寒冷，喜充足日照怕长期荫蔽。温度是影响橡胶树生长、发育、产胶，以及地理分布的主要因素之一。橡胶树适宜生长的气温是20～30 ℃，25～27 ℃为最适生长温度，19～24 ℃为排胶最适温度。当温度低于0 ℃时，橡胶树树梢和树干枯死；当温度在0～5 ℃时，割面和树茎枝接合处有少量爆皮流胶；当温度低于10 ℃时，对幼树的新陈代谢有抑制作用，且光合作用停止；组织分化临界温度为15 ℃；正常生长温度为18 ℃，这时可合成橡胶；当气温高于27 ℃时，胶乳早凝，排胶时间缩短，产胶量减少；当温度高于40 ℃时，胶树生长受抑制。

橡胶树喜多雨。降水量充沛，雨日多，年降雨量1500～2000 mm的区域适宜橡胶树生长。临沧市属亚热带低纬度高原山地季风气候，地形地势复杂，是一个有多种气候类型的地区。临沧主要受印度洋暖湿气流和西南季风的影响，四季之分不明显；但干雨季分明，雨水较多，日照时间长，年平均日照数较长；霜期较短，部分地区终年无霜；立体气候明显，山区年平均气温为13～15 ℃，中海拔坝区为16～18 ℃，低海拔河谷地区在19 ℃以上；亚热带低纬度热区面积占全市总面积的1/3，占云南热区面积的11.4%。从主要产胶区看，临翔、永德、沧源气候温和，四季如春，年平均气温16.5～17.5 ℃；云县、双江、耿马和镇康四县气候炎热，年平均气温在18～20 ℃，夏季较长，无明显冬季。全市雨量充沛，沧源、耿马孟定镇、镇康勐捧乡为降雨多雨区，年降雨量1500～1750 mm，云县、双江和临翔为较少雨区，年降雨量920～1600 mm。橡胶树随着树龄的增大，需要更多的光照。其光合作用强度在一定条件下，随着光照强度的变化而变化。一般在500～40000 lx范围内，光照强度越大，光合作用越强。当光照强度为500 lx时，橡胶树达到光补偿点；当光照强度为40000 lx时，橡胶树达到光饱和点。

（4）风对橡胶树的影响：橡胶树喜微风怕强风。微风可调节胶林内空气，特别是促使空气交换，增加二氧化碳浓度，有利于其进行光合作用。但当风速超过一定限度时，就会吹皱叶片，加剧蒸腾，造成水分失调，使橡胶树不能正常生长。强风还会吹折、刮断橡胶树，造成严重损失。年平均风速＜1 m/s，对胶树生长、产胶无不利影响。风速＞3 m/s，胶树不能正常生长，开割的树割线易干且排胶提前停止。风速≥8m/s，胶树断倒，出现风害；风力越高，断倒率也越高。

2.临沧主要橡胶树品种区域配置

临沧植胶区地处热带北缘的高海拔地区，冬季热量不足，常有冷空气侵袭，低温寒害是橡胶产业发展的主要障碍，尤其在特强冷冬年份，橡胶树遭受寒害的现象更普遍和更严重。因此，筛选和配置抗寒高产橡胶树品种是临沧植胶区天然橡胶产业发展的关键。加快推广橡胶树抗寒高产新品种及配套栽培技术，整体增强橡胶树的抗寒能力才是临沧植胶业发展的根本出路。

目前，临沧植胶区大规模推广品种主要有云研77-2、云研77-4、云研277-5等；中规模推广品种主要有云研73-46等；小规模推广品种主要有云研73-477，以及云研75-11等。这些优良品种在生产中的推广应用，为进一步促进临沧天然橡胶产业发展提供了强有力支撑。

根据多年的植胶经验和环境类型区划，临沧植胶区可分为三类。

Ⅰ类植胶区。主要环境类型为轻寒区，水热条件较好，基本不受台风影响，且受害寒影响较轻。在橡胶树品种配置方面应重点推荐种植高产抗寒品种，如热垦628、热研8-79、热垦525、热垦523、云研73-46、GT1、PR107、云研77-4、云研77-2等高产抗寒品种。

Ⅱ类植胶区。主要环境类型为中寒区，此类型区基本不受台风影响，常受中等平流型或辐射型寒害影响。在橡胶树品种配置方面应重点推荐种植抗寒高产品种，如热垦

628、云研77-4、云研77-2、云研73-46、GT1等。

Ⅲ类植胶区。主要环境类型为重寒区，此类型区受辐射型和平流型害寒的影响均较为严重，常出现霜冻现象。在橡胶树品种配置方面应重点推荐种植抗寒品种，如云研77-4、云研77-2、云研73-46、GT1等。

（二）临沧橡胶栽培与管理技术

1.胶园的设计和开垦

橡胶园在规划设计和开垦利用土地时，要重视水土保持，防止土层被过度冲刷，必要地段应有工程设施，防止滑坡。以橡胶为主，农、林、牧、渔及其他热带作物全面发展，以山、水、园、林、路综合治理为原则，按照保护和建立良好的生态系统的要求，进行全面合理的布局。正确划分寒害类型区，以及进行小区区划，并据此评定橡胶宜林地等级，认真做到“环境、品种、措施”三对口，是贯彻抗寒植胶的重要前提和基础。选择橡胶树宜林地，必须从低温寒害是临沧植胶的主要制约因素及各县（区）不同寒害类型特点出发，根据“气候、地形、地势、土壤”等自然条件综合分析后选择。特别应注意的是，越冬条件和不同地貌构成的不同立地环境是选择的关键。

2.宜林地的等级划分

（1）寒害类型区划。

划分为“轻寒区、中寒区、重寒区”三种类型中区；再以“坡向、坡位、坡度及对寒风迎、背向”结合特殊地貌、已植胶树寒害程度，综合分析小环境避寒优劣，划分为三种类型小区。①轻害（重寒年份GT1幼树基本不受害或少数嫩叶焦枯）；②中害（重寒年份GT1幼树嫩叶焦枯或梢枯）；③重害（重寒年份GT1幼树梢枯至茎干半枯）。

（2）宜林地的等级。

结合土壤肥力、胶树生长快慢与产量高低进行综合评级，宜林地可划分为甲等、乙等、丙等。

①甲等宜林地：属“轻寒轻害、中寒轻害”。一般分布于临沧海拔800m以下的阳坡、半阳坡或避寒小环境好的地方。这些区域土壤深厚肥沃，幼苗定植后在正常管理下，7年可达开割标准。整个生产周期年平均亩产干胶可超过100 kg。

②乙等宜林地：属“轻寒中害、中寒中害”。一般分布于临沧海拔800 m以下的半阴坡和海拔900 m、坡度20°以下的阳坡，这些区域热量和综合自然条件稍差于甲等宜林

地，土层深厚，土壤肥沃或中等，定植后在正常抚管下，8年可达开割标准，整个生产周期年平均亩产干胶可超过80 kg。

③丙等宜林地：属“重寒中害、重寒重害”。一般分布于临沧海拔900～950 m、坡度20～35°的阳坡和20°以下的阴坡。这些区域避寒小环境差，温湿条件基本能满足橡胶树生长要求，土层深厚，土壤肥力中等或较差。幼树定植后在正常抚育管理下，9年可达开割标准。整个生产周期年平均亩产干胶可超过60 kg。

（3）下列情况，不宜选作林地。

①历年寒害严重，GT1不能安全越冬的地段；②一般海拔超过入选上限的地段；③冷空气易于沉积不易宣泄的低平地、洼地、闭塞坡脚、峡谷；④坡度大于35°的地段；⑤平流寒害区处于寒潮路径主迎风坡面及大风口；⑥沼泽地或地下水位在距地表1 m以内无法排水的地段；⑦土壤贫瘠、干旱的沙土地段，或土层浅薄，下为坚硬基岩，不利于根系生长的地段。凡不宜植胶地，要因地制宜合理安排种植其他作物和造林。

3.临沧橡胶栽培与管理技术

（1）幼树抚育管理。

橡胶树从定植起，就要认真贯彻以“防寒、防病、改土、保水、增肥”为中心的抚育管理措施。加强“头三年”幼树抚育管理，是保证胶园全苗和胶树速生高产的关键。

（2）除芽修枝与补换植。

①定植后应及时除芽：芽接桩，只保留芽片抽出的一条壮芽，多抽的芽片芽（砧木芽）应全部除去。高切干芽接苗，在离地2.5 m处，按不同方向共选留3～4个壮芽，并分布均匀，其余芽全部除去。

②幼树修枝：幼树要及时修枝，以保持良好树冠和减轻风、寒、病害带来的损失。未分枝的幼树在每年低温期后，应及时除去低部位萌动芽，修剪受寒害的枯枝，使第一轮分枝在2.5 m以上。已分枝的幼树，应修除下垂枝，适当疏去过密枝、病枯枝等。在烂脚寒害地区，冬前应进行疏剪，使胶林郁闭度在70%（即透光度30%）左右，以减轻烂脚的发生。修剪过程中严防乱砍和劈裂，大切口应锯平，并涂保护剂。

③补换植：补换植原则上应在定植后一年内完成，确保全苗和林相整齐。第一次补植，应在定植当年8月底前进行，可用与原定植同品种同苗龄的苗木（最好用袋装苗）进行补换，力争全苗越冬。第二次补植，在定植次年的6月底前，对越冬后的缺株、弱株再进行一次补换，用同品种大一龄的袋装苗补植，此后若还有缺株用高切干苗补植。

(3)胶园绿肥覆盖及间种。

开垦后,25°以上的陡坡胶园应及时种上覆盖作物。25°以下的缓坡胶园,可在搞好水土保持的前提下,合理间种农作物。间种多年生经济作物的,应在定植的同时种植间作物。

①种植绿肥覆盖:应选适于丘陵地区粗生、覆盖快、萌生强、产量高、压茅能力强的品种。如无刺含羞草、巴西首着、爪哇葛藤、兰花毛蔓豆等。原有的野生优良覆盖可保留利用。

②种植方法可直播或育苗移栽:种子在播种前可用70～80 ℃的温水浸种6～8 h,以促其提早发芽和出苗整齐。播种时间一般以进入雨季后的5～7月为宜。在保护带可用沟播或塘播,每亩用种量0.5 kg左右,株行距均为60～80 cm,忌盖土过深。营养砖育苗须待苗高10～15 cm时移栽,每穴3～5株为宜。在品种组合上可以种植单一品种,也可多品种混种。在播种后1～2个月的幼苗期应及时除草,以促进苗木生长,尽早封行覆盖。成片缺苗应补播,少数缺塘可就近移栽。为促进苗木生长,还应适当施肥,以小肥养大肥,年施氮磷肥1次,每亩施硫酸铵5 kg、过磷酸钙15 kg。

③适时刈割:在开花前刈割绿肥,茎叶产量高。每年刈割1～2次,将绿肥作物作为压青或梯田死覆盖材料。刈割时注意留茬,以加速萌生。不刈割的区域留作采种区以供采集种子,扩大后续种植。越冬后的春旱季节要注意防火,无刺含羞草要防被牛误食中毒。蔓生性覆盖有缠绕习性,应及时修控。

④25°以下缓坡地,可进行合理间作。短期性间种应以矮秆的豆科作物为主,不得间种木薯、砂仁、香茅等高秆或消耗地力强的作物。除黄豆、花生等浅根性豆科作物外,间作物均须离胶树1 m以上。一般以间种两年为宜,第三年改种绿肥覆盖作物。长期性间种采用“宽行密株”的种植形式的方可间种多年生经济作物,如:咖啡、茶叶、南药等,但间作物必须距胶树3 m以上。开等高环山水平带种植,并加强施肥管理。间作物与胶树的3 m距离间的土地应种植豆科粮油作物或绿肥覆盖作物,以增加收入、肥源及防止土壤被冲刷。

(4)施肥与深翻改土。

①肥料施用原则与要求:要根据橡胶树营养诊断指导施肥。通过对橡胶树不同生长阶段的叶片营养分析及土壤养分分析结果,按其需缺养分种类对症施肥或施用橡胶树专用肥。要培训掌握营养诊断的技术人员,以利开展工作。施肥应以有机肥为主,化

肥为辅。积极垫圈积肥，堆肥、沤肥、压青等结合采用。临沧胶区土壤普遍缺磷，在堆（沤）肥或在压青时均需适当添加磷肥。在橡胶树营养诊断指导施肥未普及前结合胶园土壤肥力状况，可参考相关指标进行施肥。

②施肥时间与方法：应根据胶树的生长习性、季节和肥料的性质而定。厩肥、堆肥和绿肥等有机肥与磷肥混合后，在每年雨季后期结合深翻改土施入。高温干旱季节宜施用沤肥。速效氮应在雨季5～9月分次施用，每次在胶树叶蓬稳定或开始萌动时施用，效果更好。越冬前不施速效氮肥。临沧胶区的乙、丙等林地越冬前应酌施钾肥，以提高胶树的抗寒能力。

施肥方法应根据胶树根系的分布特点和肥料性质而定。应尽量施在胶树根系密集部位（树冠滴水线范围内）。压青、施有机肥和磷肥应结合深翻扩穴改土进行，施于扩穴沟内；硫酸铵、硝酸铵可在根圈浅松土3～5 cm，趁雨后土壤潮湿时撒施，高温干旱季节，也可掺水施或与沤肥混施；尿素或碳酸氢铵等易分解挥发的肥料，应施在5～10 cm深的浅沟内，施后盖土，严禁撒施于地表。

③深翻扩穴、改土：深翻扩穴改土应从定植后第二年起有计划进行。在定植穴周围开沟，深40 cm左右，逐年变更位置，向外扩展，争取5年内将植胶带面深翻改土完毕。

（5）橡胶园植被管理。

①除草：幼龄胶园杂草生长旺盛，可推广使用草甘膦等化学药剂除草。喷药时须注意保护胶树不受伤害。若用草甘膦水剂，幼龄胶园茎干木栓化高度要大于70 cm。除一年生杂草：每亩药液用量10～15 kg，用原药（10%水剂）300～400 mL，年喷1～2次。胶园除茅：在5～10月茅草生长旺季，每亩药液用量15～30 kg，用原药1200 mL，年喷1～2次。

胶树根圈应常年进行盖草（特别是未郁闭的幼龄胶园），以保持土壤湿润，改良土壤。盖草距树干10 cm，半径应在60 cm以上，经常保持盖草厚度15～20 cm。有烂脚寒害的地区，冬前应将盖草扒开，或结合维修梯田在草面盖土，以免加重树木寒害。盖草材料缺乏时，也可用地膜覆盖。

②梯田维修：每隔1～2年进行一次梯田维修，可在雨季结束后进行，做到“梯田面平整、内倾，露根培土，梯田埂下陷的要填补”。

(三)临沧橡胶主要病虫害与防治技术

1.橡胶树白粉病

白粉病是橡胶的主要病害之一,白粉病主要为害嫩叶、嫩芽和花序。感病初期,在病部出现白色透明的菌斑,以后病斑上出现白粉,严重时病菌侵染橡胶嫩叶、嫩梢和花序破坏组织正常生长,致使嫩叶绉缩、卷曲,严重时落叶、落花、树冠光秃,从而影响树木组织正常生长。

(1)橡胶树白粉病的症状及危害特点。

橡胶树白粉病是橡胶种植过程中最常见的病害,白粉病主要为害橡胶树的嫩叶、嫩芽及花序,老叶部分受害较轻。在发病初期,橡胶树的嫩叶会有一种透明的菌斑,并且以辐射状的形式呈现出来,之后在这种菌斑上面还会慢慢长出白色的粉末,这种菌斑刚开始出现时大都为圆形,然后会逐渐转变为不规则形状,同时在病斑上也会相继出现小部分白粉,接着逐渐为害橡胶树的嫩叶部分。发病的中后期,白色粉末布满嫩叶的表皮组织,叶片逐渐脱水掉落,而其他受影响的部分也最终是同样的结果。

(2)橡胶树白粉病的影响因素。

①寄主物:橡胶树大量嫩叶的存在是白粉病流行的基本条件,否则白粉病只能在植株少数嫩叶上和苗圃幼苗上发生。从5%橡胶树抽叶到95%植株新叶老化,两者相距时间长短与白粉病最终病情呈极显著的正相关,相关系数达0.853。橡胶树群体嫩叶期长,主要是冬季落叶不彻底,抽叶不整齐的结果。此外,嫩叶期遇上寒流,可延缓新叶老化,加重病情。RRZM600、PB86常年冬季落叶彻底,抽叶早而整齐,在病菌大量增殖之前,新叶已老化,起到避病作用,但因在抽叶期遇上寒害,延长了嫩叶期,病情反比抽叶晚的品种重。PR107历年落叶不彻底,抽叶晚又不整齐,多数年份病重。

②气象条件:橡胶白粉病是典型的气候型病害,发生和流行同当地的气象条件密切相关。气象因素除作用于病原体外,也影响着寄主的物候期,特别是白粉病流行前的气象状况,通过影响橡胶树落叶、抽叶,间接影响病害流行。在各种气象要素中,温度是决定白粉病流行状态的主导因素。因为,橡胶树的落叶、抽叶的整齐度和进展状况都受冬春气温制约。冬春气温偏高、橡胶树落叶不彻底的年份病情偏重,反之病情则轻。病害流行期气温高,加速新叶老化,可减轻病害。

③病原菌量:初始菌量与最终病情关系不很密切,流行期的菌量对病情的影响比越冬菌量大。该菌3~5 d完成一代,可连续产生病原体。流行期白粉病的病原体主要来

自当地的循环侵染，不像生活周期长、循环侵染次数少的那些病害，最终病情取决于冬季病原基数和初侵染的成功率。

(3)橡胶树白粉病防治措施。

①建立病害测报观察点：各植胶应选有代表性的若干生产队设立中心测报点。各生产队应选有代表性的品种和林段若干个，建立固定的病害与物候系统观察区（每个品种设2～3个观察点，每点隔行隔株编号取50～100株胶树），在开春后胶树抽芽期间，进行物候期及病情观察。每3 d观察一次，结合当地气象情况分析本地区病害发展趋势，及时发出病情预报，指导大田防治。

②病害大田防治：第一，越冬期若气温偏暖，老叶存留量和冬梢较多，则要做好林周苗圃、幼林、风断树冬梢白粉病的防治。第二，入春后，要按重病年及时准备好农药、机具及病害防治的人员组织安排。当病害始见期出现早，当年易呈现重病年；在展叶量60%前始见期出现，易呈现中病年；病害始见期出现在展叶量70%以前，应及时防治。出现在70%以后（视当时气候状况）一般可不进行喷防。第三，在抽芽10%～20%时，发病率为3%～5%，即对中心病区（株）进行局部喷药，控制病情蔓延。当抽叶量达30%后，古铜盛期发病率为10%以上；抽叶达50%后，淡绿盛期发病率为20%以上；老化盛期发病率达40%～50%，即应进行全面喷药防治。以后视病情发展和天气情况，决定是否进行二次或多次喷药。第四，当叶片老化近70%时，视林段病情，对后抽叶植株或种子园局部，或单株喷防，加以重点防护。第五，根据天气情况选择施药。晴天和阴天气温升到25 ℃以上应施用硫黄粉，一般每次用量为0.8 kg/亩；气温较低的阴天喷粉锈宁烟雾剂，一般每次用量为80～100 g/亩。根据病情轻重，用量可适当增减。

③白粉病主要防治措施：叶片在古铜前中期，采用三唑酮烟雾防治；古铜后期至淡绿盛期采取硫黄粉喷雾防治；遇到春寒阴冷天气时，采用三唑酮烟雾防治；病害流行速度快时，采用粉防、烟防同时进行的方法防治。针对使用粉防和烟防作业时，需选择在晴天24:00至次日08:00前实施。倘若使用水剂防治操作时，需选择晴天10:00前和16:00后实施，切勿提前或推后操作。

2.橡胶树炭疽病

(1)橡胶树炭疽病的症状及危害特点。

橡胶树感染橡胶炭疽病后，嫩叶会出现不规则的暗绿色，也就是比较常见的急性型病斑。随着橡胶树叶片的老化，这种病斑会逐渐变成褐色，并且还有可能会出现穿孔的现象。橡胶树果实如果感染病菌，这种病斑会变成暗红色，并且果实也会逐渐腐烂掉落。橡胶炭疽病主要发生在叶片、嫩梢、胶果上。嫩叶感病后出现形状不规则、暗绿色的水渍状病斑，称为急性型病斑。病斑扩展很快，边缘常有黑色坏死线。严重时叶片皱缩干枯，很快脱落。这种病斑在阴湿天气下较多。嫩梢、叶柄感病后，出现黑色下陷小点或黑色条斑。病斑初期黑褐色，扩大后整个嫩梢被病斑环绕，病部以上的嫩梢枯死，向下蔓延后可使整株芽接苗死亡。

(2)橡胶树炭疽病影响因素。

气象因素既影响橡胶树物候的发育进程，又影响病原菌的侵入、扩展、繁殖和传播。

①温湿度条件：18～24 ℃极利于病害的发生和发展。炭疽病菌对温度有较广泛的适应范围，15～35 ℃温度条件下都能萌发、侵染和产孢，且萌发率高达67.5%～86.2%，而连续4 d以上的阴雨天气，空气中的相对湿度在90%以上时有利于病害的发生和流行。此外，地势低洼、日照短的林段荫蔽潮湿，容易沉积冷空气，也特别有利于病害的发生和流行；相反，高温晴朗天气可抑制其发病规模及发展速度，日照充足的向阳坡及植胶密度小的开阔林段不利于炭疽病的发生。

②风雨条件：风雨是病害传播的主要媒介。这是因为连续的阴雨天气使橡胶树叶片表面处于水膜状态，同时这种天气使整个空间形成一个饱和的高湿环境，有利于孢子萌发、传播和侵染，使病害得以迅速扩展。从橡胶树炭疽病的病理学来看，炭疽病的病原菌是一种弱寄生菌，从寄主幼嫩组织的自然孔口、伤口或皮孔侵入，引起寄主发病。它的孢子堆在天气干燥时干缩结痂，不易被气流吹散，只在降雨或潮湿的气候条件下，孢子堆被软化，释放出孢子，又只有在叶面有水膜的情况下，孢子才能萌发侵入叶片导致植株发病。

(3)橡胶树炭疽病防治措施。

①农业措施：对苗圃、幼树的重病区和易感病品种加强水肥管理，增施肥料，提高胶树抗病能力；并要排除积水，改善阴湿环境。

②化学防治：嫩叶发病初期，用0.5%～1%波尔多液喷雾防治，或用0.5%百菌清+0.5%多菌灵的油乳剂喷洒防治，每7～10 d喷一次，连续2～3次。或用1∶5代森锰锌滑石粉剂、0.5%百菌清加多菌灵混合水剂等药剂喷防。

3. 橡胶树季风性落叶病

(1)橡胶树季风性落叶病的症状及危害特点。

橡胶季风性落叶病的危害很大，使橡胶树产生病理性变化，严重影响橡胶的收成。该病危害范围很广，危害橡胶树的枝条、叶片和果实，整个橡胶树都会受害。患病初期的橡胶树只会出现斑纹，溢出少许凝胶。但是病重橡胶树的叶片会大幅的脱落，这是季风性落叶病最突出的特征。同时，果实和枝条也会出现明显的变化。该病通常在空气湿度高的地方暴发，像空气流通不足、日照不够、容易潮湿的地方就是该病的高发区，如低洼、山谷等地。

该病首先侵染橡胶树的果实，感病的果实表面会出现水渍状的斑纹，并且溢出部分凝胶。在果实感病后，病毒会蔓延至叶柄和枝条。在病毒感染的过程中，橡胶树上要是有嫩叶，嫩叶会先感病，出现暗绿色的水渍状斑纹，有些嫩叶还会溢出部分凝胶。叶柄感病后，出现水渍状黑色斑纹，常伴随凝胶出现，一般从叶柄基部开始变化，叶片容易脱落。此病最好辨认的一点就是橡胶树上的凝胶会从白色变黑色。枝条感病后颜色会发暗，变为褐色。整个枝条上的叶片凋萎下垂，挂在枝条上不脱落。叶柄上的病斑会逐渐的扩大，直到覆盖整个叶柄，继而叶片就会整体脱落。果实上的斑纹会逐渐在果实外皮上扩展，当果实内的病菌数量达成一定程度时，果实就会整个腐烂。

(2)橡胶树季风性落叶病影响因素。

橡胶树季风性落叶病多发于6～9月的雨季，如出现连续4 d以上阴雨天、日降雨量大于2.54 mm、日照小于3 h、相对湿度大于80%、日最高气温低于29 ℃等气象条件都可导致病害的发生及流行。

(3)橡胶树季风性落叶病防治措施。

加强林间管理，历年重病胶园，要砍除林缘灌木、杂草，修除下垂枝条，保证胶园通风透光良好，降低林间湿度。幼树、苗圃发病，可采用1%波尔多液喷防，隔7～10 d喷一次。病害流行区应加强割面保护，采用防雨帽割胶，注意预防割面条溃疡病。

4. 割面条溃疡病

(1)橡胶树割面条溃疡病的症状及危害特点。

该病发病初期，橡胶树新割面上会出现很多条竖立的黑线，有的病痕还会呈现出栏状，可以深入橡胶树的皮层内部。雨天或者是高湿气候下，患病的部分就会长出白色的霉层，并且在橡胶树的割面以及原生皮上面还会出现皮层隆起和爆裂的现象，在可见的黑褐色病斑的边缘则会呈现出水渍状，木质部和皮层之间的凝胶块中会呈现出黑褐色的病斑，但是病斑需要在除去凝胶块之后才能看见。病斑可以分为三种类型，分别为：稳定型块斑、急性扩展型块斑以及慢性扩展型块斑。

(2)橡胶树割面条溃疡病影响因素。

病菌主要靠雨水传播，尤其是雨水瓢泼、流动和滴溅，把土壤中的病菌溅到割面或是把树冠上的病菌直接带到地面上。此外，割胶工具和风对病菌的传播也起到一定作用。病菌通过伤口侵入割面皮层。降雨、高湿，尤其是连续阴雨天气，是病菌侵染的必要条件，一般出现连续3 d以上的阴雨天气，则可引起病菌侵染，出现病害。低温是导致病斑扩展，造成树皮溃烂的主要原因。割胶制度中连刀多、强度大导致伤树多，如果遇到阴雨天气，发病严重；低割线发病重于高制线；发生季风性落叶病的林段条溃疡病发病也较重。

(3)橡胶树割面条溃疡病防治措施。

①采取综合治理措施。在管、养的基础上，进行科学割胶，割胶林地全面安装防雨帽，并结合开展化学防治。防治目标：中、轻病树位3级以上病株不超过1%和0.5%，历年重病树位3级以上病株不超过2%。

②加强林地抚管。修剪下垂枝，砍除林缘、林内的高草、灌木，保持胶林通风透光良好，排除积水，降低林间湿度。

③注意刀锋养树。严格执行“一浅四不割”。一浅即病害流行期适当浅割，割完砂皮为限，割线平顺稍向外倾，少吃割面，不伤树。四不割为：冬季9:00气温低于15 ℃的那天不割；割面不干不割；病害流行期，胶树30 cm以下低割线不割(在流行期前转高割线割)；有宽1 cm以上扩展型病斑未处理好，稳定前不割。

④病害流行期应根据天气、病情，及时涂药防治。一般用治疡灵或1%～2%乙磷铝防治，每割1～2刀涂药一次；使用治疡灵农药，可15～20 d涂药一次；当出现扩展型病斑时，可采用治疡灵进行条、块局部涂抹处理，控制病斑扩展；在涂控无效时，应立即刮除治疗处理，在晴天用快刀将病部刮除干净，刮至好皮为止，边缘斜修平顺，伤口用1%～2%乙磷铝或治疡灵等消毒。暴露面大的橡胶树应用沥青：柴油(1:1)混合剂涂封，以防虫腐。

⑤每年停割时：对树位逐株检查处理病斑，待充分消毒和处理完善后方可涂封割面。越冬期加强巡回检查，发现遗漏和复发病灶及时处理。开割前对历年老病灶加强防腐处理。

5.根病

(1)橡胶树根病的症状及危害特点。

根病是橡胶根系传染性病害,常见有红根病、褐根病、柴根病。红根病、褐根病、柴根病都会导致根系的吸收能力同样受到破坏,不能正常吸收养分和水分,橡胶生长受阻,表现出树冠稀疏,叶片变黄无光泽,甚至卷缩落叶,枯枝多,顶部叶片变小,蓬距缩短。

感染红根病、褐根病的根部表皮粘着一层泥沙,不易脱落,感病根腐烂发出蘑菇味。感染红根病的病根洗净后可见枣红色菌膜,感病木质部在腐烂初期呈淡褐色、坚硬,后期呈黄色、湿腐,松软似海绵状,主要特征在于病根的皮部和本质部之间有一层淡黄色腐竹状菌膜。感染红根病的橡胶树,一般表现为树冠稀疏,叶片变黄,无光泽,甚至卷缩脱落;枯枝多,顶端叶片变小;叶蓬蓬距短,有时会出现胶乳产量不稳定,忽高忽低,并有流胶出现。橡胶树感染褐根病的初期,其地上部分变化不明显,后期则表现为叶片萎黄下垂脱落。表皮亦粘着泥沙或石砾,凹凸不平,不易脱落。病情严重时,在根皮下的木质表面也能看到褐色之字线纹。根病发生与开垦前林地植被类型、土壤条件、环境条件、开垦方式和栽培管理措施等因素都有关系。

(2)橡胶树根病防治措施。

橡胶树根病的传播方式主要有接触传播和孢子传播两种。对于这种疾病的防治需要将杂树桩进行彻底地清除,并且需要防止病苗上山,还需要定期进行检查。对红根病、褐根病采用“挖、追、砍、刮、晒、管”方法处理。挖开病树主根和主要侧根,暴露有病部分,沿病根追踪病害蔓延范围及初侵染源,将病死根距病健交界处3～5 cm处砍除;将未侵入皮层的菌索、菌膜刮除干净,病根、菌体要集中烧毁。处理后的病株曝晒半个月,伤口用10%十三吗啉沥青涂封,再结合施肥覆土。对修根过半病树,适当修除树冠,以防风倒。病区周围要挖隔离沟(宽20～30 cm,深80～100 cm)防止病害蔓延,应定期清理沟内淤积土。治疗半年后应对病树进行复查。对已治疗的轻病树和病区周围未感病树,在根颈和大侧根近主根20 cm范围涂刷10%十三吗琳根颈保护剂,或灌注浓度为0.5%十三吗琳药液2～4 L进行防治。对柴根病采用加强抚育管理,增施有机肥、复合肥料,适时中耕松土,改良土壤,排除积水,增强胶树抗病能力。防治黑纹根病,应做好风、寒害后树身树头伤口的涂封防腐处理,预防病源侵入。

6.橡胶树蚧壳虫。

(1)橡胶树蚧壳虫的症状及危害特点。

橡胶蚧壳虫体外覆有一层龟壳状蜡质,因此又名龟蜡蚧,是橡胶树病虫害中影响范围最广、为害最大的一种虫害。蚧壳虫以刺吸式口器吸食橡胶树幼嫩部位的绿色汁液来危害橡胶树,导致枝梢干枯,叶片枯黄甚至整株死亡,严重影响橡胶产业的持续、健康的发展。蚧壳虫以受精雌虫在树叶或枝干上越冬,第二年春季恢复活动,直至6月下旬所孵化出的若虫通过爬行或风力,以及其他方式进行传播。蚧壳虫主要寄生于叶片的表面,并将口中之喙深深地插入橡胶树叶片稚嫩的表面组织之中汲取养分,可导致枝叶因失去生长必需的养料而迅速死亡,从而使橡胶树发育迟缓,甚至引发煤烟病。

(2)橡胶树蚧壳虫影响因素。

蚧壳虫以受精雌成虫在树叶及枝条上越冬,对树液进行吸食。若虫自主爬行寻找寄生部位进行固定,一般以叶部居多,也有少数寄生在嫩枝或叶柄上。雨水有利于卵的孵化,初孵若虫可爬行80 cm左右,远距离传播主要依靠风力。雄雌虫交配发生在8月下旬至9月下旬,受精后雌虫继续危害,并转移至枝条上准备越冬。

(3)橡胶树蚧壳虫防治措施。

①农业防控:在橡胶树生长发育的过程中注意观察其枝条叶面是否有蚧壳虫存在,若发现有存在的现象,及时用软刷刷除,并修剪虫枝和虫叶,对其进行集中焚烧处理。

②化学防控:根据虫卵孵化的情况和蚧壳虫集中出现的频率,可使用40%氧化乐果1000倍液或50%敌敌畏1000倍液进行喷洒除虫。

③生物防控:结合当地自然情况对蚧壳虫的天敌进行保护利用,如大红瓢虫、红点唇瓢虫等,实现对蚧壳虫活动范围和数量的控制,降低为害程度。

7.六点始叶螨

(1)橡胶树六点始叶螨的症状及危害特点。

橡胶六点始叶螨各阶段均可对橡胶树进行为害,主要为害老叶,也可为害嫩叶。六点始叶螨为害初期在叶片的背面沿着叶脉逐渐向两边扩张,使受害面积不断扩大,并且刺破其叶肉组织,使之成为细小的不规则的黄白色斑点,影响叶绿素的合成和植株的光合作用,最终导致叶片坏死脱落,从而影响橡胶树的产量和质量。螨的数量随橡胶树叶片的老化而增加。每年开春随着温度上升,胶树开始萌动抽叶,六点始叶螨从枝条或其他寄主转移到新抽的橡胶叶上繁殖为害,受害轻的叶片的叶绿素合成受阻导致光合作用降低;受害重的叶片枯黄脱落,甚至引起橡树无胶停割。六点始叶螨在越冬前的任何一个时期,均可同时发现卵、幼螨、若螨和成螨为害。

(2)橡胶树六点始叶螨影响因素。

①气象条件:六点始叶螨繁殖速度快,每年发生23代左右,世代重叠,完成1个世代的发育起点温度为9.52(±1.70)℃,有效积温为233.18(±26.25)℃·d。短时的干燥天气会加快其繁殖速度,若遇到连续长期的干旱天气,日均温在30℃时有利于六点始叶螨的大面积爆发,并有加重危害的趋势;但持续高温并不利于六点始叶螨的生长发育,在18～30 ℃范围内六点始叶螨的发育历程随温度升高而缩短,反之则延长。阴雨天气可使六点始叶螨疫情很快缓和并出现下降趋势,尤其是大风、大雨对橡胶树叶片具有冲刷作用,能使虫口密度下降,减轻危害。总之,雨水过多、湿度增大、气温过高均对六点始叶螨有一定的抑制作用,适宜的温度、湿度有利于六点始叶螨的发生及危害,具有促进作用。同时,六点始叶螨的危害还受到日照和气温等因素的影响。

②农业管理和物候条件:橡胶林区发生螨害,密林比疏林受害重,老树比幼树受害重,树冠下部比上部受害重;通常临沧地区橡胶树六点始叶螨危害每年有2～3个高峰期,分别发生在4月、6月和9月,为害特点与我国其他植胶区有所差异。六点始叶螨的危害情况应在第一蓬叶老化后(4月初)开始调查测报,并依据发展趋势采取防治措施,防治时间应在5月份和8月份进行。尤其是在开割后,橡胶树营养物质流失较快,会导致自身免疫力下降,更容易大面积爆发虫害,需加强调查、及时预测、有效防治。

(3)橡胶树六点始叶螨防治措施。

六点始叶螨俗称橡胶黄蜘蛛,引起胶树叶片黄化落叶。在胶树新叶老化后,当每叶平均螨数达4～8头,或植株受害率达40%～60%时,防治药剂可选用0.5%杀螨卫士、15%哒阿维热雾剂、40%乐果乳油或20%三氯杀螨醇等进行喷雾防治,喷雾时力求均匀,间隔期为5～8 d,杀螨剂应交替使用,以此减缓六点始叶螨产生抗药性的速度,也可使用一些新型杀螨剂,达到更好的防治效果。

8.牛兽害与火灾的防范

(1)牛兽害防范:常对防牛(兽)设施进行维修、完善。靠近村寨及交通要道地段,可派专人巡视,或在村寨邀请老年人作护林员,以杜绝牛害。

(2)建立胶园防火安全制度:冬春干旱季节,应在林段边缘开好防火线,并指派人员轮流巡视检查,如有火警,立即组织扑灭,以免蔓延成灾。

9.风寒害树的处理

风害树在风后立即处理。风倒树应及时扶起，进行培土、施肥，并修掉部分树冠，减轻树冠重量。受风害而断干折枝的胶树，应及时从断口或裂开部位下方2～3 cm处斜锯、修平，涂封保护剂。对寒害树主要是采取防虫蛀和树体处理等措施。防虫工作应在橡胶树出现寒害症状后抓紧进行，可用杀虫剂涂抹寒害部位。树体处理应待越冬气温回升并稳定后进行，在雨季来临前处理完毕。

主干干枯及枝枯的橡胶树，待干枯界线分明时，用处理风断树干的方法处理。外皮枯死的，形成层未受害仍可分生韧皮细胞，干死的外皮会自行脱落，故不必处理。树皮爆皮流胶的，根据爆胶伤口的大小酌情处理。爆胶口宽度小于5 cm的，不需处理，只将凝胶块拔出即可；爆胶口宽度在5～10 cm的，拔出凝胶块，修去坏皮，用凡士林涂封活皮边缘；爆胶口宽度在10 cm以上的（多由两个或多个爆胶口相邻），拔出凝胶块，修去坏皮，并注意保护各爆胶口之间活的形成层，用加入防虫剂的沥青涂封。整个割面受害干枯的，先将干枯树皮刮除，刮净木质部表面的坏死组织，拔除胶线、胶膜，然后用凡士林或1∶1的橡胶种子油、松香合剂涂封活皮边缘，用沥青或1∶1∶0.4的沥青、废机油、松香合剂涂封木质部。

烂皮宽度在5 cm以下的橡胶树可不处理；烂皮宽度5 cm以上的应清除坏皮及凝胶，清洁伤口后用1∶（1～1.5）的沥青、柴油混合剂涂封木质部；烂皮宽度达树围1/2以上的，除以上处理外，可采用植根法（在坏死部位的上方接抗寒实生苗桩）进行挽救。树干溃烂成洞穴的，要排除积水，剔尽朽木，随即消毒补洞。寒害树处理时，应注意爆胶型受害树的爆胶口木质部发黑，并有黑色细条纹向纵向延伸的部位，这是一些受冻害的细胞，不能按处理条溃疡病追黑线的方法进行处理，以免人为扩大伤口，加重胶树受害，并浪费人工和涂封材料。

三、割胶技术

（一）开割标准与割面设计

1.开割标准

开割标准是指一个林段中的橡胶树开始割胶投产的指标。即包括一株橡胶树长到多大才适合开割，也包括单位面积上适合开割的胶树占比多少才利于开割。目前，临沧开割标准为：同林段内，芽接树离地100 cm处树围达50 cm、重寒害区及树龄已达10年的树围45 cm以上的胶树占林段总株数的50%时，正适合开割。林段开割后第三年还未达到开割标准的胶树全部开割。不能割胶的无效树及时砍除。

橡胶幼树时期，光合作用产物主要用于生长。研究表明，橡胶芽接树离地100 cm处，树围达到50 cm时开割，胶树光合作用能基本满足胶树对营养的需要，开割后对胶树生长影响较小，能较好解决生长与产胶的矛盾。不仅对胶树的生长影响小，而且产量也高。同时，开割时树皮的厚度也能达到要求。树围达50 cm时，树皮的厚度才能满足割胶的要求。一般割胶树树皮厚度达0.7 cm左右，树皮的消耗和再生能保持平衡，保证有足够符合标准的树皮供割胶，合理地使用树皮的经济价值。树皮太薄时，乳胶易外流，割胶易伤树，再生皮差，影响今后的产量。

确定成龄幼树开割标准要注意掌握以下几点。

①对橡胶树生长的影响。橡胶树开割后，由于连续割胶切割树干的韧皮组织，使输导组织遭受损伤，而这时正是幼树的生长旺盛期，大量胶乳的排出，导致橡胶树树围的增粗受到抑制。所以因地因品系制宜，选择开割后对胶树生长影响较小的开割标准。

②对橡胶树长远经济效益的影响。橡胶树的经济寿命可超过30年。因此，成龄幼树开割标准的确定，不仅关系到橡胶树今后几年的经济寿命和生产价值，还关系到橡胶树整个生产周期的经济效益。所以，确定成龄幼树的开割标准，必须根据当地的自然条件和橡胶树的生长状况制订出合理的开割标准。否则，开割标准定得太低，不仅降低了割线的自然增长率，而且也影响到橡胶树的产胶潜力，导致以后多年产量降低；开割标准定高了，延长了橡胶树的非生产期，也会缩短橡胶树的经济寿命，给产量造成无法弥补的损失。

③对劳动效率的影响。确定开割标准的另一个原则是必须有利于提高劳动生产率，同一个林段的橡胶树达到开割标准的株数少，即开割率低（开割率是指一个林段中开割株数与总株数的比率），劳动生产率就低。

2.开割设计

割面设计包括割面规划、制线设计、割胶深度和树皮消耗。

（1）割面设计的基本原则。

①要使树皮的消耗量小于树皮的再生量。保持树皮的消耗速度和再生皮的恢复速

度之间的相对平衡,保持橡胶树从幼树开割至胶园更新都有足够的合格树皮可供经常性割胶。为此,要使再生皮有7年以上的恢复期。

②要使正在割胶的割面有足够的排胶影响面。尽量避免吊颈皮,吊颈皮(也叫皮岛)是指割面再生皮上方10～15 cm宽的原生皮带。在这个部位采用阳刀割胶,由于上下树皮年龄不一,乳管连接较少,产量下降,割线干枯亦明显增加。

③要根据橡胶树的植物学特性(如实生树或芽接树)割胶。选择高产部位优先开割,使开割的第一年就有相当的产量,以后产量又稳步上升,避免忽升忽降。

④要方便工人割胶,利于提高工效,降低割胶成本。

(2)树皮的层次及利用。

橡胶树体内合成和贮存胶乳的地方是乳管系统。乳管遍布于橡胶树的各个器官,而与割胶生产关系最密切的是茎干上树皮中的乳管。

我国割胶工人根据实践经验,将树皮划分成几个肉眼可以辨认的层次,作为掌握制胶深度的标准。一共5层,从外到内分别称为粗皮、砂皮、黄皮、水囊皮和形成层。

①粗皮。主要成分是许多排列紧密的木栓化细胞组成的木栓层。具有不透水不透气的特性,对树皮内部起保护作用。木栓层的细胞是死的,木栓层的里面是活的单层木栓形成层和多层栓内层细胞。在植物学上,木栓层、木栓形成层和栓内层三者合起来称为周皮。在橡胶树茎干的原生皮中,栓内层较薄,含有叶绿体,呈现绿色。在橡胶树茎干的再生皮中,栓内层较厚,含有花青素,因此带红色。

②砂皮。在粗皮内侧,呈黄褐色,摸之有砂粒感。砂皮约占韧皮部的70%,其特点是有许多如砂粒状的石细胞。石细胞是细胞壁很厚而具木质化的死细胞,通常聚集成堆。砂皮外层中石细胞堆特别多,皮质较硬。因而,砂皮外层和粗皮一起又叫硬皮。砂皮外层的乳管已经衰老,且因大量石细胞的发育而将其挤压得支离破碎,几乎丧失或完全失去产胶能力,这部分乳管被称为无效乳管。砂皮内层的石细胞较少,乳管数量较砂皮外层多,而且多数是能够正常产胶的有效乳管,有效乳管列数约占总列数30%。

③黄皮。黄皮是树皮中主要产胶的部分,割胶一般只割到黄皮与水囊皮的接触层,但不能割伤水囊皮。黄皮内眼看去,皮质略带黄色,约占韧皮部厚度的20%,其中乳管最多,乳管列数占总列数的50%,是树皮中主要产胶的部分。黄皮中石细胞很少或完全没有,其与砂皮内层以及水囊皮一起又称为软皮。

④水囊皮。水囊皮外观淡黄白色,幼嫩,含丰富的水分,有输导功能的筛管密集的

层次。水囊皮特点是皮内组织有大量含有液体的筛管，如果在割胶时割破水囊皮，就会流出水状溶液，这些溶液主要就是筛管的溢泌物。这一层皮的主要功能是输导营养物质，在植物学上被称为有输导功能的韧皮部。在割胶树中，水囊皮的厚度通常不超过1 mm，约占树皮厚度的10%，其中乳管列数占乳管总列数的20%，但较幼嫩，产胶功能不强。

⑤形成层。形成层由位于树皮与木质部之间的一层薄壁细胞所组成。在横切面上，形成层和由其刚刚分裂产生的细胞呈很窄的长方形，紧密排列在一起。形成层只是一层细胞，但形态上不易与由其刚刚分裂形成的细胞区分开来。形成层具有分生能力，向内分生形成木质部，向外分生形成韧皮部。

(3)割线高度设计要求。

刺激割胶芽接树的第一、第二割面新割线下端离地面高度为110 cm，再生皮割面与原割面高度相同。非刺激割胶芽接树第一割面新割线下端离地面高度为130～150 cm，第二割面为150 cm。优良实生树第一割面离地面高度为50～80 cm，以后各割面离地面均为110 cm。

实生树树干呈圆锥形，基部树围较大，而且树皮乳管列数比离地面100 cm处多一半左右，故开割高度不宜定得太高。芽接树的树干呈圆柱形，芽接位至100 cm处树围、树皮厚度、基部乳管列数相差较小，故开割高度宜适当提高。芽接树第一割面开割线下端，离芽接位高度为130～150 cm；重风、重寒地区开割高度稍低些，第一割面高度为120 cm。全部橡胶树都应在3年内开割，第一割年开割后剩下的橡胶树，在之后的2年内开割，后来开割的高度必须与已割胶的橡胶树割线高度一致，使整片橡胶树的割线高度相同，便于割面管理和割胶操作，并且在改变割胶模式时树皮状况亦较一致。

近年来，我国植胶垦区开始推广阴阳刀结合（如S/4+S/4↑）或阴阳刀轮换割制（如S/2，S/2↑），获得了令人满意的经济效益。按生产上采用的方法，成龄芽接树或实生树阴刀割胶都从高部位原生皮与再生皮相接处割起，向上割至离地2m处为止，然后在邻面继续割阴刀。刚开割的芽接树，大多从110 cm处甚至更低些向上割。阴刀割制，充分利用高部位高产成熟的原生皮，避免吊颈皮，延长再生皮生长年限和橡胶树经济寿命。但是必须注意割面的安排和割胶的时机，仍按上述割面设计的原则进行。

(4)割线的方向及要求。

①割线的方向：多数橡胶无性系的树皮乳管与树干主轴交角为2°～7°，逆时针方向

从左下方向右上方螺旋排列。因此割线由左向右往下倾斜要比相反方向切断更多的乳管。据试验,按这样的方向割胶所得的产量比相反方向高13%。至于割面方向,一般以东北向和西南向为好,同一林段内割面方向应一致。

②割线倾斜度:阳线25°~30°,阴线40°~45°。同一林段内割胶方向应一致。阴刀割线的斜度应比阳刀割线大,否则割胶时胶乳外流严重。据试验,阴线斜度以40°~45°最好,优点为乳胶外流最少,能较好地控制耗皮量,浪费树皮较少,胶工也较易制胶。每年割胶前,应浅开上下垂线。胶舌在割线下方10 cm内浅钉,胶杯与胶舌的距离不超过10 cm。

3.割胶制度

割胶是切断橡胶树树皮上的乳管,使胶乳流出的作业。割胶制度则是人们对橡胶树有计划、有节制的采胶措施,使橡胶树排胶强度与产胶能力达到相对平衡。一个理想的采胶制度,应该是产量高、成本低、死皮少,在橡胶树整个经济寿命周期中获得最高的经济效益。

(1)割线条数、形式和长度及割胶频率。

割线的条数、形式和长度是以分数来表示的。分子用大写字母,表示割线形式。割线长度用割线投影占树周水平长度的比例来表示,它不是割线的实际长度。分母前面的数字表示割线的数目。

S=全螺旋割线;S/2=一条半螺旋割线;S/4=一条1/4螺旋割线;V=V字形割线;C=全树周割线,割线形式不定;C/2=一条半树周割线,割线形式不定。

当向下割用阳刀时,不必标出割胶方向的符号。向上割阴刀,则需在割线符号之后标出向上符号(↑)。当橡胶树有两个割胶方向时,则在割线符号之后同时标出向上和向下的符号(↑↓)。S/2↑=一条向上割(阴刀)的半螺旋割线。2×S/4↑↓=两条阴阳刀四分之一的螺旋割线。

割胶频率和割胶周期用分数或系列分数表示。分子表示制胶期和单位,分母表示制胶周期长度。第一个分数表示“现行频率”,后一个分数表示“实际频率”。d=日,w=周,m=月,y=年。d/1=每日割,d/2=隔日割,d/3=三日割;6m/9=割六个月后休割三个月。

d/3割制:人割三个树位(每片一个树位)。d/4割制:可人割三个树位,也可人割四个树位(每片一个树位)。割胶时,每天割一片。√表示深度;/表示耗皮;×表示特伤;△

表示大伤;○表示小伤。

树位割株定额原则上掌握在3h内割完,视坡度大小和路程远近而定,一般单阳线树位一般250~300株;实行阴、阳双线老龄割制的树位一般200株左右。中龄树以上林段,要考虑可复割的灾害树和死皮树的数量。初割期林段要考虑开割率和新增割株。

(2)割面轮换。

割胶可在同一割日一个割面或一组割面上进行。也可隔日或一个割胶期在几个割面或几组割面轮换割胶。后种方法称为换割制度,并在括号内用数字和英文字母表示每个割面轮换的周期,括号内第一个数字表示第一割面轮换的周期,第二数字表示第二割面轮换的周期。

(t,t)=双割线,每条割线每制日换期一次;(m,4m)=双割线,每条割线制四个月轮换;(w,3w)=双割线,第一割线割一周后转第二割线割三周。

(3)混合割胶。

在同一株橡胶树上的两条割线,可以同日或隔日割胶。

同日割:两条割线的长度符号用(+)连接起来。如:S/4↑+S/2=一条四分之一向上阴割线和一条二分之一向下阳割线,同日割。

隔日割:两条割线的长度符号用逗号(,)分开。如:S/2↑,S/2=一条二分之一向上阴割线和一条二分之一向下阳割线,隔日割。

(4)刺激符号。

刺激符号与割胶符号是分不开的,在它们之间用一个逗号分开。刺激符号由刺激剂、施药方法和周期三部分组成。刺激剂用专门代号或化学符号来表示,如ET=乙烯利,CaC_2=电石,施药浓度剂量和施药宽度直接写上。

施药表示方法:Pa=在割面上施药;Ba=在树皮上施药;La=不拔胶线,在割线上施药;Ga=拔去胶线,在割线上施药;Sa=在土壤中施药(如电石)。

关于刺激符号。ET5%,Pa2(2),8/y(m)表示用5%乙烯利刺激,在割面施药,每次施2 g,带宽2 cm,每年施8次,每月施一次;ET5%,Ga2(1),16/y(2w)表示用5%乙烯利刺激,拔去胶线施药,每次施2 g,带宽1 cm,每年施16次,每间隔2周施一次。

(5)割胶制度的选择。

割胶制度的制订和选择要因地制宜。根据多年的生产实践经验总结及试验研究结果,云南植胶区将生产上的橡胶树品种划分为以RRIM600为代表的不耐刺激的Ⅰ类品种和PRI07代表的较耐刺激的Ⅱ类品种。云研277-5、海垦2、云研1号等为Ⅰ类品种，GTI、PB86、云研77-2、云研77-4等为Ⅱ类品种。不同割制、不同割龄的割胶制度及ET施用浓度不同，参见表17、表18。

表17　橡胶树 d/3割制不同割龄的割胶制度及ET施用浓度

割胶制度	割龄段	ET浓度/%	
		Ⅰ类品种	Ⅱ类品种
S/2 d/3	1～3	0	0
	4～5	0.3	0.5
	6～7	0.5	1.0
	8～11	1.0	1.5
	12～15	1.5	2.0
	16～19	2.0	2.5
(S/2+S/4↑) d/3	20～24	2.0	2.5
	25～29	2.5	3.0
	30～34	3.0	3.5
	35～39	3.5	4.0
(S/2+S/2↑) d/3	40～41	4.0	4.5
(2S/2+S/2↑) d/3 或(S/2+2S/2↑) d/3	42～43	4.5	5.0

表18　橡胶树 d/4割制不同割龄的割胶制度及ET施用浓度

割胶制度	割龄段	ET浓度/%	
		Ⅰ类品种	Ⅱ类品种
S/2 d/4	1	0	0
	2～3	0	0.5
	4～5	0.5	1.0
	6～8	0.8	1.5
	9～12	1.1	2.0
	13～16	1.5	2.5
	17～20	2.0	3.0
(S/2+S/4↑) d/4	21～24	2.0	3.0
	25～28	2.5	3.5
	29～32	3.0	4.0
	33～36	3.5	4.5
	37～40	4.0	5.0
(S/2+S/2↑) d/4	41～43	4.5	5.5
(2S/2+S/2↑) d/4 或(S/2+2S/2↑) d/4	44～45	5.0	6.0

(6)割面与割制的规划要求。

新开割芽接树采用S/2 d/3-4割制,第一、第二割面均为130 cm;采用(S/4+S/4↑) d/3-4割制,第一、第二、第三、第四割面均为110 cm。胶树正常割胶的树皮利用高度为20 cm。

中龄树从单阳线改阴、阳双线老龄割制的,S/4↑阴线原则上第一次开线在再生皮与原生皮接合处开。前期采用常规割制(d/2)的胶树,在下端第一、第二割面原生皮割完割再生皮时,同时在相反割面开S/4↑阴线,实行老龄割制割胶。

开割林段安排新割面,既要方便割胶操作,又要有利于防止割面病害、寒害。同一林段内的割面方向要整齐统一。平缓林段割面可与行向平行,坡地割面与环山走向垂直。

应用开模器准确划出离地高度的S/2半树围和S/4+S/4↑、S/2+S/4↑的1/4树围的割线长度、斜度,再用胶刀浅开线。割线两端前后垂线,阳线开到底,阴线开到顶。

老龄割制S/4↑阴线割面转换:第一割面割完转第三割面,第三割面割完再依次转第二、第四割面。

(7)年割次要求。

① d/3:正常年份一类型区≤10割龄胶树的年总割次不得超过75次,>10割龄胶树不得超过80次;二、三类型区≤10割龄胶树的年总割次不得超过70次,>10割龄胶树不得超过75次。

② d/4:正常年份一类型区≤10割龄胶树的年总割次不得超过60次,>10割龄胶树不得超过65次;二、三类型区≤10割龄胶树的年总割次不得超过55次,>10割龄胶树不得超过60次。

③严禁连刀、加刀;因雨影响割次可顺延,但不补刀。

4.开割与停割标准

(1)橡胶树叶蓬物候。

叶蓬物候是叶片随着环境、季节、植物自身生长变化而变化的生长节律,包括叶片的抽芽、展叶、变色、稳定、黄叶和落叶等现象。对橡胶树而言,叶蓬物候一直以来都是橡胶树物候研究的重点。叶蓬物候与割胶、病虫害防治、抗逆性等实际生产问题密切相关,人们可根据叶蓬周期性活动安排农事、指导农业生产,因此橡胶树叶蓬物候的相关研究备受重视。

橡胶树叶形态为三复叶,由叶柄、托叶、3片小叶组成,橡胶树叶随树干延伸而抽生,先形成鳞片叶，再形成复叶，顶层叶处于稳定状态后形成一蓬叶，再抽生下一蓬叶。从形态上看，叶蓬具有明显分层，叶蓬由叶、芽、轴3部分组成。一般情况下，形成一蓬叶所需时间因品种、环境和管理水平的差异而不同，萌芽到老化需20～30 d，冬旱季可长达2个月。叶蓬年生产量与树龄息息相关，幼树年抽5～7蓬叶，刚分枝幼树年抽4蓬叶，初产期和旺产期年抽2～3蓬叶，成龄树年抽2蓬叶。一年中成龄树第一蓬叶的抽叶量约占全年抽叶量的60%～70%，第二蓬叶占20%～30%，保证前二蓬叶特别是第一蓬叶生长良好是胶树全年高产的关键。

一般地，根据一年四季的变化，橡胶树叶蓬物候可分为以下几个时期。

①萌动期：顶芽萌动至复叶伸出时期，芽膨大，露出绿色尖端。

②抽芽期：复叶伸出至展叶时期，顶芽抽出，小叶折叠紧靠。

③古铜期：分为小古铜期和大古铜期两个阶段。小古铜期即小叶部分展开至全部展开时期，古铜色，倒垂；大古铜期即小叶全部展开至叶片变绿时期，深古铜色，倒垂，挺伸。

④淡绿期：分为淡绿（变色）始期、淡绿（变色）盛期、淡绿（变色）末期三个阶段。淡绿（变色）始期即小叶古铜色向棕黄色转变时期，小叶稍微翘起，组织柔软；淡绿（变色）盛期即小叶棕黄色向浅黄绿色转变时期，叶脉变绿，翘起角度变大；淡绿（变色）末期即浅黄绿色向浅绿色转变时期，叶片接近水平展开。

⑤稳定期：分为稳定前期和稳定后期两个阶段。稳定前期即叶片浅绿色至深绿色时期，叶片为绿色，水平展开，质稍硬；稳定后期即深绿色阶段，叶片有光泽，挺直，叶片坚硬。

⑥黄叶期：叶片季节性变黄至叶片初始掉落时期。

⑦落叶期：叶片初始掉落至叶片掉光时期。

（2）开割期与停割期的确定。

开割与停割时间的确定主要根据橡胶的生长、产排胶状况及气候环境的变化来确定。

开割期：第一蓬叶稳定植株达林段植株总数的70%，该林段可开制。

停割期：有下列情况之一须停割。

①冬季9:00，胶林下气温仍低于15 ℃，当天不割；连续出现7 d，当年停割。

②正常年份年总割次达到规定，即停割。

③正常年份规定年耗皮量已割完，即停割。

④经查实，干胶含量已稳定低于冬期割胶控制线以下，即停割。

树位年干胶定产是指以胶园生产力作依据，用前三年平均产量作标准，控制在±5%的范围内。中龄树转老龄割制的树位，产量增幅不超过10%。

干胶含量：以RRIM600为代表的Ⅰ类品种，年平均干胶含量25%以上；以PR107为代表的Ⅱ类品种，年平均干胶含量27%以上。

冬季，第Ⅰ类品种>10割龄和≤10割龄胶树，干胶含量分别低于24%和23%，应临时停割。第Ⅰ类品种>10割龄和≤10割龄胶树，如出现连续3刀分别低于23%和22%。第Ⅱ类品种>10割龄和≤10割龄胶树，干胶含量分别低于25%和24%，应临时停割；第Ⅱ类品种>10割龄和≤10割龄胶树，如出现连续3刀分别低于24%和23%，应当年停割。

当天割胶开始时间：原则上是天亮上山割胶。高温季节（5～9月），可提早到4:00开始割胶；冬季低温期，适当推迟上山割胶时间。因雨超过10:00割面不干造成外流的胶树，当天不割。

（二）割胶原则与技术要求

1.割胶原则

正确处理"管、养、割"三者的关系，实行科学割胶，保护和提高橡胶树的产胶能力，保持排胶强度与产胶潜力的平衡，使整个生产周期保持持续高产、稳产。正确划分胶树的产胶类型，按胶树的品种特性和树龄，规划设计割胶制度和刺激措施。严格按"低浓度、低剂量、短周期、低频率、减刀、浅割、增肥"和产胶动态分析指导割胶。

2.割胶深度

坚持浅割原则。以RRIM600为代表的Ⅰ类品种，≤10割龄胶树的割胶深度为1.8～2.2 mm，>10割龄胶树的割胶深度为2.0～2.4 mm；以PR107为代表的Ⅱ类品种，≤10割龄胶树的割胶深度为1.6～2.0 mm，>10割龄胶树的割胶深度为1.8～2.2 mm。高产长流胶树及2级以上死皮树的割胶深度应偏浅。冬季割胶深度以下限为准。初割期幼龄胶树树皮薄，割胶深度以割去砂皮见到黄皮为度。

3.耗皮量

① d/3割制：阳刀每刀耗皮1.2～1.4 mm，阴刀每刀耗皮1.4～1.6 mm。

② d/4割制：阳刀每刀耗皮1.4～1.6 mm，阴刀每刀耗皮1.6～1.8 mm。

实施老龄割制的老龄树，每刀耗皮量以高限为准。按规定的年割胶刀次计算出全年耗皮量，每年开割前在树干上划出标线。

4.死皮率及伤口率

当年新增4～5级死皮株率：采用S/2 d/3-4和（S/4+S/4↑）d/3-4割制的≤10割龄胶树，≤0.5%，>10割龄的中龄树，≤0.75%。采用（S/2+S/4↑）d/3-4割制的橡胶树，≤1.0%。采用阴、阳双线割胶的橡胶树，死皮病情以两条割线死皮病斑宽度之和占两条割线长度之和的比例定级。

阳线割胶，消灭特伤，大伤<5%，小伤<15%；阴线割胶，特伤<5%，大伤<10%，小伤<20%。每月终点漆和检查。

伤口标准：面积<0.25 cm×0.25 cm的伤口为小伤；面积=0.4 cm×1 cm的伤口为特伤；面积介于二者之间的伤口为大伤；超过特伤面积的伤口，按伤口面积折算为数个特伤。

5.割胶要求

（1）割胶工具。

①胶刀：目前，在实际生产中，胶刀常用推刀。使用小圆口推刀或拉刀割胶，禁用三角刀，双刀上岗，定点换刀。新刀要定好刀型，刀身内外光滑，凿口平顺、均匀，刀口平整、锋利。

②磨刀石：分为粗石、中石、细石三种。粗石质地与一般细砂轮相似，主要用于磨新刀、开凿口、定刀型；细石质地较细腻，主要用于将刀磨光滑、锋利；中石的硬度介于粗石、细石之间，主要用于磨刀口。磨刀时，在使用粗石后，用中石磨去粗石的痕迹，再用细石磨光滑。在磨新刀时，一般要控制好胶刀割口的形状，不能磨成直线，以免影响排胶或割伤胶树。

③胶舌：用于引导割口胶乳流入胶杯的一片铁皮槽。

④胶杯：盛接胶乳用，大小一般500～1000 mL，杯内釉面光滑，倒胶方便，易清洁。

⑤胶杯架：用铁丝绕成，套在树上，放置胶杯用。

⑥胶桶：分大小桶及铁桶和塑料桶。

⑦胶线篓：用于收集割胶时从割线上折下的胶线和胶杯凝块。

⑧割胶灯：用于天亮前照明割胶。

⑨胶刮：用于将胶杯中的胶乳收集干净。

（2）割胶操作要求。

①割胶技术基本要领：必须做到“眼、身、手、脚”四配合；掌握“稳、准、轻、快”操作要领；达到“三均匀”要求。

“眼、身、手、脚”四配合是指在割胶中眼、身、手、脚的姿势要正确，要轻松自然地协调进行。手握稳胶刀，掌握行刀的方向，使刀不向上、下、左、右摇摆而是顺沿着割线斜度方向前进。脚要站在离树适当的位置，自然地移步向前。眼睛要斜侧看准接刀点。身体向侧弯与眼睛自然配合行进。割胶是一种精细的技术性很强的手工操作。在胶园生产中，虽然其他抚管措施相同，但由于割胶工具和割胶技术不同，而产生相差悬殊的产量效果。

掌握“稳、准、轻、快”操作要领。即拿刀稳、接刀准、行刀轻、割得快。稳、准是基础，是达到深度均匀、割面均匀、切片均匀的前提。在稳、准基础上求轻、快，在保证质量的基础上加快速度，中心是接刀准。通常技术优良的胶工要比技术一般的胶工多产20%～30%的橡胶，而且伤树少，耗皮少，树皮再生速度快，橡胶树产量高，经济寿命长。

达到“三均匀”要求。即接刀均匀、深度均匀、切片均匀。稳、准是达到三均匀的前提，要在稳、准的基础上求轻、快，提高割胶效率。割胶操作切忌顿刀、漏刀、重刀、压刀和空刀。良好的割胶技术应该既能挖掘橡胶树产胶潜力，又能“刀锋养树”，做到产量高，伤树少，耗皮少，再生皮恢复快，养树好。割胶工具的优劣程度、操作的熟练水平对胶树的产量和健康状况都有直接的影响。

下刀：左手腕用力，右手食指稳定胶刀，刀向内倾斜插入树皮，然后轻快地向前挑出。行刀：拿稳刀后要准确的一刀接一刀地在树上割出四方皮。收刀：把手稍放低，同时右脚紧跟上半步，并稍转身，面对橡胶树，把刀向外刮出，整齐完成收刀。

做到“九防止”“两保持”。“九防止”即防止刀柄对胸、防止摇手、防止顿刀、防止漏刀、防止重刀、防止压刀、防止空刀、防止以刀带身、防止差半步收刀。“两保持”即保持下收刀整齐够深、保持割线顺直不变形。

搞好“六清洁”。即胶杯、胶刮、胶桶、胶舌、胶刀、树身和树头清洁。及时回收长流胶和杂胶。

②割胶技术要求。

使用小圆口推刀或拉刀割胶，禁用三角刀；下刀收刀整齐、够深；行刀稳、准、轻、快；割线平顺；深度均匀。

伤树少。割胶时尽可能不要伤及树皮内的形成层。一般超深割胶伤及水囊皮也是伤树。应做到基本无大伤和特伤,小伤少。因为橡胶树开割后要连续割胶几十年,如果割伤,伤口便会长瘤,影响乳管生长,降低产量,严重时可使橡胶树失去割胶的价值。

耗皮适量。橡胶树的经济寿命主要取决于可用于割胶的树皮的消耗量,树皮消耗量大,便会缩短橡胶树的割胶年限,使树皮不够轮换。因此,一般每割次的耗皮量:d/3割制,阳刀1.2 ~ 1.4 mm,阴刀1.4 ~ 1.6 mm;d/4割制,阳刀1.4 ~ 1.6 mm,阴刀1.6 ~ 1.8 mm。

割面均匀,深度适当。树皮内层乳管较多,而且内外乳管列之间基本不连通。所以,要割到适当的深度才能割断更多的乳管列,一般离形成层0.16 ~ 0.22 cm。同时深度要均匀,才能做到该割的乳管都割到。这样既可获得较高产量,又可使再生皮也长得平整,便于以后割胶。

割线斜度平顺。割胶时整条割线要平顺,不要出现波浪形、扁担形。这样利于胶乳畅流,也可使整条割线上都均匀地铺满胶乳,保护割口。要求割胶时每刀切片的厚薄要均匀一致。

下刀、收刀整齐。下刀、收刀整齐,直接影响树皮的规划和利用。如果下刀、收刀不整齐,超过水线,把不该割的树皮割了,就会影响另一割面的产量;反之,下刀、收刀不到水线,漏割了树皮,会影响当前产量。

(3)推刀割胶技术的基本要领。

稳。就是左手握刀时,刀要握紧,手腕与刀柄呈直线;右手拇指和中指握紧刀柄前端,扶定刀身,食指伸直放入刀槽中部,轻微靠定刀身左翼,起扶刀定向作用,行刀时胶刀要始终保持一定的斜度。

准。就是下刀要靠准后垂线的外边线,行刀时要以身带刀,脚步要跟上,用手臂力均衡而有节奏地将胶刀顺着树身的弧度向前推进。每刀都要接准前一刀,但要避免重落在已割的刀路上。进刀和退刀幅度约为2∶1,在整个行刀过程中要做到基本一致,使之达到切片厚薄、长短均匀,接刀均匀,深度均匀。

轻。就是行刀时压力小,刀身与割线的接触面不宜过大,一般只在刀口处1.5 cm左右。行刀时要用手臂力,不用手腕力推刀,以免“摇手”;用力要有节奏而均衡,进刀用力不可过大,以免“冲刀”;退刀时要退准三角皮处,不可过后,以免“重刀”;进刀和退刀要有节奏地连接起来,不要停顿,以免“顿刀”。摇手、冲刀、重刀、顿刀造成的摩擦大、压力重,对产量都是不利的。

快。就是要在“稳、准”的前提下求“快”。“快”关键不在走路，而在于操作。因此，要割得快，就必须在操作上下功夫。

(4)高割线反推刀的操作方法。

高割线反推刀适用于离地1.3 m以上的割线。

①握刀：与顺推刀不同，右手在后紧握刀柄，食指直放，起定刀作用。胶刀与手前臂呈直线，不要向里或向外弯曲。割线太高的可握后一点，并用单手握刀；较低的割线可用双手握刀。双手握刀时，左手拇指和食指指尖向上掐住刀根(又称刀丝，有孔处)进行定刀即可。

②用力：右手用力，整个手臂按割线斜度的方向用暗力均匀地将刀送出(不要冲、顿、摇)，这样比较容易控制刀锋，使刀切片长短厚薄一致，深浅掌握也容易。如双手握刀，左手起定刀作用，以减轻右手食指负担。

③下刀：左脚站位与水线对齐，脚尖向前，左手拇指和食指抓住左刀角置于下刀处，贴紧树身，然后右手用暗力对准外边线慢慢插入，深度够时右手握刀依托边线用手腕力向外挑出，左手也配合向外拉出，深度不够时可在内侧重复操作一次。若刀刀如此，则下刀整齐、够深，有利胶水流入胶杯。反之会引起外流、伤树，造成不应有的浪费。

④行刀：整个过程要求稳、准、轻、快，切片不宜太长，以2 cm左右为好。行刀时身体向后绕树身移动，并稍向左后倾，左肩比右肩稍低，使重心向后，以助转身。同时侧身向树，不要正面对树。握刀姿态在一般情况下不要变动，做到身移刀跟，一刀一片。人与树身的距离要适当，行刀时脚的站位远近要适合，过高、过低的割线人离树身都要稍远些。脚步的移动紧紧配合身体转动，移动时，右脚从右向左后退，右脚尖与左脚后跟成近“T”字形，但不要停留。整个脚步移动的过程也就是顺推刀脚步的还原过程。这样的脚步可以使转身容易，姿势自然，不致因脚步移动不当而影响行刀。另外，较高的割线脚步要走小一点，较低的割线右脚后移时脚步跨大一点。

⑤收刀：当行刀近后垂线时，速度要放慢，左刀翼到达后水线后，右手轻轻向上提起，待刀的两翼与后边线对齐后再向外拉出即可，要注意防止刀冲过边线割到未开割的树皮。用反推刀法割高割线的基本操作方法，总的要求是轻松自然，姿势正确。做到以身带刀、带脚步。操作要领可简单归纳为四句话：思想集中眼看清，侧身带刀退步行，右手握刀用力均，平刀切片稳、准、轻。

(5)阴刀割胶操作方法。

阴刀割胶时,若站的姿势和操作方法不对,割线过平等都容易引起体力疲劳,颈背疼。其操作基本要领跟阳刀割胶一样,要求稳、准、轻、快。

①姿势:手、眼、身、脚配合好,身体稍倾向胶树,前身稍低,站的位置始终与树身保持同等的距离,行刀时脚步、身体要紧跟上,握刀柄的手腕要直,眼看准底线三角点,用手臂力推刀。

②拿刀:右手握紧刀柄,拇指按于刀柄上面,其余四指把刀柄紧握掌中。左手手心向上,拇指在刀身上面,食指在下面扶稳刀身(近刀柄处),其余三指上屈握住刀柄和刀身连接处。如果割线过高需要单手割胶时,右手握稳刀柄,食指按在刀身上面,以稳定刀身。

③走步:两脚分开站稳,左脚摆在前,右脚在后,脚尖朝割面,身稍前倾,随着行刀,右脚从左脚后边自右向左随着树身移动,当右脚站稳,左脚即向后移步,以保持身体平衡。

④行刀:刀口向上侧35°~40°行刀,胶刀始终保持同样斜度,整个过程要求稳、准、轻、快,手、眼、脚、身配合好,刀身与割线接触宜小,一般刀口背面与割线接触1.5 cm。行刀时要以身带刀,刀口随树身转,用手臂力推刀,进刀和退刀用力均衡、轻松、有节奏,使切片长短基本一致、厚薄均匀、近似方皮。遇有小凹沟时,可用侧刀连刀割,大凹沟则用刀挑刀。

⑤接刀:接刀要对准底线三角点,一刀一刀地均匀向前行刀,刀口保持向上侧35°~40°。这样才能做到吃麻面少,割面呈明显的小线条,深度均匀,底线清,胶乳外流少。

⑥下刀和收刀:下刀前拔净胶线,顺斜下刀离前水线约2 cm,要割到应割的深度。行刀到离后水线约2 cm,应稍减慢速度,左刀翼到垂线则将刀柄向上稍提起收刀。

总之,阴刀割胶的最大难题是胶乳易外流。要克服外流,一是提高阴刀割胶技术,胶工需考核合格后才能上树位;二是雨后割面不干不割;三是可在割线下方安装接胶槽。

(三)割胶生产技术管理

1.刺激割胶技术

(1)剂型。

①淀粉糊:即按淀粉和清水1.5∶50的比例配制。先用1/4的开水将淀粉调成糊状,再加3/4的冷水搅拌,随即加入乙烯利和螯合稀土铂拌匀。配成的糊剂药液最迟在第二天用完。

②化学糊:即用食品级呈微酸性的羧甲基纤维素钠,以1∶100的比例加水搅拌溶解,再加入乙烯利和螯合稀土铂。为提高橡胶树的产胶能力,提高干含,减少死皮和割面病害,促进再生皮恢复,应施用通过成果鉴定或获国家专利的乙烯利复方药剂。

(2)剂量:原则上S/2单阳线或(S/4+S/4↑)阴阳线每株每次涂药量2 g,(S/2+S/4↑)阴、阳线每株每次涂药量3 g。因树龄大小不同,割线长度和树皮厚度不一样,涂药时根据具体情况进行调整。

(3)周期:d/3半个月为一个涂药周期,每一周期割5刀,全年割胶期一类型区涂药15~16次;二、三类型区涂药13~14次。d/4则12 d为一个涂药周期,每一周期割3刀,全年割胶期一类型区涂药18~19次;二、三类型区涂药16~17次。

(4)乙烯利刺激剂的配制方法。

剂型和载体:以糊剂为主;糊剂载体用淀粉糊或羧甲基纤维素钠溶液。淀粉糊用1.5∶50的淀粉和清水,搅匀煮沸而成。羧甲基纤维素钠溶液用1∶100的比例加水搅拌溶解而成。乙烯利施用液浓度为重量百分浓度,在配制过程中用秤或天平来称取,不能用量杯或量筒来量取。乙烯利具强酸性,在配制和施用过程中,一切容器均须用陶瓷和玻璃制品,切忌铁器,并注意防止腐蚀皮肤和衣物。

(5)涂药。

当年第一次涂药,应在第一蓬叶稳定,抓紧在割第二刀后进行,以免造成前期产量损失。在割胶当天下午胶线干涸时,用宽约1 cm的毛刷粘取药液,均匀涂在割线和割口上方2 cm宽的割面带上。

每年开割后的第一次涂药和进入雨季30 cm以下低割线转高割线时的第一次涂药,应先将紧接割线下方1~1.5 cm宽的外栓皮刮去,原生皮刮至呈现绿色为止,再生皮刮至呈现红色为止,再将药液均匀涂在刮皮带和割线上,以增加药效。涂药6h后遇暴雨冲刷,不用补涂;在2h内遇暴雨冲刷可补涂,但要降低一半浓度;在2~6h遇雨,可根据涂药后第一刀的产量,对减产多的适当缩短当次涂药周期。对出现死皮征兆及1～3级死皮树应单株停止涂药。

冬季涂药:10月10日起,一类型区≤5割龄胶树停止施用乙烯利,单施0.5%CRM。6～20割龄的Ⅰ类品种根据干胶含量和气温变化情况可降低乙烯利浓度段;进入11月份,6～20割龄的Ⅰ类品种停止施用乙烯利,单施0.5%CRM,6～20割龄的Ⅱ类品种及老龄割制降低一个乙烯利浓度段;11月10日以后,全部胶树停止施用乙烯利,单施0.5%CRM。二、三类型区根据干含和气温变化情况对不同品种和不同割龄段胶树,可提早降低乙烯利浓度和停止施用乙烯利,单施0.5%CRM。

2.养树割胶

养树割胶就是常说的"三看割胶"。所谓"三看"割胶,即是看天气、看季节物候、看树情况割胶。"三看"割胶的原因是不同的物候、天气、品种以及同一品种的不同植株,橡胶树的产胶能力和排胶习性都有差别。在割胶强度、深浅和早晚等方面,要因时因种因树制宜。譬如抽芽长叶,需要消耗大量的养分、水分,减少了橡胶合成的原料来源,就得适当浅割、轻割。特别是每年开割的物候,更要严格掌握好。

在整个割胶制度中贯穿"一浅四不割"。一浅:即在蓬叶稳定前,高产树,高温高产季节,干旱、风大的天气要浅割,割胶深度离形成层1.5～1.8 mm。四不割:①气温低于15 ℃时不割;②第一蓬叶不稳定不割;③雨后树干不干不割;④严重受灾、病害的树及死皮树不割。

(1)看季节物候割胶。

根据季节物候制订割胶策略,割胶策略为稳、紧、超、养。稳:每年开割时要稳得住,要等第一蓬叶老化植株达80%才能开割,第二蓬叶抽叶至稳定前应少拿产量。叶片尚未充分稳定就割胶与叶片充分稳定一周后割胶的相比,年产干胶前者只为后者的80～90%。紧:要抓紧抓好产胶潜力大的旺产期,要抓住好天气,善于采用刺激手段进行适当挖潜。超:生产计划应立足于提前完成,在8月底以前宜完成年度计划的60%以上,在冬季低温来临前超额完成任务。养:在整个割胶过程中都要注意养树。超额完成任务后应及时停割养树,转入冬季管理。

①根据季节物候决定开割期和停割期。

开割:橡胶树的高产是以叶茂为基础的。在橡胶树落叶期间割胶所得的胶乳是动用贮备糖而取得的,但橡胶树抽叶时亦需要应用贮备糖。只有叶片生长老化后进行光合作用时，才重新为橡胶树本身提供新的糖。因此，每年橡胶树第一蓬叶生长的好坏对当年产量的高低影响最大，为了保证橡胶树第一蓬叶生长好，不能提早开割，一定要待第一蓬叶老化后才能开割。一般以一个林段中有80%以上的植株第一蓬叶老化才开割，其余的稳定一株开割一株。停割：在冬季8:00前温度低于15 ℃时应临时停割，若这种低温持续3～6 d，则当年全面停割。另外，一株树若黄叶达一半，则应单株停割；一个林段半数以上的树黄叶达一半，则当年全面停割。冬季停止割胶的时间，一方面取决于气温，另一方面取决于叶片黄化的程度。当气温持续保持在15 ℃以上，橡胶树黄叶量占全树位的8%～20%时立即停割，这样可减少对来年产胶潜力的影响。

②根据季节物候调节割胶深度和转换割线。

一年之中橡胶树的产胶能力随季节物候的变化而进行弱—较强—较弱—强—弱的变化，在固定的割胶制度中，割胶深度也应随之发生变化。一般是每年开割初期浅割，以后略深割；第二蓬叶抽叶时又浅割；待第二蓬叶老化之后，开始深割直到10月低温来袭；至胶乳长流又浅割。这样通过割胶深度的调节来达到养树的目的，解决产胶与生长、产胶潜力与排胶强度之间的矛盾。耿马、沧源等胶区，一般3月至4月上旬浅割，4月上旬至5月深割，6～8月浅割，9～10月深割，11月浅割。一些地区则应提早一些时间转高线割胶。

“保一促二”：“保一”是指保证第一蓬叶长好。“促二”是指促进第二蓬叶生长。要做到“保一促二”，必须做到根据一年中橡胶树的产胶潜力的变化规律，采取相应的割胶策略。一般地，3～4月份抽第一蓬叶，开割时要稳得住，要等第一蓬叶老化植株达80%才开割，开始割胶时要浅割。第二蓬叶抽芽前适当施氮肥，6月份抽第二蓬叶时，抽叶期间适当浅割。

(2)看天气割胶。

看天气割胶主要是要根据天气情况，来决定割胶时间、割胶顺序和割皮厚薄。

①按早晨温度及天气情况决定当天割胶时间。

清晨气温19～24 ℃，相对湿度80%左右，静风的气候条件，有利于橡胶树的产胶、排胶，胶工在天明前后割胶即可。高温干旱季节，对排胶不利，胶工应点灯于4:30左右割胶，因为此时气候凉爽有利排胶。进入雨季之后，湿度较大，天明前割胶往往出现长流胶，容易引起死皮，应在天明时割胶。入秋以后，气温下降，也应在天亮后割胶。在低温季节因夜间气温较低，改为天亮后割胶。不然，长流严重，橡胶树易得病害和死皮。

入冬低温到来，早晨气温低于15 ℃，必须停割。

②按天气情况调整割胶深度和割树皮的厚度。

湿度大、气温凉爽时，排胶畅通，要适当浅割。高温干旱时，要适当深割和割皮厚一点。入秋之后，低温来临前则要浅割。雨天停割几天之后的第一次割胶，树皮要割厚一点，雨天冲胶的第二、第三刀也应割厚皮。高温干旱或吹旱风时，割口容易干，就应适当深割。

③按天气情况变换割胶路线。

割胶路线关系到一个割胶树位中开割的先后次序。一般每个割胶树位中有高产树和低产树，可用变换开割的先后次序来调节排胶时间和发挥产胶潜力。在炎热或干旱天气，应先割高产树和高产片，后割低产树和低产片。湿度大的凉爽天气，可先割低产树和低产片，后割高产树和高产片。低温季节中，为了保护高产树群的产胶能力，则应先割中产树，再割高产树，后割低产树。

掌握好雨后割胶。在雨季割胶时，要特别注意防止雨冲胶，故在阴天可能下雨的情况下，应先割低产树。雨后割胶做到树干不干不割。树干干后先割高坡、向阳、通风、高割线片，后割其他胶树。

根据天气掌握刀法。通常割胶为平刀，高温干旱季节割胶为稍正刀，冬季低温割胶稍为侧刀。

(3)看树割胶。

①根据品种(系)特性和植株特性确定割胶深度和频率。

看树割胶，是看树的产量、树皮和排胶状况的差别，而采取不同的割胶方法。对高产品种或高产且又长流的橡胶树要适当浅割，如RRIM600应适当浅割。因高产树排胶性能好，如深割被切断的乳管多，养分流失量大，容易出现营养亏损而死皮。乳管靠内的品种，要适当深割，如PR107、GT1适当深割。低产树适当深割才能提高产量，低产树深割但由于排胶性能差不会出现长流，也不易死皮。

②根据干胶含量、流胶时间确定割胶方法。

对干胶含量低、流胶时间长的橡胶树要浅割，或停停割割，或割线斜度小而较平缓。反之，割线斜度应稍大些，割的树皮也应稍厚些。据研究试验结果表明，开割以后的头两个月实行强割时，干胶含量会迅速下降到26%以下，严重影响下半年产量和干胶含量的恢复。因此，芽接树刺激割胶，干胶含量在9月份以前不宜低于28%，10月份以后不宜低于26%。并以此作为“警戒指标”。当低于警戒指标时应降低割胶频率，如该d/3为d/4或d/5，使休割期延长，有利于干胶含量的恢复。

③根据植株健康状况确定割胶强度。

遭受风害、寒害的橡胶树和非正常树，应按复割标准，酌情恢复割胶和施用刺激剂。死皮树要在处理后达到复割标准时才能割胶。死皮前兆期，应停停割割；死皮扩展期、干皮期应停割1～2周，同时增施速效肥料；低温期要严格贯彻“一浅四不割”。

冬季“一浅四不割”的实行，是保证胶树长期高产稳产的有效措施。入冬以后，胶树的生机减弱，养料的制造和乳胶的合成也相应地减少，冬季要适当浅割，即割离木质部1.5 mm左右。胶树的光合作用在15 ℃以下时大为减弱，在10 ℃以下时就完全停止。加上高湿低温的原因，有利于条溃疡病的发生蔓延，以及排胶时间延长等，为避免产胶潜力和排胶强度的失调，减少死皮和割面病害的发生蔓延，所以要实行“一浅四不割”。

3.开割园的施肥管理

（1）开割园施肥的必要性。

随着橡胶树树龄的增大，树围的增长，吸收土壤中的养分也增多。随着橡胶树树龄的增大，土壤中养分的可给量逐年减少，为了满足橡胶树的生长需要，必须根据土壤肥力的状况来考虑施肥。橡胶树每年抽叶需要大量养分，其中一部分来源于越冬期的储备养分，另一部分则来源于土壤。成龄橡胶树每年要开花结果1～3次，也要消耗大量养分。如果花果不归还土壤，则需要施肥补充。橡胶树在排胶过程中转移走了大量养分。割胶时，产量越高带走的养分就越多，如果加刀或使用刺激剂，养分的流失量比正常割胶要增加约1/3。淋溶也会损失养分。热带地区降雨量大，淋溶剧烈，土壤中一部分养分随淋溶而流失。径流也会造成养分损失，当降雨量超过土壤所能吸收的量就会造成地面径流，引起水土流失，随即导致养分损失。

（2）施肥的时间、用量和方法。

①施肥时间。橡胶树吸收养分的动力主要来源于胶树本身光合作用与蒸腾作用，而动力的大小是随着树况而变动，在动力最大、土壤湿润时施入肥料是最好的施肥时间。据研究，橡胶树吸收养分的最大动力是在胶树抽叶期、开花期、挂果期。早春抽叶期雨水少，又不宜施肥，结合肥料的性质及以上情况，橡胶树的施肥可分为以下几个时期。一是冬季停割时期，结合林段管理，维修梯田，挖水肥沟，施有机肥和化学磷肥。冬季，橡胶树仍然处于生长中，在冬季当气温低至15 ℃时，橡胶树将停止生长，不宜施氮、

磷肥而应多施钾肥。这个时期挖水肥沟对橡胶树没有多大影响,而且有机肥料经过2～3个月的腐熟,就可供给橡胶树上半年或整年生长和产胶的需要。二是6～7月雨后可施N、P、K复合肥,也可单施氮肥。三是冬季温度偏低地区,在9、10月份增施一次速效钾肥,以增加橡胶树的耐寒力。

②施肥的方法。割胶树的施肥方法,主要是指施肥部位和施肥操作。有机肥和化学磷肥应混合施在肥穴或肥沟中。两者混施,一是有利于有机肥的分解,二是可以减少土壤固定磷元素,减少把有效磷变为无效磷。

化肥应该施在离橡胶树1.5 m的根圈范围内,割胶树的根系虽然伸展很远,彼此交错,但根据试验,以半径1.5 m范围内的根系吸收养分最多最快。尿素一定要开浅沟施,施后盖土,因为尿素遇水经微生物分解后会产生氨气,使肥料的有效成分挥发损失。在施肥前,应该在行间控萌,在树身周围除草。

③施肥的数量。一般地,每年每株割胶树需施的肥料数量:牛栏肥15～25 kg、压青10～15 kg、尿素0.5 kg、过磷酸钙0.25～0.5 kg、硫酸钾0.1～0.2 kg,或N、P、K复合肥(有效成分40%以上)1 kg。

(3)橡胶树合理施肥的原则。

①在保肥的基础上施肥。土壤的自然肥力是千百年积累起来的肥力,如能充分而合理地利用,我们可少施大量肥料,节约大量劳动力。所以要充分认识保肥的重要性,采取措施减少径流,防止胶园水土冲刷,建立良好的胶园植被,认真做好枯枝落叶的回收工作,适时深翻改土等。把保肥和施肥提到同等重要的位置来看待。

②在施有机肥的基础上施化学肥。化学肥料对橡胶树的生长及产胶起着重大作用,这是不容争辩的,但是只有在施用有机肥的基础上施化肥才能充分发挥化肥的作用。这主要是有机肥起着改良土壤的重要作用。

③注意平衡施肥。平衡施肥包含两个方面的内容。一方面要注意N、P、K、Mg等养分间的平衡,比例要适当,不至于造成一种成分过于丰富而另一种又亏缺。这就要对症施肥,即营养诊断施肥。另一个方面做到平衡加强施肥,防止对居民点邻近的林段或少数高产树偏重施肥,而忽视了边远林段以及大面积橡胶树的施肥管理,事实上只有全面施肥才能普遍增产,得到最大的经济效益。

④少量多次施肥。施肥时一次性施用大量肥料会降低肥效,且又白白浪费肥料。因此,施肥料时应做到少量多次施,这样才能提高肥料的利用率。

4.胶乳早期保存和收胶

在高温旱季，胶树开花、抽叶季节，刮风下雨后割胶，收胶时应在收胶桶内加氨水，一般10 kg胶乳需加50 mL左右的5%氨水。

参考文献

[1]孟定农场志编纂委员会.云南省临沧地区孟定农场志[M].昆明:云南民族出版社,2013.

[2]耿马傣族佤族自治县地方志编纂委员会.耿马傣族佤族自治县志[M].昆明:云南民族出版社,1995.

[3]黄慧德.橡胶树栽培与利用[M].北京:金盾出版社,2006.

[4]周艳飞.云南橡胶树栽培[M].昆明:云南大学出版社,2008.

[5]冯淑芬,刘秀娟,郑服丛,等.橡胶树炭疽菌生物学和侵染特征研究[J].热带作物学报,1998,19(2):7-14.

[6]洪支荣,穆洪军.橡胶树白粉病发生与防治体会[J].中国热带农业,2012(4):46-47.

[7]肖春云.橡胶树白粉病综合防治试验比较[J].中国热带农业,2010(6):56-58.

第四节　水果

一、概述

（一）临沧水果发展历史

临沧市地形复杂，海拔差异大，气候类型多样，种植业多元化，主要以粮食、蔗糖、茶叶、核桃为传统支柱产业。随着人们的温饱问题基本解决后，产业结构得到调整，水果产业得到加强。2000年开始，临沧市农业科学研究所在水果种苗扩繁、示范等方面做了大量工作。从2002年底起，先后引进一些水果品种进行扩繁，推广种植。2003年9月，耿马县引进云南凯雄实业集团有限公司，2004年5月注册成立临沧凯雄有限公司，采取“公司+基地+农户”的模式培育并不断发展壮大香蕉产业，在云南耿马凯雄香蕉有限公司的带动下，建设苗圃场，进行营养钵育苗，建成了香蕉种植示范基地0.96万亩，带动示范推广种植7万多亩，并成功向国家农业部（现农业农村局）申报了“凯雄香蕉”绿色食品认证。2005年起，引进资金和技术在云县幸福镇建立了一个优质水果科技示范基地，充分发挥部门优势，通过引育示范带动全市水果产业的稳步发展。

近年来，临沧市结合大部分县域热带、亚热带气候资源丰富的优势，大力发展热带水果种植。到2003年末，临沧共有果园面积178828亩（不含果用瓜），其中热带水果，亚热带水果（芒果、菠萝、荔枝、香蕉等）的种植面积达89659亩，占园林水果面积的50.1%；全市水果产量为（不含果用瓜）43958t，其中香蕉、菠萝、芒果、荔枝、龙眼等热带水果产量达24369 t，占园林水果产量的55.4%。2004年新植水果9186亩，水果累计面积达18.89万亩，柑橘橙、番荔枝等特色水果开发取得新的进展；香蕉、木瓜等特色优质产业开发取得新突破，完成柑橘橙种植8202亩，香蕉种植2.7万亩，木瓜种植2.6万亩。2005年全市水果面积191335亩，产量为66337.7 t；2006年水果面积为314394亩，产量为

90823.3 t；到2007年，临沧水果面积发展到322995亩，产量为101332 t。“十一五”以来，临沧市热区水果种植面积不断扩大。孟定的香蕉因果实大且可四季产果而出名；幸福镇的番荔枝，平均单果重可在750 g以上，最大单果重达2300 g，堪称“番荔枝王”，且当地产的番荔枝成熟期比海南、广东、台湾等地早熟1个月左右，适逢中秋、国庆佳节，市场优势十分明显，发展潜力较大；永德县芒果因挂果率高、品质好而被人们看好，现已建成芒果示范基地4.68万亩。2016年12月“永德芒果”成为国家地理标志保护产品，是临沧市首个获得地理标志保护的水果产品。每年的7月10日为“芒果节”，吸引着很多游客到永德品尝芒果、做生意，与当地果农签订销售合同，外销市场十分广阔。近年来，在政府的大力支持下，通过品种改良、品牌打造、企业带动等措施，多措并举，突出抓好品种优化改良、产品精深加工、拓宽销售渠道等环节，积极推进水果产业发展。到2019年，临沧水果的种植面积达469530亩，产量为198609 t。生产方式已由粗放型、分散型向集约型、规模型、标准化生产方向发展。

（二）临沧水果分布情况

临沧地区各县（区）充分发挥各地的气候及地理优势，因地制宜，优选果树进行种植，目前各地种植的水果种类有20多种。南汀河下游耿马县是柑橘、香蕉、西瓜的主产区，除此以外该地区内有梨、芒果、菠萝、青枣、李子等水果的小面积种植。西北部怒江、勐波罗河、永康河流域属热区，永德县的小勐统、永康、亚练、斑卡、勐板及勐底农场的芒果、荔枝、龙眼生长情况良好且产量高、品质好。除此以外该地区还小面积种植了桃、梨、柑橘、柿子、杏子、番木瓜等水果。临翔区是梨、桃、柿子的主产区，同时有苹果、柑橘、香蕉、石榴、杨梅、菠萝、荔枝、李子、草莓等水果。凤庆县有种植梨、柑橘、香蕉、桃、芒果、杨梅、柿子、李子、梅子、西瓜等多种水果，其中梨、柑橘、香蕉、桃、李子、梅子的种植面积在1000亩以上。双江县是临沧市火龙果主产区，其中梨、柑橘、香蕉、桃、芒果、李子、西瓜、番木瓜、蓝莓、甜瓜等水果，其中梨、柑橘、香蕉、桃、芒果、李子、火龙果的种植面积均在1000亩以上。沧源县是柑橘类水果的主产区之一，除此以外该地区所种植的梨、香蕉、桃、李子面积均在1000亩以上。云县种植有梨、柑橘、香蕉、桃、李子、荔枝、青枣、樱桃、枇杷等水果，其中梨、柑橘、香蕉、桃、李子种植面积在1000亩以上。镇康县种植的柑橘、香蕉、桃、菠萝、李子、西瓜的种植面积均在1000亩以上，除此以外还种植有芒果、梨、葡萄、荔枝、火龙果、番木瓜等水果。

（三）临沧水果发展现状

1.水果产业发展现状

临沧市按照优势产业区域化、优势产品规模化的基本原则，水果产业已发展为现代农业的主体和农民增收的重要途径，永德县、耿马县等水果产业已基本形成区域化布局、规模化生产、产业化经营格局，对区域经济的拉动作用明显。通过招商引资，培育龙头企业和专业合作组织，采取“企业+合作社+基地+农户”“公司+基地+农户”“合作社+基地+农户”“种植大户+农户”的发展模式，将分散的、规模小的水果种植农户组织起来，将芒果、香蕉、荔枝、梨、柑橘、桃、李子、西瓜等水果生产向产业化、规模化、集约化的经营模式转变，并努力发展牛油果、沃柑、苹果、番荔枝、石榴、番木瓜等新兴水果产业。在省、市农垦局的大力支持下，以标准化热作示范园建设为抓手，认真实施各类产业发展配套基础设施建设项目，如：新修了永康分场农田农地灌溉沟渠、勐底农场场直四队芒果收购服务中心，勐底农场农产品综合服务中心等，有效改善了园区生产条件，切实为产业发展奠定了基础。通过采取“请进来，走出去”的办法，积极组织开展各类生产技能专题培训，组织种植大户到华坪、潞江、屏边等同类产区交流学习。同时，积极利用产业技术帮扶的机遇与云南省农科院热带亚热带经济作物研究所、云南省德宏热带农业科学研究所等签订技术培训合作协议，定期开展生产技术培训。成立水果服务机构，为果农提供水果生产技术服务，目前共有96个水果技术服务机构。大力实施品牌和“互联网+”战略，探索电商、微商等新型营销模式，进一步提高经济附加值和市场影响力。同时不断完善配送、产品深加工、保鲜贮藏、冷冻物流等生产、销售体系，有效提高临沧水果的市场竞争力，促进农业增产、农民增收，努力让临沧的水果飘香全国。

（1）水果生产现状。

2020年临沧市种植水果种类有20余种，芒果、香蕉、梨、桃、荔枝、柑橘、火龙果等优势水果累计种植面积共397361.3亩，其中当年新植果园面积33849.3亩，水果树龄在5年以下的果园面积为136794.0亩，树龄在5～20年果园面积206469.0亩，树龄在20年以上的果园面积达20249.0亩。2020年水果累计产量为312660.7 t，平均亩产为0.8 t。近年来，新兴特色水果的示范推广取得一定进展，目前全市沃柑种植面积超过2万亩；永德县班卡乡发展苹果500亩；临翔区平村乡、双江自治县沙河乡、永德县永康镇新发展牛油果800亩，全市牛油果面积发展到1500亩；临翔区平村乡发展突尼斯软籽石榴1000亩；云县幸福镇新发展番荔枝600亩，全市番荔枝推广面积达1500亩。

(2)市场运行现状。

临沧市种植的水果主要以芒果、香蕉、梨、柑橘类、桃、荔枝、龙眼、菠萝为主,但存在水果产量低、品质不达标等问题,导致部分县(区)生产的水果只能满足本县(区)消费,外销量较低。经统计,2020年临沧市共有139个水果市场,1种无公害农产品,1个绿色产品,150亩无公害农产品认证面积,500亩绿色产品认证面积。2020年临沧市全年水果生产总量为312660.7 t。其中,临翔区48237.0 t,双江县18332.0 t,耿马县72990.0 t,沧源县18364.0 t,永德县64873.4 t,凤庆县12241.3 t,镇康县16595.0t,云县61028.0 t。外销(出县)水果总量为83688.3 t,比上一年增长0.3%。其中,双江县为7332.8 t,耿马县43794.0 t,沧源县5600.0 t,永德县23979.5 t,凤庆县2100.0 t,镇康县820.0 t,云县62.0 t。水果全年生产总产值为9.31亿元,其中外销3.44亿元,比上一年增长0.1%。

(3)龙头企业和合作社带动情况。

经多年努力,临沧市在积极发展外销水果基地,培育外销水果品牌上有了一定突破。为打造区域水果品牌,积极扶持和推动水果龙头企业和合作社的发展,按照"企业+基地+农户""合作社+基地+农户"的发展模式,目前临沧市内成立了15个水果企业,其中有1个为州(市)级龙头企业,1个为县(市、区)级龙头企业。共建成83个水果农民合作社,其中沧源佤族自治县2个,耿马傣族佤族自治县5个、双江拉祜族佤族布朗族傣族自治县4个、镇康县6个、永德县4个、云县28个、凤庆县16个、临翔区18个,合作社年销售收入达7545.1万元。建成1个水果家庭农场,农场年销售收入达18.0万元。

2.临沧市水果产业发展过程中存在问题

(1)水果品种结构不合理。主要表现为两个方面,一是普通水果多,名特优水果较少,效益未能充分发挥;二是上市期集中,容易造成烂市,影响果农收入。

(2)优质生产技术和采后处理技术没有得到大力推广。管理技术落后、缺乏名优水果、外观较差、缺少分级、缺少清洁技术和保鲜技术、优劣不分、统货销售、绝大多数产品缺少商标、缺少品牌、包装简陋甚至散装销售,这些因素都极大地影响了水果的商品性。

(3)果品加工能力薄弱,利用率低、加工品种单一,企业龙头带动作用不明显。市内仅有云南凯雄集团孟定公司的香蕉精粉加工厂和云南玉丹饮料公司两户果品加工企业,年加工水果不足3万t。加工能力薄弱,一方面造成了果品利用率低下,影响了企业效益和市场竞争力;另一方面也不利于果农抵御市场变化带来的负面影响。

(4)产销渠道不畅,销售网络基本没有形成。临沧市水果的生产和发展虽然在过去几年中取得了较快的提升，但销售方式依然停留在很多年前的“小商贩”模式上，没有一个完整健全的销售网络，也没有果农自己的生产销售协会。果农缺信息、缺资金，难以涉足市场参与流通。

(5)产业争地现象严重。临沧市气候类型丰富，水果生产条件优越，但产业争地现象十分突出。现在全市热区主要种植甘蔗和橡胶，适宜芒果种植的乡镇均以甘蔗和橡胶作为热区的主要作物，能够成规模种植水果的地块相当缺乏，使水果产业规模化、集约化生产受到制约。

二、栽培技术

(一)临沧水果栽培优势与特色品种

1.临沧市水果栽培优势

临沧市属亚热带低纬高原山地季风气候，地形地势复杂，是一个拥有多种气候类型的地区。临沧主要受印度洋暖湿气流和西南季风的影响，四季之分不明显，但干雨季分明，雨水较多，日照时间长，年平均日照数在2000 h以上，霜期较短，部分地区终年无霜；立体气候明显，山区年平均气温为13～15 ℃，中海拔坝区为16～18 ℃，低海拔河谷地区在19 ℃以上，亚热带低纬度热区面积占全市总面积的1/3，占云南热区面积的11.4%。

从全市气温分布情况看：临翔、凤庆、永德、沧源气候温和，四季如春，年平均气温16.5～17.5 ℃；云县、双江、耿马和镇康四县气候炎热，年平均气温在18～20 ℃，夏季较长，无明显冬季。临沧市雨量充沛，沧源、耿马孟定镇、镇康勐捧乡为降雨多雨区，年降雨量1500～1750 mm，云县、双江和临翔为较少雨区，年降雨量920～1600 mm。全市可划分为北热带、南亚热带、中亚热带、北亚热带、南温带、中温带六个气候带。年平均气温为17.3 ℃，无霜期317～357 d，年均降雨量920～1750 mm，年均日照1894.1～2261.6 h。具有光热资源充足、四季差异不明显、夏无酷暑、冬无严寒、干湿季分明、降水充沛、立体气候显著的特点。临沧多年平均水资源总量为232.27亿 m^3，有大小河流1000多条，县级以上集中饮用水源地水质100%达到国家一级、二级保护区要求，人均水资源量近1万 m^3，是云南省人均水资源量的2倍，水能蕴藏量居云南省前列。市内城镇过境河流水质均控制在Ⅳ类水体标准以上，是云南16个州(市)中生态较好的州(市)之一。临沧的水资源和劳动力资源丰富，境内低热坝子和低热河谷部分地区是种植热带水果的一块“宝地”，由于地处祖国内陆，常年不受台风影响，发展热带水果与沿海地区相比优势明显。因此，临沧种植热带水果潜力巨大，并被同行们及广大农民群众认可。

2.临沧市特色水果品种

临沧种植水果种类有20多种，梨、柑橘类、芒果、香蕉、荔枝、桃等水果种植历史悠久，种植面积广，已规模化种植。为进一步丰富临沧市水果品类，充分利用其自然条件，近年来临沧市开始种植牛油果、沃柑、苹果、番石榴、石榴、番木瓜等新兴水果。

（1）柑橘类：柑橘类中种植的主要品类为椪柑、脐橙等。其中椪柑具有优质、丰产、高效的特点，被誉为“东亚橘中之王”，倍受消费者及果农的青睐。

（2）梨：临沧市种植的梨品种主要为当地品种，如火把梨、黄皮梨、冬梨等，有少量雪梨、红梨等新品种。

（3）香蕉：临沧市香蕉栽培的主要品种有凯雄1号、凯雄2号、凯雄俏佳人等。

（4）芒果：临沧地区种植的主要芒果品种有缅三、缅二、大白玉、三年芒、圣得龙、椰香、吕宋、泰国芒、勐底一号等，其中缅三以其皮厚、保质期长、果肉具有浓郁的松节油香味，远销至四川、昆明、越南、缅甸等地。泰国芒、勐底一号、吕宋三个品种为云南玉丹饮料有限公司生产芒果原浆的主要原料。

（5）荔枝：临沧市荔枝种植的主要品种有妃子笑、糯米慈、大绿宝、桂味等。2020年9月，勐底农场选送的“桂味”荔枝在由农业农村部南亚热带作物中心、国家荔枝龙眼产业技术体系举办的全国优质荔枝擂台赛中荣获桂味组铜奖。

（6）其他：非洲番荔枝、牛油果、突尼斯软籽石榴、中华2号冬桃、早熟脆桃也是临沧种植的特色水果品种。

（二）临沧主要水果栽培与管理技术

1.椪柑栽培与管理技术

（1）培育壮苗。

①砧木苗的培育。椪柑苗的繁殖主要采用以枳为砧木的嫁接繁殖法。一般在9月采收枳的果实，挤出种子，摊晾至种皮发白，即可收贮待播。播种时间从种子采收到翌年3月份均可，按每亩苗床用种100～125 kg，选大粒饱满的种子用0.1%高锰酸钾液消毒处理后，用水洗净，即可播种。先整好苗床，施入腐熟农家肥，盖一层薄土，均匀播撒

种子后，覆盖1.5 cm厚的细沙壤土，浇透水，再覆盖上稻草，秸秆等。

播种后，视苗床的湿度和气温及时浇水，随着砧苗的出土，逐渐揭去覆盖物，注意做好除草、中耕和施肥管理。当砧木苗长出2～3片真叶，苗高8～10 cm时移栽至苗圃地，一般移栽规格为20 cm×10 cm，移栽后应加强田间管理，保持土壤湿润，勤施人畜粪水、除草、松土，注意病虫害防治。

②嫁接。于5～8月份进行嫁接，嫁接方法主要采用小芽腹接，于接芽成活后分2次进行剪砧，加强中耕除草、肥水管理及病虫害防治，于翌年5～7月份出圃进行大田移栽。

(2)移栽管理。

①择地建园。选择海拔在700～1500 m之间的区域种植椪柑，园地可以是平地，也可以是倾斜度不超过25°的丘陵或山地。挑选地块肥沃、交通条件较好、排灌方便的地方建园。

②移栽。挖定植塘：按3 m×2 m规格挖塘，塘深、宽均为80 cm，挖出表土和底土并分开堆放。施底肥、回填定植：每塘施腐熟厩肥50 kg和磷肥1～1.5 kg，先将肥料和表土拌匀回填至塘深50 cm处。移栽：先修整苗木，剪去受伤的根系和过长的主根，将苗木置于定植塘中央，回填细土，边填边注意理顺根系，边用足踩实，回填土应略高于地面10 cm，浇定根水，根盘覆盖杂草或作物秸秆，栽植深度以根茎入土3 cm为宜。

③栽后管理。栽植后要注意查看，保持土壤湿润，促长新根，做好防冻防风工作，注意防止人畜践踏。

(3)果园管理。

①土壤管理：适时中耕除草，覆盖树盘，7年以上大树每年结合施肥进行一次土壤环状深翻。果园可套种矮秆作物，起到以短养长、抑制杂草、增加收入的作用。

②合理施肥：幼树每年5～8月份，进行4～6次追肥，以粪水加适当化肥为宜。大树(结果树)分期追肥：花期肥(2月下旬到3月上旬)以速效氮肥为主，配合施用农家肥；稳果肥(5～6月份)少施氮肥，主要采用叶面喷施0.3%尿素加0.3%磷酸二氢钾，每15天1次，喷2～3次；壮果肥(7～8月)以速效肥为主，结合施用农家肥；采后肥(采果后)以农家肥为主，配合施用少量化肥。

③水分管理：冬春季适量灌水，使冬季恢复树势，促春梢抽生整齐、健壮、开花正常。夏秋季注意排水，减少养分损失，改善土壤性状。

④整形修剪：整形修剪的目的是培育合理的丰产树形和牢固的树体结构，协调枝、

叶、秆、群间结构,使果园通风透光,达到早结果、立体结果、丰产稳产。幼树做好无用枝的修剪,夏秋梢摘心,延长枝短截。初果树:抹芽放梢,延长枝短截,夏秋长梢摘心或短截。盛果树:疏剪郁闭大枝,枝组轮换压缩修剪。总之修剪的原则就是,调节好个体与群体,个体各部位,地上部分与地下部分之间,营养器官与生殖器之间的平衡关系。

2.香蕉栽培与管理技术

(1)选址。宜选避风避寒条件较好、阳光充足的小环境。宜选土层深厚,结构疏松、肥沃、水源充足、排灌良好的壤土或砂壤土。要求地下水位在50 cm以下。

(2)整地。水田:宜采用高畦深沟、两行植的栽培方式,以降低地下水位。要求起畦后畦面宽3.5 ~ 4 m,畦沟宽0.8 ~ 1 m,深0.8 ~ 1 m,地下水位降至50 cm以下,畦长约100 m。畦面行间可酌情挖一条浅沟。设置总排水沟,做到涝能排,旱能灌。旱田:宜深耕后起浅畦,采用单行植,起畦后沟深、沟宽各30 cm,畦长80 ~ 100 m,并设置二级排灌沟,以利雨天排水。旱坡地:宜采用浅沟种植,浅沟面宽50 cm,整地后深10 ~ 30 cm,以便灌溉、培土。

(3)施基肥整地后,亩施石灰50 kg。种植前3 ~ 5 d,每亩施猪、牛或鸡粪1000 kg+过磷酸钙(或钙镁磷肥)50 kg,每株5 ~ 8 kg,沟施或穴施。

(4)定植中耕。大田定植的最佳时间为春植,结合耿马县的香蕉基地土壤情况,定植方法采用沟植和坑塘定植。水田采用沟植,要求对土壤进行深耕后起畦,一畦二行,每畦间沟深0.5 m,宽0.3 m,畦长100 m,设二级排水沟,以利于旱季灌水、雨季排水,定植规格按1.7 m×2.2 m的宽窄行,每亩种植176株;旱地采用坑塘植法,定植规格采用1.7 m×2.6 m的宽窄行,每亩种植150株。

(5)肥水管理。定植后施肥要坚持“勤施、薄施、重点施”,定植后2 ~ 3周用淡粪水或少量速效化肥兑水5 kg,隔7 ~ 10 d施一次(在晴天进行、淋于离蕉头10 ~ 15 cm处),直至抽蕊,随着植株长大而沿冠盖面逐渐扩大施肥范围。除日常追肥外,还需结合中耕培土重施两次肥。第一次是改秆肥,在4月下旬至5月上旬进行,每株施磷肥、钾肥各0.3 kg,灰粪3 kg;第二次是改果肥,在立秋或6月下旬至7月上旬进行,每株施灰粪5 kg,复合肥0.5 kg。定植后,随着植株生长,要及时除去根部的新芽。抽蕊结果期,根据植株的长势,确定适宜留果数,断其花蕾,以确保植株营养的充足供应。

3.芒果栽培与管理技术

(1)芒果园的建立和栽植。

①园地选择。芒果园应选择在临沧年平均温在18～20 ℃,最冷月平均温在10 ℃以上,海拔在1300 m以下的地区,应择避风、朝向东南、土层深厚、土壤肥沃的地方建园,品种应分配多个,以利授粉。

②栽植时期。在无春旱、春天雨水较多的地方,以春植为宜;春天雨水少,春旱较长的地方,以夏植或秋植为好。

③栽植。芒果的成活率较低,取苗时根系应尽量带土或用袋苗,株行距可用3 m×4 m。

(2)芒果园的管理。

①施肥。幼树一年施肥6～8次,以氮肥为主,应侧重施用氮、钾肥。在多雨湿润的亚热带,还要适量施用镁、钙、铜、硼、锰等微量元素。结果树一年施三次。采后施基肥:秋后进行,施肥量占全年的80%,有利于下年新稍生长,开花结果;一次是催花肥:在早春开花前施,每株用尿素0.7～1 kg,以补充开花坐果所需的养分;一次是壮果肥:初夏当芒果小果发育阶段,应及时施用速效氮、钾肥0.5～1 kg,既可促使果实生长快,又可避免夏梢抽发时争夺养分,导致落果。

②土壤和水分管理。幼龄芒果园,可在行间间作绿肥、花生、菠萝或短期矮秆作物,以提高土地利用率,可抑制杂草和增加收入。树盘杂草应经常铲除,株行间除草应结合种植或翻耕绿肥每年进行2～3次。如花期过早应及时灌水,以提高着果率;如夏季降雨量过多,又应及时排水,以免引起严重的落果和裂果。

(3)树体管理。

①幼树整形。一般在苗圃建园或定植当年定干,高度50～100 cm为宜。对树苗进行摘心或剪梢,促其发出多个新梢,留3～5个适当的位置作主枝,其余抹去,主枝长至50 cm时摘心,促发侧枝,以后的枝以此类推。2～3年后,便形成一个具有多次分枝的自然圆头形树冠。主枝角度过大、过小的可用撑、上吊等方法调整至50°左右,以形成坚固的骨干枝。

②结果树修剪。开始结果的果树枝条较稀疏,除病虫枝与着生位置不当者外,一般不要疏枝。数年后,树冠开始郁闭,下部枝低垂至地面,可在收果后进行一次修剪,除去病虫枝、枯死枝,疏去一些外围枝和顶部枝,用开“天窗”来打开光路。

③摘除花序。摘除顶生花序可推迟花期大约20～30 d，除低温阴雨过长的年份收效极微之外，一般正常年份都能增加结果。

④应用激素。喷施0.05%的乙烯利或B9，对花芽、叶芽均有推迟萌发的作用，喷0.005%的赤霉素能减少落果。

(4)果实采收。

果实采收的成熟度要求与香蕉差不多，加工罐头的成熟度要求在80%～90%，远销的在70%～80%，就地供应的90%。采收时要轻拿轻放，不碰伤果面，用果剪逐个剪下，禁止摇树打果。果柄剪留3～5 cm。

4.梨的栽培与管理技术

(1)园地选择。按不同品种适应的海拔范围，选择土层深厚，肥力较好，有一定水源，每年3～5月份能浇1～2次水，排灌方便，背风向阳的平地或缓坡地建园。

(2)定植。①授粉树的配置。梨自花授粉力差，结实率低，因此在建立新梨园时要配置好授粉树。②定植密度。按4 m×3 m规格挖穴定植，亩栽55株，或采用矮化密植，按3 m×2 m规格，亩栽110株。③挖穴定植。要求穴深、宽均为80～100 cm，穴底施入腐熟厩肥，与表土充分拌匀，上面回填生土。定植时间可于每年12月至次年2月。定植后浇定根水，在1个月内注意保持土壤湿润，勤防人畜践踏。

(3)土壤管理。对于幼龄梨园，生长季节要做好树盘中耕除草，行间合理间作，冬季做好清园和树盘覆盖；栽后三年，进行扩塘和重施基肥。

(4)肥料管理。基肥：基肥是供应梨树全年生长的基础肥料，施肥量要大，养分要全面，比例要协调，以厩肥、堆肥、土杂肥、绿肥，饼肥为主，并施适量磷钾化肥。幼树施基肥用全环沟施，大树施基肥用半环沟、辐射沟、扇形坑、行间开沟均可。追肥：每年应追花前肥、花后肥、壮果肥和采前肥各一次次，追肥结合灌水最好。

(5)水分管理。梨树需水量大，主要在花前、花后、幼果膨大期各浇水一次(开花期不能浇水)，1～5月前干旱少雨梨树需水量增大，浇水时可配合追氮肥同时进行。

(6)疏花疏果。梨树通过配置授粉树后坐果率高，花芽易形成，一个花序5～12朵花，疏花疏果可提高单果重和果形指数，花期疏除弱花、弱枝上的花序。谢花后2～4周疏除小果、畸形果、病虫果，看树留果。大型果的疏果间距为15～20 cm，小型果可小些。

5.桃的栽培与管理技术

(1)建园及定植。

园地要选排水良好、光照充足、背风向阳的南向缓坡地,不能选积水易涝,当风背阳的洼地和箐沟地。

栽植密度视地势、土壤肥力和采用的树形而定,土层深厚、肥力较好的平地和缓坡地采用三主枝开心型,株行距3 m×4 m,或采用两主枝整形,株行距为2 m×6 m。土层浅薄、肥力较差的斜坡地,采用三主枝开心形,株行距2.5 m×4 m;两主枝开心形,株行距2 m×5 m。

栽植要求塘大肥足,塘深80 cm,底径宽80 cm,挖塘时将表土和底土分堆放置,每株用腐熟农家肥80 kg,钙镁磷3 kg,掺表土二份,拌匀回入塘的中下部作基肥。栽时按果苗定植规程进行定植。

栽植时期以接近落叶或落叶后的10月中旬至11月中旬为宜。

(2)土壤管理。

①深犁翻园。在9~10月结合秋施基肥,深翻桃园,以加速土壤熟化,增厚土壤活动层。翻犁深度:树盘内20~30 cm,树盘外50~60 cm。

②翻压绿肥,结合翻园,将园中种的绿肥翻埋园中。

③中耕除草。在生长季节,每月中耕除草一次,以减少养分无效的消耗和改善土壤的通透性。

④合理间作。适宜间作的作物:绿肥、蔬菜、豆类、薯类、药材等矮秆植物。

⑤树盘覆盖。在雨季结束的10月底至11月初,用地膜或草覆盖树盘,以提高土壤的保湿、保温和保肥能力。

(3)肥料管理。

桃树对氮肥特敏感,幼树期不宜多施,盛果期氮肥需充足。桃树对钾的需量大,特别是果实发育期钾的需求量为氮的3.2倍。桃树施肥宜深不宜浅。

基肥:宜在9~10月施用最佳,以厩肥、土杂肥、绿肥、饼肥为主,掺适量化学钾肥。追肥:1年追肥3次,花前肥(花芽膨大期)以速效氮为主,钾肥为辅,结果大树每株施清人粪尿100 kg(或尿素1 kg),硫酸钾0.3 kg;壮果肥:在果实迅速膨大期施,三要素比为氮25%、磷35%、钾40%;采果肥:早熟品种在采果后施,中晚熟品种在采果前施,三要素比为氮40%、磷30%、钾30%。

(4)水分管理。

在旱季的2~5月,每月应灌透水1次,灌水方法用沟灌、穴灌均可,忌用漫灌和淹泡。在夏秋季也要做好排水,不可积水。

(5)整形修剪。

①桃树的常用树形:自然开心形,主干高40 cm,树高2.5 m,主枝3~4个,侧枝9~12个。两主枝开心形,主干高40 cm,树高3 m,主枝2个,分别向两边行间伸展,呈倒“人”字形,两主枝之间的主体夹角45°~50°,每个主枝配侧枝3~4个。

②桃树的夏季修剪:一是抹芽,将主干、主枝整形带和主枝基部15 cm内的萌芽和同主枝并生、重叠的嫩芽嫩梢,及时抹除或剪除。二是摘心,当新梢长到30 cm时,将先端嫩梢去掉。三是剪梢,将过于密集,方位不合理或未及时摘心的新梢,进行疏除或短截。四是曲枝,开张角度,平衡树势。

6.荔枝的栽培与管理技术

(1)幼龄期荔枝栽培管理。

①创建优质的荔枝园。在荔枝的定植初期,需要做好科学建园工作。需要对土壤进行深翻,对定植穴的面积进行扩大,有助于使土壤的熟化速度加快,进而让土壤中的有益微生物群得到有效培养,提升土壤中的有机质含量和通透性,为荔枝根系的生长发育提供一个良好的微生态环境。在对土壤进行深翻和对定植穴面积进行扩大时,需要在每年的10~12月进行,可以利用壕沟式或者是井字式的形式进行深翻和扩穴。通常情况下,在大穴种植荔枝的果园,可以利用井字式的形式进行深翻扩穴。在第1次进行深翻扩穴时,从荔枝树中间入手,顺着定植穴的外缘,从树冠投影面积的两侧进行挖掘,挖一条深度保证在50~60 cm,宽度保证在40~50 cm,长度保证在1 m左右的沟。在第2次进行深翻扩穴时,需要从树冠的另外两侧进行挖掘,也挖一条相同深度、宽度、长度的沟。在以后每年中,进行1次深翻扩穴即可,沟的深度和宽度不变,沟的长度根据荔枝树的生长情况来定,一直到果园改土结束。通常情况下,在其他定植穴定植的荔枝果园中,都是利用壕沟式的方式进行深翻扩穴。该种方式主要是从定植沟的一侧挖掘挖掘一条沟,深度保持在50~60 cm,宽度保持在40~50 cm;在第2次挖掘时从另一侧进行,反复交替,一直到果园改土结束。

②整形修剪。荔枝树在定植以后,第1次发出新梢,需要尽可能地把全部新梢保留,及时除去个别较密处的嫩梢。在新梢从展叶转变成为红褐色的时候,栽培人员可以对

其进行第2次修剪。在第2次修剪时，可以挑选3～5条较为强壮的新梢，把其作为主枝，并保留新梢。在新梢长到20 cm左右时，可以实施摘心工作。

③施肥。在栽培管理幼龄的荔枝树时，第1次施肥需要在定植以后第2次新梢抽芽时进行，通常情况下，都是1枝梢进行2次施肥。详细来讲就是枝梢在定芽萌动时进行第1次施肥，在枝梢叶从红色转变成为绿色时，进行第2次施肥。在第1年时，施肥量保证每株每次20～25 g尿素，或者是20～30 g的复合肥，或者是2～3 kg的畜粪水。在第2年时，可以提升施肥量，通常情况下比上一年提升50%～100%。此外，在施肥以后，需要进行淋水工作，进而有效提高肥料的利用效率。

(2)挂果期荔枝栽培管理。

①注重培养秋梢结果母株。想要有效提升荔枝的产量，需要注重培养秋梢结果母枝，包括土壤灌溉、土壤施肥、修剪等。在施肥时，需要保证各个元素之间的平衡。通常情况下，在采果以后，第1次新梢进行2次施肥，第1次施肥时间应在采果前15～20 d，第2次应在采果以后的10 d内。在第2次与第3次新梢时，各进行1次施肥即可。施肥时间适中保持在前1次新梢转为绿色的时候。土壤灌溉可以有效增加土壤的含水量，进而促进新梢抽芽，缩短新梢生长的周期。针对当年没有挂果的荔枝树，需进行2次短截修剪。第1次在每年3～4月，利用重度回缩修剪；第2次在每年的6～7月，利用轻度回缩修剪。针对当年挂果较多的荔枝树，对其进行1次修剪即可，利用轻度短截修剪，修剪时间在采果后的10～20 d。

②冬梢的控制。想要有效控制冬梢，可以利用以下三种形式，断根、环剥或环割以及对植物喷洒生长调节剂。断根，主要是在荔枝花芽进行生理分化时，把大部分吸收根进行锄断，并且需要在树冠滴水线以内，在吸收部分较多的位置进行环形沟的挖掘，深度保持在30～40 cm，宽度保持在30～40 cm。环剥或环割，主要是环剥或环割主干或者是主枝。喷洒植物生长调节剂，主要是喷洒多效唑、烯效唑。以上方法都能对荔枝树的冬梢进行控制或者是杀死。

③促进授粉受精。在果园中，在花期内，可以利用人工的形式，或者是利用放蜂的形式，

进行授粉。蝴蝶、苍蝇等昆虫都可以传授荔枝花粉

(三)临沧水果主要病虫害与防治技术

1.农业防治

一是严格落实植物检疫制度,禁止带病植株和土壤进入园区,新建橘园和苗圃最好远离病区5 km以上。二是严禁从病区采集种子、接穗和引进苗木,严格执行无病苗木繁育规程,推广使用无病苗木或脱毒苗,选用无病砧木和健康母树的接穗进行嫁接。三是生长季节及时摘除或捡拾被害果、枝、叶并集中处理,秋冬季节结合剪枝剪除病、虫枝,并把果园及周围的杂草和枯枝落叶清除干净,集中烧毁或撒施生石灰深埋。四是春季及时刮除病斑,然后用石硫合剂原液加72%农用链霉素可溶性粉剂涂抹伤口,刮下的病皮集中烧毁。五是加强栽培管理、做好肥水管理、科学灌水、排除积水,增施有机肥、磷肥、钾肥,做好防冻、防虫工作等,增强树势,提高抗病力。六是认真疏果,控制挂果量,维护树体的抗病性。七是对感染黄龙病等疾病的病株要及时挖除并集中烧毁或撒生石灰深埋处理。八是深耕树盘改良土壤,消灭越冬病虫。

2.物理防治

一是春季覆盖地膜,可减轻果树红蜘蛛、桃小食心虫等害虫为害。二是覆盖防虫网不但可以防虫,还可以防暴雨、冰雹、强风,并适度遮光。三是通过潜所诱杀、饵木诱杀、灯光诱杀、黄板诱杀和性外激素诱杀等方法消灭虫害。四是树干涂白防止果树的日烧病和冻害,并且可以消灭大量在树干上越冬的病菌及害虫。

3.药剂防治

(1)柑橘。

①黄龙病:柑橘一旦感染黄龙病,立即挖除病树,病株率达到20%的果园或已经失去经济价值的果园,实行全园挖除,病树挖除后进行土壤消毒处理,轮作其他作物1~2年后,再采用无病毒柑橘苗木重新种植。

②溃疡病:在春、夏、秋梢抽发期(新梢长2~3 cm)喷药,隔1~20 d再喷1次,直至新梢老熟。结果树以保果为主,在谢花后10~15 d喷第一次药,以后每隔15~20 d喷1次,连喷3次。大风大雨后,要及时追加喷药,防止病菌从伤口侵入。药剂选用50%代森铵水剂500~800倍液,或14%络氨铜水剂300~500倍液,或25%叶枯唑乳油500~1000倍液,或77%氢氧化铜乳油400~600倍液,或20%噻菌铜悬浮剂500~700倍液,或5%四霉素水剂500~600倍,或20%噻枯唑可湿性粉剂500~600倍液等进行喷雾防治,7~10 d 1次,连防2~3次。

③炭疽病：在春、夏、秋梢的嫩叶期各喷药保护一次；保护幼果在谢花后15 d进行，每隔10 ~ 15 d喷药1次，连续喷2 ~ 3次。如果有急性型病斑出现时立即进行药剂防治，保护新梢叶片和幼果，选用70%甲基硫菌灵可湿性粉500 ~ 600倍液，或50%多菌灵可湿性粉剂500 ~ 600倍液，或50%甲硫百菌清水剂200 ~ 300倍液，或50%福美双可湿性粉剂600 ~ 800倍液等药剂进行喷雾防治。如果已发现病斑，选用80%炭疽福美可湿性粉剂800 ~ 1000倍液，或45%脒鲜胺水剂1500 ~ 000倍液，或60%吡唑醚菌酯水分散粒剂1000 ~ 2000倍液，或25%溴菌腈乳油300 ~ 500倍液，或75%百菌清可湿性粉800 ~ 1000倍液，或10%苯醚甲环唑水分散粒剂4000 ~ 5000倍液，或40%腈菌唑水分散粒剂4000 ~ 6000倍液等药剂进行喷雾防治，每隔7 ~ 10 d喷药1次，连续喷2 ~ 3次。果实采收及时清除病果，贮输期间的温度保持在5 ~ 7 ℃，可有效减轻果实炭疽的发生。

(2)香蕉。

①枯萎病：香蕉种植前7 ~ 10 d，每亩用25%多菌灵500 g与细土或河沙250 kg混匀后撒施。蕉苗种植后每株淋施25%多菌灵500倍液。用20%多菌灵800倍液浇灌香蕉根部，连续浇灌2次，每次间隔10 ~ 15 d。

②叶斑病：用40%苯醚甲环唑15 ~ 20 mL兑水15 kg喷雾防治，加入农用有机硅药效更好。

③炭疽病：从蕉园植株的幼果期到果实的成熟采收，每10 ~ 15 d(雨季每周)以0.5%石灰液或波尔多液，或50%多菌灵可湿性粉剂，或50%甲基托布津可湿性粉剂1000 ~ 1500倍液喷洒防治。晴天采收果实，果实成熟度以七到八成为宜，采收、包装、运输过程中尽量减少机械损伤。果实包装、催熟的车间或在使用包装材料前用10%福尔马林熏蒸消毒。

(3)芒果。

①流胶病：苗圃可用80%代森锰锌可湿性粉剂800倍液，或75%百菌清可湿性粉剂600倍液，或50%甲基硫菌灵可湿性粉剂800倍液，或10%苯醚甲环唑水分散剂1500倍液，或30%氧氯化铜胶悬剂600 ~ 800倍液喷雾防治。

②炭疽病：用40%多菌灵200倍液，或56%嘧菌酯百菌清600倍液，或50%代森猛锌250倍液，或25%代森锌400倍液，或1%波尔多液等进行防治。花期每周喷药一次，药剂选用百菌清600倍液，或50%多菌灵500倍液，或20%氟硅唑咪鲜胺800倍液，或40%灭病威400倍液，或38%噁霜嘧铜菌酯1000倍液(花果期)，或20%氯乳铜600倍液(阴

雨天）。结果期每半月喷药一次，可轮换使用70%甲基托布津700倍液，或1∶1∶100波尔多液，或75%百菌清600倍液，或38%噁霜嘧铜菌酯800倍液，或20%氯乳铜油剂500倍液。

③白粉病：可用70%甲基托布津300～500倍液，或20%粉锈宁100～200倍液，或20%三唑酮乳油1000～2000倍液，或15%三唑酮可湿性粉剂1000～1500倍液，或硫黄胶悬剂200～400倍液，或70%甲基硫菌灵可湿性粉剂600～800倍液，或10%苯醚甲环唑水分散剂800～1500倍液，或12.5%烯唑醇可湿性粉剂2000倍液进行防治，间隔15～20 d，以上药剂交换使用。抽穗期、开花期和结实期用320筛目硫黄粉各喷撒1次，每亩0.5～1 kg，高温天气不宜喷撒，易引起药害。

（4）梨。

①黑星病：发芽前喷一次3～5波美度石硫合剂，或50%代森胺400倍液。5～6月生长季节喷40%福星乳油8000～1000倍液，或25%腈菌唑乳油4000液，或70%甲基托布津800～1000倍液。

②梨锈病：梨种的在3月上旬、中旬喷一次3～5波美度石硫合剂，或200倍五氯酚钠消灭越冬菌源。开花前喷1∶2∶240波尔多液，或谢花后喷15%粉锈宁可湿性粉剂。

③腐烂病：病疤刮除后涂3～5度石硫合剂。春季发芽前全树喷布5%菌毒清100倍液。

（5）桃。

①流胶病：早春树芽萌动前喷5波美度石硫合剂，或50%退菌特可湿性粉剂800倍液，每10 d喷一次，连喷2～3次。在3月下旬至4月上旬发病初期，喷72%农用链霉素4000～5000倍液，隔7 d喷一次，连喷2～3次。也可用50%多菌灵800～1000倍液，或甲基托布津1000～1500倍液，每10 d喷一次，连喷2～3次。桃花生长旺盛期，采用25%施保克乳油500～800倍液，或50%施保功可湿性粉剂1000～1500倍液，或50%退菌特可湿性粉剂800倍液，或70%代森锰锌可湿性粉剂500倍液，或80%炭疽福美可湿性粉剂800倍液喷雾防治，每7～10 d喷一次，连喷3～4次。如有流胶发生，可用刮刀刮除病斑及其周围少量健康组织，再涂抗菌剂402（100倍液），或在刮净的枝干处直接涂上石硫合剂残渣。

②桃褐腐病：落花后至采果前3周，用70%甲基托布津可湿性粉剂600～800倍液，或65%代森锌可湿性粉剂500倍液，或4%嘧啶核苷1500倍液，或醚菌酯2000倍液进行

喷雾防治，每隔10～15 d喷1次药；进入6月份喷施硫酸锌波尔多液，10～15 d用药1次，防治2～3次。果实采收后用噻苯唑、氯硝胺、苯莱特溶液浸果或喷洒枯草芽孢杆菌液可减轻贮藏期褐腐病的发生。

(6)荔枝。

①霜疫霉病。

春梢(蕾期)和开花期防治：可选用68%精甲霜·锰锌水分散粒剂800倍液，72%霜脲·锰锌可湿性粉剂800倍液，50%烯酰吗啉可湿性粉剂1000倍液，10%氰霜唑悬浮剂2000～2500倍液喷雾防治。

幼果期防治：在荔枝谢花后10 d，可选用68%精甲霜·锰锌水分散粒剂800倍液、58%甲霜灵·代森锰锌可湿性粉剂600～700倍液、80%大生可湿性粉剂800倍液、68.75%氟菌·霜霉威悬浮剂600倍液喷雾防治。

果实发育期防治：在果实开始转色时或采果前20 d用一次药，可选用68%精甲霜·锰锌水分散粒剂800倍液、75%肟菌·戊唑醇水分散粒剂2500倍液、66.8%霉多克可湿性粉剂800倍液、70%丙森锌可湿性粉剂500倍液喷雾防治。

②炭疽病。

育苗期从4月上旬、中旬开始施药，间隔10 d，连续2～3次，雨季及时喷药保护，药剂可选用50%多菌灵可湿性粉剂1000倍液。幼年树以保梢为主，防治叶片炭疽病可在嫩梢期施药1～2次。在花穗抽生期、幼果树、果实着色期前后，选择合适的药剂及时喷药1～2次进行保护，连续雨天4 d以上或在雨后，应抢晴施药，同时应注意合理兼治病虫害，尽量减少施药次数，农药要合理轮换和混合使用；用70%王铜可湿性粉剂600倍液或0.5%石灰等量式波尔多液喷洒树冠和地面，减少越冬菌源；春季回暖后，出花蕾前喷洒1次70%可湿性粉剂600倍液；10～15 d后根据天气情况，必要时用70%甲基硫菌灵800倍液再喷1～2次。挂果期是炭疽病的盛发期，也是霜疫霉病、蒂蛀虫的发生季节。所以，结果树的防治，农药要合理轮换和选用，在保证安全、有效的同时，要与其他农药混合使用，病、虫兼治，减少施药次数。75%百菌清、80%福锌、50%脒鲜胺等是治疗炭疽病的常规药剂。

4.水果常见虫害的药剂防治

(1)桔小实蝇：成虫交配产卵盛期，用90%敌百虫1000倍液加3%红糖喷洒树冠，每隔4～5 d喷一次，连续用药3～4次，可杀死大量成虫。在果实采收后和春季虫体出土时，用50%辛硫磷乳油800倍液喷施果园地表；或每亩用3%米乐尔颗粒剂3～5 kg，混泥沙20～25 kg撒施，施完后在地面洒些水，每周1次，连续2～3次。

（2）蓟马：在齐苗后和定植前1～2 d，用60%吡虫啉悬浮种衣剂，或70%噻虫嗪悬浮种衣剂对苗床进行灌根处理。选用阿维啶虫脒15～20 mL兑水15 kg，对于抗体较重的药剂则适当增加用量比例。可用烟碱类杀虫剂防治，如用吡虫啉、啶虫脒，或藜芦碱、苦皮藤素、联苯菊酯、多杀菌素、乙基多杀菌素、耳霉菌和螺虫乙酯等药进行喷雾防治。

（3）蚧壳虫类：在虫孵化期用"狂杀蚧"800～1000倍液防治。

（4）红蜘蛛：用柑橘皮加10倍左右的水浸泡一昼夜，过滤后喷洒植株，可防治蚜虫、红蜘蛛；或将洗衣粉15 g，20%烧碱15 mL，水7.5 kg，混匀后喷雾。取50 g草木灰，加水2500 g充分搅拌，浸泡两昼夜过滤，再加3 g洗衣粉调匀后喷洒，每日1次，连续3 d，隔一周再喷洒3 d，可消灭第二代害虫，也可防治蚜虫、红蜘蛛、蚧壳虫等刺吸式害虫。点燃蚊香一盘，置于病株盆中，再用塑料袋连盆扎紧，经过1h左右的烟熏，杀虫效果好。也可用乐果或花虫净兑水1000倍液防治。

参考文献

[1]杨德东.荔枝霜疫霉病的发生与防控[J].植物医生，2015，28(05):14-15.

[2]曾港盛，陆英，李松刚，等.荔枝龙眼炭疽病和霜疫霉病的识别与防治[J].重庆工商大学学报(自然科学版)，2012，29(03):105-108.

CHAPER 4

第四章

中草药

第一节 龙胆草

一、概述

(一)临沧龙胆草发展历史

2000年以前,临沧一直是靠上山采挖野生龙胆草出售。云县是全国滇龙胆人工种植时间最早、种植面积最大的地区。2000年,云县开始尝试人工驯化种植龙胆草的科普试验,投入了大量的人力、财力、物力,进行不同海拔、不同区域、不同种植方式的种植试验和示范,对龙胆草种植模式进行积极地探索。首先,在茶房乡响水村、爱华镇中良子村分别种植21亩作为试验示范基地,利用种子直接撒播、采挖野生苗移栽、扦插繁殖三种方式对比试验,逐步积累了种子物化处理、林药间种经验。2004年获得试验示范成功后,在茶房乡黑树林村、漫湾镇核桃林村、大寨镇箐门口等十几个村进行示范推广,通过不同种植方法、不同区域的林药间种示范推广,为规模化种植打下了坚实的基础。2005年后,云县龙胆草种植进入了新的发展阶段,形成了规模化人工种植格局,龙胆草在全县十二个乡(镇)124个村广泛推广种植,涌现了种植示范村10个、种植专业户300多户。2009年,云县因种植龙胆草而获得了“云药之乡”认证。2013年4月,临沧龙胆草被列入国家航天育种工程。2013年6月,临沧龙胆草种子搭乘神舟十号飞船成功送入太空,历经15 d的太空飞行诱变,随神舟十号顺利返航。为配合实施好龙胆草航天育种工程,临沧在永德县大山乡和崇岗乡选定了1万亩神舟十号龙胆草航天育种基地,与相关企业和科研院校合作,对太空育种龙胆草进行4代以上连续定向筛选、规范栽培技术、探索机械化种植、化学成分及功能的研究,开展产品及生产加工标准制订、区域适应性试验,并进行推广示范。

（二）临沧龙胆草分布情况

龙胆草是一种高山植物，喜冷凉气候，有较强的耐寒性，生长于临沧海拔1100～3000 m的山坡草地、灌丛中及林下。临沧市属横断山系怒山山脉的南延部分，临沧的气候属亚热带低纬度山地季风气候，冬无严寒、夏无酷暑、雨量充沛、光照充足，临沧境内所有乡镇的海拔、气候、生态环境都适宜龙胆草生长，所以龙胆草在临沧市下辖的7县1区的89个乡镇均有野生分布。

（三）临沧龙胆草发展现状

经过多年的示范种植和经验积累，临沧龙胆草栽培技术已趋于成熟，并与中国农业大学药材研究中心、云南省农业科学院药材研究院合作，对龙胆草提取物进行研究，注册了“银鹤”龙胆草商标。近年来，临沧充分发挥地理优势独特、气候优势突出、生态环境优良等特点，引导和支持各县（区）开展龙胆草种植。目前，临沧市的云县、临翔区、永德县、双江县、耿马县、凤庆县的山区、半山区乡镇均有大规模的龙胆草种植基地，种植规模和农业产值均居云南省第一位，全市的滇龙胆种植面积近33000 hm^2，年产龙胆草近20000 t，产值达数亿元，年产量占全国80%以上，龙胆草种植已真正成为临沧高寒山区农民致富的一个新兴产业。目前，临沧正积极与市场进行有效对接，建立龙胆草种植专业合作社，与国内多家大企业建立了稳定的销售渠道，并和多家药企合作订单农业，形成了互惠互利的良好关系，提高了市场竞争力。

二、栽培技术

（一）临沧龙胆草栽培优势与特色品种

临沧四季如春，全市森林面积1570000 hm^2，2020年底森林覆盖率70.2%，林地面积1500000 hm^2，占全市国土面积的63.8%；具备林下龙胆草产业发展需要的光、热、水、土壤及气候资源条件，丰富的林地资源为龙胆草提供了适宜的生态环境。

临沧目前分布和种植的龙胆草品种为龙胆科龙胆属滇龙胆草，花色为紫花、红花和白色三种颜色，临沧市包括航天育种在内的高产、优质、高抗，适宜机械化生产和不同海拔区域种植的品种选育工作正在开展中。

(二)临沧龙胆草栽培与管理技术

1.种子处理

在播种前1～3 d,先用少量酒精溶解赤霉素后,配成水溶液浸种12 h,然后用清水洗种,将种子用布袋控到不流水为止,再用3%硝酸钾水溶液于室温下浸种3 h后用清水洗净,达到洗出水无色为止,控出水。细砂子与种子以3∶1的体积比拌种处理待播。

2.播种育苗

春播在4月中旬至5月中旬为宜,将处理后的种子按(干种)每100 m^2 20.2～0.25 kg的播种量,均匀撒播在整好的畦面上,然后用木板或平锹将畦面拍平,使种子与土壤紧密结合,并在畦面上覆一层长松针或稻草,厚度为似露地而非露地,大约12 cm。播种以早播为好,使幼苗有足够的生长时间,苗大根粗,越冬芽也较粗壮,有利于提高移栽成活率,形成粗壮的虎冬芽。薄膜保湿透光较好,可在床上覆盖一层薄膜。秋播不用处理种子,播种方法与春播相同。在播种时,每0.067 hm^2喷施乙草胺或者丁草胺100～120 mL以防杂草。

3.苗期管理

龙胆草的种子小,幼苗生长慢,苗期管理要抓好保湿防旱、控光,视出苗情况适当调整透光度。一年生龙胆草在10月下旬要盖好防寒物,最好是树叶、稻草,厚度为2～3 cm。根据土壤湿度,要适当浇水,保证出苗所需的湿度,但是不能用水来泡淹。

4.移栽

一年生苗移栽在事先准备好的畦上,按行距10 cm横畦开沟,沟深10～12 cm,按株距5～6 cm摆苗,须根展开,覆土深度为芽胞似露非露为止。栽后浇透水,覆上1～2 cm稻草保温(约150株/m^2)。二年生苗移栽在准备好的床上,按行距10 cm横畦开沟,沟深10～15 cm,按株距7～8 cm摆苗,须根展开,把土覆到芽胞,栽后浇透水,覆上1～2 cm稻草即可(约120株/m^2)。

5.追肥排水

龙胆草出苗后每亩用尿素10 kg、硫酸钾型复合肥(N∶P∶K=15∶15∶15)30 kg作追肥,同时结合清理排水沟进行培土保根,使排水沟通畅,防止田间积水,降低龙胆草因湿害而腐烂的概率。为防止龙胆草后期绿叶早枯,延长叶片的寿命,在10月中旬用0.2%磷酸二氢钾加0.3%～0.5%尿素混合液,追施一次叶面肥。

6.摘心打蕾

为避免营养物质被开花消耗，11下旬当植株即将长花芽时进行摘心打蕾。

（三）临沧龙胆草主要病虫害与防治技术

1.猝倒病

5月下旬至6月上旬为龙胆草发生猝倒病的盛期。猝倒病是真菌引起的病害，病状为感病植株在叶片上出现水渍状，植株成片倒伏，5～8 d后死亡，湿度过大、种植密度过高时发病严重。一旦发病，立即停止浇水。用65%代森锰锌500倍液或多菌灵等杀菌剂进行防治。

2.叶腐病

叶腐病在两对真叶长出后一直到8月份均可发病，发病症状为感病叶片萎蔫，逐渐变黑腐烂，重者边根烂掉，病区呈同心圆状向四周蔓延，温度高、湿度大利于发病。发病前用多菌灵700～800倍液或代森锰锌500倍液进行叶面喷雾预防。发病后暂停浇水，用甲基托布津800倍液或50%多菌灵1500倍液浇灌病区。

3.斑枯病

每年6月末到10月发病。此病是严重危害龙胆草的病害。患病叶片出现棕褐色圆形或椭圆形病斑，病斑中央颜色稍浅，边缘褐色，病斑两面处有小黑点，是病原菌的子实体分生孢子器，严重时病斑汇合，叶片枯死，最后导致整株枯萎。6月初至6月中旬用65%代森锰锌400～500倍液喷雾防治，每5～7 d喷一次。从6月中旬至10月用代森锰锌300倍液喷雾防治，3～5 d喷一次。也可用于50%多菌灵400倍液体喷雾防治，3～5 d喷一次，与代森锰锌交替使用。

4.蝼蛄

在播种后畦面的覆盖物下有蝼蛄为害，可将麦麸炒香，用90%敌百虫或乐果15倍液将麦麸拌潮，一堆一堆放在畦边，进行诱杀。毒饵大约每0.067 hm^2使用4～5 kg。

三、可持续发展策略

1.繁育良种

持续推进“云药之乡”和中药材良种繁育基地、中药材种植科技示范园的建设，培养和引进一批制药企业，支持滇龙胆良种繁育基地建设，加快做好良种筛选工作，筛选一批优良品种，为大面积推广种植龙胆草提供优良品种保障。

2.加强农业科技推广，发展无公害龙胆草产业

针对农户科技意识相对淡薄的实际，相关职能部门应有针对性地对农村劳动力进行龙胆草种植技术培训，以提高农户的科学种植意识、质量意识及商品意识，提升龙胆草种植产业的效益及发展活力。

3.加强宏观指导，提高龙胆草生产的产业化程度及农户承担市场风险的能力和意识

为改变因市场信息把握不准而造成的龙胆草种植市场风险大、生产效益低等现象，相关职能部门应扶持、培育龙胆草种植经营大户牵头创办农民专业合作经济组织以提高龙胆草生产的组织化程度和市场驾驭能力，以促进龙胆草产业向更高层次发展。

4.开展种植和加工关键技术攻关

与科研院所开展深入合作，开展种植和加工关键技术攻关，建立龙胆草种植和加工的标准化体系，破解延长产业链中的核心技术难题，不断提临沧高龙胆草产业附加值。

参考文献

[1]国家药典委员会.中华人民共和国药典[M].北京:中国医药科技出版社,2015.

[2]和桂琴,曹立峰,袁理春.滇龙胆草高效栽培技术[J].云南农业科技,2020(4):42-44.

[3]唐荣平,苏汉林,王建光,等.滇龙胆草资源调查及繁殖特性研究[J].山地农业生物学报,2012,31(5):460-463.

[4]王晓明,赵春英.人工栽培龙胆草[J].中国林业,2006(15):46.

[5]王兰芳.人工种植龙胆草[J].云南农业,2003(8):10.

第二节 滇重楼

一、概述

（一）临沧滇重楼发展历史

重楼为百合科重楼属云南重楼（*Paris polyphyllavar* var.*yunnanensis*）或七叶一枝花（*P.polyphyllavar* var.*chinensis*）的干燥根茎，收载入2015年版《中华人民共和国药典》（一部）。《中国植物志》收录云南重楼为滇重楼，收录七叶一枝花为华重楼。重楼性微寒，味苦，具有清热解毒、消肿止痛、凉肝定惊功能，用于治疗疔疮痈肿、蛇虫咬伤、咽喉肿痛、跌扑伤痛、惊风抽搐。重楼具有重要的药用价值，在中成药和临床配方中应用广泛，是云南白药系列产品(季德胜蛇药膏、宫血宁胶囊等中成药)中的重要原料。早在《神农本草经》中就已有关于重楼药材的记载，名为蚤休。《滇南本草》始以"重楼"作为其正式药名。目前对于重楼药材的研究多集中在滇重楼。

滇重楼是一种多年生草本植物，为临沧佤族民间常用药，被佤族誉为"圣药"。据佤族草医介绍以其入药已有300多年历史。

（二）临沧重楼分布情况

临沧市地处北回归线以南的低纬地区，境内海拔高差大，地形地貌复杂，立体气候显著，适宜种植重楼。近年来，重楼产业在临沧市有不断发展壮大的趋势。滇重楼在临沧分布广泛，在临翔区、云县、双江、凤庆、耿马、孟定、永德、沧源这些县（区）66个乡镇（街道）均有种植，品种多为胶质重楼。

近年来，由于人们的过度采挖，临沧市野生重楼的蕴藏量和年收购量均已严重下降。据了解，2008年前后，临沧市野生重楼年均收购量超过10000 kg；2014年后，收购量已经下降到1000 kg左右，而且此数值还在逐年下降。

（三）临沧重楼发展现状

临沧人工种植重楼大概始于2003年，目前已有19年历史，主要为农户挖来野生重楼引种自家庭院种植。起初种植规模较小，一般都是每户种植10～20株。全区各地均有种植。后期逐渐扩大规模。2013年，临沧惠康中药材资源开发有限公司从云南白药集团引进重楼品种建设种植基地，现建成重楼育苗基地18亩，重楼种植基地50亩，2017年采籽约100 kg、出售重楼约1000 kg，是临翔区辖区内经营规模较大、标准化程度较高的重楼原料基地。2017年底，临翔区人工种植重楼200亩，投产60亩，年产值约300万元。目前，临沧滇重楼产业发展迅速，全市重楼种植面积达9145亩，产量340.9t，农业产值15620万元。

二、栽培技术

（一）临沧滇重楼栽培优势与特色品种

临沧属亚热带低纬高原山地季风气候，海拔450～3504 m，全年平均气温18.5 ℃，全年霜期较短，平均霜期14 d，年日照时数1863～2292 h，年降雨量为920～1750 mm，土壤有10个土类、19个亚类、72个土属、348个土种，植被呈垂直带状分布。临沧市植物种类繁多，2020年底森林覆盖率达70.2%，得天独厚的地理环境和气候优势孕育了丰富独特的药物资源，素有“药物宝库”之称。

滇重楼是多年生宿根草本植物，喜欢生长在海拔1000～2200 m气候湿润（湿度在75%以上）的林地。滇重楼有喜凉爽、阴湿，以及宜阴畏晒、喜湿忌燥的习性，最宜在腐殖质含量丰富的壤土或肥沃的砂质壤土中栽培，在碱土或黏土中生长不良，尤以在林下和背阴山种植为宜。适宜生长在年平均气温为12～15 ℃，无霜期270 d以上，年降雨量850～1200 mm，空气相对湿度在60%～70%之间的地方。

临沧得天独厚的地理条件能够较好地满足滇重楼的生长需要，临沧滇重楼品种多为胶质重楼。重楼种子具有“二次休眠”特性，须度过休眠期才能发芽。自然条件下，直接播种需2年才能发芽破土。2月下旬至3月上旬，随着气温的升高，重楼开始萌发、长叶；夏秋季是生长发育旺盛时期，茎叶繁茂并开花结果；立冬以后随着气温下降，茎叶开始枯萎，果实成熟，根茎贮蓄大量营养，并且停止生长进入休眠越冬；如此周而复始，根茎增长极其缓慢。滇重楼生长过程中，要求较高的空气湿度和郁蔽度。临沧滇重楼根状茎较粗壮，长达12 cm，宽可达3 cm。

（二）临沧重楼栽培与管理技术

1.选地与整地

滇重楼应种植在地势较高、排水良好的阴坡阔叶林下阴湿处，土质为富含腐殖质的腐殖土或酸性红壤土。利用小块整地，除去杂草朽根和石块，并用火烧净，以减少来年病虫害的发生。每亩施用腐熟的农家肥2000～3000 kg和过磷酸钙40 kg，均匀撒在地面上，深翻30 cm以上，晒垡一个月，以消灭虫卵、病菌。再次深翻，然后细碎耙平土壤，根据地块的坡向从高往低理墒，以利于雨季排水。按墒宽120 cm、高25 cm，沟宽30 cm理墒，整平墒面。

2.繁殖方法

种子和根茎均可繁殖。用根茎繁殖的收获期比种子繁殖的提前3～5年，但需根茎量大，繁殖量较小，大面积生产受到一定限制。而用种子繁殖可以大量育苗，但缺点是生长期长，最佳收获期需要10年左右。

（1）种子繁殖。

选取10年生以上的滇重楼植株留种，10月份当果实裂开后外种皮为深红色时采收种子。洗去种子外种皮，把种子摊晾在无太阳光直射的室内地板上，摊晾厚度4～6 cm，每日翻动4次，保持室温3～25 ℃，待种子含水量≤16%时，收集储藏在室内的种子袋中。种子质量要求：种子千粒重要求在12 g以上，发芽率不低于80%，净度不低于95%。

①苗床准备：苗床要选择地势较高，排水良好，富含有机质的地块，翻耕15 cm，平整做厢，厢宽1.2 m，沟宽30 cm，沟深25 cm。

②选种和种子处理：选成熟饱满、无病害、无霉变和无损伤的重楼种子（种子不能晒干或风干）。取种子在50%多菌灵500倍溶液中浸泡1h，晾干种子表面水分。将种子与干净的细沙以2∶1混合，搓擦除去外种皮，然后洗净，再用50%多菌灵500倍液浸种1 h。将药剂浸泡过的种子埋入湿沙中，5～10 ℃处理2个月，然后放入18～20 ℃处理3个月，

再放入5～10 ℃处理1.5个月，再置于20～22 ℃处理1.5个月后播种。在此期间要注意保持沙子的湿度在30%～40%之间(用手抓一把沙子紧握能成团，松开后即散为宜)。播种育苗：处理后的种子可进行播种，播后覆盖1∶1的腐殖土和草木灰，覆土厚约1.5～2 cm，再在墒面上盖一层松针或碎草，厚度以不露土为宜，浇透水，保持湿润、荫蔽的环境。种子繁育出来的种苗生长缓慢，3年后滇重楼苗形成明显根茎时方可进行移栽。

(2)根茎切块繁殖。

根茎切块繁殖分为带顶芽切块和不带顶芽切块两种方法。在生产实践中，带顶芽部分成活率较不带顶芽部分成活率高，目前在生产上主要以带顶芽切块繁殖为主。带顶芽切块繁殖的方法为：在冬季，将无病虫害的重楼地下茎，按垂直于根茎主轴方向，在带顶芽部分节长3～4 cm处切割，伤口蘸草木灰或生石灰，随后按照林下种植的标准栽种，第二年春季便可出苗；不带顶芽的切块按株行距10 cm×10 cm栽种，种植后覆盖松毛，并搭遮阴网。其余部分可晒干作商品出售。

3.移栽定植

三年生幼苗长出真叶7片左右，顶芽完好，重量2 g以上，须根6条以上，无明显病斑和破伤痕迹即可进行移栽。株行距15 cm×20 cm。带顶芽的切块按株行距15 cm×20 cm栽种。不带顶芽的切块，在第2年冬天不定芽已经形成时挖出，按株行距20 cm×25 cm栽种。移栽后覆盖松土，然后搭遮阳网遮阴。移栽时间宜在秋季幼苗休眠时进行，此时移栽的滇重楼根系生长较快，花、叶等器官在芽鞘内发育完全，出苗后生长旺盛。移栽是要保护顶芽和须根不受伤。

4.田间管理

(1)中耕除草：在9～10月前后地下茎生长初期，用小锄轻轻中耕，不能耕得过深，以免伤害地下茎。在立春前后苗逐渐长出，发现杂草应应及时人工拔除，不能使用任何种类的除草剂，先用手拔除滇重楼植株周围杂草，再用小锄轻轻除去其他杂草。锄草时不能伤及滇重楼的地上部分与须根。中耕除草可以结合松土进行。

(2)合理灌溉：由于临沧地区的冬春季节雨水少，比较干旱，滇重楼移栽后每10～15 d应浇水1次，使土壤水分保持在30%～40%之间。出苗后，最好采用喷灌，可以增加空气湿度，有利于滇重楼的生长。雨季来临前要在田块四周开好排水沟，便于排水。下雨后应注意及时排水。遭水涝的滇重楼根茎易腐烂从而导致植株死亡。

(3)施肥：滇重楼是一种横生、浅根性植物，根系一般分布在表土以下12 cm左右的地方，不能吸收深层土壤的营养物质。因此，除施足底肥外，还可以在生长期内增施追肥。施冬肥一般在11月下旬至12月上旬进行，先将表土轻轻中耕一次，然后选晴天，每亩施复合肥15～20 kg。施春肥在苗出齐后进行，每亩施腐熟农家肥（如家畜粪便、油枯及草木灰、作物秸秆等）1000～1500 kg。滇重楼的叶面积较大，在其生长旺盛期（7～8月）可进行叶面施肥促进植株生长，用0.5%尿素和0.2%磷酸二氢钾喷施，每15 d喷1次，共3次，应在晴天无风傍晚进行。

（4）摘顶：在滇重楼营养生长结束时，对不留种的植株摘除子房，但要保留萼片，以保证有机物质向根茎转移。

（三）临沧重楼主要病虫害与防治技术

1.病害防治

滇重楼病害主要有灰霉病、茎秆软腐病、真菌性叶斑病、根腐病、猝倒病、细菌性穿孔病。一般多发生在5～9月高温阴湿季节，5月开始发病，6～7月较为严重。

（1）灰霉病。

该病的发病时期为5～9月，花和果实、茎秆发病，主要症状：花萼、花瓣、花丝萎蔫下垂，表面产生灰色的霉层和黑色的菌核。叶发病多始于花器、叶柄基部与茎连接的地方，受害部位变软呈水渍状，叶下垂，病害向叶片、茎逐渐蔓延，造成叶片腐烂、植株倒伏。茎部发病多由花或叶部病害蔓延所致，也可独立发病。菌核多形成于茎、叶柄和果实等部位。

防治方法：合理密植，雨季应加强田间排水、通风，发病时应交替使用嘧霉胺、腐霉利、扑海因等内吸性杀菌剂，并与代森锰锌复配喷施。

（2）茎秆软腐病。

该病的发病时期为4～7月，发病部位为地上茎，发病条件为出苗期遇到高温高湿条件。症状为：茎秆基部先形成水漫状病斑，后软化，茎内部开始腐烂，产生刺激性臭味，发病部位沿着维管束向上蔓延造成整个茎秆稀软腐烂、叶片萎蔫、植株倒伏。

防治方法：以预防为主，植株一旦发病极难治疗。出苗期忌在中午气温较高时灌溉、忌施氮肥，发病后应及时清除田间病株，并在病穴中撒施生石灰或可杀得叁千等药剂灌根，避免病原细菌扩散传播，未发病植株可喷施农用链霉素和春雷霉素预防。

(3)真菌性叶斑病。

该病的发病时间为6～9月,发病原因为高温多雨,发病部位为叶片。症状为叶片上出现病斑,叶片正面或反面多可见霉层,无明显异味,发病后如果降雨较多会造成叶片腐烂。

防治方法:合理轮作;及时排除田间积水;及时拔出田间杂草;发现病株立即拔除,集中烧毁或深埋。发病后交替使用多菌灵、三唑酮、嘧菌酯等内吸性杀菌剂,并与代森锰锌等保护性杀菌剂复配喷雾。可以喷施50%退菌特1000倍液,或80%大生M45可湿性粉剂1000倍液,或世高10%水分散剂1000～1200倍液进行防治,间隔7～10 d,连续3～4次。

(4)根腐病。

该病主要为害地下茎,造成地下茎腐烂,发病时期为5～8月,发病原因为高温、土壤湿度过大,发病部位为根茎。症状为受害根茎一般从尾部开始腐烂,染病根茎表皮颜色黑褐色,腐烂部位呈湿状软腐,或绵状软腐。解剖根茎,腐烂部位为黄白色或黑色的腐烂物,有恶臭。

防治方法:合理轮作;及时排除田间积水;及时拔出田间杂草;发现病株立即拔除,集中烧毁或深埋,并用5%石灰水灌病窝消毒;注意降低土壤湿度,发病园区及时防治地下害虫危害;出苗后,用农用链霉素200 mg/L加25%多菌灵可或湿性粉剂250倍液混合后喷淋或灌窝,间隔7～10 d,连续3～4次。发病初期,用50%多菌灵可湿性粉剂500倍液或200倍生石灰水浇灌,或将1%硫酸亚铁液、生石灰施在病穴内进行消毒。

(5)猝倒病。

该病的发病时间为6～8月,苗期多发,高湿、积水环境易发病。发病的症状为从茎基部感病(亦有从茎中部感病者),病部初为水渍状,并很快扩展,病部不变色或呈黄褐色并溢缩变软,病势发展迅速,有时子叶仍为绿色时却突然倒伏。

防治方法:发病初期,可用25%甲霜灵可湿性粉剂300倍液喷淋防治;或用50%多菌灵500倍液喷施,每7 d喷1次,连喷2～3次。发病后,及时拔出病株,用石灰水浇灌病区进行消毒。

(6)细菌性穿孔病。

该病的发病时期为6～8月,通风不良、空气湿度过大时易发生,发病部位为叶片。症状:发病初期,叶上近叶脉处产生淡褐色水渍状小斑点,病斑周围有水渍状黄色晕环,交界处产生裂纹,而形成穿孔,孔的边缘不整齐。

防治方法：加强管理，注意排水，增施有机肥，改善种植区域通风透光条件，提高植株抗病力，清除菌源、落叶并集中烧毁。发病期，适时选用14%络氨铜水剂300倍液、1∶1∶200波尔多液、72%农用硫酸链霉素可溶性粉剂或硫酸链霉素4000倍液等药剂喷施防治。

2.虫害防治

由于滇重楼具有轻微毒性，因此虫害相对较少。发生在滇重楼上的虫害主要为地老虎、食心虫、金龟子及其幼虫蛴螬和蝼蛄等。

（1）地老虎（夜蛾类）。

地老虎危害、伤食滇重楼的茎和根茎，使之倒伏或成不规则的凹洞。为害时期为4～11月；为害部位为地上部分；症状主要以幼虫危害，常沿贴近地面的地方将幼苗咬断取食，一个老龄幼虫一夜可危害数株幼苗，造成缺苗。

防治方法：整地时人工捕杀暴露的地老虎。可用90%晶体敌百虫（每亩用药180～200 g），拌炒香的米糠8～10 kg；或用50%辛硫磷乳剂0.5 kg拌鲜菜叶做成毒饵，撒于田间（每亩撒施5 kg）进行诱杀；或用90%晶体敌百虫1000～1500倍液灌窝；也可利用成虫趋光性强和对糖醋液有特殊嗜好的习性，在田间设置黑光灯和糖醋盆诱杀成虫。

（2）食心虫。

该虫多在5～11月为害，为害部位为茎秆、果实。症状为地面上部植株发黄、枯萎。

防治方法：食心虫一旦蛀进果内，就无法治疗，故准确掌握防治时期是控制此类害虫的关键。每亩使用2000 IU/μL苏云金杆菌悬乳剂600 mL，或每克含100亿活芽孢的苏云金杆菌可湿性粉剂350 g，兑水40～60 L进行喷雾防治。

（3）金龟子（蛴螬）。

成虫咬食叶片，造成缺口、空洞，严重时吃光叶片，只留下叶脉；幼虫专门取食植物根茎部，引起植株倒伏死亡。为害时期为4～11月，为害部位为地下部位，症状主要为蛴螬咬食地下根、块茎，致使地面上部植株营养水分供应不上，造成植株枯死或缺苗。块茎受害后，导致滇重楼的品质变劣或引起腐烂。

防治方法：平时及时拔除杂草，在滇重楼倒苗后连同杂草一并铲除，集中处理，可有效减少越冬虫源和病源；利用光诱、色诱和性诱等技术也可有效减少虫源；安装频振式杀虫灯，设置黑光灯诱杀，诱杀金龟子成虫，减少成虫产卵繁殖危害。也可用敌杀死800～1000倍液喷杀，3～5 d喷一次，连喷3次；或用50%辛硫磷1000倍液，或敌杀死800～1000倍液喷施。

(4)蝼蛄。

该虫主要在4~11月进行为害,为害部位为地下部位,症状为地上部植株生长不良、萎蔫、枯死。防治方法:将麦麸或油籽饼用微火炒香后与杀虫剂混匀,在闷热无风的傍晚施撒于田块中诱杀。

三、可持续发展策略

(一)发展思路

坚持以习近平新时代中国特色社会主义思想为指引,牢固树立新发展理念,围绕推进农业供给侧结构性改革主线,以提高中药材供给能力、增加农民收入为目标,充分发挥资源优势。按照临沧市“一县一业”“一园一特色”优化区域布局,创新服务机制,推行标准化引领、基地建设带动、产业融合发展,建设一批中药材生产加工基地,培育一批创新力强、规模较大的企业(集团),创建一批知名中药材品牌,提升临沧市中药材质量和市场竞争力。打造新的经济增长极,将临沧市建设成为全国重要的中药材种植加工基地、滇西现代中药材产业大市和面向南亚、东南亚中药材产业辐射中心。

(二)基本原则

(1)坚持市场主导与政府引导相结合。充分发挥市场在资源配置中的决定性作用,更好发挥政府引导作用,为临沧市滇重楼种植产业营造规范有序的市场竞争环境。

(2)坚持保护与开发相结合原则。切实加强滇重楼资源保护,通过科学合理的采集、收购、加工和规范化基地建设,推进临沧市滇重楼资源的保护、开发和合理利用,走可持续发展的道路。

(3)坚持道地药材与外引药材相结合。加强道地药材基地建设及品牌创建,打造滇重楼道地药材品牌,定品种、定产地,建设生物药材生产基地。

(4)坚持龙头企业带动的原则。鼓励企业采用先进技术、先进设备与先进工艺,研究开发新药品、新剂型。推行“公司+基地+农户”“公司+科研+基地”等多种产业化发展模式,同时滇重楼基地建设和龙头企业建设工作同步推进,协调发展。

（三）发展目标

根据海拔、土壤、气候类型、生态条件和药材资源禀赋，结合实际，按照“因地制宜、因势利导、科学规划、合理布局”的原则，在海拔1800 m以上高寒区域种植滇重楼。到2030年，临沧市滇重楼种植面积预计将达到1.85万亩。

参考文献

[1]国家药典委员会.中华人民共和国药典：一部[M].北京:中国医药科技出版社，2020.

[2]陈士林，肖培根.中药资源可持续利用导论[M].北京:中国医药科技出版社，2006.

[3]郭兰萍，黄璐琦，谢晓亮.道地药材特色栽培及产地加工技术规范[M].上海：上海科学技术出版社，2016.

[4]陈士林，黄林芳，陈君，等.无公害中药材生产关键技术研究[J].世界科学技术-中医药现代化，2011，13(3):436-444.

[5]程睿旸，吴明丽，沈亮，等.中药重楼全球产地生态适宜性分析[J].中国实验方剂学杂志，2017，23(14):19-24.

[6]段宝忠，黄林芳，谢彩香，等.基于TCM-GIS技术的云南重楼生产区划初探[J].价值工程，2010，29(2):140-142.

[7]杨斌，李绍平，王馨，等.滇重楼的栽培与合理利用[J].中国野生植物资源，2008，27(6):70-73.

[8]沈亮，孟祥霄，黄林芳，等.药用植物全球产地生态适宜性研究策略[J].世界中医药，2017，12(5):961-968.

[9]李恒.重楼属植物[M].北京：科学出版社，1998.

[10]杨斌，严世武，李绍平，等.栽培滇重楼种子采收期研究[J].云南中医学院学报，2013，36(3):25-27.

[11]陈翠，康平德，杨丽云，等.云南重楼栽培技术[J].中国园艺文摘，2010，26(12):182-183.

[12]李绍平，杨丽英，杨斌，等.滇重楼高效繁育和高产栽培研究[J].西南农业学报，2008，21(4):956-959.

[13]陈翠，杨丽云，吕丽芬，等．云南重楼根状茎切段苗繁育技术研究[J]. 西南农业学报，2007，20(4):706-710.

[14]刘涛，谢世清，赵银河，等．滇重楼林下规范化种植生产标准操作规程[J]. 现代中药研究与实践，2014，28(2):3-6.

[15]陈翠，康平德，杨丽云，等．云南重楼高产栽培施肥研究[J]. 中国农学通报，2010，26(5):97-100.

[16]马维思，陈君，严世武，等．滇重楼灰霉病及其病原鉴定[J]. 中国中药杂志，2018，43(14):2918-2927.

[17]马维思，杨斌，严世武，等．滇重楼茎秆软腐病病原鉴定[J]. 西南农业学报，2017，30(7):1582-1587.

[18]李佳，严世武，马维思．滇重楼叶斑病发生与防治技术[J]. 云南农业科技，2015(5):44-45.

[19]杨永红，严君，刘君英，等．滇重楼根茎腐烂的调查及其主要害虫研究[J]. 中药材，2009，32(9):1342-1346.

[20]马青．滇重楼的病害及其防治[J]. 湖北林业科技，2009(1):69.

[21]李绍平，王馨．云南药用植物病虫害防治[M]. 昆明：云南科技出版社，2012.

[22]么厉，程惠珍，杨智，等．中药材规范化种植(养殖)技术指南[M]. 北京：中国农业出版社，2006.

[23]杨丽英，杨斌，王醫，等．滇重楼新品种选育研究进展[J]. 农学学报，2012，2(7):22-24.

[24]大理白族自治州林业科学研究所．云南林下名特药材栽培技术[M]. 昆明：云南科技出版社，2016.

第三节　石斛

一、概述

（一）石斛简介

石斛又名吊兰花，具有较高的药用和观赏价值，属于附生兰科草本植物，是我国传统名贵中药，石斛被尊列为“中华九大仙草”之首，素有“药中黄金”之美称，在历代中药典籍里，如《神农本草经》《本草纲目》等，都有记载。石斛以新鲜或干燥茎入药，因富含石斛碱和石斛多糖等成分，具有滋养阴津、增强体质、补益脾胃、护肝利胆、强筋降脂、降低血糖、抑制肿瘤、明亮眼睛、滋养肌肤等功效。

据调查，中国的野生石斛共有74个种，2个亚种。有环草石斛、马鞭石斛、黄草石斛、铁皮石斛、金钗石斛、长爪石斛、细茎石斛、重唇石斛、钩状石斛、细叶石斛、罗河石斛、美花石斛、小美石斛等品种，以铁皮石斛药效最好，金钗石斛次之。

（二）临沧石斛发展历史

临沧市位于云南省西南部，亚热带低纬度热区面积占全市总面积的1/3，占云南热区面积的11.4%。优越的自然条件，特殊的地貌及多种气候类型非常适合石斛的生长。2003年，耿马县引进了耿马四方生物科技开发有限责任公司，四方公司牵头成立了石斛种植专业合作社，建立了“公司+基地+合作社+农户”的生产经营模式，形成了产、供、销一条龙服务体系，主要品种有铁皮石斛、齿瓣石斛和兜唇石斛等。如今，在耿马的贺派乡、耿马镇、勐撒镇、芒洪乡等地都掀起了种植石斛的热潮。目前，临沧市耿马、双江、沧源、云县、镇康、凤庆、永德均有石斛人工种植基地，耿马四方生物科技开发有限责任公

司 现有石斛种植示范基地1100余亩(包含农户、合作社种植示范点),是临沧最大的石斛种植基地。

(三)临沧石斛分布情况

目前分布于临沧的石斛属植物有20多种,分别是铁皮石斛、紫瓣石斛、长距石斛、重唇石斛、钩状石斛、兜唇石斛、翅萼石斛、鼓槌石斛、串珠石斛、玫瑰石斛、细茎石斛、勐海石斛、流苏石斛、棒节石斛、黑毛石斛、翅梗石斛、球花石斛、叉唇石斛、梳唇石斛、竹枝石斛、报春石斛、金钗石斛、杓唇石斛、美花石斛、喇叭唇石斛等。

铁皮石斛(*Dendrobium officinale*),别名黑节草。生长在落叶密林中(海拔600~1700 m)的树上或山谷悬崖上,主要分布在临沧镇康、沧源等县。

紫瓣石斛(*D.parishii*),生长在林中(海拔250~1500 m)树上,主要分布在临沧云县、凤庆、临翔区等县(区)。

长距石斛(*D.longicornu*),生长在林中(海拔1200~1500 m)树上或山谷旁岩石上,主要分布于临沧凤庆、双江、沧源、耿马、云县、镇康,且产量较大。当地市场上的采药人经常成袋出售。

重唇石斛(*D.hercoglossum*),生长在季节性气候的雨林中(海拔600~1200 m)树干或岩石上,主要分布在临沧沧源、耿马、双江等县。

钩状石斛(*D.aduncum*),别名紫皮石斛,生长在季节性气候明显的林中(海拔300~1300 m)树干或岩石上,主要分布在临沧临翔、沧源、耿马、双江、云县等县(区)。

兜唇石斛(*D.aphyllum*),别名天弓石斛,生长在林中(海拔400~1800 m)树干上,在临沧各县(区)都有分布。该种花色和花的大小常有变化。

翅萼石斛(*D.cariniferum*),生长在阔叶林中(海拔1100~1700 m)的树上,主要分布在临沧双江、耿马、沧源等县。花色有白色和灰白色2种,且花有香味。

鼓槌石斛(*D.chrysotoxum*),别名金弓石斛,生长在季雨疏林(海拔500~1620 m)的树上或岩石上,主要分布在临沧临翔、凤庆、云县等县(区)。茎的粗细程度因环境不同有较大变化。

串珠石斛(*D.falconeri*),别名红鹏石斛,生长在有典型旱季的林中(海拔800~1800 m)树干上,主要分布在临沧临翔、云县、凤庆、双江等地。茎呈串珠状是本种的主要特征。

玫瑰石斛（*D.crepidatum*），生长在有典型季节性气候的山地疏林（海拔1000～1800 m）的树上或岩石上，主要分布在临沧镇康、双江、凤庆等县。

细茎石斛（*D.moniliforme*），别名铜皮石斛，生长林中（在海拔600～1300 m）树干上或沿溪谷的岩石上。该种分布较广，在临沧各地均有分布，且产量较大。唇瓣的形态和结构常因产地不同而变化。

勐海石斛（*D.sinominutiflorum*），生长在疏林（海拔1000～1400 m）的树干上，主要分布在临沧双江、耿马、镇康、沧源等县。该种是我国特有种。

流苏石斛（*D.fimbriatum*），别名马鞭石斛，生长在落叶密林中（海拔600～1700 m）的树上或山谷悬崖上，主要分布在临沧镇康、沧源等县。

棒节石斛（*D.findlayanum*），生长在疏林（海拔800～1700 m）的树干上，主要分布在临沧沧源、镇康等县。

黑毛石斛（*D.williamsonii*），生长在林中（海拔1000 m）的树上，分布在临沧临翔区、凤庆、双江等县（区）。

翅梗石斛（*D.trigonopus*），生长在疏林中（海拔500～1600 m）的树上，主要分布在临沧双江、沧源等县。

球花石斛（*D.thyrsiflorum*），生长在季节性气候强的山地落叶林中（海拔1100～1800 m）的树干上，主要分布在临沧双江、凤庆、耿马等县。

叉唇石斛（*D.stuposum*），生长在疏林（海拔1800 m）的树干上，主要分布在临沧双江、沧源、耿马等县。

梳唇石斛（*D.strongylanthum*），生长在山地林中（海拔1000～2100 m）的树干上，主要分布在临沧双江、沧源、耿马、镇康等县。

竹枝石斛（*D.salaccense*），生长在疏林中（海拔100～1000 m）的树干上或岩石上，临沧主要分布在沧源、镇康等县。

报春石斛（*D.primulinum*），生长在有典型季节性变化的落叶林（海拔700～1800 m）的树上，主要分布在临沧沧源、镇康等县。

金钗石斛（*D.nobile*），生长在季节性气候的落叶林（海拔500～1700 m）的树上，主要分布在临沧双江、沧源、耿马、镇康等县。

杓唇石斛（*D.moschatum*），生长在有季节性气候的落叶林（海拔600～1300 m）的树干上，主要分布于临沧双江、沧源、镇康等县。

美花石斛(*D.loddigesii*),别名黄草石斛,附生在林中(海拔400～1500 m)的岩石或树上,主要分布于临沧双江、云县、耿马等县。

喇叭唇石斛(*D.lituiflorum*),别名喇叭石斛,附生于有明显旱季的常绿阔叶林中(海拔800～1600 m)的树干上,主要分布在临沧双江、耿马、镇康等县。

近年来,随着石斛爱好者对观赏石斛的需求越来越大,很多农户上山采集野生石斛的现象也越来越普遍,各类野生石斛正受到严重破坏,一些品种已濒临灭绝,因此对石斛资源的保护和合理利用迫在眉睫。临沧市野生石斛被农户大量采集并在市场上兜售,这种毁灭性的采集严重威胁了临沧市石斛资源的可持续利用。通过资源调查,建立种质资源圃,进行人工繁育和栽培是临沧市未来开发利用野生石斛资源的必由之路。

(四)临沧石斛发展现状

截至2020年,临沧市人工种植的石斛(铁皮石斛、金钗石斛、紫皮石斛、鼓槌石斛、流苏石斛等)有5373亩,亩产量250 kg,价格220元/ kg,亩产值55000元,种植方式为净种,部分采取林下种植,育苗基地1个,育苗面积5亩,育苗量1000万株,可移栽面积300亩。人工种植主要以铁皮石斛为主,临沧市种植的铁皮石斛面积达3235亩,产量137 t。铁皮石斛标准化基地面积3156亩,收获面积2535亩,农业产值17797.8万元。

临沧市耿马、双江、沧源、云县、镇康、凤庆、永德均有石斛人工种植基地。耿马种植面积3350亩(铁皮石斛2700亩),标准化基地面积3350亩,产量170 t,农业产值19600万元;双江种植面积421亩(铁皮石斛),标准化基地面积421亩,产量9.2 t,农业产值1918.5万元;沧源县种植面积851亩(铁皮石斛114亩),标准化基地面积35亩,产量35.2 t,农业产值498万元;云县种植面积590亩,产量10 t,农业产值150万元;镇康县种植面积147亩,标准化基地面积100亩,产量2 t,农业产值8万元;凤庆县种植面积4亩;永德种植面积10亩。

耿马自治县被列为“国家级石斛种植示范基地”,临沧打造石斛中药材示范种植基地,规模效应和规模效益逐步显现。耿马四方生物科技开发有限责任公司已获省级林业产业龙头企业、科技型中小企业、成长型中小企业、石斛优质种业基地和石斛种植科技示范园,获临沧市农业企业产业化龙头企业,750亩种植基地获得国家良好农业规范(Good Agricultural Practices,GAP)认证,“云斛”牌石斛系列产品已通过国家有机产品认证,获得国家农业规范化种植GAP认证与中药材GAP基地备案。

耿马四方、临沧道地、双江盈润、双江天润、双江福滋等中药材重点企业与国内科研院校、制药集团、药材批发交易市场等建立了长期的中药材产业发展合作。同时积极组织参加中国(昆明)中医药产业发展高峰论坛会和云台生物医药与大健康产业合作对接会,引进中远海运(广州)有限公司来临沧合作;通过南亚、东南亚国家商品展暨投资贸易洽谈会和南博会、市规划馆等展会和平台,推出重点招商引资项目和产品,展出石斛、鸡血藤膏、首乌丸、藿香正气水、滇龙胆、续断、黄精、葛根、滇雪胆等特色制药产品和中药材产品,促进国际交流与合作;引导和鼓励中医药企业积极与相关科研院校开展技术合作,提升临沧道地药材技术和产品开发水平。

二、栽培技术

(一)临沧石斛栽培优势与特色品种

临沧市位于云南省西南部,地处东经98°40′~100°33′,北纬23°5′~25°2′,属亚热带低纬度高原山地季风气候,干雨季分明,雨水较多,日照时间长,年平均日照数在2000 h以上,霜期较短,山区年平均气温为13~15 ℃,亚热带低纬度热区面积占全市总面积的1/3,占云南热区面积的11.4%。优越的自然条件、特殊的地貌及多种气候类型非常适合石斛属植物的生长。野生石斛多附生于海拔800~1500 m的树干或岩石上,以皮质疏松、粗糙、便于根系附着的树干上较常见,如山毛榉、重阳木、茶树、木荷、乌饭树、旱冬瓜等。目前临沧市的栽培品种有文山广南红杠软脚铁皮石斛等,也有栽培浙江杂交品种。耿马四方公司培育的云斛1号、云斛2号两个品种待审定中。

(二)临沧石斛栽培与管理技术

1. 铁皮石斛栽培与管理技术

就铁皮石斛栽培地区的选择而言,应根据铁皮石斛的生物学特性,充分考虑场地的光照、温湿度、通风等自然因素(一般选择有野生铁皮石斛分布的地区)。为了获得高产、优质的铁皮石斛,必须做到规范化种植、集约化栽培,人为创造一个优越的生长环境,使种植条件基本接近其野生的环境气候条件,以满足铁皮石斛生长需要。铁皮石斛一般在遮阴大棚中苗床上种植,这样很多因素都可以进行人工控制。

(1)种苗选择。

铁皮石斛开花多,结果极少,每果约有种子100万粒。种子细如粉尘,种胚的发育不超过球形阶段且缺乏胚乳组织,必须飘落到非常适宜的环境才能萌发,自然条件下需与某些真菌共生才能萌发,自然繁殖率不及5%,且发育十分缓慢,很难用实生苗栽培;而传统的分株、扦插等方式的繁殖率极低。通过组织培养快速繁殖大量铁皮石斛组培苗成为解决种苗问题的有效途径。生产上主要利用组培苗作为种苗,也有部分用分株或高位腋芽进行繁殖。

目前,一些科研机构和企业已经能够利用铁皮石斛种子、茎段及茎尖等组培快速繁殖铁皮石斛种苗,组培育苗已取得突破,实现了铁皮石斛种苗工厂化生产。无论选用哪一家的组培苗,优良种苗应是生长健壮墩实、叶色正常、抗逆性强,苗高3 cm以上,肉质茎3~4个节间,4~5片叶,4~5条根,根长3 cm以上,根皮色白中带绿,无黑色根,无畸形,无变异。

(2)设施建设。

①栽培设施的搭建。

遮阴大棚的建立一般要满足以下条件:棚的大小要根据种植规模的大小合理设计,一般长30 m,宽6 m(或8 m),肩高1.8 m,总高4 m左右;种植苗床之间要预留宽1m左右的道路,方便管理。遮阴大棚构建可选择钢构骨架,耐用,但一次性投入成本较高;也可选择水泥柱搭建,一次性投入成本较低,但寿命短,多年后总成本不比前者低。棚顶覆盖塑料无滴薄膜和遮阴度为70%的遮阴网,大棚四周和入口装上防虫网。可建简易大棚,即薄膜、遮阴网双层覆盖拱棚,棚宽在3.5~4 m,高2.5 m以上,长可视地形而定。每个棚内两侧分别安置一个木床,木床内铺基质。育苗大棚要通水、通电、通路且最好在棚内安装自动或手动控制的喷雾系统(喷雾、喷肥、喷药)。

②苗床的准备。

棚内搭建高架种植苗床,使其能够轻松控制水分并透气,从而为组培苗的生长提供有利条件。可用角钢、木条等材料作为苗床的框架,苗床长度依地形而定,宽1.2 m,架空高度40 cm左右。床与床之间配有通道,以便栽培操作。若为了充分利用大棚空间,栽培床也可采用手摇活动式苗床,这样留一个通道,既可增加栽培面积,也可以满足操作的要求。栽培床底部一般采用钢丝网铺设,为了使基质不从空隙间漏出,在钢丝网上铺设一层40目的防虫网。然后,将准备好的基质倒于栽培床上,厚度为7~15 cm。

③基质的选择。

栽培基质是铁皮石斛优质高效栽培的关键，基质的选择对移栽的成活率、生长、繁殖和产量影响很大，因此移栽前基质的选择至关重要。基质有这样几个作用：一是固定作用，二是提供水分作用，三是提供低浓度离子养分作用。铁皮石斛的根是气生根，有明显的好气性和浅根性，所选用的基质应当疏松透气、排水良好、含有一定的养分、耐腐烂、不易发霉、不带害虫卵及病源。铁皮石斛的生物特性要求栽培基质既有良好的保水性又有透气性，规模化生产要求栽培基质原料易得、操作方便。可用于铁皮石斛移栽的基质多种多样，有水苔、碎石、花生壳、苔藓、椰子皮、松树皮、木屑、木炭、木块等，但目前生产中应用主要是树皮、木屑，或树皮、木屑、碎石、有机肥混合物，其中树皮要粉碎成2~3 cm以下颗粒。基质厚度一般控制在5 cm左右。种植用的基质首选材料为树皮，其次为锯木屑，也可用水苔。铁皮石斛栽培首要因素是必须提供其根系良好的生长环境。锯木屑因其疏松透气，又能保持水分及肥料，适合根系生长的要求。无论选用何种基质，都要预先经过发酵、消毒，以防止烧苗，并杀死害虫、虫卵及病菌。经过高温消毒灭菌，在使用前用清水浸泡24 h，使其充分吸水。以上几种基质，各地栽培人员根据不同的实际进行选择。

用各种树皮做基质的，要用水浸泡一个星期，排酸、杀虫、杀菌后用多菌灵等防病农药消毒后使用。基质一定要把过细粉末筛除后使用。基质在使用前应该经高温处理或药剂浸泡（多菌灵、甲基托布津、高锰酸钾，800~1500倍液）等方式消毒，如使用植物根茎叶的，应该通过堆沤发酵、浸泡和蒸煮等处理；某些基质体积较大较厚的可用开水煮或高温蒸20 min后，取出让其自然冷却晾干待用，基质含水量以60%左右为宜。注意：配用农家肥时，一定要发酵后才可以使用。

（3）移栽。

①移栽前的准备。

基质处理：移栽前所用基质必须经过发酵、消毒处理，然后浇（浸）透水，基质含水量为60%左右。在种植畦上铺5~8 cm厚的基质，摊平。移栽前用0.3%高锰酸钾或多菌灵1000倍液对基质喷洒消毒。

种苗处理：移栽前先将瓶苗移至炼苗房进行2~3周的炼苗，让瓶苗从封闭稳定的环境向开放变化的环境过渡，慢慢适应自然环境。炼苗后，用清水小心洗净组培苗根上的培养基（根部留有培养基，易滋生病菌），不可损伤根部，用0.1%的百菌清液或0.2%代森锰锌液消毒15～20 min，以防组培苗根腐烂。清毒后将种苗在散射光下晾干，根部发白变软（移栽时不易伤根），但叶片不能萎蔫变软，这时的种苗移栽成活率最高。

炼苗：直接从组织培养室移出的组培苗需要经过炼苗才能移栽。需准备炼苗棚和苗床，基质处理和种苗处理同上，定植株行距5 cm×5 cm，一般炼苗2～3个月再移栽至大田大棚，炼成的苗俗称驯化苗，价格更贵。

②移栽。

移栽季节：一般来说，气温过低或过高时均不宜移栽。除最冷的1～2月和最热的7～8月外均可移栽，但一般选择4～5月。云南地区铁皮石斛最佳栽培季节顺序依次为：3月中旬至6月中旬>9月上旬至11月下旬>6月下旬至8月下旬>12月上旬至次年3月上旬。

移栽方法：按15 cm×20 cm的株行距种植，在基质上挖深2～3 cm的小洞。轻轻将炼苗、出瓶洗净后的组培苗根部放入小洞，使根系自然舒展，注意不要弄断石斛的肉质根，然后用基质盖好，以覆盖住根为宜，轻轻提苗，使苗根系能与基质充分接触，轻轻压实，上紧下松，注意不能浇定根水。

在最佳生长季节移栽，铁皮石斛组培苗的大小与成活率关系不明显，而产量与组培苗的大小关系极为明显。苗小与体内积存的有机物和能量都较少有关，小苗适应外界的能力和抵抗力都很差，生长较为缓慢。所以应将裸根苗、少根苗和污染苗与正常苗分开栽培，以便管理。

铁皮石斛为丛生植物，多株种植比单株种植长势更好，以3株1丛种植更适宜。栽后可用50%多菌灵可湿性粉剂1000倍液进行叶面喷施消毒。3 d后喷施1次85%磷酸二氢钾500倍液，促进生根壮苗。

（4）大棚栽培条件管理。

①光照：铁皮石斛为较强耐阴性的附生植物，在10:00前有直射光为佳，其余时间需有20%～30%的散射光，在温室大棚一般采用75%的活动遮阴网。夏季适当增加遮光度，避免因光线过强而使叶面变黄脱落，冬季应适当增加光照强度，避免因光照不足而造成叶片生长柔弱。铁皮石斛生长的最适光照强度为5000～10000 lx。

②温湿度：铁皮石斛生长的适宜温度为15～30 ℃，白天大棚内温度保持在25～30 ℃，夜晚15～20 ℃，低温不要低于8 ℃，高温不要高于35 ℃，湿度控制在60%～80%。在夏季天气比较炎热，温度超过35 ℃时，需采取降温措施，一般采用80%的遮阳网覆

盖，掀开塑料薄膜，通风喷水，以利降温加湿，但在降温的同时要注意通风，特别是夏天高温天气，更要注意空气流通，防止病虫害的发生。冬季比较寒冷，气温低于5 ℃时在30%～50%遮光度下用双层塑料薄膜封闭保温，必要时棚内生炭火加温，控制在10 ℃左右即可。移栽后1周内空气湿度宜保持在90%左右，1周后空气湿度可保持在70%～80%。

③水分：铁皮石斛要求保持基质湿润，空气湿度保持80%以上为好，但又不能积水，浇水时采用喷灌或滴灌最好，不得冲灌。喷水仅用于增加空气湿度，防止叶面水分过度蒸腾而引起萎蔫。在新根萌动后，以间干间湿的原则进行浇水，一次浇足后，待基质表层发白后再浇，不能浇半吊水。不同季节浇水量也不同，夏天气温高、蒸发量大，基本上需要天天浇水；冬天温度低、水分不易散失，因而需根据基质含水量而定，栽培基质若偏干可补充些水分。

④肥料：铁皮石斛气生根的营养主要靠根系的兰菌固定空气中的游离氮，但是施加适当的肥料能促进茎部增大、叶片肥壮。在新根萌动后即可开始喷施液体肥，如磷酸二氢钾液，或磷酸二氢钾加尿素液等，浓度均为0.1%左右，一般10 d左右喷施1次。提倡使用农村常见的沼液，因其经过充分发酵腐熟，病虫杀灭，养分丰富，要兑40～60倍的水后喷施，也可往沼液里加上0.1%的磷酸二氢钾。移栽1～2个月后，待移栽苗已逐渐适应新的环境，新根已长出10 cm左右时，可以施加缓效颗粒肥，帮助其茁壮成长。10月下旬追施一次复合肥（N∶P∶K=10∶8∶24）20 kg/亩；开春后再施充分腐熟的农家肥50～100 kg/亩。

2.紫皮石斛栽培与管理技术

（1）栽培时间。

紫皮石斛应在3～5月栽种为好，春季气温回升，风和日暖，有适宜的温度和日照，加之常有春雨滋润，有利于刺激石斛新芽萌发，同时长出吸收水分、养分的气生根。秋冬季10～12月也可栽种。

（2）栽培地块的选择。

①选地：紫皮石斛对环境条件的要求十分苛刻，应根据紫皮石斛的生活习性来选地。有条件的地区应选择海拔1300～1800 m的亚热带及温凉带地区，光照充足，早朝阳或南北向有水源的阳坡地、稀疏林地、低产农田、台地，不宜选择阴坡地、凹子地。栽培地应距离交通主干道100 m以外，生态环境良好，不受污染源影响或污染源影响在允许

范围内。设立明显的标志，标明范围及防污警示。

②整地：确定地块后，将地上的杂草、农作物的茎秆及生在土中的根挖出、晒干，集中用火烧毁以消除在土壤中过冬的病虫害，同时修排水沟防止地块积水。如是坡地将地边的树整枝，修除病虫枝，同时用杀虫剂杀灭蚧壳虫、蚜虫等害虫。修下的树枝、树叶、杂草应集中烧毁。林地按等高线以3～4 m行株距砍除多余林木，每公顷留树750余株，所留树3 m以下的树枝全部修除，挖去树桩、杂草，用火烧毁树枝及杂草，同时用杀虫剂防除林中害虫。

③设施条件：紫皮石斛栽培以阳光充足、通风良好的地段为宜，可使用塑料大棚等设施，配备遮阳网，以及喷雾、灌溉设备。

④栽培槽、床：用边皮木板等材料制作成槽。槽长190 cm，上口宽25 cm，下底宽15 cm，高20 cm。将做好的槽置于离地面一端70 cm，一端40 cm的支架上以便于排水。5个槽排成一排，便于日后管理。用木板、石棉瓦等材料做成栽培床。先做好一个高70 cm，宽90 cm（长度根据地形而定）的架子，将木板、石棉瓦等放置到架子上，床高15 cm。

（3）基质准备。

①制作：人工配制基质种植时要紧紧抓住石斛“气生”这一主要特点，围绕着这一特点，创造生长环境。基质主要由树皮（树皮应碎成小块并除去粉末）、刨花、腐熟农家肥、绿肥、草木灰等组成，按一定配比制作，农家肥不宜超过15%。基质在使用前应进行消毒。必须注意石斛气生根的特点，所配基质要疏松、透水、通风、透气，有适宜的营养。严防积水烂根和肥害。

②铺设：将基质铺在栽培槽和栽培床上。基质厚约5～10 cm。根据基质原料的粗细可以一次性铺设，也可分为2层铺设，底层铺设较粗基质5 cm，以透水透气为主，上层铺设较细基质5 cm，以保水、保肥为主。

（4）栽培方法。

①种苗处理：将分级后的种苗进行消毒处理（可用甲基托布津1000倍溶液浸泡5～10 min），处理后直立在阴凉地方存放，切忌横放和堆放。

②栽培方法。

自然树放养法：此法是以活立木作为附主，利用活立木枝叶适当遮荫。放养方法：选择树干适中、水分较多、树冠茂盛、树皮疏松、有纵裂沟、易管理的树为石斛生长的优良附主，如杞木、红木、椿木、核桃等树种。放养前应先对放养附主进行适当疏枝，最好使树下透光度达25%～35%，密度过大、透光度小时，不利于石斛茎条生长发育导致商品质量差。放养时根据石斛品种的生长特性和环境要求确定放养位置，采用自上而下放养，用塑料薄膜条呈螺旋状缠绕，将石斛种苗固定在相应的位置上。注意捆绑时只可绑在其根系靠近茎基处，露出茎基，以利发芽抽梢。同时可以把部分茎条贴在树皮上捆紧，以利茎条腋芽萌发新芽成株，放养位置尽量选择便于管理并可补充营养的地方。

木槽放养法：此法是利用木材加工的边皮废料作成底宽约15 cm，高10～15 cm，口宽30 cm的木槽，将基质铺于槽底约3～5 cm厚，将种条固定在两边木板上，待新根长出后，伸入基质中吸收水分和养分，同时木槽的条板均可成为石斛的附主。木槽置于架上，架做成高低式，使木槽形成一定的倾斜度，以利透水通气。后由农民改进为槽中加放圆木，将石斛植于圆木上，每株10～20 cm进行定植。

床式栽培法：利用木材加工的边皮废料做床。现在许多种植户为了经久耐用，用钢材做支架，用石棉瓦或塑料做成高架床，床宽1～1.4 m，床高0.6～0.9 m，长度视地形而定。床上铺5～10 cm厚的基质，一种是在基质平床上直接种植；另一种是将基质做成埂状，将种苗种在埂上。目前，将苗植于埂上效果很好，此法在气温偏高一点的地块效果较好。基质床上加放圆木，将石斛苗植于圆木上。此法种植面积最大，结合了圆木种植与基质种植的优点，容易增补基质营养，而且种植长时间后可以更加容易更换基质。

（5）田间生产管理技术。

①光照：在生长期，要遮阳降低光照。紫皮石斛忌阳光曝晒或长期阴暗，一般要求有10～12h的65%～85%光照强度的光或散射光照射，因此要用80%的原生遮光网遮光。

②温度：紫皮石斛适宜的生长温度为18～28 ℃，生长期床面温度应高于18 ℃，低于28 ℃，空气湿度为60%～85%。

③水分：紫皮石斛栽种后应保持湿润的空气条件，基质以偏干为好，栽种后视植株生长情况，从第三天开始可以进行第一次浇水，使栽培基质持水量保持在30%左右。若天气干旱，可结合追肥进行灌水，但不能浇水过多，忌积水烂根。如遇伏天干旱，可在早晚利用喷雾浇水，但切勿在高温或阳光曝晒下进行。

④防冻：低温冻害对紫皮石斛的影响极大，不同生长阶段的紫皮石斛耐寒性不同。据观测，紫皮石斛小苗和生长期，当气温为0 ℃时叶片大部受害，当气温为－2 ℃时茎及根均多数死亡。因此，在有霜区种植，应采取防霜冻措施，并根据低温霜冻的具体情况

采取防霜冻措施。防冻措施应在生长停止后的11月底前进行，以防早霜。主要措施有：搭遮雨棚预防，用毛毯、草席、草帘、稻草、秸秆覆盖墒面，降低基质含水量。

⑤施肥：施肥包括底肥和追肥。底肥可用腐熟的农家肥、绿肥、刨花、草木灰、树皮等混合堆捂发酵后在发新芽前施用。每年当幼苗发出新根后，7 d施肥1次，幼苗期以施农家肥、沼液和绿肥蒿子配合使用为主，植株长大后可加一些N、P、K肥。绿肥和农家肥发酵后可以少量撒在根部。施肥可以用叶面喷洒或浇灌方式。追肥本着生态、环保、高效的原则，以沼液为主，但要注意施用浓度，以免产生肥害。生长前期按沼液：水=1：3进行喷施，生长旺盛期可按沼液：水=1：2或1：3喷施。也可以施用农家肥，每次0.1～0.15 kg/m^2。要根据石斛生长需要和植株大小施肥。植株弱小需肥清淡，植株肥壮可适当加肥，进入秋季成熟期停止追肥，进入冬季休眠期和低温时严禁施肥。

三、临沧石斛主要病虫害与防治技术

根据气候变化和病虫害发生规律，以“预防为主，综合防治”为基本原则，加强田间管理，严格控制栽培基质水分含量和棚内空气温湿度。对蜗牛、蛞蝓、小地老虎、蝼蛄、蝗虫等害虫，要通过认真观察，掌握其繁殖规律和活动习性，通过人工捕捉、清理繁殖场所、清除虫卵等措施进行防治。在高温高湿、气候急变前后和生长旺盛期更要加强病虫害预防。在必须施用农药时，应按照国家《中药材生产质量管理规范（试行）》规定，严禁使用高毒、高残留农药，采用最小有效剂量并选用高效、低毒、低残留农药，还应选用几种不同类型的农药品种进行交替使用，避免长期使用单一农药品种，以延缓害虫抗药性的产生。农药安全使用标准和农药合理使用准则参照GB4285—2012和GB/T8321（所有部分）执行。

加强农业防治，进行场地预处理、清理场地周围的杂物、棚内外应用遮阴网严格隔离。合理通风、透气、降湿，采取竹醋液、石灰、黑光灯诱杀等病虫害综合防治技术措施。竹醋液防治方法为：原液稀释300～500倍，每周进行叶面喷施，可以改善石斛光合作用，有效防治病害，并对害虫有趋避效果。

(一)主要生理性病害

1.黄叶

(1)症状:黄叶一般出现在冬季,已经封顶的老植株中下部出现黄叶属于正常现象,但正在生长中的植株若出现大量黄叶,就属于生理性黄叶。引起黄叶的主要原因有两个:由于冬季是临沧地区传统上的旱季,少雨干燥的气候使石斛植株比较容易失水,造成黄叶;冬季气温低,栽培管理上要求适当控水,但很多种植户控水过度,导致黄叶现象比较普遍。

(2)预防措施:在冬季(旱季)适度控水的同时,让基质保持湿润,并对植株进行叶面补水。

2.烂根

(1)症状:烂根一般出现在6~10月,此时正值临沧地区的雨季。露天种植的石斛更容易出现烂根现象,主要是由雨水过多造成的。大棚种植的石斛出现烂根主要有三方面的原因:栽培基质通气性差;浇水过多;施肥过重,出现肥害,造成烂根。

(2)预防措施:在雨季,对露天种植的石斛要采用临时性的防雨措施。大棚种植的石斛,雨季要多通风,阴雨天控水,薄肥勤施。

3.萎蔫

(1)症状:萎蔫一般出现在7~8月,此时正值临沧地区高温季节,日均温度在28℃左右。大棚种植的石斛更容易出现萎蔫现象,主要原因是大棚内气温高于基质温度,石斛叶片水分蒸腾量大于吸收量。

(2)预防措施:高温季节采用微喷降温的同时注意通风,最好把温度控制在25~30 ℃之间。

4.叶蔫、全株变软

(1)症状:一般出现在新芽萌发后的生长初期,主要是由于植株上水分过多,且环境温度较高引起。

(2)预防措施:减少直接喷施于植株上的水分,使植株保持干燥,增加环境湿度,并注意通风降温。

（二）主要病理性病害

病理性病害是由致病微生物侵入石斛植株不同组织产生病斑，使叶片发黄、变黑、变干枯、脱落，使根系、茎条腐烂，生长停止，干枯死亡。轻者不长新根，不发芽，叶片脱落，茎条不膨大，重者叶片全部脱落，茎条腐烂，根系全部变黑、腐烂，最终导致植株死亡。从源头抓起，以防为主，切断病原侵染途径，做到早预防、早治疗，防止病害传染和蔓延。病理性病害可归纳为：病毒性病害、细菌性病害和真菌性病害三大类。各类病害的病源、侵染和传播途径，以及症状各不相同，其中真菌性病害约占病害的80%。

由于真菌性病害和细菌性病害的病源不同，其防治方法和药剂使用也截然不同。所以，正确诊断区别两种病害，是防治这两种病害的关键，其诊断依据主要是两种病害的病症特点。真菌性病害引起的病状类型较多：斑点型，主要危害叶片；溃疡型，主要危害茎、枝条；腐烂型，被害部位形成干腐或湿腐。由于真菌性病害的类型、种类繁多，引起的病害症状也有差别。但是，凡属真菌性病害，无论发生在什么部位，症状表现如何，在潮湿的条件下都有菌丝、孢子产生，这是判断真菌性病害的主要依据。细菌性病害主要表现为：坏死与腐烂，萎蔫与畸形。坏死、腐烂与畸形，都是细菌破坏了薄细胞壁细胞组织所导致的后果。在感染了细菌性病害的铁皮石斛叶片上的病斑呈多角斑，病斑周围有黄色的晕环。在肥厚组织或果实上的病斑，多为圆形。在柔嫩肉、多汁的组织上，若组织死亡易生腐烂。有的部位被害后发生促进性病变，形成肿瘤，这种现象多发生在根或茎上。萎蔫是细胞侵染维管束的结果，可局部或全部发生。维管束细胞被破坏后，水分、营养物质不能正常输送，会造成植株萎蔫死亡。细菌性病害没有菌丝、孢子，病斑表面没有霉状物，但有菌脓（除根癌病菌）溢出，病斑表面光滑，这是诊断细菌性病害的主要依据。以上所述是这两种病害的主要区别，要认真仔细地区别判断，正确选择药剂进行防治，尽可能降低这两种病害的危害程度。

病理性病害主要表现为变色、斑点、畸形、腐烂、萎蔫、坏死等。传播途径：最主要的是水源传播，通过灌溉水传播，病原体附着在根上，导致根的生理生化功能异常而坏死；从叶面的气孔、水孔、皮孔等进入，从而导致整个植株的生长不正常，甚至死亡；伤口感染，病原随着伤口进入植物体内；接触性传播（动物的接触）；空气传播。

石斛茎叶肥厚，营养丰富，生性娇弱，易遭病虫为害。病害发生时，受害部分会迅速腐烂，有时会引起整株植物死亡。同时，由于石斛生长在高温高湿的环境中，病虫害繁殖快，难以控制与防治。因此，在病虫害发生时，如果防治不力，病虫害常由少变多，逐步蔓延开来,甚至会引起石斛整个种植棚受害,从而造成巨大损失。常见的病害如下。

1.黑斑病

(1)症状:一般在3~5月出现黑斑病,主要为害芽和叶片。石斛受害发病时,叶片上出现黄褐色小斑点,并逐渐扩散到整片叶,严重时小斑点扩大成轮廓清晰、略微下陷的褐色或黑色水浸状斑点,最后导致叶片枯萎脱落。黑斑病病原菌属半知菌类真菌,菌丝褐色,有膈膜。病菌借气流传播,春秋两季发生较重。

(2)防治措施:该病以预防为主,保持种植场地通风良好,防止种植基质过湿。冬季气温上升,可喷80%代森锰锌可湿性粉剂1000倍液或1:1:150波尔多液预防,10~15 d喷一次。发病期间,用甲基托布津1000~1200倍药液防治,5~10月间每隔7~10 d喷洒一次;用氯化汞加1000倍水的药液洗叶;病斑初发时,及时剪去患病部分的叶片,当即烧毁,可防止该病传染蔓延。

2.白绢病

(1)症状:白绢病一般出现在温度高、湿度大的雨季(5~10月),基质偏酸时易发病。该病发生时,在基质表面可见白色绢状菌丝,并且中心部位形成褐色菜籽状菌核,植株近基质的茎上会出现黄色或淡褐色的病斑,丝状物可在基质表面及茎叶部位蔓延,后期病斑变成褐色或黑褐色。该病可导致植株基部腐烂并向茎上部及叶扩展,感染部位腐烂变软,植株很快腐烂和死亡,形成毁灭性伤害。病原为半知菌亚门真菌,在近地面的茎部发病。

(2)防治措施:改善大棚内通风状况,适当降低大棚内的湿度和温度,同时调整基质酸碱度(用3%石灰水浇施基质),可以预防或减轻白绢病的发生。对发病的石斛植株,可选用10%氯霉素可湿性粉剂500~1000倍液浇施,每日浇一次,连浇2~3次,可有效地控制病情。也可用20%甲基立枯灵乳油800倍液、75%灭普灵可湿性粉剂1000倍液等喷雾防治。

3.心腐病

(1)症状:心腐病又称黑腐病,在高温高湿的雨季发病,新长出的叶片更容易被感染。发病初期,在叶面出现细小的、有黄色边缘的紫褐色湿斑,随后呈水浸状,逐渐扩大,较大和较老的病斑中央呈现黑褐色或黑色,用力挤压时会渗出水分。随后整片叶变软、发黑、腐烂、脱落。病原菌为烟草疫霉菌,在15 ℃左右时繁殖较快,30 ℃以上繁殖受到抑制。病菌的腐生能力强,可以在土壤或栽培基质中长期存活。病原菌通过污染的栽培基质、肥料和流水等传播，特别是在高温高湿的环境中，病原菌扩散快，为害大。

（2）防治措施：种植基质要避免潮湿，保持良好的通气性，定期使用50%福美双可湿性粉剂100～500倍液或75%百菌清可湿性粉剂800倍液+0.2%洗衣粉均匀地喷洒在叶片表面，以保持种植环境的洁净，避免感病。对于发病的植株，切除感染部位后，用0.1%～0.2%硫酸铜、50%克菌丹可湿性粉剂400～500倍液或1%波尔多液喷洒石斛，以控制病害，阻止蔓延。

4. 炭疽病

（1）症状：此病主要危害叶子，也可危害茎部。幼苗、成株均可得病。发病初期叶面上有褪绿小点出现并逐渐扩大，形成圆形或不规则形病斑，边缘深褐色，中央部分浅色，上有小黑点出现，如病斑发生在叶缘处，则使叶片稍扭曲。病害严重时病斑相互连接成大病斑，引起整叶枯焦、脱落，严重影响植株生长。

（2）防治措施：清除田间病叶并及时烧毁。发病初期喷50%多菌灵500～600倍液，治疗效果很好；或用70%甲基托布津800～1200倍液喷施防治。

5. 褐锈病

（1）症状：该病由寄生于叶片之上的病菌而引起的，发病初期叶表面出现淡褐色或橙黄褐色细斑点，病势逐渐发展变为黑色的斑块，以至全叶枯萎。病因是基质过湿，或突然遭到寒冷气侵袭。

（2）防治措施：及时清理病株、病叶，并集中烧毁，减少翌年病菌来源；加强栽培管理，使植株通风透光；地下水位高时，应注意开排水沟，降低基质湿度。药剂防治方法同黑斑病。

6. 菌核病（烂根、烂茎）

（1）症状：根、茎、叶都可以得病。感病后的植株发软变烂，扯起死苗嗅之有恶臭味。湿度大时，上边会产生许多棉花样的白绒毛，后期形成多数黑色尿粪状或不定形的粒状疙瘩（菌核），有的长在根、茎内，有的长在根、茎外或土中。产生原因是基质湿度过大，温度低。

（2）防治措施：培养基质使用前要经过严格消毒；控制基质湿度，避免过分潮湿；保持场地通风良好；拔除病株后，用1∶4的草木灰、石灰粉消毒病穴；喷洒甲基托布津或波尔多液预防。

7.软腐病

(1)症状:软腐病是石斛最主要的病害,主要出现在高温高湿的雨季,多从根茎处侵染。受害处初期为暗绿色水浸状,迅速扩展呈黄褐色并软化腐烂,腐烂部位有特殊臭味。严重时,叶片迅速变黄,接着腐烂处的内含物流失,呈干枯状。病原菌为欧氏杆菌,主要通过基质传染,病菌从移植及管理作业中产生的伤口及害虫食痕处侵染。高温、高湿有利于发病。

(2)防治措施:①坚持离地无土栽培。②加强大棚通风,降低相对湿度,注意喷水要适量,以免叶片大量积水。③患病植株应立即挖除、烧毁或掩埋,切勿置于棚内附近。④石斛整个生育期都要注意避免机械受伤,以免病原菌有机会由伤口侵染幼苗。⑤雨季避免雨水溅泼幼苗,下雨后的晴天应注意施用药剂防治,要高度重视预防。⑥定期用药剂预防,夏季及雨季每2～4周施用一次,冬季每2～3个月施用一次,适量添加扩展剂可增加杀菌效果。发病初期喷施77%可杀得101可湿性粉剂500～800倍,或69%多保链霉素可湿性粉剂,农用或医用硫酸链霉素2000倍,防治效果良好,喷药后12 d防治效果可达80%以上。还可用兰花茎腐灵(1～4号)500倍液进行叶面喷施。⑦冬季温度低,使用一般细菌杀菌剂效果较差时,可使用铜剂形态的化学药剂,以达到防治效果。施用重金属剂型的化学药剂,施用前后期间植株叶上不可残留其他化学肥料、有机质肥料,不可同时混合肥料,尤其是海草精类,以免产生药害。铜剂农药在高温期易产生药害。铜剂农药和海草精混合使用,也常发生药害。⑧以上药剂对细菌性病菌虽有杀灭效果,但细菌性病原菌对以上药剂容易产生抗药性。栽培管理者平时采取病害防治时,需交替使用不同的农药,以免药剂因病菌产生抗药性而无法加以杀灭。

(三)主要虫害

临沧地区石斛主要虫害有蚜虫、蚧壳虫、斜纹夜蛾、螨类、薄壳蜗牛和蛞蝓等,其中以薄壳蜗牛、蛞蝓、斜纹夜蛾为害最重。

1.蚜虫

(1)为害特点:蚜虫主要发生在1～3月,此时正是临沧地区温暖干燥的季节。蚜虫以刺吸式口器吸食石斛嫩叶、嫩芽、花苞的汁液养分,使植株的生长受到抑制,花、叶变形、扭曲,严重时枯萎。此外,蚜虫在为害过程中还不断分泌蜜露,诱发石斛煤污病。

(2)防治措施:蚜虫发生轻时,可喷雾加湿,加强通风,改善栽培环境。蚜虫发生重时，可采用黄板诱杀，或者配制洗衣粉400～500倍液、7%花椒液喷施防治，防治效果可达95%左右。

2.蚧壳虫

(1)为害特点：蚧壳虫是石斛的主要虫害，主要种类有盾蚧和粉蚧。临沧地区为害石斛的主要为盾蚧，2～9月均有发生。盾蚧繁殖能力极强，数月内即可布满石斛全株，以刺吸式口器刺入叶片或茎吸食汁液，使石斛生长受阻，破坏叶绿素，严重时导致落叶，乃至全株死亡。盾蚧分泌的蜜露易诱发煤污病。

(2)防治措施：虫口密度小时，可清除病株销毁。大量发生时，在一龄若虫活动时，采用米醋喷雾防治，或采用50%马拉硫磷乳油或25%蚧死净乳油800～1000倍液喷雾，每周喷施一次，连喷3～4次。

3.斜纹夜蛾

(1)为害特点：该虫属昆虫纲鳞翅目夜蛾科害虫，临沧地区2～9月均有发生。该虫以幼虫为害叶片和嫩芽，是一种暴食性害虫。该类害虫有避光性，常在夜间取食。幼虫头部黑褐色，体色多变，一般为暗褐色，也有呈土黄、褐绿或黑褐色的，背线呈橙黄色，在亚背线内侧各节有一近半月形或似三角形的黑斑。成虫前翅灰褐色，内横线和外横线灰白色，呈波浪形，有白色条纹，中间有一条灰白色宽阔的斜纹。

(2)防治措施：安装防虫网，避免斜纹夜蛾飞入生产大棚内。若发现大棚内有斜纹夜蛾成虫，要在第一时间捕杀，防止其在棚内产卵。发现有斜纹夜蛾幼虫为害叶片，要尽早选用高效、低毒、低残留农药进行喷雾防治。可选用鱼藤酮、Bt(苏云金杆菌)杀虫剂或浏阳霉素等生物农药，也可适量采用辛硫磷等持效期短的化学农药。

4.螨类

(1)为害特点：主要有红蜘蛛和黄蜘蛛，一般在2～5月干燥的季节发生。初期不易被发现，在叶背为害，受害叶片出现灰白色斑点，严重时叶背常发现丝网，随后受害叶片慢慢焦黄至萎缩变形。

(2)防治措施：用肥皂水喷洒叶片两面，形成一层薄膜，可以防止和减少螨类的发生。螨类害虫大量发生时，可选用73%克螨特乳油2500～3000倍液、5%尼索朗乳油2000倍液、50%托尔克可湿性粉剂2000倍液等药剂进行喷雾防治。

5.蜗牛和蛞蝓

(1)为害特点：蜗牛和蛞蝓都属于软体动物，雌雄同体，在石斛的整个生长期均可发生。一般白天潜伏在阴湿处，夜间爬出活动为害，雨天为害较重，是一类难以根治的动物害虫。蜗牛和蛞蝓主要取食石斛的新芽、新叶和暴露的根，对石斛的产量影响较大。

（2）防治措施：可在傍晚用蔬菜或黄瓜片放在苗床上诱捕蜗牛和蛞蝓，第二天清晨收集起来集中处理，或者用含四聚乙醛的各类药剂诱杀。

四、可持续发展策略

（一）坚持政府引导，科学规范发展

在国家、省、市政策引导下，政府应充分发挥在统筹规划布局、基础设施建设、投融资环境优化、产业标准建设、产业化示范、行业监管等方面的作用，加强宏观指导和政策协调，引导当地石斛产业科学、规范的发展。加大保护力度，合理开发石斛资源。

（二）坚持保护与开发并重，加强石斛资源的保护

协调政府职能部门、企业、种植户间的关系，确保保护责任制得到落实。建立石斛种质资源保育中心，开展种质资源的评价、筛选、驯化的研究工作。采用就地保护、迁地保护及离体保护等措施，开展石斛属植物种质资源的保存工作。在临沧建立规范的石斛种质资源圃，系统深入开展药用石斛品种整理和品质评价，筛选优质药用石斛品种。

（三）坚持创新驱动发展，强化科技支撑

提升产业核心竞争力，要坚持以科技创新为核心的全面创新，特别应加强临沧道地石斛品种选育，探索优质高效栽培技术和深加工产品开发研究，促进生产技术提升和全产业链技术研发。

（四）突出特色，以品牌带动发展

立足区位、生态、环境、资源等优势，因地制宜，以临沧“绿色食品牌”创建“有机化、产品化、规模化、名牌化”四个关键点为引领，建设石斛资源保护研究中心和优势联盟，集成推广有机石斛种植技术体系，促进全市石斛优势区域的龙头企业强强联合，全力打造临沧石斛绿色品牌，实现共赢发展。

参考文献

[1]赵仁.云南名特药材种植技术丛书:铁皮石斛[M].昆明:云南科技出版社,2018.

[2]沈松,吴应华.铁皮石斛人工栽培技术[J].安徽林业科技,2021,47(3):36-37+40.

[3]肖春宏,杨波.临沧地区石斛属植物资源调查及其开发利用[J].现代农业科技,2013(15):200+203.

[4]肖春宏,杨波.人工种植铁皮石斛主要病虫害及防治措施[J].植物医生,2014(1):23-24.

[5]雷桂林,郑重.云南省药用石斛种植产业现状及可持续发展[J].林业调查规划,2015(2):23-24.

[6]杨家科.龙陵县紫皮石斛标准化栽培技术[J].林业调查规划,2011(5):135-139.

第四节　滇黄精

一、概述

（一）滇黄精简介

黄精属（*Polygoncttum*）多为具根状茎草本植物，生于林下、灌丛、岩石或树干上，茎不分枝，基部具有膜质的鞘，直立，或上端向一侧弯拱而叶偏向另一侧，或上部有时作攀缘状。叶轮生、对生或互生，全缘，叶片形状为卵形、披针形或线形。花腋生，通常集生成伞形或总状花序；花被片下部合生成筒，裂片顶端外面通常具乳突状毛，花被筒基部与子房贴生，成小柄状，并与花梗间有一关节，花被有白色、黄色、浅红色、红色、浅紫色至深紫色；雄蕊内藏；花丝下部贴生于花被筒，上部离生，似着生于花被筒中部上下，丝状或两侧扁，花药矩圆形至条形，基部2裂，内向开裂；子房3室，每室有2～6颗胚珠，花柱丝状，多数不伸出花被之外，很少有稍稍伸出的，柱头小。浆果近球形，具几粒至十余粒种子。

黄精属全世界有约40个种，广布于北温带。我国有31种，全国各地均有分布，其中某些种为特定地区的特有物种。其中黄精、滇黄精和多花黄精为药典黄精药材的基源植物。黄精主要分布于安徽、浙江及东北、华北各地，多花黄精主要分布于陕西、湖北及长江以南各地；滇黄精为我国特有种，又名节节高、仙人饭等，主要分布于云南、四川、贵州和广西。目前，黄精、滇黄精和多花黄精为主要的种植品种。

黄精药材基源为百合科黄精属滇黄精（*Polygonatum kingianum*）、多花黄精（*Polygonatum cyrtonema*）和黄精（*Polygonatum sibiricum*）的干燥块根。按物种和形状不同习称为“鸡头黄精”“大黄精”和“姜形黄精”。黄精性平、味甘，具有补气养阴、健脾、润肺、益肾等功能，主要用于改善脾胃气虚、体倦乏力、胃阴不足、口干食少、肺虚燥咳、劳嗽咯血、精血不足、腰膝酸软、须发早白、内热消渴等症。此外，黄精富含黄精多糖及黄精皂苷类药效成分，具有抗衰老、降血压、降血脂、抗炎、抗菌、抗病毒、抗疲劳、提高记忆力等作用，在临床上多用于治疗糖尿病、冠心病、高脂血症、肺结核、淋巴结核、白细胞减少、腹泻、便秘、失眠等症。甚至有的还用来治疗遗精、慢性胃炎、病毒性皮肤病等症。黄精为卫计委2014年最新公布的药食同源名单的种类之一，具有悠久的药用历史和显著的保健功效，近年来是国家及种植户重点关注的种类之一。

滇黄精为多年生宿根草本植物，根状茎近圆柱形或近连珠状，结节有时作不规则菱状，肥厚，直径1～3 cm。茎高1～3 m，顶端作攀缘状。叶轮生，每轮3～10枚，条形、条状披针形或披针形，长6～25 cm，宽3～30 mm，先端拳卷。花序具1～6朵花，总花梗下垂，长1～2 cm，花梗长0.5～1.5 cm，苞片膜质，微小，通常位于花梗下部；花被粉红色，长18～25 mm，裂片长3～5 mm；花丝长3～5 mm，丝状或两侧扁，花药长4～6 mm；子房长4～6 mm，花柱长8～14mm。浆果红色，直径1～1.5 cm，具7～12颗种子。花期3～5月，果期9～10月。

（二）临沧滇黄精分布情况

（1）滇黄精主要分布于云南，贵州，四川，广西的西北部，西藏的东南以及云南迪庆、怒江接壤的林芝地区。根据调查，滇黄精主要集中分布于海拔700～3600 m，年平均气温15～25 ℃，地温为10～20 ℃，无霜期240 d以上，年降雨量在850～1200 mm，土壤pH值为5.5～7.2的亚热带季风气候带，如云南的普洱、文山、玉溪、临沧、保山、德宏、怒江州及广西的百色等，该区域常年年均温度为15～25 ℃，降雨量较大，空气湿度较高，且土壤为黑砂壤、黄砂壤或腐殖质较高，全年无霜期较长。但由于小环境气候的影响，建议先行试种。

（2）滇黄精有喜温、耐寒、耐旱、耐高温、耐阴、怕涝，以及惧霜冻和阳光直射等特点。在生长过程中，需要较高的空气湿度和较大的荫蔽度。在降雨量集中的地区生长良好，尤喜灌丛、林缘、沟边和背阴山坡地。

（3）滇黄精在临沧市一区七县均有野生资源及人工种植，其中以云县、耿马县资源最为丰富、种植面积最大。

二、栽培技术

（一）临沧滇黄精特色品种

目前，滇黄精栽培主要以野生种源或野生变家种的品种为主。野生种源在云南及周边地区分布较广，种源由于长期的自然选择，适宜了不同的生境、海拔、气候等因素，在引种时会出现种源不适应、抗病性差、产量低下等情况。云南省农业科学院药用植物研究所自2009—2016年对滇黄精种质资源开展了调查、收集、保存等工作，对滇黄精的产地、表型、产量、药效等进行了较为全面系统的研究，在此基础上培育出了滇黄精云农1号、滇黄精云农2号和滇黄精云农3号3个品种，此3个品种已于2016年获云南省林业厅园艺新品种注册登记。目前，临沧滇黄精栽培也以这3个品种为主。

（1）滇黄精云农1号：特征为在水分不充足的情况下长势较好，抗旱力较强，植株生长前期茎秆呈紫红色，后期紫红色逐渐变淡，但茎秆为紫红色的特点仍然明显，产量较高。该品种喜温暖、湿润气候和阴湿的环境。耐寒，对气候适应性较强，可选择半高山或平地栽培，以土层深厚、肥沃、疏松、湿润的土壤为宜。

（2）滇黄精云农2号：该品种具有植株矮小、叶片宽、数量较少且厚、花被为黄白色（或带少量红色斑点）的特点。产量较高，抗逆性强，喜温暖、湿润气候和阴湿的环境。耐寒，对气候适应性较强，可选择半高山或平地栽培。

（3）滇黄精云农3号：该品种适应性强、长势较好、植株高、叶片颜色较深、叶片大、产量高，喜温暖、湿润气候和阴湿的环境，耐寒，对气候适应性较强，可选择半高山或平地栽培，以土层深厚、肥沃、疏松、湿润的土壤为宜。

（二）临沧滇黄精栽培与管理技术

1.滇黄精繁殖方式

（1）有性繁殖。

滇黄精的主要繁殖方式以种子有性繁殖为主。一般滇黄精种子落地到长出1片叶子，需要8～10个月，由种子萌发到开花至少需要3年时间。种植3年的滇黄精开花后的种子量很少，但随着种植年限的增加，种子量会逐渐增多。当植株长到2 m左右高度时，滇黄精种子产量达到最高。地上植株一年一换（倒苗），苗期为2～4月，植株长出就开始开花，花着生于轮状叶的叶基上，花朵为多数，花期为3～5月，果期为4～10月，种子成熟期为10～11月，倒苗期为11～12月，地下块根生长可到30年以上。考虑有可能存在的种植成本和种植风险，2～3年的种苗，一般种植年限为3～5年即可采挖。

（2）无性繁殖。

①切块繁殖：黄精除了有性繁殖外，还可进行无性繁殖，即切块繁殖。一般于10～11月选择4～7年生的健康无病虫害的滇黄精块茎，以节为单位进行切块，切口用草木灰或多菌灵对伤口进行消毒处理，之后可以放置于阴凉地方，待伤口处干燥，将块茎以10 cm×10 cm株行距种植在疏松土壤或砂壤中，一般经过6～8个月可以长出新植株。但新植株一般为1片叶子，新叶将在12月倒苗，次年2～4月可长出新植株，植株一般为多台叶，并有部分植株开花结籽，花期为3～5月，果期为4～10月，种子成熟期为10～11月，倒苗期为11～12月。

②组培繁殖：此外滇黄精还可以进行组织培养，实现快速无性繁殖。

a.材料选择及消毒。

材料选择：滇黄精组织培养外植体应在3～4月选择当年生、生长健壮、无病虫害的植株，以其根茎为繁殖材料。

消毒：将所选材料的地下块茎用水刷洗干净，去掉叶片和根系，切下根状茎上的芽，切取顶芽2～3 cm，用200 mg/L羧苄西林钠或头孢唑啉钠浸泡处理5h，浸泡时进行振荡（26 ℃，112 r/min），取出材料后用无菌水清洗2次，接着用75%乙醇漂洗30s，无菌水清洗1次，1 g/L氧化汞灭菌5 min，再用无菌水清洗3次。晾干后切成0.5 cm^3左右大小，然后接种于培养基上。

b.愈伤组织培养和芽分化。

将无菌外植体经切分处理后接入（MS+NAA 1.5 mg/L+KT 1.5 mg/L）培养基中约15 d后即有启动痕迹；培养25 d左右，根茎芽周围开始冒出新芽，但生长势较弱，有效芽较少；培养35 d左右，根茎芽周围有大量新芽冒出，且生长势有所增强，有效芽逐渐增多；培养45 d左右，新生芽的数量达到最大值，且生长势最强，有效芽的数目趋于稳定；培养55 d左右，新生芽的生长趋势开始明显下降，有效芽的数目趋于稳定，芽体有变黄迹象；培养65 d后，新生芽体的生长趋势进一步下降，芽体有萎蔫现象，出现新生芽体枯死衰退情况。

c.滇黄精的继代增殖培养。

待愈伤组织或不定芽形成后，将分化的不定芽块茎切成0.5 cm^3左右的小块转接至增殖培养基（MS+6-BA 4.0 mg/L+NAA 0.2 mg/L）。连续继代增殖培养可达7～8代，增殖率一般为4～6倍。继代培养的培养时间以45～55 d为宜。

d.滇黄精的生根苗培养。

将继代增殖培养的组培材料转移至生根培养基（1/2MS+NAA 1.0 mg/L+活性炭0.20 g/L）中进行增殖培养，30 d后就能长出根。生根率可超过90%。

以上愈伤组织、芽分化、继代培养和生根苗培养的基础培养基加入了蔗糖20 g/L、琼脂5 g/L，pH5.8～6.8。培养环境温度25±2 ℃，光照强度为2000～3000 lx，光照时间10～16 h/ d。

e.炼苗移栽。

生根45 d后，敞开培养瓶炼苗3 d，选择根长大约为2～3 cm，根数多于3条的植株，洗净培养基后移栽于基质（泥炭土:沙:珍珠岩=2:2:1）中，置于18～20 ℃温度下，土壤湿度保持在50%～60%，每1～2周喷施1次叶面肥，2个月后滇黄精组培苗成活率可超过90%。

2.滇黄精栽培技术

（1）选地。

①大田：根据滇黄精的生长特性（喜温、耐寒、耐旱、耐高温、耐阴、怕涝），选择种植在海拔700～3600 m，年平均气温为15～25 ℃，地温为10～20 ℃，无霜期240 d以上，年降雨量在850～1200 mm，土壤pH值为5.5～7.2，土壤疏松、富含腐殖质、保湿性好、利于排水的坡地或缓坡地。所选地块为周边植被较好，空气湿度大，光照充足，热量丰富的区域，前茬不能种植茄科作物如辣椒、茄子、烤烟等或种植施肥过多蔬菜的熟地，最好选择生荒地或前茬为玉米、麦等禾谷类作物的坡地。

②林地：根据野生黄精的生长环境，滇黄精可以在林下种植。可以选择种植在荫蔽度50%～70%，利于保水的砂质或腐殖质层深厚的果树、竹林、华山松、杉木林、旱冬瓜等常绿阔叶林或落叶阔叶林下。所选林地的海拔为700～3600 m，降雨量为700～1200 mm，年均温度为15～25 ℃。

（2）搭建阴棚。

滇黄精属喜阴植物，忌强光直射，如果采用阴棚种植，应在播种或移栽前搭建好遮阴棚。按4 m×4 m打穴栽桩，可用木桩或水泥桩，桩的长度为2.5 m，直径为10～12 m，桩入土中的深度为40～50 cm，桩与桩的顶部用铁丝固定，边缘的桩子都要用铁丝拴牢，并将铁丝的另一端拴在小木桩上斜打入土中固定。在拉好铁丝的桩子上，铺盖遮阴度为70%的遮阳网，在固定遮阳网时应考虑方便以后收拢和展开。在冬季风大和下雪的地区种植滇黄精，待植株倒苗后（11月中下旬），应及时将遮阳网收拢，第二年2～3月出苗前，再把遮阳网展开盖好。

（3）整地。

种植前1～2个月先将地深翻1遍，结合整地亩施农家肥2000～2500 kg，翻入土中作基肥，让太阳曝晒自然消毒杀菌。之后耙细整平作墒，墒宽1.2～1.5 m，墒与墒之间的沟深度应在20 cm以上。预防多雨季节墒面积水，在有条件的情况下，可以架设喷灌或滴灌设备，预防旱季缺水减产。如果所选地块土壤酸性较大，可以适当撒入少量生石灰。

（4）播种。

目前滇黄精的种源材料主要来源于以下几个途径。

①野生苗驯化变家种苗：滇黄精、黄精和多花黄精野生变家种较为普遍。把野生零星的苗收集来，按照块茎的大小，进行分级处理，栽种时按大小分开，并把节数多的块茎进行切块，以每个种植材料2～3节，并用草木灰和多菌灵处理伤口，之后按（20～25）cm×（25～30）cm的株行距进行定植移栽。或把野生苗收集来按照大小分类，直接移栽，待产生种子后再用种子进行育苗。

②种子繁殖。

种子选择：在立冬前后，当滇黄精果实变成黄色或橙红色，植株开始枯萎时，采集果实，并及时进行处理，防止堆积后发生霉烂。将所采果实用纱布包裹起来，搓去果皮，洗净种子，剔去透明发软的细小种子。应挑选呈光滑的乳白色，选择饱满、成熟、无病害、无霉变和无损伤的种子做种，种子不能晒干或风干。

种子处理：滇黄精种子具有明显的后熟作用，胚需要休眠完成后熟才能萌发。在自然情况下需要经过两个冬天才能出土成苗，且出苗率较低，一般情况下次年春天播种，播种后第2年才出苗，出苗率低，且出苗不整齐。采用低温催芽处理的种子能当年出苗，且出苗率高，出苗整齐。具体处理方法是：将选好的滇黄精种子去皮处理后，用200 mg/L GA（85%）浸泡种子30 min，再用干净的湿砂催芽。按种子与湿砂的1∶10比例拌匀，再拌入种子量的0.5%的多菌灵可湿性粉剂，拌匀后放置于花盆或育苗盘中，置于室内，温度保持在18～22 ℃，每15 d检查1次，湿度保持在30%～40%（用手抓一把砂子紧握能成团，松开后即散开为宜)，第二年1月便可播种。

种子育苗：种子育苗宜采用点播或条播，每亩约需种子50 kg(带果皮和种皮时的鲜重)，可育10万株苗。按墒宽1.2～1.4 m，墒面高20 cm，沟宽30 cm整理苗床。整理好苗床后，先铺一层1 cm左右洗过的河砂，再铺1～2 cm筛过的壤土或火烧土，然后将处理好的种子按5 cm×5 cm的株行距播于做好的苗床上，种子播后覆盖基质(泥炭土:沙子=1:1)，覆土厚约1.5～2.0 cm，再在墒面上盖一层松针或碎草，厚度以不露土为宜，冷凉的地方可以多盖一些保温，浇透水，保持湿润。播种后当年5月开始出苗，一般8月苗可出齐。实践证明，出苗时间和整齐度与水分和温度有密切关系。水分不足或水分不均，及温度过高或过低都是影响滇黄精出苗时间和出苗整齐度的主要因素。种子繁育出来的种苗生长缓慢，可以喷施少量磷酸二氢钾，特别要注意天气干燥会造成小苗死亡。出苗第2年，滇黄精种苗根茎直径超过1 cm即可移栽。

③切块繁殖：根茎切块繁殖分为带顶芽切块和不带顶芽切块两种方法。一般切块时带顶芽部分成活率高，带顶芽切段根茎的生长量是不带顶芽切段的1.5～2.5倍，并且当年就可以出苗，甚至开花结果。而不带顶芽的切段需要2年才形成小苗，且不带顶芽切块的滇黄精分化出来的苗第1年基本上只有1片叶子，但能够形成多个芽。目前在生产上主要以带顶芽切块繁殖为主。

带顶芽切块繁殖方法：秋冬季滇黄精倒苗后，采挖健壮、无病虫害根茎，在带顶芽部分根茎的第2节处切割，伤口蘸草木灰和多菌灵或将切口晒干。随后按照大田种植标准栽培，第二年春季便可出苗，其余部分可晒干作商品出售也可进行催芽后作为繁殖材料。

不带顶芽根茎切块繁殖：将不带顶芽的块茎切块，切块长度以2～3个节为宜，切块后的伤口蘸草木灰和多菌灵或将切口晒干，置于阴凉潮湿的干净砂中或砂质壤土中进行催芽，一般要2年后才能出苗。出苗后的1～2年，按有萌发能力的芽残茎、芽痕特征，把带芽的块茎掰下，掰下块茎的伤口适当晾干或蘸草木灰和多菌灵，随后按照大田种植标准栽培。

④组织培养无性繁殖：用组织培养无性繁殖的苗，经炼苗处理后，按照大田种植标准进行栽培。

(5)田间管理。

①种植时间：滇黄精种植一般根据苗的大小来确定移栽时间。小苗(块茎直径＜3 cm)

可以在秋季带苗移栽或等冬季地上部分倒苗(11～12月)开始移栽;而大苗(块茎直径>5 cm)宜在植株倒苗后移栽,此时移栽的滇黄精根系破坏较小,花、叶等器官在尚未发育,移栽后当年就会出苗,出苗后生长旺盛。目前雨季移栽小苗也较为常见,一般雨季移栽要注意起苗时尽量减少根部损伤,尽量带苗移栽,减少运输时间,最好起苗后立即移栽。

②种植密度:生产上滇黄精种植密度也不尽相同,一般根据苗大小不同,种植密度也有差异,苗小种植密度相对较大,苗大种植密度相对较小,株行距在20 cm×25 cm、25 cm×30 cm、35 cm×40 cm或50 cm×50 cm均有,一般每亩种植2000～5000株之间。

③种植方法:在畦面横向开沟,沟深6～8 cm,根据种植规格放置种苗,一定要将顶芽芽尖向上放置,用开第二沟的土覆盖前一沟,如此类推。播完后,用松毛或稻草覆盖畦面,厚度以不露土为宜,起到保温、保湿和防杂草的作用。栽后浇透1次定根水,以后根据土壤墒情浇水,保持土壤湿润。

④水肥管理:滇黄精种植后应根据土壤湿度及时浇水,使土壤水分保持在30%～40%。出苗后,有条件的地方可采用喷灌,以增加空气湿度,促进滇黄精的生长。雨季来临前要注意理沟,以保持排水畅通。多雨季节要注意排水,切忌畦面积水。滇黄精怕水涝,遭水涝时根茎易腐烂,导致植株死亡,造成减产。

滇黄精的施肥以有机肥为主,辅以复合肥和各种微量元素肥料。有机肥包括充分腐熟的农家肥、家畜粪便、油枯、草木灰及作物秸秆等,禁止施用人粪尿。有机肥在施用前应堆捂3个月以上(可拌过磷酸钙),以充分腐熟。追肥每亩每次1500 kg,于5月中旬和8月下旬各追施1次。在施用有机肥的同时,应根据滇黄精的生长情况配合施用氮、磷、钾肥。滇黄精的氮、磷、钾施肥比例一般为1:0.5:1,采用撒施或兑水浇施,在下雨前追施或施肥后应浇1次水。在滇黄精生长旺盛期(7～8月)可进行叶面施肥促进植株生长,用0.2%磷酸二氢钾喷施,每15天喷1次,共3次。喷施应在晴天傍晚进行。

⑤中耕除草:由于滇黄精根系较浅,而且在秋冬季萌发新根和新芽,种植第1年可以中耕除草,第2年以后宜人工除草。在中耕时必须注意,9～10月前后是地下茎生长初期,应用小锄轻轻中耕,不能过深,以免伤害地下茎。严禁使用化学除草剂。中耕除草时要结合培土,避免根状茎外露吹风或见光,或在冬季发生冻害,中耕除草时可以结合施用冬肥。2～3月,苗逐渐长出,发现杂草要及时拔除,除草要注意不要伤及幼苗和地下茎,以免影响滇黄精生长。

⑥摘花疏果及封顶：滇黄精的花果期持续时间较长，并且每一茎枝节腋生多朵伞形花序和果实，致使大量的营养成分被消耗，影响根茎生长。因此，种植基地需要在花蕾形成前及时将花芽摘去，同时把植株顶部嫩尖切除，维持植株高度在1~1.5 m，以促进养分集中转移到根茎部，利于产量提高。

⑦防冻：滇黄精种植区域的冬季气温较低，应在苗周盖上一薄层农家肥和稻草（干松毛）以防止霜冻，并避免下午浇水，地块干燥适宜在10:00 ~ 14:00浇水。

（三）临沧滇黄精主要病虫害与防治技术

1.防治原则及基本措施

（1）防治原则。

滇黄精的病虫害防治应当遵循“预防为主，综合防治”的原则，通过选育抗性强和抗病性强的品种或品系、科学管理、合理施肥等措施，综合利用农业防治、物理防治和合理的化学防治，将有害生物和微生物控制在允许范围内。

农药的使用应严格遵守以下准则：①允许使用植物源农药、动物源农药、微生物源农药，以及矿物源农药中的硫制剂、铜制剂。②严格禁止使用剧毒、高毒、高残留或者具有三致（致癌、致畸、致突变）作用的农药。③允许有限度的使用部分有机合成的化学农药。④应尽量选用低毒、低残留农药。如需使用未列出的农药新种类，须取得专门机构同意后方可使用。⑤每种有机合成农药在一年内最多允许使用1 ~ 2次。⑥最后一次施药距采挖间隔天数不得少于30 d；⑦提倡交替使用有机合成化学农药；⑧在黄精种植时禁止使用化学除草剂。

（2）基本措施。

①农业防治。

培育抗性品种：培育和选用抗病良种能提高滇黄精的抗病能力，从而减少农药的使用量。

培育健康无病无毒种苗：选择种源时应选择无病虫害的母株所结的种子，种子应饱满、无霉病。播种前应当进行杀菌消毒处理，培育出不带病的壮实种苗，或者用组织培养方法来培育无毒滇黄精种苗。

加强田间管理：及时清除田间杂草，适时浇水和排水，控制田间土壤湿度，加强田间空气流通。适时封顶，控制滇黄精种植基地荫蔽度。发现病叶和病株应及时清除，防止病原菌的滋生和传播。

合理施肥：施足底肥，增施磷、钾肥，培育壮苗，增强抗病和抗逆能力。

②物理防治：利用动物和病菌对光、温、水分的敏感趋性或依赖性来进行病虫害的防治。如：杀虫灯、黄板、蓝板、性诱剂、糖醋液等。还可以在滇黄精冬季倒苗之后把遮阳网拉开，让太阳光直射地块，从而达到自然消毒杀菌的目的。

③化学防治：滇黄精为药食同源植物，在使用化学药剂防治病虫害时应使用高效、低毒、低残留的环境友好型农药，禁止使用高毒、高残留、国家及行业明令禁止使用的农药。农药使用必须遵循科学、经济、合理和安全的原则，并严格控制使用次数和用量。

2.滇黄精主要病害及防治

（1）叶斑病。

①症状：发病初期，滇黄精茎秆基部的叶片出现褐色斑点，后病斑扩大呈椭圆形或不规则形，大小1 cm^2左右，中间淡白色，边缘褐色，靠近健康组织处有明显黄晕，病斑形似眼状。病情严重时，多个病斑汇合引起叶枯死，并可逐渐向上蔓延，最后全株叶片枯死脱落。该病病原为一种交链孢菌。一般多发于夏秋两季，雨季发病较严重。一般6～7月降雨量多、温度较高时，植株叶上出现病斑，在植株基部叶上始发生，并逐渐上移，到7月底发病已较严重，出现整株枯死现象。8～9月伴随其他原因导致的田间植株死亡，发病达到顶峰。10～11月，发病植株数量有所减少。因此，高温高湿是叶斑病发生的主要原因。

②防治方法。

农业防治：冬季滇黄精倒苗后，及时清除植株地上部分枯枝，将枯枝病残体集中烧毁，消灭越冬病源。

药剂防治：雨季来临，发病前和发病初期喷10%苯醚甲环唑水分散颗粒剂1500倍液，或50%退菌灵可湿性粉剂1000倍液，每7～10 d喷1次，连续喷施3～4次。发病后可喷洒50%甲基托布津可湿性粉剂600倍液，或40%百菌清悬浮剂500倍液、25%苯菌灵•环已锌乳油800倍液、50%甲基硫菌灵•硫黄悬浮剂800倍液、50%利得可湿性粉剂1000倍液。每隔5～7 d喷药一次，连续防治3～4次。

（2）黑斑病。

①症状：该病主要发生于滇黄精植株的叶片和茎秆上。叶片染病后产生暗褐色圆形或近圆形，或不规则的病斑，四周具锈褐色轮纹状宽边，病斑在空气湿度大时呈水渍

状，病斑干燥后易破裂，条件适宜时，病斑扩散迅速，有时数个病斑相互融合，使得叶片干枯。茎部的病斑呈黄褐色椭圆形，逐渐向下或向上扩展，然后病斑中间凹陷变黑，病斑表面长出黑霉。严重时病斑凹入茎内组织，导致茎秆折倒。该病的病原菌为链格孢菌属的一种。该病在6~8月发病最为严重，应当提前预防。

②防治方法。

冬季滇黄精倒苗后，及时清除植株地上部分枯枝，将枯枝病残体集中烧毁，消灭越冬病源。

休眠期喷洒1%硫酸铜溶液杀死病残体上的越冬菌源。发病初期用50%退菌特1000倍液喷雾防治，每隔7~10 d喷药一次，连续喷2~3次。

（3）根腐病。

①症状：此病主要侵染根部，发病初期根部产生水渍状褐色坏死斑，严重时整个根内部腐烂，仅残留纤维状维管束，病部呈褐色或红褐色。湿度大时，根茎表面产生白色或黄色霉层（即为分生孢子）。由于根部腐烂病株易从土中拔起。发病植株随着病害的发展，地上部生长不良，叶片由外向里逐渐变黄，最后整株枯死。根腐病主要发生在田间湿度大、积水、土壤板结、覆盖太厚、根部肥害、根茎有创伤，或根系线虫、地下害虫危害等条件下易发病，高温高湿有利发病。该病在苗期至生长中后期均可发生，一般7~9月为发病高峰期。冬季土壤湿度过大，也会发生。

②防治方法。

选择避风向阳的坡地栽培，并开沟理墒，以利排水和降低地下水位。

播种或移栽时用草木灰拌种苗，初发病时选用75%百菌清600倍液、25%甲霜灵锰锌600倍液、70%代森锰锌600倍液、64%杀毒矾600倍液、80%多菌灵500倍液等药液浇根，7~10 d浇施1次，防控2~3次。

也可选用50%多菌灵可湿性粉剂600倍液+58%甲霜灵锰锌可湿性粉剂600倍液混合后浇淋根部。若发现线虫或地下害虫危害，选用10%克线磷颗粒剂沟施、穴施和撒施，2~3 kg/亩；或50%辛硫磷乳油800倍液浇淋根部。

（4）炭疽病。

①症状：该病主要危害叶片和茎秆，叶片上、叶尖或叶缘产生圆形、半圆形、椭圆形或不规则形状的病斑，病斑直径为0.5~2.0 cm，多数为1 cm左右。病斑初期褪绿，后期整个病斑中央变成黄白色，病斑外围呈黄褐色，湿度大时，病斑扩展迅速，形成褐色稍凹

陷的病斑，其上有大量黑色小点，后期茎秆枯死。滇黄精的炭疽病主要发生在秋冬季节。

②防治方法。

加强栽培管理，增施生物有机肥，做好防冻、防旱、防涝和病虫害的防治，增强植株的抗性能力。

冬季清除枯枝落叶，并集中烧毁，减少病源。

药剂防治。在春夏季黄精出苗初期喷施化学药剂，15~20 d一次，连续3~4次，药剂可选用30%悬浮剂戊唑•多菌灵龙灯福连1000~1200倍液，或70%默赛甲基硫菌灵1000倍液，或F500百泰2000倍液。

(5)褐斑病。

①症状：该病由半知菌亚门真菌尾孢属引起，主要危害滇黄精叶片，一般从叶缘或叶尖开始发病，发病初期叶片上出现圆形或椭圆形的斑点，褪绿或紫褐色，后期为黑色，直径为5~10 mm，界线分明，严重时病斑可连成片，使叶片枯黄脱落，该病全年都可发生，但以高温高湿的多雨炎热夏季为害最重。

②防治方法。

加强栽培管理，移栽前要对土壤进行消毒，杀死潜伏病菌；种植不宜过密，要注意通风透光，注意排水。

发现病叶要立即摘除并销毁，以防扩散感染。

发病初期用波尔多液（硫酸铜：石灰：水=1：1：300）或80%代森锌可湿性粉剂600倍液，50%多菌灵可湿性粉800倍液，70%甲基托布津可湿性粉1000倍液，32%乙蒜素酮乳剂及30%乙蒜素乳剂1500倍液喷洒植株进行防治，7~10 d喷施一次，连喷2~3次。

发病严重时应喷药防治，可以喷施1%的波尔多液，或75%的百菌灵可湿性粉剂600~800倍释液，或65%可湿性代森锌粉剂500~600倍液，或50%代森铵200倍释液，或甲基托布津200倍稀释液，连续喷施3~4次。

(6)茎腐病。

①症状：受害滇黄精植株由下部叶片向上逐渐扩展，呈现青枯症状，最后全株显症，很容易与健株区别。病株茎基部较软，内部空松。遇风易倒折。植株根系明显发育不良，根少而短，变黑腐烂。剖茎检查，可发现髓部空松，根、茎基和髓部可见到红色病症。茎腐发生于雨后高温的夏秋季节。

②防治方法。

冬春季清除枯枝、烧毁病叶，减少病源越冬基数，发现病株及时清除。

苗床地要高畦深沟，以利雨后及时排水；注意通风透气，雨后及时排水，保持适当温湿度；中耕除草不要碰伤根茎部，以免病菌从伤口侵入。

发病初期选用58%瑞毒霉500倍液、72%甲霜灵锰锌600倍液、75%百菌清600倍液、80%代森锰锌500倍液、68.75%银法利（氟菌·霜霉威）2000倍液等药液喷施植株，每7～10 d喷淋一次，连续防治3次。

（7）病毒病。

①症状：该病主要为害滇黄精叶片，病株主要表现为浓绿、淡绿相间的花斑，严重时叶片上有泡状斑和皱缩，叶面凹凸不平，植株高度受到影响。主要发生在高温、干旱、阳光强烈的春末夏初及秋末季节。

②防治方法。

采用轮作套种不同作物减少病原积累，防止病害严重发生。

加强田间栽培管理，提高植物抗病毒病的能力，铲除田间地头杂草，拔除病株以除掉毒源，及时治虫防病。

施肥要以天然有机肥为主，用生物发酵好的肥料（厌氧菌或放线菌类有益防腐微生物为最好）可以养根壮根，提高产量的同时提高植株抗病毒能力。

（8）枯萎病。

①症状：该病多在叶与花上发生，感病症状为中间棕色周边发黄的斑点，在感染过程中的组织可见水渍状斑点。枯萎病的传播和造成危害的速度很快，侵染对象以叶片为主，当危害程度加大成为系统性侵害时，则整个植株死亡。

②防治方法。

种子、种苗消毒：对种子、种苗进行消毒，培育无毒健康种苗。

土壤消毒：对种植滇黄精的地块用0.008～2 mg/L的氯化苦消毒。

药液灌治：在零星发病田块，用12.5%治萎灵水剂200～300倍液浇灌病苗，每株10～20 mL，可以减轻发病或恢复生机，尤其是轻病株效果良好。

（9）灰霉病。

①症状：该病由灰葡萄孢菌侵染引起，主要侵染叶片、茎秆和花蕾。发病初期，患病组织产生水渍状斑块，病部逐渐扩大，后期病部产生灰色霉层。病菌在土壤或病残体上

越冬及存活。借雨、风等，或浇水等农事活动传播。一般在6月底至倒苗前均可发病，7～8月为发病高峰期。高湿条件、植株茂密、栽培空间封闭、通风不畅条件下发病严重。

②防治方法。

及时清除、销毁病残体。

加强管理，注意排水和降低湿度，增施有机肥，通风透光，提高滇黄精抗病力。

注意雨前重点预防和控病。

发病初期选用40%明迪（氟啶胺+异菌脲）3000倍液、40%嘧霉胺1000倍液、50%啶酰菌胺100倍液、50%速克灵2000倍液等药液喷施、喷淋植株。

3.滇黄精主要虫害及防治

（1）蚜虫。

①症状：蚜虫喜欢危害嫩叶和花，以成虫、若虫吮吸嫩叶的汁液，使叶片变黄，植株生长受阻。蚜虫又是传播病毒的媒介，传播病毒带来的危害比直接危害造成的的损失更重，蚜虫大量繁殖会导致植物顶部的叶和花大量脱落，严重时植株会死亡，造成减产。春末夏初，气温迅速上升，当春季作物（如，十字花科、禾本科植物）采收后，蚜虫就转移到其他作物上继续为害，此时滇黄精刚长出，容易成为蚜虫的下一个为害对象。危害滇黄精的蚜虫主要以桃蚜和棉蚜为主。

②防治方法。

采用黏虫黄板诱杀若虫。将塑料薄膜涂成金黄色，再涂1层凡士林或机油，架在地边或大棚高出地面0.5m处，可以大量诱杀有翅蚜。

采用银灰色塑料条驱4避蚜虫。蚜虫对银灰色有较强的趋避性，可在园内挂银灰色塑料条或铺银灰色地膜驱避蚜虫。此法对若虫迁飞传染病毒有较好的防治效果。

根据蚜虫在高温干旱时节容易发生的特点，注意做好喷水抗旱工作；在黄精地及周围做好冬季的除草和翻地，清洁田间，不能在黄精地周围保留蚜虫过冬的十字花科植物。

尽早控制在点片发生阶段，选用吡虫啉、啶虫脒和苦参碱等按要求用量防控。

（2）螨虫。

①症状：螨虫主要危害时间为春末夏初，主要在滇黄精的叶背面、茎、嫩尖处群集，以刺吸式口器吸食植物的汁液。被害叶片背面呈黄褐色至红褐色，正面灰色，叶片变硬、变脆、失绿，叶片光合作用受到影响，严重时叶片大量脱落，植株枯死。

②防治方法。

冬春季要清除枯枝，消灭过冬虫卵；进行轮作。

可用15%哒螨酮乳油300倍液，或34%螨虫立克乳油2000～2500倍液，或48%乐斯本1000倍液，或1.8%的阿维菌素（齐螨素、新科等）3000倍液，或15%哒螨灵乳油1500倍液，或73%克螨特乳油2000倍液，或15%扫螨净乳油2000倍液，或35%杀螨特乳油1000倍液等药剂进行防治。

（3）地老虎。

①症状：地老虎是一种典型的杂食性害虫，1～2龄幼虫喜食滇黄精心叶或嫩叶，被害部位被咬出针状小洞；3龄后幼虫可咬断滇黄精嫩茎；4龄以后进入暴食阶段，是危害盛期。3龄前幼虫昼夜活动，3龄后幼虫白天潜伏在滇黄精根部附近土中，晚上或阴雨天气出土活动，造成缺苗。危害时期主要为3～5月。

②防治方法。

在地老虎成虫交配期间用黑光灯或带有发酵气味的物质来诱杀成虫，以减少幼虫数量。

加强田间管理，及时清除杂草，并进行人工除虫。

配制毒饵，在行间或株间撒施毒饵。可将麦麸毒饵（麦麸20～25 kg，压碎、过筛成粉状，炒香后均匀拌入40%辛硫磷乳油0.5 kg，农药可用清水稀释后喷入搅拌，以麦麸粉湿润为好，然后按4～5 kg/亩的用量分成小堆撒入幼苗周围）和油渣毒饵（把油渣炒香后用甲基异柳磷拌匀）洒在幼苗周围可以诱杀地老虎、蝼蛄等多种地下害虫。

在地老虎1～3龄幼虫期，每亩用2.5%敌杀死乳油30～40 mL，加水45 kg于日落后对农作物的幼苗作常规喷洒，茎叶都要喷湿。待地老虎觅食，就能使其中毒致死，如对整块地全面喷洒，效果更佳。

（4）蛴螬。

①症状：蛴螬主要为暗黑鳃金龟、铜绿丽金龟、棕色鳃金龟、黄褐丽金龟等的幼虫，1～2年1代，以幼虫和成虫在土中越冬，春秋两季为害最重。蛴螬咬食幼苗嫩茎，并可把滇黄精块根钻出孔眼。当植株枯黄而死时，它又转移到别的植株继续危害。此外，因蛴螬造成的伤口还可诱发病害。

②防治方法。

实行轮作，精耕细作，不施未腐熟的有机肥料，发现虫卵和幼虫及时处理。

每亩用50%辛硫磷乳油200～250 g，加水10倍喷于25～30 kg细沙上拌匀制成毒沙，顺墒面撒施，随即浅锄；每亩用2%甲基异柳磷粉2～3 kg拌细沙25～30 kg制成毒沙；每亩用3%甲基异柳磷颗粒剂、3%呋喃丹颗粒剂、5%辛硫磷颗粒剂或5%地亚农颗粒剂2.5～3 kg处理土壤。

滇黄精种苗种植时可以适当拌上辛硫磷、敌百虫等粉剂。

每亩用25%对硫磷或辛硫磷胶囊剂150～200 g拌麦麸或油枯等饵料5 kg，或50%对硫磷、50%辛硫磷乳油50～100 g拌饵料3～4 kg，撒于种沟中，亦可收到良好防治效果。可设置黑光灯诱杀成虫，减少蛴螬的数量。

(5)蝼蛄。

①症状：蝼蛄主要危害滇黄精的根部，蝼蛄以蚯蚓和昆虫的幼虫为食，常在滇黄精地下挖土打洞，从而危害滇黄精的根和块茎造成伤口，诱发病害。

②防治方法。

灯光诱杀。发生危害期，在田边或村庄利用黑光灯、白炽灯诱杀成虫，降低田间虫口密度。

人工捕杀。结合田间操作，对新拱起的蝼蛄隧道采用人工挖洞捕杀虫、卵。

每亩地用90%晶体敌百虫加水溶化后拌麦麸或油枯等饵料(100～200倍)，于傍晚时撒在已出苗的苗床表土上，或随播种、移栽定植时撒于播种沟或定植穴内。

当滇黄精地蝼蛄发生危害严重时，每亩用3%辛硫磷颗粒剂1.5～2 kg，兑细土15～30 kg混匀撒于地表。

三、可持续发展策略

(一)资源与产业发展现状

1.资源现状

(1)野生资源枯竭且质量不稳定。

(2)人工栽培历史悠久但种质混乱技术落后。

(3)采收加工缺少科学依据。

2.资源开发利用现状

(1)化学研究进展明显但功效物质基础不明确。

黄精含多种化学成分，主要为多糖、甾体皂苷、生物碱、木脂素、黄酮及挥发油等。从黄精中分离得到的多糖分子包括果聚糖，以及由葡萄糖、甘露糖、半乳糖、半乳糖醛酸、葡萄糖醛酸、鼠李糖、阿拉伯糖、木糖等单糖组成的杂多糖；螺甾皂苷类是黄精属植物的特征性成分之一，以薯蓣皂苷元或亚莫皂苷元及其衍生的其他皂苷元为母核，以1～4个半乳糖、葡萄糖、葡萄糖醛酸或海藻糖为糖基，形成了丰富多样的黄精甾体皂苷。黄精多糖、甾体皂苷和异黄酮类化合物可能是其质量标志性成分，但这些成分与有效性相关的证据也有待深入研究。特别是2015年版《中华人民共和国药典》规定以多糖、浸出物含量为质量控制指标的测定方法专属性不强，对非药用物种在鉴别上的区分度不佳。

2015年版《中华人民共和国药典》收载黄精具有补气养阴、健脾、润肺、益肾的作用，用于脾胃气虚、体倦乏力、胃阴不足、口干食少、肺虚燥咳、劳嗽咳血、精血不足、腰膝酸软等。黄精多糖具有广泛的增强免疫、调节血糖、调节血脂、抗氧化、抗衰老、保肝、抗肿瘤和改善记忆等作用。

(2)药品与保健品开发不足。

历代本草记载黄精功效以补益为主，因此在中成药中应用不多，主要药品有：黄精饮片、益元黄精糖浆、黄精养阴糖浆、黄精冲剂地黄丸、二精丸、白姜黄精胶囊、黄精赞育胶囊、蚁黄精胶囊、虎邦一黄精胶囊、十一味黄精颗粒、当归黄精膏等。黄精在保健食品上应用十分广泛，根据国家食品药品监督管理总局数据，以黄精为主要原料的保健品有306个，其中增强免疫力、缓解体力疲劳有223个，辅助降血糖、辅助降血脂有49个，延缓衰老有15个，改善睡眠有9个，辅助改善记忆有8个，增加骨密度有7个，对化学性肝损伤有辅助保护作用有7个，改善营养性贫血有3个，抗氧化等有9个。黄精甘甜、适口性好，且具独特的风味，民间广泛烹制黄精食品，如黄精酒、黄精煨猪肘、黄精炖鸭、炖黄精、黄精馒头等。黄精在东南亚及日本、韩国等国也有广泛的应用。但是，由于黄精为药食同源植物，产业进入门槛低，导致产品科技含量低、规模小、分散到千家万户，市场上主要以鲜品、生晒、蒸晒等初加工产品，单味配方的加工产品如黄精茶、黄精粉、黄精丸、黄精酒等最为多见，精深加工的保健食品市场占有率很小，未见有产值规模上亿元的著名品牌。

(3)行业规模与药材价格走势。

据报道,黄精在20世纪90年代的需求约800 t,随着人们保健意识的提高,目前年需求量在3500~4000 t。其中近80%用于食用,仅20%用于药品和提取物生产。进入21世纪以来,黄精市场价格整体呈上升趋势,2010年前处于平稳上升阶段,2010年5月黄精结束多年低价,进入涨价快车道,后市看好。

(二)可持续发展对策

1.科技创新

(1)加强资源培育关键技术研究与应用。

栽培品种选育。2015年版《中华人民共和国药典》规定黄精的3种基源植物,是本草黄精几千年传承的结晶,有其科学性。因此黄精育种首先应确定不同地区的适生栽培物种,然后结合功效物质评价,开展种内品种选育。收集全国主产区黄精野生种质、栽培品种、地方品种、农家品种等种质资源;建立以多糖、甾体皂苷等标志性成分含量为首选指标,综合产量、光照适应能力、抗病能力等农艺性状指标的质量评价体系;利用重组学手段,包括转录组、蛋白组、代谢组等,从大数据中挖掘参与调控黄精多糖、甾体皂苷等优良性状的功能基因,开展种内聚合杂交技术,选育优良品种;突破黄精组织培养技术与种子繁殖技术,加快良种的繁育,保证优质种苗的供应,杜绝非药典基源物种的盲目使用。

野生资源保育与合理利用。针对野生资源蕴藏量急剧下降的主要原因,从以下四方面开展黄精野生资源保育与可持续利用:一是用种子繁殖或组织培养育苗方法取代现有的块茎繁殖方式,减少种苗生产对野生资源的依赖,从而减少对野生黄精的采挖;二是野生资源利用过程中避免大小统挖,采挖过程实行采大留小,确保资源永续利用;三是加强适生区域林地生长环境调控,特别是对土壤、光照条件的调控,促进野生黄精的生长发育;四是加强种质资源的异地保护,建立黄精种质资源收集园、种子园,保证野生资源的可持续利用。

人工栽培关键技术研究与推广。以黄精药材品质、产量和性状为主要指标,探明品种、环境因子以及其交互作用对黄精标志性物质与产量的影响,分析优质道地黄精的成因,集成光照调控、立地控制、密度控制等关键技术,提出栽培技术规范。重点突破黄精林下栽培技术,让黄精栽培回归自然。

通过对黄精重要代谢成分(组分)时空变异规律的研究,揭示了黄精不同采收时期、不同发育阶段、不同部位的重要代谢成分(组分)积累规律。结合转录组测序,挖掘与黄精生命节律相关的标志性化合物和功能基因,揭示其合成代谢的时空变异规律,明确最佳采收时期与季节,实现精准采收。

(2)研究核心功效的物质基础与生物学机制。

核心功效物质基础研究。现代化学研究表明,黄精含有多糖、甾体皂苷、生物碱、木脂素、黄酮、植物甾醇及挥发油等多种成分,但黄精的核心功效物质基础尚不明确。应根据黄精化学成分、中药药性理论研究主要物质基础,选择质量标志物,选育优良品种、培育优质药材、评价药材与产品质量。

加工工艺的优化。黄精所含化学成分复杂多样,炮制的工艺多而复杂,没有明确的质量标志物,工艺参数一直难以统一,黄精中的黏液质普遍认为是刺激性作用成分,炮制后黏液质的减少使黄精刺激性作用消失,但没有充分的实验数据加以支持;对于黄精多糖,炮制过程中多糖总量大幅减少,药效明显增强。因此,必须在黄精核心功效生物学机制与核心功效物质基础研究的基础上,研究酒黄精、蒸黄精和地方特色炮制等工艺对药材中糖类及次生代谢物等标志性物质的影响,阐明黄精炮制减毒增效作用机制,制订标准化炮制工艺参数。

(3)开发功效确切的系列大健康产品。

系列大健康产品开发。根据黄精抗氧化、衰老、保肝、增强免疫力、改善记忆、补肾、延年等功效,经配方筛选和功能学验证,优选现有上市优势产品开展深入研究,做强做大。在黄精核心功效生物学机制与核心功效物质基础研究的基础上,筛选社会需求大且功效确切的配方,把目标群体细分为青少年成长(如笔管菜),女性关爱(如代餐粉),男性关怀(如补肾产品),老年健康(抗衰老、增强免疫功能、调节血糖等)等相关系列产品,明确功效性和针对性,提高技术含量,开发出填补市场空白的新功能、新剂型的特色大健康产品。

2.文化创意、三产融合驱动产业发展

(1)文化创意。

文化创意是20世纪90年代发达国家提出的一个新概念,后来逐渐演变成一种全新的发展理念。这种理念认为,当代经济的真正财富是由思想、知识、文化、技能和创造力等构成的创意,这种创意来自人的头脑,它会衍生出无穷的新产品、新服务、新市场、新

就业机会、新社会财富，是经济和社会发展的重要推动力。

(2)培育三产融合的龙头企业。

大力培植一批黄精生产与销售龙头企业，尤其要扶持现有保健品知名生产与销售企业，建立优质黄精产品物流配送中心，提高优质黄精产品集中采购、统一配送的能力，主攻会员消费群体和团购；建立黄精产品连锁店、商超优质黄精产品专销区、专卖店、传统医药名店等实体店与互联网结合的产销一体的营销网络；探索发展黄精产品拍卖、电子交易、期货等交易方式，降低成本，引导生产。同时，充分利用现代信息技术，有机结合黄精的文化传播，努力拓展市场，以确保产业稳步发展。

(3)实施品牌战略。

科技创新、文化创意、三产融合，从栽培环境、规范生产、精深加工、包装销售全产业链入手，管控主要活动和关键节点。构建具有栽培品种标识、药材产地环境标识、加工厂家标识以及明确效用标识的品牌体系，实现全过程的业务追溯和管理溯源，保证产品质量，实现可查可验可追溯，打造优质品牌，占领市场。

参考文献

[1]云南名特药材种植技术丛书编委会．黄精[M]．昆明:云南科技出版社,2020.

[2]斯金平,刘京晶,陈东红,等．黄精[M]．北京:中国林业出版社,2020.

[3]李良松,任再荣．太阳草传奇．黄精养生文化探论[M]．北京:学苑出版社,2020.

[4]张金渝,杨美权．滇黄精[M]．昆明:云南科技出版社,2019.

[5]黄璐琦．黄精生产加工适宜技术[M]．北京:中国医药科技出版社,2018.

CHAPER 5

第五章

特色牧渔业

第一节　生猪

一、养殖概述

（一）临沧生猪发展历史

临沧市位于云南省西南部，市内98%以上为山地，坝区不到2%，气候为亚热带低纬高原山地季风气候。畜牧业是临沧市的传统产业，也是临沧市重要的产业之一。2020年全市生猪存栏269万头、出栏307万头、猪肉产量24.2万t，生猪存栏、出栏分别居全省第7位、6位。畜牧业是临沧市实现产业发展，提高农民收益，实现乡村振兴的重要一环。

（二）临沧生猪分布情况

根据临沧市全面优化生猪产业发展布局，在巩固提升凤庆县、云县、永德生猪调出大县的基础上，支持其他县（区）抓住机遇积极发展成为生猪大县。在全市粮食生产重点乡镇扶持发展一批年出栏商品猪500头、1000头、10000头的规模养殖场，确保2022年完成省级下达出栏生猪400万头的目标任务。完善生猪产业用地政策，将生猪种业、规模化生猪养殖、病死动物无害化处理、粪污处理与资源化利用、屠宰加工等生猪产业用地纳入当地国土空间规划，取消生猪生产附属设施用地15亩上限，合理安排用地规模。严守生态保护红线，规范畜禽养殖禁限养区的划定和管理。对超范围划定禁限养区的，立即整改；对超出法律法规的禁限养规定的，立即纠正。加大招商引资力度，引进一批集生猪养殖、屠宰、精深加工于一体的大型企业集团，加快良种猪育繁、商品猪养殖、屠宰加工、市场对接一体化发展，延伸生猪产业链条，推进全市生猪产业转型升级。

（三）临沧生猪发展现状

临沧市立足资源优势，不断提升生猪标准化、规模化、健康化养殖水平，同时加强生猪疫病防治和风险防控，着力推进全市生猪产业持续健康发展。结合区域自身实际，明确“以发展规模化养殖、建设规模养殖场（小区）为突破口，以生态绿色产业化经营为主线”的总体思路，确定了“统筹规划、合理布局、突出特色、分步推进、适度规模”的养殖场（小区）建设目标，加快推进生猪标准化、规模化、健康化养殖步伐。2016年以来，全市累计投入生猪产业发展资金3704万元，建成年出栏生猪200头以上规模养殖场（小区）73个。注重生猪疫病防控，探索完善符合实际的生猪疫病防疫体系，加强防疫、检疫、监测等监督工作，建立健全区、乡、村三级重大动物疫病防控体系，制订强制免疫、检疫、消毒、扑杀等各项疫病防控措施，保障生猪养殖健康发展。以临翔区为例，2020年以来，累计对辖区内5786家生猪养殖场（户）、3个生猪定点屠宰场、3个交易市场进行排查，共排查生猪104604头。全区生猪存栏12.42万头，猪口蹄疫免疫10.23万头，免疫率达应免数的82.36%；猪瘟免疫10.23万头，免疫率达应免数的82.36%；猪蓝耳病免疫10.23万头，免疫率达应免数的82.36%。着力做好生猪养殖风险防控，有效降低养殖风险。临沧市临翔区实施多举措促生猪产业持续发展，大力推进“保险机构+畜牧部门+财政部门+养殖户”的能繁母猪保险模式的同时，新增育肥猪保险，有效降低了生猪养殖户的市场风险。全区共有10879头能繁母猪参加保险，收取保费177980.44元。共有10000头育肥猪参加保险，收取保费73200元。今年以来，共计理赔能繁母猪2313头，理赔金额共计210.259万元；共计理赔肥猪29头，理赔金额共计1.302万元。目前，全区生猪存栏12.89万头，今年以来累计出栏11.32万头，产肉9060t，实现生猪产值3.26亿元。

二、养殖技术

（一）临沧生猪养殖优势与特色品种

随着养猪业进入微利时代，优良猪种成为大幅度提高养猪业生产水平、猪肉品质以及市场竞争能力的基础。以良种为突破、市场为导向、创新为动力的发展方针是提升生猪产业在发展农村经济、增加农民收入的必然选择。近几年来，为加大生猪产业的发展力度，临沧市从源头上把好猪种质量关，临沧市农业农村局及畜牧科技人员从猪种市场搞调查、做论证、定方案，一步一个脚印地开展工作，投入资金150万元，先后从上海万谷、祥欣种猪场引入杜洛克、长白、约克3个品种12个品系的良种种猪232头，构建以生产三元优质肉猪为主、杂交野香猪及香猪等为补充的生猪发展路线。全市向农户提供二元良种母猪8000多头，改良面积达70%，迅速淘汰本地生产能力低下、不符合品种特征的猪种，使全市良种覆盖率快速提高。临沧市依托云南农业大学、云南省畜牧兽医科学院等科研院所的技术人才优势，聘请省内著名养猪专家担当技术顾问，大力推广应用猪选育测定、猪种疫病净化技术。临沧市在实践中探索出了一个核心群、扩繁群、生产群的"金字塔"良种猪繁育发展模式，走出了一条良种猪核心群场带扩繁群场，扩繁群场带生产群的富民之路。目前，临沧市年均养猪10头以上的大户、重点户、专业户近3万户，年出栏肉猪500头以上大户80多户。"公司+专业村/组+重点户，大户带农户"的畜牧业发展新格局已初步形成。2004年以来，政府和企业累计投资810万元，先后组建临沧和云县两个良种猪核心群场；建立凤庆、云县、镇康、双江4个县级良种猪扩繁群场；划分出8个种猪园区、20个仔猪园区和30个肉猪生产区；设立生猪人工授精网点158个。

在激烈的市场竞争中，当地农户购买猪种时选择的标准是"同等价格比质量，同等质量看品牌"，谁的品牌过得硬，谁就赢得市场。全市6个良种猪场紧紧抓住新农村建设的机遇，重点向农户推广二元杂交优良种猪、杂交野香猪，实施品牌战略，这两大种猪品牌很快被市场所接受，十分畅销，辐射到了大理、普洱、保山、德宏、昆明等地，茅粮集团的加工型野香猪受到了缅甸、越南、泰国客商的好评，市场前景一路看好。同时一些生产企业纷纷派技术人员到农村指导科学养猪，种猪销售、饲养管理全程都有跟踪服务。有的企业还做到三包，

即包成活、包饲料、包销售，解除养殖户的后顾之忧。

（二）临沧生猪繁殖与饲养技术

1.生猪繁殖

（1）母猪的发情与发情鉴定。

①母猪的初配年龄与体重：在正常情况下，地方品种小母猪可在7月龄左右，体重60～70 kg开始配种。国外品种8～10月龄，体重90～120 kg。我国新培育的品种和杂种猪初配年龄和体重在两者之间。母猪初配过早、过晚对身体都有影响，过早配种，不但影响延长自我发育，还会降低排卵数和产仔数。而过晚配种，既增加了空怀时间，加

大饲养费用，又会影响母猪产后泌乳量。

②母猪初配的具体时间：母猪的初情期指母猪开始出现发情现象的时期。因身体还没发育成熟，还不能配种。本地猪可在第二次发情时配种，外来猪种在第三次发情期配种为好。

③提高受胎率的措施：母猪发情只是第一步，关键是促使母猪排卵和多排卵，只发情不排卵达不到受胎的目的。因此，调整母猪饲养管理，促使母猪发情排卵，才是提高母猪受胎率的重要措施之一。

④促使母猪发情的方法：为了促进母猪发情，可用公猪追逐久不发情的母猪，也可将公、母猪临时关在一起，还可给母猪注射激素或类激素等方法来促使发情。

⑤母猪的发情表现：母猪发情时表现不安，鸣叫，外阴充血肿胀，食欲减退。半天后，外阴充血明显，微湿润。喜欢爬跨其他母猪，也接受其他发情母猪爬跨。

(2)猪的人工授精。

母猪在进行人工授精时，将输精导管涂少量润滑剂，插入阴道内。先斜上方伸入10 cm，避开尿道后再平插，边旋转边进入。有阻力时，将管后拉，再向前伸入，到达子宫后，再接上有精液的注射器或塑料瓶，缓缓注入精液。输完精液后，抽出胶管，再拍打母猪臀部以防精液外流。

(3)母猪的妊娠。

一般来说，母猪配种后经过一个发情周期未表现发情，基本上认为母猪已怀上。其外部表现为：母猪疲倦贪睡不想动，性情温驯动作稳，食欲增加肥得快，皮毛发亮紧贴身，尾巴下垂很自然，阴户缩成一条线。

(4)母猪预产期的推算方法。

母猪的妊娠期一般为108～120 d，平均114 d。计算母猪预产期：可用“月份加4，日数减6，大月减1，闰年加1，平年加2”的方法。如2004年1月25日配种，其预产期计算方法是:1+4是5月，25－6是19日，1月、3月是31日，19－2是17日，2004年是闰年，故需加1日，即预产期是5月18日。

(5)母猪的分娩。

①产前准备：在母猪生产前，首先要准备好保温良好的产房，并在临产前10小时左右进行全面消毒，地面铺上干草。产前准备好毛巾、抹布、水桶、水盆、消毒药品、剪刀等用品。

②分娩征兆:母猪产前表现出行动不安,衔草做窝,频频排尿,尾根两侧下陷。乳房和乳头肿胀,最后一对乳头能挤出乳汁。母猪时起时卧,最后趴在地上,体躯一阵一阵抖动,阴部流出黏液,此时即将分娩。

③接产:接产员要洗净双手,并要消毒。仔猪产出后,立即用手将仔猪口、鼻的黏液掏出,并用抹布擦净,再擦全身,再断脐带。断前一手拿脐带断头,一手用拇指、食指夹住脐带,将里面血液滑向腹部3~4次,然后在离腹部4 cm处掐断。用碘酒消毒,然后编号、称重。仔猪全部下完后,立即送到母猪身边吃奶。

④假死仔猪的抢救:有的仔猪产后呼吸停止,但摸心脏或脐带仍在跳动,此为假死仔猪。假死仔猪要立即抢救。将仔猪四肢朝上,一手托肩部,一手托臀部,一屈一伸反复进行,直至发出叫声。也可用一手将仔猪两后肢提起,使猪倒立,另一手在腹部轻轻拍打,以排出口、鼻内黏液,促使呼吸,直到发出叫声即可。

⑤难产处理:母猪从产出第一头仔猪到最后一头仔猪一般要1~4 h,母猪超时仍未产出仔猪为难产。可用人工助产,用双手托住母猪的腹部靠地的一侧,母猪在阵缩时,双手从前下方往后上方抬起,将胎儿推向后方,帮助母猪产出胎儿。也可注射催产素,按每50 kg体重1支,注射后20~30 min可产出,用催产素仍不能产出仔猪时,可用手掏。先剪磨指甲,消毒后涂润滑剂,然后,五指并拢,随母猪努责伸入产道,摸到胎儿两前肢,随努责慢慢将仔猪拉出。生产完后,给母猪注射抗生素消炎。

2. 生猪的饲养技术

(1)种公猪的饲养管理。

①挑选种公猪:要符合品种要求,除了体形、体貌合格外,不能有杂毛;要两侧睾丸大小一致,无隐睾和单睾现象,性能力强。

②饲喂种公猪的要求:要经常保持饲料营养全面,加强运动,注意配种利用的合理平衡,否则会产生不良后果。

③养好种公猪的标准:体质结实,精力充沛,性欲旺盛,精液品质好,配种成绩高;肥瘦程度应是瘦不见肋骨,肥不见膘。

④种公猪的饲养:根据种公猪一年内的配种任务,有两种饲喂方式。一贯加强的饲养方式,即公猪全年都有配种任务,因此必须全年都均衡饲养,保持营养。配种季节加强的饲养方式,只在配种季节开始前一个月,逐渐提高公猪的营养水平,配种季节过后,逐渐降低。要满足种公猪对蛋白质、矿物质、维生素等营养物质的需要。饲喂种公猪要

求定时定量，每次不要喂得过饱，过饱种公猪就容易睡觉，易肥。饲料体积不宜过大，以精料为主，粗料过多，会腹部下垂，影响配种。种公猪适宜用生干料或生湿料混合饲喂，并加适量青绿多汁的饲料，供给充足的清洁饮水。

⑤种公猪的管理：种公猪应实行单栏喂养，让其生活在宽敞、清洁、干燥、阳光充足、空气新鲜的环境中。适度的运动可促进公猪的食欲和消化，增强体质，避免肥胖，提高配种能力。运动不会使公猪贪睡、肥胖、性欲低、患四肢病。炎热的夏季，种公猪精液品质会明显降低，甚至发生严重死精，高温也会影响公猪的性欲。因此，应采取防暑降温措施，如通风、洗澡。实行定时饲喂、饮水、运动、刷拭、日光浴、休息等，使其养成良好的生活习惯，以增强体质，提高配种能力。种公猪的初配年龄：小型早熟品种在7～8月龄，体重75 kg左右；大中型品种在9～10月龄，体重在100 kg左右为宜。公猪配种次数：两岁多的成年公猪一天可配种1～2次，每周应休息1 d。青年公猪每23 d配种一次。本交情况下，1头公猪可负担20～30头母猪。

（2）种母猪的饲养管理。

①优良母猪的体型标志：俗话说“母猪喂成八分膘，容易怀胎产仔高”，即母猪应保持不肥不瘦，七八成膘的繁殖体况。

②母猪的饲养：母猪的消化功能强，吸收功能也强，特别是在怀孕期和哺乳期。因此，不要太多精料，适当增加含粗纤维多的饲料，能防便秘。对体瘦的母猪，要尽快恢复膘情，过胖的母猪易使脂肪浸润卵巢，影响卵子成熟和正常发情，要减料和多运动。精料严重不足，以劣质青粗料饲养母猪的办法应杜绝。否则，母猪会过度消瘦，引起内分泌失调，卵泡不能正常发育，故发情也不正常或根本不发情。母猪对钙的不足极为敏感。缺钙会造成母猪受胎率低、产仔数少、缺乳和产后瘫痪。

③母猪的管理：充足的阳光、适量的运动、新鲜的空气对母猪保持良好的繁殖体况，正常发情、排卵有很大的促进作用。配种前加强放牧，使母猪采食牧草，接触阳光、土壤、新鲜空气，能促进母猪发情。对长期圈养的母猪应设有运动场。

（3）哺乳仔猪的饲养管理。

①哺乳仔猪的特点：仔猪怕冷，必须注意保温。仔猪的消化系统不完善，容易造成消化功能障碍，饲喂时要做到少食多餐，少给勤添。仔猪自身的抵抗力较弱，一定要吃足初乳。仔猪生长发育较快，要尽早补饲，营养要均衡。

②哺乳仔猪的“三防”：一是防寒。冬季和早春必须对初生仔猪搞好防寒保温工作，

如堵风洞、垫草、保持栏内干燥，在保温箱内或护仔栏内安装250w的红外线灯保温保证仔猪安全过冬。二是防压。由于初生仔猪本身不灵活，反应差，母猪产后疲劳，行动迟缓，母猪母性不强，仔猪口内有獠牙咬母猪乳头，母猪体大笨重，起卧不灵活等导致仔猪易被压，要做好仔猪防压工作。三是防病。让初生仔猪早吃初乳、多吃初乳、吃足初乳，是初生仔猪获得抵抗各种传染病有效的途径，缺铁会造成仔猪对疾病的抵抗力减弱，易患病、死亡率高，在仔猪出生后第2日龄注射100～150 mg的牲血素。

③过好“四关”：一是初生关。要固定好乳头，让仔猪吃好初乳。搞好防寒保温工作，防止压死、压伤仔猪。二是下痢关。对过肥的母猪要降低饲喂的营养水平，对瘦的母猪要增加营养水平，不要随便改变母猪的饲料，做好防寒保温工作，搞好栏舍卫生，注意饲料饮水卫生。三是补料关。母猪的泌乳量一般在第3周开始逐渐减少，而仔猪的生长发育迅速增长，这时母乳已不能满足仔猪的营养需要。因此，仔猪产后5～7 d即可开食，有利仔猪生长发育，开始可用稀粥加糖或少量颗粒饲料试喂，以后次数逐渐增多或自由采食，到3周龄时，就能适应采食了，1月左右即可逐渐断奶。四是断奶关。早期断奶对母猪而言，可提高年产窝数和仔猪头数。但对仔猪来讲，因哺乳期越短，仔猪越不成熟，免疫系统越不发达，对环境和营养条件要求越高。因此仔猪断奶后要继续喂原饲料，不要突然变换，在断奶后7 d左右开始，每天替换20%，5 d换完，这样可防止消化不良。仔猪断奶时，要把母猪调到另外的猪栏，仔猪留在原圈饲养。在断奶时，不要把几窝仔猪混群饲养，避免仔猪咬架和环境变化引起的多种刺激。

(4)断奶仔猪的饲养管理。

①断奶仔猪的饲养：不要让它吃得过饱，每天多次投料，防止消化不良而下痢，要满足饮水供给。

②断奶仔猪的管理：仔猪断奶时要做好“两维持”和“三过渡”；仔猪饲料要多样化，营养全价；保持栏舍干燥、卫生，搞好防疫工作，定期驱虫。

(5)育成猪的饲养管理。

①育成猪的饲养：此阶段正是猪骨骼和肌肉生长强度最高的时期。因此，采用高蛋白、高能量饲粮，自由采食或不限量按顿饲喂，能促进骨骼和肌肉的快速生长。

②育成猪的管理：公猪、母猪可混合饲养，自由采食，要做好防寒保暖、清洁卫生和防疫驱虫工作。

(6)生长育肥猪的饲养管理。

①生长育肥猪的生长发育规律：一是体重的增长。生长育肥猪的生长速度先是增快，到达最大生长速度后降低，转折点相当于育肥猪的屠宰期。因此，育肥猪在60～70 kg以前的生长期，应给予高营养水平的饲粮，并注意矿物质和氨基酸的供应，以促进骨骼和肌肉的快速发育。二是体组织的生长。一般来说，生长育肥猪在20～30 kg时为骨骼生长高峰期，60～70 kg时为肌肉生长高峰期，90～11 kg时为脂肪蓄积旺盛期。因此，育肥猪在60～70 kg时，要适当限制饲喂，特别是控制能量饲料在日粮中的比例，以控制体内脂肪过多，提高胴体瘦肉率。三是化学成分的变化。育肥猪幼龄时，体内的水分、蛋白质、矿物质含量相对较高，但随年龄增长而降低。幼猪体内脂肪含量相对低，但以后迅速增高。因此，肥猪到了90～10 kg时，就可出售或屠宰。

②提高生产力的主要技术措施：选择好的猪种进行杂交，三元杂交的生产性能最佳。提高仔猪的初生重和断奶重，俗话说“初生差1两，断奶差1斤，育肥差10斤”，说明仔猪初生体重越大，生活力越强，其生长速度越快，断奶体重也就越大。转群时体重越大，生长越快速，育肥效果就好。在生长育肥猪的饲养过程中，以高能量、高蛋白质饲料为主，采用不限量饲喂，效果好。在育肥后期采取限量饲喂，可限制脂肪过多地沉积。粗纤维是影响饲粮适口性和消化率的主要因素。饲粮粗纤维含量过低，猪会拉稀或便秘；含量过高，适口性差，并严重降低养分的消化率，限制肥猪增重。粗纤维含量一般为4%～5%。

③育肥猪的饲养管理：在60 kg前按直线育肥法，采用高能量、高蛋白饲粮喂养；60 kg后，适当降低饲粮能量和蛋白质水平，限制每天采食的能量总量。在饲喂方法上，若想追求日增重，就以自由采食为好；若追求瘦肉率高和脂肪少，则以限制饲喂为好。饲料生喂：饲料一般生喂好，生喂玉米、高粱、小麦等谷类饲料及其加工副产品的营养价值高。若煮熟后饲喂，其营养价值会降低10%，尤其是维生素被严重破坏。各种青绿饲料提倡生喂，维生素会被破坏，并且处理不当还会造成亚硝酸盐中毒。当然有些饲料要熟喂，像黄豆、豆饼、豆渣等需要煮熟或炒熟后去毒，南瓜、红薯、洋芋也应熟喂，有利于猪的消化。国内外大量试验证明，颗粒饲料优于干粉料，颗粒料方便投食，损耗少，不易发霉，猪的适口性强，并能提高营养物质的消化率。对于粉料来说，湿喂适口性好，对猪有利。一般料水比为1∶0.8～1∶1.5，但应现拌现喂，特别是夏季避免饲料腐败变酸。饲料稀喂，因饲料含水过多会冲淡消化液，降低各种消化酶的活性，影响饲料的消化吸收，也

会影响营养转化。对自由采食的猪来讲，不存在饲喂次数问题，而限量饲喂就有饲喂次数。猪的食欲以傍晚最盛，早晨差些，中午最弱，特别是夏季。所以，生长育肥猪可日喂3次，早晨、中午、傍晚各一次，饲喂的饲料量分别占全天总量的35%、25%和40%。环境温度过高，猪为了散发体热，呼吸会加快，新陈代谢受到影响，食欲减退、食量减少，导致生产力下降。夏季要防止猪舍暴晒，保持通风。勤冲圈舍和给猪淋澡，多喂凉水和青绿多汁饲料，尽力做好防暑降温工作，注意灭蚊和灭蝇。养猪必须有一个安静的环境，噪声对猪的休息、采食、增重都有不良影响，噪声会使猪的活动量增加而影响增重，还会引起惊恐、降低食欲等。

（三）临沧生猪养殖主要疫病与防治技术

1.常见传染病

（1）猪瘟。俗称烂肠瘟，是由猪瘟病毒引起的一种急性、发热、接触性传染病，具有高度传染性和致死性。在自然条件下只感染猪，不同年龄、性别、品种的猪都易感染，一年四季均可发生。在病猪的盲肠、结肠、回盲瓣处的黏膜上有纽扣状溃疡，故以此得名烂肠瘟。

症状：猪瘟可分为最急性、急性和慢性三种。

①急性型：病猪常无明显症状就突然死亡，一般出现在初发病地区和流行初期。病猪精神差，发热，体温在40～42 ℃之间，呈现稽留热、喜卧、弓背、寒战及行走摇晃。食欲减退或废绝，喜欢饮水，有的发生呕吐。结膜发炎，流脓性分泌物，将上下眼睑粘住，不能张开，鼻流脓性鼻液。初期便秘，干硬的粪球表面附有大量白色的肠黏液，后期腹泻，粪便恶臭，带有黏液或血液，病猪的鼻端、耳后根、腹部及四肢内侧的皮肤及齿龈、唇内、肛门等处黏膜出现针尖状出血点，指压不褪色，腹股沟淋巴结肿大。公猪包皮发炎，阴鞘积尿，用手挤压时有恶臭浑浊液体射出。小猪可出现神经症状，表现出磨牙、后退、转圈、强直、侧卧及游泳状，甚至昏迷等症状。全身皮肤、浆膜、黏膜和内脏器官有不同程度的出血，全身淋巴结肿胀，多汁、充血、出血、外表呈现紫黑色，切面如大理石状，肾脏色淡，皮质有针尖至小米状的出血点，脾脏有梗塞，以边缘多见，呈黑色小紫块，喉头黏膜及扁桃体出血。膀胱黏膜有散在的出血点。胃、肠黏膜呈卡他性炎症。大肠的回盲瓣处形成纽扣状溃疡。

②慢性型：多由急性型转变而来，体温时高时低，食欲不振，便秘与腹泻交替出现，

病猪逐渐消瘦、贫血、衰弱、被毛粗乱，行走时两后肢摇晃无力，行走摇晃。有些病猪的耳尖、尾端和四肢下部呈蓝紫色或坏死、脱落，病程可超过一个月，最后衰弱死亡，死亡率极高。症状：主要表现为坏死性肠炎，全身性出血变化不明显，由于钙磷代谢被扰乱，断奶病猪可见肋骨末端和软骨组织变界处因骨化障碍而形成的黄色骨化线。

③温和型：又称非典型。主要是断奶后的仔猪及架子猪发生较多，表现症状轻微，不典型，病情缓和，病理变化不明显，病程较长。体温稽留在40 ℃左右，皮肤无出血小点，但有瘀血和坏死，食欲时好时坏，粪便时干时稀，病猪十分瘦弱，致死率较高，也有耐过的，但生长发育严重受阻。

预防：目前没有治疗猪瘟的特效药，要控制和消灭猪瘟只能以“预防为主”，坚持每年春季和秋季对所有猪注射疫苗。发生猪瘟时必须紧急扑灭，及时隔离病猪和可疑病猪，或急宰，或治疗。对同群未发病猪应用疫苗紧急预防接种，被污染的猪舍和用具应彻底消毒。

（2）猪副伤寒。猪副伤寒是仔猪常见的一种消化道传染病，其特征为肠道发生坏死性肠炎，严重下痢，难治愈，死亡率高，给养猪业带来严重损失。

症状：本病可分为急性、亚急性和慢性三个类型。

①急性型：表现为病猪的体温升高至41～42 ℃，开始便秘，后下痢，粪呈淡黄色，恶臭味，有时带血。眼结膜发炎，颈、胸、腹、耳尖、尾尖、鼻端和四肢皮肤呈紫红色，后变蓝色，病程2～4 d，多因心力衰竭死亡，不死者转为亚急性或慢性。

②亚急性型：较急性型症状轻，病猪间歇发热，食欲不振、爱喝水，下痢与便秘交替进行。病猪逐渐消瘦、水肿、咳嗽和呼吸困难，皮肤变成暗紫红色，病程半月以上，不死者转为慢性。

③慢性型：此类是猪副伤寒常见类型，病猪症状不明显，体温稍高或正常，食欲不振，周期性下痢，粪呈淡黄色、黄褐色或淡绿色，有恶臭味。有的病猪咳嗽，皮肤有痘疹，不死者成僵猪。

防治：改善饲养管理和卫生条件，以提高猪的抗病能力。同时应定期预防注射副伤寒菌疫苗。

（3）猪丹毒。猪丹毒是一种急性败血性传染病，其特征为发高热和皮肤形成大小不等、形状不一的紫红色疹块，俗称打火印。

治疗：用青霉素治疗猪丹毒的效果显著，尤其在病初应用效果更好。此外，土霉素、金霉素、四环素等，对本病也有较好的治疗效果。

(4)猪繁殖与呼吸综合征：猪群发生以繁殖障碍和呼吸系统症状为特征的一种急性、高度传染的病毒性传染病。

症状：猪发病后大多表现出呼吸困难症状，但具体症状不尽相同。

①母猪染病后，初期出现厌食、体温升高、呼吸急促、流鼻涕等类似感冒的症状；少部分(2%)病猪的四肢末端、尾、乳头、阴户和耳尖发绀，并以耳尖发绀最为常见；个别母猪拉稀，后期则出现四肢瘫痪等症状，一般持续1～3周，最后可能因为衰竭而死亡。怀孕前期的病母猪流产，怀孕中期的病母猪出现死胎、木乃伊胎，或者产下弱胎、畸形胎，染病的哺乳母猪产后无乳，乳猪多被饿死。

②公猪感染后表现为咳嗽、打喷嚏、精神沉郁、食欲不振、呼吸急促、运动障碍、性欲减弱、精液质量下降、射精量少。

③生长育肥猪和断奶仔猪染病后，主要表现为厌食、嗜睡、咳嗽、呼吸困难，有的双眼肿胀，出现结膜炎和腹泻，有些断奶仔猪表现出下痢、关节炎、耳朵变红等。病猪常因继发感染胸膜炎、链球菌病、喘气病而致死。如果不发生继发感染，生长育肥猪可以康复。

④哺乳期仔猪染病后，多表现为被毛粗乱、精神不振、呼吸困难、气喘或耳朵发绀，有的有出血倾向，皮下有斑块，出现关节炎、败血症等症状，死亡率高达60%。病仔猪断奶前死亡率增加，高峰期一般持续8～12周。而胚胎期感染病毒的仔猪，多在出生时即死亡或出生后数天死亡，死亡率高达100%。

防治：本病无有效治疗方法，主要采取综合性防治措施和对症治疗。

①加强猪群的饲养管理，精细养猪，减少应激因素，用好饲料，提高营养水平，提升猪群的免疫能力。

②坚持自繁自养，引种时应严格执行检测与隔离制度，禁止引入阳性猪种。

③及时注射疫苗。一般情况下，种猪接种灭活疫苗，而育肥猪接种弱毒苗。因为母猪若在妊娠期后三分之一的时间接种活疫苗，疫苗病毒会通过胎盘感染胎儿；公猪接种活疫苗后，可能通过精液传播疫苗病毒。弱毒苗的免疫期为4个月以上，后备母猪在配种前进行2次免疫，首免在配种前2个月，间隔1个月进行二免。小猪在母源抗体消失前首免，母源抗体消失后进行二免。灭活疫苗安全，但免疫效果略差，基础免疫进行2次，间隔3周，每次每头肌注4 mL，以后每隔5个月免疫1次，每头4 mL。

参考文献

[1]李绍权,潘学军.生猪养殖技术[M].长沙:湖南科学技术出版社,2008.

[2]李春林.临沧生猪产业火起来[N].云南日报,2006-11-27.

[3]付天美.云南临沧市临翔区多举措促生猪产业持续发展[N].农民日报,2020-11-07.

[4]武天寿,李大中,李彦屏.加快临沧地区生猪生产良种化进程的思考[J].云南畜牧兽医,2001(04):28-29.

[5]王奎荣,李彦屏.临沧生猪产业[J].临沧科技,2007(1):15.

[6]临沧市人民政府关于印发临沧市稳定生猪生产保障市场供应十条措施的通知[EB/OL].(2019-12-04)[2022-06-10].http://www.lincan g. gov.cn/info/1057/12221.htm.

第二节　肉牛

一、养殖概述

（一）临沧肉牛发展历史

云南省是我国肉牛养殖大省，但与国内肉牛业先进的省、市相比，云南省肉牛养殖仍以农户散养为主，规模化程度低，市场竞争力缺乏，产业起步晚，技术相对落后，发展速度缓慢。地处西南边陲的临沧，牛肉一直作为当地居民重要的肉食品种，但多重因素导致当地肉牛养殖行业发展较晚，如肉牛产业发展根基弱、生产效率低、市场流通机制不健全、产业布局不尽合理、科学技术支持力度不够等问题。

云南省的肉牛产业从20世纪80年代起步，先后引进了一批国外优秀的肉牛品种，对地方品种进行改良。2007年以前对于肉牛产业的统计数据多按照黄牛、役用牛等划分，肉牛部分统计指标不健全。2014年云南省委、省政府出台了加快山地牧业跨越发展的意见。2016年把肉牛产业确定为重点推进的十大高原特色产业之一，随着“云岭牛”等品牌效应逐步显现，云南省肉牛产业发展较快，肉牛存栏量、出栏量均位居全国前列。2018年，云南省出台了《肉牛产业三年行动计划（2018—2020年）》，为肉牛产业发展提供了强有力的政策支撑。

近年来，随着社会经济步入新常态，在农业供给侧结构性改革的背景下，百姓对肉类的品质和质量提出了新的要求。老百姓不仅要吃饱，还要吃得放心；不仅要有数量，还要上档次。消费需求的转变迫切需要我国畜牧业转型升级。牛肉产品消费已由区域消费等转变为大众消费，是重要的“菜篮子”产品。结合临沧特色，如何补齐短板，让这个关乎居民“菜篮子”质量的“重工业”真正“牛”起来。在整合各方资源的基础上，不断加大产业扶持力度、完善配套服务体系、提高品质、延伸产业链、特色经营将是一条行之有效的道路。

（二）临沧肉牛发展现状

1.品种因素

云南省是我国西南地区重要的商品牛源储备基地，全省列入中国畜禽遗传资源志的肉牛品种就有13种，居全国第一。云南省的牛品种以本地黄牛为主，虽具有较好产肉性能，但生长速度慢，饲料报酬低，致使牛产业仍处于相对落后的状态。目前临沧市农户分散小规模饲养的模式在整个肉牛产业中占主导地位，小规模养殖相对占有饲料资源、劳动力等优势，但小规模养殖使得肉牛养殖效益不高，养殖技术难以推广。临沧市养殖的品种主要还是生产率低的地方肉牛品种，饲养管理粗放，生产效益低。因为肉牛的肉品质、屠宰率等不同，导致不同县的育肥牛、架子牛价格存在差异。所以，肉牛品种是肉牛业养殖效益的主要影响因素之一，在肉牛养殖业发展过程中，需继续考虑加大优良肉牛品种的推广，不仅可以提高饲料的转化率，还可以提供优质牛肉。

2.饲养管理技术

临沧乃至滇西南地区肉牛的主要养殖模式为个体散养和中小规模养殖，这样的养殖模式大多以家庭为生产、经营单位，而从事养殖的主要劳动力文化程度不高，养殖技术基本靠自己摸索，对新技术的接受能力不强，从而呈现出饲养管理粗放、养殖周期长、养殖成本高、养殖效益低等现象。肉牛养殖周期长、资金投入大、收益慢，再加上散户在养殖过程中饲养管理技术不到位，严重阻碍了当地肉牛养殖产业的发展。

3.疫病防控

临沧与邻国边境线较长，疫病带来的风险和造成的损失严重影响到规模养殖的效益，尤其是近年来发生的烈性传染病，如口蹄疫、病毒性腹泻等，不利于肉牛产业的稳定发展，也无法提升肉牛养殖技术效率。目前，临沧全市各县（区）近90%的养殖户在肉牛养殖过程中的防疫工作主要依靠各级兽医站提供的免费疫苗，享受防疫补贴政策等。养殖场（户）无专业的兽医团队和严格的疾病防治规程，这让肉牛养殖业存在潜在风险，当疫病发生后很可能没有较好的应对措施，导致疫情快速蔓延，给养殖户的利益带来损害。因此，在养殖过程中需要不断加强养殖户的疫病防控意识，以及病情发生后的应急处理意识，建立完善的防疫制度，并向养殖户普及常见疫病风险防控知识，降低肉牛在市场流通中的疫病传播风险，以降低损失，提高肉牛养殖的经济效益。

二、养殖技术

（一）临沧肉牛养殖优势与特色品种

1.临沧肉牛养殖优势

（1）独特的自然资源条件。

临沧生物资源丰富，是滇西生物多样性保护的重点区域，其中野生动物种群725种，种养业品种133种（优良品种85种），药用植物3000多种，被誉为我国滇西南动植物基因库，国内大多数动物在临沧均能生长。

（2）拥有公认的生态优势。

近年来，临沧抓住国家建设“桥头堡”前沿窗口机遇，以“生态立市、绿色崛起”为绿色发展战略，以“世界佤乡、天下茶仓，恒春之都、大美临沧”为品牌定位，以“构筑生态高地、成就大美临沧”为奋斗目标，全力打造“微笑之城、创业之城、森林之城、洁净之城”四城一体魅力边城，通过湿地打造开发、“森林城镇”建设、“三万”工程建设、“美丽家园”建设等举措将临沧市建设成为“森林繁茂、水系发达、空气清爽、人文荟萃、经济循环”的大美临沧。临沧市被评为“中国十佳绿色城市”“中国恒春之都”“十大避暑旅游城市”“十大避寒旅游城市”等，同时成为亚洲微电影艺术节永久举办地。2021年，全市森林面积达2487.31万亩、森林蓄积量1.17亿m^3，森林覆盖率从2015年的64.69%攀升至2020年底的70.20%，为发展生态特色畜牧业提供了良好的生态及社会条件。

（3）临沧市重要的战略任务。

临沧市委、市政府围绕实施乡村振兴战略产业兴旺目标，把做大做强肉牛产业作为打造一流“绿色食品牌”的重要抓手，高度重视畜牧业发展；立足全市基本市情和独特的生态环境，着眼于建设生态文明，将资源优势转变为经济优势；大力实施以保护生态环境、不断优化产业布局、调整产业结构；多举措发展生态畜牧业，把生态畜牧业作为推进新农村建设和加快农业农村经济发展、促进农民增收来抓；从畜禽品种改良、畜牧技术推广和动物疫病防控措施等多方面落实；构筑具有临沧特色、小区域经济特色的畜牧业，最终把临沧打造成中国西南重要的肉牛生产基地。

（4）市场开放优势巨大。

临沧与缅甸接壤，国境线长290.79 km，境内有3个国家级口岸、17条贸易通道、5条通缅公路及若干边民互市点，是昆明通往缅甸的陆上快捷方式，是中国西南开放“桥头堡”的前沿窗口，是连接太平洋和印度洋陆上快捷方式的中心节点，是连接中国、南亚、东南亚三大市场和沟通太平洋、印度洋两大洋的结合部，具有走向东南亚、南亚无与伦比的地缘优势和比较优势。此外，临沧与资源丰富的周边国家的农业发展互补性较强，为临沧充分利用国内、国外两种资源发展高原特色肉牛产业、拓展国际市场提供了良好的外部环境。随着国家“一带一路”、孟中印缅经济走廊、面向南亚东南亚辐射中心和沿边开发开放等重要战略的实施，临沧市发展无污染、无公害、绿色和生态的肉牛产业具有巨大的市场优势。

2.临沧肉牛特色品种

云南省复杂多样的生态条件，使得云南拥有丰富的地方肉牛遗传资源品种，其中以文山黄牛、昭通黄牛、迪庆黄牛、德宏瘤牛较为有名，引进品种4个以西门塔尔和婆罗门牛较为多见。目前，在临沧主要的肉用牛以云岭牛、本地黄牛、水牛、高峰黄牛为主，其中本地品种仍存在肉牛体形偏小、个体产肉率低、生长速度缓慢等问题，制约了当地肉牛产业的发展。云岭牛是利用婆罗门牛、莫累灰牛和云南黄牛3个品种杂交选育而成的云南特色品种，是国内肉牛品种中对自然生态环境适应性最强的肉牛品种之一，能够适应热带亚热带的气候环境，且在高温高湿条件下表现出较好的繁殖能力，较快的生长速度，有较强的耐粗饲能力，适宜于全放牧、放牧加补饲、全舍饲等饲养方式，对体内外寄生虫等有较强的抵抗力，是我国科学家培育的具有完全自主知识产权的第四个肉牛新品种，也是我国第一个采用三元杂交方式培育成的肉用牛品种，具有较大的发展空间。

（二）临沧肉牛繁殖与饲养技术

1.肉牛的饲料种类及其营养特点

牛的饲料种类很多，按饲料的性质和营养特点，可分为：青饲料、粗饲料、精饲料、动物性饲料、矿物质饲料、维生素饲料和添加剂饲料等。凡粗纤维含量平均超过18%的划为粗饲料，低于18%的划为精饲料。在精饲料中，粗蛋白质含量平均在20%以上的为蛋白质补充饲料，蛋白质含量低于20%的为能量饲料。各类饲料的营养特点分述如下。

（1）青饲料。

凡是新鲜可利用的绿色植物，均称青饲料，包括天然牧草、栽培牧草、作物的茎叶、树木枝叶、野菜、蔬菜类和水生植物等。青饲料中营养物质较全面，有丰富的优质蛋白质、维生素和矿物质，且幼嫩多汁、适口性好、易消化，可以保证牛瘤胃正常消化，加速新陈代谢，促进牛的食欲、消化道的运动分泌机能，对生殖机能有良好的作用。另外，青饲料种类多、分布广、利用期长，每年都有半年以上的时间为青饲料供应期，以夏秋季节青饲料为主。甘蔗梢是临沧重要的青饲料来源。此外，野生牧草和田间杂草（有野苜蓿、稗子草、牛草，还有青刈作物玉米、豌豆、菜类、根茎类、瓜类的茎叶），水生植物和可食的幼嫩枝叶等均可作为肉牛的饲料。

（2）粗饲料。

①干草：干草是由青草或其他青绿饲料作物在其尚未结籽以前刈割晒干（或其他方法干制）而成。其营养价值比作物秸秆要高，是肉牛在冬季的主要饲料。一般禾本科青干草的粗蛋白质含量为10%～21%，比作物秸秆高；粗纤维含量为22%～33%，比作物秸秆低；无氮浸出物含量则与作物秸秆近似。豆科青干草的营养价值又比禾本科青干草更高一些。

②秸秆饲料：是农作物成熟后收获籽实所剩余的副产品，是当前农村养牛的主要粗饲料。其营养含量虽然较低，但对于反刍家畜是不可缺少的，能满足家畜正常的生理要求，但必须加工调制、合理利用以提高适口性和利用率。常用的有小麦秸、稻草、玉米秸、大麦秸、谷草等，这类饲料的粗纤维含量为28%～39%，粗蛋白质的含量只有3%～3.8%，粗脂肪1.4%～2.1%，粗灰分8%～18%，维生素含量很少。秸秆饲料中的养分能被牛消化利用的程度较低，其中干物质和碳水化合物能被牛消化40%～50%。

（3）精饲料。

精饲料是可消化营养物质含量高、体积小、粗纤维少的饲料。包括谷物籽实和豆类籽实，油料作物的籽实及其加工的副产品等。

①禾本科籽实饲料：如玉米、大麦，这类饲料等含有大量的无氮浸出物，为干物质重量的55%～75%。这类营养物质在瘤胃中可生成的消化最终产物（如丙酸等），在用作沉积体脂的能源时，其育肥净能较高。粗蛋白质含量约有10%，粗脂肪为2%～5%，粗纤维含量一般在6%以下；矿物质含量中钙少、磷多；维生素B、维生素E含量较多，但维生素D缺乏。

②豆科籽实饲料：如黄豆、豌豆、蚕豆等，这类饲料含粗蛋白质较多，为干物质重量的24%～48%，是良好的蛋白质补充饲料。无氮浸出物的含量较禾本科籽实要少，一般为31%～65%。这些籽实主要作为人类的食品，只有在必要时才少量用于喂牛。

③加工副产品包括糠麸类和饼粕类饲料：糠麸类粗纤维含量较低，且质地疏松，有利于牛的反刍，含粗蛋白质约12%，无氮浸出物为干物质重量的3%～64%，磷的含量比钙多。当饲喂较多时，也应补充钙质。麦麸质地疏松，体积较大，且有轻泻性，故育肥肉牛不宜多喂。米糠所含的可消化蛋白质和总营养价值比麦麸差，单喂易使皮下脂肪质地变软，故常混合其他精料一起饲喂。谷糠、高粱糠均能喂牛。油饼类营养价值很高，是一种优质的蛋白质补充饲料，蛋白质含量为35%～45%，维生素B含量较高，育肥后期的牛不宜喂豆饼太多，且不宜长期饲喂。

④糟渣类饲料：包括酿酒、制淀粉、制糖等的副产品，含水量为65%～90%，干物质中蛋白质含量相对较多，淀粉少，不易保存。

(4)动物性饲料

动物性饲料包括畜牧、水产加工副产品，如鱼粉、血粉、肉渣、肉骨粉。这类饲料中蛋白质含量高，品质好，含必需氨基酸较完全，碳水化合物极少，无粗纤维，消化率较高，含有较多的钙和磷，并且比例适当，易被吸收利用。常用作种公牛、孕牛和犊牛的蛋白质补充料。

(5)矿物质饲料。

①食盐牛的植物性饲料中含钾与氯均较多，但含钠较少，为了使牛维持生理上的平衡，增进食欲，应补给食盐，其给量占日粮干物质的1%。

②含钙、磷的矿物质：牛在舍饲条件下或增重很快的情况下，对钙、磷的需要量较多，应另行补给。常用的钙补充饲料有石灰石粉、贝壳粉、蛋壳粉、碳酸钙等，磷补充饲料有骨粉、磷酸钙、磷酸氢二钠、过磷酸钙等。在使用这些矿物质补充磷时，常影响其他元素之间的比例，应用时要注意。

(6)特殊饲料。

①尿素：尿素的含氮量为45%，是肉牛饲养中最常用的一种蛋白质补充饲料。如果是应用得当，经济效益显著。

②抗生素(土霉素)：犊牛开始喂料时，每日每头喂给350～500 mg，连续4周，以后减至70～80 mg，可使增重和饲料效率提高5%。

2.肉牛的饲养标准和日粮配合

(1)饲养标准。

饲养标准是在科学试验与生产检验的基础上，规定出各种畜禽在不同生理状态下

（如生长、泌乳等），不同体重和不同生产水平下，每头每天应供给的能量和其他各种养分的数量，以表格的形式表示，这就是饲养标准。根据中华人民共和国农业行业标准《肉牛饲养标准（NY/T815—2004）》，对肉牛饲养标准指标做以下简介。

（2）饲养标准的作用。

①使畜禽的合理饲养有了科学的依据，能比较合理地满足家畜的营养需要，从而保证了肉牛健康，充分发挥了生产能力。

②可以有效地、经济地利用饲料，避免饲料浪费，从而降低了饲料成本。

③可以有计划、有预见地组织生产，需要什么、需要多少、生产什么、生产多少。

④便于实现机械化、工厂化饲养，使家畜饲养在科学基础上进行，所以制订和应用饲养标准是科学饲养的基础和标志，也是实现高产、优质、低消耗的保证措施。

（3）日粮配合标准。

①使用指标及其计算方法。

该标准使用日干物质进食量、总能、消化能、净能、肉牛能量单位、小肠可消化粗蛋白质、饲料瘤胃非降解蛋白质、饲料瘤胃降解蛋白质、瘤胃有效降解粗蛋白质、饲料瘤胃微生物蛋白质等术语和指标，具体规定和计算简述如下。

Ⅰ.日干物质进食量（DMI）：指动物24h内对所给饲料干物质的进食量（$kg\cdot d^{-1}$）。

Ⅱ.能量指标计算：

总能（GE）：

饲料总能为每千克饲料在测热器中完全氧化燃烧后所产生的能量。

$$GE = 239.3\times CP + 397.5\times EE + 200.4\times CF + 168.6\times NFE \quad \cdots\cdots\cdots\cdots\cdots (1)$$

式（1）中：

GE——饲料总能，单位为千焦每千克（$kJ\cdot kg^{-1}$）；

CP——粗蛋白质含量，单位为百分率（%）；

EE——粗脂肪含量，单位为百分率（%）；

CF——粗纤维含量，单位为百分率（%）；

NFE——无氮浸出物含量，单位为百分率（%）。

消化能（DE）：

消化能为饲料总能（GE）扣去粪能损失（FE）后的差值（$kJ\cdot kg^{-1}$）。

$$DE=GE\times \text{能量消化率} \quad \cdots\cdots\cdots\cdots\cdots\cdots\cdots\cdots (2)$$

$$能量消化率=91.6694-91.3359\times(ADF\_OM) \quad (3)$$

$$能量消化率=94.28-61.537\times(NDF\_OM) \quad (4)$$

式(2)(3)(4)中：

DE——饲料消化能，单位为千焦每千克($kJ\cdot kg^{-1}$)；

GE——总能，单位为千焦每千克($kJ\cdot kg^{-1}$)；

ADF_OM——饲料有机物中酸性洗涤纤维含量，单位为百分率(%)；

NDF_OM——饲料有机物中中性洗涤纤维含量，单位为百分率(%)。

净能(NE)：

饲料净能为从动物食入的饲料消化能中扣去尿能和被进食饲料在体内消化代谢过程中的体增热(HI)后的能量。也就是进食饲料能量在体内的沉积量。主要包括以下几点。

维持净能(NEm)：是根据饲料消化能乘以饲料消化能转化为维持净能的效率(*Km*)计算得到的。计算公式为：

$$NEm=DE\times Km \quad (5)$$

$$Km=0.1875\times(DE/GE)+0.4579 \quad (6)$$

式(5)(6)中：

NEm——饲料维持净能，单位为千焦每千克($kJ\cdot kg^{-1}$)；

DE——饲料消化能，单位为千焦每千克($kJ\cdot kg^{-1}$)；

GE——总能，单位为千焦每千克($kJ\cdot kg^{-1}$)；

Km——饲料消化能转化为维持净能的效率。

增重净能(NEg)：是根据饲料消化能乘以饲料消化能转化为增重净能的效率(*Kf*)计算得到的。计算公式为：

$$NEg=DE\times Kf \quad (7)$$

$$Kf=0.523\times(DE/GE)+0.00589 \quad (8)$$

式(7)(8)中：

NEm——饲料维持净能，单位为千焦每千克($kJ\cdot kg^{-1}$)；

DE——饲料消化能，单位为千焦每千克($kJ\cdot kg^{-1}$)；

GE——总能，单位为千焦每千克($kJ\cdot kg^{-1}$)；

Kf——饲料消化能转化为增重净能的效率。

综合净能(NEmf):是根据饲料消化能乘以饲料消化能转化为净能的综合效率(Kmf)计算得到的。计算公式为:

$$NEmf = DE \times Kmf \quad (9)$$

$$Kmf = Km \times Kf \times 1.5/(Kf + 0.5 \times Km) \quad (10)$$

式(9)(10)中:

NEmf——饲料综合净能,单位为千焦每千克($kJ \cdot kg^{-1}$);

DE——饲料消化能,单位为千焦每千克($kJ \cdot kg^{-1}$);

Kmf——饲料消化能转化为净能的综合效率;

Km——饲料消化能转化为维持净能的效率;

Kf——饲料消化能转化为增重净能的效率;

1.5——饲养水平数值。

肉牛能量单位(RND):国内肉牛饲养标准中采用相当于1 kg中等玉米(二级饲料用玉米,干物质88.5%、粗蛋白质8.6%、粗纤维2%、粗灰分1.4%、消化能16.4 MJ/kgDM,*Kmf*=0.5573、*Km*=0.6214、*Kf*=0.4619,*Kmf*=0.5573,NEmf=9.13 MJ/kgDM)所含的综合净能值8.08 MJ为一个"肉牛能量单位"(RND)。

Ⅲ.蛋白质指标计算。

小肠可消化粗蛋白质(IDCP):

小肠可消化粗蛋白质是指进入到反刍家畜小肠并在小肠中被消化的粗蛋白质,由饲料瘤胃非降解粗蛋白质(UDP)、饲料微生物粗蛋白质产生量(MCP)及小肠内源性粗蛋白质组成(单位:g)。在具体计算中小肠内源性粗蛋白质可忽略不计。计算公式为:

$$IDCP = UDP \times Idg1 + MCP \times 0.7 \quad (11)$$

式(11)中:

IDCP——小肠可消化粗蛋白质,单位为克(g);

UDP——饲料瘤胃非降解粗蛋白质,单位为克(g);

MCP——饲料微生物粗蛋白质产生量,单位为克(g);

*Idg*1——UDP在小肠中的消化率;

0.7——MCP在小肠中的消化率。

国内对精饲料*Idg*1建议取0.65,对青粗饲料*Idg*1建议取0.6,对秸秆*Idg*1建议取0。

在计算日粮总小肠可消化粗蛋白质供给量时,瘤胃微生物蛋白质参与计算的数值取用MN/RDN估测的MCP(用MCPp表示)和用MCP/FOM估测的MCP(用MCPf表示)中最小的一个值。

瘤胃有效降解粗蛋白质(ERDP):

瘤胃有效降解粗蛋白质是指饲料粗蛋白质在瘤胃中被降解的部分,单位为g。计算公式:

$$dg_t=a+b\times(1-e^{-ct}) \quad (12)$$

$$RDP=CP\times[a+b\times c/(c+kp)] \quad (13)$$

式(12)(13)中:

dg_t——饲料粗蛋白质在瘤胃t时间点的动态降解率,单位为百分率(%);

a——可迅速降解的可溶性粗蛋白质或非蛋白氮部分,单位为百分率(%);

b——具有一定降解速率的非可溶性可降解粗蛋白质部分,单位为百分率(%);

c——b的单位小时降解速率;

CP——饲料粗蛋白质,单位为克(g);

kp——瘤胃食糜向后段消化道外流速度。

kp的具体计算公式:

$$kp=-0.024+0.179\times(-e^{-0.278\times L}) \quad (14)$$

L——饲养水平,由给饲动物日粮中总代谢能需要量除以维持代谢能需要量计算而得。

饲料瘤胃微生物蛋白质(MCP):

饲料瘤胃微生物蛋白质是指饲料在瘤胃发酵所产生的并进入小肠的微生物粗蛋白质。计算公式:

$$MCP=RDP\times(MN\_RDN) \quad (15)$$

$$MN\_RDN=3.6259-0.8457\times\ln(RDN\_FOM) \quad (16)$$

式(15)(16)中:

MCP——饲料瘤胃微生物蛋白质,单位为克(g);

MN_RDN——饲料瘤胃降解氮转化微生物氮的效率;

RDN_FOM——千克饲料瘤胃可发酵有机物中饲料瘤胃降解氮的含量,单位为克每千克(g/kg)。

为应用和计算方便,对单个饲料建议MN_取中间值0.9,MCP_OM取136。

②肉牛干物质进食量和营养需要量计算。

Ⅰ.生长肥育牛干物质采食量。

根据国内试验资料总结，日粮能量浓度在8.37~10.46 MJ/kgDM，干物质采食量的参考计算公式是：

$$DMI=0.062\times LBW^{0.75}+(1.529+0.0037\times LBW)\times ADG \cdots\cdots\cdots\cdots (17)$$

式(17)中：

DMI——干物质采食量，单位为千克每天(kg/d)；

LBW——活重，单位为千克(kg)；

ADG——平均日增重，单位为千克每天(kg/d)。

Ⅱ.生长肥育牛净能需要量。

维持净能需要量：根据根据国内试验的平均结果，生长肥育牛在舍饲条件下，维持净能的参考计算公式是：

$$NEm=322\times LBW^{0.75} \cdots\cdots\cdots\cdots (18)$$

式(18)中：

NEm——维持净能，单位为千焦每天(kJ/d)；

LBW——活重，单位为千克(kg)；

NEm数值适合在中立温度、舍饲、有轻微活动和无应激的环境条件下应用。

当气温低于12 ℃时，每降低1 ℃，维持能量需要增加1%。

增重净能需要量：生长肥育牛的能量沉积就是增重净能，用下面公式计算：

$$NEg=(2092+25.1\times LBW)\times[ADG/(1-0.3\times ADG)] \cdots\cdots\cdots\cdots (19)$$

式(19)中：

NEg——增重净能，单位为千焦每天(kJ/d)；

LBW——活重，单位为千克(kg)；

ADG——平均日增重，单位为千焦每天(kJ/d)。

综合净能需要量：生长肥育牛的综合净能需要量，用下面公式计算：

$$NEmf=\{322\times LBW^{0.75}+[(2092+25.1\times LBW)\times ADG/(1-0.3\times ADG)]\}\times F \cdots (20)$$

式(20)中：

NEmf——综合净能，单位为千焦每天(kJ/d)；

LBW——活重，单位为千克(kg)；

ADG——平均日增重，单位为千焦每天(kJ/d)；

F——综合净能校正系数。

Ⅲ.肉牛小肠可吸收氨基酸需要量。

肉牛小肠可吸收氨基酸需要量可根据标准(NY/T815—2004)中的肉牛小肠理想氨基酸模式进行。根据国内消化代谢试验研究结果，在饲喂氨化稻草—玉米—棉粕型日粮条件下，生产阉牛维持的小肠表观可吸收赖氨酸和蛋氨酸需要量分别是0.1127 g/kg $W^{0.75}$和0.0384 g·kg^{-1} $W^{0.75}$。

Ⅳ.肉牛维生素的需要量。

维生素A需要量：肉用牛维生素A需要量按照每千克饲料干物质含量计算。

生长育肥牛为2200 IU，相当于5.5 mg β-胡萝卜素；

妊娠母牛为2800 IU，相当于7 mg β-胡萝卜素；

泌乳母牛为3900 IU，相当于9.75 mg β-胡萝卜素；

1 mgβ-胡萝卜素相当于400 IU维生素A。

维生素D需要量：肉用牛维生素D需要量为每千克饲粮干物质275单位，1单位维生素D的效价相当于0.025 μg胆钙化醇。

维生素E需要量：肉牛幼龄犊牛维生素E适宜需要量为15～60 IU/kg饲粮干物质；生长肥育阉牛最适合需要量为每日在日粮中添加50～100 IU维生素E。

(4)日粮配合原则。

①日粮配合的原则。

营养原则。根据肉牛的不同生产目的(育肥或繁殖)、不同生理阶段或不同体重、不同日增重选择不同的饲养标准，按照饲养标准上规定的指标尽量满足。

经济原则。饲料应就地取材，选择那些既能满足营养、成本又最低的饲料。

生理原则。要考虑肉牛的消化生理特点，应选择一些大容积的饲料，要考虑到干物质的给量，让肉牛既能吃得下，又能吃得饱。

卫生原则。供给肉牛的饲料一定要新鲜，保证质量，不能喂那些发霉变质的饲料，另外还要注意避免饲喂农药污染或其他有害物质污染的饲料。

②日粮配合实例。

下面介绍的日粮配合实例都是指6个月龄以后的肉牛、乳用种公牛、淘汰母牛和老残牛育肥期都可以采用这类配合饲料(表19)。

表19　肉牛常见日粮配合实例

配方	组成
配方1	青干草40%、麸皮15%、包谷25%、骨粉2%、蚕豆10%、食盐3%、菜籽饼5%
配方2	玉米10%、青干草5%、高粱19%、骨粉2%、豆糠52%、食盐3%、菜籽饼9%，另外，每头每天添加尿素50 g
配方3	玉米35%、青干草20%、杂粮35%、豆饼10%，另加碳酸钙2%、食盐1%
配方4	豆糠40%、豆饼12%、玉米15%、碳酸钙2%、大麦25%、食盐1%、鱼粉5%
配方5	干草粉15%、玉米30%、杂糠30%、豆饼25%，另加骨粉2%、食盐1%

肉牛育肥期，粗纤维的最低需要量是干物质的6%。要保持该水平必须搭配粗饲料，其饲喂量为精饲料的10%～15%。这里的配方都是精饲料配方，使用中按要求适当搭配粗料。

③肉用犊牛的饲养管理。

Ⅰ.犊牛的消化特点。

出生1~3周的犊牛，其瘤胃、网胃和瓣胃的发育极不完全，尚无任何消化功能。犊牛3周龄开始尝试咀嚼干草、谷物和青贮料，出现反刍行为，瘤胃内的微生物区系开始形成。由于微生物的发酵，促进瘤胃发育，犊牛对非奶饲料包括各种粗饲料的消化能力逐渐增强，开始具备成年牛所具有的消化功能。所以犊牛出生后3周龄以内，其消化功能主要是由皱胃行使的。

犊牛的皱胃占胃总容积的70%(成年牛皱胃只占胃总容积的8%)，在犊牛出生后最初3周内需要以奶制品为日粮。牛奶进入皱胃时，由皱胃分泌的凝乳酶对牛奶进行消化，大约在3周龄时，犊牛开始可以有效地消化非乳蛋白质，如谷类蛋白质、肉粉、血粉及鱼类加工副产品等。在新生犊牛肠道里，存在足够的乳糖酶，这些乳糖酶的活力却随着犊牛年龄的增长而逐渐降低。同样，初生牛犊几乎或者完全没有蔗糖酶活性，胰脂肪酶活力也很低，但随着日龄的增加而迅速地增加起来。至少要在犊牛3月龄以后，才能用植物性蛋白质全部代替牛奶。

因此，根据犊牛的消化特点，3日龄以内必须喂足初乳，3周龄以内供应的蛋白质必须是乳蛋白，3周龄至3月龄供应的蛋白质必须富含动物性蛋白质，3月龄以后才能用植物性蛋白质全部代替牛乳或动物性蛋白质。

Ⅱ.犊牛的饲养管理。

一般采用自然哺乳，犊牛出生后0.5～1 h内使其吃上初乳。出生1周后，如果母牛是放牧饲养，犊牛也跟随母牛一起放牧。但放牧回舍后，为防止挤踏伤害犊牛，应把犊牛单独关在犊牛栏内，每隔4～6 h，放出哺乳一次。15日龄后开始补喂优质干草、青草，20～30日龄开始在饲槽内放入少量精料，任其自由采食。3月龄犊牛每日可吃精料0.5 kg。母牛在产后40 d左右泌乳量达到高峰，如果母牛的日泌乳量超过10 kg，采用自然哺乳的犊牛，其生长发育的好坏和母牛泌乳量的高低有直接关系。因此，必须经常观察母牛的泌乳情况，注意调整母牛的日粮水平，使其能分泌足够的牛乳哺喂犊牛。犊牛栏应每天清扫，保持清洁干燥，垫草要勤更换。

Ⅲ.犊牛早期断奶。

目前，犊牛早期断奶的哺乳期一般是3～5周，喂奶量控制在100 kg以内。最短的哺乳期是喂3 d初乳之后立即断奶，改喂代用乳。但犊牛至少在3～4周内必须以液体饲料为主，才能更有效地消化吸收影响成分，液体饲料温度应保持35～38 ℃。犊牛1周龄时，开始训练它们采食犊牛料，任其自由采食，并提供优质干草，当每天能吃到0.75～1 kg的犊牛料时，就可断奶。3周龄以前的犊牛，应饲喂能提供全部蛋白质和能量的代乳品，可由脱脂奶粉、乳清粉、奶蛋白粉、动物性脂肪、大豆卵磷脂及维生素A、维生素E和烟酸等组成。要求含20%粗蛋白质、10%粗脂肪、0.25%粗纤维以及适量的维生素和矿物质等。每吨代乳品要另加50 g金霉素，以确保犊牛的健康。3周龄以后，犊牛成长到能消化非乳蛋白质时，可以适当增加植物性蛋白质、鱼类或其他动物性蛋白质，如鱼粉、蛋粉、豆饼粉、胶化玉米和谷物糖类等。其营养成分包括蛋白质20%～24%，粗脂肪6%～10%，粗纤维0.5%～1.0%，维生素A、维生素D、维生素E以及矿物质添加剂等。对每吨代乳品另加新霉素250 g或土霉素125 g。满2个月的犊牛可以饲喂如下配方：麸皮25%、大麦50%、豆饼14%、黄豆6%、鱼粉3%、盐0.5%、骨粉1.5%，磨碎混合均匀。

犊牛出现腹泻时，易引起失水，体内氯化钠、碳酸氢钠浓度降低，要暂停喂食1～2次，及时补充0.1%～0.2%碳酸氢钠温水，以调节肠道酸碱平衡，一昼夜喂4次，每次1 L。然后再逐渐恢复喂牛奶、代乳品或酸奶，使消化系统机能康复。

3.肉牛的育肥技术

肉牛在出售或屠宰之前，都应有一个适当的育肥过程，利用各种草料，施以相应管理技术，在高营养水平或较高营养水平条件下，促使牛尽快增膘、增重、生长肌肉、囤积脂肪，从而提高牛肉的产量，改进牛肉的品质，增加经济效益。

(1)短期快速育肥技术。

选择体重比较大的架子牛，应用各项育肥技术，在较高的营养水平条件下，使牛迅速增重，在2～3个月内，达到出栏体重。这种育肥方法生产周期短，资金周转快，饲料报酬高，生产成本低，经济效益明显。这是华北地区目前开展最普遍的一种育肥方法，也是生产活牛最有效的一种方法。

牛只选择300～400 kg的肉杂牛（1.5～2岁）或地方良种公牛（2.5～3岁）；草料需一次备齐整个育肥期间的草料，以防草料中途断线，影响育肥效果。育肥期各阶段的技术要点如下。

①适应期30 d。这一时期主要是让牛熟悉新的环境，适应新的草料，消除运输过程中造成的应激反应，恢复牛的体力和体重。观察牛只的健康状况，对牛只进行健胃、驱虫、埋植增肉剂等。日粮开始以品质好的粗料为主，不喂或少喂精料，随着牛体力的恢复，逐渐增加精料，精粗料的比例为3∶7，日粮蛋白质水平12%。如果购买的架子牛膘情较差，此时可以出现补偿生长，日增重可以达到800～1000 g。

②过渡期20～30 d。日粮中精料比例由30%增加到60%，粗料由70%降到40%，蛋白质水平为11%。这一时期的主要任务是让牛逐步适应精料型日粮，防止发生臌胀、拉稀和酸中毒等疾病，但不要把时间拖得太长，防止精粗料比例相近的情况出现，以避免淀粉和纤维消化之间的负互作用而降低消化率。这一时期日增重可以超过1000 g。

③催肥期30～40 d。日粮中精料比例进一步增加到70%～85%，粗料由40%降到15%～30%，蛋白质水平为10%，日增重要超过1200～1500 kg。这一时期的育肥常称为强度育肥。为了让牛能够把大量精料吃掉，这一时期可以增加饲喂次数，原来喂两次可以增加到三次，并保证充足饮水。

每天要给牛刷拭两次，每次5～10 min，刷拭方法由前到后，由上到下，对全身进行刷拭，促进血液循环；每天打扫牛舍，清除粪尿，保持干燥卫生；下槽之后，冬春季要把牛拴在背风向阳的场院里，夏季要拴在树荫下；冬季要注意牛舍的防寒保暖，牛舍室温不低于0 ℃，夏季要做好防暑降温工作。

（2）低精料型育肥技术。

这一技术是充分利用糟渣饲料、秸秆饲料及其他农副产品，少用精料，进行肉牛育肥。该技术不追求过高的日增重，料肉比一般在3∶1以下，有的甚至达到1∶1以下，可适当推迟出栏期限。这一技术的关键在于推广秸秆氨化、碱化、盐化和玉米秸秆青贮，简称"三化一贮"技术，并引入高产饲料作物及人工优质牧草，解决农村青饲料不足问题，充分利用当地的糟渣、饼粕类饲料及其他农副产品。

①玉米青贮为主的日粮。应用玉米青贮育肥，要让牛有一个适应过程，喂量由少到多，习惯以后才能大量饲喂。要注意青贮料的品质，发霉变质的青贮料不能喂牛。玉米青贮属于高能饲料，单位面积产量高，以玉米青贮为主的育肥日粮类型是很有推广价值的。由于玉米青贮的蛋白质含量较低，只有2%或不到2%，所以必须与蛋白质饲料搭配饲喂。

②青干草为主的日粮。对体重200～250 kg的肉杂牛，日喂青干草(黑麦草或野干草)5 kg，苜蓿干草2 kg，混合精料1 kg，日增重可超过1 kg。此种方法适宜秋季进行育肥。

③糟渣等为主的日粮。利用粮食加工业的下脚料如酒糟、玉米淀粉渣、药渣、塘渣等代替精料进行肉牛育肥，成本低、增重快可以取得较高的经济效益。如对体重250 kg左右的肉杂牛日喂酒糟15～20 kg、谷草3.5 kg、玉米面1.0～1.5 kg、尿素50 g、食盐50 g，或日喂鲜酒糟20～25 kg、谷草2.5 kg、面饼1.5 kg、玉米面1 kg、尿素50 g、食盐50 g，日增重可达1.2～1.3 kg。

(三)临沧肉牛养殖主要疫病与防治技术

1.犊牛肺炎

(1)概述：犊牛肺炎较多发生于犊牛初生至2月龄期间，主要原因是饲喂管理不当、环境突变等，是危害犊牛的三大病害之一。其特征是患牛不吃食，喜卧，鼻镜干，体温高，精神郁闷，咳嗽，鼻孔有分泌物流出，体温升高，呼吸困难和肺部听诊有异常呼吸音。

(2)临床症状：患病初期的病牛有弥漫性支气管炎或细支气管炎的症状，表现为精神沉郁，食欲减退或废绝，体温升高达40～41 ℃，脉搏80～100次/min，呼吸浅而快，咳嗽，站立不动，头颈伸直，有痛苦感；听诊，可听到肺泡音粗哑，症状加重后出现啰音，并排出脓样鼻汁；症状进一步加重后，患病肺叶的一部分变硬，空气不能进出，肺泡音消失；病牛被动运动呈腹式呼吸，眼结膜发绀，呈严重的呼吸困难状态。

(3)防治措施：接种疫苗增强犊牛抗病体质是防治该病的关键；平时注意犊牛舍环境卫生，及时清扫圈舍，严格消毒；改善舍内通风和保暖，降低不良应激；加强犊牛护理和管理，及时清理销毁病死犊牛、污染物，避免致病菌扩散蔓延。

发病后，及时进行抗菌消炎，保护肺内组织(10%葡萄糖溶液500 mL、0.9%生理盐水500 mL、青霉素钠800万单位、链霉素200万单位、10%维生素C溶液10 mL、10%安钠加5 mL、地塞米松5 mL混合，每天1次静脉滴注，连续用3～4 d；同时，配用20%磺胺嘧啶钠10 mL/次，肌注，每天2次，连续用3～4 d）。调节肠胃机能，恢复肠胃功能（用乳酸2 g、鱼石脂20 g，兑水100 mL，每次灌服5 mL，每天2次，连续用3～4 d）。排出渗出液，制止渗出（10%葡萄糖酸钙500 mL、25%甘露醇250 mL，混溶后进行1次静脉注射，配用速尿，皮下注射250～300 mg）。

2. 口蹄疫

（1）概述：口蹄疫俗名口疮、辟癀，是由口蹄疫病毒所引起的偶蹄动物的口腔黏膜、蹄部及乳房皮肤发生水疱、糜烂等病变的一种急性、热性、高度接触性传染病。病畜和潜伏期动物是最危险的传染源，病畜的水疱液、乳汁、尿液、口涎、泪液和粪便中均含有病毒，主要经直接接触和间接接触传染，包括消化道和呼吸道传播。

（2）临床症状：该病潜伏期1～7 d，平均2～4 d，病牛精神沉郁、闭口、流涎，开口时有吸吮声，体温可高达40～41 ℃。发病1～2 d后，病牛齿龈、舌面、唇内面可见到蚕豆到核桃大的水疱，涎液增多并呈白色泡沫状挂于嘴边，采食及反刍停止；水疱破裂后形成溃疡，体温逐渐降至正常；在口腔发生水疱的同时或稍后，趾间及蹄冠的柔软皮肤上、乳头皮肤也发生水疱，并很快破溃，然后逐渐愈合。一般呈良性经过，一周左右即可自愈，病死率1%～2%，这种病型叫良性口蹄疫。有些病牛在水疱愈合过程中，病情突然恶化，全身衰弱、肌肉发抖、心跳加快、节律不齐，食欲废绝、反刍停止、行走摇摆、站立不稳，常因心脏麻痹而突然死亡，这种病型叫恶性口蹄疫，病死率高达25%～50%。犊牛发病时往往看不到特征性水疱，主要表现为出血性胃肠炎和心肌炎，病死率极高。

（3）防治措施：根据当地流行病史，认真做好早期的预防接种；平时严格执行上级要求的卫生防疫制度，时刻保持圈舍卫生干净，及时清理粪便，定期做好消毒工作；不轻易接收外来牛只，做好种畜检疫工作；当出现疫情时，需对病牛进行诊断，确诊后隔离，同时及时反馈给上级相关部门，尽快确诊，配合扑杀病畜控制源头，封锁该区域防止病毒扩散；当病情得到好转后继续由相关部门把关，必须彻底消毒，只有当疫情受到控制后才能解除封锁。

对牛口蹄疫治疗的方法有很多，如局部治疗、口服药疗，最主要的是局部治疗方法。①口腔治疗：可采用高锰酸钾溶液、福尔马林、明矾或者醋酸清洗口腔，多次清洗后再用碘甘油或者硫酸铜散敷；②乳房治疗：可用37 ℃高锰酸钾、福尔马林、明矾或者醋酸溶液清洗，洗完后用青霉素软膏或磺胺软膏涂拭；③蹄部治疗：用福尔马林或硫酸铜溶液进行浸泡，或用水洗净后涂拭药物软膏，涂拭后用绷带缠绕包扎，防止药物脱落，蹄部不能经常清洗以免蹄部因潮湿而影响治疗效果；④药物治疗，饮食辅助：可在饲料中加入抗生素以及营养补剂，犊牛需要增加强心剂防治心肌梗死，在饮食上增加青草、面汤等，降低牛的消化压力，减轻发病牛的负担。

3.病毒性腹泻

（1）概述：牛病毒性腹泻又称牛黏膜病，是肉牛较为常见的一种病毒性疾病，该病的病原体为牛病毒性腹泻病毒。病牛是该病的主要传染源，其排泄物以及分泌物、血液中均含有大量的病毒，可以通过直接接触或间接接触传播。

（2）临床症状：急性病牛表现出高热、水样腹泻，粪便中可见大量的血液或黏液，有明显的恶臭味。病牛不停地流口水及眼泪，其口腔黏膜及鼻黏膜有溃疡，严重病牛的口腔有类似于煮熟样的灰白色坏死上皮。慢性病牛，身体逐渐消瘦，出现间歇性或持续性的腹泻，其鼻镜糜烂，蹄叶发炎或坏死，跛行症状。

（3）防治措施：①要做好疫苗的接种工作；②应做好日常的饲养管理以及卫生消毒工作；③在妊娠母牛分娩之前应对其喂食全价饲料，犊牛生后应注射抗生素；④定期对牛群进行检查，对持续感染的牛予以淘汰，对牛群实行净化措施。该病可用中药治疗方剂：白头翁60 g、秦皮50 g、木香50 g、黄柏40 g、陈皮40 g、厚朴40 g、苍术40 g、枳壳40 g、黄连40 g加清水煎煮后，每天早晚分2次为病牛灌服，连续3 d即可获良好的治疗效果。

4.牛巴氏杆菌病

（1）概述：牛巴氏杆菌病又被称为牛出血性败血症，是一种严重危害牛养殖产业健康发展的传染性疾病，具有很高的传染率和致死率，主要通过和带病牛、病死牲畜直接或间接接触传播。患病牛的分泌物和排泄物中会携带大量病原，任何年龄和品种的牛对巴氏杆菌均具有易感性，犊牛受害最为严重。该病常呈地方流行或散发流行，为我国二类传染性疾病。

（2）临床症状：临床上主要包括败血症、水肿、肺炎三种类型。败血症患病牛发病时间较短，起初表现为结膜充血潮红，体温升高到41 ℃，最高升高到42 ℃，精神状态逐渐变差，心跳每分钟高达120次，突然倒地，最后死亡，病死牛的天然孔中流出很多紫红色的液体。水肿型的病牛除表现为体温升高外，还表现为头、颈、咽喉部位出现炎性水肿，水肿部位还能蔓延到前胸、舌头和周围组织，患病牛常卧病不起，从口腔中分泌出大量的泡沫状物体，体温升高到41 ℃，停止采食，呼吸极度困难，从鼻腔中流出黏液性鼻液，最终窒息死亡。肺炎型的病牛除表现为体温升高外，还会出现胸膜肺炎症状，患病牛呼吸急促困难，并伴随痛苦的咳嗽症状，鼻孔中常会夹杂大量的脓性鼻液。发病过程最长的可超过1周。

(3)防治措施：防治该病需要养殖场注重做好流行病学调查，切断巴氏杆菌的传播途径，保护易感群体，要做好圈舍的通风换气工作，控制合理的养殖密度，保证牛舍内温度、湿度适宜，日粮水平恰当，提高牛群的身体抵抗能力。还应密切观察牛群的采食情况和饮水情况，一旦发现疑似发病情况马上将其单独隔离，及时将病情上报进行严格的诊断，做到早上报、早确诊、早治疗。

一旦发病，可结合筛选的抗生素联合庆大霉素和丁胺卡那霉素治疗，使用剂量分别按每千克体重用药4 mg和0.1 mL，药物每天使用1次，连续使用3 d(1个疗程)，首次用药加倍。对疑似患病牛紧急免疫接种牛巴氏杆菌灭活菌苗，100 kg以下的牛肌肉注射4 mL，100 kg以上的牛肌肉注射6 mL。病死牛严格进行无害化处理，禁止上市销售。

5.前胃弛缓

(1)概述：牛前胃弛缓又称宿草不转或脾胃虚弱，是由于前胃(瘤胃、网胃和瓣胃)兴奋度减弱、收缩力降低而表现出食欲不振，反刍减弱，胃蠕动缓慢甚至完全停止，最终导致食物在胃内不能正常消化和不能向后推送的一种消化系统疾病。特别是舍饲牛群最易发生该病。

(2)临床症状：该病的临床判定标准较多，通常有急慢性之分。急性病牛食欲不振或废绝，反刍缓慢、次数减少或停止，瘤胃蠕动无力或停止，肠蠕动音减弱，排粪迟滞，便秘或腹泻，鼻镜干燥，体温正常，触诊(右侧7～9肋间)瘤胃有痛感，叩诊为浊音；后期极度衰弱，脉搏、呼吸加快，垂头、呻吟、不安、不愿活动，尤其是不能卧下，体温低于正常温度。慢性型最常见，病程经过缓慢而且顽固，病情时好时坏，病牛常表现出倦怠、皮毛不整、被毛粗刚、消瘦、眼球凹陷、呻吟、磨牙，食欲不振(厌恶精料、喜食干草)，反刍减退、呼吸增多(60～80次/min)、体温上升(39.5 ℃)，有时出现异食癖，频频发出恶臭的嗳气、便秘，粪便恶臭、呈暗褐色块状。

(3)防治措施：主要通过以下措施预防。加强饲养管理，坚持合理的饲养管理制度，饲料变更应逐步进行。按不同生理阶段供应饲草料，要保持供给充足的青干草及维生素、矿物质饲料；做好饲草加工管理工作，为防止创伤性疾病的发生，场内应做好饲草的加工调制，及时清除饲料中尖锐的异物；加强饲料保管，防止变质、发霉；加强运动，每头牛每天应有1～1.5 h的运动时间,以增加抵抗力。

一旦发病,根据病情可采取中西医疗法。中兽医按照辨证施治原则,对脾胃虚弱、水草迟细、消化不良的牛,以着重健脾和胃、补中益气为主,可用“草遂汤”“加味四君子汤”“加味大承气汤”“加味八珍散”“加味厚朴温中汤”等进行灌服治疗。西医以消除病因,促进瘤胃蠕动,防腐止酵,改善瘤胃内环境,防止脱水和自体中毒等综合性措施进行治疗,如皮下注射氨甲酰胆碱1～2 mg、新斯的明10～20 mg或毛果芸香碱30～50 mg促进瘤胃蠕动,灌服鱼石脂15～20 g/L、酒精50 mL/L防腐止酵剂,也可静脉注射10%氯化钠溶液100 mL、5%氯化钙溶液200 mL、20%安钠咖溶液10 mL促进反刍。

6.瘤胃酸中毒

(1)概述:牛瘤胃酸中毒是牛在短时间内大量采食容易发酵的饲草或精料饲喂量过高、精粗比例不当,或青贮饲料酸度过大而导致瘤胃内产生大量乳酸引起瘤胃机能紊乱的一种前胃疾病。该种疾病既是乳酸中毒也是瘤胃积食,发病较急,如错过最佳诊治时机极易导致病牛死亡。

(2)临床症状:一般在食后4～8h发病,过食颗粒状的精料发病缓慢,症状较轻,食入粉碎状的精料发病迅速,病势急而病情重,根据临床表现的严重程度可分为3种类型。①轻度:病初精神稍差、食欲减少、反刍无力、嗳气停止、肚腹增大,少数病例的瘤胃有轻度臌气,多数病畜可见到排出恶臭褐色的稀软粪便,四肢无力、不灵活。②中度:随着病情的发展,病畜精神沉郁、不愿走动、喜卧地、步态不稳、后躯左右摇摆、目光呆滞、犊牛吃奶停止、食欲废绝、饮欲增加、磨牙、眼结膜充血,心率加快,100～110次/min,呼吸浅快,70～95次/min,体温升高至39.2～40.0 ℃,左腹部膨大,排出较多混有食入精料的酸臭稀便。③重度:患牛精神极度沉郁,对外界反应迟钝,闭目不睁,卧地不起呈昏睡状,有的牛头颈歪向一侧贴地呻吟,按压瘤胃内容物较软,病牛少尿或无尿,鼻镜发红,眼球塌陷,血液黏稠,口干黏呈暗红色,个别牛出现视力障碍,心跳可增速到120～140次/min(犊牛),呼吸加快,耳鼻、四肢发凉,最后衰竭而死。

(3)防治措施:日粮供应要合理,精粗饲料比例要平衡,严禁为追求产奶量而过分增加精料喂量。结合牛不同生长时期的营养需求科学投喂精饲料,牛在采食结束后每天要进行1～2 h运动以增强瘤胃的蠕动能力。

牛只发生瘤胃酸中毒时,可用生石灰溶于水后取上清液进行灌胃,导出瘤胃内容物。对疼痛较为剧烈的牛可以腹腔注射生理盐水、青霉素钾和普鲁卡因的混合溶液进行综合治疗，随后可静脉注射5%碳酸氢钠溶液，不仅可以中和体内多余的酸还可以扩充血容量，减缓脱水的程度，此外还对机体电解质的补充起到一定的作用。若体内乳酸堆积较多，患病牛症状较严重时，可肌肉注射维生素B_1以促进乳酸的代谢，同时注射10%氯化钠、10%氯化钙或20%安钠咖可以促进牛的反刍。

7.瘤胃积食

（1）概述：牛瘤胃积食又称牛急性瘤胃扩张，是牛前胃收缩能力减弱，采食的饲料进入瘤胃中难以消化，并在瘤胃中大量堆积引发瘤胃严重扩张，使瘤胃运动机能出现障碍，导致牛出现脱水和酸中毒的一种严重胃部疾病。该疾病以舍饲牛最为常见，牛发病后若治疗不及时会导致瘤胃内容物大量发酵产生酸性物质，最终出现机体酸中毒和毒血症而死亡。

（2）临床症状：本病在牛采食几小时后出现急性发病。初期患病牛精神状态逐渐变差，头部低垂，采食量逐渐下降，反刍次数逐渐减少直到停止反刍。患病牛不断嗳气，从口中呼出带酸臭气味的气体，口中分泌出黏稠内容物，偶尔出现空嚼，鼻涕干燥，饮欲增加，左腹部显著肿胀。触诊左腹部病牛有疼痛感，内容物柔软似面团，指压留痕；听诊瘤胃蠕动音逐渐减弱甚至消失。有的患病牛因胃部疼痛难忍，不断站立卧下，腰背拱起，排便量逐渐减少，尿液呈现赤黄色，粪便干硬呈现赤黑色，恶臭难闻。治疗不及时，短时间内会出现酸中毒，倒地不起，臀部不断摇晃，四肢震颤昏迷，最终衰竭而死。

（3）防治措施：加强饲养管理，保证定时定量投喂饲料，避免大量食物聚集在瘤胃中；更换饲料配方时，按照循序渐进原则更换日粮；利用粗饲料饲喂牛群时，应对粗饲料进行适当粉碎或柔化处理；禁止投喂发霉变质的饲料或难消化的饲料；饲料投喂后，应及时提供充足的饮用水，加速牛消化，提供充足的反刍时间；冬春季节应储备好饲料，避免饲料过于单一，保证饲料组成的多样性；注重饮食平衡，防止牛暴饮暴食或者形成不良的饮食习惯。

确诊后将患病牛单独隔离养殖，采用以加速内容物排出、抑制内容物发酵、防止酸中毒、兴奋前胃为原则的治疗方法。每100 kg牛使用人工盐150 g、鱼石脂15 g和2.5 kg温水混合后一次灌服，抑制发酵，加速瘤胃内容物排出；静注反刍液100 mL或口服反刍散100 g提高瘤胃兴奋性；使用5%葡萄糖生理盐水150 mL、ATP 2 g、维生素C注射液10 mL、10%安钠咖4 mL、维生素B_6注射液10 mL混合静注，1次/d，连用3 d，预防瘤胃酸中毒，调节机体酸碱平衡；静注5%碳酸氢钠注射液150 mL，预防酸中毒。采用传统药物无法取得治疗效果的，应按常规手术方法切开患病牛瘤胃，取出内容物，全面冲洗瘤胃后，回填1/3瘤胃内容物，再加入适量优质干草和健康牛胃液，常规缝合伤口，并做好术后的预防感染即可。

8.瘤胃臌气

（1）概述：牛瘤胃臌气也称牛肚胀气，中兽医又叫气胀或肚子胀，是牛采食大量易发酵饲料后，胃部产生大量气体，以致瘤胃和网胃迅速扩张，表现为牛左肷显著臌起，叩击紧如鼓皮、声如鼓响，呼吸困难的疾病。本病一年四季均可发生，但在春秋季发病较多，可分为气滞郁结、脾胃气虚及水湿困脾三型，若不及时治疗病牛会直接引发死亡。

（2）临床症状：病牛表现为呼吸不畅、食欲不振、精神萎靡、双侧或单侧腹围明显增大。若病牛患有原发性牛瘤胃臌气，初期腹围增大速度较快，且病牛站立不安，反刍功能会迅速衰退，触诊胃部弹性明显，叩诊音为鼓声；病牛呼吸越来越急促，且出现脉搏加快、张口伸舌现象，体温一般不发生变化，眼睛明显充血，颈静脉明显怒张。若病牛患有继发性牛瘤胃臌气，临床症状基本与原发性牛瘤胃臌气症状相似；疾病后期，病牛会无法站立，心力衰竭，进而引发死亡。

（3）防治措施：本病预防要着重加强饲养管理，增强前胃神经反应性，促进消化机能，保持健康水平；平时限喂易发酵饲料，禁喂霉败腐烂草料，尽量少喂被雨露浸湿的青草；加强管理，由舍饲转为放牧时，先喂一些干草后再放牧，防止牛群短时间过度采食庄稼地青苗、苜蓿、豆类及豆科牧草。

牛瘤胃臌气治疗的关键在于及时排除牛体内残留的气体，确保牛呼吸通畅。临床治疗牛瘤胃臌气的方法主要有制酵消沫、排气减压、瘤胃穿刺以及中、西药治疗等方法。①制酵消沫：将酒精与鱼石脂兑水灌服，或生石灰兑水后灌服，或灌服食醋。②排气减压：使病牛站立于后低前高的斜坡上，用柳条击打病牛瘤胃部与左臁，增强病牛瘤胃蠕动能力，在短木棍上涂抹药物后固定于病牛两侧嘴角，用麻绳吊好，确保牛舌处于持续活动状态，促进牛体内气体的排出。③瘤胃穿刺：若牛瘤胃臌气发病速度较快，需用套管针在牛左肷部三角窝缓慢穿刺，插入套管针后，通过套管孔缓慢放气。④中药治疗：选苍术、山楂、厚朴、枳壳以及陈皮各60 g，滑石、芒硝各100 g，同时配合甘草40 g，用水煎熬帮助病牛灌服；⑤西药治疗：皮下注射或肌注甲硫酸、新斯的明和氯化铵、甲酰甲胆碱溶液，以促进病牛瘤胃蠕动。

9.疥癣病

(1)概述:牛疥癣病是由寄生于牛体表的疥癣螨引发的一种肉牛较为常见的慢性寄生性皮肤病。本病常发生于秋末、冬季以及初春,健康的牛只一旦接触到病牛或疥螨虫污染过的设备以及用具等易被感染。

(2)临床症状:病牛头颈部位出现类似于丘疹样不规则病变,病牛因剧痒而不停啃咬、舌舔或磨蹭患病部位,导致患病部位毛发脱落,皮肤变厚并失去弹性。病牛食欲不佳,精神萎靡,持续消瘦。

(3)防治措施:首先,引种时必须对牛只进行严格的检疫,经过隔离观察确保其健康后才可混群。其次,应定期采用高效无毒的驱虫剂为牛群驱虫并做好粪便以及虫体的无害化处理;一旦出现疑似患病牛,应立即隔离观察。最后,应为牛只提供清洁的饲料以及饮水,保持圈舍内的干净整洁,做好通风换气工作。

首先,应剪去病牛患病部位及周围的毛发,去除其表面的污垢及痂皮,将患部用温水刷洗并晾干后,涂上阿维菌素透皮剂,或直接注射阿维菌素治疗本病。

10.球虫病

(1)概述:该病是肉牛常见的一种寄生虫病,犊牛易感病多发于较为温暖潮湿的春季、夏季以及秋季。该病通过被含球虫卵囊的粪便污染过的垫草、饲料等进行传播。

(2)临床症状:病牛精神萎靡,拒食,粪便较稀并混有血液。发病初期病牛的体温升高至40~41 ℃;到了发病后期,粪便几乎全部为血液,颜色变为黑色,病牛出现高度贫血的症状,体温下降至35~36 ℃,最终因衰竭而导致死亡。

(3)防治措施:首先,应将成年牛与犊牛分群饲养和放牧;其次,应保持牛舍的清洁并定期进行消毒;然后,更换饲料应逐渐进行,以防因抵抗力的下降而导致球虫病的发生。

可将地榆炭80 g、柯子80 g、五倍子80 g、槐花70 g、马齿苋70 g、白头翁70 g、磺胺脒50 g混合后研碎,为病牛灌服进行治疗。

参考文献

[1]徐丽,起建凌,朱润云.云南肉牛产业发展现状、问题与对策研究[J].畜牧兽医科技信息,2021(4):4-6.

[2]李建荣，符翠花，许国杰，等．云南省现代农业肉牛产业技术体系建设——以马龙实验站为例[J]．畜牧兽医科技信息，2020(4):11.

[3]李俊茹，王明利，杨春，等．我国肉牛产业发展现状、问题及对策建议——基于对四川和云南的实地调研[J]．中国农业资源与区划，2020，41(8):127-134.

[4]黄必志．云南肉牛养殖技术[M]．昆明:云南科技出版社，2014.

[5]昝林森．牛生产学[M]．第3版．北京:中国农业出版社，2017.

[6]李明，程凌．牛羊生产[M]．第2版．北京:中国纺织出版社，2018.

[7]刘进，布登付．养牛与牛病防治[M]．北京:中国农业出版社，2017.

[8]杨泽霖，杨泽霖．肉牛饲养管理与疾病防治[M]．北京：中国科学技术出版社，2018.

[9]孙宝忠，李海鹏．牛肉加工新技术[M]．北京:中国农业出版社，2013.

[10]陈有亮．牛产品加工新技术[M]．北京：中国农业出版社，2002.

第三节　山羊

一、养殖概述

临沧市属亚热带低纬度高原山地季风气候，地形地势复杂，是一个拥有多种气候类型的地区。具有光热资源充足、四季差异不明显、夏无酷暑、冬无严寒、干湿季分明、降水充沛、立体气候显著等特点。由于气候和地理优势，临沧牧草资源十分丰富，因此山羊的养殖历史非常悠久，且基本都是放养为主。

山羊在全市范围内都有分布，不同的地域有不同的特色品种，如凤庆黑山羊、临沧长毛山羊、云岭黑山羊等。发展山羊养殖业，是帮助贫困山区农民增收的一条途径。地方政府也已出台相关扶持政策，如成立山羊养殖合作社并提供一定的资金支持。在2020年山羊存栏20余万只，出栏10余万只。

二、养殖技术

（一）临沧山羊养殖优势与特色品种

1.养殖优势

在临沧发展以草食为主的山羊养殖，具有得天独厚的资源优势。临沧光热资源丰富，终年阳光普照，全年无霜，饲草产量较高。临沧是一个多山地区，适合山羊的放养，由于良好的气候条件，牧草品种繁多、生长迅速、产草量高，非常有利于发展山羊养殖业。

2.特色品种

(1)临沧长毛山羊。

临沧长毛山羊是临沧的特色品种,该品种于1980年在临沧畜禽资源调查期间所发现。因其毛较其他山羊长,故命名为临沧长毛山羊。临沧长毛山羊分布于临翔区的章驮乡和风庆县的诗礼乡,以诗礼乡较多。另外,大理州的巍山等县和丽江地区也有分布。从垂直分布看,多数分布于海拔2000 m以上的高寒贫瘠山区。

临沧长毛山羊90%以上为黑毛,全身被以长毛,与一般后腿生长毛的蓑衣羊截然不同。临沧长毛山羊的羊比一般山羊毛略粗,无绒毛。公羊、母羊均有向后再向两侧弯曲的既大又长的角,两角尖间的距离也较宽。额宽眼大,胸深而宽,背腰宽长、结合良好,四肢粗健有力。外貌雄壮,尤其顺风奔驰时,其毛逆立,犹如雄狮一般。

临沧长毛山羊成年公羊平均体高66 cm,体长76 cm,体重44 kg;成年母羊平均体高62.31 cm,体长73.37 cm,体重39.56 kg。

(2)云岭黑山羊。

云岭黑山羊也是养殖较多的品种。云岭黑山羊在云南广泛分布,属热带、亚热带山地型肉皮兼用地方良种。

云岭黑山羊全身毛纯黑色,粗而有光泽,有胡须,眼睛黝亮,体躯近似长方形。头大小适中呈楔形,额稍凸,鼻梁平直,鼻孔大。两耳稍直立,普遍有角,角扁长,稍有弯曲,向后向外延伸,公羊角粗大,母羊角偏细或退化。颈长短适中。背腰平直,胸宽而深,肋微拱,腹大,尾巴粗短上举。四肢粗短结实,肢势端正,蹄质坚实、黑色。母羊乳房发育中等,多呈梨形。

云岭黑山成年公羊平均体高为59.2 ~ 63.0 cm,体长59.4 ~ 69.9 cm,体重31.7 ~ 35.2 kg;成年母羊平均体高为56.4 ~ 66.1 cm,体长61.8 ~ 74.6 cm,体重27.9 ~ 38.2 kg。产肉性能周岁公羊,屠宰率53.5%;18月龄云岭山羊屠宰率43.61%±1.37%,净肉率31.91%±1.31%。

(3)凤庆无角黑山羊。

凤庆无角黑山羊主产于云南省临沧市凤庆县,有无角、耐粗饲、体格大、生长快、屠宰率高、肉质细嫩、膻味小、板皮坚实等优点。凤庆无角黑山羊属肉用型山羊品种,是云岭山羊和临沧长毛山羊经多年杂交选育,并在特殊的自然、地理、生态环境下形成的原始黑山羊品种。凤庆无角黑山羊体格大,四肢较高,结构匀称,头颈稍大,额面较宽、较平，鼻梁平直；公母羊均无角，母羊颈部多有肉垂，乳房发育中等，公羊下颌有须，背腰平直，略显前低后高，胸部深宽，尻部略斜，尾呈圆柱形、微上翘。

风庆无角黑山羊成年公羊平均体高60 cm，体重33.5 kg；成年母羊平均体高58 cm，体重30 kg。产肉性能6～8月龄羊，屠宰率48%，净肉率37.7%。

（二）临沧山羊繁殖与饲养技术

1.繁殖性能

临沧长毛公山羊初配年龄为8月龄，母山羊10月龄，1年1胎。云岭黑山羊具有早期育肥特点。羔羊出生重1.8～2.5 kg，3月龄6.8～12.1 kg，6月龄10.5～14.8 kg，公羔普遍重于母羔。一般周岁公羊体重可达22 kg，成年可达34 kg，周岁母羊体重可达20 kg，成年可达32 kg左右，一年至一年半可以出栏，投入与效益比可达1∶1。公羊5～6月龄性成熟，8～9月龄开始配种，利用年限3～4年；母羊7～8月龄发情，10～12月龄可以配种受胎，利用年限11～12年，终生产羔10～11胎。一般1年产1胎，有16%左右的母羊1年2胎，双羔率约50%。

风庆无角黑山羊母羊4～6月龄性成熟，公羊5～6月龄性成熟，发情持续1～2 d，发情周期21.5 d，一般1年1胎。公羊利用年限5～6年，母羊利用年限3～4年。

2.饲养与管理

（1）种公羊的选择和饲养管理。

良种是畜牧业生产不可替代的重要生产资料，是提高畜产品质量和产量的关键因素。在畜牧业生产中，良种的作用约占30%。通常为了提高山羊的肉用品质和出栏率，可以充分利用山羊的杂交优势。引进品质优良的波尔山羊和努比山羊作为种公羊，对云岭黑山羊进行品种改良。

在选择好品种的前提下，要选择一只种公羊，一般要经过3个步骤的鉴定：第一步，断奶期鉴定；第二步，配种前鉴定；第三步，生育后代以后鉴定。为了保证种公羊的质量，应从第二、第三、第四胎中选。不能用低代杂交的公羊作为种羊，避免后代杂交优势弱，影响改良效果。肉用种羊的选择应具备本品种的典型特征，要求生长快、肉质好、体质结实、体格高大、健康、体重大、精力旺盛、动作敏捷、举动活泼、食欲旺盛、发育良好，具有明显的雄性特征。从外貌上看要头大颈宽且两者结合良好，眼大有神，耳大灵敏，嘴大而采食力强，背腰平直，体躯宽阔结实，前躯充分发育，四肢有力，睾丸发育良好、整齐对称，无畸形乳头，被毛粗亮，皮有弹性，叫声洪亮，性欲旺盛。种公羊的管理直接影响其自身的体质、使用年限和配种质量。所以，种公羊的营养水平必须终年维持在一个较高的水平，保证种公羊一年四季处于用种状态，活泼健康、健壮而不肥胖，并按照配种期和非配种期制订不同的饲养标准，合理营养。

(2)母羊的选择和饲养管理。

种母羊的选择标准：发育良好，体质佳，体格健壮，后躯宽大，性情温顺，母性强，四肢强健有力，背腰平，腹部发达但不下垂，皮薄有弹性，毛细有光泽，易配种受孕。此外，还要建立母羊档案，清楚记录近两年每只母羊的配种产羔情况、羔羊成活率和生产性能，以确定是否作为种母羊。母羊不能过肥，也不能过瘦，过肥和过瘦都会降低母羊的繁殖能力。

母羊的管理要根据母羊的生理特点进行分阶段管理。母羊的生理阶段分为发育期、空怀期、妊娠期、哺乳期。母羊出生后1～8月龄为发育期，是性成熟阶段。母羊受孕后，产羔前为妊娠期，一般为150 d，分为妊娠前期和妊娠后期。母羊产羔后3～4月为哺乳期，一般90～120 d，分为哺乳前期（产羔后1～2月）和哺乳后期（产羔后3～4月）。

妊娠期母羊身体形态和生理表现：妊娠前期（受孕1～3月），羔羊胎儿处于组织分化和器官的形成时期，母羊形体无大的变化，对营养物质的需要量不是最多，与空怀期持平，但对饲料的质量和营养平衡有严格的、较高的要求。妊娠后期（受孕4～5月），羔羊胎儿发育加速，母羊体内的代谢急剧增加，表现为食欲增加、消化吸收能力增强、腹部逐渐凸起、行动变缓、乳房渐渐增大、乳头外凸。代谢热能比空怀期增加15%～20%，蛋白质、矿物质、维生素等需要量也随之增加。

(3)羔羊的饲养管理。

羔羊在2～3月龄时，由于瘤胃机能不全，不能从乳汁中得到必需氨基酸，即组氨酸、异亮氨酸、亮氨酸、赖氨酸等，就必须通过其他方式获得。

羔羊是山羊的一生中发育最快、可塑性最强的时期，饲养管理的目标是提高羔羊的成活率，培育体质、体形都良好的羔羊。所以，羔羊饲养管理直接决定着其成羊后的体格、体质、健康水平、用途等多方面。羊在出生后4月龄以内都叫作羔羊。2月龄以内羔羊的肠胃发育不完全，营养的供给全部依赖于母乳。3～4月龄，羔羊肠胃渐渐发育成熟，可以自己采食。只要能充分了解羔羊的特点，抓好每个环节的管理，就能使羔羊健康成长。

(4)育成羊的饲养管理。

在培育羔羊的过程中,母羔羊出现头小、嘴尖、胸狭、腰短、腿短、生殖器官异常,初生重不足2 kg者即可淘汰。留种公羔羊要求体型高大,四肢粗壮、正直,胸圆腰长,头形好,雄性特征明显。如果在培育过程中,羔羊出现肉少、嘴尖、鼻凹、眼单、颈薄而长、腿短、腰短、胸狭、肚子特大、生殖器官异常者及时淘汰。选择育成羊,要求健康、良种和高产,老病、低产羊都不能选入羊群,山羊可供繁殖年限一般情况下仅为5~7年。

山羊的年龄在7~8月龄时,称为育成羊。羔羊在4月龄断奶后,就进入育成期,在18月龄前也称为青年羊。羔羊断奶后,由于断奶的应激反应,饲养条件的改变,羔羊生长发育的加快,这个时期如果粗饲料和青绿饲料供应不足,必须继续进行补饲,并逐渐增加补饲的量,满足羊群较大的营养需求。否则会导致其生长发育受限,体形瘦小,四肢细长,胸背狭窄,甚至成"僵羊",严重的会影响其成年后的种用功能和一生的生产性能。

(三)临沧山羊养殖主要疫病与防治技术

在山羊的养殖过程中,疾病时常发生。所以,掌握常见羊病的预防与常规性诊治是羊群健康成长的保证,这是非常重要的和必要的。山羊的疾病按发病的性质一般可以分为传染病、寄生虫病和普通病三大类。

1.传染病

传染病是由细菌、病毒支原体等病原微生物通过在动物体内生长繁殖,放出大量毒素或致病因子,损害动物机体使动物发病,其排泄物又可成为传染源,使病害流行且具有传染性的一类疾病。在山羊的生长过程中,只要山羊注射了某种传染病的疫苗,或发生过某种传染病并痊愈后,就具备了对这种疾病的免疫能力,这也是传染病所具有的另一个特性。烈性传染病可造成山羊大批量的死亡。

(1)羊口蹄疫。

羊口蹄疫是由口蹄疫传染病毒引起偶蹄动物发生的一种急性、热性、高度接触性传染病,被国家列为一类动物疫病。该病传播途径多,传染性极强,广泛流行于世界各地。以口腔黏膜、蹄部和乳房部皮肤发生水疱、溃烂为特征。病害严重时会直接影响畜牧业的发展,以及各个地区之间动物和动物产品的贸易往来,造成巨大的经济损失,同样对山羊养殖的危害也极大。

口蹄疫病毒对外界环境的抵抗力较强，主要存在于发病山羊的水疱皮(液)中，乳汁、粪便、尿液中也存在病毒。自然条件下，带病毒的分泌物和被污染过的草料、用具、圈舍、运动场所，在3周内都可能具有很强的传染性，甚至几个月后当条件再一次成熟也会引发羊群的重新感染和大流行。所以，防治过程中彻底杀灭病源可以大大降低口蹄疫再次发生的概率。通常，带病的羊尸体如果处理不当，多年后也会成为口蹄疫暴发的传染源。

症状：山羊发生口蹄疫病后，表现为食欲衰减，精神萎靡，体温升高，口腔黏膜、蹄部皮肤、乳房部皮肤上先后出现病变，长出许多水疱，并发生不同程度的溃烂和糜烂。观察山羊的口腔，会发现在唇内侧、齿龈、舌苔面及颊部黏膜长出水疱并发生糜烂，症状比较明显。一般山羊的蹄部症状较轻，不易被察觉。山羊患病初期，由于症状较轻微而不易被察觉。如果发病较轻且能及时得到治疗，通常在2周内就能治愈康复。但康复的带病毒羊，要加强管理，隔离饲养，不宜与其他羊群接触，防止将口蹄疫病毒传染给其他羊群。山羊口蹄疫发病过程中，个别羊会发生心脏机能改变或衰竭等并发症而突然死亡，也会导致羔羊出现出血性胃肠炎和心肌炎而死亡。

流行特点与诊断：口蹄疫四季均可发生，常呈大流行性和大发生趋势。口蹄疫病毒寄主广泛，可侵害多种动物，但偶蹄动物的患病概率和传染性最高。除羊外，猪、牛、马驴等其他家养或野生偶蹄动物也可感染发病，人类与发病动物接触后，也会有极大的感染口蹄疫的危险。口蹄疫病毒主要的传染源有病畜，带毒动物及其尸体，带病毒的养殖器具、圈舍、活动场、草料等。只要有其中的某一传染源存在，羊群之间就会通过消化道、呼吸道两个主要的途径进行传播。山羊也可以通过损伤的皮肤、黏膜等被感染发病。所以，对山羊口蹄疫的防治，一定要做到心中有数，预防要定期，治疗要准确、及时。

防治措施：口蹄疫病作为国家规定的一类动物疫病，一旦发生对人畜危害较严重，所以定期注射疫苗进行免疫接种预防是山羊养殖过程中必不可少的重要环节。在突发性口蹄疫发生后，必须采取紧急、严厉的强制预防、控制、扑灭措施，实施羊场封锁、病羊隔离、健康羊群预防、圈舍用具消毒等综合措施，防止疫情扩散。疫情威胁区的易感染动物也要采取接种预防的紧急措施，建立生物免疫带，预防感染，防止疫情蔓延。对病羊污染过的环境、器具等物，采用4%氢氧化钠溶液进行反复、彻底的消毒处理。

免疫注意事项：目前，预防口蹄疫最关键的措施之一就是口蹄疫苗的免疫接种。在口蹄疫的预防中，疫苗对免疫效果起重要作用，但免疫效果还会受到免疫方法和免疫程序的直接影响。山羊仅接受1次肌肉注射口蹄疫疫苗，产生的抗体滴度低，维持时间短，不能为山羊提供较好的保护。所以，必须在每只山羊首次免疫后的第25 d进行加强免疫，这样可以使山羊迅速获得免疫力，产生较高的抗体水平，对山羊提供长时间保护。

(2)羊痘病。

羊痘是由痘病毒科山羊痘病毒属的羊痘病毒引起的一种急性、热性、接触性传染病。痘疹大多发生在皮肤无毛或少毛部位。感病后皮肤上突发的丘疹形成水泡，内含清亮浆液，继而体温下降，水泡液逐渐混浊而成脓疱，后破裂或干燥结痂。有些病羊全身症状严重，甚至引起呼吸道出血，死亡率很高，但病愈后的羊具有终生免疫力。

症状：羊痘病毒侵入羊体后潜伏期约为1周，发痘前病羊体温升高到41～42 ℃，2～3 d后开始发痘。表现为精神不振，食欲减退，结膜潮红，眼睛流泪，鼻孔流出脓性黏液，呼吸和脉搏加快。先在皮肤无毛或少毛部位(眼周围、唇、鼻、乳房部、四肢及尾内侧)形成高于皮肤表面的淡红色或灰白色丘疹，后变成水疱或脓疱，若无继发感染则在几天后干结成痂块，病程一般为3～4周。个别病例不形成水疱和脓疱，称为“石痘”；有的病例痘疱内出血，呈黑色痘；还有的病例痘疱化脓或坏死，形成新的溃疡。

流行特点：羊痘传播速度快，发病率高，病羊是主要传染源，主要经呼吸道感染，也可以通过损伤的皮肤感染。被污染的用具、饲草、饲料，以及接触过病羊的饲养管理人员、外寄生虫、昆虫也可以成为传播媒介。不同品种、性别、年龄的羊均可感染发病，羔羊更易感染，且死亡率高。

防治措施：目前，对羊痘尚无特效药，必须靠预防接种。羊痘病的防治主要采取以下防治措施。

①做好羊的引种检疫工作，阻断病源，防止异地感染。②搞好羊舍卫生，制订全面的定期消毒计划，控制病源的产生。③定期进行疫苗注射，以达到接种免疫的目的。此方法简便易行，可有效防止羊痘病的发生。通常所使用的山羊痘细胞化弱毒冻干疫苗，免疫保护期为1年。④预防失败，发生羊痘疫情时，要及时隔离病羊，积极治疗，防止羊群之间以及养殖场内外邻近羊群相互感染。同时，对健康羊和未发病羊群进行紧急的预防接种和药物预防。病死羊的尸体应进行消毒深埋处理，杀灭病原，防止再次引发羊痘疫情。⑤对症疗法：对患部用0.1%高锰酸钾溶液洗净后涂上碘甘油，为防止继发感染，可用青霉素160万～240万单位和链霉素100万～200万单位，每日2次，肌肉注射，羔羊酌减；可用磺胺嘧啶10 mL，肌肉注射，2次/d。也可用痊愈羊血清治疗，皮下注射，大羊10～20 mL，小羊5～10 mL。⑥药物治疗，见表20。

表20　常见药物防治方法

药物名称	功能	使用方法
复方硫酸庆大霉素Ⅱ号注射液(兰霸注射液)	解毒镇痛,消炎抗病毒,增强机体免疫力等	肌肉注射
复方甲氧苄胺嘧啶注射液(牛羊病特诊)	消炎解毒,提高免疫力	肌肉注射
蒽诺沙星注射液(牛羊鹿三爽)	抗菌消炎,抑制病毒,提高免疫力等	肌肉注射
复方蒲公英注射液(牛羊康泰)	清热解毒,疏风止咳	肌肉注射
也可用羊痘灵、羊用白细胞干扰素配合治疗		

(3)羊口疮(羊传染性脓疱病)。

羊口疮又叫羊传染性脓疱病,是由羊口疱病毒引起的一种传染性疾病。羊口疮会导致患病山羊的口唇部分皮肤、黏膜形成疱疹、溃疡及疣状厚痂,俗话叫生疮,羊口疮也因此而得名。羊口疮主要危害羔羊,发病也较重。

羊口疱病毒对外界环境抵抗力强,干燥痂皮内的病毒在夏季日光下经30～60 d开始丧失传染性。散落在地面的病毒可以越冬,到第二年仍具感染性。在低温冰冻下保存的病料,毒力可保持数年。但羊口疱病毒对高温比较敏感,60 ℃时30 min即被灭活。

症状:羊传染性脓疱病潜伏期为4～8 d,常见的发病类型为唇型感染,部分表现为蹄型、外阴型、混合型感染病例,一般无全身症状。

唇型感染:山羊发病初期先在口唇部或鼻子上出现小红斑,发生丘疹,继而形成水疱和脓疱,破后形成溃疡,结成黄色或棕色疣状硬痂,病程2周左右,痂皮干燥脱落而痊愈。当病情严重时,丘疹、水疱、脓疱会蔓延至整个口唇周围及眼睑和耳廓等部位,互相融合形成大面积易出血的痂垢,痂垢下肉芽组织增生,使痂垢不断增厚、嘴唇肿大外翻。有些病例口腔黏膜也发生水疱、脓疱和糜烂,使病羊采食、咀嚼和吞咽困难。如果发病羊伴随发生坏死杆菌、化脓性病原菌的感染,会引起患部深部组织化脓和坏死,导致病情恶化而死亡。羔羊发病严重时,痂垢不断增多加厚、肉芽组织增生,整个口唇和鼻端肿大外翻呈桑葚状隆起,严重阻碍羔羊吮乳,从而导致羔羊瘦弱、营养不良、体力不支而死亡。

蹄型感染:会导致病羊的一肢或数肢蹄叉、蹄冠或皮肤上有水疱、脓疱,破溃后形成脓液覆盖的溃疡。严重时,病羊会发生跛行,卧地不起。如继发感染则发生化脓和坏死,也可能肺脏、肝脏发生转移性病灶,严重者多因败血症而死亡。

外阴型感染:发病羊多在肿胀的阴唇及附近皮肤上发生溃疡,乳房和乳头皮肤上发生脓疱、烂斑和痂垢。公羊囊鞘肿胀,出现脓疱和溃疡。

流行特点:3~6月龄的羔羊发病较多,成年羊也可感染发病。病羊和带病毒羊是主要传染源。不慎引入病羊或带病毒羊,或者使用被病羊污染的圈舍或牧场,都会引起本病发生。病毒主要通过损伤的皮肤、黏膜感染导致发病。由于病毒对外界环境的抵抗力极强,一旦发生病,可在羊群中连续危害多年。

防治措施:①预防为主。在山羊引种时,要引入进行过羊口疮弱毒疫苗预防接种的羊或羊群,并进行严格检疫,隔离观察3~4周,确定无感病羊后,再混入其他羊群进行饲养管理。②加强饲养管理,做好羊圈、器具和运动场的卫生工作,定期消毒。防止羊群的皮肤、黏膜受到损伤,降低感染概率。③发病羊可先用水杨酸软膏软化痂垢,除去痂垢后用0.1%~0.3%高锰酸钾水或醋冲洗患部,再涂上红霉素软膏、碘甘油或土霉素软膏进行持续治疗,每天2次直至痊愈。若感染坏死杆菌,可注射磺胺类药物、四环素等进行消炎。对于不能吮乳的病羔羊,应加强护理,进行人工哺乳,可用干净的奶瓶或去掉针头消过毒的兽用注射器,取母羊乳后滴入病羔嘴内进行喂养,直至羔羊能自己吮乳。

(4)羊传染性胸膜肺炎。

该病是一种由丝状支原体引起的高度接触性传染病。其病征表现:高热、咳嗽、肺炎及胸膜发生浆液性和纤维性炎症。病原是丝状支原体山羊亚种,在50 ℃温度下,40 min就被杀死,在低温条件下可存活数月,在腐败材料中可存活3 d,在干粪便中可存活8 d,对红霉素高度敏感,氯霉素和四环素对其有较强的抑制作用。

症状:本病潜伏期2~3周,病羊体温升高达41~42 ℃,食欲减退,精神不振,咳嗽,流浆液性鼻液,4~5 d后咳嗽加重,鼻液变脓性,呈铁锈色。呼吸困难,腰背拱起,呈痛苦状,病重者衰竭死亡。病程2个星期左右,随着病期的延长转变为慢性。间有咳嗽、流鼻涕、腹泻和消瘦等表现,病程可达数月,饲养管理不良时,病情恶化导致死亡。

流行特点:该病的主要传染源是已感染肺炎的病羊,主要经呼吸道分泌带菌物,通过空气传播。阴雨连绵、寒冷潮湿、营养缺乏、羊群密集等不良因素容易诱发本病。被感染羊在相当长的时期内都可能成为传染源。

防治措施:①加强饲养管理,增强羊群的体质和抗病力。在山羊引种时,做好检疫,隔离观察一个月以上,确定无病后方可混群饲养。②在本病流行区和受威胁区要坚持定期免疫接种,可用山羊传染性胸膜肺炎氢氧化铝灭活疫苗,剂量:<6月羊龄羊,3 mL;≥6月羊龄羊,5 mL。皮下或肌肉注射,免疫保护期1年。③羊群发病应及时隔离治疗,

被污染的场地、圈舍、用具，以及粪便、病死羊尸体等，要进行彻底消毒或无害化处理。④药物治疗。染病初期用红霉素溶于5%葡萄糖溶液中，静脉注射，每日2次。新砷矾纳明（九一四），大羊0.3～0.4 g，羔羊0.1～0.2 g，溶于100 mL葡萄糖生理盐水中，静脉注射。还可选用土霉素、氯霉素、恩诺沙星、泰乐菌素、磺胺类等药物进行治疗。

（5）羊炭疽。

该病是由炭疽杆菌引发的一种急性、热性、败血性传染病，家畜和人都易被感染。家畜炭疽多呈败血症经过，病死率很高；人接触病畜或食用病畜会感染炭疽，表现为皮肤型臃肿，但病死率低，有水肿病程的病例死亡率较高。炭疽杆菌对外界环境具有很强的抵抗力，被炭疽杆菌芽孢污染的圈舍、活动场土壤、器具都可成为炭疽病的永久性传染源。

流行特点：人畜共患，羊的易感性高。主要传染源：病羊、排泄物、分泌物、尸体。消化道、呼吸道、皮肤、吸血昆虫、虻类昆虫均可传播本病。炭疽病夏季多发，呈散发或地方性流行。

症状：病羊急性发作时，开始兴奋不安，之后突然发病，心跳加速、倒地、昏迷、痉挛、瞳孔放大、磨牙、呼吸困难、天然孔流血，随即死亡。病死羊尸体迅速腐败、膨胀，天然孔出血，血液呈煤焦油样或酱油色，凝固不良，尸僵不全。

防治措施：①发生过炭疽的地区或受威胁区，每年应进行预防接种，山羊最好使用II号炭疽芽孢苗，皮下注射1 mL。②炭疽病发作、死亡速度快，临床诊断比较困难，对疑似因炭疽病死亡的羊尸体，严禁解剖污染场地，必须烧毁深埋。病羊粪便、垫草及污染的草料也要全部焚烧，阻止传染面扩大。经初诊怀疑发生炭疽病疫情时，应立即上报相关部门，经确诊后划定疫点、疫区，隔离、封锁治疗病畜。被病羊污染的场地、用具，要用10%的氢氧化钠或20%的漂白粉连续消毒3次以上，每次间隔1 h，彻底杀灭病菌。确诊病羊及时进行治疗，其余羊群全群用青霉素注射3 d，有一定预防作用。③治疗方案：特异血清疗法+药物治疗。首先，皮下或静脉注射抗炭疽血清30～60 mL，12 h后重复注射1次。其次，青霉素按每千克体重1.5万～2万单位，每8～12 h注射1次，直到体温下降至正常后，再继续注射2～3 d。

（6）羔羊痢疾。

羔羊痢疾是一种由B型魏氏梭菌、大肠杆菌、沙门氏杆菌等菌混合感染或单独感染引起初生羔羊的急性、毒血性传染病。羔羊痢疾对7日龄内的羔羊危害相当严重，尤以新生3 d的羔羊最易发病，死亡率较高。

流行特点：羔羊痢疾呈季节性流行特点。杂交改良品种的羔羊对该病更为敏感，特别是高代杂交品种羔羊死亡率甚高。本病传染源是病羔粪便、被污染羊舍及周围环境，经消化道、脐带和外伤等途径感染。

症状：潜伏期为数小时到1 d，患病羔羊食欲减退或停止哺乳，精神不振，低头拱腰，随后1～2 d就发生剧烈腹泻，粪便黄褐色稀糊状或水样，恶臭，呈黄绿色、黄白色或灰白色，腹部下凹，后期粪内带血，肛门失禁。由于持续性腹泻，体温偏低，逐渐虚弱，卧地不起，1～3 d后死亡。

防治措施：①做好预防接种，每年秋季注射羊厌氧菌病五联菌苗或单菌苗。加强饲养管理，培养体质好、抗病力强的羔羊，保持栏圈干燥和温暖。羔羊出生后，做好脐带消毒工作，保证羔羊吃足初乳。羔羊生后12 h，口服土霉素0.15～0.2 g，每天1次，连用3 d，进行预防。②发病严重时，采用抗菌、补液、调整胃肠机能等综合措施进行治疗。③药物灌服：灌服含0.5%福尔马林的6%硫酸镁溶液30～60 mL，6～8 h后再灌服0.1%高锰酸钾溶液10～20 mL；灌服磺胺胍1 g、鞣酸蛋白0.2 g、碳酸氢钠0.2 g，每日2次；土霉素0.2～0.3 g，加等量胃蛋白酶，水调灌服；磺胺胍0.5 g，鞣酸蛋白、次硝酸钠、碳酸氢钠各0.2 g，或再加呋喃唑酮0.1～0.2 g，水调灌服，每日3次。④针剂注射：氯霉素12.5万单位，肌肉注射；舒达注射液，每千克体重0.15 mL，肌肉注射；感病初期用青霉素、链霉素各20万单位注射；鱼腥草剂肌肉注射；磺胺嘧啶肌肉注射；黄金1号+地塞米松+葡萄糖，静脉注射；樟脑磺胺钠+地塞米松+葡萄糖，静脉注射。必要时采用对症疗法、强心补液和收敛止痛等，有条件的可用高免血清。⑤母羊产羔期可让母羊口服吃奶康，预防羔羊痢疾。

（7）腐蹄病。

山羊生态圈养，管理不善就会造成圈舍潮湿，滋生病菌，而侵害羊蹄导致发病。

症状：病羊因疼痛而跛行，蹄间溃疡，流出灰白色、带臭味的脓液，严重者整个蹄壳脱落，卧地不起。

防治措施：①加强管理，保持圈舍和运动场的干燥、清洁和卫生。定期消毒，彻底杀灭病菌。将发病羊隔离饲养，积极进行治疗。②感病初期用5%碘酒棉花涂擦患部，若蹄底组织腐烂蹄壳开始脱落，必须用0.1%的高锰酸钾溶液冲洗创面，除净污物，然后用浸透青霉素鱼肝油乳剂（青霉素20万单位溶于5 mL水中，并与鱼肝油混合均匀）的棉花紧贴创面，外用纱布包扎，隔2 d换1次。

(8)传染性眼结膜角膜炎。

传染性眼结膜角膜炎又称红眼病，此病主要由病菌引起，传染快、发病率高，但死亡率很低。

症状：眼睛畏光、流泪、眼睑肿胀、结膜潮红、角膜混浊、有脓性分泌物，病程15～20 d，大多能自愈，少数病羊丧失视力。

防治措施：①加强管理，定期消毒，保持圈舍和运动场的清洁和卫生。发病羊要隔离饲养，积极进行治疗。②可用2%硼酸水洗眼，再涂红霉素眼膏；也可用氯霉素眼药水滴眼，每日2～3次。

2.寄生虫病

寄生虫病是山羊三大疾病(传染病、寄生虫病和普通病)之一。寄生虫病是由蠕虫、蜘蛛昆虫、原虫等寄生于动物体而引起的疾病，有体内寄生和体外寄生两类。寄生虫病的特点是具有季节性和群发性。寄生虫对山羊的危害主要是造成动物的器官、组织机械性损伤，夺取动物机体营养或产生毒素，使其消瘦、贫血、营养不良，生产性能下降，严重者可导致动物死亡。山羊轻度感染寄生虫病后，能吃能喝，食欲正常，但不长膘、不增重、不长高，表现出慢性消耗性症状，常常容易被饲养员忽视。随着时间的推移，寄生虫大量繁殖，吸收羊体营养，病羊渐渐出现营养不良、体形消瘦等症状，严重时会导致山羊死亡，造成经济损失。因此，在山羊的生态圈养过程中，要高度重视山羊的寄生虫病。在云南热区，山羊常见的体内外寄生虫主要有肝片吸虫、肠道绦虫、捻转胃虫、肠结节虫、钩虫、鞭虫、肺丝虫、疥癣、羊跳蚤、羊鼻蝇、羊虱、蜱及脑包虫等。通常可根据寄生虫的种类，针对其发育和生活史的各个关键环节，因地制宜、及早预防、定期驱虫，采取综合防治才能收到防治效果。防治寄生虫病必须贯彻“预防为主、防重于治”的方针。

常规防治方法如下。

①搞好卫生，严格消毒，切断寄生虫传播途径。每天清扫圈舍、活动场，保持清洁、干燥，防止病原扩散；粪便集中堆积发酵处理，严禁粪便污染草料和饮水，保证饮水安全；定期进行彻底全面的消毒，消毒范围包括圈舍、墙壁、运动场、用具及羊体等。

②加强饲养管理，提高抵抗能力。科学饲喂，合理营养，增强羊群体质，提高抵抗能力，降低寄生虫危害。

③消灭传染源，预防性驱虫。每年定期在春季、秋季，对羊群进行药浴。在寄生虫

多发季节，每季度驱虫1次，夏季每2个月驱虫1次。药浴液可用0.025%～0.03%的林丹乳油水乳液；螨净的初浴液浓度为0.025%，补充药液为0.075%；除虫菊酯0.2%煤油溶液喷雾杀虫；溴氰菊酯（敌杀死、倍特）预防量为0.003%，治疗浓度应达0.005%～0.008%；赛福丁初浴液浓度1∶2000，补充药液1∶2500稀释；1%阿福丁（阿维菌素）注射液按每千克体重用药0.2 mg，或每千克体重用0.2 mg的片剂口服，该药物对山羊体内外寄生虫均有较好的驱杀作用。

④治疗性驱虫。根据山羊粪便的检查情况或死羊的解剖结果，依感染轻重对症驱虫。药物驱虫1周后，应再驱虫1次，以驱除山羊体内幼虫。

注意事项：交替使用不同种类的驱虫药，防止山羊产生耐药性；选用正规厂家生产的驱虫药，合理使用；严格按照剂量标准用药，避免剂量过度造成中毒，或剂量不足导致驱虫效果差。

（1）肝片吸虫。

肝片吸虫又称肝蛭虫，是山羊主要的寄生虫病之一。虫体扁平，很像树叶，比南瓜子略大，一般寄生在羊的肝脏、胆管，引起急性或慢性肝炎、胆管炎，感染率20%～30%。患肝片吸虫病的山羊消瘦、贫血、营养障碍、颌下水肿，后期出现腹泻，最后导致肝中毒而衰竭死亡。肝片吸虫还可感染牛、猪、马等多种家畜。

生活史：通常寄生于羊体内的肝片吸虫的虫卵进入消化道后，与粪便一同排出体外，在适宜的温度、湿度等环境条件下，经10～20 d孵化成毛蚴。毛蚴可在水中生存1～2 d，进入中间宿主（如，椎实螺）体内，发育成胞蚴、雷蚴，最后形成尾蚴；从中间寄主体内出来，附着于水生植物或在水面上形成囊蚴。山羊在喝了有肝片吸虫囊蚴的水或采食了被囊蚴污染的牧草后被感染。3～4个月后，囊蚴在羊体内发育为成虫。约1年后，大多数成虫将自行排出体外，但少部分成虫在羊体内的生存时间可达5年之久。

症状：被感染后的山羊，体内的肝片吸虫繁殖量达到50条左右时，就会表现出明显的症状。发病初期，病羊要面临一个急性发病期，会表现为发热、精神疲惫、体力衰弱、黏膜苍白、贫血、肝区压痛明显，严重者数日内便会死亡。渡过急性发病期或轻度感染的病羊就会转为慢性，表现为食欲衰退、被毛粗乱、黏膜苍白、消瘦贫血，眼睑、颌下、胸前及腹下出现水肿，下痢与便秘交替发生，最终极度衰弱而死。剖开病死羊，可看见其肝脏发生明显的病变，肝肿大、硬化、褪色，被侵害部位出现淡白色瘢痕，胆管肥厚，内有虫体和污浊液体，腹腔、胸腔及心包有积液。

防治措施:①加强山羊的饲养管理,保证水槽和饮水的洁净和安全,尽量降低感染肝片吸虫的概率。山羊生态圈养的一大好处是大大减少了山羊接触外界肝片吸虫的机会,也有利于防治感染。②每天要及时清除山羊圈舍内的粪便,并集中堆积发酵,以便彻底杀死粪便中的虫卵。③在养殖场内除了山羊饮水用的水槽,要彻底地清除低洼的积水区,破坏肝片吸虫的中间宿主(椎实螺)的生活环境,阻断肝片吸虫的发育,有效防治肝片吸虫。④分别在秋末冬初和冬末春初进行每年2次的定期驱虫。可按每千克体重口服4～5 mg的硝氯酚,或每千克体重口服10 mg的5%肝蛭净悬,或每千克体重口服100 mg的别丁等药物进行驱虫。常用的药物还有广谱抗虫丙硫咪唑、肠虫清、五氯柳胺、碘醚柳胺等。对不熟悉的药物,最好在兽医指导下用药。

(2)肠道绦虫。

羊绦虫病是由莫尼茨绦虫、曲子宫绦虫等多种绦虫寄生于羊的小肠引发的一类寄生虫病,其中最常见、危害最严重的是莫尼茨绦虫。莫尼茨绦虫乳白色,扁平带状,虫体长1～6 m,细长。绦虫主要寄生在小肠,严重的虫体会堵塞肠道。

生活史:寄生于羊小肠的绦虫成虫,它们的孕卵节片或虫卵随粪便排出后,在中间宿主(地螨)体内发育为似囊尾蚴。羊在采食牧草时,吃进了混在饲草中含有似囊尾蚴的地螨后,似囊尾蚴就可进入羊的小肠,附着在肠壁上逐渐发育成成虫。

症状:感染绦虫病的山羊表现为食欲减退、饮水增加、消瘦、皮毛粗乱无光、常躺卧不起、腹泻、贫血和水肿,粪便中偶有虫体节片混杂,少数还会出现转圈、头向后仰等神经症状。严重时会发生腹痛、肠臌胀、肠管阻塞,后期仰头倒地,对外界反应消失,最终衰竭而死。剖检后,可见病死羊小肠内有绦虫虫体,虫体寄生处有明显炎症,肠系膜、肠黏膜、肾脏和肝脏可见增生性病变,心内膜和心包膜有出血点。

防治措施:①加强山羊的饲养管理,每天及时清除山羊圈舍内的粪便,集中堆积发酵,以便杀死粪便中的虫卵。②定期对圈舍、养殖场的地面进行药物杀虫,彻底杀灭遗留在地上中的虫卵。也可选用丙硫苯咪唑,按羊每千克体重口服用药15 mg,进行常规驱虫和预防,效果良好。③定期检查山羊粪便,看是否混有绦虫虫体节片,也可用显微镜观察粪便中是否有虫卵。一经发现,可口服一次别丁,按羊每千克体重用药80～100 mg加水溶解灌服。也可用1%硫酸铜溶液,按羊每千克体重用药2 mL灌服。另外,还可选用驱绦灵,按羊每千克体重用药50～75 mg口服。氯硝柳胺,按羊每千克体重用药60～70 mg,一次口服。溴羟替苯胺,按羊每千克体重用药65 mg,一次口服。也可用硫苯咪唑、丙硫咪唑、吡喹酮、六氯酚等驱虫药，对羊绦虫病都有较好的治疗效果。

（3）消化道线虫病。

山羊的消化道线虫常见的有捻转血矛线虫、奥斯特线虫、仰口线虫、食道口线虫、肠结节虫、钩虫和鞭虫等，感染率可达100%，多发生在春、夏、秋季。其中捻转血矛线虫、奥斯特线虫危害最重，造成的损失较大。消化道线虫的发育不需要中间寄主，幼虫发育不受外界的限制。羊在吃草、饮水时吞入感染性幼虫被感染。仰口线虫还可通过皮肤直接感染。肠结节虫主要寄生在大肠，虫体长10～20 cm，在肠壁上形成米粒至蚕豆粒大小不等的无数结节，感染严重时可引起后肢瘫痪。钩虫主要寄生在小肠内，以羊血为营养来源，造成肠黏膜溃疡。鞭虫主要寄生于大肠和盲肠内。

症状：感染后的羊表现为食欲下降、精神不振、机体消瘦、胃肠发炎、消化紊乱、贫血、腹泻或便秘，严重时下颌间隙和下腹水肿，病羊最终会衰弱而死。

防治措施：除了前面所述的常规防治外，要定期在感染性幼虫活跃的清晨和傍晚进行药物灭虫。预防性驱虫，可用左旋咪唑（也称为驱虫净），按每千克体重用药8 mg内服；丙硫咪唑或甲苯咪唑按每千克体重用药15 mg，配成混悬液内服；精制敌百虫按每千克体重用药60～80 mg，内服；四氯乙烯按每千克体重用药0.1～0.2 mL，口服；伊维菌素按每千克体重用药0.2 mg，皮下注射。另外，也可用阿维菌素等广谱抗虫药，进行皮下注射或口服，防治效果良好。

（4）肺丝虫病。

又称网尾线虫病，是由网尾线虫寄生于肺支气管而引起，主要表现为支气管炎和肺炎症状的疾病。幼虫随粪便排除羊体后，在适宜环境下约1周就发育成感染性幼虫，通过山羊饮水和取食草料进行感染。

症状：被毛粗乱，食欲减退，连续不断咳嗽，消瘦无力，流鼻涕，喷嚏，呼吸困难，严重时因呼吸道被虫块阻塞而窒息死亡。

防治措施：除了前面所述的常规防治外，冬季补饲期间，可隔天在饲料中加入硫化二苯胺，成年羊每只1 g，羔羊每只0.5 g，让羊自由取食，降低感染概率。可用氰乙酰肼，按羊每千克体重用药17～18 mg，溶水内服；也可配成20%溶液按成羊3～5 mL、小羊1～3 mL，微温时作肘后皮下注射，效果良好。丙硫咪唑按羊每千克体重用药5 mg口服；海群生按羊每千克体重用药20 mg口服，对感染早期疗效好。

(5)羊疥癣。

羊疥癣又称螨病,是由疥螨和痒螨寄生于羊体表皮肤引起的寄生虫皮肤病。该病具有高度传染性,一旦发病,短期内可遍及整个羊群,危害较大。以脱毛、瘙痒为主要特征,秋末、冬、春初季节多发,在冬季蔓延最快。疥螨和痒螨的全部发育过程均在宿主山羊身体上完成。主要通过健康羊与病羊,以及受污染的器具、圈舍间接触传播。羊疥癣对山羊板皮质量影响也很大,可造成板皮质量下降,影响山羊的综合利用。

症状:病羊表现为到处擦痒,相互用嘴啃咬,焦躁不安,引发皮肤炎症、水疱、脓肿,皮肤变厚并盖满大量痂片,羊毛大片脱落,尤以头部最为严重。病羊常因长期剧痒不安,影响正常进食和休息,引发贫血、消瘦,最终衰竭死亡。

防治措施:除了前面所述的常规防治外,要加强检疫,防止引入病原。最简便的方法是药浴,药浴应在天气晴朗无风时进行,药液现配现用。可用0.05%的辛硫磷乳油水溶液,或0.5%的敌百虫水溶液进行药浴;20%双甲脒乳油1 kg配成500~600倍稀释液,也能有效杀灭疥螨,控制疥癣病的发生。还可将患部剪毛再涂擦以上药液,或皮下注射伊维菌素按羊每千克体重用药0.2 mg,或20%碘硝酚按羊每千克体重用药0.05mg,治愈率超过90%。另外,还可用林丹、二嗪农、敌杀死、溴氰菊酯等药进行涂抹和喷雾。

(6)羊鼻蝇蛆病。

症状:病羊表现为上呼吸道发炎,有大量鼻涕、脓液,打喷嚏,咳嗽,消瘦。病情严重时,蝇蛆侵入病羊气管及肺部导致呼吸困难;侵入鼻窦而累及脑膜者,可引起神经症状。此病可周期性重复出现,直至病羊死亡。

防治措施。可用3%来苏尔液直接喷入鼻孔治疗,每羊每侧鼻孔20~30 mL。目前很多地方采用0.3%螨净水溶液鼻腔喷注预防,每侧鼻孔6~8 mL,效果良好。

(7)羊脑包虫病。

症状:病羊较易诊断,明显表现出以转圈为主的脑神经症状。

防治措施:每年春季口服吡喹酮粉剂预防,按每千克体重用药60~80 mg。治疗可采用臂部分点注射吡喹酮注射液(用10%食用油或石蜡油稀释),按每千克体重用药50~60 mg。若用药10 d后效果不明显者可进行第二次用药。

3.普通病

普通病包括内科病(如代谢病、中毒病),外科病和产科病等。这类疾病是由于饲养管理不当、营养代谢失调等造成的,特点是没有传染性,多为散发。中毒病可造成大批死亡,羊病防治必须坚持“预防为主”的方针。

(1)支气管炎。

山羊的支气管炎易发生在早春和晚秋冷暖交替季节,抵抗力较弱的老羊和羔羊易感病,以咳嗽、流鼻涕为此病的明显特征。按病程的长短可分为急性支气管炎和慢性支气管炎两种。在云南热区发病概率比冷凉地区小。

①急性支气管炎:该病主要由风寒感冒引起,也可以是喉炎、肺炎等疾病的并发症。给山羊灌药时,不小心将药液呛入气管中,也会引发羊的急性支气管炎。管理不善、圈舍潮湿、通风不良、不卫生均可成为该病的诱因。

症状:病羊初期表现短而干咳,3~4 d后连续湿咳,咳出痰液由两侧鼻孔流出,体温升高0.5~1 ℃或正常。严重时食欲减退、精神萎靡、嗜睡、呼吸加快、肺部有啰音。

防治措施:a.加强管理,充分预防。保持圈舍清洁、温暖、通风良好,防止羊受寒感冒,饲喂易消化的饲料,饮清洁温水,避免机械性或化学性物质的刺激。b.消炎药物治疗。灌服感冒通3片、螺旋霉素4片、复方甘草片6片,3次/d;肌肉或静脉注射10%磺胺嘧啶钠注射液或10%磺胺噻唑钠注射液10~20 mL;青霉素120万单位、链霉素50万单位加鱼腥草注射液1支,肌肉注射;四环素0.24~0.5 g溶于5%葡萄糖或生理盐水500 mL中静脉注射,2次/d。c.祛痰止咳。用复方樟脑酊1~3 mL或复方甘草合剂10~20 mL,以及杏仁水2~5 mL灌服,1~2次/d;氯化铁0.2~2 g或吐酒石0.2~0.5 g。

②慢性支气管炎:该病由支气管黏膜长期的或持续数月,甚至数年的慢性发炎过程而引发。主要诱因为急性支气管炎未痊愈转为慢性。

症状:病羊常年咳嗽,特别在早上遭遇寒风袭击时表现较为强烈,咳嗽时痰液不多,体温大多无变化。当支气管狭窄时,呼吸困难。在温暖的气候环境中,咳嗽症状减轻或暂停。

防治措施:a.同急性支气管炎的治疗方案。b.注意羊群冬季防寒保暖,修缮羊舍防止冷风侵袭。c.也可用蒸汽吸入法。采用克辽林、来苏尔、过氧乙酸、薄荷脑、麝香草酚等反复施行蒸汽吸入,有良好的防治效果。

(2)肠胃炎。

肠胃炎是胃肠黏膜及其深层组织发生炎症的疾病,主要是由于饲养管理不当而引起。如饲料不洁、霉变、品质粗劣,长期饲喂含水量较高的饲草,精料过量,受风寒,饮水不净,饲料中含有异物,误食毒物,细菌、霉菌或肠道寄生虫感染等,都会引发山羊的肠胃炎。也可因其他疾病继发。

症状：由于致病原因不同，其临床症状也不一样。患病羊初期食欲减退，消化不良，精神沉郁，结膜充血，烦渴厌饮，出现黄白色舌苔，腹部蜷缩，疼痛感明显，腹痛腹泻，排粪次数增多，粪便稀而臭，粪中混有未消化的食物、黏液、黏膜或血液，并且含有大量泡沫，稀粪污染肛门、尾、臀部。重病羊脱水现象加剧，卧地不起，精神萎靡，若不及时治疗会抽搐衰竭而死。患中毒性胃肠炎的羊口腔黏膜充血、出血，舌韧带出血，表层黏膜坏死，食欲废绝，烦渴，不断虚嚼，有的病例出现舌咽麻痹。慢性胃肠炎主要症状与急性病例相同，但病程较长，病势较缓慢。

防治措施：①发现羊有发病征兆后，要立即排查致病原因，加强管理，清除一切发病诱因，并针对诊断结果及时治疗。②将病羊隔离到温暖、卫生的圈舍中，加强管护，禁止喂食2～5 d，期间进行营养液、葡萄糖、生理盐水等输液补充。根据病情、症状不同，可用复方氯化钠溶液，每次输给1000～1500 mL；静脉注射5%葡萄糖生理盐水500 mL、庆大霉素3支×8万单位、维生素C 2 mL。酸中毒严重者，可适当配合输给5%碳酸氢钠溶液。霉菌性胃肠炎，可配合输液10%～25%葡萄糖或10%硫代硫酸钠，必要时加入适量抗坏血酸溶液；病情严重、体温较高者，可加入土霉素和四环素。为减少心脏和肾脏的负担，输液应缓慢进行。也可口服0.5%痢菌净液50～100 mL；灌服止泻痢粉8～15 g/次，2次/d。③为控制炎症发展，首先要抑制胃肠内食物发酵，可用来苏尔3 mL、鱼石脂2 g、克辽宁2 g加温水混匀后，一次性内服。或用磺胺脒5～6 g、小苏打2～3 g，加水混匀，一次性内服。④病愈初期，属于山羊身体恢复阶段，喂食量应由少到多，逐渐增加。草料要选择柔软、清洁、含水量稍低的青绿优质饲草，草料营养不够时，适量补充易消化并配有治疗药物的其他饲料。同时，密切关注病羊的消化和排泄的粪便情况。⑤对继发性胃肠炎，应确诊原发症的病因、病理变化情况，实行综合治疗。

(3)羊口炎。

羊口炎是发生在羊口腔黏膜表层和深层组织的炎症，大部分由外伤引起。采食中被草料硬化、尖锐的木质部，或其他误混入草料的杂物刺伤而引发口腔炎症，偶尔也会因接触强酸、强碱等化学药品而损伤口腔黏膜而发病。羊口炎有霉菌性口炎、过敏性口炎之分。另外，口蹄疫、羊口疮、羊痘等传染性疾病也会在羊口腔内出现类似病变，要注意区分，并根据各项症状表现给予正确诊断，及时治疗。

症状：病羊因疼痛而减少或停止采食，口腔黏膜红肿、流涎，严重者可观察到口腔出血、糜烂、溃疡。如发生感染则有体温升高等反应。霉菌性口炎主要病因是采食过霉变饲料，表现为除口腔黏膜症状外，还伴有腹泻、黄症等。过敏性口炎主要病因是采食或接触过某些过敏物质，表现为除口腔症状外，在鼻腔、乳房、肘部和股内侧等部位能观察到充血、溃烂、结痂等症状。

防治措施：①增强饲养员责任心，加强饲养管理，严格控制因口腔创伤而引发的羊口炎。②预防：对病羊进行精心管护，饲喂柔软、多汁的青绿饲草，保证饲草和饮水的质量，保持水槽洁净和饮水安全。可用2%碱液定期洗刷饲槽和水槽。③治疗：可用0.1%高锰酸钾溶液、2%食盐水或2%～3%重碳酸钠溶液冲洗口腔；口腔发生糜烂或有液体、血液渗出时，可用2%～5%蛋白银溶液、2%明矾溶液或2%硼酸溶液等冲洗口腔；发生溃疡时可用1:9碘甘油或0.2%龙胆紫溶液涂擦患部。若全身出现继发性感染反应，可用青霉素80万～160万单位，链霉素100万单位，进行一次肌肉注射，每天2次，连用3～5 d。还可服用磺胺类药物进行治疗。④中药疗法：黄柏50 g、青黛12 g、肉桂6 g、冰片2 g，分别研成细末，拌匀后涂抹于口腔患部。

(4)急性瘤胃臌气。

急性瘤胃臌气是由于羊采食了大量易发酵的草料，或清晨、雨后的露水草，或大量的豆科牧草，前胃短时间内产生大量气体而使瘤胃过度胀气，并出现嗳气障碍的一种疾病。采食大量豆科牧草或饲喂发霉变质草料是急性瘤胃臌气的主要发病原因，前胃弛缓、瘤胃积食和创伤性网胃炎也能引起继发性瘤胃臌气。该病常发生于春、夏季，因该病发病突然，严重时会导致病羊迅速死亡，所以一经发现要立刻采取措施，及时治疗。治疗时要把握“排气制酵，清理肠胃”的原则。

症状：该病通常突然发作，病羊焦躁不安，食欲、反刍与嗳气完全停止，低头弓背，回视腹部，左腹肷部胀满并向外突出，常可高出肠骨外角线或背线。肷部皮肤紧张，叩诊呈鼓音或金属音。病羊张口伸舌，表现非常痛苦，因横膈膜被向前推进，表现为呼吸困难并呈明显的胸式呼吸。呼吸困难的原因除胃内气体积蓄之外，还包括第一胃能够迅速吸收二氧化碳及一氧化碳。羊常因窒息、瘤胃或横膈膜破裂而死亡。

防治措施：①加强饲养管理，认真辨别饲料的质量；避免饲喂变质、发霉、腐败的饲料；在雨后、有露水、起霜时，避免刈割牧草后直接饲羊，可以等牧草的水分(露水、雨水、霜)风干后再刈割，或刈割后铺在草料架上，让牧草上的水分(露水、雨水、霜)彻底蒸发后才能饲喂。②前胃弛缓引发的瘤胃臌气，可用龙胆酊10 mL，加适量常温水灌服；大黄苏打片40～50片/只，灌服，小羊酌减；旺达注射液5 mL/次，肌注。③把病羊头部向上，前半身提高,用涂有松焦油或食盐的小木棒夹于羊的口中,诱发病羊嗳气或呕吐。④采用胃管放气,防腐制酵,清理胃肠。利用胃导管插入排出气体,缓解腹部压力。用5%的碳酸氢钠溶液1500 mL洗胃,以排出气体中的酸败胃内容物。⑤用石蜡油100 mL、鱼石脂2 g、酒精10 ~ 15 mL加水500 mL,一次内服;或用氧化镁30 g,加温水300 mL,一次内服。⑥手术治疗:严重时,可实施瘤胃穿刺术先放气,再注入制酵防腐剂。具体操作:找到左肷部或肠骨外角和最后肋骨的中间,去毛消毒。术者用拇指压迫左肷部中心点,使腹壁紧贴瘤胃壁,用兽用套管针或16号长针头垂直刺入腹壁并穿透瘤胃胃壁放气,边放气边紧压腹壁,勿使腹壁与瘤胃胃壁分离,过程要缓缓进行,避免胃液漏入腹腔,引起腹膜炎。放气完成后可通过穿刺孔一次投入由蓖麻油100 mL、鱼石脂2 g、酒精10 mL加适量水制成的制酵剂进行制酵。⑦中药治疗:选用莱菔子30 g,山楂和木香各20 g,陈皮、枳壳、槟榔、车前子、木通各10 g,加水煮沸1 h,去渣后一次投服。

(5)子宫内膜炎。

引发山羊子宫内膜炎的原因有两方面:一是在配种、助产及剥离胎衣时,手术器械或操作员手消毒不彻底,或产后子宫收缩不良、蓄积恶露、胎儿死于腹中等导致细菌感染而引发子宫内膜炎;二是母羊患有阴道炎、布氏杆菌病、阴道滴虫、宫颈炎等疾病也会引发子宫内膜炎。子宫内膜炎可分急性和慢性两种;按病程中发炎的性质,可分为脓性卡他性子宫炎、坏死性子宫炎、伪膜性子宫炎和慢性子宫炎。

症状:①脓性卡他性子宫炎。患病母羊产后,食欲低下,泌乳量少,子宫内有脓性分泌物排出,有时作排尿姿势、呻吟、拱背和努责,体温略有升高,全身无其他症状。②坏死性子宫炎。患病母羊精神不振,食欲衰退,反刍停止,泌乳量少或无乳,体温升高,经常努责,阴门有污红色稀糊状液体排出,排出物含组织碎块、恶臭,病羊表现敏感、疼痛、阴唇肿胀发炎,阴道黏膜呈暗红色。③伪膜性子宫炎。患病母羊产后,食欲减退或废绝,反刍停止,体温升高,阴门有絮状或颗粒状的淡红色或棕黄色的分泌物排出,病羊经常呻吟、弓背、磨牙和努责。④慢性子宫炎。发病轻微、病程长,子宫分泌物量较少。若治疗不及时,会引发子宫坏死、败血症或毒血症。

防治措施:①加强对怀孕母羊的饲养管理,合理营养,适量运动,增强抵抗力。在进行助产、人工授精、阴道检查、分娩时,操作员的手和器具要进行严格、彻底消毒,防止感染。产羔后的母羊要隔离饲养,防止感染,待恶露排出干净,体质基本恢复后再归入羊群管理。②发现感染的母羊,要及时清除子宫腔的渗出物,同时可用0.1%的高锰酸钾溶液或0.1%的新洁尔灭溶液300 mL,灌入子宫腔内进行治疗,再用虹吸法排出,每天1次,连用3～5 d。冲洗后可向子宫注入碘甘油3～5 mL，或投入0.5 g的土霉素胶囊1～2粒，用于消除子宫炎症。必要时可皮下注射麦角垂体后叶素，促进子宫收缩，配合治疗。③症状明显者，可用青霉素160万单位、链霉素100万单位，肌肉注射，早晚各1次，连用3～4 d。出现自体中毒现象时，可用10%葡萄糖溶液100 mL+复方氯化钠液100 mL+5%碳酸氢钠液50 mL，静脉注射，同时肌肉注射抗坏血酸200 mg，防止病情恶化。

（6）乳房炎。

乳房炎是母羊常见的一种疾病，其特征是乳腺发生各种类型的炎症，乳汁发生物理及化学上的变化，泌乳量减少及乳房机能障碍。通常母羊产羔异常和流产后，因羔羊死亡导致乳房充乳无法排出而肿胀发炎，或因羔羊吃奶时损伤母羊乳头引起细菌感染导致发炎。引起乳房炎的微生物种类很多，常见的有链球菌、葡萄球菌和大肠杆菌等。

根据乳腺炎症的过程，可分为卡他性乳房炎、浆液性乳房炎、化脓性乳房炎、出血性乳房炎和纤维蛋白性乳房炎5类。

症状：通常病羊体温升高达41 ℃，乳房局部红肿、硬结、热痛，挤出的乳汁混有血液或脓液等。①卡他性乳房炎：初期乳房无明显症状，发病3～4 d后乳头壁呈面团状，触摸可在乳头基部摸到豌豆至核桃大小不等的症结，全身无明显症状。②浆液性乳房炎：患病母羊食欲减退、精神不振、体温升高。局限小叶肿胀增大，皮肤紧张，触诊有热感和痛感，有时可波及半个乳房发生肿胀，乳头红肿，乳汁稀薄，产乳量降低，乳内有絮状物。③化脓性乳房炎：体温升高，乳房红肿、痛感、热感，因发炎形成的脓腔与乳腺相通，挤乳时常混有脓汁，严重时可穿透皮肤形成瘘管。如不及时治疗，经3～4 d后转为慢性乳房炎。④出血性乳房炎：多为急性，母羊产羔后数天常见发生。体温升高，患部出现红块、肿胀，患叶血肿，母羊因剧痛拒绝羔羊吃奶，因输乳管出血使乳汁呈淡红色或血色。⑤纤维蛋白性乳房炎：因纤维蛋白渗出而阻碍乳房的血液循环，引起乳房化脓和坏死，患叶迅速增大变硬，羊有痛感和热感，泌乳量减少或停止。病羊体温升高、无食欲、精神不振，患侧淋巴结肿大，伴有前胃弛缓和嗳气，运动时羊因疼痛而发生后肢跛行。

防治措施：①母羊在怀孕、产羔、泌乳期分圈喂养。严格注意圈舍卫生，每2～3 d定时检查母羊乳房，并用0.1%新洁尔灭擦洗乳房及周围皮肤，保持母羊乳房清洁。②治疗原则：控制炎症恶化，消炎散结，恢复泌乳功能。乳房外伤按外科常规方法进行治疗。乳房红肿初期可冷敷，2～3 d后可热敷。病初可用40万单位普鲁卡因青霉素油剂，在乳房基部分3～4点进行封闭注射，每日1次；或用长效天王1号注射液，按羊每千克体重用药0.2 mL，肌肉注射，药效可维持5 d。③药物全身疗法：用青霉素80万～160万单位+安乃近10 mL,肌肉注射,每天2次,连用5 d;磺胺噻唑按羊每千克体重用药0.15 g内服,同时服用等量碳酸氢钠,每天3次,服用3 d。④卡他性乳房炎:可采用药物全身疗法,与上述相同。局部治疗用乳房导管灌注青霉素40万~80万单位、2%努夫卡因2 mg,同时,轻柔按摩患病乳房,进行人工辅助排乳,每3 h 1次,使乳汁充分流畅,利于病羊康复。⑤浆液性乳房炎:可采用药物全身疗法,与上述相同。⑥化脓性乳房炎:可采用药物全身疗法,与上述相同。重点是及时、彻底消除乳腺中感染的微生物。可用蒲公英、金银花、板蓝根、黄柏各50 g煎水过滤后,冲洗乳腺管,洗净后灌注努夫卡因青霉素溶液进行杀菌。还可向乳房脓腔内注入0.02%呋喃西林溶液,或0.1%~0.25%的雷佛奴尔液。化脓性乳房炎禁止热敷,热敷会导致病灶扩散。⑦出血性乳房炎:在治疗的同时,尽量限制病羊活动,避免因血液循环加快而增加出血量,同时注射安络血、维生素K等止血剂。⑧纤维蛋白性乳房炎:对于症状明显的病羊,可参照药物全身疗法进行治疗。发病初期要先抑制乳腺内的炎症,顺利排出渗出物,用导管向乳房内注入0.1%的雷夫诺尔或3%硼酸水,充分冲净乳房内的凝乳块或坏死物,然后灌注80万~160万单位青霉素溶液进行杀菌,每天1~2次。为防止炎症扩散,严禁按摩乳房。

(7)肺炎。

大多由羊舍寒冷潮湿、气温剧变、受凉感冒引起,气候炎热、羊群拥挤、营养不良、体质衰弱都会成为致病菌(肺炎球菌、链球菌、葡萄球菌等)感染羊群引起肺炎的诱因。

症状:病羊食欲衰减,饮欲增强,精神不振,体温升高,鼻镜干燥。发病初期病羊表现为干咳,后转为湿咳;鼻液初为浆液,后为脓液。呼吸困难,听诊肺部,病灶部分肺泡呼吸音减弱,其他健康部分肺泡呼吸音增强。羔羊多急性发作,体内毒素大增,导致呼吸困难,心肺功能衰竭而死。

防治措施:①加强管理,综合预防。发现山羊感冒后用病毒灵+咳喘宁,肌肉注射;青霉素钾+咳喘宁+安乃近,肌肉注射。②药物治疗:青霉素160万~240万单位,肌肉注射;丁胺卡那霉素,2支/次,肌肉注射,每天2次;鱼腥草注射液2支,每天2次,肌肉注射,连用数日;高烧不降的病羊可用安乃近或复方氨基比林5~10 mL,肌肉注射。

(8)有机磷中毒。

在用敌百虫驱除寄生虫时,或误食喷过农药的饲草而引发的中毒。

症状:中毒羊食欲减退、废绝,空嚼磨牙,口流涎液,流泪,瞳孔缩小,视力减退或消失,全身发抖,昏迷,卧地不起,若不进行抢救,会因心肺麻痹而死亡。

防治措施:①正确使用驱虫药物,对牧草和与牧草间作的作物的病虫害防治使用低毒高效农药，喷药后到安全期再进行牧草刈割饲喂。②药物治疗：用5%葡萄糖生理盐水250 mL+解磷定每千克体重30 mg，静脉注射；阿托品20～30 mg，肌肉注射。

（9）银合欢中毒。

银合欢中毒是山羊摄入过量的银合欢嫩枝叶而引发的一种中毒性疾病。银合欢又叫新银合欢，是一种豆科常绿大灌木，通常用来对重度退化生态系统进行植被恢复。由于银合欢的蛋白质含量较高，嫩枝叶粗蛋白含量达24.33%，可作为山羊生态圈养的优质蛋白质补充饲料。但是银合欢枝叶含有的含羞草素高达3%～4%，被汪儆、雷祖玉等人证实饲喂50%～100%银合欢日粮可引起肉牛、山羊等反刍家畜中毒，25%银合欢日粮可引起绵羊死亡。本书编者在用银合欢饲喂山羊的试验结果表明：只要银合欢嫩枝叶的饲喂量小于日粮青绿饲料饲喂量的10%，不会引起山羊任何中毒现象，最高不超过30%。这主要是因为山羊等反刍家畜瘤胃液中含有一种能降解银合欢毒素的澗洲瘤胃液，从中可分离出3种脱毒细菌（牛链球菌、生孢梭菌和乳杆菌属1个种）。

症状：饲喂过量银合欢导致山羊中毒后，山羊表现出食欲降低、精神不振、呆立、呼吸不畅、脱毛、流涎、口腔溃烂、甲状腺肿大等症状。中毒严重者，因衰竭或继发感染而死亡。

防治措施：①严格控制银合欢嫩枝叶的日饲喂量。定期配以清热茶，汤剂口服，每1～2周1次。一旦发现中毒，立即更换优质青饲料。中毒早期灌服牛奶、蛋清等，以保护口腔和胃肠道黏膜。②中毒治疗可用消患解毒宁，肌肉注射，配以清热茶，汤剂口服，1日1次，连用3日，治疗效果良好。

参考文献

[1]云南省农家书屋建设工程领导小组.云南热区山羊生态圈养技术[M].昆明：云南科技出版社，2009.

[3]张莹，黄绍义，达永仙，等.临沧长毛山羊种质特性测定[J].上海畜牧兽医通讯，2016(02):34-35.

[4]李彦屏，张春利，李文章，等.凤庆无角黑山羊种质资源调查报告[J].临沧科技，2005(1)：18-20.

[5]张莹，郭成裕，高子尧.云南山羊地方品种种质资源初探[J].中国畜牧兽医，2008(11):163-165.

第四节 淡水渔业

一、发展概述

（一）临沧淡水渔业发展的自然条件

1.水域滩涂资源状况

临沧市地处澜沧江中游，全境重峦叠嶂，群峰纵横。境内漫湾、大朝山、小湾和糯扎渡电站的建成，在临沧境内形成水面面积84万亩、总库容达398亿m^3的电站库区高峡平湖。全市还有已建成的227座中小型水库，水面面积7.5万亩；有3万亩低洼冷浸低产田、50万亩适宜开展稻田养鱼的水稻田。全市各类宜渔水域面积超过100万亩。水文条件丰富，临沧市河流分属怒江、澜沧江两大水系，临沧市径流面积大于20 km^2的河流共361条，径流面积为20～50 km^2的河流223条，径流面积为50～100 km^2的河流共75条，径流面积为100～1000 km^2的河流共51条，径流面积大于1000 km^2的河流有12条。

2.气候情况

临沧市属亚热带低纬高原山地季风气候，地形地势复杂，是一个拥有多种气候类型的地区。全市可划分为北热带、南亚热带、中亚热带、北亚热带、南温带、中温带六个气候带。主要受印度洋暖湿气流和西南季风的影响，四季之分不明显，但干雨季分明，雨水较多，年均降雨量920～1750 mm，日照时间长，年平均日照数在2000 h以上，无霜期317～357 d；立体气候明显，山区年平均气温为13～15 ℃，中海拔坝区为16～18 ℃，低海拔河谷地区在19 ℃以上，亚热带低纬度热区面积占全市总面积的1/3，占云南热区面积的11.4%。

3. 水质情况

2019年，临沧市澜沧江和怒江两大水系10条河流中，澜沧江干流、拉勐河、勐勐河、南碧河、南捧河、小黑江、永康河水质为优，符合Ⅱ类以上水质标准；罗闸河、凤庆河、南汀河水质良好，符合Ⅲ类水质标准。15个监测断面中，Ⅰ类水质占13.3%，Ⅱ类水质占60%，Ⅲ类水质占20%，Ⅳ类水质占6.7%。

（二）临沧淡水渔业发展的产业优势

1. 政策潜力

“十四五”期间，国家将继续高度重视“三农”工作，采取一系列支农惠农措施，大力发展乡村振兴，将为现代渔业建设提供极为有利的政策条件。市场经济体制更加完善，将为现代渔业建设营造更好的氛围。渔业科技创新与推广力度加大，渔业综合配套体系更加健全，将为渔业带来前所未有的发展机遇。同时，省、市党委政府及上级部门高度重视高原淡水渔业的发展，不断加大对渔业的投入和支持力度。

2. 资源潜力

怒江和澜沧江穿境而过，特别是澜沧江库区电站的建成，形成84万亩水面，全市各类宜渔水域面积超过100万亩。同时，临沧鱼类品种资源丰富，其中长臀刀鲶、云纹鳗鲡、大刺鳅、巨魾、镇康四须鲃、宽额鳢等是国内较为优质的鱼类资源品种。

3. 产业内部潜力

一是渔业当年投资当年见效。工厂化养殖平均亩产可超过30 t，池塘精养亩产可超过1 t。按现行市场价格，工厂化流水养鱼亩收入可超过30万元，池塘精养鱼亩收入可超过1万元。二是近年来临沧市渔业部门加大渔业科技的研发与推广力度。大土著鱼繁育，新品种、新技术引进推广，大水面生态养殖，稻田综合种养，渔业生态保护等，三产融合后产值可提高3倍，同时能带动饲料、旅游、餐饮、运输等产业发展。三是渔业产业周期短、见效快、效益高，对农民增收的带动作用较大。四是市场潜力大。国内水产品消费是随着人民收入水平的提高和城镇化趋势的加快而稳步增长；渔业特色餐饮和方便食品市场需求的升温，扩大了水产品消费市场；集旅游、观光、休闲为一体的休闲渔业，延伸了水产业的发展空间，带动了水产二、三产业的发展，为渔业展示了广阔的发展前景。由此，投资商都看好渔业并进行开发和利用。发展休闲观光渔业，必将加快临沧渔业由传统养殖业向现代休闲渔业的转型。我国主要水产品出口省份的养殖资源已出现衰退的趋势，正在谋求到其他省份发展，对于我市这样一个具有发展渔业诸多有利条件的地方来说，正赶上发展的难得机遇。

（三）临沧淡水渔业发展目标

以习近平新时代中国特色社会主义思想为指导，深入贯彻落实党的十九大精神和“绿水青山就是金山银山”的发展理念，牢固树立“创新、协调、绿色、开放、共享”的五大发展理念，以及“生态立市、绿色崛起”的理念，围绕“构筑生态高地、成就大美临沧”，坚持建设“生态渔业、高效渔业、品牌渔业、观光渔业”的理念，实施科技兴渔、外向带动、可持续发展和依法治渔战略，加快形成健康养殖业、科学捕捞业、高效加工业、繁荣流通业和兴旺的休闲渔业。结合临沧经济发展和生态保护需要，在科学评价临沧水域滩涂资源禀赋和环境承载力的基础上，科学划定各类养殖功能区，合理布局水产养殖生产，深入推进农业供给侧结构性改革，转方式、调结构，推动渔业转型升级，维护渔业生态环境，控制养殖规模、密度，推广健康生态养殖模式，保护和改善养殖水域生态环境，创渔业名牌产品、无公害食品、绿色食品、有机食品和地理标志农产品等优质农产品，确保有效供给安全、环境生态安全和产品质量安全，保障渔民合法权益，实现提质增效、减量增收、绿色发展、富裕渔民的发展总目标。逐步推广数字渔业、智慧渔业，实现渔业现代化，助推乡村振兴，推动渔业经济可持续发展。

二、养殖技术

（一）虹鳟鱼养殖

虹鳟（*Oncorhynchus mykiss*）是鲑科、太平洋鲑属的一种鲑鱼。体长形，中等侧扁；体长为体高3.8～4.1倍，为头长3.6～3.7倍；体高为体宽1.9～2.3倍。鳞很小；头部无鳞；眼鳍基上缘有长腋鳞。背鳍、胸鳍与尾鳍有许多小黑点，其他鳍灰黑色，基部较淡。

虹鳟为冷温性山区河溪名贵食用鱼类。该鱼在鲑科中是能耐较高水温的一种。最喜15～18 ℃的水温，生活水温为7～20 ℃。要求水中溶氧量较高，10～11.5 mg/L时饮食旺，生长快；多栖息于冷而清澈的上游源头、小溪、小河、大河或湖泊等。虹鳟以陆生和水生昆虫、甲壳类、贝类、小鱼、鱼卵为食，也食水生植物的叶和种子，人工养殖条件下喜食全价饲料。

1.鱼苗和鱼种培育

(1)鱼苗培育。

①饲养条件。饲育槽和培育池:饲育槽构造参照SC/T1030.3—1999;培育池规格为长15 m、宽2 m,或长30 m、宽3 m。培育池应设置在上水流处,并联排列,水深控制在0.2 m。培育最适水温10～20 ℃,每1×10^5尾鱼苗注水量为1 L/s。鱼苗质量应为体质健壮的上浮稚鱼。

②放养。上浮稚鱼在饲育槽内的放养密度为10000尾/m^2,培育两周后移入培育池,放养密度为5000尾/m^2。

③投饲。采用全价配合饲料作为开口饲料,饲料粒径0.3～0.5 mm。当上浮稚鱼为槽内总鱼苗的半数时,开始投饲。

④日常管理。勤刷闸门,及时捡出死苗,定时清污,保持水流畅通和良好的池水环境。

(2)鱼种培育。

①饲养条件。培育池以长方形为宜,面积为60～160 m^2;水深控制在0.3～0.4 m。最适水温16～18 ℃,最高水温不得超过24 ℃。鱼种选择游泳活泼,体质健壮,无伤、无病、无畸形。同一池的鱼种规格要整齐。

②注水量和放养密度。注水量和放养密度按照SC/T1030.4—1999的规定。

③投饲。采用全价配合饲料,饲料粒径应与鱼种口径相适应。投饲应定时、定量。日投饲率及日投饲次数参照SC/T1030.4—1999的规定。

④日常管理。定期筛选,分级饲养。

2.商品鱼饲养

(1)池塘饲养条件。池塘以长方形为宜,长宽比为(8～10)∶1。每个池塘面积不宜超过200 m^2,水深0.6～0.8 m,池塘以并联排列为宜。适宜水温12～20 ℃,最适水温16～18 ℃,最高水温不得超过24 ℃。池水交换率应在2次/h以上,流速保持0.02～0.16 m/s。

(2)鱼种放养。放养鱼种的质量和规格按SC/T1030.5—1999执行,放养量应根据注水量、池水交换率和饲养水平而定。

(3)饲养管理。投喂应防止饱食或过量。日投饲率可参照SC/T1030.5—1999规定。水中溶解氧应保持在5 mg/L以上,氨氮控制在0.0075 mg/L以下。定时清污,保持池水环境卫生。

(二)大口黑鲈养殖

大口黑鲈(*Micropterus salmoides*)是太阳鱼科、黑鲈属鱼类,别名加州鲈鱼、黑鲈。一般成熟体长在25～35 cm之间,最长可达50 cm。大口黑鲈身体呈纺锤形,侧扁,背肉稍厚,横切面为椭圆形。主要栖息在水温较暖的湖泊与池塘浅水处,或水流缓慢的溪流。雄性会挖掘巢穴,并有护卫卵及幼鱼的行为。强烈的领域行为会攻击侵入的鱼类;生性凶猛,以鱼、虾、蟹及其他无脊椎动物为食。原产加拿大和美国,英国、法国、南非、巴西、中国等国家有引种繁殖。适温范围广,在水温2～36 ℃时都能生存,10 ℃以上开始摄食,最适生长温度为25～32 ℃。大口黑鲈是一种优质淡水鱼类,具有适应性强、生长快、易起捕、养殖周期短等优点,加之肉质鲜美细嫩、无肌间刺、外形美观,深受养殖者和消费者欢迎。

1.池塘条件

水质要求清新和溶氧充足。池塘水深2 m以上,灌排方便,最好进水渠道和排水渠道分开,不重复使用养殖水,以免二次污染。每1～2亩水面配备1台1.5 kW的叶轮增氧机或水车式增氧机,以保证养殖后期溶氧充足。池塘进水前最好经过暴晒或机械翻耕,或者冲洗走塘底的淤泥,并彻底消毒。

2.投苗前准备

为了提高鲈鱼苗的成活率、方便驯化投喂,鲈鱼苗最好经过中间培育阶段,以淘汰体弱的病苗,育成大小均匀、体质健壮的大规格鱼种。所以,在池塘进水前可先在池塘的一边以14目左右的聚乙烯网片和竹木杆围成2～3个100～667 m^{2}左右的小池塘,以方便投苗后的中间培育阶段的驯化、过筛分级培育等操作。

3.投苗

进好1 m深左右的0.3%～0.5%盐度的咸淡水,并作消毒、解毒等处理后,即可投苗。投苗时水温最好在18℃以上,最好是晴天上午或者中午时投放。一般投放的鱼苗规格都是体长2～3 cm左右,按照最近几年的鲈鱼苗成活率情况,投放密度以每亩15000～20000尾比较合适,这样可保证在收获时每亩可以出鱼4000～6000尾左右。

4.投饵驯化

开始以鲜鱼糜或水蚌为饵,在固定地点将鱼糜或水蚌均匀地投撒到池塘中,每天早晚两次训练鱼苗集中抢食,最好每次投喂时间不少于半个小时,日投喂量为鱼体重量的30%左右,以观察到鱼苗大致都能食到和食饱为好。具体标准是鱼苗抢食强度减弱后则停止投喂，以免暴食而引起肠胃疾病。几天后可拌喂鱼苗开口料（具体要看鱼苗的大小，一般鱼苗长到3 cm左右即可拌喂开口料），并慢慢减少鱼糜投喂量，到最后纯喂人工饵料。

5.过筛分级

大约15～20 d（具体看天气、水温、鱼的摄食生长），鱼苗大多已长至5 cm左右时，应及时过筛分池培育，以减少大鱼苗吞食小鱼苗、小鱼苗抢食不到而出现大小差异的现象。分池培育后，大小鱼苗投喂不同规格的料，尽量让小鱼苗吃饱、吃好，让小鱼苗能尽量赶上大鱼苗。待鱼苗大多数生长到10 cm上，并且已经驯化到习惯集中抢食后，可拆去围网，放入大塘养殖。

6.配套杂鱼的投放

由于鲈鱼养殖高密度、投饵多，而鲈鱼又很少寻食塘底的剩饵，所以鲈鱼塘应要配套养殖些鲫鱼、黄颡鱼等底层鱼类，每亩可以投放20尾1斤以上规格的鲫鱼100～200尾（尽量投放大规格的鱼苗，以防被鲈鱼吞食），而大头鳙鱼则可每亩投放20～30尾，以调控水质。

7.日常投饵管理

鲈鱼有暴食的习性，所以必须适当控制投饵量，以降低成本、减少肠胃病的发生和避免水质污染。投饵要做到定时定点定量，一般日喂2餐，分别在早上太阳出来之前和傍晚太阳下山之后投喂，以避免光线强烈影响鲈鱼摄食。日投喂量在前期可以达到鱼体重量的5%～8%，后期则减少到鱼体重量的1%～3%。要坚持驯食习惯，最好在塘中搭一饵桥，在饵桥上投喂，这样有利于观察鱼群的进食和健康状况，方便确定投喂量。在鲈鱼不同的生长阶段，可投喂不同型号的饲料，以保证鲈鱼摄食的适口性和摄食速度、营养吸收等。

日常管理：养殖期间必须勤换水，特别是在中后期，每周的换水量要超过30%；另外，要勤开增氧机，尤其是在高温天气和养殖后期，要保持塘水的溶氧量在5mg/L以上。常施放生物制剂，以分解塘底的残饵、排泄物等消耗水中溶氧的物质，减低水中的氨氮和亚硝酸盐含量，保持良好水质，减少病害的发生。

（三）罗非鱼养殖

罗非鱼（*Oreochromis mossambicus*）原产非洲，属热带性鱼类，罗非鱼属包括的亚种共有100多种。罗非鱼具有生成快、产量高、食性杂、疾病少、繁殖力强等特点。适宜的温度范围为16～38 ℃,最适生长水温为24～32 ℃,在30 ℃时生长最快。致死温度上限为42 ℃,下限为10 ℃。罗非鱼是我国主要的养殖水产品。其肉质鲜美,少刺,蛋白质含量高,富含人体所需的8种必需氨基酸,其中谷氨酸和甘氨酸含量特别高。罗非鱼因以上特点而深受人们喜爱,素有"白肉三文鱼""21世纪之鱼"之称。目前,罗非鱼的养殖主要集中在广东、广西、海南等温度较高的地区,云南主要集中在滇南、滇西南地区,以池塘精养为主。

1.池塘选址

池塘养殖场所宜选在避风向阳、水源充足、水质清新、无污染、安静且交通便利的地方,池塘面积3～5亩,水深为1.5～2 m,池塘底泥厚度为20～30 cm。每个池塘配备1台1.5 kW的叶轮式增氧机。

2.清塘施肥

在鱼种放养前要清塘消毒。一般在4月上中旬每亩用生石灰75～100 kg清塘,7 d后加水至1 m深,然后每亩施腐熟粪肥300～400 kg,可放入少量绿萍或红萍。

3.鱼种放养

每年春季当水温回升稳定在15 ℃以上时,开始放养冬苗。池塘主养鱼一般每亩放养鱼种1500～3000尾,同时混养鲢鱼、鳙鱼种各40～70尾,以控制水质;与其他鱼混养时每亩可放养200～500尾。

4.饵料投喂

罗非鱼进入养殖水体2～3 d后便可开始投喂。罗非鱼的食性很广,在人工饲养的条件下,可以投喂各种饲料,小麦、玉米、饼粕等。饲料中蛋白质含量开始应为32%～35%,每天投饲量为鱼体总重量的3%～5%。当个体规格长至200 g左右时,投饲量可调至鱼体总重的2%,并保证饲料中蛋白质含量在27%～29%。当其个体达到300 g左右时,罗非鱼进入生长最快的时期,日投饲量保持在鱼体重的1%～2%,饲料中蛋白质含量在35%以上。每天投喂2次,时间分别在8:00～9:00和15:00～16:00。

5.日常管理要注意日夜巡塘

(1)每天早中晚测量水温气温,每周对池塘水进行1次pH、2次透明度的检测。清晨、夜晚各巡塘1次。

(2)鱼种下塘后,要保持池水呈茶褐色,透明度为25～30 cm。一般每周施肥1次,每次每亩施畜粪肥150～200 kg。在天气晴朗、水体透明度大于30 cm时可适当增加施肥量；水质过肥时，应减少或停止施肥，并注入新水。在高温季节，一般每周换水1～2次，每次换去池水的20%～30%。

(3)坚持健康养殖，按规程操作，预防鱼病。苗种下池前用5%的食盐水或0.1 mg/L的高锰酸钾溶液浸洗鱼体10～15 min。每隔10～15 d，每亩用15～20 kg的生石灰化水全池泼洒，调节池水pH值呈微碱性，用生物制剂改善池塘微生物结构，改良水质。当溶氧低，鱼有轻度浮头时开增氧机。

(四)鲤鱼养殖

鲤鱼(*Cyprinus carpio*)别名鲤拐子、鲤子、毛子、红鱼，是鲤科(Cyprinidae)中粗强的褐色鱼，杂食性。上腭两侧各有二须，鳞大，鳞有十字纹理，所以取名鲤，死后鳞不反白。有从头至尾的胁鳞一道，不论鱼的大小都有三十六鳞，每鳞上有小黑点。原产亚洲，后引入欧洲、北美以及其他地区。单独或成小群地生活于平静且水草丛生的池塘、湖泊、河流中，在水域不大的地方有洄游的习性。其适应性强，耐寒、耐碱、耐缺氧。在流水或静水中均能产卵，产卵场所多在水草丛中，卵附于水草上发育。鲤鱼是淡水鱼类中品种最多、分布最广、养殖历史最悠久、产量最高的鱼类之一。鲤鱼生长很快，大约第三年达到性成熟，在饲养条件下，可以活40年以上。鲤鱼经人工培育的品种很多，如红鲤、团鲤、草鲤、锦鲤、火鲤、芙蓉鲤、荷包鲤等。品种不同，其体态颜色各异，深受大家的喜爱。

1.产地要求及水质条件

养殖地要求为生态环境良好，无污染或不直接受工业三废及农业、城镇生活、医疗废弃物的水(地)域。养殖地区域内及上风向、灌溉水源上游没有对产地环境构成威胁的(包括工业三废、农业废弃物、医疗机构污水及废弃物、城市垃圾和生活污水等)污染源，基地环境经检测达到无公害农产品产地认证要求。水源无污染，稳定充足，进排水方便，严禁各类污染物进入养殖水体，池水透明度不低于20 cm，池水深度保持在1.5～2.5 m之间，夏秋季节池水深度应保持在2.0 m左右，生产管理人员定期对池塘水质进行监测或由相关部门检测，需符合无公害鲤鱼养殖标准。

2.池塘条件

鱼苗培育池面积1～3亩，水深0.7～1.2 m，鱼种培育池面积2～5亩，水深1.0～1.5 m，成鱼池面积5亩以上，水深1.5～2.5 m。池底平坦，池底图壤土、黏土或沙壤土，水源充足，水质清洁，无污染，进排水系统独立。

3. 鱼种来源

（1）从鲤鱼良种场直接引进鱼种，外购鱼种要经检疫合格。外观：体型正常，鳍条、鳞被完整，体表光滑，体质健壮，游动活泼。可数指标：畸形率和损伤率小于1%，规格整齐。

（2）鱼种消毒。放养前对鱼种进行消毒，常用消毒方法有：①1% 食盐加 1% 小苏打水溶液或3% 食盐水溶液，浸浴鱼种 5 ~ 8 min；②20 ~ 30 mg/L 聚维酮碘(含有效碘 1%)，浸浴鱼种 10 ~ 20 min；③5 ~ 10 mg/L 高锰酸钾，浸浴鱼种 5 ~ 10 min。三种方法可任选一种使用，同时剔除病鱼、伤残鱼。操作时水温温差控制在 3 ℃以内。

（3）鱼种放养。

①放养时间：通常在春节前后放养鱼种，放养时应选择于晴天进行，以免冻伤鱼种。

②放养模式：池塘培育的鱼种放养采用主养吃食性鱼类和服务性鱼类按 80∶20 模式搭配进行养殖，放养模式见表21。

表21　池塘主养鲤鱼放养规格及密度

品种	规模/(g/尾)	密度/(尾/亩)
鲤鱼鱼种培育	2 ~ 3	3000 ~ 5000
鲤鱼成鱼养殖	100 ~ 200	800 ~ 1000
草鱼	100 ~ 200	30 ~ 40
鲢鱼	60 ~ 100	180 ~ 200
鳙鱼	60 ~ 80	50 ~ 80

4. 日常管理

每天巡塘不少于2次。清晨观察水色和鱼的动态，发现鱼严重浮头或发生鱼病应及时处理；每隔 15 d左右加水一次，每次池水加注 10 ~ 15 cm，并做好日常管理工作记录。

5. 饲料与投饲

（1）饲料：投喂小麦、玉米、配合饲料等应符合质量安全标准。

（2）日投饲量：投饲量的多少应根据季节、天气、水质和鱼的摄食强度进行调整。鱼种的日投饲量一般为鱼体重的3% ~ 6%，成鱼的日投饲量一般为鱼体重的1% ~ 3%。

（3）日投饲次数：池塘饲养日投饲3次，每次投饲持续时间 20 ~ 40 min。

（五）黄壳鱼（土著鱼）养殖

黄壳鱼是地方名，学名为保山四须鲃（*Barbodes wynaadensis*），鲤科、鲃亚科、新光唇鱼属。体形为梭形，似鲮鱼体形，口齿下位、吻圆钝、吻端光滑，眼睛下前方有时有白色疣粒，排列不规则，稀密不均；须2对，较发达；尾鳍叉形，上叶稍长。成鱼体形较大，生活时体色为青蓝色，腹部为白色，鳞片较大，侧线鳞为黄色，水中观察为一黄色纵带，故得名黄壳鱼。仅分布于云南省怒江水系，分布范围相对狭窄，种群数量相对有限，已列入云南省水生野生动物保护名录。具有较高的观赏、药用和经济价值，养殖前景广阔。临沧市成功于2012年人工繁殖黄壳鱼。

1.水质条件

黄壳鱼生长的水域要求常年水温一般在11～32 ℃之间，最适水温18～28 ℃，pH7.2～7.5；溶氧量为5 mg/L以上。

2.池塘条件

水源充足，东西向，进排水系统独立，面积3～5亩为宜，水深1.5～2 m。

3.放养密度

每亩放3～4 cm/尾的鱼苗4000尾，50～70 g/尾的鱼种每亩放2000尾。

4.投喂管理

投喂认真遵循“四定”原则，投喂全价配合饲料，投喂量为鱼体总重的5%～7%，饲料蛋白含量为32%。投喂过程中采用敲打声，让　产生条件反射，经过5～10 d的驯化养殖，将鱼吸引到投喂点摄食，每天投喂3次。

5.日常管理

早中晚各巡查一次，时间分别为07:0　　鱼摄食、活动以及水质变化情况和池塘防逃设施，观察池水　　保持在35～45 cm。发现病鱼及时治疗，发现死鱼及时清除，一旦发现异　　，于中午和清晨分别开启增氧机。

（六）山瑞鳖养殖

山瑞鳖（*Palea steindachneri*）又称山瑞，是国家二级保护动物，隶属爬行纲、龟鳖目、鳖科，主要分布于我国广西、广东、贵州和云南等省的海拔大约在1300 m以下的山区溪河、池塘局部水域。国外见于越南北部、老挝和缅甸等国家的部分地区。适宜生长水温为20～32 ℃，最佳生长水温为25～32 ℃，水温在12 ℃以下时开始冬眠，冬眠期间只要水温上升到18℃时又出来活动和觅食。其肉香味美，营养价值很高，是高级冬季补品，也是名贵的中药材。

1.场地选择

养殖场地应选择建在环境安静、水源充足无污染、有独立排灌系统、交通方便的地方。

2.鳖池要求

鳖池的设计和建造应符合山瑞鳖的生态习性、养殖规模和人工操作的要求，鳖池背风向阳。鳖池面积以1～3亩为宜，池深1.5～2 m，壤土底质，厚20～30 cm，塘埂坚实，坡比1∶2.5。

3.防逃设施

鳖池四周用砖或石块砌成防逃墙，墙高不低于40 cm，墙基埋入土中30 cm，墙顶端伸出15 cm的檐，墙内壁要光滑，防止鳖攀爬逃逸。墙体也可用水泥板或塑料板代替。

4.休息场、摄食场

休息场可建在池中央或池北向阳一侧，面积一般为鳖池面积的10%～20%，休息场上设几处饵料台，以便定点投饵。

5.晒台

可用三种形式设置：(1)在鳖池向阳面的池坡用砖块或水泥板使池边硬化，做成与池边等长、宽约1 m的长条形斜坡；(2)用长2 m的竹板或聚乙烯板斜置于池边水面；(3)用木材或竹材做成棚式拱形晒台，固定于水面。

6.鳖池清塘

两种清塘方法：(1)生石灰干池清塘。放干池水，清淤，暴晒3～5 d，用生石灰150 g/m^2，以少量水化成浆全池泼洒。隔日注水至1.5～2 m，10 d后即可放养(亲)鳖。(2)带水清塘。生石灰清塘，水深1 m，用生石灰200 g/m^2，在池边溶化成石灰浆，均匀泼洒，10 d后即可放鳖。养殖用水符合需要GB11607—1989的要求。

7.放养密度

体重100 g的鳖，每平方米放养5只左右；体重约200 g的每平方米放养2～4只；体重在300 g左右的每平方米放养1～2只。

8.饲养管理

（1）饲料投喂。亲山瑞鳖应投喂蛋白质含量45%以上人工配合的饲料。冬眠期过后，当池水温度上升到18℃左右时，就要投喂少量的饵料，每2～3 d投喂一次；温度达到28～30 ℃时，每天早晚各投喂一次；一般每次投饵量为亲山瑞鳖体重的5%～10%。

（2）日常管理。鳖池应定期灌注新水，及时清污，保持水质清新，透明度35～40 cm较适宜。每天早、中、晚巡塘检查，做好生产记录。

（3）捕捞。鳖体重达500 g开始起捕上市。采用拉网捕捞和排干池水后人工摸抓两种方式捕捞。

三、常见鱼病防治技术

养殖过程中一旦发生鱼病，轻则会影响鱼类摄食，患病的鱼即使摄食，对饲料的消化吸收率也低，造成饲料极大浪费；重则死亡，严重时造成较大经济损失。因此，在养殖过程中，做好鱼病防治工作显得尤为重要。

（一）鱼病的诊断

1.现场调查

鱼生病或发生了死亡现象时，首先观察病鱼的体表、体内和鱼池各种异常现象；有无违章操作造成鱼病或死亡；了解发病的快慢，死亡的品种和一次死亡的总数量，死亡发生的时间，病鱼的症状，有无上跳、下蹿、急剧狂游，鱼群是浮于水面或是沉于水底，体表的颜色有何变化；检测水质是否正常，是否被污染等。

2.目检

找出患病部位的各种特征或一些肉眼可见的病原生物，为诊断鱼病提供依据。

（1）体表。将刚死或未死的病鱼置于解剖盘上，对鱼体的头部、嘴、眼睛、鳃盖及鳍条、肛门等部位进行仔细观察，检查以上部位有无充血、发炎、溃烂、霉菌、寄生虫等症状。

（2）鳃部。检查重点是鳃丝，首先应注意鳃盖是否张开；然后打开鳃盖，观察鳃片的颜色是否正常，黏液是否较多，鳃丝是否肿大和溃烂；鳃盖内侧是否开天窗，有无肉眼可见的寄生虫等。

(3)内脏。将病鱼的体腔剪开,首先观察肠、肝脏、胆囊、生殖腺、脾脏、鳔等器官的形状和颜色是否正常,有无充血发炎现象,是否有大型寄生虫等。内脏的检查:中肠是检查的重点,应将病鱼的肠剥离开,观察肠是否充血,有无腹水,体腔内有无大型寄生虫,有无充血发炎和溃烂现象。

3.镜检

(1)镜检方法:刮取病鱼的鳃部黏液、体表黏液和内部器官制片,在显微镜下观察病原体情况。(2)查清病原后,要对各种病原体的感染强度和对鱼的危害程度以及病鱼的表现症状进行对比分析,找出主次以便采取有效的防治措施。

(二)常用给药方法及注意事项

1.浸洗法

在一定容积的容器内,配制合适浓度的药物,用较短的时间对鱼体进行浸洗,从而达到杀灭病原体的目的;浸洗时间的长短,主要根据水温的高低和鱼体耐药程度的强弱而定。通常水温高时,药效快,毒性强,浸洗时间要短;病鱼体质较弱时,浸洗时间要短;使用毒副作用较大的药物浸洗时不能随意延长浸洗时间。一般在药物安全范围内,浸洗时间越长,治疗效果越好。

浸洗治疗时,操作人员要随时观察鱼体的活动情况和对药物的反应,避免造成鱼体中毒和容器内缺氧等不良后果。并严格做到浸泡时间一致,避免因浸泡时间的差异而影响药效或造成药害。

2.泼洒法

将对鱼体安全又有明显疗效的药物溶水稀释后,均匀地洒在养殖水体中,以杀灭鱼体和水体中的病原体。为了保证疗效,应准确测量池水量从而保证使用正确的浓度。一般选择在晴天上午进行。

3.内服法

将治疗药物加黏合剂拌和在饲料中投喂,现拌现喂;将药物拌入饲料后加黏合剂加工成药物颗粒饲料投喂,用于常规预防和辅助治疗。

4.挂袋法

主要用于大面积水体的用药,将药物装袋挂于鱼类经常活动的食场周围,形成局部的药物高浓度区域,对鱼体进行消毒和治疗。主要药物为漂白粉、硫酸铜、生石灰等。

5.用药注意

不用金属容器溶解药物，计算好水体体积，不同作用的药品不得同时使用，药品现用现配，放置时间过长易降低或失去药效，药品应充分溶解，若溶解不充分，残留药渣被鱼食用会造成浓度过高而中毒。溶解药品的水温要适宜，选择在晴天上午泼洒药物，阴天尽量不用药，泼洒药物要顺风，逆风泼洒对人体易造成伤害，含氯制剂会造成人呼吸困难。

（三）淡水鱼常见病防控策略

1.做好消毒工作

（1）对鱼塘进行消毒。治理鱼塘的内外环境，及时将鱼塘内的淤泥，鱼类生长过程中排出的粪便，鱼塘周围的树枝、杂草以及垃圾等污染物清理干净。投放鱼苗前对鱼塘进行消毒处理，养殖户可以选用的消毒药剂有漂白粉、强氯精以及生石灰等物质，通常施用剂量为每亩鱼塘使用漂白粉 10～15 kg、强氯精 2～4 kg、生石灰 100～150 kg。养殖户需在鱼塘消毒 10～15 d后投放鱼苗。此外，养殖户在将鱼苗投入池塘之前，还需检查池塘内的水质是否合格，是否有消毒药剂残留，以免池塘内的消毒药剂还未完全消散就将鱼苗投放到池塘内，造成不必要的经济损失。

（2）对鱼苗进行消毒。为有效切断病原传播途径，降低鱼类病原的传染率，需在投放鱼苗之前进行适当的消毒处理。实际消毒操作方法是在 15 ℃的水中加入硫酸铜或者 10 mg/L 的高锰酸钾溶液，将鱼类放于溶液中泡洗，时间为 10～15 min。养殖户也可使用 3%～4% 的食盐水溶液泡洗育苗，时间为 10～15 min，杀死淡水鱼鱼鳃部位以及鱼体表面附着的寄生虫和病原微生物。

（3）对食物投放台进行消毒。鱼塘食台长时间投放饵料极易存留部分腐烂变质的饵料，鱼类吞食此饵料极易死亡。而且，腐败的饵料还为病原微生物的繁殖提供了条件。因此，对池塘的食台进行消毒具有重要意义。养殖户可以使用硫酸铜或者漂白粉进行消毒，在 100 g 的硫酸铜或者漂白粉中加入 40 g 的硫酸亚铁物质，将药品装袋连续悬挂 3 d，每个食台悬挂四个“消毒设备”即可。

（4）工具消毒。所有工具用完后放入工具消毒槽中消毒，消毒液用 600 mg/L 的漂白粉溶液，使用前用清水将工具冲洗干净。

2.调节好水质

夏季，鱼塘应及时加注新水。一般每月注水2～3次，每次10～15 cm。如果水量不足，应在保证水色和透明度的前提下，适当减少投饵量和施肥量。调节池水的酸碱度使pH保持在7.5～8.5之间。一般情况下，要每隔10～20 d施一次生石灰，每亩水面用量15～20 kg，化成石灰乳后全池泼洒以改良水质，沉淀水中的有机质，降低池水中有机质分解时的耗氧量，促进浮游植物生长。

3.科学管理

投喂适量，注意饲料的品质。在饲料中长期添加以乳酸杆菌、枯草芽孢杆菌、酵母菌为主的微生物添加剂，可改善鱼体肠道环境；根据养殖鱼类的生态位，适时使用以枯草芽孢杆菌为主的改底微生态制剂改良底质；水质改良可用光合细菌、粪肠球菌等微生态制剂；避免操作和运输不慎造成鱼体外伤并感染病原，如果鱼体有外伤及时治疗；不要在鱼池附近喷洒杀虫剂和其他有毒物质，避免伤及鱼体；放养密度要适当；经常巡池，仔细观察鱼体的表现，掌握鱼池的变化情况，及时采取措施保证鱼类正常生长。

4.严格检疫制度

经常对鱼体进行抽样检查，了解和控制病原体的数量，发现鱼病特别是传染性疾病，及时隔离观察和治疗，防止疾病扩散；新进的鱼种要确认鱼体健康后才能与原池鱼类混养。

5.定期药物防病

（1）池水消毒。每隔半月用漂白粉对池水进行一次泼洒消毒，浓度为池水的百万分之一，用以预防鱼类细菌性鱼病。

（2）食场消毒。每月用漂白粉进行食场消毒，每个投饵点用量250 g，时间为每天14:00～15:00，投喂前要先将漂白粉溶解后泼洒食场周围，然后喂鱼，一般每月连用3～4 d，每天一次。

（3）挂袋防治寄生虫。进入七月后，要每10 d在食场挂袋一次，利用鱼类到食场吃食的机会来接触挂袋中溶出的药物，以达到杀灭鱼体寄生虫的目的。每次连用3～4 d，每天下午换药一次。药物可用硫酸铜、硫酸亚铁等，用量为每天100 g和40 g。敌百虫每天用量为100 g，一般每个食场挂袋4～6袋。不同药物交替使用。

6.严格按照规范操作

养殖户在捕捞商品鱼时，需严格按照捕捞规范操作，特别是淡水鱼养殖面积较大且池塘面积较大时，更应严格按照科学的方法进行鱼类捕捞。养殖户捕捞淡水商品鱼时，需遵守宁少勿多的原则，并考虑实际销售量以及需求量，以免导致捕捞量大于销售量，造成未销售的鱼类放回到池塘而受到损害。由于鱼类体积较小，而捕捞的数量较多，很容易在捕捞过程中对鱼类造成机械损伤，甚至部分鱼类会由于后期的运输而死亡，给养殖户带来巨大的经济损失。

7. 根据疾病种类采用相关的治疗措施

在实际渔业病害防治过程中，需要遵循“预防为主、防治结合”的原则，尽量减少鱼类染病造成的损失。

（四）常见疾病及防治方法

1.草鱼病毒性出血病

（1）病原。草鱼病毒性出血病的病原为草鱼出血病病毒（草鱼呼肠孤病毒），为对称球形颗粒，对热（56 ℃，1 h）稳定，对酸稳定。

（2）症状与流行。病鱼体色发黑、变红，体表及内脏各器官都有不同程度的充血、出血，严重时全身肌肉呈鲜红色，病鱼严重贫血，鳃常呈白鳃。该病是草鱼鱼种阶段常发的疾病，除草鱼种外，一足龄的青鱼及二龄以上的草鱼有时也易患此病，流行季节为每年6～9月份，适宜水温25～33 ℃，但当各种致病因素（水质超标等）同时存在时，几乎在任何温度下均可发生。死亡率一般在30%～50%，高的可达60%～80%，危害极为严重。

（3）预防。彻底清塘，有条件的可在鱼种下塘前用灭活疫苗浸浴（将夏花鱼种放入尼龙袋充氧浸浴3h）或注射。①浸浴法：夏花鱼种先在2%的盐水中浸浴3 min，然后在5%的疫苗液中浸浴10 min；②注射法：以疫苗浓度为1%计算，注射剂量为6～7 cm鱼种，每尾注射0.2 mL，18～20 cm鱼种，每尾注射0.5 mL，采取腹腔或背鳍基部注射。以上方法产生的免疫力可保持14个月。

（4）治疗。①三黄粉(民间验方)：每100 kg鱼重，每天用0.5 kg三黄粉(大黄50%、黄芩20%、黄柏30%)，加0.5 kg食盐，拌入2 kg面粉，再拌入适量饲料内投喂，每天1次，连喂7 d。②喜旱莲子草(水花生)等(民间验方)：每50 kg鱼重用水花生5 kg、大黄粉0.5 kg、韭菜1 kg、大蒜0.25 kg、食盐0.25 kg，将水花生、韭菜、大蒜捣烂拌食盐、大黄粉，加入面粉、麦麸或浮萍等5~10 kg制成药饲投喂，连喂7~10 d。③敌菌灵全池泼洒，使池水浓度达到0.00006%。此药可单用，也可与上述内服药联用。

2.细菌性败血症(爆发性出血病)

(1)病原。细菌性败血症的病原嗜水气单胞菌,革兰氏阴性菌,单个或成对排列,菌体大多呈杆状,极端单鞭毛,有动力。该病原体能产生毒性很强的外毒素,具有溶血性、肠毒性及细胞毒性。也有学者在不同发病季节分离到温和气单胞菌及鲁克氏耶尔森氏菌等病原体。

(2)症状与流行。病鱼口腔、头部、眼眶、鳃盖表皮和鳍条基部充血,鱼体两侧肌肉轻度充血,鳃丝苍白等。随着病情的发展,体表各部位充血症状加剧,眼球突出,腹部膨大,肛门红肿。解剖病鱼,可见鳃灰白,有时呈紫色,严重时鳃丝末端腐烂。腹腔内有黄色或红色腹水,肝、脾、肾肿大,肠壁充血,肠管内无食物。

流行季节为4~11月份,南方各省可提早到2月底发病。主要危害鲫、鲢、鳙等鱼类,可波及到鲤鱼、草鱼等,患病鱼均为1龄以上鱼种和2龄鱼,发病率为60%~100%,死亡率为20%~80%。该病在水温9~36 ℃均可发生,以水温持续在28 ℃以上及高温季节后水温仍保持在25 ℃以上时发病严重。

(3)预防。用生石灰彻底清塘消毒,每半月一次。应清除池底过深的淤泥,以改善生态环境。定期使用氧化性底质改良剂,改善底质环境,抑制有害菌的繁殖;防止水体老化,定期使用肥水调水产品,如氨基酸肥水宝、氨基酸NEM等;高温季节严格控制投饵量,避免鱼摄食过饱和由于残饵、粪便过多引起水质底质的恶化。

(4)治疗。①全池泼洒杀菌药物,漂白粉0.0001%~0.00015%隔天1次,连用2~3次,改善水体环境。②每千克鱼用诺氟沙星30 mg制成药饵投喂,每天一次,连用3~5 d。③每千克鱼用氟苯尼考5~15 mg制成药饵投喂,每天一次,连用3~5 d。

3.细菌性肠炎病

(1)病原。细菌性肠炎病的病原是肠型点状气单胞菌,革兰氏阴性短杆菌,两端钝圆,多数两个相连。极端单鞭毛,有运动能力,无芽孢。在pH6~12环境中均能生长,生长适宜温度为25 ℃,在60 ℃中30 min则死亡。

(2)症状与流行。病鱼体色发黑,头部尤其乌黑,离群独游,反应迟钝。病情严重时腹部膨大,两侧常有红斑,明显蛀鳍。肠壁充血、发炎,肛门红肿,轻按有黄色黏液或深红脓状液流出。剖开鱼腹,早期可见肠壁充血发红、肿胀发炎,肠腔内没有食物或只在肠后端有少量食物,肠内有较多黄色或黄红色黏液,发病后期,可见全肠充血发炎,病情严重的腹腔内常有淡黄色腹水,腹腔上有红斑。

(3)预防。彻底清塘消毒,保持水质清洁。严格执行“四消四定”措施,不投喂变质饲料,严禁暴食。

(4)治疗。①全池泼洒杀菌药物,如百毒净、水菌清、漂白粉等,连用1~2次。②每千克鱼每天用捣烂的大蒜5 g或大蒜素0.02 g、食盐0.5 g,拌饲料每天分上下午两次投喂,连喂3 d;③每千克鱼每天用氟苯尼考10~30 mg拌饲投喂,每天分上下午两次投喂,连用3~5 d。

4.细菌性烂鳃病

(1)病原。细菌性烂鳃病的病原是黏球菌属的鱼害黏球菌(原叫柱状屈桡杆菌),革兰氏阴性菌,菌体细长,柔软易弯曲,无鞭毛。菌落黄色,大小不一,扩散型,中央较厚,显色较深,向四周扩散成颜色较浅的假根状。该菌在pH6以下和pH8.5以上不生长,生长最适温度为28℃,好气但在无氧条件下也能很慢生长。

(2)症状与流行。病鱼体色发黑,尤以头部为甚,因此群众称此病为乌头瘟。病鱼行动缓慢,呼吸困难,鳃上黏液增多,鳃丝肿胀,严重时鳃丝末端缺损,软骨外露,鳃盖有透明的斑块或穿孔,即“开天窗”。鳃丝腐烂,特别是鳃丝末端黏液很多,带有污泥和杂物碎屑,有时鳃瓣上可见血斑点。发病的原因是鱼鳃受伤继发感染,主要危害草鱼、青鱼、鲤鱼、鲫鱼、鳜鱼和鳗鱼等。一般流行于4~10月,尤以夏季流行为多。

(3)预防。彻底清塘消毒,鱼种下塘前用10 mg/L漂白粉溶液或15~20 mg/L高锰酸钾溶液药浴半个小时,或用2~4%食盐溶液药浴5~10 min。发病季节,每月全池泼洒生石灰1次,使池水pH保持在8左右。

(4)治疗。①漂白粉溶液(含有效氯60%)全池泼洒,使池水成0.00004%~0.00005%,连用3 d。②每千克鱼每天用氟哌酸10~30 mg拌饲投喂,连用3~5 d。③投喂鱼福康+21金维他+护肝宝+三病绝杀,连续用5~7 d。④每千克鱼每天用磺胺-2,6-甲嘧啶100~200 mg拌饲投喂,连用5~7 d。⑤改善水体环境,主要是在消毒3 d后泼洒氨基酸NEM、光合细菌等调节水质。

5.赤皮病

(1)病原:赤皮病的病原为荧光假单胞菌,革兰氏阴性菌。菌体短杆状,两端圆形,单个或成对排列,极端1~3根鞭毛,有动力,无芽孢。好气,适温为25~35 ℃,55 ℃时30 min死亡。

(2)症状与流行:病鱼体表充血发炎,以腹部两侧最为明显;鳞片脱落,尤其是体侧和腹部鳍梢腐烂呈蛀鳍状，常和烂鳃、肠炎病并发；此病也是在鱼体受伤，体质虚弱时继发感染所致；常年发生，以4～8月发病较多。

（3）预防：避免机械损伤，定期消毒。

（4）防治：同烂鳃病。

6.竖鳞病（松球病、鳞立病）

（1）病原：竖鳞病的病原为水型点状极毛杆菌，革兰氏阴性菌。菌体短杆状，似圆形，单个生长，有动力，无芽孢。

（2）症状与流行：发病早期，病鱼离群独游，体表粗糙，鱼体前部鳞片脱落，鳞囊内积有半透明液体；严重时全身鳞片竖立，鳞囊内积有含血的渗出液，有时伴有体表充血，鳍基充血；鳍膜面有半透明液体，病鱼贫血。该病主要危害鲤鱼、鲫鱼、金鱼、罗非鱼等，从较大的鱼种到成鱼均可受害，多在越冬后期和春季发生。病鱼呼吸困难，身体失去平衡，持续2～3 d即死亡，死亡率在50%以上。

（3）预防：进行综合预防，严防鱼体受伤，每年11月初入冬前，把池塘水提高到最高水位，用生石灰、漂白粉等消毒，保持池水清洁，避免垂钓、拉网等生产行为。

（4）治疗：①全池泼洒杀菌药物，如菌毒双杀、霉菌净或水菌清，或漂白粉溶液0.0001%～0.00015%，连用3 d。②2%食盐水浸浴10～15 min。③每千克鱼每天用氟哌酸10～30 mg拌饲投喂，连用3～5 d。④用恩诺沙星+21金维他+护肝宝+三病绝杀，连续用5～7 d，防治效果很好。

7.打印病

（1）病原：打印病病原为点状气单胞菌点状亚种，革兰氏阴性菌，兼性需氧菌。菌体短杆状，两端圆形，多数两个相连，极端单鞭毛，有动力。该菌生长适温为28 ℃，pH3～11均能生长。

（2）症状与流行：病灶主要出现在背鳍和腹鳍以后的躯干部分及腹部两侧，患病部位出现近圆形红斑；随后病灶中间的鳞片脱落、坏死，露出白色真皮，严重时烂及肌肉甚至于露出骨骼、内脏。该病主要是由于鱼体受伤后感染发炎所致，危害鲢鱼、鳙鱼、加州鲈鱼、胭脂鱼等淡水鱼，感染率80%以上，严重影响鱼种、成鱼的生长及亲鱼的性腺和产卵。此病在我国各地都有发生，特别是华中和华北地区比较流行，有些地区的河道中也有发生，一年四季都有，无明显流行季节，但夏秋两季较易发生。

（3）防治：同烂鳃病。

8.鲤科鱼类疖疮病

（1）病原：鲤科鱼类疖疮病的病原菌为疖疮型嗜水气单胞菌，革兰氏阴性，兼性厌氧。菌体短杆状，两端圆形，单个或两个相连，极端单鞭毛，有荚膜，无芽孢，染色均匀。该菌生长适温为25～30 ℃。

（2）症状与流行：通常在背部一处或数处形成隆起，隆起处的鳞片覆盖完好，但该处的皮肤有些充血，用手轻按隆起处，肌肉失去弹性、软化；用刀切开患处，可见肌肉溶解，呈浑浊、灰黄色凝乳状。有的鳍基充血，轻度或严重蛀鳍。病情严重的鱼，肠道充血、发炎。主要流行于过度密养、水质恶化、鱼体受伤的鱼池。

（3）防治：同烂鳃病。

9.鲤白云病

（1）病原：鲤白云病的病原为恶臭假单孢菌及荧光假单孢菌，革兰氏阴性短杆菌。单个或成对相连，极生多鞭毛，无芽孢，专性需氧。该菌在pH6以下不生长，水温20 ℃以上不生长。

（2）症状与流行：患病初期，病鱼体表有点状白色黏液附着并逐渐蔓延扩大，形成一层白色米浆状的膜，在头部、背鳍、尾鳍较明显。严重时鳞片基部充血，鳞片竖起、脱落，体表及鳍条充血，肝、肾充血，鱼不摄食，游动缓慢，不久死亡。该病流行于水温6～18 ℃，有流水、水质清瘦、溶氧量充足的网箱养鲤池及流水越冬池中，鱼体受伤后更易暴发流行，只感染鲤鱼。水温20 ℃以上时该病可不治而愈。

（3）预防：①用霉菌净或百毒杀全池遍洒，连续1～2 d。②加强投喂，增强鱼体抗病能力。③改善水体环境，主要是在消毒3 d后泼洒氨基酸NEM、光合细菌等调节水质。

（4）每千克鱼每天用氟苯尼考10～20 mg，或磺胺类药物50～100 mg，拌饲投喂，连用5 d（一疗程）。

10.水霉病

（1）病原：最常见的是水霉属和绵霉属。水霉通常是细长的丝状体，其一端着生在鱼卵或鱼体受损的组织和皮肤上，大部分突出体表，有时可长达3 cm，灰白色，柔软，类似棉纤维。其繁殖分为无性繁殖和有性繁殖。

（2）症状与流行：发病初期，肉眼看不出异状；严重时，在病鱼体表或卵表面覆盖一层灰白色棉毛状物，又称白毛病。此病对水产动物没有选择性，凡是受伤的水产动物均可被感染，水温18℃以下易感染，早春、晚冬最为流行。但要注意与固着类纤毛虫病的区别，最好用显微镜检查。

（3）预防：①避免鱼体受伤，若鱼受伤以百毒净、强氯精等按说明全池泼洒或0.0001%～0.0002%的漂白粉泼洒进行防治。②入冬前，把池塘水提高到最高水位，用生石灰、漂白粉等消毒，避免生产行为。

（4）治疗：①全池泼洒杀菌药物霉菌净，或食盐和小苏打（1:1）混合液0.0008%，连泼3 d。②同时，全池泼洒应激灵，连用3 d，每天适当补饲，提高鱼的抗病能力。

11.鳃霉病

（1）病原：鳃霉病的病原为鳃霉。在国内各地区的草鱼、青鱼、鳙鱼、鲮鱼、鲤鱼、鲫鱼以及黄中都发现鳃霉，从菌丝体的形态和寄生的情况来看，有差别比较明显的两种类型。寄生草鱼、青鱼的鳃霉，其菌丝体比较粗而直，少弯曲，通常一直是单枝延长生长，很少分枝，不进人血管和软骨，仅在鳃小片的组织里生长。菌丝直径20～25 μm；动孢子圆形，大小略有差异，其直径为7.4～9.6 μm，平均为8 μm，与血鳃霉稍相似。另一种类型是出现在鳙、鲢、鲤、鲫、鲮以及黄鲥鳃上，它的菌丝体比前一类型分枝繁多，较细而壁厚，分枝沿着鳃小片血管或穿入软骨生长，纵横交错，充满鳃丝和鳃小片。菌丝直径6.6～21.6 μm，动孢子比前一类型小，直径4.8～8.4 μm，与合子鳃霉相似。

（2）症状与流行：病鱼失去食欲，呼吸困难，游动缓慢，鳃上黏液增多，鳃上有出血、瘀血的斑点，呈现花鳃；病重时鱼高度贫血，整个鳃呈青灰色。到目前为止，已发现鳃霉病的有广东、广西、浙江、辽宁等地。每年在5～10月的夏秋季节最为流行，尤其是以5～7月为甚。

（3）预防：清除池塘过多淤泥，用0.004%的漂白粉或者三氯异氰尿酸（强氯精、鱼安）进行消毒；改善水体环境，定期泼洒应激解毒灵、氨基酸NEM、芽孢杆菌等。

（4）治疗：全池泼洒杀菌药物，如霉菌净或水菌清，或者食盐和小苏打（1:1）混合液0.0008%，连泼两次。

12.鳃隐鞭虫病

（1）病原：鳃隐鞭虫。

（2）症状与流行：鳃隐鞭虫寄生在鱼的皮肤及鳃上，主要危害夏花草鱼。该病流行于5月至10月，尤其以7月至9月为严重。病鱼呼吸困难，游动缓慢，吃食减少，鱼体发黑，鳃上黏液增多。该病病程短，死亡率高。

(3)预防:清除池塘过多淤泥,用0.004%的漂白粉或者三氯进行消毒;鱼苗下塘前用0.0008%~0.001%硫酸铜或者0.001%~0.002%的高锰酸钾药浴10~30 min,也可以用2%~4%食盐水药浴2~15 min。

(4)治疗:全池泼洒绝杀或车轮必杀,或硫酸铜与硫酸亚铁合剂(5:2),杀虫后用霉菌净,或百毒净,或菌毒双杀消毒。

13.车轮虫病

(1)症状与流行:没有特殊症状,病鱼游动缓慢,呼吸困难,黏液增多,不吃,最终导致死亡。曾发现四种特例,一为孵化中的鱼苗被大量车轮子虫寄生时,鱼嘴在水面呼吸,呈白头白嘴状;二为饲养十多天的鱼苗被大量车轮虫寄生时,鱼成群绕池边"狂游";三是仔鳗被大量车轮子虫寄生时,鱼体大部分或全身呈白色;四是成鱼被大量寄生时,体色特黑,食欲不振。车轮虫主要寄生在多种淡水动物的鳃及皮肤上,严重时可引起鱼类大量死亡。

(2)防治:进行综合预防。鱼种放养前用0.001%~0.002%高锰酸钾或0.0008%硫酸铜水溶液药浴10~30 min。

(3)治疗:发病时以绝杀或者车轮必杀全池泼洒,或0.00007%~0.0001%铜铁合剂遍洒。对于鳗鱼车轮虫病,可将水位降低后,全池遍洒水菌清或福尔马林0.003%。改善水体环境,主要泼洒氨基酸NEM、芽孢杆菌等。

14.指环虫病

(1)症状:指环虫寄生在多种淡水鱼类的鳃、皮肤上,严重时引起鳃丝肿胀、贫血、烂鳃。鳃及皮肤上有大量黏液、呼吸困难。鱼苗及小鱼种患病时,可引起鳃盖张开。水库中越冬后的鲢鱼患病后,还常伴有鱼体消瘦,眼球凹陷,鳃上大量虫体密集成白色泡沫小团等症状。主要危害苗种,有时也同样危害成鱼。指环虫的轻度感染对鱼的危害不大,特别对成鱼危害较轻。水温为20 ℃时是指环虫大量繁殖的时期,生长期约为15 d。

(2)预防:下塘前用0.001%~0.002%高锰酸钾或0.001%晶体敌百虫浸浴鱼体15~30 min。定期使用全无敌预防杀虫。改善水体环境,主要依靠泼洒氨基酸NEM、芽孢杆菌等调节水质。

(3)治疗:全池泼洒精品指环清,也可以用晶体敌百虫0.00005%~0.00008%全池遍洒。杀虫后第二天使用百毒净等进行消毒。注意:鳜鱼、鲈鱼、白鲳、欧洲鳗等不能用上述方法。

15.绦虫病

(1)病原:头槽绦虫。

(2)症状与流行:头槽绦虫大量寄生时,鱼体消瘦,体色发黑,离群于水面,口张开,不摄食,恶性贫血,前肠膨大成胃囊状,较正常的粗三倍左右。该病主要危害鲤鱼、鲫鱼等,危害严重时造成肠穿孔。头槽绦虫的中间寄主是剑水蚤,鱼吞食剑水蚤而染病。

(3)预防:用0.02%生石灰或0.004%漂白粉清塘。

(4)治疗:以鱼虫清或灭孢灵按说明拌料投喂5~7 d,之后全池遍洒虫克星,或晶体敌百虫0.00005%~0.00008%,1~2次。

16.孢子虫病

(1)症状与流行:随病原和寄生部位的不同而异,有的病鱼形成肉眼可见的大孢囊;有的孢囊很小,需用显微镜才能看见;有的寄生在肌肉内,引起鱼体高低不平或头部肿起一瘤状突起。有的病鱼极度消瘦,尾部上翘,在水中狂游(呈神经症状)。孢子虫可寄生于鲢鱼的脑内,草鱼苗种的肠内,鲤鱼苗种的肌肉内,鲢鳙鱼的鳃上。

(2)防治:当鳃、皮肤及脑内有碘泡虫寄生时,可定期拌服孢虫灭药饵,同时多次全池泼洒虫克星或晶体敌百虫0.00008%~0.0001%;注意,鳜鱼、鲈鱼、白鲳鱼、欧洲鳗等谨慎用药。寄生于肠道内的孢子虫,可采用拌服灭孢灵药饵等方法进行治疗。

17.小瓜虫病(白点病)

(1)病原:多子小瓜虫,为一种较大的纤毛虫,其体形和大小在幼虫期和成虫期有很大的差异。幼虫期:体形小,一般为椭圆形或近圆形;成虫期:虫体一般为卵形或球形,在接近前端的腹面有一个"6"字形胞口。

(2)症状与流行:小瓜虫寄生处形成直径1 mm以下的小白点,故又称白点病,有时眼角膜上也有小白点,同时伴有大量黏液,表皮糜烂、脱落,甚至蛀鳍、脱落,病鱼体色发黑、消瘦、游动异常,最后呼吸困难而死。该病对鱼类品种和年龄没有选择,流行季节为冬末春初,最适流行水温为15~25 ℃。要注意与打粉病的区别(打粉病在白点之间有红色斑点)。

(3)防治:①用生石灰彻底清塘,可杀死池塘中的孢囊。②用0.001%~0.002%高锰酸钾浸洗鱼体1 h左右。③用虫克星全池泼洒同时内服灭孢灵。④每亩水深1 m的塘,用辣椒粉210 g、干姜70 g混合,经水煮后全池泼洒。

18.锚头鳋病(别名:针虫病、蓑衣病、铁锚虫病)

(1)病原:锚头鳋主要有四种类型。寄生于鲢鱼、鳙鱼和鳊鱼体表、口腔的多态锚头鳋,寄生于草鱼鳞片下的草鱼锚头鳋,寄生于鳃弧上的四球锚头鳋,寄生于鲤鱼、鲫鱼、鲢鱼、鳙鱼、青鱼、乌鳢和鳗鲡等的鲤锚头鳋。锚头鳋有童虫、壮虫、老虫三种:其中壮虫粗壮,生命力最强,一般用药只能杀死其身上的卵囊;而童虫虫体较小,抗药力弱,呈毛发状,无卵囊,不易看到;老虫一般不需用药,因老虫的危害较小,且不用药也会很快死去并脱落。该虫的生命周期一般为15 d左右。

(2)症状与流行:虫体大量寄生时,病鱼最初呈现不安、跳跃和食欲减退,体表出现大小不等的红色伤口,仔细观察一般还有虫体寄生。继而身体消瘦,游动迟缓。有的鱼种患病后,身体表现畸形,失去平衡。在水温12~33 ℃之间均可繁殖和感染鱼体。锚头鳋寄生在鱼体上刺激和破坏鱼体组织,为其他疾病的感染创造了便利条件,致使鱼类死亡率增加。

(3)预防:用生石灰清塘。放养鱼种时,如发现有锚头鳋,可以根据水温和不同鱼的耐药力,用0.001%~0.003%的高锰酸钾浸洗鱼体30~60 min,待杀死成虫后再放养。因各种锚头鳋对寄主有较严格的选择性,因此可采用池塘轮养不同鱼类的方法,达到预防该病的目的。

(4)治疗:可以虫菌杀手或0.00008%~0.0001%的晶体敌百虫泼洒全池。全池泼洒药物时,如多为童虫,则每半月用药一次,连用两次;如多为壮虫,则只需用药一次;如多为老虫,则可以不用药。

参考文献

[1]临沧市水产技术推广站."黄壳鱼"人工驯养繁殖总结报告[J]. 云南水产,2014(1):40.

[2]刘光荣,鲁开勇,于宗玉,等.黄壳鱼(四须鲃)子代鱼苗人工培育试验[J].科学种养,2015(7).

[3]梁云安,薛飞,梁力,等.大型电站库区生态渔业技术创新集成报告[J]. 云南水产,2014(1):5-8.

[4]马旭洲,崔存河.影响鲤鱼人工繁殖的几个因素[J].中国水产,2001(3):41.

[5]陈静.罗非鱼养殖技术要点[J].吉林农业,2016(6):90-90.

[6]曹祥栋.虹鳟流水养殖技术[J].河南水产,2017(6):8-9.

[7]陈程,宛洪权,冯国君,等.关于水产健康养殖病害防治的几点思考[J].黑龙江水产,2019(6):10,24.

[8]王玲玲,王晓宁,孙彩娟,等.大口黑鲈池塘养殖技术[J].河北渔业,2016(12):40-41,47.

[9]宋海刚.水产养殖中常见鱼病的防治方法[J].畜禽业,2019,30(1):62.

[10]姚佳.水产养殖中常见鱼病的防治方法[J].南方农机,2018,49(6):198.

[11]周鑫.淡水鱼无公害养殖[M].福州:福建科学技术出版社,2020.

[12]李乐文.淡水鱼与鱼病防治[M].北京:中国农业出版社,2016.

[13]杨雪,张汉邦.浅谈淡水鱼养殖水质调节的方法[J].山西农经,2017(17):72.

[14]程华.淡水鱼生态养殖需注意的技术细节[J].养殖与饲料,2019(03):39-41.

[15]汪永洪.淡水鱼类细菌性败血症及防治技术[J].江西水产科技,2021(3):32-33.

[16]唐敬伟.浅谈鲤鱼网箱养殖技术要点[J].现代畜牧科技,2018(3):26.

[17]胡长波,赵翠萍,冯建新.河南省淡水鱼养殖现状问题与对策[J].河南水产,2020(1):1-3,10.

[18]何永坚.淡水鱼养殖对水质的要求及生产管理要点分析[J].江西水产科技,2020(3):26-28.

[19]李华.淡水鱼养殖对水质的要求及生产管理要点[J].现代农村科技,2020(10):50.

[20]战文斌.水产动物病害学[M].北京:中国农业出版社,2004.